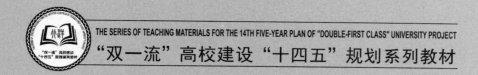

THE SERIES OF TEACHING MATERIALS FOR THE 14TH FIVE-YEAR PLAN OF "DOUBLE-FIRST CLASS" UNIVERSITY PROJECT

"双一流"高校建设"十四五"规划系列教材

HUANJING SHENGWU HUAXUE JIAOCHENG

环境生物化学教程

主　编　刘宪华

副主编　金　超　王志云　钟　磊　谢云轩

天津大学出版社
TIANJIN UNIVERSITY PRESS

图书在版编目（CIP）数据

环境生物化学教程 / 刘宪华主编；金超等副主编.
-- 天津：天津大学出版社，2022.11
"双一流"高校建设"十四五"规划系列教材
ISBN 978-7-5618-7358-8

Ⅰ.①环… Ⅱ.①刘… ②金… Ⅲ.①环境化学－生
物化学－高等学校－教材 Ⅳ.①X13

中国版本图书馆CIP数据核字（2022）第236688号

出版发行	天津大学出版社
地　　址	天津市卫津路92号天津大学内（邮编：300072）
电　　话	发行部：022-27403647
网　　址	www.tjupress.com.cn
印　　刷	廊坊市海涛印刷有限公司
经　　销	全国各地新华书店
开　　本	787mm×1092mm　1/16
印　　张	24.25
字　　数	620千
版　　次	2022年11月第1版
印　　次	2022年11月第1次
定　　价	76.00元

《环境生物化学教程》编委会

主　　编：刘宪华

副 主 编：金　超　　王志云　　钟　磊

编　　委：谢云轩　　石家福　　鲁逸人
　　　　　童银栋　　刘　翔

编写人员：刘宛昕　　李佳璇　　刘　森
　　　　　崔金冉　　谷春博　　李　阳
　　　　　王　姣　　戴业欣　　焦士埔
　　　　　杨　晨　　周　宇　　许　硕
　　　　　张欣宇　　张义浩　　杨　婷
　　　　　李赟雪　　李璟玉

内容简介和特色

编写本教材主要是为了供综合型和工科高等学校环境相关专业进行生物化学教学使用。目前国内外出版了一定数量的生物化学教材，但绝大多数偏重医学、生命科学、医药和食品等学科，不太适合环境相关专业教学使用。环境相关专业的很多科学研究越来越多地依赖交叉学科研究技术，这就要求生物化学知识和环境专业的基础理论、环境工艺密切结合，但目前国内外的生物化学教材不能满足上述要求，不适合环境相关专业教学使用。

本教材从环境科学和工程技术角度，以环境中的生命系统为目标对象，主要阐述了生物分子的结构与功能、生物体内的物质与能量代谢过程、生物体之间和生物体与环境之间的信息传递，特别强调了生物体和环境之间的相互作用。教材主要内容包括生命的化学与环境，蛋白质的结构、功能与环境影响，核酸的结构、功能与环境影响，生物催化剂——酶，生物能学与能量转化，物质的代谢，信息的传递与表达，环境污染物的生物毒性与生物转化，环境分析检测中的生物化学原理，环境生物化学在环境污染治理中的应用，现代生物化学工程与绿色生物制造。本教材突出了环境学科的综合性和交叉性，并注重教材的基础性、应用性和先进性。所有教学内容分层次编写，基础部分注重强化学生对基本生物化学知识的掌握，专业部分注重多学科知识的综合应用，并结合专业的特点和发展方向提高学生认识问题和解决问题的能力。本教材还介绍了环境学科的最新发展，以使学生适应未来科学技术的发展，如设置了生物炼制、环境激素、人工光合作用、绿色生物制造等内容。教材内容力争覆盖生物化学在环境领域的应用，强调利用生物化学理论知识解决环境问题。编写团队结合理论课和实验课的多年教学经验，积极借鉴国内外教学成果和教学思想。

总之，本书的编写在传统生物化学教材理论体系的基础上，顺应新工科高等学校环境相关专业建设需要，紧密结合环境学科知识，体现了环境学科新技术的先进性和学科交叉特色,并将相关知识融会贯通。本书可作为环境、化学、化工、生物学、医学、农学等专业本科生和研究生的教科书,也可供相关学科的研究人员和教学人员参考。

前　言

　　生物化学既是多门现代学科的基础，又是科学发展的三大前沿热点之一，在环境科学领域发挥着越来越重要的作用。当今人类社会面临着许多资源与环境问题，如全球气候变化、环境污染、能源短缺等，这些问题的解决都与生物化学有着直接或间接的关系。环境生物化学是环境科学专业学生必修的一门专业基础课，也是环境工程专业非常重要的一门课程。目前，我国高校环境生物化学课程的设置还不是很完善，有些高校仍然以传统生物化学的内容进行教学，产生了一系列问题。国内生物化学教材非常丰富，针对性也非常强，既有针对生命科学专业的生物化学教材，也有针对医学专业的医用生物化学教材和针对食品专业的食品生物化学教材，但是缺乏优秀的环境生物化学教材。相较于其他领域的生物化学教材，环境生物化学教材的建设非常必要。生物化学是一门专业性非常强的学科，而环境生物化学是在生物化学的基础上，对环境领域的重点和特色问题进行深入分析。因此，环境生物化学的教学既要使学生牢固掌握生物化学基础知识，又要紧跟学科发展，突出环境特色，使学生及时掌握环境生物化学领域的最新研究成果和应用技术。

　　生物体既是环境污染的受害者，也是环境的"清道夫"。在正常环境条件下，生物体内的生物分子的结构和功能、物质和能量代谢、信息传递是稳定的。只有充分掌握生物体在环境中的行为及其对污染物的毒理学响应，才能有效防控环境污染物的危害，才能进一步对环境污染进行治理。掌握生物化学的基本原理、研究方法与手段，并运用其探究污染物对生物体的作用规律，解释毒性现象，提出治理污染的方法，是从事环境科学领域前沿研究的基础。本教材面向环境科学与工程一流本科专业的学生培养，改革课堂教学内容，对整个生物化学教学内容进行科学组织、科学安排，突出生物化学与环境领域的交叉融合、教学内容的关键点、知识体系的重点和难点，确立了教学内容少而精、精而新的原则，还设置了现代生物化学在环境保护中的应用等新内容，如生物炼制、环境激素、人工光合作用、绿色生物制造等。

　　本教材以在环境学院环境科学和环境工程两个专业使用十余年并得到学生一致认可的讲义为基础编写而成。配套的实验教材已于 2006 年出版并入选"十一五"国家级规划教材，被全国开设环境相关专业的很多高校采用，并获得好评。本教材出版后将和配套的实验教材形成完整的环境生物化学理论和实践体系。本教材力争做到既是一本好的环境生物化学教材，也是一本环境生物化学研究的入门参考书。本教材引用了国内外最新的科研成果，收录了一些权威的文献资料，对研究生从事研究工作也大有裨益。

　　全书由刘宪华主持编写。参与编写的人员有：金超、王志云、钟磊、谢云轩、石家福、鲁逸人、童银栋、刘翔、刘宛昕、李佳璇、刘淼、崔金冉、谷春博、李阳、王姣、戴业欣、焦士埔、杨晨、周宇、许硕、张欣宇、张义浩、杨婷、李赟雪、李璟玉。此次编写工作得到了天津大学多位专家和著名教授的鼎力支持，在此一并表示感谢。

　　由于编者水平有限，书中错误、不妥之处在所难免，诚挚欢迎读者批评指正。

刘宪华

2022 年 6 月 21 日于天津大学

目　　录

第1章　生命的化学与环境

本章首先介绍生物化学的发展历史,并从生命的起源开始探讨最早的分子如何产生和演变成生命形式,接着讲述生物分子的结构与功能、生物分子的分类,然后概述新陈代谢过程,最后阐述生物与环境如何相互影响,列举了环境中的主要污染物和生物化学理论与技术在环境保护中的应用。如果说生命的演变过程令人惊叹,那么生物对环境的适应和改造更是奇妙的过程。本章可以说是对整个生物化学的鸟瞰,对我们探讨生命现象,对环境学科发展都有极大的支撑作用。生物化学研究的基础是生物系统,我们将从生物分子开始,逐步探讨生物分子的结构与功能、生物体的新陈代谢和信息传递。

1.1　生物化学和环境生物化学

生物遍布地球表面,从南极到北极,从世界屋脊到最深的海沟。生物与非生物通常很容易辨别,如猫、狗、树木、花草、细菌都是生物,而高楼、桌子、石头则不是生物。尽管如此,生物学家们一直难以给出生物的准确定义。生物有哪些基本特征? 不能独立进行新陈代谢的病毒,休眠的孢子,快速发展的城市群,蔓延的森林大火,由塑料、硅、钢铁等材料和人工细胞制成的嵌合机器人,它们是生物吗? 有没有不发生化学反应的生物? 目前发现的生物都存在于地球环境中。一方面,多种生物的存在维持着地球环境的生态平衡;另一方面,人类对能源与资源的无节制利用和污染物的过量排放正在改变地球的生态环境。全球变暖、海洋酸化、水体富营养化和微塑料污染等全球性环境问题已成为人类社会面临的重大挑战。生物将受到环境的什么影响? 如何利用生物对环境的反作用来影响环境? 这些都是生物化学和环境生物化学需要回答的现实问题。

1.1.1　生物化学的产生与发展

生物化学是研究生命化学的科学,它在分子水平上探讨生命的本质(图 1-1),即研究生物体的分子结构与功能、物质代谢与调节、遗传信息的传递与表达等。生物化学这门科学是在探索生命的本质的过程中诞生和不断发展的。人们对生命的认识经历了漫长的历史过程,在这一过程中从不同层次对生命的本质进行了各种各样的解释。但限于不同时期的科技水平,这些理论或者是错误的,或者存在着局限性。

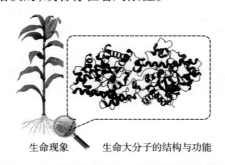

生命现象　　生命大分子的结构与功能

图 1-1　生物化学在分子水平上探讨生命的本质

　　古希腊的亚里士多德提出了生命的"灵魂论"。他把生物体的种种神秘特性称为"灵魂"。在他看来，"灵魂"看不见、摸不着，却能够赋予生物体各种各样的神奇属性。亚里士多德认为：植物有一种"灵魂"，这种"灵魂"促使它们获取营养，不断生长繁殖；动物有两种"灵魂"，除了具有植物的"灵魂"外，还具有动物的"灵魂"（负责感知和运动）；而人类有三种"灵魂"，除了具有动物的两种"灵魂"外，还有一种"灵魂"负责理性思考。按照亚里士多德的"灵魂论"，只有活着的生物才有"灵魂"，而且"灵魂"不和任何具体物质绑定。"灵魂"不是一种具体的、看得见、摸得着的，可以对其进行观察和研究的实在物质，而是生命的一种"表现形式"。就算把一棵树或者一只老鼠层层剖开，用最先进的仪器分析它们的物质构成，也绝对不可能找到"灵魂"。这就从逻辑上阻止了人类对生命的本质进行任何实际的探究。这种听天由命的不可知论态度遭到了许多人的猛烈批判，特别是在人类文明得到进一步发展之后。

　　18世纪的欧洲盛行"生机论"。"生机论"认为生物由躯体和灵魂两部分组成。具体说来，生物是由没有生命的物质加上一种超自然的神秘力量形成的。这种神秘力量被称为"活力"，它把生物与非生物区别开来。"生机论"认为这种特殊的非物质因素（活力）控制和规定着生物的全部生命活动和特性，不受自然规律的支配。"生机论"认为有机物只能在生物体内产生，而不能由无机物制造出来。1828年，德国化学家弗里德里克·维勒（Friedrich Wöhler）用化学合成的方法合成了尿素；1845年，德国化学家赫尔曼·科尔比（Hermann Kolbe）合成了乙酸。尿素和乙酸是分子中分别含一个碳原子和两个碳原子的有机物，它们都来自动物，人工合成本以为只有动物才可生成的有机物，给"生机论"以重大打击。1860年，法国微生物学家、化学家路易斯·巴斯德（Louis Pasteur）证明了发酵是由微生物引起的，但他认为必须有活的酵母细胞才能引起发酵。1897年，德国化学家爱德华·巴克纳（Eduard Buchner）发现酵母的无细胞抽提液可进行发酵，证明没有活细胞也可引发复杂的生命活动，终于彻底颠覆了"生机论"。与"生机论"同时期出现的解释生命的本质的学说还有"机械论"。"机械论"也被称为"还原论"，它认为生命现象可以用物理规律加以阐明，高级、复杂的规律可以被还原为比较简单、更基本的规律。"机械论"把生命看作机器，并认为生命在不同时期采取不同的表达形式。"生机论"显然是荒唐的，"机械论"也有局限性。生命是以遗传编码、转录翻译、代谢供能、信号传导为基础的有序现象，并且可代，可适应随环境变化，而这些生命现象和规律是"机械论"无法解释的。

　　"生物化学"一词大约出现在19世纪末，但早在18世纪80年代法国化学家安托万·拉瓦锡（Antoine Lavoisier）就已经证明生物呼吸与燃烧一样是氧化作用。几乎同时，科学家发现光合作用本质上是植物呼吸的逆过程。1897年，德国化学家Eduard Buchner研究发现发酵的本质是微生物体内的酶引起的催化反应，这项研究被认为是生物化学诞生的标志。从"灵魂论"到"生机论"，从尿素合成到酶促反应，随着各种生命特殊论逐渐被抛弃，人类一步步将神秘莫测的生命现象还原为基本的物理和化学定律，生命物质和非生命物质逐渐走向统一。人类对生命现象的解析才刚刚开始，距真正理解生命还有很遥远的距离。人类不断增加的科学知识储备让我们有理由相信，各种生命现象迟早会得到科学的解释。

1.1.2　环境生物化学的产生与发展

环境生物化学诞生于 20 世纪 70 年代。它从环境基础学科的角度应用生物化学的基本原理对环境问题进行探究,是环境生物学、环境化学、环境生态学和环境毒理学的理论基础之一。在研究环境污染物对生物的影响、利用生物与环境污染物的相互作用修复和治理环境等领域,生物化学理论推动了环境学科的快速发展。环境科学领域中的环境是以人为中心的外部事物的总体,因此环境生物化学概念中的环境既包括细胞质和细胞间质等维持细胞正常生命活动的微环境,也包括由生物及其赖以生存繁衍的各种自然因素、条件共同组成的生态大环境。生物分子处于细胞微环境中,生物体存在于生态大环境中。生物分子与外部环境之间可以发生直接或间接的相互作用:一方面,生物分子的结构和功能会受到环境中各种因素的影响;另一方面,生物体可以通过信息传递等方式感知细胞内部和外部的环境变化,进而通过调整代谢活动适应环境或改变环境。

生物有一些基本特征,如结构的高度有序性,可以通过复制、繁殖和遗传延续生命,适应环境、利用环境、抵御环境和改变环境的能力。这些基本特征把生物和环境紧密联系起来。一方面,人类可以利用生物的这些特征去除环境污染物,治理环境污染并进一步提高环境质量。高度有序的结构赋予生物分子优异的功能,如酶的催化功能使每个细胞都成为高效的催化反应器;生物的复制、繁殖和遗传能力使治理过程易于扩大规模,如利用微生物的活性污泥法仍然是当前处理污水成本最低的工艺之一;生物对环境的适应、利用、抵御和改变能力是开发各种环境生物技术的基础。另一方面,环境污染物对生物的毒害一般表现为对其基本特征的负面影响。环境污染物可以破坏生物的有序结构,使生物功能受损或丧失,最后表现为急性或慢性毒性反应;环境污染物可以对生物的复制、繁殖和遗传能力产生不良影响,最后表现为致癌、致畸、致突变等"三致"效应;生物受到环境污染物的影响后,其适应环境、利用环境、抵御环境和改变环境的能力也会改变。

环境生物化学除了在分子层次上研究生命与环境的相互作用,还从宏观的角度研究生命与环境的相互作用。生物系统中的无机物质通过自养生物的光合作用进入生物体内并转变为有机物质,然后部分通过自养生物的代谢活动回到无机世界,部分为异养生物所摄取,通过其代谢活动回到无机世界。大部分植物秸秆和动物尸体最后经腐生生物的降解作用返回无机世界。这样就形成了生态系统和生物圈内的物质循环、能量流动和信息传递。这种周而复始的过程不仅在宏观的生物圈中存在,而且在生物体的微观运动中无处不在。因此,小至细胞,大至生态系统和生物圈,在结构与功能、物质代谢与调节、信息传递等方面,某些规律是极为相似的。

1.2　生命的起源和生物的特征

1.2.1　生命的起源

关于生命的起源存在很多假说,这是现代自然科学正在努力解决的重大问题之一。在研究生命起源的群体中,对最早的自然起源生命是光能自养、化能自养还是异养还存在争议。生命起源的核心是建立了一个以遗传密码为核心的生化系统,因此生命和遗传密码是紧密联系的。"进化论"认为生命源于地球上物质与环境的相互作用,其中比较主流的是"化学起源说"。

在大约 137 亿年前,宇宙大爆炸创造了时间和空间,最早期的宇宙中只有中子、质子、电子等基本粒子,在大爆炸之后 90 亿年的时间里,宇宙不断膨胀,温度不断降低,氢元素逐渐稳定,星系开始形成。无数的恒星在星云和分子云中诞生,然后燃烧、膨胀、爆发,最后向外界抛撒出各种重元素,走完恒星的一生。这些重元素又继续参与其他恒星的演化,几十亿年如一日,周而复始,永不停歇。

直到 46 亿年前,在宇宙中一个不起眼的星系的角落,一个不起眼的恒星诞生了,这个恒星就是太阳。宇宙中质量、体积比太阳大的恒星比比皆是,比太阳小的恒星也多如牛毛。如果不出意外的话,太阳可以通过核聚变稳定燃烧 100 亿年,最后变成白矮星走向生命的终点。太阳系刚刚诞生时的面貌和如今大不相同:由气体和尘埃凝聚而成的各种天体在太阳引力的牵引下环绕太阳运动;地球温度极高,类似于一个巨型的岩浆团。随着时间的流逝,地球不断吸积、冷却,质量也逐渐增大。

研究认为,地球与太阳系几乎是同时诞生的。地球形成之初的 8 亿年被称作冥古宙,在这一阶段的早期,地球形同岩浆翻滚的炼狱——火山爆发,岩浆横流,毒气遍布,外界众多活跃的小行星、陨石无时无刻不在撞击着地球。此时依然灼热的地球有条不紊地发生着奇妙的物理、化学变化:在重力作用下,铁、镍等重元素沉降形成地核,较轻的硅氧化物则上浮,形成早期的地壳。在冥古宙的后期,地球慢慢冷却,地表也由炽热的岩浆变为固体大地。在这几亿年间,陨石撞击除带来了陨石坑外,还带来了最重要的物质——水。陨石雨带来的水蒸气在高空中凝结后降落,填满了陨石坑,最终水覆盖了地球 71% 的表面。

早期的地球大气以甲烷、氢气、氨气为主,并且有了水循环。伴随着电闪雷鸣,蒸发的水蒸气凝结成水滴,地球上暴雨倾盆。在太阳辐射、火山活动和大气中雷电的催化下,大气中的这些小分子发生反应,生成了一些以碳原子链为骨架的重要有机物,如氨基酸、嘧啶、嘌呤、核糖等(图 1-2)。这些有机物随着雨水降落,溶解在地球的原始海洋里。值得一提的是,1953 年著名的美国科学家米勒(Miller)在试管中模拟了这个过程。这些有机物在太阳辐射、热能和金属离子的作用下发生了复杂的化学反应,生成物分子质量越来越大,结构越来越复杂,这些奇形怪状的大分子(蛋白质和核酸)通过折叠形成了特殊的空间结构,有了引发、催化其他化学反应的能力。

在这种背景下,终于有一天,承载生命遗传密码的物质在地球上诞生了。它是一种奇怪的物质,可以利用周围的有机原料复制出另一个自己,并且它的复制品也具有同样的能力。在原始海洋里不断进行着这样的过程,而且更加多样化。这些生命大分子逐渐开始协作,由核酸承载遗传信息,指导蛋白质的合成和功能。当核酸 - 蛋白质体系被一层脂质分子包裹之后,大约在 38 亿年前,最原始的细胞诞生了,从此地球上就有了真正意义上的生命。

原始细胞数亿年的发展使得海洋里的有机物消耗殆尽,有机物成了稀缺物质。在自然条件下,细胞的发展陷入了困境。幸运的是,一些特殊的细胞在演化过程中拥有了利用海洋中的无机物和太阳能合成有机物(光合作用)的能力。这些能进行光合作用的原始细胞(光合细菌)逐渐演化为蓝藻。在随后的一段时间里,光合细菌遍布海洋,它们在利用二氧化碳进行光合作用的同时,不可避免地产生了废料——氧气,氧气被排放到大气中。这个过程被称为大氧化事件,持续了数亿年,地球大气因此彻底变了样,氧气急剧增加给生命的进一步演化带来了机遇与挑战。至此,地球已经基本具备现代地球的模样,拥有海洋和陆地,生机勃勃的景象即将在这个星球上出现。

图 1-2　从基本小分子到小分子单元

以上内容就是生命的"化学起源说",然而"化学起源学"目前还没有在实验室中得到完全证明,也无法解释生命的信息是如何产生的,还需要进一步证实与完善。随着认识的不断深入和各种证据的发现,人们对生命起源的问题将有更深入的研究。

1.2.2　生物的特征

我们所处的地球有无数的生物,从最简单的病毒、类病毒到菌藻树草,从鱼虫鸟兽到最复杂的人类,到处都可以发现生物的踪迹,察觉到生命活动。尽管生物多种多样,但在化学本质上,它们具有一些共同的特征。这些特征是生物化学课程的核心内容。

1.2.2.1　化学成分复杂而统一,结构错综而有序

生物体内存在着化学成分复杂的分子,分子在生物体内不是随机堆积的,而是组织成严谨有序的结构。生物分子组织成细胞是有结构层次的,层次从低到高分别是单体亚基、大分子、超分子复合体、细胞器、细胞。大分子是由单体亚基通过共价键连接而成的。大分子作为结构单元进一步组织成超分子复合体,再往高层次组织形成细胞器、细胞,这些过程都是借助非共价相互作用完成的。

1.2.2.2　利用环境中的能量和物质进行自我更新

细胞是生物进行新陈代谢的基本单位。新陈代谢简称代谢,它是生物体内发生的各种酶促反应的总称。在细胞内进行的新陈代谢常称为中间代谢或细胞代谢。细胞代谢包括相

辅相成的两个方面：合成代谢（同化作用）和分解代谢（异化作用）。合成代谢是由小分子前体合成大分子细胞成分的需能反应。分解代谢是有机营养物分子（如糖类、脂质、蛋白质等）被降解成中间物进而降解成终产物的产能反应。细胞内的几千种酶促反应按代谢功能（如产能、生物合成等）被组织成许多个不同的连续反应序列，这些序列称为代谢途径。生物通过各种代谢途径进行自我更新。

生物可以多种方式从环境中获取能量。光合自养生物（绿色植物和光合细菌）的光合细胞可以捕获太阳能并将其转化为化学能，贮存于 ATP/NADPH（腺苷三磷酸/还原型辅酶Ⅱ）和有机营养物（燃料）分子中；异养生物（动物、真菌和其他细菌）可以摄取有机营养物质并通过分解代谢将其转化为化学能，贮存于 ATP 等分子中。此外，科学家还发现有些生物可以直接将电能转化为化学能。

热力学第二定律认为在宇宙或孤立系统中任何能量的转化都会导致无序性（混乱度）的增强。无序性常用一个称为熵的热力学物理量来量度。生物、细胞是开放系统，它们与环境既有物质的交换，也有能量的交流。

1.2.2.3　通过自我复制和自我装配实现生命延续和革新

遗传指在繁殖过程中，亲代把自己性状的信息传递给子代，子代按所得的遗传信息生长发育，因而子代总是具有跟亲代相同或相似的性状。但是子代和亲代、各子代个体不是完全一样的，性状多少会有差别，这种现象称为变异。遗传和变异是相伴而行的，通过长期优胜劣汰的自然选择，生物从简单到复杂、从低级到高级不断发展变化，这就是进化，也称演化。

现代生物学已充分证明脱氧核糖核酸（DNA）是遗传信息的载体。生命的自我复制涉及遗传与繁殖，遗传与繁殖的分子基础是 DNA 复制，即以亲代 DNA 为模板，通过互补碱基配对和 DNA 聚合酶催化合成跟亲代 DNA 相同的子代 DNA。在复制过程中可能发生核苷酸序列的改变，称为突变。基因突变和基因重组是生物发生变异和进化的分子基础。遗传信息的表达是生物的基因型向表型的转化。基因型指生物的遗传成分，表型指生物可观察到的特征或性状。蛋白质既是信息分子更是功能分子，是表型的分子基础。遗传信息从 DNA 到蛋白质要经过转录和翻译两个步骤，转录在细胞核内发生，翻译在细胞质中进行。转录是 DNA 的一条链上的遗传信息传递给核糖核酸（RNA）的过程。翻译是在蛋白质合成期间，转录到 RNA 分子上的遗传信息规定多肽链的氨基酸序列的过程。

自我装配是生物大分子（或单体亚基）自发缔合成超分子复合体，进而缔合成细胞器、细胞直至整个生物个体的过程。装配遵循以下三个原则。①分层级逐级装配，这样可以节省装配所需的遗传信息，还可以剔去有缺陷的亚基结构，以减少材料的浪费。②装配的驱动力是疏水相互作用（熵效应），装配的结果是使自由能（在恒温恒压下能做有用功的能量）降至最低，因而装配是一个自发过程；装配的专一性是由相互作用表面的结构互补性（包括氢键、离子键形成的基团配对）提供的。③装配所需的信息一般完全包含在亚基中，有的分别存在于亚基和原有结构中，如生物膜的装配。生物膜是由脂质和蛋白质等缔合而成的超分子复合体结构，它的脂双层可根据原有的脂质结构提供的信息进行自我装配而生长，但决定生物大分子缔合的遗传信息主要来自核酸分子。蛋白质合成时信使 RNA 的一维信息被翻译为多肽链氨基酸序列的一维信息，并立即通过肽链的自发折叠转化为蛋白质天然构象的三维信息。这就是超分子复合体和更复杂的生物结构的形态发生变化的分子基础和遗传基础。

1.2.3　生物细胞与膜系统

生物必须进行生命的所有基本过程:吸收营养(捕获能量),排泄废物,检测和响应环境,移动,呼吸,生长和繁殖。无论单细胞生物还是多细胞生物,生物分子都必须组织起来才能进行这些基本的生命过程。生物细胞在原子水平上进行分子组装,把基本的结构单元装配成大分子,大分子结合在一起形成更大的生物分子。碳原子通常被称为生命的骨架,因为它很容易与其他生命元素结合,形成长链和更复杂的生物大分子。四种大分子——糖类、脂类、蛋白质和核酸——构成了细胞的所有结构和功能单元。

虽然我们将细胞定义为生命"最基本"的单位,但无论真核细胞还是原核细胞,在结构和功能上都很复杂(图 1-3(a))。细胞可以被视为一个迷你生物,由称为细胞器的微小器官组成。典型的真核细胞包含以下细胞器:细胞核(容纳遗传物质 DNA)、线粒体(产生能量)、核糖体(产生蛋白质)、内质网(包装和运输设施)和高尔基体(加工、分拣与运输蛋白质)。此外,动物细胞还含有很少量的溶酶体和过氧化物酶体,可分解大分子并破坏外来入侵者。所有的细胞器都通过细胞骨架锚定在细胞质中。细胞器通过细胞膜与周围环境隔离。细胞器是由一些大分子黏合在一起形成的结构和功能单元。

细胞骨架由微丝、中间丝和微管组成,它们自组装形成内部结构。部分细胞骨架如图1-3(b)所示。细胞内的架构类似于物流仓库的架构(图 1-3(c))。图 1-3(b)显示了细胞核、由肌动蛋白单体组成的微丝和由微管蛋白单体组成的微管。细胞器由细胞骨架(主要是微管)支持和组织。运动蛋白(沿着微丝移动)和动力蛋白(沿着微管移动)以定向方式携带它们的"货物"(囊泡、细胞器)。因此,细胞不是分子和细胞器的杂乱无章的集合,相反,它是一种高度组织化的有序结构。

生物体大部分由水组成,但水的浓度显然取决于细胞环境。细胞内溶质的状态和化学实验室中常见的稀水溶液不同,像蛋白质和碳水化合物这样的大分子溶质在细胞内是密集排列的。细胞如此拥挤,以至于蛋白质等较大分子之间的空间通常小于单个蛋白质的空间(图 1-3(d))。在这种情况下蛋白质的稳定性会提高,从而有助于蛋白质保持正确折叠的天然状态。同时细胞内生物分子的高浓度限制了分子在整个细胞中的扩散。因此,在实验室中对稀溶液中的生物分子进行的研究可能无法揭示同一分子在细胞内相互作用的复杂性和实际的活性。在拥挤条件下,代谢中关键酶的体外酶活性显著增加,表明代谢过程也依赖细胞的空间排列。

生物膜系统包括细胞膜(外周膜)、细胞质内的各种细胞器膜(如线粒体膜、叶绿体膜、内质网膜、溶酶体膜、高尔基体膜、过氧化物酶体膜)和核膜等。与真核细胞相比,原核细胞只有少量的膜结构。生物膜结构是细胞结构的基本形式,它为细胞内很多生物大分子的有序反应和区域化提供了必要的结构基础,从而使各个细胞器和其他亚细胞结构既各自有恒定、动态的内环境,又相互联系、相互制约,从而使整个细胞活动有条不紊、协调一致地进行。生物膜系统主要由类脂、蛋白质(膜蛋白)和糖类三类分子构成,还有水、金属离子等。

(1)类脂。类脂主要包括磷脂、糖脂和固醇。膜的主体成分是磷脂。糖类与脂类复合构成糖脂,糖脂通常存在于膜的外表面。神经组织是含类脂比例最大的组织,尤以神经元为甚,因为神经元是多突起的细胞,膜质比很大。膜的骨架是磷脂双分子层。磷脂分子是一端亲水一端疏水的分子,它们通过疏水端黏合,亲水端指向外侧构成双分子层。膜的外侧是亲水的,膜中间是疏水的。膜内的磷脂分子是流动的,并不具有固定的位置,因此生物膜的物理状态是介于液态和固态之间的一种状态,既有类似于固体的相对稳定形状,又具有液态分子的流动性。因此,膜上的所有分子都具有流动性。

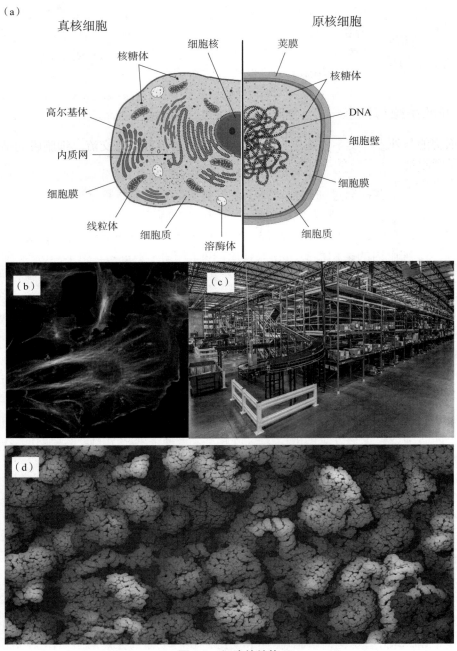

图 1-3　细胞的结构

(a)真核细胞和原核细胞的结构对比　(b)细胞骨架　(c)物流仓库　(d)细胞内的拥挤空间模拟图

（2）膜蛋白。根据粗略计算,细胞中 20%~25% 的蛋白质是与膜结构相连的蛋白质,这些蛋白质称为膜蛋白。膜蛋白可根据它们在膜上的定位分为膜周边蛋白质(表面蛋白)和膜内在蛋白质(镶嵌蛋白质)。这些蛋白质有些是酶,有些是支撑细胞外形的支撑蛋白,有些是受体,有些是离子通道。

（3）糖类。在生物膜中,糖类的含量较低,其中多数分布在细胞膜上,占细胞膜的 2%~10%,少数分布在内膜上。糖类在膜上通常与蛋白质和脂质复合,在细胞膜的外侧形成一层多糖,即所谓的"糖被"。糖被与细胞识别、信息分子传递等相关,如 ABO 血型抗原、一些激素和活性物质(干扰素、霍乱菌素、促甲状腺素、破伤风素、某些药物等)的受体都是糖被。

1.2.4　开放系统与稳态

活细胞能与外界环境不停地进行物质交换、能量转换和信息交流。细胞膜的结构和功能决定了细胞是一个开放的生命系统。

在生物化学中,稳态是指在生命系统的细胞和器官中维持恒定的内部分子和离子浓度(图 1-4)。活的生物体保持动态稳定状态,其细胞内部成分相对恒定。质量和能量的连续流动导致分子通过生化途径不断合成和分解。维持稳定状态需要恒定的能量供应。表 1-1 比较了稳态和平衡态的不同特点。

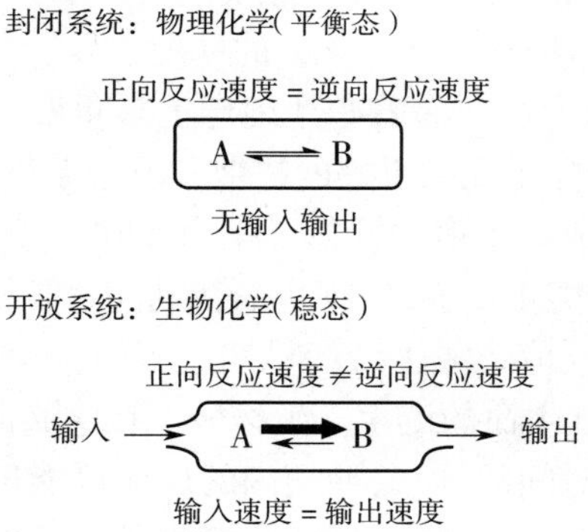

封闭系统：物理化学（平衡态）

正向反应速度 = 逆向反应速度

$$A \rightleftharpoons B$$

无输入输出

开放系统：生物化学（稳态）

正向反应速度 ≠ 逆向反应速度

输入 →　A ⇌ B　→ 输出

输入速度 = 输出速度

图 1-4　封闭系统中的平衡态和开放系统中的稳态

表 1-1　稳态和平衡态的比较

类别	稳态	平衡态
适用情景	用于定义连续反应的变化	用于定义可逆反应的变化
反应方程	$A \xrightarrow{k_1} B \xrightarrow{k_2} C$ $k_1 = -k_2$ 时,B 处于稳态	$A \underset{k_2}{\overset{k_1}{\rightleftharpoons}} B$ $k_1 = k_2$ 时,A 和 B 处于平衡态
熵变	熵随时间增加	熵在平衡中保持不变
系统类型	开放系统	封闭系统
热量传递	有热量或物质传递	无净热量传递
过程类型	动力学控制的过程	热力学控制的过程

例如,细胞质和细胞膜的一个主要功能是维持无机离子的不对称浓度,以维持不同于电化学平衡的离子稳态。细胞膜两侧的离子浓度不相等,因此存在电化学梯度。然而,离子可以在细胞膜上移动,从而实现恒定的静息膜电位,这种恒定状态称为离子稳态。在表征离子稳态的细胞离子泵模型中,能量被用来主动运输离子以对抗其电化学梯度。反过来,这种稳态梯度的维持,可以使离子在膜上发生被动扩散时做功。

在某些情况下,细胞有必要调整其内部组成以达到新的稳定状态。例如,细胞分化需要特定的蛋白质调节,以使分化细胞满足新的代谢要求。当一个细胞死亡并且不再利用能量时,其内部成分将与周围环境趋于平衡。

不仅是细胞,从生物个体到生物圈所有的生命系统都是开放系统,时刻处于动态变化中。这种动态变化超出一定范围,生命系统就会解体、崩溃。稳态是生命系统各个层次的共同特征。可将稳态分为四个水平:分子水平上存在基因表达活性的稳态;激素和酶水平上存在细胞分裂和分化的稳态;器官水平上存在血压和心率的稳态;群体水平上存在种群数量变化的稳态、生态系统的稳态等。正常机体内环境的各项理化指标并不是恒定不变的,而是在正常范围内上下波动,维持其相对稳定的基础是负反馈调节。

1.3　生物分子的特性和常见基团

在生命世界中,极性是生物生长发育过程中普遍存在的现象,通常指在器官、组织甚至细胞中不同轴向上存在某种结构和生理生化上的梯度差异。

早在生命诞生之前,地球上就充满着整个地球上最重要的物质——极性的水。相对于气体和固体,液态的水能够为分子提供更好的扩散和反应条件。水在早期地球上大量存在,这样的特征和优势注定水将成为生命的摇篮。生命要在水中形成,注定要和周围的环境划清界限,以更好地控制物质和能量传递,实现生命活动的自我维持。这个界限就是由非极性的膜来划定的。也许在分子反应形成生命的早期过程中,一滴油脂恰好囊括了这个孕育过程从而巧合地促进了早期独立生命的诞生。生物分子在这滴油脂形成的膜中能够不受外界影响自由地进行反应。随着时间的推移,油滴内的反应可能逐渐向有序性和延续性的方向发展,这样早期生命就在众多无序的化学反应中诞生了。极性与非极性在生物体内就像是一种自然秩序的基石,生命物质都在这种秩序的基础上行使自己的生物学功能。在这种极性与非极性的平衡中,不管是生物细胞还是生物分子,它们都行使着各自的功能,从而让生命系统整体实现更宏观的功能。

生物分子的另一个特征就是手性,手性现象贯穿生命的始终。一个多世纪以来,“为什么生命是手性的”这个问题一直困扰着科学家们。1848 年 Louis Pasteur 在酒石酸盐(酒石酸钠铵)旋光异构体分离实验中发现了著名的分子手性。人们早就认识到,分子中电子云的空间极化以及原子在空间上排列成手性分子结构,在生物学中起着至关重要的作用。然而直到目前,人们对手性形成的机制仍不是完全清楚。

1.3.1　生物分子的定义

生物分子是组成生命的基本单位,是自然存在于生物体中的分子的总称。大多数生物分子都为有机化合物,含有碳和氢元素,多数含氮、氧、磷和硫元素,有时也有其他元素出现。生物分子主要包括三种类型:小分子,如维生素、激素、神经递质、有机酸;单体,如氨基酸、核苷酸、单糖;聚合物,如蛋白质、核酸、多糖。

生物大分子通常指生物体中由单个分子通过聚合作用形成的高分子质量的化合物。生物大分子包括核酸(多核苷酸)、蛋白质(多肽)、糖类(葡聚糖或多糖)和脂类等,由相对分子质量小于 500 的单体通过聚合作用形成(图 1-5)。

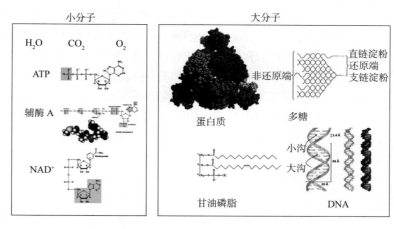

图 1-5 生物小分子和生物大分子

关于生物大分子的定义存在不同看法,有些学者认为脂类不属于生物大分子,因为蛋白质、核酸和糖类都是由小分子单体组成的,但脂类与之不同。本节将脂类归为生物大分子,原因如下。首先,脂类是一类特殊的大分子,它们不是由基本单体构成的聚合物,而是由简单小分子构成的聚集体。其次,脂质不具有任何单一的结构特征。它们在结构上是一个多样化的群体,其共同点是它们不溶于水,但可溶于多种有机溶剂。最后,某些脂类可以与蛋白质和糖类结合,形成脂蛋白和糖脂。一般认为生物大分子包括核酸、蛋白质、糖类和脂类等四类物质,但有时有些分子质量很大的环状分子如血红素、叶绿素和维生素 B_{12} 等也被称为生物大分子。

1.3.2 生物分子的极性

生物大分子如蛋白质和核酸都具有极性。氢键在生物大分子的结构中起着重要作用。氢键作用主要发生在氢原子和氧原子之间。极性分子中存在电荷,因此极性分子很容易与水结合并溶解在其中。因此,极性分子是亲水的。而非极性分子不具备与水分子中的氢原子和氧原子相互作用的能力。如果非极性分子需要沉入水中,它必须破坏水中存在的氢键。因此,系统的自由能增加,产生不稳定效应,结果非极性分子被推出水中,所以它是疏水的。

在生物分子层面,蛋白质是生命活动的功能承担者,诸如物质运输、信息交流、能量转换,以及细胞结构的建设,都离不开蛋白质的参与。人体的蛋白质由 20 多种氨基酸构成,在这些氨基酸里面,也有极性氨基酸和非极性氨基酸之分。不同氨基酸形成蛋白质的共价主链结构,但要行使生物学功能,蛋白质需要立体空间结构。在蛋白质折叠过程中,极性与非极性主导着蛋白质空间结构的形成:极性基团(亲水)暴露在分子表面,非极性基团(疏水)则埋在蛋白质的内部,自发形成一定的微环境,为生命的化学反应提供场所。核酸在生物体的遗传物质中起重要作用。核酸也具有极性,例如 DNA 是双链螺旋,两条 DNA 单链反向平行,它们包含相同的化学结构,但连接方向相反。DNA 链中由脱氧核糖和磷酸基团构成的亲水性骨架位于双螺旋结构的外侧,而疏水性的碱基包埋在双螺旋结构的内侧。

在细胞层面,细胞生活在细胞内液和细胞外液的环境中,诸如血液、组织液、胞质溶胶等都是以水为主体的介质,为机体内相对于外界封闭的细胞提供物质运输渠道和信息交流途径——物质和信号分子通过水介质循环周身,能量在水介质中由蛋白质催化产生;物质、能量、信息三大要素共同维持着细胞系统的正常运转。而在极性的水介质环境中,非极性的细胞膜却为细胞建立了一个稳定的内环境,使得细胞在封闭的水环境中能够相对独立地工作。生物分子依靠极性与非极性这两种理化性质建立起一种秩序,一种极性物质与非极性物质都能自觉遵守的秩序。如果细胞没有这一层非极性物质的保护,那么生物体内存在的各种化学反应都可能是转瞬即逝的,细胞需要付出更大的能量代价才能形成有序的结构。

1.3.3 生物分子的手性

手性是自然界中的一种现象。大到宇宙星云,小到蜗牛、牵牛花,仔细观察就会发现,它们都有特定的方向。像蜗牛的壳,大多数是右手螺旋;牵牛花的藤,生长时大都沿右手螺旋方向缠绕(图 1-6(a))。1848 年, Louis Pasteur 从事酒石酸钠铵结晶学研究工作时,看到一种前人未曾注意的有趣现象:无旋光性的酒石酸钠铵是由两种不同结晶组成的混合物,它们的外形互为镜像关系(图 1-6(b))。他用放大镜和镊子将混合物细心地分成两小堆。一堆是右旋体晶体,一堆是左旋体晶体。两堆晶体各自溶于水都有旋光性。他首次发现分子的立体异构和旋光性的关系,提出了对映异构的概念。

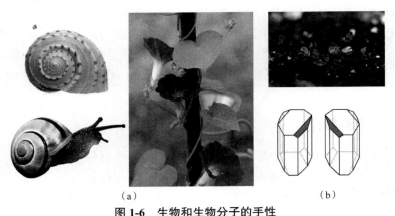

(a) (b)

图 1-6 生物和生物分子的手性

(a)日常生活中常见的生物手性现象 (b)酒石酸钠铵晶体实物及其手性示意图

从分子结构来看,生命所需的许多重要分子以两种形式存在。这两种形式互为不可叠加的镜像,即它们像我们的左手和右手一样相关。因此,这个属性被称为手性。手性化合物的这两种镜像形式被称为对映异构体或光学异构体,它们可以将平面偏振光向右或向左旋转。手性分子使偏振光平面旋转的程度称为旋光度。将偏振光平面向右旋转的称为(+)或右旋形式,向左旋转的称为(-)或左旋形式。因此,手性中心也称为光学中心。分子或晶体是否具有手性取决于其对称性。当且仅当分子没有对称轴时,它才是手性的。外消旋混合物含有相同比例的两种对映异构体,因此不会旋转偏振光,因为对映体效应会相互抵消。

手性极大地影响生物分子的功能特性。几乎所有的生物分子都必须在纯手性(其所有组成单体都具有相同的旋向性,也称为 100% 光学活性)时才能正常发挥作用。蛋白质中所有的氨基酸都是左旋的,而 DNA 和 RNA 以及代谢途径中的所有糖类都是右旋的。右旋葡萄糖能够被身体代谢,但左旋葡萄糖不能被身体代谢。原因是作用于糖代谢反应的酶也是手性的,只能作用于右旋葡萄糖。同样,蛋白酶只能分解由左旋氨基酸形成的肽中的肽键。一个分子的两种对映异构体可能会产生不同的味道和气味。例如橙子和柠檬有不同的气味,气味的差异是由于橙子和柠檬中存在不同手性形式的柠檬烯。同样,香菜籽油和留兰香油之间的气味差异是由于这两种油中存在不同手性形式的香芹酮。这意味着鼻子中的嗅觉器官与不同手性气味分子的生化相互作用是不同的。在动物和人类研究中人们也发现对映异构体的吸收、代谢和排泄有很大不同。人体对手性化合物的反应有很强的选择性,以至于一种异构体可能会产生所需的效果,而另一种异构体可能无效,甚至有毒。例如,药物沙利度胺的一种对映体是无毒的,而另一种对胚胎发育有可怕的影响。外消旋多肽不能形成酶所需的特定形状,因为它们的侧链会随机伸出。此外,错误的氨基酸会破坏蛋白质中稳定的α- 螺旋。即使存在一个错误的单体, DNA 的螺旋结构也无法稳定,因此无法形成长链。这意味着它无法存储太多信息,因此无法维持生命。

1.3.4　生物分子的常见基团

生物分子中有很多常见基团,比如羟基、羰基、氨基、巯基、磷酸基、酰胺基等,它们是组成生物大分子的结构基础,决定着生物大分子的化学性质。

1.3.4.1　羟基(—OH)

羟基多存在于有机化合物(如醇类、糖类、核酸、蛋白质等)分子中。羟基的"羟"指氢氧,水分子是典型的含羟基的分子,所以羟基与水分子有相似的性质。羟基是一种极性基团,可以与水分子结合形成氢键,比范德华力更加牢固,因此也可用来表征亲水性的强弱,羟基越多亲水性越强。另外,羟基还能与电负性大的原子如—NH_2 中的氮原子形成氢键,氢键在维持蛋白质、核酸等大分子的空间结构中发挥着重要的作用。但是氢键这种静电吸引力比离子键弱,容易被一些外力破坏,如蛋白质、核酸遇热变性就是因为热力导致分子中氢键断裂,空间结构破坏,蛋白质与核酸的性质与功能发生改变,原有生物学功能丧失。

1.3.4.2　羰基(>C=O)

羰基的"羰"指碳氧,细胞里含有羰基的化合物常见的有四种:羰基在碳链中间的化合物称为酮;羰基在碳链末段有两种形式,含醛基(—CHO)的分子称为醛,含羧基(—COOH)的称为羧酸;如果同时有两个羰基存在于苯环上,则称为醌。醛、酮、羧酸、醌化合物在细胞里很常见,尤其是酮和羧酸,如丙酮、β- 酮丁酸(乙酰乙酸)、α- 酮戊二酸、泛醌(辅酶 Q)、磷酸吡哆醛等。羧基可解离产生氢离子而形成负电离子—COO^-,因此羧基是酸性基团。

1.3.4.3　氨基(—NH$_2$)和亚氨基(—NH—)

氨基和亚氨基多数存在于氨基酸中,如丙氨酸(含氨基)、脯氨酸(含亚氨基),除此之外其他含有氨基或亚氨基的化合物种类也很多,如对氨基苯磺酸等。羧基上的羟基与氨可脱水缩合形成—CO—NH$_2$,含有此结构的化合物称为酰胺,在碳链中间的形式是—CO—NH—,称为酰胺键,蛋白质分子中氨基酸与氨基酸就是通过酰胺键连接的。蛋白质分子肽链上的酰胺键特称肽键。含有氨基和亚氨基的还有胍基和咪唑基。氨基中的氮原子电负性较强,可以结合氢离子形成—NH$_3^+$、=NH$_2^+$,因此氨基和亚氨基是碱性基团。

1.3.4.4　巯基(—SH)和二硫键(—S—S—)

巯基的"巯"指氢硫,带有巯基的化合物最常见的是半胱氨酸(HOOC—CH(NH$_2$)—CH$_2$—SH)、谷胱甘肽(G—SH)以及含半胱氨酸残基的各种蛋白质。谷胱甘肽、巯基蛋白及巯基酶的活性基团是巯基,通过巯基参与反应。两个半胱氨酸的两个巯基脱氢可以合成胱氨酸而在分子中形成—S—S—结构,—S—S—称为二硫键(二硫桥)。二硫键是巯基的氧化形式,用于连接不同肽链或同一肽链中两个不同半胱氨酸残基的巯基。二硫键是比较稳定的共价键,在蛋白质分子中起着稳定肽链空间结构的作用。二硫键数目越多,蛋白质分子对抗外界因素影响的能力越强,稳定性越好。二硫键可加氢再还原为巯基。

1.3.4.5　磷酸基(—H$_2$PO$_4$)

体内含磷酸基的化合物非常广泛,如葡萄糖 -6- 磷酸、磷酸烯醇式丙酮酸、核苷酸和核酸、磷酸蛋白质等。2 分子磷酸可以脱水缩合为焦磷酸酐(亦称焦磷酸酯),如 ATP 分子含有 3 个磷酸基, 3 个磷酸基之间含有 2 个磷酸酯(酐)键,此键断开时可释放大量能量,因此称为高能键。在细胞的很多代谢反应中,往往第一阶段的反应是使底物分子活化(使不活泼分子变得活泼以进行反应),活化的常见反应是由 ATP 提供一个高能磷酸基团给被活化的分子,如葡萄糖由 ATP 供能活化为葡萄糖 -6- 磷酸。

1.3.4.6　酯、酐、酰胺

含氧酸与醇的脱水缩合产物称为酯,如 3 分子脂肪酸和甘油(丙三醇)脱水缩合形成的三酰甘油(甘油三酯,即脂肪)就属于一种酯类;由于—OH 与—SH 具有相似的性质,所以羧酸和硫醇会形成硫酯,例如,辅酶 A 的巯基与乙酸的羧基脱水缩合形成的乙酰辅酶 A(简称 CoA)就属于一种硫酯。当硫酯键断裂时,也能释放出大量的能量,因此被称为高能硫酯键。含有高能硫酯键的化合物还有琥珀酸单酰 CoA、脂酰 CoA 等。

含氧酸与含氧酸的脱水缩合产物称为酐,如羧酸 - 羧酸酐、羧酸 - 磷酸酐、磷酸 - 磷酸酐等。羧基、磷酸基由于含有羟基,因此羧酸 - 羧酸酐、羧酸 - 磷酸酐、磷酸 - 磷酸酐相当于酸与醇的脱水缩合产物,因此这些酐也可称为酯。正如上述, ATP 分子中的 2 个高能磷酸酯键亦称为高能磷酸酐键。

羧酸与氨的脱水缩合产物称为酰胺 R—CO—NH$_2$,氨基酸的 α- 羧基与另一氨基酸的 α- 氨基脱水缩合形成的特殊酰胺键(—CO—NH—)称为肽键。

1.4　生物的分子组成与功能

组成生物的物质分为无机物（水、无机盐）和有机物（蛋白质、核酸、糖类、脂质、维生素、激素等）。研究蛋白质、核酸、糖类、脂类等生物大分子以及维生素和激素等生物小分子的组成、结构、性质和功能是生物化学的核心内容之一。

1.4.1　水——生命活动的介质

尽管水在整个宇宙中都很稀缺，但在地球上却非常丰富，以至于我们并不总是意识到它有多么特别。但水确实是非常特别的物质。首先，水是我们星球上唯一以固态（冰和雪）、液态（河流、湖泊和海洋）和气态（大气中的水）形式自然存在的物质。水分子在不同形态的水中处于不同的能量状态。水从固态到液态和从液态到气态所需的能量与水分子如何相互作用有关。进一步讲，水分子的这些相互作用与水分子中的原子的相互作用有关。其次水是生命之源，一切生命过程都离不开水。水是有机体中含量最丰富的组分，多数生物体含有70% 以上的水分。水是生物分子的天然溶剂和自然生存环境，水也是生物分子的一部分。理解水的结构与功能是理解生命系统如何运行的重要一环。

水分子中的共价键是在具有不同电负性的氧原子和氢原子之间形成的，共享电子更容易受到氧原子的吸引。结果，共享电子在化学键的氧原子端出现的时间更多。键的氢原子端相对正（对电子的吸引力较小），键的氧原子端相对负（对电子的吸引力较大），这就产生了所谓的偶极子。因为水分子中存在这种电子亲和力的差异，所以水分子是极性的，这意味着它的分子两端将有两个不同的、相反的部分电荷。水分子中每个氢氧键都会产生偶极子，并且这些偶极子不会相互抵消，从而使水分子整体保持极性（图 1-7（a））。由于分子中氢原子和氧原子带有相反的（尽管是部分的）电荷，因此附近的水分子像微小的磁铁一样相互吸引。带有 δ^+ 电荷的氢原子（δ 代表部分电荷，一个小于 1 个电子电荷的值）与相邻分子中带有 δ^- 电荷的氧原子之间的静电吸引力称为氢键（图 1-7（b））。氢键使水分子"粘"在一起。与其他类型的共价键或离子键相比，这些键相对较弱。事实上，氢键通常被称为分子间作用力，并不是真正的键。然而，氢键对水的行为有很大的影响。许多其他化合物也可以形成氢键，但水分子之间的氢键特别强。水分子的氧端与另外两个水分子形成氢键，水分子的每个氢原子都分别被一个单独的水分子吸引。因此，每个水分子可以吸引其他四个水分子，并形成一个立体的氢键连接网络，这使液态水的内聚力特别强，并赋予该物质许多独特的特性（图 1-7（c））。氢键较共价键长且弱，在液态水中的键能约为 20 kJ/mol，远低于 460 kJ/mol 的氢氧共价键。尽管单个氢键相对较弱，但水中存在的大量氢键将分子拉在一起，使水具有特殊的密度和相变特性。水的熔点、沸点以及汽化热都高于多数常见溶剂，该特性就是由相邻水分子间的氢键作用造成的。在室温下，水溶液的热能与断裂氢键的键能为同一数量级，因此单个氢键的寿命很短，只有 1×10^{-9} s，处于不断形成与破坏的过程中，但分子间所有氢键的集合使水溶液内存在巨大的凝聚力。平均而言，液态水分子将拥有 4 个可能的氢键中的 3 个，这是因为液体中的分子在不断运动。在冰中，水将形成所有 4 个可能的氢键，因为固体中的分子基本上被锁定在适当的位置。与液态相比，冰中的水分子彼此之间的距离更

远。因此,冰的密度比液态水小。虽然水的不同寻常的相密度特性在生物反应中似乎不太
重要,但它对地球上的生命却非常重要。如果冰不漂浮,那么在非常冷的水体中冰会下沉,
水的表面将失去隔冷效果,湖泊、河流和海洋的主要部分将自下而上完全冻结。世界将是一
个截然不同的地方,更不适合生存。

氢键不仅存在于水分子之间,任何一个强电负性原子(即氢受体,通常是有一对孤对电
子的氧原子或氮原子)都可以与结合在其上的氢原子(即氢供体)形成氢键。离子在水溶液
中以溶剂化的形式存在。阳离子与水分子的氧原子端、阴离子与水分子的氢原子端相互吸
引,称为离子 - 偶极作用。离子 - 偶极作用是溶剂化的本质,一个离子可形成多个离子 - 偶
极键,结果离子被溶剂化,被溶剂分子包围(图 1-7(d))。

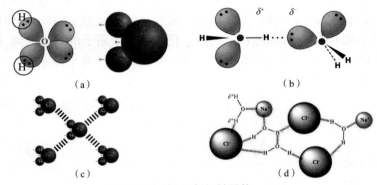

图 1-7　水分子与氢键网络

(a)水分子形成的偶极子　(b)水分子间氢键的形成　(c)水分子间形成的氢键网络　(d)水中离子的溶剂化

水的极性性质和氢键性质使其成为许多带电物质和极性物质的有效溶剂。而非极性物
质,包括 CO_2、O_2 及 N_2 等气体,均难溶于水。生物体衍生出水溶性的载体蛋白(如血红蛋
白、肌红蛋白)运载 O_2,而 CO_2 则是在液相中形成碳酸(H_2CO_3)并以碳酸氢根离子(HCO_3^-)
的方式运输。但是,生物体系中特别是很多生物大分子中含有大量的非极性基团,如非极性
氨基酸的侧链、脂肪链等,为了减小暴露在水中的非极性表面积,任何两个非极性表面将倾
向于结合在一起,疏水作用成为促使非极性区相互聚集的力量。许多生物分子是两性的。
蛋白质、色素、某些维生素以及膜上的固醇和磷脂均含有极性和非极性表面区。这些分子内
非极性区的疏水作用稳定其结构。脂质分子之间以及脂质分子与蛋白质之间的疏水作用是
决定生物膜结构的最重要因素。同样,非极性氨基酸间的疏水作用也稳定了蛋白质的三维
折叠构象。例如,水溶液中具有极性头部和非极性脂肪链的两性磷脂形成了生物体膜系统,
该系统充当了生物体与外界隔离并交换信息的完美屏障,使高等生物细胞内部形成了功能
分区。

水分子中的原子在不断运动,有时一个水分子中的氢原子会"跳"到另一个水分子中,
这种质子跳跃称为水的电离。这种电离产生一个水合质子(H_3O^+)和一个氢氧根离子(OH^-),
水合质子经常简写成 H^+。当然逆反应也在同时发生。水中有多少 H^+ 和 OH^- 存在? 非常非
常少! 中性水中的 H^+ 或 OH^- 与 H_2O 的比率为 $1 : 10^9$。由于水中的 H^+ 或 OH^- 很少,所以
它们很少相遇,也很少相互中和。

可以用 K_w 描述水的电离平衡: $K_w = [H^+][OH^-]$。水的 K_w 在一定的条件下保持不变。对

中性水，K_w 为 1×10^{-14} mol²/L²，$[H^+]$ 和 $[OH^-]$ 均为 1×10^{-7} mol/L。由于这种关系，如果 $[H^+]$ 上升，则 $[OH^-]$ 必须下降，反之亦然。为了方便起见，通常采用对数来表示 $[H^+]$ 和 $[OH^-]$。溶液的 $[H^+]$ 的负对数定义为 pH 值。溶液的 pH 值描述了溶液的酸度。酸性溶液的 pH 值小于 7，碱性溶液的 pH 值大于 7。pH = 7 的溶液是中性的。在体内，血液的 pH 值为 7.4，这对应于约 40 nmol/L 的 $[H^+]$。体内血液的 $[H^+]$ 只能在 37 nmol/L 和 43 nmol/L 之间变化，这样才不会产生严重的代谢后果。

在生命系统中，许多化学过程都涉及酸和碱之间的相互作用。布朗斯特（ Brönsted ）和劳莱（ Lowry ）在 1923 年提出的质子理论认为，凡是给出质子（H^+）的任何物质（分子或离子）都是酸；凡是接受质子（H^+）的任何物质都是碱。简单地说，酸是质子的供体，而碱是质子的受体。酸放出质子后变成了碱，而碱接受质子后就变成了酸。为了表示它们之间的联系，常把酸碱之间的这种关系叫作共轭酸碱。酸放出质子后形成的碱，叫作该酸的共轭碱；碱接受质子后形成的酸，叫作该碱的共轭酸。把相差一个质子的对应酸碱，叫作共轭酸碱。根据酸碱质子理论，酸或碱可以是中性分子，也可以是阳离子或阴离子。

根据酸碱质子理论，容易放出质子的物质是强酸，而该物质放出质子后就不容易形成碱，同质子结合的能力弱，因而是弱的碱。换言之，酸越强，它的共轭碱就越弱；反之，碱越强，它的共轭酸就越弱。根据酸碱质子理论，酸碱在溶液中所表现出来的强度，既与酸碱的本性有关，也与溶剂的本性有关。我们所能测定的是酸碱在一定溶剂中表现出来的相对强度。同一种酸或碱，如果溶于不同的溶剂，它们表现出来的相对强度也不同。例如乙酸在水中表现为弱酸，但在液氨中表现为强酸，这是因为液氨夺取质子的能力（ 即碱性 ）比水要强得多。这种现象进一步说明了酸碱强度的相对性。

酸释放其 H^+ 的难易程度由酸解离常数或 K_a 表示：

$$K_a = \frac{[H^+][A^-]}{[HA]}$$

pK_a 是 K_a 的负对数。强酸具有小的 pK_a。由上式可知，当 $[A^-]=[HA]$ 时，则 $K_a=[H^+]$。那么 $pK_a=pH$。以此为基础的亨得森 - 哈塞尔巴尔赫（ Henderson-Hasselbalch ）方程如下：

$$pH = pK_a + \lg \frac{[A^-]}{[HA]}$$

由于溶液的 pH 值取决于 H^+ 的浓度，因此添加或去除 H^+ 会极大地影响溶液的 pH 值。在哺乳动物体内，pH 值可以从胰液的 8 到胃酸的 1 不等。尽管体内液体之间的 pH 值差异很大，但每个系统内的差异很小。例如，健康个体的血液 pH 值仅在 7.35 到 7.45 之间变化。pH 值的巨大变化可能会危及生命。因此，生物体内都具有强大的 pH 缓冲系统。生物体内的缓冲液可以通过结合 H^+ 或 OH^- 来维持稳定的 pH 值。例如，血液中的碳酸与空气中的二氧化碳处于平衡状态，形成的碳酸氢盐缓冲系统使血液的 pH 值维持在 7.4 附近。

1.4.2　无机盐——参与和调节新陈代谢

无机盐是人体内无机化合物盐类的统称，仅占生物细胞鲜重的 1%~1.5%。在生物体中发现的元素超过 20 种，包括 Ca、P、K、S、Na、Cl、Mg 等大量元素，以及 Fe、Zn、Se、Mo、F、Cr、Co、I 等微量元素。无机盐的存在形式主要有两种：阳离子，如 Na^+、K^+、Ca^{2+}、Mg^{2+}、Fe^{2+} 和

Fe^{3+} 等;阴离子,如 Cl$^-$、SO$_4^{2-}$、PO$_4^{3-}$ 和 HCO$_3^-$ 等。虽然细胞中无机盐的含量非常低,但它起着重要作用:PO$_4^{3-}$ 是合成核酸以及 ATP 等有机物的原料;Ca^{2+} 是钙调蛋白的调节因子;Mg^{2+} 参与 ATP 酶的激活;Na$^+$ 和 K$^+$ 维持细胞渗透压以及保持细胞正常形态;Na$^+$、K$^+$、Ca^{2+} 参与肌肉收缩和神经冲动传递过程;H$_2$PO$_4^-$/HPO$_4^{2-}$ 和 H$_2$CO$_3$/HCO$_3^-$ 是生物体内重要的 pH 缓冲对。

对许多生物化学过程来说,无机离子的浓度必须保持在一定的范围之内。如果某个特定必需无机离子的浓度太低,需要利用该离子的过程将受到不良的影响,并且生物体将产生该离子的缺乏症。当特定离子的浓度高于一个较低界限时,才有足够的这种离子去完成它的生物作用。然而,浓度无限地增大会产生相反的结果。当高于一个较高界限时,无机离子将产生毒性效应。如不少金属形成的阳离子或与非金属结合形成的离子化合物是人类以及所有其他生物体所必需的物质,但其中有许多具有毒性。早在 4 000 多年前,人类就开始使用金属。希腊人与罗马人最早记载了金属的毒性及可能的治疗作用。工业社会对金属的使用,极大地改变了金属在自然界中的分布。格陵兰岛冰层中的金属含量随着文明社会的发展而发生变化:由于人类对铅的使用,格陵兰岛冰层中铅的含量比原来增加了 200 倍。自然界中的金属会改变存在形式,从而使其生物学特性与毒性发生改变。比如金属汞可以通过蒸发进入大气,从而在全球范围内分布。空气中的汞随着雨水进入土壤或水中,在细菌的作用下转变成甲基汞,再被较大的生物摄取,最终进入金枪鱼等鱼类的体内,这些鱼再被人类或其他动物捕食。最终汞元素在大型动物和人体内积聚,对生物体产生危害。

1.4.3 蛋白质——生命活动的主要表现者

蛋白质是生物体中最主要也是最丰富的有机成分。所有的组织器官都含有蛋白质,细胞的各个部分也都含有蛋白质。蛋白质具有非常重要的生物学功能,如参与基因表达的调节,细胞中氧化还原、电子传递、神经冲动传递乃至学习、记忆等生命活动过程。蛋白质还有免疫保护的作用,参与抗原、抗体的反应以及凝血机制。可以说,蛋白质是生命的重要物质基础,没有蛋白质就没有生命。

蛋白质的发现是一个漫长的过程。早在古代,人们就认识到蛋清和牛奶凝乳之间的相似性。1728 年,意大利学者雅可布·贝卡利(Jacopo Beccari)宣布,他在小麦面粉中发现了一种具有"动物物质"所有特征的物质。荷兰化学家格哈德斯·约翰尼斯·马尔德(Gerhardus Johannes Mulder)于 1837 年对常见的动植物蛋白质进行了元素分析。令所有人惊讶的是,所有蛋白质都有几乎相同的经验公式。他假设蛋白质中有一种基本物质,它是由植物合成并在消化过程中被动物吸收的。瑞典化学家永斯·雅各布·伯齐利厄斯(Jöns Jacob Berzelius)支持 Mudler 的理论,并在 1838 年提议将这种物质命名为"蛋白质"。蛋白质的第一个原子分辨率结构是在 20 世纪 60 年代通过 X 射线晶体学解析的。截至 2022 年,蛋白质数据库已拥有 188 849 个原子分辨率的蛋白质结构。

1.4.3.1 蛋白质的重要生理功能

1. 蛋白质是有机体的结构物质

细胞质的成分复杂,含结构物质、功能物质和能源物质,其中起主要支撑定型作用的结构物质是蛋白质。细胞间质的主要成分是蛋白质和多糖,在结缔组织中尤为明显。机体的结构物质还有皮肤的角质层、肌腱、肌肉纤维、毛发、角、甲等,这些结构的主体成分都是蛋白质。

2. 蛋白质是生物体的功能物质

如有机体的酶本身就是蛋白质,对代谢有促进与调节作用;蛋白质也可以作为载体,例如血红蛋白输送氧和二氧化碳等。蛋白质通常不是生物体的能源物质。生物体内能源物质的消耗顺序依次为糖类、脂肪、蛋白质,只有在生物消耗完体内可以动用的糖类和脂肪以后才会开始消耗蛋白质,这个时候的生物实际上已经处于非常危险的状态。

3. 蛋白质在生命起源中具有重要作用

大量研究证明生命起源首先是简单物质合成原始有机物,再逐渐发展为复杂的有机物。随自然条件演变,物质之间相互作用,产生具有代谢特征的原始生物,这种生物就是由蛋白质、核酸和其他有机物组成的蛋白质体(原始单细胞生物),再经亿万年演化,发展成近代微生物、动植物和人类。

1.4.3.2　蛋白质的类型与组成

1. 单纯蛋白

单纯蛋白只由氨基酸组成,根据其理化性质不同,又分为清蛋白、球蛋白、精蛋白等。

2. 结合蛋白

结合蛋白由单纯蛋白和非蛋白(亦称辅基)两部分组成。它又可分为以下几类:

(1)色蛋白,由蛋白质和色素物质结合而成,如细胞色素、血红蛋白等;

(2)糖蛋白,由蛋白质与多糖结合而成,如黏蛋白、膜糖蛋白等,这类蛋白有黏合与保护作用;

(3)磷蛋白,由蛋白质与磷酸结合而成,如卵黄蛋白;

(4)脂蛋白,由蛋白质与脂类结合而成,如脂蛋白类;

(5)核蛋白,由蛋白质与核酸结合而成,是细胞核及病毒的主要成分。

1.4.3.3　蛋白质的元素组成特点

蛋白质是含氮高分子有机物,一切蛋白质都含有氮,而且含氮量相当接近。氮的质量分数一般恒定在 15%~17% ,平均含量为 16%,即每 100 g 蛋白质中平均含氮量为 16 g,也就是说,含 1 g 氮相当于含 6.25 g 蛋白质(100/16 =6.25)。因此,只要测定出生物样品中氮的质量分数,就可算出其中蛋白质的含量。计算公式为:蛋白质含量 = 每克样品含氮克数 ×6.25。氮的质量分数的测定常用微量凯氏定氮法进行。

此外,蛋白质中还有碳(质量分数为 50%~55%)、氧(质量分数为 20%~23%)、氢(质量分数为 6.0%~7.0%)、硫(质量分数为 0.3%~2.5%)元素及微量的磷、铁、锌、锰和碘元素等。

1.4.3.4　蛋白质的分子组成

要研究蛋白质的分子组成,首先要将蛋白质水解,水解的方法有以下几种:酸水解法,例如用 3~12 mol/L 盐酸或 4~8 mol/L 硫酸水解;碱水解法,用稀的氢氧化钠溶液(5 mol/L)进行水解;酶水解法,各种蛋白水解酶都可以使蛋白质水解,酶水解方法不同,产物也不一样。蛋白质水解的最终产物是氨基酸,因此氨基酸是组成蛋白质分子的基本单位。

1.4.3.5　蛋白质的结构

　　蛋白质是一种由多种氨基酸组成的高分子化合物,这些氨基酸先通过肽键连接成肽链,而后肽链按照特殊的方式相互联系起来,组成蛋白质分子。目前,已经对氨基酸排列顺序、立体结构和多种蛋白质序列有了新的研究。

　　蛋白质的结构可分为一级结构、二级结构、三级结构和四级结构(图1-8)。通常将一级结构称为基本结构或化学结构,二、三、四级结构称为空间结构或高级结构。它们的主要概念如下。

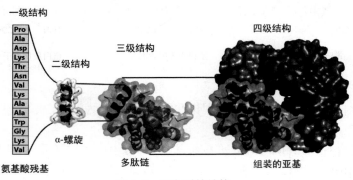

图 1-8　蛋白质的结构

1. 一级结构(又称初级结构)

　　一级结构指氨基酸残基如何连接成肽链以及氨基酸在肽链中的排列顺序。一个氨基酸的氨基与另一个氨基酸的羧基结合失去水形成的酰胺键,称为肽键。在一级结构中氨基酸残基主要靠肽键进行连接。因此多肽就成为一级结构的主体。

2. 二级结构

　　二级结构指蛋白质多肽链的折叠方式,实验证明二级结构主要是 α- 螺旋结构,其次是β- 折叠结构。氢键能维持二级结构的稳定性,起到固定螺旋折叠片层的作用。

3. 三级结构

　　三级结构指由螺旋肽链结构盘绕、折叠而成的复杂空间结构。二、三级结构均指一条链的螺旋或折叠,只是复杂程度不同而已。

4. 四级结构

　　四级结构指由两条以上多肽链连接在一起形成的空间结构。

　　所有的蛋白质都具有一级、二级和三级结构,但不一定具有四级结构。

1.4.3.6　蛋白质的性质

　　蛋白质是一种由多种氨基酸组成的含氮有机高分子化合物,因此氨基酸的许多特性也存在于蛋白质中,但蛋白质也具有一些其他重要的物理和化学特性。

1. 胶体性质

　　蛋白质可以在水中形成比较稳定的亲水胶体,这主要是由于蛋白质颗粒表面有许多极性基团,如—NH_2、—OH、—COOH、—SH 等,它们与溶液中的水分子相吸形成一层水化膜游离在蛋白质颗粒表面,这一层水化膜将蛋白质颗粒彼此分隔开,使这些颗粒不会因彼此之间相互接触碰撞而聚集成大颗粒沉淀下来;同时,由于蛋白质是两性电解质,在等电点以外的任何 pH 值下都带有相同的电荷,所以蛋白质颗粒互相排斥而不易聚沉。因此,水化膜和电荷排斥作用是蛋白质胶体维持稳定的两个重要因素。亦因此,蛋白质具有胶体的一般性质,如布朗运动、光散射、不能透过半透膜、具有吸附能力等。

2. 两性电离和等电点

蛋白质和氨基酸一样也是两性电解质,具有等电点。蛋白质的两性解离方式见图 1-9,其中 pI 表示等电点。

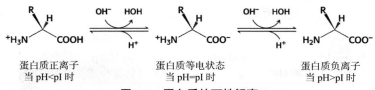

图 1-9　蛋白质的两性解离

由图 1-9 可以看出,蛋白质在等电点偏酸溶液中带正电荷,在等电点偏碱溶液中带负电荷,在等电点时为两性离子。人体正常 pH 值主要靠血液中的蛋白质来调节。因为蛋白质是两性电解质,所以带电荷的蛋白质粒子在电场中向带相反电荷的电极移动,这种移动称为蛋白质电泳。利用电泳法可以分离蛋白质。

3. 蛋白质的沉淀

蛋白质从溶液中析出的现象称为沉淀。要使蛋白质沉淀,需要破坏它稳定的胶体形态,由于水化膜和电荷排斥作用是蛋白质胶体维持稳定的两个重要因素,所以去除蛋白质分子的水化膜或者破坏电荷平衡会使蛋白质分子凝聚变大而沉淀。例如,在蛋白质溶液中加电解质,则蛋白质分子失去电荷变得不稳定而沉淀;重金属离子可与蛋白质结合成盐沉淀;加热可使蛋白质结构改变,疏水基外露而沉淀等。

4. 蛋白质变性与凝固

变性蛋白质分子凝集为固体的现象称为凝固。

引起蛋白质变性的因素很多,如加热(60~70 ℃),加酸、碱、有机溶剂,用紫外线照射,加重金属盐,等等。总的来说,蛋白质变性是这些因素引起蛋白质分子内部结构发生改变的结果。

蛋白质变性在实际应用中有重要意义,如在临床工作中采用加酒精、加热、用紫外线照射等方法消毒或灭菌就是为了使细菌蛋白质变性而杀死细菌。

1.4.4　核酸——生命活动的主宰者

核酸是生物体的基本组成物质,在生物的生长发育和遗传变异等生命过程中起着极其重要的作用。核酸是核蛋白的组分之一,它是从细胞核中提取和发现的,呈酸性,故称核酸。

1868 年冬天,年轻的瑞士医生弗里德里克·米歇尔(Friedrich Miescher)在蒂宾根大学的费利克斯·霍佩 - 赛勒(Felix Hoppe-Seyler)实验室工作,对白细胞的化学成分进行实验。他在蒂宾根医院收集用过的绷带,以收集脓液中的白细胞。1869 年初,经过广泛的检查,他发现了一种全新的细胞核物质。为了更彻底地检查该物质, Miescher 应用了他从猪胃中获得的胃蛋白酶。在酶的帮助下,脓细胞的蛋白质可以完全分解,只剩下纯的核酸。Miescher 对分离的物质进行了元素分析,并将核酸表征为以前未知的具有高磷含量的细胞物质。

1.4.4.1 核酸的分类

根据核酸分子所含戊糖的不同,可把核酸分为两大类:含有脱氧核糖的称为脱氧核糖核酸(DNA);含有核糖的称为核糖核酸(RNA)。核酸是核苷酸单体的多聚体,所以也称为多聚核苷酸。RNA 又分为 mRNA、tRNA 和 rRNA 三种。

1)信使 RNA(mRNA)

mRNA 约占总 RNA 质量的 5%,在核内合成,存在于细胞质中。其功能是将 DNA 的遗传信息传递到蛋白质的合成场所(核糖体),新合成肽链的氨基酸顺序由 mRNA 传递的信息决定。

2)转运 RNA(tRNA)

tRNA 占总 RNA 质量的 10%~15%,在核内合成,主要存在于细胞质的非颗粒部分中。它的功能是在蛋白质的生物合成过程中转运氨基酸到核糖体。tRNA 有许多种,每种 tRNA 专门转运一种特定的氨基酸。

3)核糖体 RNA(rRNA)

rRNA 约占总 RNA 质量的 80%,在核仁内合成,也存在于细胞质中。由于它是存在于核糖体中的核酸,故被命名为核糖体 RNA,是蛋白质合成的场所。

由此可见,三种 RNA 共同参与蛋白质的生物合成。

此外,DNA 和 RNA 在细胞内的分布也不同。大约 98% 以上的 DNA 存在于细胞核中,是染色体的主要成分,其他如线粒体、叶绿体甚至细胞膜上也有少量存在。90% 的 RNA 存在于细胞质中,约 10% 的 RNA 存在于细胞核中,唯有 rRNA 存在于核糖体内。

1.4.4.2 核酸的化学组成

核酸的单体是核苷酸,核苷酸之间通过磷酸二酯键连接形成多聚核苷酸(图 1-10)。

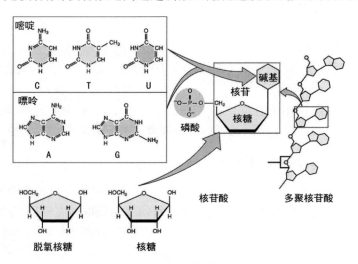

图 1-10 核酸的结构组成

1. 核酸的基本组成

俄罗斯医生和化学家菲伯斯·莱文（Phoebus Levene）首次发现了核苷酸的三个主要成分（磷酸、戊糖和含氮碱基）的顺序。他也是第一个发现 RNA 的碳水化合物成分（核糖）和 DNA 的碳水化合物成分（脱氧核糖）的人。核酸在强酸作用下完全水解，可以得到磷酸、戊糖和碱基三种成分。DNA 和 RNA 两类核酸中都含有磷酸，它们的区别在于戊糖和碱基（图 1-10）。核酸中的碱基分为嘌呤和嘧啶两类。其中嘌呤碱基主要有腺嘌呤（A）和鸟嘌呤（G）两种。嘧啶碱基主要有尿嘧啶（U）、胸腺嘧啶（T）和胞嘧啶（C）三种。DNA 分子中以脱氧核糖代替了 RNA 分子中的核糖，以胸腺嘧啶代替了 RNA 中的尿嘧啶，其他组分完全相同。由于组分不同，所以两类核酸的性质和功能也不同。

2. 核酸的基本组成单位——核苷酸

核酸经核酸酶水解后可得到核苷酸，核苷酸进一步水解可得到核苷和磷酸。由此可见，核苷酸是核酸的基本组成单位。核苷由戊糖与碱基组成，核苷与磷酸组成核苷酸。

RNA 中四种主要的核苷酸为腺嘌呤核糖核苷酸（AMP）、鸟嘌呤核糖核苷酸（GMP）、胞嘧啶核糖核苷酸（CMP）和尿嘧啶核糖核苷酸（UMP）。DNA 中四种主要的核苷酸为腺嘌呤脱氧核糖核苷酸（dAMP）、鸟嘌呤脱氧核糖核苷酸（dGMP）、胞嘧啶脱氧核糖核苷酸（dCMP）和胸腺嘧啶脱氧核糖核苷酸（dTMP）。

3. 核酸的结构

核苷酸通过 $3'$，$5'$ - 磷酸二酯键连接起来，就成为多聚核苷酸，即核酸。为了研究方便，可以把核酸的结构分成一级、二级和三级三个层次。

1）核酸的一级结构

多个核苷酸通过磷酸二酯键彼此连接起来，形成多聚核苷酸链，在这种多聚核苷酸链中核苷酸的排列顺序就称为核酸的一级结构，它和蛋白质的一级结构相似，也是一种平面结构。

核酸的一级结构有以下特点。

（1）由四种单核苷酸组成，以 $3'$，$5'$ - 磷酸二酯键连接成多核苷酸长链。

（2）戊糖和磷酸连接成核酸主链，碱基连在戊糖的 $1'$ 位碳原子上，不参与主链的形成。

（3）RNA 和 DNA 的多核苷酸链皆无支链。

（4）核酸的一级结构是决定核酸作为遗传信息的关键。任何一个核苷酸的缺失或位置颠倒等细微变化，都会导致核酸结构及其生物功能的改变，而且会遗传下去。

2）核酸的空间结构

核酸的空间结构包括二级和三级结构。研究比较多的是 DNA 的空间结构。

（1）DNA 的双螺旋二级结构。

根据 X 射线衍射分析法对 DNA 结构的研究分析结果，1953 年美国的詹姆斯·沃森（James Watson）和英国的弗朗西斯·克里克（Francis Crick）提出了双螺旋结构学说，这种双螺旋结构就是 DNA 的二级结构。其要点如下。

DNA 分子是由两条平行的多核苷酸链围绕同一中心轴盘旋成的螺旋状结构，好像一个螺旋形的梯子。如果把螺旋形梯子拉直，则梯子的两边是由许多磷酸和脱氧核糖相间隔连接而成的长链，阶梯是由两条多核苷酸长链上朝向分子内部的碱基通过氢键相互配对而连接的；两条链的方向相反，即一条由 $3' \rightarrow 5'$，另一条由 $5' \rightarrow 3'$。

（2）DNA 的三级结构。

实验指出，DNA 的双螺旋二级结构在某些情况下可进一步变为开环形、闭环超螺旋形的三级结构。超螺旋结构在碱性（pH 值为 12.6）及 100 ℃条件下可变为线团结构。

开环双链 DNA 可视为由直线双螺旋 DNA 分子的两端连接而成，其中一条链留有一个缺口。闭环双链超螺旋分子结构则可能是双链环形 DNA 结构因某种分子力学上的关系扭曲而成的。双链超螺旋结构紧密，当其链上出现裂口，即可变为松散的开环双链 DNA。

（3）RNA 的二级和三级结构。

tRNA 的多核苷酸链在平面上卷曲成三叶草形式的二级结构（图 1-11（a）和（b））。tRNA 的结构配对规律都是 A 对 U，G 对 C。形成氢键的部位称柄或臂，不能形成氢键的碱基配对区段形成环状突起，称为突环。三叶草形的草柄称为氨基酸臂，由 3′和 5′末端附近的碱基配对而成，而 3′末端的核苷酸序列都是 CCA，相当于"钩子"，其携带的氨基酸就连在 3′-OH 上。因此，tRNA 末端是携带氨基酸的部位。三叶草柄的对面称为反密码子（突）环，由 7 个碱基组成，其中顶端 3 个相邻未配对的碱基代表着某种氨基酸的反密码子（CGI），正好与三联密码子相对应。tRNA 就是靠反密码子在蛋白质合成中起翻译作用，例如苯丙氨酸的反密码子为 GAA，则相应的密码子为 CUU。左臂上有一个由 7 个碱基组成的 TψC 突环与核糖体结合有关；右臂上有一个由 8~12 个碱基组成的大突环，这是一种含有双氢尿嘧啶（DHU）的环状结构，称为 DHU（突）环或 D（突）环，是氨酰 tRNA 合成酶识别的特异性部位。tRNA 除含有 A、G、C 和 U 四种碱基外，还有一些修饰核苷，在 tRNA 中有一定的分布规律，并和 tRNA 的功能有关。tRNA 分子在二级结构的基础上进一步扭曲形成确定的三级结构。各种 tRNA 的三级结构都像一个倒置的 L，分子的右上端是氨基酸接受臂，下端是反密码子环（图 1-11（c））。原核生物的核糖体由大、小 2 个亚基组成，其上有 3 个 tRNA 结合位点，分别结合新进入的 tRNA、延伸中的 tRNA 和空载 tRNA（图 1-11（d））。

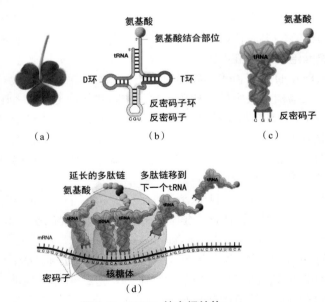

图 1-11　tRNA 的空间结构

（a）三叶草　（b）tRNA 的二级结构　（c）tRNA 的三级结构　（d）核糖体上正在转运氨基酸的 tRNA

4. 核酸的生物学功能

核酸虽有储存和传递遗传信息的功能,但它并不直接表现一般的遗传性状,表现遗传性状的是蛋白质(包括酶)。

(1)DNA 是遗传物质,生物体各种性状的控制因素以密码的形式,主要存在于核酸分子上,表现为特定的核苷酸排列顺序,并通过 DNA 复制把遗传信息一代代传下去。

(2)遗传信息的传递主要经过转录和翻译过程使后代表现出与亲代相似的遗传性状。转录是根据 DNA 脱氧核苷酸顺序决定 RNA 核苷酸顺序的过程。翻译是由 mRNA 核苷酸顺序决定蛋白质中氨基酸顺序的过程。这一段主要是由核苷酸链上的三联密码子决定的,也就是说,每三个密码子连接形成的三联体决定一种氨基酸。如果密码子发生错误,则可能引起生物个体性状变异。

1.4.5　糖类——生命活动的主要能源物质

糖类通称碳水化合物,是多羟基醛类或多羟基酮类物质。这类化合物大多数用经验式 $(CH_2O)_n$ 表示。碳水化合物是在生物体内发现的最丰富的一类有机化合物之一,它们起源于光合作用的产物。

人类天生喜欢甜味。酸、甜、苦、辣、咸这五味中,最特殊的是甜,因为甜味能带给人一种愉悦的满足感。从生理上来说,当人吃甜食时,人脑中的多巴胺神经元会被激活,使人有上瘾的快感。很长时间里,蜂蜜几乎是人类所知的唯一的天然甜味剂。直到蔗糖出现和普及以后,人们才获得了最广泛和最彻底的对甜味的满足。野生甘蔗最早起源于东南亚和印度半岛。刚开始人们仅仅咀嚼吮吸甘蔗的汁液,后来通过煮沸甘蔗汁,进行蒸馏、提纯和干燥等程序,制出了固体的糖。

糖类在生命活动中的主要作用如下。

1)供给能量

糖类是生物体内的主要能源物质,基本上生物是靠消耗糖类来保证能源供应的。人体所需的能量大约 70% 以上是由糖供给的,每克葡萄糖在人体内完全氧化可以产生 17.2 kJ 的热量。动物和微生物也是以糖类作为主要能源物质的。植物细胞中的储能物质是淀粉,动物细胞中的储能物质是糖原。高能磷酸化合物是 ATP、磷酸肌酸。

直接能源物质(ATP、ADP 和 AMP)可以互相转化,而且可以直接给细胞供能。它们主要由线粒体和叶绿体合成。

非直接能源物质(如糖类和脂质)平时储存在体内,如酮体、葡萄糖、淀粉和糖原,当体内能量需求增加时,可以分解利用。非直接能源物质在体内被细胞变成直接能源物质后才能供能。

2)合成其他物质

构成生物体的各种有机物质的碳骨架,大多数是由糖转化来的,因此糖是生物体合成物质的基本原料。

3)充当结构性物质

植物细胞和细菌都存在细胞壁,细胞壁的主要成分是多糖。

根据化学结构特点,糖类可分为以下三类:单糖、聚糖和糖的衍生物。单糖指简单的多羟醛或多羟酮。聚糖指各种单糖的聚合物,按分子中含单糖的多少分别称为多糖和低聚糖。

糖的衍生物包括糖的还原产物——多元醇，糖的氧化产物——糖酸，糖的氨基取代物——氨基糖，以及糖的磷酸酯等。

生物化学是在糖的研究中产生的。早期 Louis Pasteur 等化学家发现并阐明酵母将葡萄糖转化为乙醇的途径及其与动物碳水化合物代谢的关系。酵母和发酵在早期的科学发展中很重要，并且在生化机制、遗传控制、细胞特性等研究中占有重要的地位。酿酒酵母也是第一个被阐明基因组的真核生物。生物化学甚至可以称为羰基化学，因为几乎所有生物体使用的代谢途径都涉及碳代谢反应中的一种或多种。

1.4.5.1　单糖

自然界中的单糖主要是六碳糖和五碳糖。

单糖是不能再水解的最简单的糖类，它是多羟醇的醛或酮的衍生物，所以单糖可分为醛糖和酮糖两大类。

单糖按分子中所含碳原子的数目又可分为丙糖、丁糖、戊糖和己糖等。醛糖中己糖最常见，葡萄糖分布最广，应用最多；酮糖中果糖最常见。

1. 单糖的结构

由于多羟醛和多羟酮是开链化合物，所以早期人们认为单糖的结构也必然是链状。但后来发现单糖具有链状结构和环状结构。在溶液中，含有 4 个以上碳原子的单糖主要以环状结构存在。单糖分子中的羟基能与醛基或酮基可逆缩合成环状的半缩醛。环化后，羰基碳原子就成为一个手性碳原子，称为端基异构性碳原子，简称异头碳。环状结构有两种，分别是 α 和 β 结构。两种结构的相互转变要通过链状结构才可以实现。

1）链状结构

当碳原子的 4 个键分别与 4 个不同的原子或基团连接时，这种碳原子称为不对称碳原子。单糖分子是不对称化合物。葡萄糖和果糖的不同之处在于果糖分子比葡萄糖分子少一个不对称碳原子，即果糖第 2 碳位是酮基，而葡萄糖的第 1 碳位为醛基。

单糖有 D 型和 L 型两种异构体，理论上将由 D-甘油醛衍生出来的单糖称为 D-糖，由 L-甘油醛衍生出来的单糖称为 L-糖。在甘油醛的不对称碳原子上的—H 和—OH 基有 2 种排法，所以就有 2 种对映体（即 D 型与 L 型互成镜像）。—OH 在甘油醛不对称碳原子右边的称为 D 型，在左边的称为 L 型。单糖的 D 型及 L 型就是根据甘油醛的 D 型及 L 型确定的。

2）环状结构

很多化学家的研究证明单糖在水溶液中更多以环状结构存在。实际上，链状结构和环状结构是同分异构体。以葡萄糖为例，其环状结构有两种（α 型和 β 型），而且两者之间可以相互转化，伴随着旋光度的变化，称为变旋现象（图 1-12）。环状结构可以用两种方式表示：费希尔（Fischer）投影式和哈沃斯（Haworth）投影式。其中哈沃斯投影式是表示单糖环形结构的一种常用方法，名称来源于英国化学家沃尔特·诺曼·哈沃斯（Walter Norman Haworth）。哈沃斯投影式的书写规则如下。

（1）一般成环的原子只有氧原子和碳原子，氧原子会标注出来，碳原子一般省略，以折点表示。

（2）1 位碳原子称为异头碳，该半缩醛/酮碳原子是原非手性的羰基碳原子。由异头碳可衍生出两种异构体，称为端基差向异构体，半缩醛羟基与 5 位碳羟甲基在环平面异侧的定为 α- 异构体，反之定为 β- 异构体。

（3）连到碳原子上的氢原子可以写出,也可省略。

（4）粗线表示原子更接近观察者。在图 1-12 Haworth 投影式中,2、3 位碳原子(以及它们的对应羟基)最接近观察者,而 1、4 位碳原子距观察者更远,剩余的 5、6 位碳原子最远。

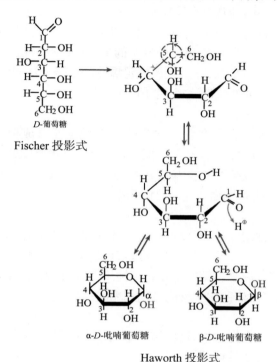

图 1-12　水溶液中葡萄糖两种构型之间的转变

2. 单糖的衍生物

生物体内的单糖有部分基团发生增减和变化,由此形成的化合物称为单糖衍生物。

1）单糖磷酸酯

生物体内常见的单糖磷酸酯(磷酸单糖)有磷酸葡萄糖、磷酸果糖,它们的磷酸酯基在 1 位或 6 位碳原子上。而磷酸核糖的磷酸酯基主要在 5 位或 3 位碳原子上。单糖以磷酸酯的形式参加代谢过程。

2）脱氧单糖

脱氧单糖有许多种,其中以脱氧核糖最重要,它是核酸的重要组成部分。例如, 2- 脱氧核糖是核糖第 2 位碳原子上的羟基脱去氧形成的。

3）氨基糖

氨基糖是多糖的重要组分,主要有氨基葡萄糖和氨基半乳糖,也称为葡萄糖胺和半乳糖胺,由于氨基取代了第 2 位碳原子上的羟基,所以全称为 2- 脱氧氨基葡萄糖和 2- 脱氧氨基半乳糖。氨基糖的氨基有的是乙酰化的,如由氨基葡萄糖的 3 位碳原子上的羟基与乳酸的羟基失水连接成的化合物乙酰胞壁酸,其存在于细菌的细胞壁中。

4）糖酸

醛糖中的羟甲基被氧化成羧酸基所得的产物为糖醛酸,醛基被氧化成羧酸基后所得的衍生物叫糖酸。醛糖氧化生成相应的糖酸、糖二酸或糖醛酸,它们都是机体的中间代谢产物,是生物体内比较常见的有机酸,常以内酯的形式存在。另外,抗环血酸(又称维生素 C)也是一种比较特殊的糖酸。

5)糖醇

所谓糖醇是原来单糖的羰基氧被还原生成的多羟基醇。常见的糖醇及其作用如下。甘油和肌醇都是脂的重要成分。核醇是黄素单核苷酸(FMN)和黄素腺嘌呤二核苷酸(FAD)的成分,也是磷壁酸的成分,磷壁酸是一种复杂的聚合物,常出现在某些革兰氏阳性菌的细胞壁中。木糖醇是木糖的衍生物,它是无糖的咀嚼胶的成分。D-山梨糖醇是发生在某些组织中的由葡萄糖转化为果糖的代谢途径中的中间产物。

6)糖苷

单糖在生物体内主要结合成多糖,此外还与非糖物质结合成糖苷。糖苷是单糖的半缩醛羟基与醇或酚的羟基反应失水形成的缩醛式衍生物。自然界中的糖苷有两种形式:O-糖苷和 N-糖苷。凡配基以氧原子与糖基连接的为 O-糖苷,配基以氮原子与糖基连接的为 N-糖苷。糖苷的化学性质和生物功能主要由非糖体决定。

3. 单糖的性质

单糖由于含有不对称碳原子,所以具有旋光性,因此有左旋糖与右旋糖之分。其旋光性常以比旋度表示。糖可以从 α 型变为 β 型,或进行可逆的转变,其比旋度会发生改变,这种现象称为变旋。旋光性和变旋是单糖的重要物理性质。同时,因为单糖分子中含有醛或酮基,所以也能发生与醛、酮等类似的化学反应。利用糖的这些化学性质可以对糖进行鉴定。

1)还原性

单糖的醛基和酮基均有还原性,环状结构中的半缩醛羟基同样具有还原性,所以含有游离的半缩醛羟基的糖称为还原糖。

单糖能将碱性的二价铜离子还原成一价铜离子,也能使银氨溶液发生银镜反应,单糖中的醛基或酮基被氧化为羧基。

还原糖的定性或定量可用碱性铜试剂(常称斐林试剂)与碘容量法结合进行。

2)苯肼反应

苯肼是单糖的定性试剂,它与单糖反应生成沉淀,即晶体糖脎,这种现象称为成脎作用。

1.4.5.2 低聚糖

低聚糖也称寡糖,自然界游离态的低聚糖主要是二糖和三糖,常见的主要有蔗糖、麦芽糖和纤维二糖等(图 1-13)。

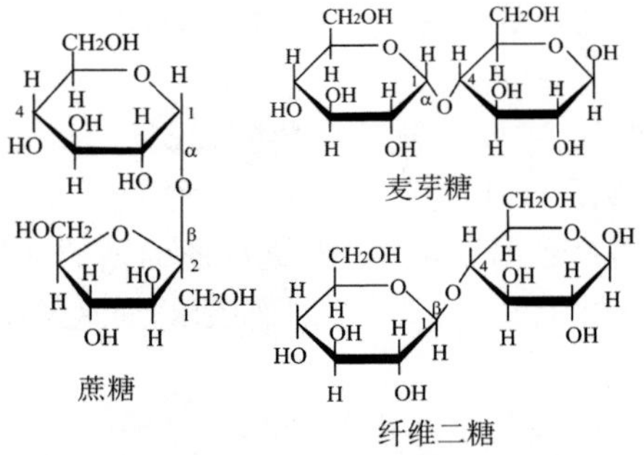

图 1-13　几种常见二糖的结构

1.4.5.3　多糖

植物、动物和微生物中都含有多糖,它是一种高分子糖类,由多个单糖分子缩合而成。

虽然多糖有多种类型,但最重要的是淀粉、纤维素和糖原,它们可以水解成单糖。从结构上讲,多糖可以是直链形态,也可以是支链形态,而支链形态可以看作由多个直链连接而成。多糖分为同聚多糖和杂聚多糖:同聚多糖是由相同的单糖组成的多糖,主要包含由葡萄糖组成的葡聚糖,如淀粉、纤维素、糖原等;杂聚多糖是由一种以上单糖或其衍生物组成的多糖,如肽聚糖等。

1. 淀粉

淀粉是高等植物的储存多糖,它是由 D- 葡萄糖组成的,分为直链和支链两种结构,结构不同,性质也不相同(图 1-14)。

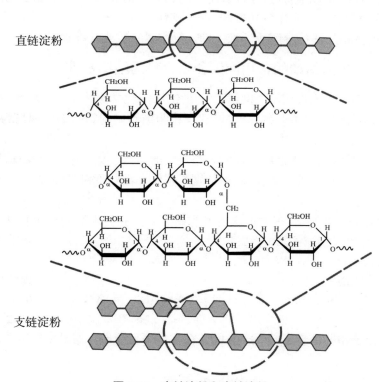

图 1-14　直链淀粉和支链淀粉

1)直链淀粉

直链淀粉是由 200~300 个葡萄糖以 α-1,4 糖苷键连接而成的。直链淀粉的相对分子质量较小,为 0.4 万 ~40 万。直链淀粉是一种不溶性淀粉,占淀粉的 10%~20%,遇碘呈蓝色。

2)支链淀粉

支链淀粉是一种具有支链结构的多糖类物质,相对分子质量比直链淀粉大,为 50 万 ~100 万,大约由 1 300 个葡萄糖基组成,先由 24 ~30 个葡萄糖单位以 α-1,4 糖苷键连接起来。两个短链之间的连接方式是第一个短链末端葡萄糖分子第 1 位碳原子上的羟基

（—OH）与邻近的另一个短链中葡萄糖分子第 6 位碳原子上的羟基（—OH）结合，即两个短链之间的连接为 1,6 糖苷键。

淀粉可酸解成葡萄糖，经酶水解产生麦芽糖。水解过程为：淀粉→红色糊精→无色糊精→麦芽糖。红色糊精与碘作用呈红色，无色糊精与碘作用不显色。

2. 糖原

糖原又称为动物淀粉，它广泛分布在人及动物体内。当血液中的葡萄糖充足时，葡萄糖会转化为糖原储存在肝脏、肌肉中，叫作肝糖原、肌糖原。

糖原的结构与支链淀粉相似，由 D- 葡萄糖组成，主链以 α-1, 4 糖苷键连接，支链与主链的连接为 α-1,6 糖苷键，只是糖原含的支链较多而已。

3. 纤维素

纤维素是自然界中分布最广、含量最高的一种多糖，是构成植物细胞壁的主要物质。

纤维素与淀粉、糖原一样，也是由葡萄糖组成的，但葡萄糖分子间的连接方式不同，纤维素是 β-D- 葡萄糖以 β-1,4 糖苷键连接的，不含支链。纤维素在稀酸溶液中不易水解，在浓度较高的强酸溶液中加热可分解成纤维二糖。纤维素经酸或纤维素酶水解可制成葡萄糖。

1.4.6　脂类——生命活动的备用能源和生物膜的结构基础

现代脂质化学的研究始于 17 世纪。19 世纪法国化学家米歇尔·尤金·谢弗勒尔（Michel Eugène Chevreul）确定了几种脂肪酸，建议将胆结石中的脂肪物质命名为"胆固醇"，创造了"甘油"一词，并表明脂肪由甘油和脂肪酸组成。20 世纪人们在脂蛋白结构和功能方面取得了许多进展，并探索了脂蛋白与疾病状态之间的关系。近年来研究发现，脂类在细胞发挥正常功能上的作用显得越发重要，脂类特别是磷脂和糖脂不仅是能源物质，而且是重要的膜结构物质。

脂类含有碳、氢、氧元素，有的还含有氮和磷元素。脂类水解后产生甘油和脂肪酸。根据组成脂类可分为单纯脂和复合脂。

1.4.6.1　单纯脂

单纯脂是由脂肪酸与醇（一般为甘油）组成的脂类，具体又可分为脂肪、油和蜡。脂肪是由甘油和脂肪酸（多为饱和脂肪酸）组成的甘油三酯，在常温下一般为固态。油中含不饱和脂肪酸和低分子脂肪酸较多，属于脂性油，在常温下呈液态。蜡是由长链脂肪酸和高分子一元醇组成的酯。

1. 脂肪的结构与种类

脂肪的化学成分是脂肪酸甘油三酯。脂肪酸是具有长碳氢链和一个羧基末端的有机化合物的总称（图 1-15（a））。甘油分子连接的三个脂肪酸分子可以相同，也可以不同（图 1-15（b））。甘油三酯第 2 碳位（β 碳位）的 RCOO—在碳链右侧者称为 D 型，在左侧者称为 L 型。自然界的脂肪多为含有不同脂肪酸的甘油三酯的混合物。天然脂肪皆为偶数碳的脂肪酸。常见的脂肪酸有饱和脂肪酸、不饱和脂肪酸、羟酸和环酸等。常见的饱和脂肪酸有丁酸（酪酸）、十六酸（软脂酸）、十八酸（硬脂酸）、二十酸（花生酸）、二十四酸等。常见的不饱和脂肪酸有十八碳一烯酸（油酸）、十八碳二烯酸（亚油酸）、十八碳三烯酸（亚麻酸）、二十碳四烯酸等。植物油中含有的不饱和脂肪酸比动物油中多。常见的羟酸有 12- 羟油酸（蓖麻油酸)和 2- 羟神经酸等。在上述常见脂肪酸名称中括号内为俗名,括号外为系统名称;在"酸"前加"烯"表示不饱和;"羟"前加的数字表示此脂肪酸中的羟基所在的从羟基碳位算起的碳位。

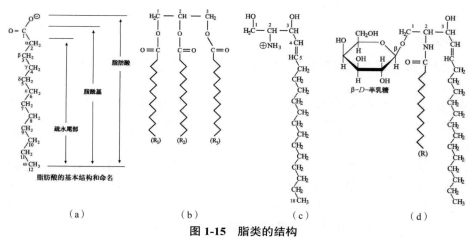

图 1-15 脂类的结构
(a)脂肪酸 (b)甘油三酯 (c)鞘氨醇 (d)半乳糖脑苷脂

2. 脂肪的性质和分析指标

脂肪不溶于水,而溶于有机溶剂(如苯、石油醚、乙醚等)。也就是说,脂肪是疏水的或其分子内有显著疏水部分。脂肪本身能溶解脂溶性维生素(如维生素 A、D、E、K)。脂肪的主要化学性质如下。

1)水解和皂化

脂肪可被胺、碱、蒸汽及酯酶水解,生成甘油和脂肪酸。在碱性溶液中,脂肪水解得到甘油和脂肪酸盐,这种水解称为皂化作用,得到的脂肪酸盐称为皂。甾体化合物、脂溶性维生素等溶于脂肪,但不被碱水解,故称不皂化物。

2)酸败作用

脂肪在潮湿空气中久置产生臭味,这种现象称为酸败。

酸败的原因有两点:一是脂肪长期经光和热或微生物作用发生水解,产生自由脂肪酸;二是空气中的氧使不饱和的脂肪酸氧化,产生醛、酮。

3)乙酰化作用

乙酰化是羟基脂肪酸发生的反应。含羟基的甘油酯和醋酸酐作用形成乙酰化酯(即乙酰基与—OH 结合)。

4)几种分析指标

常用皂化价、碘价、酸价和乙酰价来分析脂肪。

皂化价指皂化 1 g 脂肪所需的氢氧化钾(KOH)的质量(以毫克为单位计)。根据皂化价可知脂肪酸的平均相对分子质量。皂化价与脂肪(或脂肪酸)的相对分子质量成反比。

碘价指 100 g 脂肪所吸收的碘的质量(以克为单位计)。脂肪中的不饱和脂肪酸的双键可与碘发生加成反应,形成碘化物。由碘价可知脂肪酸的不饱和程度。这在油脂分析上有重要的意义。

酸价指中和 1 g 游离脂肪酸所需要的 KOH 的质量(以毫克为单位计)。它和皂化价的实质一样,可以用来判断脂肪酸败程度。

乙酰价指中和由 1 g 乙酰脂经皂化释放出的乙酸所需要的 KOH 的质量(以毫克为单位计)。从乙酰价可看出脂肪羟基化程度。

1.4.6.2 复合脂

复合脂是一类含有非脂性物质(如糖、磷酸和含氮碱等)的单纯脂衍生物,有时也称为类脂。

根据非脂性物质的不同,复合脂又可分为磷脂、糖脂和固醇三类。磷脂是含有磷酸和氮碱的脂类,如脑磷脂和卵磷脂。糖脂是一类含糖分子的脂类。

1. 磷脂

磷脂主要包括甘油磷脂和神经鞘磷脂,它们都含有磷酸成分。甘油磷脂中常见的是卵磷脂(磷脂酰胆碱)和脑磷脂(磷脂酰乙醇胺)。

卵磷脂分子中含有甘油、脂肪酸、磷酸和胆碱基团。含饱和烃基的卵磷脂常见的有软脂酸、硬脂酸,含不饱和烃基的卵磷脂常见的有油酸、亚油酸、亚麻酸、二十碳四烯酸等。卵磷脂分子中的磷酸胆碱基团为亲水端,有极性,易与水相吸,称为极性端;其余的脂肪酸碳氢链端为疏水端,不与水相吸,称为非极性端。

脑磷脂与卵磷脂的不同之处在于胆碱部分为乙醇胺。脑磷脂与卵磷脂性质相似,都不溶于水而溶于有机溶剂,但卵磷脂可溶于乙醇而脑磷脂不溶,故可用乙醇将二者分离。二者的新鲜制品都是无色的蜡状物,有吸水性,在空气中放置易变为黄色进而变成褐色。这是由分子中的不饱和脂肪酸被氧化所致的。

2. 糖脂

糖脂广泛存在于各种生物体中。自然界中的糖脂可按其组分中的醇基种类分为两大类:甘油糖脂和鞘糖脂。

糖基化的甘油醇脂类称为甘油糖脂,它存在于动物的神经组织、植物和微生物中,是植物中的主要糖脂,亦是某些细菌(尤其是革兰氏阳性菌)菌膜的常见组成成分。甘油糖脂与磷脂结构相似,主链是甘油,含有脂肪酸,但不含磷酸及胆碱等。糖类残基通过糖苷键连接在 1,2- 甘油二酯的第 3 碳位上构成糖基甘油酯分子。甘油糖脂具有多种生物活性。

鞘糖脂分子由三个基本结构组成:一是鞘氨醇,它是带有氨基的长链二醇,链长约 18 个碳原子(图 1-15(c));二是长链脂肪酸,链长 18~26 个碳原子,以酰胺键与鞘氨醇相结合,称为神经酰胺;三是极性基团的头部,通常连接在鞘氨醇第一个碳原子的羟基上,极性基团含有糖基。鞘糖脂分子中的糖基数目不等。仅含一个糖基的鞘糖脂统称脑苷脂,如半乳糖脑苷脂(图 1-15(d))。鞘糖脂具有血型决定功能。红细胞细胞膜上的鞘糖脂是 ABO 血型系统的抗原,血型免疫活性特异性的分子基础是糖链的糖基组成。A、B、O 三种血型抗原的糖链结构基本相同,只是糖链末端的糖基有所不同。

糖脂是构成细胞膜的成分之一,在细胞黏附、生长、分化、信号传递等过程中发挥着重要作用。

3. 固醇(又称甾醇)

固醇是环戊烷多氢菲的衍生物,是由四个环组成的一元醇。常见的固醇有胆固醇,主要存在于血液和体脂中,它也是大多数生物膜的组成部分,动脉粥样硬化患者的血清胆固醇含量常常偏高。另外还有麦角固醇,它是酵母及菌类的主要固醇,性质与胆固醇相似。

1.4.7　维生素和激素——生命活动的维持者和调节者

维生素和激素与前面所述的生物分子不同,它们在生物体内含量极少,但在生命活动中同样扮演着极其重要的角色。

1.4.7.1　维生素

维生素是维持人机体健康所必需的一类有机化合物。这类物质在人体内既不是构成身体组织的原料,也不是能量的来源,而是一类调节物质,在物质代谢中起重要作用。这类物质由于动物体内不能合成或合成量不足,所以虽然需要量很少,但不可或缺。人体犹如一座极为复杂的工厂,不断地进行着各种生化反应,这些生化反应与酶的催化作用有密切关系。酶要产生活性,必须有辅酶参加。已知许多维生素是酶的辅酶或者是辅酶的组成成分。因此,维生素是维持和调节机体正常代谢的重要物质。

波兰生物化学家卡齐米尔·芬克(Casimir Funk)是第一个提出食物中存在一系列对生命至关重要的有机物质的人,并在 1912 年创造了"维生素"一词。维生素的发现始于 20 世纪初的英国生物化学家弗雷德里克·高兰·霍普金斯(Frederick Gowland Hopkins)。1913 年他给老鼠喂食指定配方的饮食,提供当时已知的营养:脂肪、蛋白质、碳水化合物和无机盐。这些动物未能生长,但在饮食中添加少量牛奶既可以使动物正常生长,也可以恢复先前喂食配方饮食动物的生长。他认为,牛奶中可能含有一种或多种"辅助生长因子"——少量的必需营养素,因为在饮食中只添加少量牛奶就足以维持正常的生长发育。他将这种营养素称为"因子 A",后来这种脂溶性营养素被称为维生素 A。目前已发现 20 余种维生素,其中人体必需维生素有 13 种。

虽然各种维生素的化学结构以及性质不同,但它们却有着以下共同点:

(1)维生素不是构成机体组织和细胞的组成成分,也不会产生能量,其作用主要是参与机体代谢的调节;

(2)大多数的维生素,机体不能合成或合成量不足,不能满足机体的需要,必须经常通过食物获得;

(3)人体对维生素的需要量很小,日需要量常以毫克或微克计,但一旦缺乏就会引发相应的维生素缺乏症,对人体健康造成损害。

1.4.7.2　激素

细胞中存在数百种信号物质,用于调节机体内各种细胞在时间和空间上有序的增殖及分化,协调它们的代谢、功能和行为。这些信号物质包括激素、神经递质和细胞因子等。激素是内分泌细胞产生的一类具有高效信息传递作用的化学物质,它通过调节各种组织、细胞的代谢活动来影响人体的生理活动。激素的种类较多而数量极微(多数为纳克甚至皮克级水平),它既不是机体的能量来源,又不是组成机体的结构物质,但通过传递信息,在协调新陈代谢、生长发育等生理过程中充当了重要的角色。

一般认为在细胞之间传递生命信息的过程中,存在三类信使。第一信使是指各种细胞外信息分子,又称细胞间信号分子(即细胞因子)。这些生物活性分子由体内各种不同的细胞产生后,能够通过血液、淋巴液及其他各种体液等不同途径与靶细胞膜表面的受体结合,引起细胞内的特定反应。第二信使是指细胞外第一信使与其特异受体结合后,通过信息跨膜传递机制激活的受体,刺激细胞膜内特定的效应酶或离子通道,而在胞浆内产生的信使物质。这种胞内信息分子起到传导、放大胞外信息并将其变为细胞内可以识别的信息的作用。第三信使又称 DNA 结合蛋白,是负责细胞核内、核外信息传递的物质,能调节基因的转录水平,发挥转录因子的作用。这些蛋白质是在细胞质内合成后进入细胞核内,发挥信使作用的。

蛋白类激素等水溶性激素一般很难透过细胞膜进入靶细胞,只能与靶细胞表面的受体结合,通过引发细胞内产生第二信使发挥作用。例如,肾上腺素引发糖原降解就是通过第二信使 cAMP(环磷酸腺苷)介导的。cAMP 可以激活蛋白激酶 A(PKA),后者使磷酸化酶激酶 b 磷酸化为磷酸化酶激酶 a,后者使磷酸化酶 b 变为磷酸化酶 a,从而催化糖原分解为葡萄糖 -1- 磷酸。激素的调节过程,从激素→激素受体→ cAMP → PKA → PKA 靶酶→产生生理效应,不仅是一个激素信息的传递过程,而且构成了一个生物效应的放大系统,信号在传递过程中被逐级放大。因此,这一过程也被称为级联放大作用。类固醇类激素(如雌二醇和雄激素等)是亲脂的,它们很容易透过细胞膜而进入靶细胞内,与细胞质或细胞核内的受体相结合,并引发生理效应。

除了动物激素外,在植物中也发现了一些对植物生长发育(发芽、开花、结果和落叶)及代谢有控制作用的有机化合物,如植物生长素、赤霉素、细胞分裂素、脱落酸和乙烯等。

1.5　新陈代谢概述

新陈代谢是生命的特征,是生物不断进行自我更新的途径,是生物与周围环境进行物质和能量交换的过程。一方面,生物体将自身原有的组成成分经过一系列生化反应,分解为更为简单的成分进行重新利用或者排出体外,完成异化作用,此为分解代谢,是放出能量的过程;另一方面,生物体不断从周围环境中摄取物质,使外界成分通过一系列生化反应转化为生物体自身的组成成分,完成同化作用,此为合成代谢,是吸收能量的过程。分解代谢和合成代谢密切相关:没有分解代谢,生物体将没有物质的补给,也没有了提供动力的能源;没有合成代谢,生物体将被分解代谢最终消耗掉。所以对生物体而言,这两种代谢形式缺一不可。细胞呼吸是最重要的分解代谢,而光合作用是最典型的合成代谢。

新陈代谢的功能可归纳为五个方面:从周围环境中获得营养物质,又将代谢废物和热输出到环境中;将外界摄入的营养物质转变为自身需要的结构元件;将结构元件装配成自身的大分子,如蛋白质、核酸以及其他成分;提供生命活动所需的能量;细胞核中的遗传物质最终对各种反应起控制作用。

细胞是新陈代谢的基本单位,在细胞极其微小的空间内发生着数千种生物化学反应,细胞复杂的空间结构(特别是膜结构)固定了各代谢反应的空间和时间,使它们高度有序地进行。生物体内的新陈代谢并不是完全自发进行的,而是靠生物催化剂——酶来完成的。生物的生长发育、繁殖、遗传、运动、神经传导等生命活动都与酶的催化过程紧密相关。由于酶作用的专一性,每一种化学反应都有特殊的酶参与作用。生物体在长期的进化过程中形成了对新陈代谢进行精密调节的机制。酶的调节是其中最基本的代谢调节。在分子水平上,酶的合成与分解、酶活性的提高与降低直接控制着代谢反应的速率。由于基因的转录和翻译直接控制着蛋白质的合成,因此酶对代谢的调节很大程度上取决于信号转导对基因的调控作用。在细胞水平上,酶在生物膜上的定位使各步生化反应有序地进行,大大提高了代谢的效率。在生物个体水平上,真核多细胞生物各种器官的发育和分化使不同的代谢反应得到合理的分工安排。

1.5.1　能量的转换和储存

无论是分解代谢还是合成代谢,都伴随着能量的转化。太阳能是生物最根本的能量来源。例如,植物通过光合作用将太阳能转变为化学能,食草动物通过摄取植物获得能量,食肉动物则通过捕食食草动物而生存,即生态系统中的能量以食物的方式在不同营养水平的生物间传递。对于生物个体而言,食物不能直接供给生命活动所需的能量,能够直接提供给机体做功的能量物质是腺苷三磷酸(ATP)。ATP 是在细胞呼吸或光合作用的过程中,由腺苷二磷酸(ADP)和无机磷酸合成的。ATP、ADP 和无机磷酸广泛存在于生物体的各个细胞内,起着传递能量的作用,因此又称为能量传递系统。

生物体需要持续输入自由能来实现三个主要目的:①在肌肉收缩、腺体分泌等细胞运动中做机械功;②分子和离子的主动运输;③合成大分子和来自简单前体的其他生物分子以形成有序结构。这些过程中使用的自由能来自环境。热力学第一定律指出,能量既不能被创造也不能被摧毁。宇宙中的能量是恒定的。然而,能量可以从一种形式转化成另一种形式。光合生物或光养生物利用阳光的能量将简单的低能量分子转化为更复杂的高能量分子作为燃料。换句话说,光合生物将光能转化为化学能。事实上,这种转变最终是绝大多数生物体(包括人类)的主要化学能来源。化能营养生物,包括动物,通过将光合生物产生的食物氧化获得化学能。从碳水化合物的氧化中获得的化学能可使质子在生物膜上不均匀分布,从而导致质子梯度。反过来,这种梯度是一种能量来源,可使分子跨膜移动,可转化为其他类型的化学能,或者可以神经冲动的形式传递信息。此外,化学能可以转化为机械能。比如,动物将燃料的化学能转化为可收缩蛋白的结构改变,从而导致肌肉收缩和运动。最后,化学能也可以为生物分子合成的反应提供动力。

1.5.1.1　新陈代谢由许多耦合的、相互关联的反应组成

新陈代谢本质上是一系列相互关联的化学反应,从一个特定的分子开始,以一种精心定义的方式将其转化为其他分子。细胞中有许多这样定义的途径,这些途径是相互依赖的,它们的活动由极其敏感的通信方式协调,其中具有变构效应的酶占主导地位。

生物中的代谢途径可以分为两大类:将能量转化为生物可用形式的途径(分解代谢)和需要输入能量才能进行的途径(合成代谢)。在分解代谢中产生的有用的能量形式被用于合成代谢,从简单的结构中产生复杂的结构,或者从能量贫乏的结构中产生富含能量的结构。也有一些途径既可以是合成代谢也可以是分解代谢,这取决于细胞中的能量条件。它

们被称为两栖途径。

1. 热力学上的不利反应可以由有利的反应驱动

一条反应途径必须至少满足两个标准：①单个反应必须是特异性的；②构成该途径的整套反应必须在热力学上是有利的。特定的反应将仅从其反应物中产生一种特定的产物或一组产物。酶的功能就是提供这种特异性。新陈代谢的热力学可以用自由能来表示。只有当 $\Delta G<0$ 时，反应才能自发发生。反应的 ΔG 取决于反应物和产物的性质（由标准自由能变化 $\Delta G^{0'}$ 表示）及其浓度（由等式右侧第二项表示）。

$$\Delta G = \Delta G^{0'} + RT\ln\frac{[C][D]}{[A][B]}$$

一个重要的热力学事实是化学耦合系列反应的总自由能变化等于各个步骤的自由能变化之和。比如以下反应：

$$A \rightleftharpoons B + C \quad \Delta G^{0'} = +5 \text{ kcal/mol}(+21 \text{ kJ/mol})$$

$$B \rightleftharpoons D \quad \Delta G^{0'} = -8 \text{ kcal/mol}(-33 \text{ kJ/mol})$$

总反应：

$$A \rightleftharpoons C + D \quad \Delta G^{0'} = -3 \text{ kcal/mol}(-13 \text{ kJ/mol})$$

在标准条件下，A 不能自发地转化为 B 和 C，因为 $\Delta G>0$ 是正的。然而，在标准条件下将 B 转化为 D 在热力学上是可行的。因为自由能变化是相加的，A 到 C 和 D 的转换具有 -3 kcal/mol（-13 kJ/mol）的 $\Delta G^{0'}$，这意味着它可以在标准条件下自发发生。因此，热力学上不利的反应可以由与其耦合的热力学上有利的反应驱动。在此示例中，两个反应共有的化学中间体 B 将反应耦合。由此可知，代谢途径是由酶催化反应耦合形成的，因此该反应途径的总自由能是负的。

2. ATP 是生物系统中自由能的通用货币

正如使用共同货币促进商业一样，细胞代谢之间的"贸易"也通过使用共同的能量货币 ATP 促进。来自食物氧化和光的部分自由能被转化为 ATP，它在大多数需要能量的过程（如运动、主动运输、生物合成）中充当自由能供体。

ATP 是由腺嘌呤、核糖和三磷酸单元组成的核苷酸。ATP 的活性形式通常是 ATP 与 Mg^{2+} 或 Mn^{2+} 的复合物。ATP 作为能量载体的作用源自分子中的三磷酸部分。ATP 是一种富含能量的分子，因为它的三磷酸单元含有两个磷酸酐键。当 ATP 水解为腺苷二磷酸（ADP）和正磷酸盐（Pi）或当 ATP 水解为腺苷一磷酸（AMP）和焦磷酸盐（PPi）时，会释放出大量的自由能。这些水解反应的精确 $\Delta G^{0'}$ 取决于介质的离子强度以及 Mg^{2+} 和其他金属离子的浓度。在典型的细胞浓度下，这些水解反应的实际 ΔG 约为 -12 kcal/mol（-50 kJ/mol）。

ATP 水解释放的自由能被用来驱动需要输入自由能的反应，例如肌肉收缩。反过来，当燃料分子在化学营养生物中被氧化或当光被光合生物捕获时，ATP 由 ADP 和 Pi 合成。这种 ATP 和 ADP 之间的循环是生物系统中能量交换的基本模式。

一些生物合成反应是由类似于 ATP 的三磷酸核苷，即三磷酸鸟苷（GTP）、三磷酸尿苷（UTP）和三磷酸胞苷（CTP）的水解驱动的。这些核苷酸的二磷酸盐形式用 GDP、UDP 和 CDP 表示，单磷酸盐形式用 GMP、UMP 和 CMP 表示。酶可以催化末端磷酰基从一个核苷酸转移到另一个核苷酸。单磷酸核苷的磷酸化由一磷酸核苷激酶家族催化。核苷二磷酸的磷酸化由核苷二磷酸激酶催化，该酶具有宽泛的特异性。有趣的是，尽管所有的三磷酸核苷酸在能量上都是等效的，但 ATP 仍然是主要的细胞能量载体。此外，两种重要的电子载体烟酰胺腺嘌呤二核苷酸（NAD⁺）和黄素腺嘌呤二核苷酸（FAD）都是 ATP 的衍生物。由此可见，ATP 在能量代谢中的作用至关重要。

3. ATP 水解通过改变偶联反应的平衡来驱动新陈代谢

与 ATP 水解的偶联如何使原本不利的反应成为可能？以一个在没有自由能输入的情况下在热力学上不利的化学反应为例（这是许多生物合成反应常见的情况），假设化合物 A 转化为化合物 B 的标准自由能变化为 +4.0 kcal/mol（+17 kJ/mol）。

$$A \rightleftharpoons B \qquad \Delta G^{0'} = +4 \text{ kcal/mol}（+17 \text{ kJ/mol}）$$

该反应在 25 ℃下的平衡常数 K'_{eq} 与 $\Delta G^{0'}$ 相关：

$$K'_{eq} = \frac{[B]_{eq}}{[A]_{eq}} = 10^{-\Delta G^{0'}/1.36} = 1.15 \times 10^{-3}$$

因此，当 B 与 A 的摩尔比大于或等于 1.15×10^{-3} 时，不会发生 A 向 B 的净转化。然而，如果反应与 ATP 的水解相结合，A 可以在这些条件下转化为 B。新的总体反应是

$$A + ATP + H_2O \rightleftharpoons B + ADP + Pi + H^+ \qquad \Delta G^{0'} = -3.3 \text{ kcal/mol}（-13.8 \text{ kJ/mol}）$$

其标准自由能变化 -3.3 kcal/mol（-13.8 kJ/mol）是 A 转化为 B 的 $\Delta G^{0'}$ 值和 ATP 水解的 $\Delta G^{0'}$ 值之和。在 pH 值为 7 时，该偶联反应的平衡常数为

$$K'_{eq} = \frac{[B]_{eq}}{[A]_{eq}} \times \frac{[ADP]_{eq}[Pi]_{eq}}{[ATP]_{eq}} = 10^{3.3/1.36} = 2.67 \times 10^2$$

在平衡时，[B] 与 [A] 的比率由下式给出：

$$\frac{[B]_{eq}}{[A]_{eq}} = K'_{eq} \frac{[ATP]_{eq}}{[ADP]_{eq}[Pi]_{eq}}$$

细胞的 ATP 生成系统将 [ATP]/([ADP][Pi]) 值维持在高水平，通常为 500 L/mol 量级。对于这个比例，

$$\frac{[B]_{eq}}{[A]_{eq}} = 2.67 \times 10^2 \times 500 = 1.34 \times 10^5$$

这意味着 ATP 水解使 A 能够转化为 B，直到 [B]/[A] 达到 1.34×10^5。该平衡比与不存在 ATP 水解时反应 A $\rightleftharpoons$ B 的平衡比的值 1.15×10^{-3} 明显不同。换言之，ATP 的水解与 A 转化为 B 的结合使 B 与 A 的平衡比改变了约 10^8 倍。

我们在这里看到了 ATP 作为能量偶联剂的热力学本质。细胞通过使用可氧化底物或光作为自由能来源来维持高水平的 ATP。然后，在偶联反应中 ATP 分子水解使产物与反应物的平衡比改变非常大，数量级大约为 10^8。更一般地，n 个 ATP 分子水解将偶联反应（或反应序列）的平衡比改变了 10^{8n} 倍。例如，3 个 ATP 分子在偶联反应中的水解将平衡比改变了 10^{24} 倍。因此，热力学上不利的反应序列可以通过将其与新反应中足够数量的 ATP 分子的水解偶联而转化为有利的反应序列。还应该强调的是，前面的偶联反应中的 A 和 B 可

以非常笼统地解释，而不仅是不同的化学物质。例如，A 和 B 可以代表蛋白质的活化和未活化构象；在这种情况下，用 ATP 磷酸化可能是转化为活化构象的一种方式。这种构象可以储存自由能，然后可以用来驱动热力学上的不利反应。通过这种构象的变化，肌球蛋白、驱动蛋白和动力蛋白等分子马达将 ATP 的化学能转化为机械能。事实上，这种转换是肌肉收缩的基础。或者，A 和 B 可以指细胞外部和内部的离子或分子的浓度，如在营养物质的主动运输中，Na^+ 和 K^+ 跨膜的主动转运是由 ATP 对钠钾泵的磷酸化及其随后的去磷酸化驱动的。

4. ATP 是高能磷酸化合物的结构基础

磷酸基团转移是细胞内一种常见的能量耦合方式，也常用于细胞内信息的传递。3- 磷酸甘油等化合物水解的 $\Delta G^{0'}$ 远小于 ATP 水解的 $\Delta G^{0'}$，这意味着 ATP 比 3- 磷酸甘油具有更强的将末端磷酰基转移给水分子的倾向。换言之，ATP 具有比 3- 磷酸甘油更高的磷酰基转移势能。

ATP 是高能磷酸化合物的结构基础是什么？因为 $\Delta G^{0'}$ 取决于产物和反应物的自由能差异，所以必须根据 ATP 及其水解产物 ADP 和 Pi 的结构来回答这个问题。有三个因素很重要：共振稳定、静电排斥和水合稳定。ADP 和 Pi 具有比 ATP 更强的共振稳定性。此外，在 pH 值为 7 时，ATP 的三磷酸单元带有大约四个负电荷。这些电荷相互排斥，因为它们非常接近。当 ATP 水解时，它们之间的排斥力会降低。最后，水可以更有效地与 ADP 和 Pi 结合，而不是与 ATP 的磷酸酐部分结合，从而通过水合稳定 ADP 和 Pi。ATP 通常被称为高能磷酸化合物，其磷酸酐键被称为高能键。"波浪线"（～）通常用于表示这种键。尽管如此，化学键本身并没有什么特别之处。

5. 磷酸基团转移势能是细胞能量转化的重要形式

通过比较磷酸化合物水解的标准自由能变化，可以方便地比较磷酸化合物的磷酸基团转移势能。比较结果表明，ATP 并不是唯一具有高磷酰基转移潜力的化合物。事实上，生物系统中的某些化合物具有比 ATP 更高的磷酸基团转移势能。这些化合物包括磷酸烯醇丙酮酸（PEP）、1,3- 二磷酸甘油酸（1,3-BPG）和磷酸肌酸。因此，PEP 可以将其磷酸基团转移到 ADP 上形成 ATP。事实上，这是在糖分解过程中产生 ATP 的方式之一。重要的是，ATP 具有介于生物学上重要的磷酸化分子之间的磷酸基团转移势能。这个中间位置使 ATP 能够有效地作为磷酸基团的载体发挥作用。

脊椎动物肌肉中的磷酸肌酸作为高能磷酸基团的储存库，可以很容易地把磷酸基团转移给 ADP 生成 ATP。事实上，每次人体剧烈运动时，都会使用磷酸肌酸从 ADP 中再生 ATP。该反应由肌酸激酶催化。在静息肌肉中，这些代谢物的典型浓度为 [ATP]=4 mmol/L、[ADP]=0.013 mmol/L、[磷酸肌酸]=25 mmol/L、[肌酸]=13 mmol/L。肌肉中的 ATP 量不足以维持 1 s 的收缩活动。磷酸肌酸的丰度及其相对于 ATP 的高磷酰基转移潜力使其成为一种高效的磷酰基缓冲液。事实上，磷酸肌酸是 100 m 短跑前 4 s 内 ATP 再生的主要磷酸基团来源。之后，必须通过新陈代谢产生 ATP。

1.5.1.2 含碳燃料的氧化是细胞能量的重要来源

ATP 是生物系统中自由能的主要直接供体，而不是自由能的长期储存形式。在一个典型的细胞中，一个 ATP 分子在其形成后的 1 min 内被消耗掉。虽然体内 ATP 的总量限制在

100 g 左右,但这少量 ATP 的周转率非常高。例如,一个休息的人在 24 h 内消耗了大约 40 kg 的 ATP。当然这个过程只是 ATP 化学键的断裂,人的体重并没有觉察到明显变化。剧烈运动时,ATP 的利用率可能高达 0.5 kg/min。显然,拥有再生 ATP 的机制至关重要。运动、主动转运、信号放大和生物合成只有在利用 ADP 不断再生 ATP 的情况下才能发生。ATP 的产生是分解代谢的主要作用之一。葡萄糖和脂肪等燃料分子中的碳被氧化为 CO_2,释放的能量用于从 ADP 和 Pi 再生 ATP。

在好氧生物中,含碳分子氧化的最终电子受体是 O_2,氧化产物是 CO_2。因此,含碳分子开始还原的程度越高,其氧化的放能就越大。燃料分子氧化释放的能量在某些情况下用于产生具有高磷酰基转移电位的化合物,在另外一些情况下用于产生离子梯度。无论哪种情况,终点都是 ATP 的形成。

1. 高能磷酸化合物可以将碳氧化与 ATP 合成结合起来

含碳化合物在氧化过程中释放的能量如何转化为 ATP？ 例如 3- 磷酸甘油醛是在糖氧化过程中形成的葡萄糖代谢物。虽然醛氧化成酸会释放能量,然而氧化并不直接发生。相反,3- 磷酸甘油醛氧化会生成 1,3- 二磷酸甘油酸。释放的电子被 NAD^+ 捕获。1,3- 二磷酸甘油酸具有高的磷酸基团转移势能。因此,1,3-BPG 的裂解可以与 ATP 的合成偶联。含碳化合物氧化释放的能量最初被用于生成高能磷酸化合物,然后用于生成 ATP。

2. 跨膜的离子梯度提供了一种重要的细胞能量形式,可以与 ATP 合成偶联

由燃料分子的氧化或光合作用产生的跨膜离子梯度的电化学电位最终为细胞中大部分 ATP 的合成提供动力。通常,离子梯度是将热力学不利反应与有利反应耦合的通用方法。事实上,在动物中,碳燃料氧化产生的质子梯度占 ATP 产生的 90% 以上。这个过程称为氧化磷酸化。然后可以使用 ATP 水解形成不同类型和功能的离子梯度。例如,可以利用 Na^+ 梯度的电化学势来泵送 Ca^{2+} 出细胞或将营养物质(如糖和氨基酸)输送到细胞中。

3. 从燃料分子中提取能量可分为三个阶段

英国科学家汉斯·克雷布斯(Hans Krebs)描述了生物体中食物氧化产生能量的三个阶段。

在第一阶段,食物中的大分子被分解成更小的单元。蛋白质水解成 20 种氨基酸,多糖水解成葡萄糖等单糖,脂肪水解成甘油和脂肪酸。这个阶段严格来说是一个准备阶段,在这个阶段没有捕获有用的能量。

在第二阶段,这些众多的小分子被降解为几个在新陈代谢中起核心作用的简单单位。事实上,它们中的大多数(糖、脂肪酸、甘油和几种氨基酸)都被转化为乙酰辅酶 A 的乙酰基单元。这一阶段产生了一些 ATP,但与第三阶段相比,数量较少。

在第三阶段,ATP 由乙酰辅酶 A 的乙酰基单元的完全氧化产生。第三阶段由柠檬酸循环(也称为三羧酸循环或 Kreps 循环)和氧化磷酸化组成,这是燃料分子氧化的最终共同途径。乙酰辅酶 A 将乙酰基单元带入柠檬酸循环,在那里它们被完全氧化成 CO_2。对于每个被氧化的乙酰基,有 4 对电子被转移(3 对 NAD^+ 和 1 对 FAD)。然后,当电子从这些电子载体的还原形式流向 O_2 时,会产生质子梯度,该梯度用于合成 ATP。

1.5.1.3　代谢途径包含许多反复出现的基本元件

由于反应物和反应的数量庞大,新陈代谢的理解似乎令人生畏。然而在这些复杂代谢途径网络中可以发现一些共同的主题,包括常见的代谢物、化学反应和调控方式。

1. 通用的活化载体实现了新陈代谢的模块化设计和经济性

我们已经看到,磷酸转移可用于驱动其他的吸热反应,改变蛋白质的构象能量,或用作改变蛋白质活性的信号。所有这些反应中的磷酸基团供体都是 ATP。换句话说,ATP 是磷酸基团的活化载体,因为从 ATP 转移磷酸基是一个放能过程。活化载体的使用是生物化学中反复出现的主题,下面将列举几种这样的载体。

1)用于燃料氧化的活化电子载体

在好氧生物中,燃料分子氧化的最终电子受体是 O_2。然而,燃料分子不是直接将电子转移给 O_2,而是将电子转移到特殊的电子载体上,它们或者是吡啶核苷酸,或者是黄素。这些电子载体再以还原形式将它们的电子转移到 O_2 上。

烟酰胺腺嘌呤二核苷酸(NAD^+)是燃料分子氧化过程中的主要电子载体之一(图 1-16)。NAD^+ 的反应活性部分是它的烟酰胺环,一种由维生素烟酸合成的吡啶衍生物。在底物的氧化过程中,NAD^+ 的烟酰胺环接受一个氢离子和两个电子,相当于一个氢阴离子。这种载体的简化形式称为 NADH。在氧化形式中,氮原子带有正电荷,如 NAD^+ 所示。NAD^+ 是许多脱氢反应的电子受体。在这种反应中,底物的一个氢原子直接转移到 NAD^+ 上,而另一个在溶剂中以质子的形式出现。底物失去的两个电子都转移到烟酰胺环上。

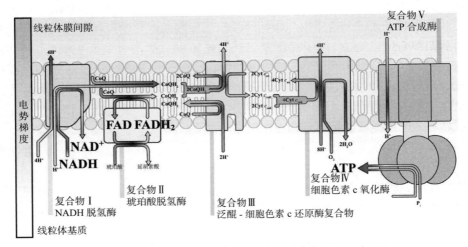

图 1-16　燃料分子氧化过程中的主要电子载体:NAD^+ 和 FAD

燃料分子氧化过程中的另一个主要电子载体是辅酶黄素腺嘌呤二核苷酸(FAD)。这种载体的氧化和还原形式的缩写分别是 FAD 和 $FADH_2$。FAD 的反应活性部分是它的异噁嗪环,它是维生素核黄素的衍生物。FAD 和 NAD^+ 一样,可以接受两个电子,但不同的是它占用两个质子。

2)用于还原性生物合成的活化电子载体

大多数生物合成反应都需要高能电子,因为产物的还原性比前体更强。因此,除 ATP 外,还需要还原力。例如,在脂肪酸的生物合成中,添加的二碳单元的酮基在其后几个步骤中被还原为亚甲基。这一系列反应需要输入四个电子。大多数还原性生物合成中的电子供体是 NADPH,即烟酰胺腺嘌呤二核苷酸磷酸($NADP^+$)的还原形式。NADPH 与 NADH 的不同之处在于其腺苷部分的 2- 羟基被磷酸酯化。NADPH 携带电子的方式与 NADH 相同。然而，NADPH 几乎专门用于还原性生物合成，而 NADH 主要用于生成 ATP。NADPH 上的额外磷酸基团是一个标签，使酶能够区分用于合成代谢的高电位电子和用于分解代谢的电子。

　　3）双碳片段的活化载体

　　辅酶 A（CoA）是新陈代谢的另一个中心分子，是酰基的载体。酰基在分解代谢（如脂肪酸的氧化）和合成代谢（如膜脂的合成）中都是重要的成分。CoA 中的末端巯基是反应位点。酰基通过硫酯键与 CoA 相连，所得衍生物称为酰基 CoA。通常与 CoA 相连的酰基是乙酰基，这种衍生物称为乙酰 CoA。乙酰 CoA 水解的 $\Delta G^{0'}$ 是一个很大的负值。硫酯的水解在热力学上比氧酯的水解更有利，因为 $C=O$ 键的电子与 $C—S$ 键形成的共振结构不如它们与 $C—O$ 键形成的共振结构稳定。活泼的硫酯键使乙酰 CoA 成为生物体内高效的乙酰化试剂。乙酰 CoA 通过放能的乙酰化反应将酰基转移给其他分子。

　　活化载体的使用说明了新陈代谢的两个关键方面。首先，NADH、NADPH 和 $FADH_2$ 在没有催化剂的情况下与 O_2 反应缓慢。同样，在没有催化剂的情况下，ATP 和乙酰辅酶 Ab 水解缓慢（数小时甚至数天）。虽然这些分子与 O_2（就电子载体而言）和 H_2O（就 ATP 和乙酰 CoA 而言）反应的热力学驱动力大，但这些分子在动力学上相当稳定。在没有特定催化剂的情况下，这些分子的动力学稳定性对其生物学功能至关重要。

　　其次，代谢中活化基团的大多数交换是由一小部分载体完成的。在所有生物体中存在一组反复出现的活化载体是生物化学反应的规律之一。此外，它说明了新陈代谢的模块化设计，即可以由一小组载体分子执行非常广泛的任务。由于这些基本设计的经济性和模块性，代谢过程变得非常高效。

2. 关键反应在整个代谢过程中反复出现

　　正如活化载体使用具有设计经济性一样，生化反应也存在设计经济性。数以千计的新陈代谢反应，种类繁多，令人眼花缭乱，但可以大致分为六种酶促反应类型。

　　（1）氧化还原反应是许多途径的重要组成部分。有用的能量通常来自碳水化合物的氧化。

　　（2）连接反应利用 ATP 裂解产生的自由能形成键。

　　（3）异构反应重新排列分子内的特定原子。其作用通常是为后续反应（例如（1）中描述的氧化还原反应）制备分子。

　　（4）转移反应扮演多种角色。如基团转移反应用于合成 ATP。

　　（5）水解反应通过添加水来裂解键。水解是分解大分子的常用方法，以促进进一步的新陈代谢或将某些成分重新用于生物合成目的。

　　（6）裂合反应向双键添加官能团或去除基团以形成双键结构。催化该类型反应的酶被归类为裂合酶。

　　这六种基本反应类型是新陈代谢的基础。所有六种类型都可以沿任一方向进行，具体取决于特定反应的标准自由能以及细胞内反应物和产物的浓度。

3. 代谢过程以三种主要方式进行调节

　　生物体必须严格调节构成中间代谢的复杂反应网络。同时，代谢控制必须灵活，因为细胞的外部环境不是恒定的。通过控制酶的数量、催化活性和底物的可利用性来调节代谢。

　　特定酶的数量取决于其合成速率和降解速率。大多数酶的水平主要通过改变编码它们的基因的转录速率来调节。例如,在大肠杆菌中乳糖的存在会在几分钟内诱导 β- 半乳糖苷酶的合成速率增加 50 倍以上,这种酶是分解这种二糖所需的酶。

酶的催化活性以多种方式控制,其中可逆变构控制尤为重要。例如,许多生物合成途径中的第一个反应被途径的最终产物变构抑制。这种类型的控制几乎是瞬时的。另一种重要机制是可逆的共价修饰。例如,糖原磷酸化酶是一种催化糖原分解的酶,它是一种糖的储存形式,当葡萄糖稀少时,它会通过磷酸化特定的丝氨酸残基而被激活。激素通常通过调节关键酶的可逆修饰来协调不同组织之间的代谢关系。肾上腺素等激素触发信号转导级联反应,导致目标组织(如肌肉)中代谢模式的高度放大变化。激素胰岛素促进葡萄糖进入多种细胞。许多激素通过细胞内信使发挥作用,例如 cAMP 和 Ca^{2+},它们协调许多靶蛋白的活性。

控制底物的流量也可以调节新陈代谢。底物在细胞的不同区室间转移,从而起到调节作用。例如,脂肪酸发生 β- 氧化反应前需要把底物脂肪酸从细胞质转运到线粒体,这个过程受到多种因素的调节。

新陈代谢的一个重要的一般原则是生物合成和降解途径几乎总是不同的。由于能量方面的原因,这种分离是必要的。它有助于控制新陈代谢。在真核生物中,代谢调节和灵活性也因区室化而增强。例如,脂肪酸氧化发生在线粒体中,而脂肪酸合成发生在细胞质中。区室化隔离了对立的反应。

新陈代谢中的许多反应由细胞的能量状态控制。能量状态的一个指标是能荷,它与 ATP 的摩尔分数加上 ADP 的一半摩尔分数成正比,因为 ATP 包含两个酸酐键,而 ADP 包含一个。因此,能量电荷定义为

$$能荷 = \frac{[ATP] + 1/2[ADP]}{[ATP] + [ADP] + [AMP]}$$

能荷可以具有从 0(所有分子以 AMP 状态存在)到 1(所有分子以 ATP 状态存在)的值。美国科学家丹尼尔·阿特金斯(Daniel Atkinson)表明,产生 ATP(分解代谢)的途径受到能荷的抑制,而利用 ATP(合成代谢)的途径受到高能荷的刺激。这些途径的控制可以将能荷保持在相当窄的范围内。换句话说,能荷就像细胞的 pH 值一样,是被缓冲的。大多数细胞的能荷范围从 0.80 到 0.95。

1.5.2 生物的分解代谢

生物的一切活动(包括生长、繁殖活动、各种合成作用以及其他生命活动)皆需要能量和结构元件。生物的分解代谢是指机体将来自环境或细胞自己储存的有机营养物质分子(如糖类、脂类、蛋白质等),通过逐步反应分解成较小的、简单的终产物(如二氧化碳、乳酸、氨等)的过程,又称异化作用。分解代谢伴有蕴藏在大分子复杂结构中自由能的释放。在分解代谢的某些反应中,产生的大部分自由能储存于 ATP 中,一些自由能以 NADPH 形式直接用于某些需能反应。

在生物体中,生物大分子的氧化叫作生物氧化,也叫作细胞呼吸或呼吸作用。生物大分子在生物体内的有氧氧化与在体外的燃烧氧化在本质上是相同的:都要消耗 O_2,产物都是 CO_2 和 H_2O。但是它们彼此之间又有许多不同之处,例如葡萄糖在体外燃烧时,释放出的能量 100% 以光和热能形式散失掉;而在体内氧化时,约有 40% 的能量储存到 ATP 分子中,还

有一些能量以磷酸肌酸的形式储存起来,供需要时使用。此外,在氧化方式上也存在着巨大的差异。葡萄糖在体外燃烧是一步完成的;而在体内氧化却是逐步进行的,并且几乎每一个反应步骤都有相应酶催化,是在 pH 值接近中性、体温条件下进行的,能量逐步释放,不产生高热等。

有氧呼吸是指细胞或微生物在氧气的参与下,通过多种酶的催化作用,把有机物彻底氧化分解(通常以分解葡萄糖为主),产生二氧化碳和水,释放能量,合成大量 ATP 的过程。有氧呼吸是高等动植物进行呼吸作用的主要形式,通常所说的呼吸作用就是指有氧呼吸。有氧呼吸在细胞质基质和线粒体中进行,且线粒体是细胞进行有氧呼吸的主要场所。生物化学将有氧呼吸主要分为两个阶段。第一阶段,是在细胞质里进行的糖酵解,即在无氧条件下把葡萄糖转化为丙酮酸,并产生少量 ATP 和 NADH。第二阶段,是在线粒体进行的柠檬酸循环,即在有氧条件下把丙酮酸转化为二氧化碳和水,并产生少量的 GTP 和大量的 NADH 与 $FADH_2$。最终,糖酵解和柠檬酸循环所产生的 NADH 和 $FADH_2$ 进入氧化磷酸化过程,代谢产生大量 ATP。至此完成有氧呼吸的全过程。

无氧呼吸是指在厌氧条件下,厌氧或兼性厌氧微生物以外源无机氧化物或有机物作为末端氢(电子)受体时发生的一类产能效率较低的特殊呼吸。外源无机氧化物主要有 NO_3^-、NO_2^-、SO_4^{2-}、$S_2O_3^{2-}$、CO_2、Fe^{3+} 等,有机物很少见,有延胡索酸、甘氨酸等。无氧呼吸的特点是底物按常规途径脱氢后,经部分呼吸链传递,最终由氧化态的无机物或有机物接受氢,并完成氧化磷酸化的产能反应。与有氧呼吸相比,无氧呼吸的产能效率更低,但较之单独发酵却高得多。进行无氧呼吸的微生物绝大多数是细菌。根据呼吸链末端氢(电子)受体的不同,可把无氧呼吸分为多种类型。末端的氢受体为无机物的有硝酸盐呼吸、硫酸盐呼吸、硫呼吸、铁呼吸、碳酸盐呼吸等。末端的氢受体为有机物的有延胡索酸呼吸、甘氨酸呼吸、二甲基亚砜呼吸、氧化三甲胺呼吸等。

呼吸作用具有很重要的生理意义,主要表现在下列两个方面。

1)呼吸作用提供生物生命活动所需要的大部分能量

呼吸作用释放能量的速度较慢,而且逐步释放,适合细胞利用。释放出来的能量一部分转变为热能,对于恒温动物来说,可以维持体温的恒定,这是很有意义的。一部分则以 ATP 等形式贮存。以后当 ATP 等分解时,就把贮存的能量释放出来,供生物生理活动需要。植株对矿质元素的吸收和运输,有机物的运输和合成,细胞的分裂和伸长,生物的生长和发育等,无一不需要能量。任何活细胞都在不停地呼吸,呼吸停止则意味着死亡。

2)呼吸过程为其他化合物合成提供原料

呼吸过程产生一系列的中间产物,这些中间产物很不稳定,成为进一步合成生物体内各种重要化合物的原料,也就是说,呼吸过程在生物体内有机物转变方面起着枢纽作用。

1.5.2.1　葡萄糖的有氧分解代谢

糖的有氧氧化是葡萄糖在有氧条件下,通过丙酮酸生成乙酰 CoA,再经三羧酸循环氧化生成水和二氧化碳的过程,反应过程可表示为

葡萄糖→丙酮酸→乙酰 CoA+CO_2 + H_2O

有氧氧化分为三个阶段:①葡萄糖→丙酮酸,与糖酵解过程相同;②丙酮酸→乙酰 CoA;③三羧酸循环及氧化磷酸化。

1. 丙酮酸氧化脱羧生成乙酰 CoA

在有氧条件下,丙酮酸进入线粒体,在丙酮酸脱氢酶系催化下脱氢脱羧,反应不可逆。丙酮酸脱氢酶系由 3 种酶组成,即丙酮酸脱羧酶、硫辛酸乙酰转移酶、二氢硫辛酸脱氢酶;另外 5 种辅酶参与反应,即 NAD、FAD、硫辛酸、焦磷酸硫胺素(TPP)和 CoA。氧化脱羧反应式为

$$CH_3COCOOH+HS\sim CoA+NAD \xrightarrow{\text{丙酮酸脱氢酶}} CH_3CO\sim SCoA +CO_2 +NADH+H^+$$

参与反应的各种酶以乙酰转移酶为核心,依次进行紧密相关的连锁反应,使丙酮酸脱羧、脱氢及形成高能硫酯键等反应迅速完成,提高了催化效率。

2. 三羧酸循环途径

三羧酸循环(TCA)是在 1937 年由 Hans Krebs 提出来的,所以又叫作 Krebs 循环(图 1-17)。为此 Krebs 获得诺贝尔奖,并被称为 ATP 循环之父。因为循环中的第一个中间产物是柠檬酸,故又称为柠檬酸循环。

三羧酸循环不仅是糖有氧分解的代谢途径,也是机体内一切有机物碳骨架氧化为 CO_2 的必经途径。它包括一系列酶促反应,循环初期乙酰 CoA 与草酰乙酸结合进入循环,经一系列反应又回到草酰乙酸。在这一循环中加水、脱羧,放出氢,这些氢经 NADH 等的传递,最后与分子氧结合成 H_2O,并释放出大量的能量,以维持正常的生命活动。在此过程中,草酰乙酸如同接触剂,参与反应但本身不消耗,开始时只需要少量即可转化循环,促进乙酰 CoA 降解。三羧酸循环的整个反应途径如图 1-17 所示。

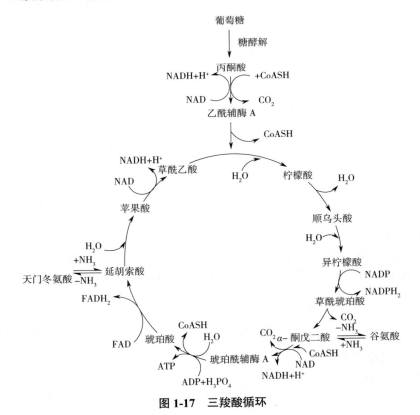

图 1-17 三羧酸循环

1.5.2.2　脂肪的分解代谢

1. 甘油的氧化

甘油经甘油磷酸激酶催化,先与 ATP 作用生成 α- 磷酸甘油,然后再脱氢生成磷酸 - 二羟丙酮。磷酸 - 二羟丙酮通过糖酵解进入 TCA 循环彻底氧化。动物体内的甘油也可按糖酵解的逆反应合成肝糖原,这里可以看出糖与甘油代谢的密切关系。

2. 脂肪酸的氧化

脂肪酸在进入 β- 氧化前,首先必须活化,使脂肪酸与辅酶 A 在脂酰 CoA 合成酶(即硫激酶)的催化下,由 ATP 供能,生成活化的脂酰 CoA,也称为活化脂肪酸,然后进入线粒体内进行 β- 氧化。

在微生物体内,使脂酸活化的酶为转硫酶。脂酰 CoA 进入线粒体,长链脂肪酸和脂酰 CoA 不能透过线粒体内膜而进入线粒体内,因此脂酰 CoA 必须经线粒体内膜内、外两侧的肉碱脂酰基转移酶(CAT-Ⅰ , CAT-Ⅱ)催化,与肉碱(3- 羟 -4- 三甲胺基丁酸)结合成脂酰肉碱,方可通过线粒体内膜将脂酰基带入线粒体内。

脂酰 CoA 进入线粒体后进一步在其 β 位碳原子上氧化,每次断下一个二碳物质(C_2),这一过程称为脂肪酸的 β- 氧化。这是生物体内脂肪酸氧化的主要途径。

简单地说,基本过程就是脂酰 CoA 在一系列酶的催化下,经过脱氢、加水、再脱氢及加 CoA 等几个连续反应,产生一分子乙酰 CoA(C_2 物质)和比原脂肪酸少两个碳原子的脂酰 CoA。如此重复多次 β- 氧化,可使一个长链的脂酰 CoA 分解成许多分子的乙酰 CoA(C_2 物质)。

1.5.2.3　蛋白质的分解代谢

生物要利用蛋白质首先要水解蛋白质,动物和植物是在体内水解蛋白质的;微生物则在细胞外水解。蛋白质经过蛋白酶水解成氨基酸,然后进入细胞内进一步氧化分解或转化。

水解蛋白质的蛋白酶普遍存在于生物体内。动物的蛋白酶又称肽酶,其水解蛋白质主要是破坏肽键。肽酶又分为肽链内切酶(内肽酶)、肽链外切酶(外肽酶)和二肽酶三类。内肽酶水解肽链内部的肽键,如胃蛋白酶和胰蛋白酶即属此类;外肽酶只能水解肽链两端的肽键,如氨肽酶、羧肽酶等;二肽酶只水解二肽。通常习惯上将内肽酶称为蛋白酶,外肽酶和二肽酶统称为肽酶。当然有的内肽酶也有端解作用。由于上述两种酶的专一性不同,所以形成的产物也不同。内肽酶水解蛋白质产生长短不同的多肽,外肽酶水解多肽产生氨基酸。

蛋白质水解产物氨基酸进一步在生物细胞内氧化分解或合成新的蛋白质。蛋白质在人和动物胃肠道中经胃蛋白酶、胰蛋白酶、糜蛋白酶、肽酶等催化水解成氨基酸而进入血液,也有少部分二肽可直接进入血液。因此,蛋白质的分解代谢,实际上是以氨基酸的分解代谢为中心的。

氨基酸分解代谢的主要途径是:经脱氨基作用产生氨和 α- 酮酸;氨的去路主要是合成尿素排出,少量转化成其他含氮物质;α- 酮酸的去路可以氧化或转变成糖和脂肪;少部分氨基酸经脱羧产生 CO_2 和氨类;通过特殊途径转化成其他化合物。

1.5.2.4　核酸的分解代谢

核酸的基本结构单位是核苷酸。核酸分解后产生核苷酸,核苷酸可以由生物体内的其他化合物合成,某些辅酶的合成与核苷酸代谢也有关。生物体中的核苷酸可能来自食物或体外核质类物质的分解和吸收,但主要来自细胞自身合成,因此核酸不属于营养必需物质。

核苷酸经过核酸酶、核苷酸酶和核苷磷酸化酶等的水解,产生戊糖、磷酸和碱基。戊糖可以参加磷酸戊糖支路进行代谢。磷酸除继续用于重要的磷酸化过程外,还可以随无机盐代谢规律进行代谢,只有碱基是核酸分解代谢的特有物质。因此可以认为,核酸分解代谢的中心是碱基(包括嘌呤和嘧啶)的分解代谢。

1. 核酸的分解

核酸分解的第一步是水解连接核苷酸的磷酸二酯键,生成核苷酸片段或单核苷酸。在生物体内有许多磷酸二酯酶,称为核酸酶。根据底物,核酸酶分为 DNA 酶和 RNA 酶;根据对底物的作用方式,分为核酸内切酶和核酸外切酶。核酸分解的产物有低聚核苷酸和核苷酸。这些产物既可用于核酸结构分析,又可用作基因工程的操作材料。核苷酸在机体内还可进一步分解和转化。

2. 核苷酸的降解

生物体内广泛存在核苷酸酶,可使核苷酸水解成核苷和磷酸。核苷酸酶无特异性,它对一切核苷酸都能水解。某些特异性核苷酸酶,如 3′ - 核苷酸酶只能水解 3′ - 核苷酸, 5′ - 核苷酸酶只能水解 5′ - 核苷酸。

使核苷分解的酶有两类。一类是核苷磷酸化酶,广泛存在于生物机体中,能使核苷磷酸分解成含氮碱和磷酸戊糖,其催化的反应是可逆的;另一类是核苷水解酶,主要在植物、微生物体内,只能使核糖核苷分解成含氮碱和戊糖,而对脱氧核糖核苷不起作用,它的催化反应是不可逆的。

3. 嘌呤的分解

不同种类生物分解嘌呤的能力不一样,因而代谢产物也各不相同。灵长类、鸟类及一些爬行类和昆虫对嘌呤的分解很不彻底,终产物尿酸仍然保留嘌呤的环状结构,只是氧化程度有所增高。其他多种生物则能进一步分解尿酸。

嘌呤的分解首先是在各种脱氨酶的作用下水解脱去氨基,使腺嘌呤转化成次黄嘌呤,鸟嘌呤转化成黄嘌呤。动物组织中腺嘌呤脱氨酶含量极少,而腺苷脱氨酶和腺苷酸脱氨酶活性较高,因此腺嘌呤的脱氨基主要在核苷和核苷酸水平上发生。鸟嘌呤脱氨酶分布较广,故鸟嘌呤的脱氨基主要在碱基水平上发生。由腺嘌呤脱氨生成的次黄嘌呤可在黄嘌呤氧化酶的作用下生成黄嘌呤,后者可在同一酶的作用下氧化成尿酸。

4. 嘧啶的分解

嘧啶碱和嘌呤碱一样,也可在生物体内进行分解,目前认为其在生物体内的代谢途径可能有两条,一是氧化途径(生物体内),二是还原途径(动物体内),最终产物是尿素、氨和 CO_2。

1.5.3　生物的合成代谢

　　生物的合成代谢，又称同化作用或生物合成，是从小的前体或构件分子（如氨基酸和核苷酸）合成较大的分子（如蛋白质和核酸）的过程。和分解代谢相反，合成代谢是从少数种类的构件出发，合成各式各样的生物大分子。生物合成导致分子更大、结构更复杂的物质产生，这个过程需要消耗自由能，能量通常由 ATP 直接提供。合成代谢和分解代谢是代谢过程的两个方面，二者同时进行。分解代谢生成的 ATP 可供合成代谢使用，合成代谢的构件分子也常来自分解代谢的中间产物。

1.5.3.1　生物分子单元的合成

1. 氨基酸的合成

　　固氮微生物可以使用 ATP 和固氮酶中的铁氧还蛋白将 N_2 还原为 NH_3。高等生物消耗固定的氮来合成氨基酸、核苷酸和其他含氮生物分子。NH_4^+ 主要以生成谷氨酰胺或谷氨酸的形式进入代谢途径。

　　氨基酸由柠檬酸循环和其他主要途径的中间体制成。人类可以合成 20 种基本氨基酸中的 11 种。这 11 种氨基酸被称为非必需氨基酸，而必需氨基酸必须从饮食中获取。非必需氨基酸的合成途径非常简单。谷氨酸脱氢酶催化 α- 酮戊二酸还原胺化为谷氨酸。在大多数氨基酸的合成中都会发生转氨反应。在这一步，氨基酸的手性就建立起来了。丙氨酸和天冬氨酸分别通过丙酮酸和草酰乙酸的转氨基作用合成。谷氨酰胺由谷氨酸和 NH_4^+ 合成，天冬酰胺的合成方法类似。脯氨酸和精氨酸来源于谷氨酸。由 3- 磷酸甘油酸形成的丝氨酸是甘氨酸和半胱氨酸的前体。酪氨酸是由苯丙氨酸羟基化合成的，苯丙氨酸是一种必需氨基酸。必需氨基酸的生物合成途径比非必需氨基酸的途径复杂得多。

　　四氢叶酸是一碳基团转移酶的辅酶，具有传递一碳单位的作用，在氨基酸和核苷酸代谢中起着重要作用。一碳单位是指仅含一个碳原子的基团，如甲基、亚甲基、羟甲基、甲酰基和亚氨甲基等。在代谢过程中，这些一碳单位不能游离存在，需要在载体的携带下从一种化合物转移到另一种化合物。S- 腺苷甲硫氨酸是甲硫氨酸（又称蛋氨酸）的活化形式，是甲基的直接供体，由 ATP 与甲硫氨酸合成。当活化的甲基转移到受体上时，会形成 S- 腺苷同型半胱氨酸。它被水解为腺苷和同型半胱氨酸，后者随后被甲基化为甲硫氨酸以完成活化的甲基循环（图 1-18）。

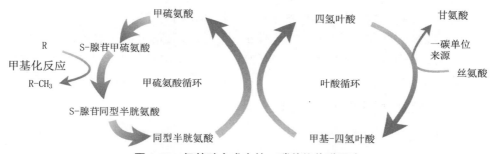

图 1-18　氨基酸合成中的一碳单位传递反应

大多数氨基酸生物合成途径受反馈抑制的调节,其中最终产物变构抑制了最终的步骤。分支途径需要分支之间广泛的相互作用,包括负调节和正调节。来自大肠杆菌的谷氨酰胺合成酶的调节是累积反馈抑制和通过一连串可逆共价修饰进行控制的例子。

氨基酸是多种生物分子的前体。谷胱甘肽用作巯基缓冲剂和解毒剂。谷胱甘肽过氧化物酶是一种含硒酶,通过谷胱甘肽催化过氧化氢和有机过氧化物的还原。一氧化氮(NO)是一种短命的信使,由精氨酸形成。卟啉是以甘氨酸和琥珀酰 CoA 为前体合成的。

2. 核苷酸的合成

生物体细胞利用磷酸核糖、氨基酸、一碳单位和 CO_2 等简单物质作为原料,经过一系列酶促反应合成核苷酸,该过程称为从头合成途径。补救合成途径是指利用体内游离的嘌呤或嘌呤核苷,经过简单的反应过程合成核苷酸的过程。

谷氨酰胺、CO_2 在胞液中由 ATP 供能,在氨基甲酰合成酶 II 的催化下,生成氨基甲酰磷酸。后者又在天冬氨酸转氨甲酰酶的催化下,将氨基甲酰基转移到天冬氨酸的氨基上生成氨甲酰天冬氨酸。氨甲酰天冬氨酸脱水环化,生成二氢乳清酸,再脱氢即成乳清酸(一种嘧啶衍生物)。乳清酸与 5- 磷酸核糖 -1- 焦磷酸(PRPP)作用生成乳清酸核苷酸,后者脱羧即成尿苷酸。尿苷酸是所有其他嘧啶核苷酸的前体。由尿嘧啶核苷酸转变成胞嘧啶核苷酸是在三磷酸核苷水平上进行的。UMP 经相应的激酶催化而生成 UDP 和 UTP,再由谷氨酰胺提供氨基,使 UTP 转变为 CTP。

嘌呤环由多种前体组装而成:谷氨酰胺、甘氨酸、天冬氨酸、N^{10}- 甲酰基四氢叶酸和 CO_2。嘌呤核苷酸从头合成的关键步骤是从 PRPP 和谷氨酰胺形成 5- 磷酸核糖胺。与嘧啶核苷酸的从头合成相反,嘌呤环组装在磷酸核糖上。添加甘氨酸,然后进行甲酰化、胺化和闭环,产生 5- 氨基咪唑核糖核苷酸。该中间体包含完整的嘌呤骨架五元环。添加 CO_2、天冬氨酸的氮原子和甲酰基,然后闭环,产生次黄嘌呤核苷酸(IMP)。AMP 和 GMP 由 IMP 转化生成。嘌呤核糖核苷酸也可以通过补救途径合成,其中预先形成的碱基直接与 PRPP 反应。

脱氧核糖核苷酸是 DNA 的前体,在大肠杆菌中通过核苷二磷酸的还原形成。这些转化由核苷二磷酸还原酶催化。通过硫氧还蛋白或谷氧还蛋白,电子从 NADPH 转移到该酶活性位点的巯基上。由还原酶中的铁中心产生的酪氨酰自由基引发对糖的自由基反应,导致在 C-2 处—H 与—OH 的交换。TMP 由 dUMP 甲基化形成。该反应中亚甲基和氢化物的供体是 N^5, N^{10}- 亚甲基四氢叶酸,后者转化为二氢叶酸。四氢叶酸通过 NADPH 还原二氢叶酸而再生。催化该反应的二氢叶酸还原酶可以被氨基蝶呤和甲氨蝶呤等叶酸类似物抑制。这些化合物和胸苷酸合酶抑制剂氟尿嘧啶被用作抗癌药物。

核苷酸是 RNA 和 DNA 的重要组成部分,也是许多其他关键生物分子的重要组成部分。氧化还原反应中常见的辅酶 NAD^+ 和 FAD 都含有 ADP 这一重要成分。酰基活化化合物 CoA 来源于 ATP。

1.5.3.2 核酸和蛋白质等生物大分子的合成

1. 核酸的合成

1)DNA 复制

DNA 聚合酶是模板导向的酶,通过 3′- 羟基对脱氧核糖核苷 5′- 三磷酸的最内层磷原子的亲核攻击催化磷酸二酯键的形成。它们不能从头开始进行链的合成,需要带有游离 3′- 羟基的引物。多种来源的 DNA 聚合酶具有共同的重要结构特征和催化机制。许多 DNA 聚合酶对新生产物进行校对:它们的 3′→ 5′ 核酸外切酶可能会编辑每个聚合步骤的结果,并在下一步进行之前切除错配的核苷酸。在大肠杆菌中,DNA 聚合酶Ⅰ修复 DNA 并参与复制。只有当酶、DNA 和正确 dNTP 的复合物形成时,才会产生催化活性构象,从而进一步提高保真度。解旋酶通过使用 ATP 水解来分离双螺旋链,为 DNA 复制铺平道路。

大肠杆菌中的 DNA 复制从一个独特的起点(oriC)开始,然后沿相反的方向依次进行,需要复制超过 20 种蛋白质。ATP 驱动的解旋酶展开 oriC 区域以创建复制叉。在这个分叉处,两条亲本 DNA 都作为合成新 DNA 的模板。由引发酶(一种 RNA 聚合酶)合成的一小段 RNA 启动 DNA 合成。一条 DNA 链(前导链)是连续合成的,而另一条链(滞后链)是不连续合成的。两条新链是由 DNA 聚合酶Ⅲ的二聚体协调作用下同时形成的。滞后链的不连续装配使其在原子水平上进行 5′→ 3′ 聚合,从而导致该链在 3′→ 5′ 方向上的整体增长。RNA 引物随后被具有 5′→ 3′ 核酸酶活性的 DNA 聚合酶Ⅰ水解,并用 DNA 填补空白。最后,新生的 DNA 片段通过 DNA 连接酶连接。真核生物的 DNA 合成比原核生物更复杂。真核生物需要数千个复制起点才能及时完成复制。

2)RNA 转录

所有细胞的 RNA 分子都是由 RNA 聚合酶根据 DNA 模板给出的指令合成的。活化的单体底物是核糖核苷酸。RNA 合成的方向与 DNA 一样,是 5′→ 3′。与 DNA 聚合酶不同,RNA 聚合酶不需要引物并且不具有核酸酶校对活性。

大肠杆菌中的 RNA 聚合酶是一种多亚基酶。全酶亚基组成为 $α_2ββ′ δ$,核心酶的亚基组成为 $α_2ββ′$。转录起始于由两个序列组成的启动子位点,一个位于 -10 附近,另一个位于 -35 附近,也就是说,在 5′(上游)方向上分别距起始位点 10 和 35 个核苷酸。-10 区域的共有序列是 TATAAT。δ 亚基使全酶能够识别启动子位点。RNA 聚合酶必须解开模板双螺旋才能进行转录。双螺旋展开暴露了模板链上的大约 17 个碱基,并为第一个磷酸二酯键的形成奠定了基础。RNA 链通常以 pppG 或 pppA 开头。δ 亚基在新链启动后从全酶解离。RNA 链的延伸使转录气泡沿着 DNA 模板以每秒约 50 个核苷酸的速率向前移动。新生的 RNA 链包含终止转录的终止信号。终止信号是一个 RNA 发夹结构后面跟着几个 U 残基。ρ 蛋白(一种 ATP 酶)读取不同的终止信号。在大肠杆菌中, tRNA 和核糖体 RNA 的前体在转录后被切割和化学修饰,而 mRNA 则原封不动地用作蛋白质合成的模板。

真核生物中的 RNA 合成发生在细胞核中,而蛋白质合成发生在细胞质中。细胞核中有三种类型的 RNA 聚合酶: RNA 聚合酶Ⅰ产生 rRNA 前体, RNA 聚合酶Ⅱ产生 mRNA 前体, RNA 聚合酶Ⅲ产生 tRNA 前体。真核启动子很复杂,由几种不同的元件组成。RNA 聚合酶Ⅱ的启动子位于 5′ 转录起始位点的一侧。每个都包含一个中心在 -30 和 -100 之间的 TATA 框和附加的上游序列。它们被称为转录因子的蛋白质识别。TATA 盒结合蛋白在 TATA 盒序列处展开和弯曲 DNA,并作为转录复合物组装的位点。TATA 盒结合蛋白启动活性转录复合物的组装。许多启动子的活性因增强子序列的存在而大大提高。增强子序列可以在几千个碱基的距离上发挥作用,它们可以位于基因的上游或下游。

3. 蛋白质的合成

蛋白质的合成被称为翻译,因为以核酸序列形式存在的信息被翻译成另一种语言,即蛋白质中的氨基酸序列。这一复杂过程由一百多种生物大分子的协同作用介导,包括 mRNA、rRNA、tRNA、氨酰 -tRNA 合成酶和蛋白质因子。鉴于蛋白质通常包含 100 到 1 000 个氨基酸,在蛋白质合成过程中掺入错误氨基酸的频率必须小于 10^{-4}。tRNA 是连接核酸和氨基酸的接头。这些分子是约 80 个核苷酸的单链,具有 L 形空间结构。

每个氨基酸都被一种称为氨酰 -tRNA 合成酶的酶激活并与特定的转移 RNA 连接。这种酶将氨基酸的羧基通过酯键连接到 tRNA 末端 CCA 序列腺苷单元的 2′ - 或 3′ - 羟基上。每个氨基酸至少有一种特定的氨酰 -tRNA 合成酶和至少一种特定的 tRNA。合成酶利用其同源氨基酸的官能团和形状来防止不正确的氨基酸与 tRNA 连接。一些合成酶具有单独的活性位点,错误连接的氨基酸在该位点通过水解被去除。氨酰 -tRNA 合成酶识别反密码子、接受臂,有时还识别其 tRNA 底物的其他部分。通过特异性识别氨基酸和 tRNA,氨酰 -tRNA 合成酶执行遗传密码的指令。

蛋白质合成发生在由大小亚基组成的核糖体颗粒上。核糖体由大约 2/3 的 RNA 和 1/3 的蛋白质组成。在大肠杆菌中,70 S 核糖体(2 700 kD)由 30 S 和 50 S 亚基组成。这里的 S 指的是斯韦德贝里(Svedbery)沉降单位。1 S=10^{-13} s。较大的颗粒沉降更快,具有较高的沉降系数(S 值)。然而,沉降系数没有可加性。沉降速率不仅取决于粒子的质量或体积,当两个颗粒结合在一起时难免造成表面积减小,因此单独 30 S 亚基和 50 S 亚基的 S 值加和与 70 S 核糖体的 S 值并不符。30 S 亚基由 16 S 核糖体 RNA 和 21 种不同的蛋白质组成;50 S 亚基由 23 S 和 5 S rRNA 以及 34 种不同的蛋白质组成。现在几乎所有核糖体成分的结构都已在或接近原子分辨率下确定。

蛋白质以氨基到羧基的方向合成, mRNA 以 5′ → 3′ 方向翻译。原核 mRNA 的起始信号是 AUG(或 GUG),前面是一个富含嘌呤的序列,可以与 16 S rRNA 进行碱基配对。在原核生物中,转录和翻译是紧密耦合的。几个核糖体可以同时翻译一条 mRNA,形成一个多核糖体。

核糖体包括三个用于 tRNA 结合的位点,称为 A(氨酰基)位点、P(肽基)位点和 E(出口)位点。将 tRNA 连接到 P 位点不断增长的肽链上,氨酰基 -tRNA 与 A 位点结合。当氨酰基 -tRNA 的氨基与肽酰 -tRNA 的酯羰基发生亲核反应时,形成肽键。在肽键形成时, tRNA 和 mRNA 必须易位以开始下一个循环。脱酰基化的 tRNA 移动到 E 位点,然后离开核糖体,肽酰 -tRNA 从 A 位点移动到 P 位点。

信使 RNA 的密码子识别 tRNA 的反密码子,而不是与 tRNA 相连的氨基酸。mRNA 上的密码子与 tRNA 的反密码子形成碱基对。一些 tRNA 被多个密码子识别,因为密码子的第三个碱基的配对不如其他两个碱基配对重要,具有摆动机制。

蛋白质的合成分三个阶段进行:起始、延伸和终止。在原核生物中, mRNA、fMet-tRNA$_f$(识别 AUG 的特殊起始 tRNA)和 30 S 核糖体亚基在起始因子的帮助下形成 30 S 起始复合物。然后一个 50 S 核糖体亚基加入这个复合体,形成一个 70 S 起始复合体,其中 fMet-tRNA$_f$ 占据核糖体的 P 位点。

延伸因子 EF-Tu 将适当的氨酰 -tRNA 作为 EF-Tu · 氨酰 -tRNA · GTP 三元复合物递送至核糖体 A(氨酰)位点。EF-Tu 既可保护氨酰 -tRNA 免受过早切割,又可通过确保在水解 GTP 并将氨酰 -tRNA 释放到 A 位点之前发生正确的密码子 - 反密码子配对来提高蛋白质合成的保真度。延伸因子 G 使用 GTP 水解的自由能来驱动易位。蛋白质合成由释放因子终止,释放因子识别终止密码子 UAA、UGA 和 UAG,并导致多肽和 tRNA 之间的酯键水解。

真核生物中蛋白质合成的基本方式与原核生物相似,但它们之间存在一些显著差异。真核核糖体(80 S)由一个 40 S 小亚基和一个 60 S 大亚基组成。起始氨基酸仍然是蛋氨酸,但它没有被甲酰化。真核生物中蛋白质合成的起始比原核生物更复杂。最接近 mRNA 5′ 端的 AUG 几乎总是起始位点。40 S 核糖体通过与 5′ 端帽子部位结合,然后扫描 RNA 直到抵达 AUG。真核生物中的翻译调控提供了调控基因表达的手段。许多抗生素通过阻断原核基因表达发挥作用。

1.5.4　新陈代谢的调控

1.5.4.1　新陈代谢网络

在研究新陈代谢时,一般每次只研究一种途径。但在生命系统中,许多代谢途径是同时运行的,相互交叉形成网络。因此,新陈代谢中错综复杂的反应网络需要相互协调,每条途径都必须能够感知其他通路的状态,才能以最佳方式发挥作用,从而满足有机体的需求。新陈代谢的基本策略很简单:形成 ATP、还原力和生物合成的构造单元。这种复杂的反应网络受变构相互作用,酶的可逆共价修饰及其量的变化、分隔,不同代谢器官之间的相互作用控制。催化途径中确定步骤的酶通常是最重要的控制位点。糖异生和糖酵解等相反的途径能够相互调节,因此当另一种途径高度活跃时,一种途径通常处于静止状态。

不同器官的代谢模式非常不同。在一般情况下,葡萄糖是大脑的唯一燃料。大脑不能储存燃料,因此需要持续供应葡萄糖。每天消耗约 120 g,相当于约 420 kcal(1 758 kJ)的能量输入,约占全身静息状态葡萄糖利用的 60%。大部分能量,估计从 60% 到 70%,用于为 Na^+-K^+ 的传输机制提供动力,以维持传递神经冲动所需的膜电位。大脑还必须合成神经递质及其受体来传播神经冲动。在饥饿期间,酮体(乙酰乙酸和 3- 羟基丁酸)成为大脑的主要燃料。脂肪组织专门用于三酰基甘油的合成、储存和动员。肾脏产生尿液并重新吸收葡萄糖。肝脏以多种代谢活动支持其他器官。肝脏可以快速调动糖原并进行糖异生,以满足其他器官的葡萄糖需求。它在脂质代谢的调节中起核心作用。当燃料充足时,脂肪酸会被合成、酯化并从肝脏输送到脂肪组织。然而,在禁食状态下,脂肪酸被肝脏转换为酮体。

1.5.4.2　代谢的调控

生物代谢调节是生物体不断进行的一种基本活动。生物通过各种代谢调节来适应内外环境的变化。细菌等单细胞原生生物是在自然界中广泛存在且反应灵敏的生物体:细菌中某些蛋白质的合成速率可能会因营养供应或环境挑战而变化超过 1 000 倍。多细胞生物的细胞也会对不同的条件作出反应。在激素和生长因子的作用下,此类细胞将在形状、生长速度和其他特征上发生显著变化。此外,多细胞生物中存在许多不同的细胞类型。例如,来自肌肉和神经组织的细胞显示出截然不同的代谢特性。代谢调节是在生物体各个组织和细胞的共同作用下完成的。根据生物的进化程度不同,代谢调节大体上可分神经、激素、酶和基因表达四个水平,而最原始也最直接的是酶水平的调节。神经、激素、基因水平的调节最终也通过酶起作用。

如果生命中有一种神奇的成分,那么酶肯定可以排在前列。由于酶的催化作用,在未催化的"现实世界"中可能需要数百年才能完成的反应,在酶存在的情况下会在几秒钟内发生。但是化学反应速度太快也是一件危险的事情。在酶的催化下,反应进行得越快,就越难控制。众所周知,超速会导致事故。正如司机需要控制驾驶速度,细胞也必须对其酶的水平进行调节,酶水平代谢调节主要有两种类型:一种是激活或抑制酶的催化活性,另一种是控制酶合成或降解的量。

代谢调节遵循最经济的原则。产能分解代谢的总速度不是简单地由细胞内燃料的浓度来决定,而受细胞需能量的控制。因此,在任一时期,细胞都恰好消耗适合能量需要的营养物。例如,家蝇全速飞行时,由于飞行肌肉对 ATP 突加的需要,其氧和燃料的消耗在 1 s 内可增加百倍。生物大分子和构件分子的合成也受当时细胞需要的调节。生长中的大肠杆菌合成 20 种基本氨基酸中,每一种的速率和比例都正好符合那时组建新蛋白质的需要,任一种氨基酸的生产都不会过剩或不足。许多动植物能贮存供能和供碳的营养物,如脂肪和多糖,但一般不能贮存蛋白质、核酸或简单的构件分子,只在需要时才合成它们。但植物种子和动物卵细胞常含有胚生长所需氨基酸来源的大量贮存蛋白质。

在基因表达的调控方面,在原核生物中,许多基因聚集成操纵子,它们是协调基因表达的单位。操纵子由控制位点(操纵子和启动子)和一组结构基因组成。此外,调节基因编码的蛋白质与操纵子和启动子位点相互作用以刺激或抑制转录。真核基因组更大、更复杂,因此需要更精细的基因调控机制。真核 DNA 与称为组蛋白的碱性蛋白质紧密结合形成染色质。DNA 被组蛋白包裹起来形成核小体,从而阻止进入许多潜在的 DNA 结合位点。染色质结构的变化在调节基因表达中起主要作用。RNA 转录的激活和抑制由蛋白质 - 蛋白质相互作用介导,比如雌激素可以与称为核激素受体的真核转录因子结合,诱导其构象变化。基因表达也可以在翻译水平上进行调节,例如在真核生物中,编码运输和储存铁的蛋白质的基因在翻译水平上受到调节,可以响应细胞铁状态的变化。

1.6　生物化学与环境保护

1.6.1　环境的概念

环境是指某一特定生物体或生物群体以外的空间,以及直接或间接影响该生物体或生物群体生存的一切事物的总和。环境总是针对某一特定主体或中心而言的,是一个相对的概念,离开了这个主体或中心也就无所谓环境,因此环境只具有相对的意义。

在环境科学领域,环境是以人类社会为主体的外部世界的总体。按照这一定义,环境包括了已经为人类所认识的、直接或间接影响人类生存和发展的物理世界的所有事物。它既包括未经人类改造过的众多自然要素,如阳光、空气、陆地、天然水体、天然森林和草原、野生生物等,也包括人类改造过和创造出的事物,如水库、农田、园林、村落、城市、工厂、港口、公路、铁路等。它既包括这些物理要素,也包括由这些物理要素构成的系统及其所呈现的状态和相互关系。

需要特别指出的是,随着人类社会的发展,环境的概念也在变化。以前人们往往把环境仅仅看作单个物理要素的简单组合,而忽视了它们之间的相互作用。进入 20 世纪 70 年代以来,人类对环境的认识发生了一次飞跃,人类开始认识到地球的生命支持系统中的各个组分和各种反应过程之间的相互关系。对一个方面有利的行动,可能会给其他方面造成意想不到的损害。

生命存在于一定的环境中,生命是环境的产物,又是环境的创造者与改造者,生命与环境的关系是相辅相成的。人类活动对整个环境的影响是综合性的,而环境系统也从各个方面反作用于人类,其效应也是综合性的。人类不仅以自己的生存为目的来影响环境,使自己的身体适应环境,为了提高生存质量,还会通过自己的劳动来改造环境,把自然环境转变为新的生存环境。这种新的生存环境有可能更适合人类生存,但也有可能恶化了人类的生存环境。在这一反复曲折的过程中,人类的生存环境已形成一个庞大的、结构复杂的、多层次、多组元相互交融的动态环境体系。

因此,地球上以人类社会为主体的生物体从产生到发展至今,其周围的客观环境在不断发生变化,一方面,人类必须通过学习充分认识环境污染物对人类健康和生态环境的影响机制,通过科学管理和防护降低其不利影响,以求达到人类社会与环境的协调一致;另一方面,人类又需要通过主观努力,利用所学知识和技术手段去改善现有环境,创造一个与人类当代生活相适应的新环境。

1.6.2　环境中的主要污染物

环境污染物是指进入环境后使环境的正常组成和性质发生变化,直接或间接有害于人类生存或造成自然生态环境衰退的物质,是环境监测研究的对象。大部分环境污染物是由人类的生产和生活活动产生的。有些物质原本是生产中的有用物质,甚至是人和生物必需的营养元素,由于未充分利用而大量排放,不仅造成资源上的浪费,而且可能成为环境污染物。环境污染物按污染类型可分为大气污染物、水体污染物、土壤污染物等。

1.6.2.1　水体中的主要污染物及来源分布

1. 需氧污染物

水体中最常见和普遍存在的一种污染物来源于生活污水和工业废水中有机化合物的分解,这个分解过程是在微生物作用下消耗氧来完成的,因此这部分污染物被称为需氧污染物。溶解氧(DO)是水质的重要表征参数,也是鱼类等高等水生动物生存的必要条件。水体中存在需氧污染物,其代谢必耗氧。当水体污染较轻时,好氧细菌使有机废物氧化分解至消失,因此 DO 之后不再下降。如果污染较严重,超过水体自净能力,则水中 DO 耗尽,将引起厌氧细菌进行下一步分解,同时常会出现黏稠的絮状物隔绝空气与水面,阻碍气体交换,此时可能会引起鱼类等水生动物的死亡。污染更严重者,水体厌氧,发黑,产生恶臭。

2. 植物营养物

所谓植物营养物主要是指氮、磷、钾、硫及其化合物。植物营养物对农作物生长有促进作用,但过多的营养物质进入天然水体,会恶化水体质量,影响水生生态系统的结构功能以及渔业的发展,危害人体健康。天然水体中过量营养物质的来源主要有三个途径:化肥施用;生活污水中的类便(氮的主要来源)和含磷洗涤剂;雨雪对大气的淋洗和对磷石灰、硝石、鸟粪层的冲刷,使一定量的植物营养物质汇入水体。

3. 重金属

重金属是一类典型的环境污染物,主要包括汞、镉、铅、铬、锌、铜、镍、锡、铊及类金属砷等生物毒性显著的元素。环境中的重金属主要来自采矿和冶炼工艺,很多行业部门也通过"三废"排放向环境输入重金属。重金属污染物最主要的特性是在水体中不能被微生物降解,而只能发生各种形态之间的相互转化,以及分散和富集。

4. 农药

农药被广泛用于保护粮食生产和满足全球粮食需求,但其也是环境污染物,会对水质、生物多样性和人类健康造成不利影响。其中有机氯农药是一类受全球关注的持久性有机污染物,如环保经典名著《寂静的春天》中导致"万鸟齐喑"景象的滴滴涕(DDT)。数据显示,全世界累计生产了约 180 万 t DDT。近年来的调查发现,在禁止使用有机氯农药几十年后,土壤中仍旧有这些化学物质逐渐释放。尽管现在推广的农药具有较好的降解性,但由于管理水平有限,也常常造成水体污染。农药可以通过径流和渗透进入地表水和地下水,污染水体,从而降低水资源的可用性。

5. 石油

石油也是构成水体污染的代表性物质。以海洋为例,目前因人类活动而进入海洋的石油每年超过 1×10^7 t,占全世界石油总产量的 0.3%~0.5%。其中河流和沿海工业排入海洋的石油总量占 6×10^6 t;由油船的压舱水、洗舱水和其他船上排入的污水有 5×10^5~1×10^6 t;由于海底油田开发和油井失事流入的超过 1.5×10^6 t;由汽油发动机排出的含油废气带入的约有 1.8×10^6 t 等。

6. 酚类化合物

水体中酚的来源主要是冶金、煤气、炼焦、石油化工、塑料等工业部门排放的含酚废水。由于各行业的原料、工艺、产品不同,各种含酚废水的浓度、成分、水量都有较大差别。如城市煤气站含酚废水可分高浓度和低浓度两种:高浓度废水含挥发酚的质量浓度为 2 300~3 000 mg/L,不挥发酚的质量浓度为 700~2 000 mg/L;低浓度废水含挥发酚的质量浓度为 40~60 mg/L,不挥发酚的质量浓度为 10~20 mg/L。又如石油加工厂含酚废水的主要特征是含酚量低,通常质量浓度为 50 mg/L 左右。另外,粪便和含氨有机物的分解过程中也会产生少量酚类化合物,因此城市污水也是酚污染物的来源。

7. 氰化物

水体中氰化物主要来自化学电镀、煤气、炼焦等工业行业排放的废水。对我国各地含氰电镀车间废水的实际调查表明,含氰废水中氰的质量浓度一般为 200 mg/L,化肥厂煤气洗气废水中氰的质量浓度约为 108 mg/L。氰化物是剧毒物质,一般人只要误服 0.1 g 左右的氰化钾或氰化钠便立即死亡。含氰废水对鱼类也有很大毒性,当水体中氰的质量浓度达 0.3~0.5 mg/L 时,可导致鱼类死亡。世界卫生组织规定鱼的中毒限量为游离氰 0.03 mg/L。生活饮用水中氰化物的质量浓度不许超过 0.05 mg/L,地面水最高容许的氰化物的质量浓度为 0.1 mg/L。

8. 酸碱及一般无机盐类

酸性废水主要有三个方面的来源:矿山排水、冶金和金属加工酸洗废水以及酸雨。

环境中酸、碱废水彼此中和,可产生各种盐类,它们分别与地表物质反应也能生成一般无机盐类,所以酸和碱的污染,也必然伴随着无机盐类的污染。

酸、碱废水破坏水体的自然缓冲作用,消灭细菌等微生物或者抑制其生长,妨碍水体的自净功能,腐蚀管道和船舶等设施。酸碱污染不但改变水体的 pH 值,而且大大增加水中无机盐类和水的硬度。

9. 放射性物质

大多数水体在自然状态下都有极微弱的放射性。第二次世界大战后,由于原子能工业特别是核电站的发展,水体的放射性日益增强。放射性物质主要来源于核电站、核武器的试验以及放射性同位素在化学、冶金、医学、农业等部门的广泛应用。污染水体中最危险的放射性物质有 ^{90}Sr、^{137}Cs 等,这些物质半衰期长,化学性质与生命必需元素 Ca、K 相似,进入人体后能在一定部位积累,增加对人体的放射性辐照,引起变异或癌症。放射性物质在水环境中含量很低,但能经食物链而富集。

10. 微型病原生物

水体中病原微生物主要来自生活污水,医院废水,制革、屠宰、洗毛等工业废水以及畜牧污水。微型病原生物有三类:病菌、病毒和寄生虫。

1.6.2.2 大气中的主要污染物及来源分布

大气污染物是指由于人类活动或自然过程排入大气,并对人、生物或环境产生有害影响的物质。全世界每年向大气中排放污染物的总量十分惊人。大气污染物种类很多,按其存在状态可概括为两大类,即气溶胶状态污染物和气体状态污染物。

1. 气溶胶状态污染物

气溶胶状态污染物包括粉尘、烟、飞灰、黑烟、雾等。

粉尘是指悬浮于气体介质中的小固体颗粒,粉尘粒子的直径一般为 1~100 μm,如黏土粉尘、石英粉尘、煤尘、水泥粉尘及各种金属粉尘等。它们是经过机械过程或自然过程形成的,初始形状往往是不规则的,受重力作用可发生沉降,但在一定的时间内能保持悬浮状态。

烟一般指冶金过程中形成的固体颗粒的气溶胶,是熔融物质挥发后生成的气态物质的冷凝物,其生成过程总是伴随着氧化过程的化学反应。烟粒子很小,直径一般在 0.1~1 μm。

飞灰指随燃烧过程产生的烟气排出的分散得很细的无机灰分。

黑烟通常指燃料燃烧产生的能见气溶胶,是燃料不完全燃烧的产物,除碳颗粒外,还有碳、氢、氧、硫等元素组成的化合物。

雾是指气体中液滴悬浮体的总称。在气象学中雾指能见度小于 1 km 的小水滴悬浮体。工程中雾泛指小液体粒子悬浮体,液体蒸气的凝结、液体的雾化等过程都可形成雾,如水雾、酸雾、碱雾和油雾等。

在大气污染控制中,根据大气中颗粒物的大小,还可将其分为飘尘、降尘和总悬浮颗粒物(TSP)。飘尘指大气中粒径小于 10 μm 的固体颗粒物,能长期漂浮在大气中,有时也称为浮游粒子或可吸入颗粒物。降尘指大气中粒径大于 10 μm 的固体颗粒物,因重力作用,在短时间内可沉降到地面。总悬浮颗粒物指悬浮于大气中的粒径小于 100 μm 的所有固体颗粒物,包括飘尘和部分降尘。

2. 气体状态污染物

气体状态污染物是指以分子状态存在的污染物,简称气态污染物。气态污染物可分为一次污染物和二次污染物。一次污染物也称原发性污染物,是由污染源直接排入大气中的原始污染物;二次污染物也称继发性污染物,是一次污染物进入大气后经过大气化学或光化学反应生成的与一次污染物性质不同的新污染物,主要有硫酸雾和光化学烟雾。

气态污染物种类很多,主要分为五类:含硫化合物(如硫氧化物)、含氮化合物(如氮氧化物)、碳氧化合物(如碳氧化物)、碳氢化合物及卤素化合物等。

1)硫氧化物

SO_2 是主要的硫氧化物,是大气中数量较大、影响范围较广的一种气态污染物。大气中的 SO_2 主要来自含硫燃料的燃烧过程,如采暖、发电;冶炼厂和石油精炼厂也排出 SO_2。

2)碳氧化物

CO 和 CO_2 是各种大气污染物中产生量最大的一类污染物,主要来自燃料燃烧和机动车、船尾气。CO 是一种窒息性气体,是含碳物质的不完全氧化形成的,主要来源于内燃机,因此 CO 的排放通常集中在城市街道附近和公路沿线。CO_2 虽然无毒,但当局部浓度过高时,则会使氧含量相对减少,对人体也有不良影响。另外,大气中 CO_2 浓度增加会引起温室效应。

3)碳氢化合物

大气中大部分的碳氢化合物来源于生物体的自然分解,人类生产活动也是碳氢化合物重要的排放源,如石油开采及冶炼、天然气和沼气泄漏。除甲烷等链烃化合物外,还有多环芳烃等复杂化合物,它们多数对人和其他生物有毒有害,有的甚至致畸、致癌。碳氢化合物还可以促进光化学烟雾的形成。

4)氮氧化物

氮和氧的化合物很多,造成大气污染的主要是一氧化氮(NO)和二氧化氮(NO_2),NO进入大气后也可氧化成 NO_2,在强氧化剂或催化剂的作用下,其氧化速度加快。NO_2 的毒性约为 NO 的 5 倍,NO_2 参与光化学反应形成光化学烟雾后,毒性更大。氮氧化物的主要来源是机动车、煤和天然气的燃烧以及肥料厂和炸药厂。

另外一些污染物,如氟化物、甲苯、氨、臭氧、过氧乙酰硝酸酯、醛类以及放射性物质也属于重要的空气污染物。

1.6.2.3　土壤中的主要污染物及来源分布

陆地生态系统中的污染物总体上包括三大类,即有机、无机污染物和生物性污染物。有机污染物又可根据其结构和化学性质的不同分为许多亚类,如卤代烃、酚类、邻苯二甲酸酯、多环芳烃、多氯联苯、有机氯农药、有机磷农药、氨基甲酸酯类等。

无机污染物包括氮、磷、硫等营养性污染物和重金属污染物。与陆地生态系统相比,营养污染物过剩会导致土壤和地下水中的硝酸盐累积,影响覆盖植被的生长。重金属污染物包括汞(Hg)、镉(Cd)、铅(Pb)、砷(As)、铬(Cr)、铜(Cu)和锌(Zn)等,一方面它们通过植物吸收、生物累积和生物放大作用损害人类和动物的健康,另一方面它们对陆地生态系统具有一定的急性毒性和蓄积毒性。此外,其他无机元素(例如硼、锰、铁、镍和氟等)及其化合物如果广泛存在,可能会造成土壤硬化,影响植物生长,某些元素(如氟)对人类和其他动物也有毒性。因此,应高度重视这些无机化学品在工业企业附近以及开采区域的污染。

放射性元素是一种特殊的无机污染物(如铯和锶等的裂变产物),虽然这些元素在环境中并不常见,但对环境损害非常明显,高剂量的放射性辐射不仅具有毒性,而且具有致癌致畸性和致突变性。因此,应注意陆地生态系统中的放射性元素污染,特别是在核爆区和核电厂,需要长期连续地监测环境中的放射强度。在核废料储存区,还应定期检测周围环境中的放射性元素含量,以避免核废料泄漏。

随着稀土矿物的开发及其在工业和农业生产中的应用,稀土元素的生态过程和对环境的影响已引起越来越多的注意。近年来,我国推广使用农用稀土肥料,虽然使用量并不大,但由于土壤和环境中稀土元素的积累,对土壤和水生生态系统带来的影响是未知的。与此同时,对植物体内稀土元素的吸收及其对食物链中高级生物的影响也处于探索阶段。因此,应当对农业中稀土元素的使用和稀土废物的处理持谨慎的态度。

1.6.3　生物化学理论与技术在环境保护中的应用

1.6.3.1　了解环境污染物对生物的毒性机制

环境污染物进入机体后首先会作用于生物大分子,致使生物大分子的结构发生变化,从而产生一系列的病变作用,因此研究污染物与生物大分子之间的作用有助于深入地阐述污染物的致毒过程,从而全面评价环境污染物的毒性(图 1-19)。

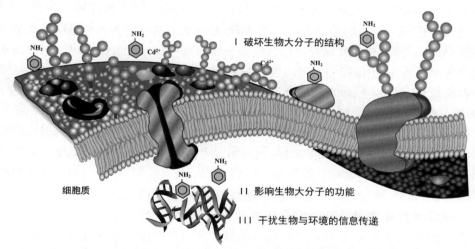

图 1-19　环境污染物对生物体的毒性作用

人们对环境污染的认识有一个由面及里的过程。最早的时候,人们评估环境质量的优劣只是通过颜色和气味(黑臭水体和黑烟);随着人们掌握了生物实验方法,可以利用生物的死亡和运动方式改变等肉眼可见的方式来表征污染物毒性;生物化学技术的出现给环境科学研究带来革命,使人们可以通过生物体中各种酶活性和基因表达模式的变化来评价环境污染物的毒性效应。

了解环境污染物对生物体的毒性机制,有助于化学品的生产与管控。氟乙酰胺、氟乙酸曾广泛用于杀虫剂和灭鼠药,在生物机体内可代谢生成氟乙酰 CoA。氟乙酰 CoA 的结构与乙酰 CoA 相似,因而可以进入三羧酸循环与草酰乙酸生成氟柠檬酸,与下一步反应的顺乌头酸酶紧密结合,抑制其活性,称为致死合成。氟乙酰胺剧毒,杀虫杀鼠立竿见影,但具有二次毒性,而且毒性可由污水传播,在植物体内滞留数月甚至数年。我国 1982 年禁止将氟乙酰胺用于灭鼠药。

通过研究环境污染物对生物体的毒性机制,也发现一些在环境中含量极低但影响较大的新型污染物,比如药品和个人护理品中的环境激素。环境激素,又称为内分泌干扰物质,是指由于人类的生产、生活而释放到环境中的,影响人体和动物体内正常激素水平的外源性化学物质。在正常情况下,生物机体的功能受控于内分泌系统、免疫系统、神经系统,而每个系统都是通过微量的激素保持机体的平衡。当环境激素进入生物体后,尽管其本身是外源的,但由于其分子结构与正常激素的相似,因此与正常分泌的激素竞争性地结合细胞中的激素受体,并与激素产生同样的作用。当靶器官将这种伪装的激素误认为是正常激素时,通过级联放大的途径输送信号,或是抑制激素的过剩分泌,或是促进激素分泌。由于这是受假情报的误导分泌激素,故无法保持机体的正常分泌而不可避免地发生异常。

1.6.3.2 利用生物细胞对污染物的分子响应实现生物监测

生物与其生活的周围环境是相互依存、相互影响、相互制约的。生物与生态环境之间不断进行着能量交换和物质交换,当生态环境受到污染后,生物体内就会出现大量有毒物质,随着时间的推移,有毒物质不断积累,导致生物的生长指标、分布状况发生巨大变化。例如,当水体被污染后,水体中藻类细胞的光合作用就会出现异常。因此,合理地利用生物对生态环境的反应就可以实现对环境污染状况的监测。生物传感器是实现实时生物监测的关键技术。生物传感器一般是由固定化的生物敏感识别元件(包括酶、抗体、抗原、微生物、细胞、组织、核酸等生物活性物质)、适当的理化换能器(如氧电极、光敏管、场效应管、压电晶体等)和信号放大装置构成的分析工具或系统。生物监测可用于不同生态系统的环境监测,它与其他环境监测方法相比具有连续性、保护性、灵敏性、经济性等几大优势。虽然生物监测发展时间较短,但随着多学科领域的相互渗透和交融,生物监测技术的灵敏性和可靠性得到显著提升,其在环境监测中的地位也将更加突出。目前,生物传感和监测技术已发展成为生物、化学、材料、物理、医学、电子技术等多个学科相互渗透和交融形成的高新技术。

1.6.3.3 利用生物细胞清除环境污染物

利用生物细胞清除环境污染物的理论和技术已经非常普遍,例如,活性污泥法是处理污水最常用的方法。它的原理是在有氧条件和适当的营养物质存在的情况下,微生物可以将许多有机污染物转化为二氧化碳、水和微生物细胞团。好氧生物处理使用氧气作为电子受体。厌氧生物也可以用于污染物处理。在厌氧条件下,厌氧微生物最终会将有机污染物代谢为甲烷、有限量的二氧化碳和微量的氢气。厌氧代谢包括许多过程,如发酵、产甲烷、还原脱氯、硫酸盐和铁的还原和反硝化。在厌氧代谢中,硝酸盐、硫酸盐、二氧化碳、金属氧化物或有机化合物可以代替氧气作为电子受体(图1-20)。植物也可以用来解决环境中的污染问题,包括土壤、地下水、地表水和沉积物污染。植物技术被认为是一种绿色技术,与其他处理方法相比,它们通常能耗更低,成本更低,并且需要更少的操作和维护。由于植物根系的覆盖范围有限,植物技术最适合解决大面积的浅层污染。除此之外,也可以使用生物细胞中的酶处理环境污染物,比如净化水、处理工业废油、降解塑料和去除农药残留等。

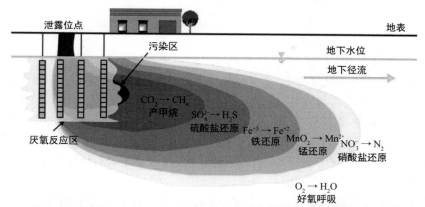

图 1-20   污染物随着地下径流移动形成不同的氧化还原区,厌氧微生物按以下顺序使用电子受体:硝酸盐、二氧化锰、三氧化二铁、硫酸盐和二氧化碳

1.6.3.4   利用生物细胞实现化学品的绿色合成

生物体蕴含着叹为观止的制造能力。随着化石能源造成的环境污染和温室效应日益严重,发展生物基产品已成为保障生态链良性循环、促进"碳达峰、碳中和"、实现经济社会可持续发展的战略需求。将细胞作为工厂制造生物燃料和化学品,是实现上述目标的重要途径之一。酶及生物细胞不仅在生物体内可以催化天然有机物质转化,还能在生物体外促进天然或人工合成的有机化合物的各种转化反应,并且显示出优良的化学选择性、区域选择性和立体选择性。化学品绿色制造的核心技术需要以生物化学和分子生物学为基础,交叉利用合成生物学、化学工程以及人工智能大数据处理等技术手段。研究内容涉及底盘细胞的改造和创建、目标化学品合成途径的设计和组装,以及代谢网络的人工调控与优化。以合成生物学、基因编辑等为代表的生命科学领域孕育新的变革,将引起全球新一轮科技革命,成为经济、民生和产业变革的主战场,是未来经济发展的主要力量。

1.6.3.5   生物化学理论可为环保工作提供许多哲学启示

生物化学除了可以提供上述的理论和技术促进环境保护工作以外,还可以为环保工作提供很多哲学启示。生命在地球上已经产生并进化了 38 亿年,我们可以从今天存在的每一种生物体身上找到它们如何适应环境生存的哲理。例如,生物体进化至今天,结构简单的单细胞原核生物并没有消失,它们和结构复杂的多细胞真核生物在地球上同时存在。从环境选择的角度,我们不能说结构复杂就更优越、更先进。原核细胞好像单身宿舍,吃饭睡觉全在一个小房间中进行,一切快速、经济、有效,也没有复杂的规矩;而真核细胞好像三室两厅的房子,有隔离的卧室(细胞核)、客厅(细胞质)、厨房(线粒体)、浴厕(溶酶体)、走道及楼梯(内质网)等,住起来较舒服,但是打扫运作较烦琐,而且规矩可能很多。前者通常生存投入成本低,繁殖率高,寿命短,个体小,细胞缺乏精密的保护机制因而死亡率高,但有较强的扩散能力,能适应多变的生境。后者通常生存投入成本高,繁殖率低,寿命长,个体大多具有较完善的保护机制,死亡率低,但不具备较强的扩散能力,只适应稳定的生境。但它们都有一个共同的生存策略,就是努力保持一个稳态的、开放的物质和能量交换系统,实现与环境的协调共存。

小结

　　生物化学是研究生命化学的科学。它在分子水平上探讨生命的本质,即研究生物体的分子结构与功能、物质代谢与调节、遗传信息的传递与表达等。环境生物化学从环境基础学科的角度应用生物化学基本原理对环境问题进行研究。生物分子与外部环境之间可以发生直接或间接的相互作用:一方面,生物分子的结构和功能会受到环境各种因素的影响;另一方面,生物体可以通过信息传递等各种方式感知细胞内部和外部的环境变化,进而通过代谢活动调整自身适应或改变周围环境。

　　生物分子是组成生命的基本单位,是自然存在于生物体中的分子的总称。生物大分子通常是指生物体中单个分子通过聚合作用而形成的高分子质量的化合物。生物大分子都具有极性和手性。氢键在生物大分子的结构中起着重要作用。在极性的水介质环境中,非极性的细胞膜却为细胞营造了一个稳定的内环境,使得细胞在封闭的水环境中能够相对独立地工作。

　　生物分子中的化学官能团是组成生物大分子的结构基础,决定着生物大分子的化学性质。羟基是一种极性基团,可以与水结合形成氢键,可用来形容亲水性的强弱。分子中含有羰基的化合物常见的有四种:酮、醛、羧酸和醌。氨基或亚氨基多数存在于氨基酸中,蛋白质分子的肽链上的酰胺键特称肽键。二硫键是比较稳定的共价键,在蛋白质分子中起着稳定肽链空间结构的作用。二硫键数目越多,蛋白质分子对抗外界因素影响的能力越强,稳定性越好。ATP 中含有的磷酸酯键,乙酰 CoA 中含有的硫酯键,水解时都可以释放大量能量。

　　水是有机体中含量最丰富的组分,也是生物分子的天然溶剂和自然生存环境。水分子中每个 H—O 键都会产生偶极子,并且这些偶极子不会相互抵消,从而使水分子整体保持极性。液态水中存在一个立体的、动态的氢键连接网络,这使其内聚力特别强,并赋予该物质许多独特的特性。离子在水溶液中以溶剂化的形式存在。水的极性性质和氢键性质使其成为许多带电物质和极性物质的有效溶剂。生物体内都具有强大的 pH 缓冲系统,可以通过结合 H^+ 或 OH^- 来维持稳定的 pH 值。

　　无机盐是指在生物细胞中仅占鲜重 1% 至 1.5% 的无机化合物中的盐类。在生物体中发现的元素超过 20 种,包括大量元素和微量元素。细胞中无机盐的含量非常低,但发挥着重要的生理生化作用。对许多生物化学过程来说,无机离子的浓度必须保持在一定的范围之内。

　　蛋白质是生物体中最主要的有机成分。蛋白质根据组成可分为单纯蛋白和结合蛋白。蛋白质是许多氨基酸通过肽链连接而成的高分子化合物。蛋白质的结构可分为一级结构、二级结构、三级结构和四级结构。所有的蛋白质都具有一级、二级和三级结构,但不一定具有四级结构。

　　核酸是生物体的基本组成物质。根据核酸分子所含戊糖不同,可把核酸分为 DNA 和 RNA。RNA 又分为 mRNA、tRNA 和 rRNA 三种。核酸的单体是核苷酸,核苷酸之间通过磷酸二酯键连接形成多聚核苷酸。核酸链中核苷酸的排列顺序就称为核酸的一级结构。DNA 的二级结构为双螺旋结构,三级结构为开环或闭环的超螺旋结构。tRNA 的多核苷酸链在平面卷曲成三叶草形式的二级结构。核酸具有储存和传递遗传信息的功能。

糖类是多羟基醛类或多羟基酮类物质。根据化学结构特点,糖类可分为单糖、聚糖和糖的衍生物。单糖是不能再水解的最简单的糖类,可分为醛糖和酮糖。单糖具有链状结构和环状结构。在溶液中,α 型和 β 型的环状结构可以相互转变,称为变旋现象。单糖上的基团通过增减和变化生成单糖衍生物。单糖分子中含有醛或酮基,因此可以利用糖的这些化学特点对其进行鉴定。多糖由多个单糖分子缩合而成,可分为同聚多糖和杂聚多糖两大类,是生物体内重要的结构成分和贮能物质。

脂类分子根据组成可分为单纯脂和复合脂。单纯脂是由脂酸与醇组成的脂类,可分为脂肪、油和蜡。脂肪是由甘油和脂肪酸组成的甘油三酯。脂肪不溶于水,而溶于有机溶剂。脂肪可发生水解和皂化、酸败作用、乙酰化作用,可以使用皂化价、碘价、酸价和乙酰价来分析脂肪品质。复合脂是一类含有非脂性物质的单纯脂衍生物。根据非脂性物质的不同,复合脂又可分为磷脂、糖脂和固醇三类。磷脂是含有磷酸和氮碱的脂类,糖脂是一类含糖分子的脂类,固醇是环戊烷多氢菲的衍生物。

生物必须依靠物质进行生命的所有基本过程。生物必须吸收营养(捕获能量)、排泄废物、检测和响应环境,移动,呼吸,生长和繁殖。无论单细胞生物还是多细胞生物,生物分子都必须组织起来才能进行这些基本的生命过程。生物细胞在原子水平上进行分子组装,把基本的结构单元装配成大分子,大分子结合在一起形成更大的生物分子。

新陈代谢是生命的特征,是生物不断进行自我更新的途径,是生物与周围环境进行物质交换和能量交换的过程。一方面,生物体将自身原有的组成成分经过一系列生化反应,分解为更为简单的成分进行重新利用或者排出体外,完成异化作用;另一方面,生物体不断从周围环境中摄取物质,使外界成分通过一系列生化反应转化为生物体自身的组成成分,完成同化作用。细胞是新陈代谢的基本单位,在细胞极其微小的空间内发生着数千种生物化学反应,细胞复杂的空间结构(特别是膜结构)固定了各代谢反应的空间和时间,使它们高度有序地进行。

生物体的新陈代谢有一些共同的特征。①新陈代谢由许多耦合的、相互关联的反应组成:热力学上的不利反应可以由有利的反应驱动;ATP 是生物系统中自由能的通用货币;ATP 水解通过改变偶联反应的平衡来驱动新陈代谢;磷酸基团转移势能是细胞能量转化的重要形式。②含碳燃料的氧化是细胞能量的重要来源:高能磷酸化合物可以将碳氧化与ATP 合成结合起来;跨膜的离子梯度提供了一种重要的细胞能量形式,可以与 ATP 合成耦合;从燃料分子中提取能量可分为三个阶段。③代谢途径包含许多反复出现的基本元件:通用的活化载体实现了新陈代谢的模块化设计和经济性;关键反应在整个代谢过程中反复出现;代谢过程通过控制酶的数量、催化活性和底物的可利用性三种主要方式进行调节。

生物的分解代谢是指机体将来自环境或细胞自己储存的有机营养物质分子通过逐步反应分解成较小的、简单的终产物的过程,同时释放出大量能量。生物化学将有氧呼吸主要分为两个阶段。第一阶段,是在细胞质里进行的糖酵解,即在无氧条件下把葡萄糖转化为丙酮酸,并产生少量 ATP 和 NADH。第二阶段,是在线粒体进行的柠檬酸循环,即在有氧条件下把丙酮酸转化为二氧化碳和水,并产生少量的 GTP 和大量的 NADH 与 $FADH_2$。最终,糖酵解和柠檬酸循环所产生的 NADH 和 $FADH_2$ 进入氧化磷酸化过程,代谢产生大量 ATP。至此完成有氧呼吸的全过程。

生物的合成代谢是从小的前体或构件分子合成较大的分子的过程。和分解代谢相反，合成代谢是从少数种类的构件出发，合成各式各样的生物大分子。生物合成导致分子更大、结构更复杂的物质产生，这个过程需要消耗自由能，能量通常由 ATP 直接提供。合成代谢和分解代谢是代谢过程的两个方面，二者同时进行。分解代谢生成的 ATP 可供合成代谢使用，合成代谢的构件分子也常来自分解代谢的中间产物。新陈代谢中错综复杂的反应网络需要相互协调。每条途径都必须能够感知其他通路的状态，才能以最佳方式发挥作用，从而满足有机体的需求。

在环境科学领域，环境是以人类社会为主体的外部世界的总体。生命存在于一定的环境中，生命是环境的产物，又是环境的创造者与改造者，生命与环境的关系是相辅相成的。人类的生存环境已形成一个庞大的，结构复杂的，多层次、多组元相互交融的动态环境体系。环境污染物是指进入环境后使环境的正常组成和性质发生变化、直接或间接有害于人类生存或造成自然生态环境衰退的物质。大部分环境污染物是由人类的生产和生活活动产生的。环境污染物按污染类型可分为大气污染物、水体污染物、土壤污染物等。

生物化学理论与技术可为环保工作提供理论基础和技术支撑。掌握生物化学理论可以帮助我们了解环境污染物对生物的毒性机制；利用生物细胞对污染物的分子响应原理可以开发生物传感器件实现环境监测；人类也已成功学会利用生物细胞清除环境污染物，并尝试利用生物细胞实现化学品的绿色合成。最后，生物化学理论的学习也可以给我们的环境保护与管理工作很多哲学的启示。

（本章编写人员：刘宪华 崔金冉 刘宛昕 戴业欣）

第2章　蛋白质的结构、功能与环境影响

蛋白质是由氨基酸分子通过肽键结合而成的相对分子质量很大（几万到几千万）的有机高分子化合物。蛋白质是结构形式最丰富，也是最活跃的一类分子，其功能繁多，几乎在一切生命过程中都起着举足轻重的作用。生物体内的蛋白质占生物体干重的45%以上，其种类繁多，分布广泛。蛋白质是细胞内含量最高的组分，酶、抗体、多肽激素、运输分子乃至细胞的自身骨架都是由蛋白质构成的，其所担负的任务也是多种多样的。蛋白质在生物体的生命活动中起着重要的作用。

蛋白质的分子结构包括一级结构、二级结构、三级结构和四级结构。蛋白质的一级结构指氨基酸残基如何连接成肽链以及氨基酸在肽链中的排列顺序，是蛋白质分子结构的基础。二级结构反映了主链上相邻残基的空间关系，主要类型有α-螺旋、β-折叠、β-转角和无规卷曲等。在二级结构的基础上，蛋白质多肽链进一步盘曲折叠，形成一定的空间结构，称为蛋白质的三级结构，它反映了蛋白质多肽链中所有原子的空间排布。四级结构涉及亚基在整个分子中的空间排列以及亚基之间的接触位点和作用力。

蛋白质的结构不同，其生物活性也就不同。蛋白质的一级结构决定了其高级结构，高级结构又与它的生物学功能密不可分。同源蛋白质一级结构的差异反映了生物的进化程度和种属间的亲缘关系，同源蛋白质生物学功能相同或相似，但生物活性不同。

蛋白质是由氨基酸组成的生物大分子，其既有紫外吸收、两性解离、等电点等氨基酸的一些性质，又有沉降与沉淀、胶体特性、变性与复性等大分子所具有的性质。此外，蛋白质还有一些特殊的呈色反应。

2.1　蛋白质的组成与结构

蛋白质是有机大分子，是构成细胞的基本有机物，是生命的物质基础。动物的肌肉、皮肤、毛发、蹄、角等的主要成分都是蛋白质。植物的种子、茎中含有丰富的蛋白质。酶、激素、细菌、抵抗疾病的抗体等，都含有蛋白质。

2.1.1　蛋白质的分子组成

2.1.1.1　蛋白质的元素组成

根据对大量蛋白质的元素分析结果，组成蛋白质的主要元素有碳（50%~55%）、氢（6%~8%）、氧（19%~24%）、氮（13%~19%）、硫（0%~4%）；有些蛋白质含有少量的磷或金属元素，如铁、铜、锰、钴、锌、钼等；个别蛋白质还含有碘元素。值得注意的是，大多数蛋白质的含氮量都比较接近，平均为16%，也即1 g氮相当于6.25 g蛋白质，因此6.25被称为蛋白质系数。生物组织中的含氮物大部分都是以蛋白质形式存在的，因此，可以根据生物样品的

含氮量推算出样品中蛋白质的大致含量。

2.1.1.2　蛋白质的结构单元——氨基酸

人体内的蛋白质有 10 万多种,蛋白质相对分子质量较大,结构复杂,可以在酸性或碱性条件下水解,也可以在一些蛋白酶的催化下水解。蛋白质在水解过程中,因水解方法和条件不同,可得到不同程度的水解物,如胨、肽等。蛋白质彻底水解的产物就是氨基酸,氨基酸是组成蛋白质的基本结构单元,不能够再被水解成更小的单元。

1. 氨基酸的结构特点与分类

目前从各种生物体中发现的氨基酸已达到 250 多种,但通过天然蛋白质水解获得的氨基酸仅 20 种,它们被称为天然氨基酸或基本氨基酸。

1)氨基酸的结构特点

每种氨基酸分子中至少有一个氨基和一个羧基,且有一个氨基和一个羧基连接在同一个碳原子上,各种氨基酸之间的区别在于 R 基(侧链基团)。在 20 种天然氨基酸中,除脯氨酸外,其余 19 种氨基酸在结构上都有一个共同点,即与羧基相连的碳原子(分子中第二个碳原子,即 α 位碳原子)上都连有一个氨基,符合这种结构的氨基酸称为 α- 氨基酸,其结构通式如图 2-1(a)所示。

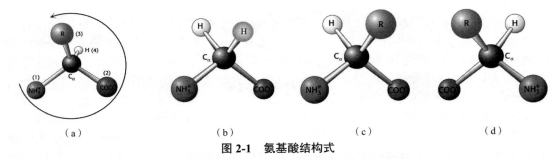

图 2-1　氨基酸结构式
(a)α- 氨基酸　(b)甘氨酸　(c)L- 氨基酸　(d)D- 氨基酸

α- 氨基酸除甘氨酸(图 2-1(b))外,其他氨基酸的碳原子上连接了 4 种不同的基团,这样的碳原子为不对称碳原子(asymmetric carbon)或称手性中心(chiral center),它们都具有旋光异构特性,存在 D 型和 L 型两种异构体(图 2-1(c)和(d))。氨基酸的 D 型或 L 型是以 L- 甘油醛与 D- 甘油醛为标准的。凡构型与 L- 甘油醛相同的氨基酸都为 L 型,构型与 D- 甘油醛相同的氨基酸都为 D 型。对于天然存在的蛋白质,构成它们的氨基酸都是 L 型。

2)氨基酸的分类

由于常见的 20 种氨基酸的区别仅在于侧链 R 基,因此可以根据 R 基的化学结构或极性大小进行分类。图 2-2 列出了 20 种常见氨基酸的名称与结构式。

根据 R 基的化学结构,可以把 20 种常见的氨基酸分为三类:脂肪族氨基酸、芳香族氨基酸和杂环族氨基酸。

(1)脂肪族氨基酸,总共有 15 种,包括甘氨酸、丙氨酸、缬氨酸、亮氨酸、异亮氨酸、丝氨酸、苏氨酸、半胱氨酸、甲硫氨酸、天冬酰胺、谷氨酰胺、天冬氨酸、谷氨酸、赖氨酸、精氨酸。

(2)芳香族氨基酸,包括苯丙氨酸、酪氨酸和色氨酸。

（3）杂环族氨基酸,包括组氨酸和脯氨酸。

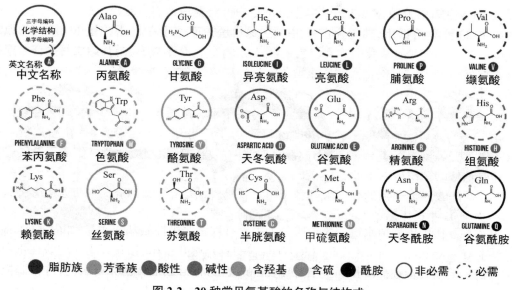

图 2-2 20 种常见氨基酸的名称与结构式

根据 R 基的极性性质,在 pH=7 左右的细胞环境中,可以把 20 种常见的氨基酸分为四类:非极性 R 基氨基酸、不带电荷的极性 R 基氨基酸、带正电荷的极性 R 基氨基酸和带负电荷的极性 R 基氨基酸。

（1）非极性 R 基氨基酸。这类氨基酸的 R 基都是非极性的疏水性基团,如烃基、苯环、甲硫基、吲哚环等。这类氨基酸共包括 8 种氨基酸,分别为甘氨酸、丙氨酸、缬氨酸、亮氨酸、异亮氨酸、苯丙氨酸、色氨酸、脯氨酸。

（2）不带电荷的极性 R 基氨基酸。这类氨基酸的 R 基都是中性亲水基团,如羟基、巯基、酰胺基等。在中性 pH 值条件下,不发生解离,不带电荷,可以与水形成氢键,因此这类氨基酸比非极性 R 基氨基酸易溶于水。这类氨基酸共包括 7 种氨基酸,分别为酪氨酸、丝氨酸、半胱氨酸、苏氨酸、天冬酰胺、谷氨酰胺、甲硫氨酸。

（3）带正电荷的极性 R 基氨基酸。这类氨基酸包括赖氨酸、精氨酸和组氨酸,均为碱性氨基酸,其分子结构中含有一个羧基、两个以上氨基或亚氨基,在 pH=7 时带净正电荷。

（4）带负电荷的极性 R 基氨基酸。这类氨基酸只有两种,即天冬氨酸和谷氨酸,这两种氨基酸的分子中都含有一个氨基和两个羧基,并且第二个羧基在 pH=6~7 的范围内也完全解离,使其带负电荷,故这类氨基酸为酸性氨基酸。

参与蛋白质组成的常见氨基酸(基本氨基酸)只有上述 20 种,但实际上生物的 DNA 共定义了 22 种氨基酸。硒代半胱氨酸(Sec)和吡咯赖氨酸(Pyl)分别是第 21 种和第 22 种氨基酸,这两种稀有氨基酸分别由终止密码子 UGA 和 UAG 编码。它们被称为稀有氨基酸,因为它们在自然界中不像其他氨基酸那样普遍。尽管硒代半胱氨酸和吡咯赖氨酸在 DNA 中被编码,但与标准氨基酸不同,它们需要一种特殊的机制才能结合到蛋白质中。吡咯赖氨酸仅存在于极少数生物体中的一小部分蛋白质中。到目前为止,只有 11 种生物体具有完整的基因组可以合成含吡咯赖氨酸的蛋白质。硒代半胱氨酸存在于生命的所有三个域（古生菌、细菌、真核生物）的大量生物体中。近 1/4 的已测序细菌可以合成含硒代半胱氨酸的蛋白质。然而有趣的是，仅发现 17 种哺乳动物有这种能力。

以上 20 种常见氨基酸是每种蛋白质的骨架，此外，有些蛋白质还具有一些不同的或非传统的氨基酸。这些氨基酸中的大多数来自最初的 20 种氨基酸，只是其结构在翻译结束时形成多肽链后发生了变化。这些变化被称为翻译后修饰，它们是赋予蛋白质必要功能所必需的。尽管这些氨基酸并不常见，但它们仍然具有重要的功能。例如，存在于弹性蛋白和胶原蛋白中的 4- 羟基脯氨酸和 5- 羟基赖氨酸，存在于甲状腺球蛋白中的甲状腺素（酪氨酸的碘化衍生物），还有凝血酶原中的 γ- 羧基谷氨酸，组蛋白和肌球蛋白中的 N- 甲基赖氨酸等。这些氨基酸没有对应的遗传密码，它们都是在蛋白质合成后由相应的常见编码氨基酸经过酶促化学修饰加工衍生而来的，属于非编码氨基酸。

除了参与蛋白质组成的 20 种常见氨基酸和少数氨基酸外，自然界中尚有 200 多种氨基酸，它们不存在于蛋白质中，大多数为基本氨基酸的衍生物，还有些是 β- 氨基酸、γ- 氨基酸、δ- 氨基酸和 D- 氨基酸，以游离或结合状态存在于各种组织和细胞中，不参与蛋白质组成，因此这些氨基酸被称作非蛋白质氨基酸。如尿素循环的中间代谢产物鸟氨酸和瓜氨酸、氨基酸合成的中间产物高丝氨酸和高半胱氨酸等均为 L 型 α- 氨基酸的衍生物，存在于细菌细胞壁构成组分肽聚糖中的 D- 谷氨酸和 D- 丙氨酸，遍多酸的前体 β- 丙氨酸，L- 谷氨酸的脱羧产物 γ- 氨基丁酸，是重要的神经传递介质。人们对这些氨基酸的大部分生物学功能还不清楚。

2.1.1.3　氨基酸的重要性质

1. 氨基酸的酸碱性质

氨基酸同时含有氨基和羧基，这决定了氨基酸分子具有两性解离性质。了解氨基酸的酸碱性质是了解蛋白质诸多性质的基础，也是氨基酸分析分离工作和测定蛋白质氨基酸组成及序列工作的基础，具有十分重要的意义。

1）氨基酸的两性解离

在过去很长一段时间内，人们认为氨基酸在晶体或水溶液中是以非解离的中性分子的形式存在的。但随着研究逐渐深入，人们发现：氨基酸晶体的熔点很高，一般在 200 ℃以上；氨基酸能使水的介电常数升高，与一般的有机化合物（如乙醇、丙酮等）明显不同。由此可推断氨基酸在水溶液中或在晶体状态时都以离子形式存在，与无机盐不同的是，它以两性离子的形式存在。

氨基酸是两性电解质，在它的分子中同时含有氨基（—NH_2）和羧基（—COOH）。羧基可以释放 H^+，转变成—COO^-，体现酸性，起质子供体的作用；氨基可以接收—COOH 释放出的 H^+，转变成—NH_3^+，体现碱性，起质子受体的作用。同一个氨基酸分子上带有能释放质子的—NH_3^+ 和能接受质子的—COO^-，在酸性溶液中—COOH 的解离被抑制，—NH_2 结合质子使氨基酸带正电荷（—NH_3^+）；在碱性溶液中—NH_2 的解离被抑制，—COOH 解离而使氨基酸带负电荷（—COO^-），所以氨基酸是两性电解质，具有两性解离的特性（图 2-3）。

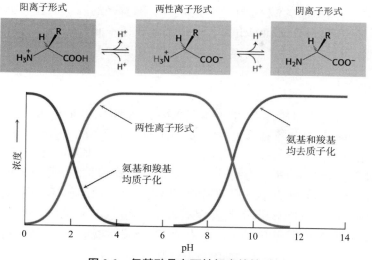

图 2-3　氨基酸具有两性解离的性质

2）氨基酸的等电点

氨基酸是一种两性电解质,若在某一 pH 值的溶液中,其所带的正电荷数和负电荷数相等,即净电荷为零,也可以理解为氨基酸解离成阳离子和阴离子的趋势及程度相等,则溶液呈电中性,此时的 pH 称为氨基酸的等电点(isoelectric point),用 pI 表示。氨基酸在等电点时,在电场中既不向正极移动也不向负极移动,以偶极离子形式存在,少数解离成阳离子和阴离子,但二者解离的趋势及程度相同。当氨基酸所处溶液的 pH 大于其等电点时,氨基酸带负电荷,在电场中向正极移动;反之,氨基酸带正电荷,在电场中向负极移动。在一定 pH 值范围内,氨基酸溶液的 pH 与等电点相差越大,氨基酸所携带的净电荷就越多。总之,氨基酸的带电状况与所处溶液的 pH 值有关,改变 pH 值可以使氨基酸带上不同的电荷或处于净电荷为零的兼性离子状态。

氨基酸具有 2 个或 3 个(如果侧链可解离)酸碱基团。通过氨基酸的滴定曲线可以确定氨基酸的各个解离基团的 pK 值。图 2-4 给出了丙氨酸和组氨酸的滴定曲线。

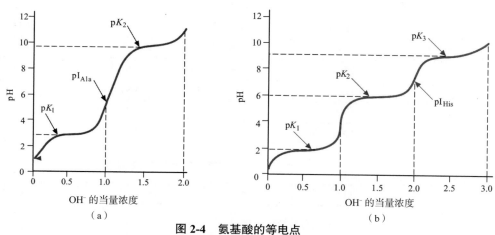

图 2-4　氨基酸的等电点

(a)丙氨酸　(b)组氨酸

在低 pH 值下,丙氨酸的酸碱基团充分质子化,随着碱的滴入,它的两个可解离基团逐步解离。利用 Henderson-Hasselbalch 方程可以描述在任一 pH 值下的氨基酸可解离基团的浓度的相对变化。

$$pH = pK_a + \lg \frac{[共轭碱]}{[弱酸]}$$

例如,丙氨酸有两个可解离基团,即 α-COOH 和 α-NH$_3^+$,它们的解离常数 pK 值分别是 2.4（pK$_1$）和 9.9（pK$_2$）;组氨酸有三个可解离基团,即 α-COOH、α-NH$_3^+$ 和侧链基团咪唑基,pK 值分别是 1.8（pK$_1$）、9.3（pK$_2$）和 6.0（pK$_R$）。每一个 pK 值都位于滴定曲线缓冲区的中心,当丙氨酸处于 pH=2.4 的缓冲液中时,它的阳离子形式和兼性离子形式的摩尔浓度相等,同样在 pH=9.9 时,它的兼性离子形式和阴离子形式的摩尔浓度相等。由于各种氨基酸所含的氨基和羧基等基团的数目不同,解离程度不同,故等电点也不同。氨基酸的等电点与离子浓度无关,只与兼性离子 R^0 两侧的 pK' 值有关,即为兼性离子 R^0 两侧的 pK' 值的平均值。氨基酸根据它的基团解离情况,可将等电点的计算分为三种。

（1）对侧链 R 基团不解离的中性氨基酸来说,pI=（pK$_1'$ + pK$_2'$）/2,如 Gly 的等电点 pI=（2.34+9.60）/2=5.97。

（2）对酸性氨基酸（Glu 和 Asp）来说,pI=（pK$_1'$ + pK$_2'$）/2。

（3）对碱性氨基酸（Arg、Lys 和 His）来说,pI=（pK$_1'$ + pK$_R'$）/2。

常见氨基酸的 pK' 及 pI 值见表 2-1。

表 2-1 氨基酸的解离常数和等电点

氨基酸	pK$_1'$	pK$_2'$	pK$_R'$	pI
甘氨酸	2.34	9.60		5.97
丙氨酸	2.34	9.69		6.02
缬氨酸	2.32	9.62		5.97
亮氨酸	2.36	9.60		5.98
异亮氨酸	2.36	9.68		6.02
丝氨酸	2.21	9.15		5.68
苏氨酸	2.63	10.43		6.53
半胱氨酸	1.71	10.78	8.33	5.02
甲硫氨酸	2.28	9.21		5.75
天冬酰胺	2.09	9.82	3.86	2.97
谷氨酰胺	2.17	9.13		5.65
天冬氨酸	2.09	9.82	3.86	2.97
谷氨酸	2.19	9.67	4.25	3.22
赖氨酸	2.18	8.95	10.53	9.74
精氨酸	2.17	9.04	12.48	10.76
苯丙氨酸	1.83	9.13		5.48
酪氨酸	2.20	9.11	10.07	5.66

续表

氨基酸	pK_1'	pK_2'	pK_R'	pI
色氨酸	2.38	9.39		5.89
组氨酸	1.82	9.17	6.00	7.59
脯氨酸	1.99	10.60		6.30

注：pK_1' 代表—COOH 的解离常数，pK_2' 代表—NH_3^+ 的解离常数，pK_R' 代表侧链 R 基的解离常数；除半胱氨酸是 30 ℃下的测定值外，其他均是 25 ℃下的测定值。

2. 氨基酸的化学反应

1）茚三酮反应

在氨基酸的分析化学中，最特殊的并且广泛应用的反应是与茚三酮的反应，这个反应可以用来定性和定量测定氨基酸。在弱酸性溶液中，一分子的 α- 氨基酸与两分子的茚三酮共热，生成一种蓝紫色的化合物，所有氨基酸及具有游离 α- 氨基酸的肽都能与茚三酮发生该反应。水合茚三酮具有较强的氧化作用，可使氨基酸氧化脱羧、脱氨。α- 氨基酸被茚三酮氧化成醛、CO_2 和 NH_3，所生成的还原型茚三酮和 NH_3 再与另一分子的茚三酮作用，生成一种蓝紫色物质，在 570 nm 处产生最大吸收峰值。由于此吸收峰值与氨基酸的含量存在正比关系，因此可以定性和定量地测定氨基酸含量，这是一种简便、精确、灵敏度高的测定方法。氨基酸自动分析仪的显色剂一般用的也是茚三酮。另外，这种蓝紫色物质中只有氮原子是从氨基酸中来的。脯氨酸和羟脯氨酸这两种亚氨基酸，因其分子中的 α- 氨基被取代，反应时不释放 NH_3，与水合茚三酮反应后不产生蓝紫色物质，而直接生成黄色产物。

2）氨基酸的甲醛测定

氨基酸是一种两性电解质，既体现酸性又体现碱性，但它却不能直接用酸碱滴定法进行定量测定，因为氨基酸的酸碱滴定的化学计量点 pH 值过高（12~13）或过低（1~2），在这样的 pH 范围内没有适当的指示剂可用。向氨基酸溶液中加入过量的甲醛，甲醛与氨基酸作用，使氨基被掩蔽起来，从而可以明显表现出酸性，此时以酚酞为指示剂，用 NaOH 溶液进行滴定，通过消耗的 NaOH 量，可以估算出样品中氨基酸的含量，这叫作氨基酸的甲醛滴定法。蛋白质水解时产生游离的氨基，蛋白质合成时则游离氨基减少，故用此法测定氨量就能大体判断蛋白质水解或合成的速度。氨基酸的甲醛滴定法是测定氨基酸的一种常用方法。

3. 氨基酸的光吸收

从 α- 氨基酸的结构上看，除甘氨酸外，其他氨基酸的 α- 碳原子上的四个基团都各不相同，在空间上呈四面体形排布，这样就产生了两种排布方式，两种排布方式之间呈实物与镜像的对应关系或左手与右手的关系，我们将这两种不同的排布方式分别称为 D 型和 L 型。D 型和 L 型是一对光学异构体，也叫立体异构体或对映体，具有旋光性。D 型和 L 型是参照甘油醛命名的，凡是与 D- 甘油醛构型相似的就为 D- 氨基酸，凡是和 L- 甘油醛构型相似的就为 L- 氨基酸。蛋白质分子中的 α- 氨基酸都属于 L- 氨基酸。但在生物体内，如少量细菌细胞壁和某些抗生素中都含有 D- 氨基酸。这些氨基酸都具有光学活性，即在旋光计中测定时它们能使偏振光旋转。一个氨基酸的异构体在水溶液中使偏振光平面向左旋转，另一个异构体则使偏振光平面向右旋转，二者旋转程度相同，α- 氨基酸所具有的这种性质称为旋光性（rotation），也称分子的手性（chirality），右旋化合物以（+）表示，左旋以（−）表示。蛋白质中的氨基酸有些是右旋的,如丙氨酸、谷氨酸、赖氨酸、异亮氨酸等;有些是左旋的,如丝氨酸、色氨酸、亮氨酸、苯丙氨酸、脯氨酸等。比旋光度是 α- 氨基酸的物理常数之一,也是鉴别各种氨基酸的一种根据。

参与蛋白质组成的 20 种氨基酸,在可见光区域都没有光吸收,但在远紫外区(<220 nm)均有光吸收。在近紫外区域(220~300 nm)只有酪氨酸、色氨酸和苯丙氨酸有吸收光的能力。它们的 R 基含有苯环共轭双键系统,所以有明显的光吸收能力。例如:酪氨酸的最大光吸收波长(λ_{max})为 275 nm,在该波长下摩尔消光系数 ε_{275}=1.4×10^3 mol^{-1}·L·cm^{-1};色氨酸的最大光吸收波长(λ_{max})为 280 nm,其摩尔消光系数 ε_{280}=5.6×10^3 mol^{-1}·L·cm^{-1}。绝大多数蛋白质由于含有这些氨基酸,所以也有紫外吸收能力,一般最大光吸收在 280 nm 波长处,因此可以通过测定蛋白质溶液 280 nm 处的光吸收值来计算蛋白质含量,这是一种快速简便的办法。但是在不同的蛋白质中这些氨基酸的含量不同,所以它们的消光系数(或称吸收系数)是不完全一样的。

2.1.1.4　肽

1. 肽与肽键

一个氨基酸的 α- 羧基与另一个氨基酸的 α- 氨基脱水缩合形成的键(—CO—NH)称为肽键(peptide bond),又称为酰胺键(图 2-5)。肽键是蛋白质分子中氨基酸的主要连接方式,是构成蛋白质分子中的主要共价键,性质比较稳定。

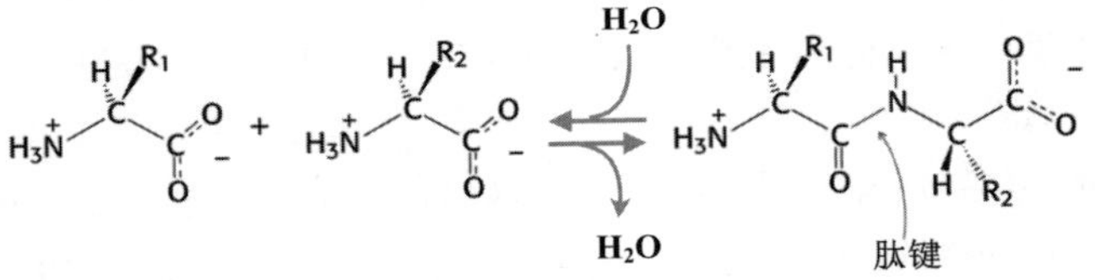

图 2-5　肽键的形成

氨基酸通过肽键连接形成的化合物称为肽(peptide)。由 2 个氨基酸缩合构成的肽,称为二肽,是最简单的肽,由 3 个氨基酸缩合构成的称为三肽,以此类推。一般由 2~10 个氨基酸组成的肽称为寡肽(oligopeptide)或小肽,由 10 个以上氨基酸组成的肽称为多肽(poly-peptide),它们都简称肽。由于多肽分子中的氨基酸彼此通过肽键连接形成长链,故称之为多肽链。多肽链结构包括主链结构和侧链结构。主链也称为骨架,是指除侧链 R 以外的部分。蛋白质是由一条或多条肽链按照一定的方式组合而成的生物大分子。肽链中的氨基酸由于参与肽键的形成,已经不是游离的氨基酸分子,因此多肽和蛋白质分子中的氨基酸称为氨基酸残基(amino acid residue)。多肽链有两端,一端具有游离的 α- 氨基,称为氨基末端或 N- 末端;另一端具有游离的 α- 羧基,称为羧基末端或 C- 末端。这两个游离的末端基团有时会连接而形成环状肽。一般来说,肽链中形成的肽键数比氨基酸分子数少一个,肽键数等于失去的水分子数,等于氨基酸数减去形成的肽链数。

肽在书写时用氨基酸的三字母符号来表示,氨基酸之间用"-"连接,氨基末端写在左侧,也有用氨基酸的单字符号表示,之间不用"-"分隔。如 Ser-Val-Tyr-Asp-Gln 或 SVYDQ。肽的命名方式有两种,一种是根据组成它的氨基酸残基来命名,命名规则是从肽链的氨基末端开始,依次按照氨基酸残基的顺序,在每个氨基酸残基名称后加上一个"酰"字,例如甘氨酰丙氨酰谷氨酸。这种命名很烦琐。另一种是根据其来源或生物功能来命名,除少数短肽外,一般都采用这种方式命名,如脑肽。

2. 天然存在的活性寡肽

生物体内存在很多游离的活性肽(active peptide),它们具有各种特殊的生物学功能,一般为寡肽和较小的多肽。许多激素、抗生素和毒素等都是活性寡肽。活性肽是生物体中重要的化学信使,通过内分泌、神经分泌等作用方式传递各种信息,对机体功能进行控制。近年来对活性肽的研究表明,活性肽涉及生物体的各个方面,如生长发育、免疫防御、生殖控制、抗衰防老、生物钟规律等,甚至也涉及大脑意识、学习记忆等高层次的生命活动。下面介绍几种重要的活性肽。

1)谷胱甘肽

谷胱甘肽(glutathione)是含有巯基的小分子肽类物质,是由谷氨酸、半胱氨酸和甘氨酸结合而成的三肽,广泛存在于生物细胞中(图 2-6(a))。因为谷胱甘肽分子中有一个游离的硫醇(—SH)基,故通常将其简写为 GSH。

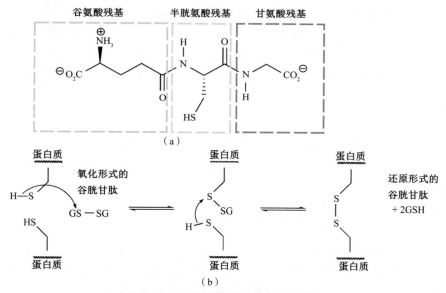

图 2-6　谷胱甘肽的结构和介导作用
(a)谷胱甘肽的结构　(b)谷胱甘肽介导的蛋白质分子中二硫键的形成与断裂

谷胱甘肽是一种能介导大多数蛋白质中二硫键的形成与断裂的氧化还原物质(图 2-6(b))。谷胱甘肽中的重要官能团是硫醇。其还原(游离硫醇)形式简写为 GSH。在其氧化形式中,谷胱甘肽以二硫键连接的两个分子的二聚体形式存在,简写为 GSSG。蛋白质中的新二硫键通过与 GSSG 的"二硫键交换"反应形成。在其还原(硫醇)状态下,谷胱甘肽可以通过与上述反应相反的方式还原蛋白质中的二硫键。

大部分二硫键仅存在于位于细胞外的蛋白质中。在细胞内,半胱氨酸通过细胞内高浓度的 GSH 保持在还原(游离硫醇)状态,而 GSH 又通过被称为谷胱甘肽还原酶的黄素依赖性酶保持在还原状态（即 GSH 而不是 GSSG）。

在生物化学实验室中，蛋白质通常通过在含有过量 β- 巯基乙醇或二硫苏糖醇（DTT）的缓冲液中孵育来保持其还原（游离硫醇）状态，这些还原剂以类似于 GSH 的方式起作用。DTT 具有两个硫醇基团，其氧化形式为分子内二硫化物。

谷胱甘肽具有非常重要的生理作用（即整合解毒作用），能与某些药物（如扑热息痛）、毒素（如自由基、重金属）等结合，参与生物转化作用，从而把机体内有害的毒物转化为无害的物质，排泄出体外。

谷胱甘肽的另一个主要生理作用是作为体内一种重要的抗氧化剂清除人体内的自由基。由于还原型谷胱甘肽本身易受某些物质氧化，所以它在体内能够保护许多蛋白质和酶等分子中的巯基不被自由基等有害物质氧化，从而维持血红蛋白和其他红细胞蛋白质的半胱氨酸残基处于还原态；它在体内作为还原剂能够保护含巯基的蛋白质以及巯基酶的活性，还可以防止过氧化物的积累；临床上还常把它作为治疗肝病的药物使用。谷胱甘肽还参与氨基酸的跨膜运输过程，起载体作用，或作为电子传递体参与生物体内的电子传递过程。

2）抗菌肽

抗菌肽是由特定微生物产生的一种抗生素，可以抑制细菌和其他微生物的生长或繁殖。从结构上看，抗菌肽通常含有 *D*- 氨基酸，或含有异常的酰胺结合方式。

该类物质中最常见的是青霉素，青霉素是由青霉菌属中的某些菌株产生的，主要破坏细菌细胞壁糖肽的合成，引起溶菌。它的主体结构可以看作由 *D*- 半胱氨酸和 *D*- 缬氨酸结合成的二肽衍生物，其侧链 R 基不同，即为不同的青霉素，如氨苄青霉素、阿莫西林等（图 2-7）。

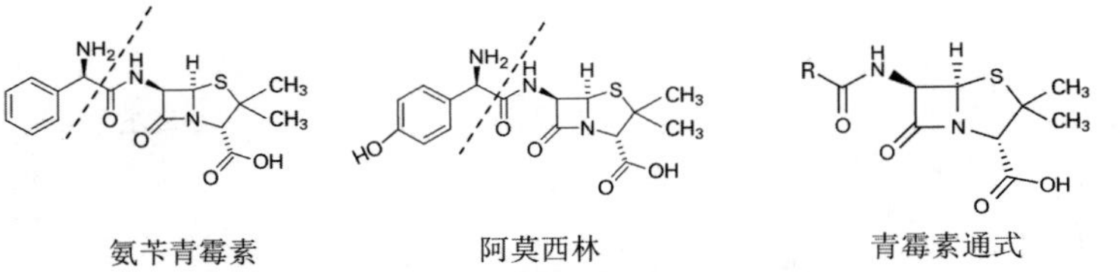

氨苄青霉素　　　　　阿莫西林　　　　　青霉素通式

图 2-7　各种青霉素及其结构通式

放线菌素 D 的结构复杂，它由一个三环发色基团以酰胺的方式连接在两个五肽的末端氨基处，五肽的末端羧基形成大的内酯环。放线菌素 D 通过与模板 DNA 结合的方式阻碍转录而抑制细菌生长，也能抑制细胞分裂，已被用作 RNA 合成抑制剂。

2.1.2　蛋白质的分子结构

自然界中存在的蛋白质种类繁多，有 $10^{10} \sim 10^{12}$ 种，几乎在所有的生命活动过程中都起着极其重要的作用，蛋白质的分子形状、理化性质和生物学功能的多样性缘于其分子结构的复杂性，因此研究蛋白质的结构与功能的关系意义重大。蛋白质中氨基酸的排列顺序和肽链的空间排布导致其结构异常复杂。不同的蛋白质具有不同的结构。蛋白质的分子结构具有不同的结构层次，即一级结构、二级结构、三级结构和四级结构，其中二级以上的结构层次统称高级结构或空间结构。二级结构和三级结构之间还存在超二级结构和结构域这两个过渡结构层次。

为了不同的研究需要,可以采用不同的结构模型展示蛋白质的结构。常见的有以下四种:丝带模型、表面轮廓模型、空间填充模型以及混合模型(图 2-8)。丝带模型只显示蛋白质的共价主链,使蛋白质的二级结构能够清晰地展示;表面轮廓模型更突出蛋白质表面的形态,适于显示蛋白质的整体形状而不是细节;在空间填充模型中,所有原子都显示为球体,更适于查看蛋白质原子的详细信息。有时候单种模型不能满足要求,这时可以采用混合模型。比如丝带模型和球棍模型的组合既能把肽链的侧链显示出来,又能突出显示蛋白质的二级结构。

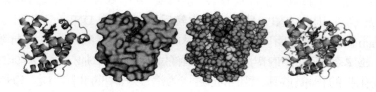

丝带模型　　　表面轮廓模型　　　空间填充模型　　混合模型(丝带+球棍)

图 2-8　蛋白质分子结构的常见表示方法

2.1.2.1　蛋白质的一级结构

1. 蛋白质一级结构的概念及其重要生物学意义

蛋白质的一级结构指氨基酸残基如何连接成肽链以及氨基酸在肽链中的排列顺序,是蛋白质分子结构的基础。其具体包含的内容有以下三个方面:①组成蛋白质的多肽链的数目;②每条多肽链中氨基酸的种类、数目和排列顺序;③多肽链内或链间二硫键的位置和数目。一级结构是最基础、最稳定的结构。不同的蛋白质都具有特定的构象,但从一级结构来看,蛋白质是由氨基酸按照一定的排列顺序,通过肽键连接起来的多肽链结构。维系一级结构的化学键主要是肽键,也包括链内的二硫键。由于共价键的键能很大,故蛋白质的一级结构是最稳定的结构。

一级结构阐明了组成蛋白质的 20 种氨基酸按照一定的顺序组合,形成不同的蛋白质,这些蛋白质具有多种多样的侧链排布,进而形成不同的空间结构,并具有不同的生物学功能。蛋白质的一级结构是空间结构形成的基础。蛋白质的一级结构是由遗传密码决定的,一级结构的阐明对生物进化具有重要理论意义,也有助于人们从基因水平展开对疾病的治疗,同时为蛋白质的生物合成提供了主要依据。

2. 蛋白质一级结构的测定

蛋白质一级结构的测定即测定蛋白质多肽链中氨基酸的排列顺序。测定蛋白质的一级结构,要求所用样品的纯度在 97% 以上,同时必须知道它的相对分子质量,其允许误差应在10% 左右。测定每种蛋白质的一级结构的基本思路是将肽链由大到小,逐段分析,对照两套以上肽段的分析结果,确定氨基酸的排列顺序。其主要步骤如下:①根据蛋白质 N- 末端或C- 末端残基的摩尔数和蛋白质的相对分子质量,确定蛋白质分子中的多肽链数目,并进行末端分析;②如果蛋白质分子由一条以上多肽链构成,则将肽链拆开并分离;③对多肽链的一部分进行完全水解,测定它的氨基酸组成;④将肽链的另一部分样品进行水解断裂,得到大小不一的肽段,并测定各个肽段的氨基酸顺序;⑤用酶或化学试剂对第二步中的肽链进行不完全水解,得到另一套片段,并测定它的氨基酸顺序;⑥比对两套肽段上的重叠部位,拼接出整个肽链的氨基酸顺序;⑦确定蛋白质中二硫键的位置。

1)末端分析

末端分析主要有 N- 末端测定和 C- 末端测定两种方法。N- 末端测定的方法主要有二硝基氟苯(DNFB)法、埃德曼(Edman)降解法、丹磺酰(DNS)法和氨肽酶法。C- 末端的测定方法主要有肼解法和羧肽酶法。

二硝基氟苯法是利用多肽或蛋白质肽链末端的 α-NH$_2$ 与二硝基氟苯发生反应,生成二硝基苯(DNP)衍生物,即 DNP- 多肽或 DNP- 蛋白质,其中苯核与氨基之间形成的键远比肽键稳定,不易被酸水解,因此 DNP - 肽链经酸水解后,得到一个 DNP - 氨基酸,其余的都是游离氨基酸;Edman 降解法是利用多肽或蛋白质肽链末端氨基酸的 α-NH$_2$ 与苯异硫氰酸酯(PITC)作用,生成苯氨基硫甲酰衍生物。在温和的酸性条件下加热时, N- 末端氨基酸环化并释放出来,即形成 PTH- 氨基酸,剩下的少一个氨基酸残基的肽链仍是完整的。氨基酸序列自动分析仪就是根据 Edman 降解法的原理设计的,全部操作都为程序自动化,应用它来测氨基酸序列可以省时、省力,所需样品量少;丹磺酰法的原理与二硝基氟苯法相同,只是它用 DNS 代替 DNFB 试剂。由于丹磺酰基具有强烈的荧光,此法的灵敏度比 DNFB 法高 1 000 倍,并且水解后的 DNS- 氨基酸不需要抽提,可直接利用纸电泳或薄层色谱进行鉴定,还可用荧光计检测。氨肽酶是一种肽链外切酶,能够从多肽链的 N - 末端开始逐个地向内切。根据不同的反应时间测出酶水解所释放的氨基酸种类和数量,按反应时间和残基释放量绘制动力学曲线,就可以得到该蛋白质的 N - 末端残基顺序。

肼解法是测定 C- 末端最重要的方法。多肽或蛋白质与肼在无水条件下加热发生肼解,C- 末端氨基酸即从肽链上解离出来,其余的氨基酸变为相应的酰肼化合物。肼解下来的 C- 末端氨基酸可以通过 DNFB 法或 DNS 法以及色谱技术进行鉴定。羧肽酶属于肽链外切酶,从肽链 C- 末端氨基酸开始逐个水解,释放出游离的氨基酸,被释放的氨基酸的数目与种类随反应时间而变化。根据释放的氨基酸的物质的量与反应时间的关系,便可以得到肽链的氨基酸顺序。

2)二硫键的断裂与多肽链的分离

若蛋白质分子中含有一条以上肽链,应把这些肽链分开。如果肽链是通过非共价键连接的,则可用变性剂处理,将肽链分开,常用变性剂有 8 mol/L 尿素、6 mol/L 盐酸胍;如果肽链是通过二硫键交联的,或者蛋白质分子只由一条肽链构成,但存在链内二硫键,则必须先将二硫键打开。例如,核糖核酸酶 A 中含有 4 个二硫键,可以通过加 8 mol/L 尿素和过量 β- 巯基乙醇使其变成松散的结构(图 2-9(a)),原理是在过量 β- 巯基乙醇存在下,核糖核酸酶 A 结构中的二硫键因为被还原为巯基而断开(图 2-9(b))。通常可以用过量的 β- 巯基乙醇处理,使二硫键还原,反应过程中还需要 8 mol/L 尿素或 6 mol/L 盐酸胍使蛋白质变性。然后用碘乙酸保护还原生成的半胱氨酸的巯基,以防止它重新被氧化。除了使用 β- 巯基乙醇还原外,还可以用二硫苏糖醇或二硫赤藓糖醇还原二硫键。另外,也可以用发烟甲酸处理,将二硫键氧化成磺酸基而使链分开。二硫键拆开后形成的单链,可以用纸层析、离子交换层析、薄层层析或电泳等方法进行分离。

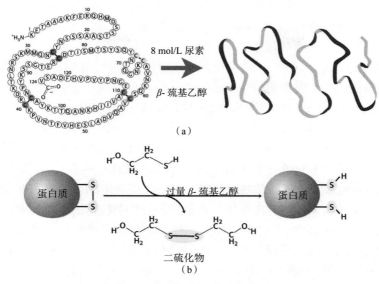

图 2-9　多肽链中二硫键的断裂

（a）核糖核酸酶变成松散的结构　（b）反应原理

3）多肽链的部分水解和肽段的分离

由于对氨基酸进行顺序分析一次最多只能连续降解分析几十个氨基酸残基，而天然蛋白质分子一般有 100 个以上的残基，因此必须先将蛋白质裂解成较小的肽段，然后分离并测定每一个肽段的氨基酸的顺序。经分离提纯并打开二硫键的多肽链选用专一性强的蛋白水解酶或化学试剂进行有效控制的裂解，将肽链打断形成较小的肽段。裂解方法要求专一性强，裂解点少，反应产率高，基本方法有酶解法和化学裂解法。

酶解法是常用的蛋白质部分水解方法。蛋白酶的专一性高，且不同酶作用位点不同，对肽键的水解率也很高，因此可利用这些蛋白质内切酶，将多肽切成适当的肽段。最常用的蛋白水解酶有胰蛋白酶、胰凝乳蛋白酶、胃蛋白酶、弹性蛋白酶、嗜热菌蛋白酶、金黄色葡萄球菌蛋白酶、梭状芽孢杆菌蛋白酶等。

化学裂解法是指选用化学试剂裂解肽链的方法，一般经化学裂解法获得的肽段都比较大。化学裂解法常用的方法有溴化氰裂解法、羟胺水解法和酸水解法。

4）肽段的氨基酸序列测定

多肽链裂解形成肽段后，就可进行序列分析，主要采用 Edman 降解法、酶解法。

Edman 降解法最初只用于 N - 末端的分析，PITC 与肽链 N - 末端的 α-NH$_2$ 结合后，形成 PTH - 氨基酸，PTH - 氨基酸在 268 nm 处有最大吸收峰。可利用层析技术分离鉴定。减少了一个残基的肽链，它的 N - 末端的 α-NH$_2$ 又可以和 PITC 发生反应，切下第二个氨基酸残基，如此反复多次，就可以测得肽段的氨基酸顺序。利用 Edman 降解法，一次可以连续测出 60~70 个氨基酸残基的肽段顺序。Edman 降解法测氨基酸顺序时工作量很大，但现在已经依据这一原理设计出氨基酸序列自动分析仪，通过仪器一次可连续调出 60 个以上的氨基酸顺序。

用氨肽酶和羧肽酶对肽链进行水解，若用氨肽酶，从肽链的 N 端开始逐个向内切；若用羧肽酶,则从肽链的 C 端逐个向内切。一般先对用一种酶水解产生的片段和用另一种酶作用产生的片段进行重叠分析,最终确定氨基酸序列。

　　5)肽段在多肽链中次序的推断

　　肽段在多肽链中的次序可以采用肽段重叠顺序法进行对照推断。这种方法是桑格(Sanger)在进行蛋白质一级结构测定时最先建立的。重叠顺序法是利用两套或多套肽段的氨基酸顺序彼此间的交错重叠,拼凑出整条多肽链的氨基酸顺序。

　　一般来说,如果多肽链在水解过程只断裂成两段或三段便能测出它们的氨基酸顺序,只要知道原多肽链的 C 端和 N 端的氨基酸残基,就可以轻易地推断出它们在原多肽链中的前后次序。但是更多的多肽链在水解时断裂得到的肽段数往往很多,因此除了能确定 C 端肽段和 N 端肽段的位置之外,中间那些肽段的次序是不能肯定的。为此需要用两种或两种以上的不同方法断裂多肽样品,使其切口彼此错位,形成两套或几套肽段(图 2-10)。两套肽段正好相互跨过切口而重叠,这种跨过切口而重叠的肽段称重叠肽。借助重叠肽可以确定肽段在原多肽链中的正确位置,拼凑出整个多肽链的氨基酸顺序。同时,还可以利用重叠肽互相核对各个肽段的氨基酸顺序测定是否有差错。如果两套肽段还不能提供全部必要的重叠肽,则必须使用第三种甚至第四种断裂方法以便得到足够的重叠肽,用于确定多肽链的全顺序。

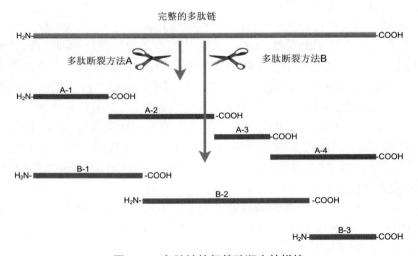

图 2-10　多肽链的氨基酸顺序的拼接

　　6)二硫键位置的确定

　　如果蛋白质分子中存在二硫键,那么在测定多肽链的氨基酸顺序时,首先要把蛋白质分子中的全部二硫键拆开。在完成多肽链的氨基酸顺序测定以后,需要对二硫键的位置加以确定。一般采用胃蛋白酶水解含二硫键的蛋白质分子。一是由于胃蛋白酶的专一性比较低,切点多,生成肽段中含有二硫键的肽段比较小,对后面的分离、鉴定比较容易。二是由于该酶的作用 pH 值在酸性范围,有利于防止二硫键发生交换。

　　3. 蛋白质一级结构举例

　　胰岛素是第一种被阐明为一级结构的蛋白质,1953 年英国科学家 Sanger 等人首先完成了牛胰岛素的全部化学结构的测定工作,这是蛋白质化学研究史上的一项重大成就,Sanger 也因此获得 1958 年诺贝尔化学奖。

牛胰岛素的分子中含有两条多肽链:A 链和 B 链。其中 A 链含有 21 个氨基酸残基,B 链含有 30 个氨基酸残基。A 链和 B 链之间通过两个链间二硫键连接起来,分别是由 A 链上的第 7 位和 B 链上的第 7 位,A 链上的第 20 位和 B 链上的第 19 位半胱氨酸残基形成;A 链上还有一个链内二硫键,是由 A 链上的第 6 位和第 11 位半胱氨酸残基形成。

2.1.2.2　蛋白质的二级结构

1. 蛋白质二级结构的概念

蛋白质的二级结构指蛋白质多肽链的折叠方式。构象(conformation)为与碳原子相连的取代基团在单键旋转时可能形成的不同的立体结构。旋转产生的空间位置的改变并不涉及共价键的破裂。对蛋白质或多肽而言,肽链的共价主链都是单链。因此,可以设想一个多肽主链可能有无限多种构象,并且由于热运动,任何一种特定的多肽构象还将发生不断变化。然而目前已知,在正常的温度和 pH 值条件下,生物体内蛋白质的多肽链,只有一种或很少几种构象。这种天然构象相当稳定,保证了它的生物活性,甚至当蛋白质被分离出来后,仍然保持着天然状态。这一事实说明,天然蛋白质主链上的单键并不能自由旋转。

在肽链中,肽键中的原子由于可发生共振而表现出较高的稳定性(图 2-11(a))。在肽键中 C—N 单键具有约 40% 的双键性质,而 C=O 双键具有 40% 的单键性质。这样就产生了两个重要结果:第一,肽键的亚氨基在 pH=0~14 的范围内没有明显的解离和质子化的倾向;第二,肽键中的 C—N 单键不能自由旋转,从而使蛋白质折叠成各种三维构象。肽键的键长为 0.132 nm(图 2-11(b)),比一般的 C—N 单键(0.147 nm)短,比 C=N 双键(0.128 nm)要长。由于肽键具有部分双键的特性,不能自由旋转,所以使得肽键中的 4 个原子和与之相连的 2 个 α 位碳原子(用 C_α 表示)都处在同一个平面内,这个平面称为肽平面(peptide plane),肽链主链上的重复结构称肽单位或肽基。每一个肽单位实际上就是肽平面。肽平面内的羧基与亚氨基可以呈顺式和反式两种排列,其中反式排列在热力学上较稳定,肽平面内 2 个 C_α 多为反式构型。各原子间的键长和键角都是固定的。主肽链上只有 α 位碳原子连接的两个键即 C_α—N_1 和 C_α—C_2 键是单键,能自由旋转。C_α—N_1 键旋转的角度和 C_α—C_2 键旋转的角度共称为 C_α 的二面角(dihedral angle)。其中绕 C_α—N_1 键旋转的角度称 $\varPhi$ 角,绕 C_α—C_2 键旋转的角度称为 $\varPsi$ 角(图 2-11(c))。与一个 C_α 相连的两个肽平面可以分别围绕这两个键旋转,从而构成不同的构象。这样多肽链的所有可能构象都能用二面角($\varPhi$, $\varPsi$)来描述,它决定了两个相邻肽平面的相对位置。C_α 两侧的肽平面可以形成若干不同的空间排布,蛋白质主链各 C_α 二面角的不同使肽平面形成不同的空间排布,通过肽平面的相对旋转,多肽链主链可以形成二级结构,还可以在此基础上进一步形成超二级结构。

蛋白质的二级结构(secondary structure)不涉及侧链的空间排布,是肽链中局部肽段的构象。维持二级结构的主要化学键是氢键。二级结构中周期性出现规则的结构形式,研究比较清楚的有 α- 螺旋、β- 折叠、β- 转角和无规卷曲等几种。

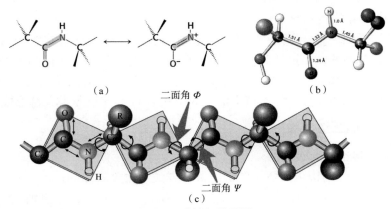

（a）　　　　　　　　　　　　　　　　　　　　　　（b）

（c）

图 2-11　肽键与肽平面

（a）肽键具有稳定性　（b）肽键的键长　（c）二面角

2. 蛋白质二级结构的基本类型

1）α- 螺旋

α- 螺旋是蛋白质中最常见、含量最丰富的二级结构，是由美国科学家鲍林（Pauling）等根据角蛋白的 X 射线衍射图谱提出的。α- 角蛋白结构中几乎全是 α- 螺旋结构，在球状蛋白质分子中，一般也有 α- 螺旋结构。在 α- 螺旋结构中，每个残基（C_a）的成对二面角 Φ 和 Ψ 各自取同一数值，取 $\Phi=-57°$、$\Psi=-48°$，使多肽主链绕中心轴规律地盘旋前进形成螺旋。α- 螺旋中，多肽主链既可以按右手方向盘绕形成右手螺旋，也可以按左手方向盘绕形成左手螺旋。右手螺旋比左手螺旋稳定，对天然蛋白质来说，α- 螺旋多是右手螺旋。α- 螺旋结构主要有以下四个特征。

（1）每圈螺旋有 3.6 个氨基酸残基，每个残基沿轴旋转 100°，上升 0.15 nm，因此螺旋间距为 0.54 nm，如图 2-12（a）所示。

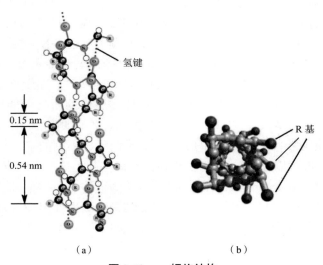

氢键

0.15 nm

0.54 nm

R 基

（a）　　　　　　　　　　　　　　　　　（b）

图 2-12　α- 螺旋结构

（a）α- 螺旋的尺寸　（b）α- 螺旋的俯视图

（2）肽键中氨基上的氢与它后面（N 端）的第四个氨基酸残基上的羧基氧之间形成氢键。氢键的取向与中心轴大致平行，是稳定螺旋的主要作用力。

（3）α- 螺旋中氨基酸残基的侧链伸向外侧，基团的大小、荷电状态及空间形状均对 α- 螺旋的形成及稳定有重要影响（图 2-12（b））。

（4）主链原子构成螺旋的主体，侧链在其外部，直径约为 0.5 nm。

螺旋结构常用符号 S_N 来表示，其中 S 指每圈螺旋含残基的个数，N 表示氢键封闭的环内含的原子数。如 α- 螺旋常用 3.6_{13} 来代表，即每圈螺旋含 3.6 个残基，氢键封闭的环内含 13 个原子。

蛋白质多肽链能否形成 α- 螺旋以及形成的螺旋是否稳定，与它的氨基酸组成和排列顺序有很大关系，此外 R 基的电荷性质、R 基的大小对多肽链能否形成螺旋也有影响。因此，不是所有的多肽链都能形成稳定的 α- 螺旋。例如：在 pH=7 的水溶液中，多聚丙氨酸由于 R 基小，并且不带电荷，能自发地形成 α- 螺旋。而多聚精氨酸在此条件下 R 基带正电，由于电荷排斥作用，不能形成链内氢键，所以不能形成 α- 螺旋。而多肽链中只要出现脯氨酸或羟脯氨酸，α- 螺旋即被中断，并形成一个"结节"，这是由于脯氨酸或羟脯氨酸分子含有的都是亚氨基，没有多余的氢原子可以形成氢键，因此无法形成 α- 螺旋。另外，如果在 C_α 附近有较大的 R 基，会造成空间位阻，也无法形成 α- 螺旋。

2）β- 折叠

β- 折叠（β-pleated sheet）或称 β- 折叠片，是蛋白质中第二种最常见的主链构象。它是由两条或多条几乎完全伸展的多肽链侧向聚集在一起，依靠相邻肽链主链上的—NH 和 C＝O 之间形成的氢键连接而成的锯齿状片状结构，如图 2-13 所示。β- 折叠比 α- 螺旋更稳定，除了在一些纤维状蛋白质中大量存在，还普遍存在于球状蛋白质中。β- 折叠构象主要特征如下。

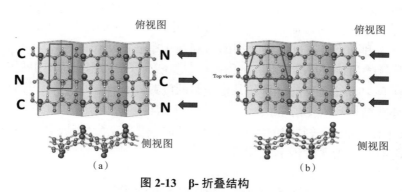

图 2-13　β- 折叠结构
（a）反平行式　（b）平行式

（1）β- 折叠是一种肽链相当伸展的结构，肽链按层排列，肽平面之间折叠成锯齿状。

（2）肽链依靠链间氢键维持其结构的稳定性，氢键是由一条链上的羧基和另一条链上的氨基形成的。氢键与肽链的长轴接近垂直，几乎所有的肽键都参与链间氢键的交联，在肽链的长轴方向上具有重复单位。

（3）β- 折叠可分为平行式和反平行式两种类型。在平行式 β- 折叠结构中，相邻肽链的走向相同，即所有肽链的 N 端都在同一边；在反平行式 β- 折叠结构中，相邻肽链的走向相反,肽链的极性一顺一反,N 端间隔同向。从能量的角度来说,反平行式的结构更稳定。在纤维状蛋白质中 β- 折叠结构主要是反平行式,而在球状蛋白质中两种形式几乎同样广泛地存在。

（4）侧链 R 基团交替分布在片层的上下两侧。

3）β- 转角

β- 转角（β-turn）也称回折或 β- 弯曲,它是在球状蛋白质中发现的一种二级结构,占球状蛋白质全部氨基酸残基的 1/4 左右。蛋白质分子多肽链在形成空间构象时,有时需要一段肽链来改变肽链的走向,产生 180° 的回折,在转角处的结构称为 β- 转角,如图 2-14 所示。

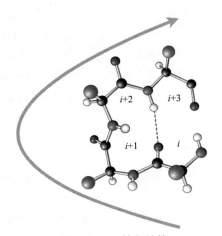

图 2-14　β- 转角结构

　　β- 转角一般由四个连续的氨基酸残基组成,在弯曲处的第一个氨基酸残基的 C=O 和第四个残基的—NH 之间形成一个氢键,形成一个不很稳定的环状结构。β- 转角主要有两种类型:类型 Ⅰ 和类型 Ⅱ。这两种类型的差别在于中心肽单位翻转了 180°。在 β- 转角这种结构中,脯氨酸和甘氨酸出现的频率很高。甘氨酸分子中羧基碳原子上只有一个氢原子,没有侧链,在 β- 转角中能很好地调整其他残基的位置,从而减小空间阻碍;而脯氨酸为亚氨基酸,具有环状结构和固定的垂角,在一定程度上迫使 β- 转角形成,促进多肽链自身回折,并有助于反平行式 β- 折叠片层的形成。此外,其他一些氨基酸残基(如天冬氨酸、天冬酰胺和色氨酸等)有时也出现在 β- 转角中。

4）无规卷曲

无规卷曲(random coil)也称卷曲,泛指那些不能被明确归入螺旋或折叠片层等的多肽区段,是多肽链主链构象中没有确定规律性的肽键构象,它使蛋白质的构象表现出很大的灵活性。无规卷曲并不是随意形成的,它具有明确而稳定的结构。实际上在很多区段,无规卷曲既不是卷曲也不是完全无规律的,这里所说的无规卷曲只是对构象而言,它是由一级结构决定的。这些部位往往是蛋白质功能或构象变化的重要区域,是蛋白质表现生物活性所必需的一种结构形式。常见于球状蛋白质分子中,在其他类型二级结构肽段之间起连接作用,有利于整条肽链盘曲折叠。酶的功能部位常常处于这种构象区域。

3. 蛋白质二级结构的存在形式

由于蛋白质的分子质量较大,因此,一个蛋白质分子的不同肽段可含有不同形式的二级结构。另外,各种二级结构在蛋白质分子中也不是平均分布的。有的蛋白质主要由 α- 螺旋构成,比如 α- 角蛋白和血红蛋白;有的蛋白质主要由 β- 折叠构成,比如 β- 角蛋白;更多的蛋白质含有多种二级结构(图 2-15)。

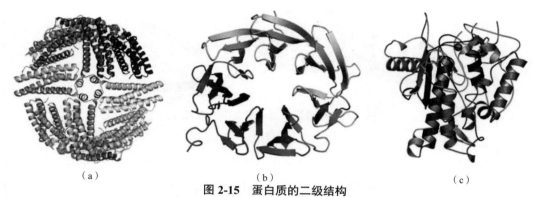

（ a ）　　　　　　　　　　　　（ b ）　　　　　　　　　　　　（ c ）

图 2-15　蛋白质的二级结构

（ a ）全 α- 螺旋结构的蛋白质　（ b ）全 β- 折叠结构的蛋白中　（ c ）含 α/β 结构的蛋白质

2.1.2.3　蛋白质的三级结构

1. 蛋白质三级结构的概念

蛋白质的三级结构(tertiary structure)指由螺旋肽链结构盘绕、折叠而成的复杂空间结构。蛋白质的三级结构包括主链和侧链构象,反映了蛋白质多肽链中所有原子的空间排布。蛋白质的三级结构是其发挥功能所必需的。主链构象是指多肽链在二级结构基础上进一步盘曲折叠;侧链构象是指多肽侧链形成各种微区,包括亲水区和疏水区。

2. 蛋白质三级结构的特征

尽管每种蛋白质都有自己特殊的折叠方式,但根据大量测定结果可知,它们在形成三级结构时仍具有以下共同特征。

（ 1 ）具有三级结构的蛋白质一般都是球蛋白,分子排列紧密,内部有时只能容纳几个水分子,形状近似为球状或椭球状。

（ 2 ）具有三级结构的蛋白质的一个显著特点是疏水基团都埋藏在分子内部,它们相互作用形成一个致密的疏水核;亲水基团分布在分子的表面,它们与水接触形成亲水的分子外壳,形成了外部为亲水表面、内部有疏水核的结构。疏水区域不仅能稳定蛋白质的构象,而且常常是蛋白质分子的功能部位或活性中心。

（ 3 ）具有稳定的三级结构是蛋白质分子具有生物活性的基本特征之一。对于仅由一条多肽链组成的蛋白质,三级结构是其最高的结构层次。

（ 4 ）许多在一级结构上相差很远的氨基酸碱基在三级结构中相距很近。

3. 维持蛋白质三级结构的作用力

维持蛋白质三级结构的作用力主要是一些次级键,包括氢键、范德华力、疏水相互作用和离子键等非共价键(图 2-16)。二硫键在维系一些蛋白质的三级结构方面也起着重要作用。

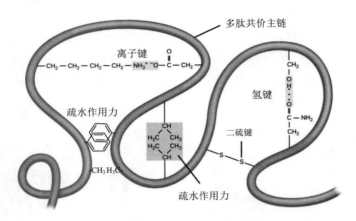

图 2-16 维持蛋白质三级结构的作用力

1）疏水相互作用

疏水相互作用也称疏水键。蛋白质分子中含有许多非极性氨基酸残基，如丙氨酸、缬氨酸、异亮氨酸、亮氨酸、苯丙氨酸等的 R 基团，它们具有避开水相、相互聚集而埋藏在蛋白质分子内部的趋势，这就是疏水相互作用（hydrophobic interaction），也称疏水键，这种非极性基团相互黏附形成的疏水键是维持蛋白质三级结构的主要作用力。疏水相互作用在蛋白质构象中往往位于蛋白质分子内部。

2）氢键

蛋白质分子中含有大量电负性较强的氧原子或氮原子，与 N—H 或 O—H 键的氢原子接近时，产生静电引力，形成氢键（hydrogen bond）。虽然氢键在次级键中键能较低，但是其在蛋白质分子数量最多，对蛋白质的物理性质和高级结构的形成产生重要的影响，是最重要的次级键之一。在蛋白质分子中形成的氢键一般有两种，多肽链中的主链之间所生成的氢键是维持蛋白质二级结构的主要作用力，而侧链间和侧链与主链骨架间形成的氢键是维持蛋白质三、四级结构的重要作用力。

3）范德华力

范德华力（van der Waals force）是原子、基团或分子间形成的相互作用力，包括吸引力和排斥力。当两个非成键原子相互靠近，达到一定距离（0.3~0.4 nm）时，吸引力和排斥力两种相互作用处于平衡状态，此时范德华力吸引力达到最大。范德华力很弱，但在蛋白质分子中数量较多并具有累积效应，因此也是维持蛋白质分子高级结构的重要作用力，其在蛋白质内部非极性结构中比较重要。

4）离子键

在生理 pH 条件下，蛋白质侧链分子中的氨基带正电荷，羧基带负电荷，当它们靠近时，带正电荷基团和带负电荷基团之间通过静电吸引形成的化学键称为离子键（ionic bond），也称盐键。离子键在蛋白质分子中数量较少，主要在侧链起作用。

5）二硫键

二硫键是一种共价键，它是由两个半胱氨酸残基侧链的巯基脱氢形成的，对稳定蛋白质的构象起到相当重要的作用。

2.1.2.4　蛋白质的四级结构

蛋白质的四级结构（quaternary structure）是指由两条以上具有独立三级结构的多肽链通过非共价键相互结合而成的聚合体。四级结构中每个三级结构构成的最小共价单位称为亚基或亚单位（subunit）。亚基一般由一条肽链组成，有时候由几条肽链通过链间二硫键连接形成。亚基在蛋白质中的排布一般是对称的，因此具有四级结构的蛋白质的重要特征之一就是对称性。蛋白质的四级结构包括亚基的种类、数目以及各个亚基的空间排布方式，还包括亚基间的接触位点和相互作用关系，但是不包括亚基本身的构象。维持四级结构的化学键主要是疏水键，此外，氢键、离子键及范德华力也会维持蛋白质的四级结构。蛋白质的三级结构和四级结构中都会涉及多肽链侧链的相互作用（图 2-17）。

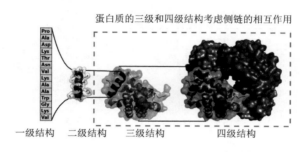

蛋白质的三级和四级结构考虑侧链的相互作用

一级结构　　二级结构　　三级结构　　　　四级结构

图 2-17　血红蛋白的三级结构和四级结构

由两个或两个以上亚基组成的蛋白质称为寡聚蛋白或多体蛋白，相同亚基构成的蛋白质称为同聚体，不同亚基构成的蛋白质称为异聚体。亚基一般以 α、β、γ 等命名。值得注意的是，每个亚基单独存在时并没有生物学活性，只有各亚基聚合形成完整的四级结构时才具有生物学活性。

2.2　蛋白质的理化性质和生物学特性

蛋白质是由氨基酸组成的生物大分子，因此其表现出与氨基酸相似的一些理化性质，如等电点、两性解离、紫外吸收、呈色反应等。除此以外，蛋白质还表现出一些大分子特性，如胶体特性、沉淀、变性与复性、特殊的呈色反应等。

2.2.1　蛋白质的理化性质

2.2.1.1　蛋白质的两性电离及等电点

蛋白质是由氨基酸组成的，与氨基酸一样，是两性电解质，其分子中可解离的基团除肽链两端的游离氨基和羧基外，氨基酸残基侧链中还有一些可解离基团，如精氨酸残基的胍基、组氨酸残基的咪唑基、天冬氨酸残基中的 β- 羧基、谷氨酸残基中的 γ- 羧基、赖氨酸残基中的 ε- 氨基等。这也使得蛋白质的两性解离情况比氨基酸复杂得多。由于蛋白质分子中含有多个可解离基团，因此它在一定的 pH 值条件下可以发生多价解离。蛋白质分子所带的电荷性质及所带的电荷量取决于其分子中可解离基团的种类、数目及溶液的 pH 值。

蛋白质溶液处于某一 pH 值条件时，蛋白质解离成正、负离子的趋势相等，则称之为兼性离子，蛋白质所带的正、负电荷相等，净电荷为零，此时溶液的 pH 值称为该蛋白质的等电点（isoelectric point，简写为 pI）。作为带电颗粒，它们可以在电场中移动，移动方向取决于蛋白质分子所带的电荷。溶液的 pH 值高于蛋白质的等电点时，蛋白质带负电荷，在电场中向正极移动；反之，蛋白质带正电荷，向负极移动。处于等电点的蛋白质颗粒，所带净电荷为零，在电场中并不移动。各种蛋白质具有特定的等电点，这和它所含氨基酸的种类和数量有关，表 2-2 给出了几种常用蛋白质的等电点。凡碱性氨基酸含量较多的蛋白质，等电点就偏碱性，如组蛋白、精蛋白等；反之，凡酸性氨基酸含量较多的蛋白质，等电点就偏酸性。在水溶液中，一般蛋白质羧基的解离度比氨基的解离度大，使得其等电点一般是偏酸性的。

表 2-2　几种蛋白质的等电点（pI）

蛋白质	pI	蛋白质	pI
血红蛋白	6.7	胰岛素	5.3
肌红蛋白	7.0	胰凝乳蛋白酶	8.3
血清蛋白	4.6	溶菌酶	11.0
卵清蛋白	4.6	乳球蛋白	5.2
胃蛋白酶	1.0~2.5	鱼精蛋白	12.0~12.4
核糖核酸酶	9.5	鸡蛋清蛋白	4.5~4.9
胸腺组蛋白	10.8	明胶	4.7~5.0

蛋白质的两性电离性质使得它成为生物体内重要的缓冲剂，人体体液中许多蛋白质的等电点在 5.0 左右，低于体液的 pH 值（约为 7.4），所以在体液中带负电荷。当蛋白质处于等电点时，蛋白质的物理性质会有所变化，如导电性、溶解度、黏度等都最低。一般可以利用蛋白质在等电点附近溶解度最低的性质沉淀、制备蛋白质。

2.2.1.2　蛋白质的胶体性质

蛋白质是高分子化合物，在水溶液中形成的颗粒直径在 1~100 nm 之间，因而具有胶体溶液的特性，如丁达尔效应、布朗运动、不能透过半透膜以及具有吸附能力等。蛋白质分子表面分布着大量的极性基团，如—NH_3、—COO—、—OH、—SH、—$CONH_2$ 等，使得蛋白质分子与水分子之间具有很高的亲和性，这些亲水性基团通过氢键作用与水分子结合，在蛋白质颗粒外面形成一层水化膜。水化膜可将蛋白质颗粒相互隔开，颗粒之间不会发生碰撞而聚集成大的颗粒，同时蛋白质颗粒在非等电状态时带有相同电荷，因静电斥力而保持一定距离，因此蛋白质在水溶液中比较稳定而不易沉淀，是一种比较稳定的亲水胶体。

蛋白质的胶体性质具有重要的生理意义。生物体中最多的成分是水，蛋白质与大量的水结合可形成各种流动性不同的复杂的胶体系统，生命活动的许多代谢反应就在此系统中进行。各种组织细胞的形状、弹性、黏度等性质，也与蛋白质的亲水胶体性质有关。

2.2.1.3　蛋白质的沉淀

蛋白质在水溶液中能够形成稳定的胶体溶液,有两个因素至关重要,即颗粒表面的水化层及相同电荷的静电排斥作用。但如果调节溶液 pH 至等电点或在蛋白质溶液中加入适当的试剂,使蛋白质分子处于等电点状态或破坏了蛋白质的水化膜,则蛋白质的胶体溶液就不再稳定而会产生沉淀,引起蛋白质沉淀的主要方法有下述几种。

1. 盐析法

向蛋白质溶液中加入大量的中性盐,以破坏蛋白质胶体周围的水膜,同时又中和蛋白质分子的电荷,使蛋白质相互聚集形成沉淀析出,这种方法称为盐析(salting out)。常用的中性盐有氯化钠、硫酸铵、硫酸钠等。盐析法不仅不会破坏蛋白质的天然构象,还可以保持天然蛋白质原有的生物活性,是分离制备蛋白质常用的一种方法。由于各种蛋白质胶体稳定性存在差别,盐析时所需的盐浓度及 pH 值不同,故可用盐析法分离混合蛋白质的组分。例如:用半饱和的硫酸铵来沉淀血清中的球蛋白,继续加入硫酸铵至饱和可以使血清中的白蛋白、球蛋白都沉淀出来。通过盐析沉淀的蛋白质,经透析除盐后仍能保持蛋白质的活性。先调节蛋白质溶液的 pH 至等电点,再用盐析法使蛋白质沉淀的效果更好。盐析沉淀所得的蛋白质中含有较多盐分,需通过透析或凝胶过滤脱盐。

2. 有机溶剂沉淀法

一方面,有机溶剂能够降低水的介电常数,削弱溶剂分子与蛋白质分子的相互作用力,使蛋白质颗粒容易凝集而发生沉淀反应;另一方面,有机溶剂对水的亲和力很大,能够破坏蛋白质分子颗粒周围的水化膜,使蛋白质沉淀。乙醇是最常用的沉淀剂,常用的有机溶剂还有甲醇、丙酮等。

3. 重金属盐沉淀法

蛋白质可以与重金属盐(如硝酸银、醋酸铅、氯化汞及三氯化铁等)结合成盐沉淀。在碱性溶液中,蛋白质分子能解离出较多的负离子,可以与重金属离子结合生成不溶性的盐沉淀。对于误服重金属盐而中毒的病人,可以给患者口服大量蛋白质(如蛋清、牛奶)解毒,就是利用了蛋白质的这一性质。

4. 生物碱试剂和某些酸类沉淀法

蛋白质可以与生物碱试剂(如单宁酸、钨酸、鞣酸、苦味酸等)以及某些酸(如硝酸、三氯乙酸、磺基水杨酸、过氯酸等)作用。当蛋白质处于酸性溶液中时,蛋白质带正电荷,易于与生物碱试剂和酸类的酸根负离子结合成不溶性的盐沉淀。这一原理常用于临床血液化学分析时去除血液中的干扰蛋白质。

5. 加热变性沉淀法

几乎所有的蛋白质都会因加热变性而沉淀。加热会引起蛋白质凝固沉淀,其原因可能是加热导致维持蛋白质空间构象的次级键被破坏,使蛋白质的天然结构解体,疏水基团外露,破坏了蛋白质表面的水化层,进而导致蛋白质分子凝聚,从而使蛋白质发生凝固。另外,加热时少量盐类也可以促进蛋白质凝固。当蛋白质处于等电点时,加热凝固最完全也最迅速。

2.2.1.4 蛋白质的变性

1. 蛋白质变性的概念

关于蛋白质的变性学说，最早是由我国著名生物化学家吴宪在1931年提出的。天然蛋白质在某些物理或化学因素的影响下，维系其空间结构的次级键，甚至二硫键发生断裂，使其分子内部原有的高度有序的空间结构破坏，造成蛋白质的理化性质改变，原有生物活性丧失，这种现象叫变性作用（denaturation）。变性后的蛋白质叫变性蛋白质。变性蛋白质只是空间构象被破坏，并不涉及肽键的断裂，蛋白质的一级结构并未遭破坏。

天然蛋白质分子内部通过各种次级键形成紧密和稳定的结构，变性的本质是原先的次级键被破坏，导致蛋白质分子从原来的稳定结构变为无序的松散伸展状结构，二、三级以上的高级结构发生改变或破坏。在变性过程中，肽键并没有断裂，氨基酸顺序并没有改变，所以并不涉及一级结构的改变。

如果变性条件较温和，不剧烈，则蛋白质的变性作用是一种可逆反应，蛋白质分子的内部结构变化不大。但若变性条件剧烈持久，则蛋白质空间结构破坏严重，以至于不能恢复，这种现象称为不可逆变性。如果去除引起变性的外界因素，在适当条件下变性蛋白质可以恢复其天然构象和生物学活性，这种现象称为蛋白质复性（renaturation）。但如果变性时间持久，条件剧烈，这时的变性并不是可逆的，变性后的蛋白质也无法复性。

2. 蛋白质变性后的表现

（1）蛋白质变性后的主要特征就是生物活性丧失，如酶失去催化能力，蛋白质类激素失去代谢调节作用等。

（2）蛋白质变性后表现出各种理化性质的改变。如蛋白质变性后，高级结构受到破坏，结构伸展，使原先藏在分子内部的疏水基团暴露，溶解度降低，易形成沉淀析出。此外，原先埋藏在分子内部的一些侧链基团外露也会使蛋白质的理化性质改变。而对于球状蛋白来说，变性后其分子形状发生改变，表现出黏度增大、易凝集、结晶性破坏、光学特性发生改变等变化。

（3）蛋白质变性后，还表现为肽链松散，生物化学性质改变，使其容易被蛋白水解酶降解，这也是熟食更容易消化的原因。

3. 引起蛋白质的变性的因素

能引起蛋白质变性的因素很多，主要有以下两大类。

（1）物理因素。引起蛋白质变性的物理因素有加热、加压、剧烈振荡或搅拌、紫外线照射、超声波、X射线等。物理因素引起变性的主要原因是通过对蛋白质施加较高的能量，使次级键发生断裂。

（2）化学因素。引起蛋白质变性的化学因素有强酸、强碱、重金属盐、尿素、胍、有机溶剂、去污剂等。强酸、强碱的加入使蛋白质分子带上大量电荷，破坏了盐键，造成分子内部基团间的斥力增大，进而破坏了空间结构。重金属盐会和蛋白质的酸性基团生成沉淀而使得氢键断裂。尿素、胍等能与多肽主链竞争氢键，从而使蛋白质二级结构破坏，并增加了疏水性残基的溶解度，使得蛋白质稳定性下降。有机溶剂的加入会影响氢键、盐键和疏水键的稳定性。不同蛋白质对各种因素的敏感程度是不同的。如豆腐的制作过程，实际上就是通过加热、加盐等手段使大豆蛋白质的浓溶液变性。在临床血清分析中,常常添加三氯醋酸或钨酸使血液中蛋白质变性沉淀而除去,采用热凝法检查尿蛋白。

2.2.1.5　蛋白质的紫外吸收

蛋白质分子中的酪氨酸或色氨酸含有共轭双键,在 280 nm 的波长处有特征吸收峰。在一定条件下,蛋白质溶液的吸光度与其浓度成正比,可用于蛋白质含量的分析。

2.2.1.6　蛋白质的颜色反应

蛋白质分子中某些氨基酸或某些特殊结构能与多种化合物作用,产生颜色反应,在蛋白质的分析工作中,常以此作为测定的根据。重要的颜色反应有以下两个。

1. 双缩脲反应

双缩脲是尿素缩合而成的化合物,将尿素加热到 180 ℃左右,则两分子尿素缩合成一分子双缩脲,并放出一分子氨。双缩脲在碱性溶液中能与极稀的硫酸铜溶液反应,产生红紫色至蓝紫色的络合物,此反应就称为双缩脲反应。凡含有两个或两个以上肽键结构的化合物都可以发生双缩脲反应。在一定条件下,红紫色物质的深浅程度与蛋白质的含量成正比,可利用该络合物在 540 nm 波长下的特定吸收来定量测定蛋白质含量。另外,还可利用双缩脲反应来鉴定蛋白质溶液是否完全水解。

2. 福林酚试剂反应

蛋白质分子含有酪氨酸或色氨酸,能将福林酚试剂中的磷钼酸及磷钨酸还原成蓝色化合物(钼蓝和钨蓝的混合物)。蓝色物质的深浅程度与蛋白质的含量成正比,可利用在 650 nm 波长下的特定吸收进行比色测定,该方法的灵敏度很高,测定范围为 $25\sim250$ μg/mL。这一反应常用来定量测定蛋白质含量,也适用于酪氨酸或色氨酸的定量测定。

2.2.2　蛋白质的生物学特性

蛋白质的生物学特性指它的生理功能,如催化、运输物质、调节物质代谢、控制核酸代谢、防御等。蛋白质是生物体的基本组成成分,与所有的生命活动联系密切。在机体新陈代谢过程中起催化作用的酶、调节物质代谢的激素均属于蛋白质。诸如肌肉收缩,血液凝固,组织修复,生长、繁殖,抵御外界不利因素的干扰等都离不开蛋白质的参与。此外,蛋白质在遗传信息的控制、细胞膜的通透性、神经冲动的发生和传导、高等动物的记忆等方面都起着十分重要的作用。

2.3　蛋白质的种类和功能

2.3.1　蛋白质的种类

蛋白质种类繁多,结构复杂,有多种不同的分类方法。可根据蛋白质的分子形状、化学组成、功能等进行分类。下面简单介绍几种蛋白质的分类。

2.3.1.1 按分子形状分类

蛋白质可根据其形状分为球状蛋白质(globular protein)、纤维状蛋白质(fibrous protein)两类(图 2-18)。

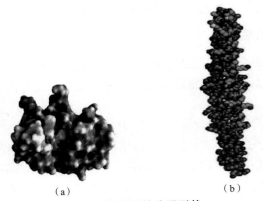

（a）　　　　　　　　　　　　　　　（b）

图 2-18　不同蛋白质的分子形状
（a）球状蛋白　（b）纤维状蛋白

1. 球状蛋白质

球状蛋白质的外形卷曲近似于球形或椭圆形,分子对称性好,蛋白质分子长度与直径之比一般小于 10,分子外层多为亲水性氨基酸残基,多数可溶于水,能结晶,大都具有活性,多属功能蛋白,用于合成生物活性因子,如酶、血红蛋白、血清球蛋白、免疫球蛋白、胰岛素等。

2. 纤维状蛋白质

一般来说,纤维状蛋白质外形细长,形似纤维状,其分子长度与直径之比大于 10。纤维状蛋白质分子质量大,大都属于结构蛋白,为生物体的结构材料,在生物体中起到支撑、连接和保护作用。多数难溶于水,如结缔组织中的胶原蛋白,指甲、毛发、甲壳中的角蛋白,肌腱和韧带中的弹性蛋白以及蚕丝中的丝蛋白等。少数能溶于水,如肌球蛋白、血纤维蛋白原等。

2.3.1.2 按化学组成分类

同其他生物大分子一样,蛋白质由类似的结构单元氨基酸构成,除氨基酸外,某些蛋白质还含有其他非氨基酸组分。根据蛋白质的化学组成可将它们分为简单蛋白质(simple protein)和结合蛋白质(conjugated protein)。

1. 简单蛋白质

简单蛋白质是水解后的产物只产生氨基酸而不产生其他物质的蛋白质,也称单纯蛋白质,常见的简单蛋白质有胰岛素、催产素、核糖核酸酶等。根据蛋白质的来源、受热凝固性及溶解特性等理化性质的不同,又可以把单纯蛋白质分为七类,如表 2-3 中所列,分别是清蛋白、球蛋白、谷蛋白、醇溶蛋白(有的写成谷醇溶蛋白或醇溶谷蛋白)、组蛋白、精蛋白和硬蛋白。

表 2-3　简单蛋白质的分类

类别	溶解特性	举例
清蛋白	溶于水	血清蛋白
球蛋白	溶于稀盐溶液	肌球蛋白
谷蛋白	溶于稀酸或稀碱,不溶于水、盐、醇溶液	麦谷蛋白
醇溶蛋白	溶于 70%~80% 的乙醇溶液,不溶于水	玉米醇溶蛋白
组蛋白	溶于水或稀酸,可用稀氨水沉淀	小牛胸腺组蛋白
精蛋白	溶于水或稀酸,不溶于氨水	蛙精蛋白
硬蛋白	只能溶于强酸	角蛋白、胶原蛋白

2. 结合蛋白质

结合蛋白质除了含有氨基酸组分之外,还含有糖类、核酸、脂类等非氨基酸物质,二者以共价或非共价形式结合,往往作为一个整体从生物材料中被分离出来。结合蛋白质中的非蛋白部分被称为辅基(prosthetic group)或配基。辅基的种类很多,常见的有核酸、糖类、脂类、磷酸、金属离子、色素等,如表 2-4 中所列。它们大多以共价键形式与结合蛋白质的蛋白质部分连接,形成的结合蛋白质可分为核蛋白、糖蛋白、脂蛋白、磷蛋白、金属蛋白、色素蛋白等。

表 2-4　结合蛋白质的分类

类别	辅基	举例
核蛋白	核酸	核糖体、烟草花叶病毒
糖蛋白	多糖	蚕豆凝集素、免疫球蛋白
脂蛋白	脂类	血浆脂蛋白
磷蛋白	磷酸	卵蛋白、酪蛋白
金属蛋白	金属离子	铁蛋白、酶
色素蛋白	色素	血红蛋白、细胞色素 C

此外,根据营养价值可将蛋白质分为完全蛋白质、半完全蛋白质和不完全蛋白质。完全蛋白质所含氨基酸种类齐全,数量充足,比例合理,既能维持动物生存,又能促其生长发育,如牛奶、蛋、肝脏、酵母、黄豆及胚芽等食物中所含的蛋白质;不完全蛋白质所含氨基酸种类不全,如动物明胶和玉米胶蛋白等;半完全蛋白质所含氨基酸种类齐全,但有的氨基酸数量不足,虽能维持动物生存,却不能促其生长发育,如麦胶蛋白等。根据生物活性可将蛋白质分为酶、激素蛋白、运输及贮存蛋白、运动蛋白、防御蛋白、受体蛋白、控制生长与分化的蛋白、毒蛋白、膜蛋白、非活性蛋白。

2.3.2　蛋白质的功能

生物体的各种生理功能往往都是通过蛋白质来实现的,蛋白质在生物体内的存在形式和作用是多样化的。不同蛋白质的功能是不同的,主要有以下几个方面。

1. 结构功能

蛋白质是生物体细胞和组织的主要组成成分之一,是生物体形态结构的物质基础。如胶原蛋白参与结缔组织和骨骼的形成;角蛋白存在于动物的毛发和指甲中;弹性蛋白在血管壁和韧带的构造中起支持和润滑作用。结构蛋白一般是不溶性纤维状蛋白。

2. 催化功能

生物体内的化学反应离不开酶的催化,酶是有机体新陈代谢的催化剂,绝大多数的酶都是蛋白质。如淀粉酶催化淀粉的水解,蔗糖酶催化蔗糖的水解,脲酶催化尿素的分解。催化功能是蛋白质最重要的生物学功能之一。

3. 信息传递功能

生物体能够对外界刺激(如光、气味、激素、神经递质和生长因子等)作出反应,离不开蛋白质的生物学作用,生物体内的信息传递过程离不开蛋白质。在生物体内有一类蛋白质起接收和传递信息的作用,这类蛋白称为受体蛋白,它们在接收外界信号后,可以使细胞作出各种反应。因此,蛋白质在细胞内信号转导中起重要作用。

4. 运动功能

生物体完成运动离不开蛋白质的参与,比如,动物的运动需要靠肌肉的收缩和舒张实现,而肌肉的收缩和舒张实际上是由肌球蛋白和肌动蛋白丝状体的滑动实现的。细菌的鞭毛及纤毛也能产生类似的运动,它们是由许多微管蛋白组装起来的。另外,在非肌肉的运动系统中普遍存在着运动蛋白,可驱使小泡、细胞器等沿微管移动。

5. 储存功能

有些蛋白质有储藏氨基酸的功能,以备机体及其胚胎生长发育的需要,如蛋类中的卵清蛋白、乳中的酪蛋白、植物种子中的醇溶蛋白等。肝脏中的铁蛋白可以储存血液中多余的铁,供机体缺铁时使用。

6. 运输功能

在生物体中许多物质需要运输,有些蛋白质具有运输载体的功能,能使物质在细胞和生物体内自由、准确地转移,如血红蛋白、载体蛋白等。血液中的血红蛋白随着血液循环,将吸入的氧气从肺部运输到其他组织,同时,将二氧化碳从其他组织运输到肺,排出体外。血液中的载脂蛋白可以运输脂类物质。一些膜转运蛋白还能将代谢物转运而进出细胞。另外,生物氧化过程中细胞色素 C 等电子传递体负责电子的传递。

7. 调节功能

蛋白质调节功能指的是在生物体正常的生命活动(如代谢、生长、发育、分化、生殖等)过程中,蛋白质激素起着极为重要的调节作用,如胰岛素、激素、受体、毒蛋白等。如胰岛素参与血糖的代谢调节,能降低血液中葡萄糖的含量。还有一些调节蛋白(如大肠杆菌的分解代谢物基因活化蛋白(CAP)和阻遏蛋白等)参与基因表达调控。

8. 防御功能

免疫反应是机体的一种防御机能,有些蛋白质具有主动的防护功能,以抵抗外界不利因素对生物体的干扰。如脊椎动物体内的抗体,是高度专一的蛋白质,能够识别特异的抗原,如病毒、细菌和其他生物体的细胞,并与之结合,帮助人体抵御病菌和病毒等抗原的危害,因此它具有防御疾病和抵抗外界病原侵袭的免疫能力。

2.3.3　典型蛋白质的结构与功能

2.3.3.1　肌红蛋白的结构与功能

肌红蛋白（myoglobin, Mb）是哺乳动物肌肉中运输氧的蛋白质,是由一条肽链和一个血红素辅基组成的结合蛋白,分布于心肌和骨髓肌内。肌红蛋白的主要功能是与氧结合,促进肌肉中 O_2 的扩散,贮存氧以备肌肉运动时需要。

肌红蛋白是第一个通过 X 射线晶体学揭示其三维结构的蛋白质。英国科学家约翰·肯德鲁（John Kendrew）及其同事于 1958 年报告了抹香鲸肌红蛋白的三级结构,并因此成就获得 1962 年的诺贝尔化学奖。尽管肌红蛋白是生物学中研究最多的蛋白质之一,但其生理功能尚未最终确定:经过基因工程改造而缺乏肌红蛋白的小鼠可以存活并具有生育能力,但会表现出许多细胞和生理适应来克服这种损失。肌红蛋白被认为与增加向肌肉的氧气运输和氧气储存有关,此外它还可以作为活性氧的清除剂。抹香鲸肌红蛋白由一条多肽链卷曲折叠形成,含 153 个氨基酸残基和 1 个血红素辅基。其中,约 3/4 的氨基酸残基存在于 α- 螺旋结构中,分别形成长短不等的 8 段 α- 螺旋,如图 2-19（a）所示,从 N 端起将 8 段 α- 螺旋依次用字母 A~H 表示。最短的螺旋含 7 个氨基酸残基,最长的含 23 个氨基酸残基。螺旋之间形成的是无规卷曲构象。Mb 分子结构紧密,约为球形,尺寸为 4.5 nm × 3.5 nm × 2.5 nm,内部空隙小。疏水性残基包埋在球状分子内部,而亲水性残基则暴露于分子表面,使肌红蛋白成为可溶性蛋白质。血红素辅基处于 Mb 分子表面 α- 螺旋 E 和 F 之间的疏水口袋中,这种疏水的环境保证了血红素中心的铁原子直接与氧分子结合。肌红蛋白结构模型表明氧分子与蛋白质深处的铁原子结合（图 2-19（b）和（c））,那么它是如何进出的呢? 答案是这些结构模型只是蛋白质分子的一个快照,当它处于紧密闭合的形式时被捕获。实际上,肌红蛋白（所有其他蛋白质也一样）一直在运动,进行小的弯曲和呼吸运动。因此,临时开口不断出现和消失,让氧气分子进出。血红素由卟啉环与一个居于环中央的 Fe^{2+} 构成,Fe^{2+} 居于卟啉环的中央。Fe^{2+} 有 6 个配位键,4 个与血红素吡咯环的氮原子相接,1 个与 α- 螺旋 F 中第 8 个氨基酸（即组氨酸）残基的咪唑环氮相连,另 1 个配位键与 α- 螺旋 E 中第 64 个组氨酸相接近,可与氧分子可逆结合（图 2-19（d））。

在溶液中,肌红蛋白分子上已结合氧的位置数与可能结合氧的位置数之比称为饱和度（degree of saturation）,也称为饱和分数,用于表征肌红蛋白结合氧的能力。肌红蛋白结合氧气分子的反应方程式如下:

$$Mb + O_2 \rightleftharpoons MbO_2$$

肌红蛋白的解离常数 K_d 可以通过方程（2-1）计算:

$$K_d = \frac{[Mb][O_2]}{[MbO_2]} = \frac{[Mb]p(O_2)}{[MbO_2]} \tag{2-1}$$

$$\theta = \frac{[MbO_2]}{[Mb]+[MbO_2]} \tag{2-2}$$

联立方程（2-1）和（2-2）可以得到

$$\theta = \frac{p(O_2)}{K_d + p(O_2)} \tag{2-3}$$

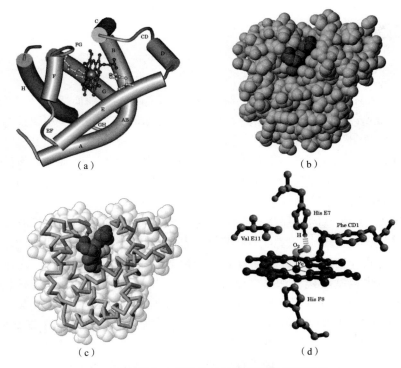

图 2-19　肌红蛋白三级结构的不同模型及作用机制
（a）卡通模型　（b）空间填充模型　（c）混合模型　（d）血红素辅基与氧气分子以及周围氨基酸残基的相互作用

以氧饱和度 θ 为纵坐标，氧分压 $p(O_2)$ 为横坐标作图，可以得到氧合曲线。因为肌红蛋白的解离常数 K_d 在一定条件下是个常数，所以由方程（2-3）可知氧合曲线是个双曲线。饱和度的大小 θ 取决于肌红蛋白的解离常数（或者说亲和力）以及环境中氧分压的大小。将 p_{50} 定义为肌红蛋白的氧结合部位达到 50% 饱和度时的氧分压。由方程（2-3）可知，$p_{50}=K_d$。因此 p_{50} 值的大小可以表征肌红蛋白对氧的亲和力。

2.3.3.2　血红蛋白的结构与功能

1. 血红蛋白的结构

血红蛋白（hemoglobin，Hb）是目前已知最简单的具有四级结构的蛋白质，如图 2-20（a）所示。它是红细胞中所含有的一种结合蛋白质，辅基为血红素。它的功能是从肺携带氧经由动脉血运送给组织，再携带组织代谢所产生的二氧化碳经静脉血送到肺部后排出体外。血红蛋白分子近似为球形，相对分子质量为 6.5×10^4，分子直径约为 5.5 nm，由 2 个 α 亚基和 2 个 β 亚基构成，记作 $\alpha_2\beta_2$，分别占据相当于四面体的 4 个顶角。每个 α 亚基均含有 141 个氨基酸残基，每个 β 亚基均含有 146 个氨基酸残基。每个亚基都结合了一分子血红素。

血红蛋白中 4 个亚基的三级结构与肌红蛋白的三级结构非常相似，但多肽链的一级结构有很大差别。α 亚基和 β 亚基分别有 7 个、8 个 α- 螺旋，血红素上的 Fe^{2+} 能够与 O_2 进行可逆结合。各亚基之间和 β 亚基内部通过氢键及 8 对离子键连接（图 2-20（b）），结合紧密，疏水基团位于分子内部，亲水基团居于分子表面，形成亲水的球状蛋白质。

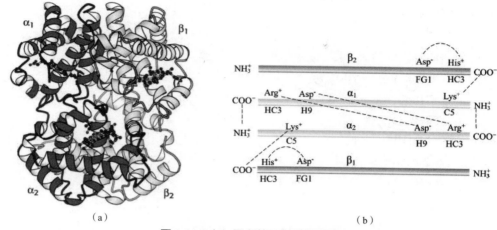

图 2-20　血红蛋白的四级结构示意

（a）四级结构　（b）亚基连接

2. 血红蛋白的结构与功能之间的关系

1）氧合引起血红蛋白的构象发生变化

血红蛋白在红细胞内能结合氧或释放氧,除了运输氧以外,还能够运输质子和二氧化碳。与氧结合的血红蛋白,称为氧合血红蛋白;没有与氧结合的血红蛋白,一般称为去氧血红蛋白。

以氧饱和度 θ 为纵坐标,氧分压 $p(O_2)$ 为横坐标作图,可以得到血红蛋白的氧合曲线。把 p_{50} 定义为血红蛋白的氧结合部位 50% 饱和时的氧分压。从图 2-21 中可以看出,血红蛋白的氧合曲线为 S 形,而肌红蛋白的氧合曲线为双曲线（图 2-21（a））。血红蛋白的 S 形氧合曲线有利于氧气的运输。例如,当肺和组织中的氧分压分别为 99 和 28 Torr（1 Torr=1 mmHg=133 Pa）时,血红蛋白在两种环境下的氧饱和度分别为 0.98 和 0.6。利用这个差异,血红蛋白可以利用 38% 的氧气结合部位运输氧气。如果把血红蛋白替换为肌红蛋白,它在两种环境条件下几乎都处于完全饱和状态,因此不能作为氧气的运输载体。

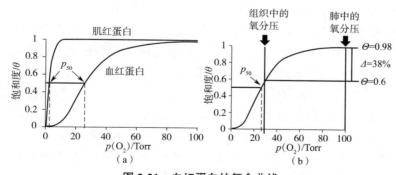

图 2-21　血红蛋白的氧合曲线

（a）血红蛋白和肌红蛋白氧合曲线比较　（b）血红蛋白在肺及组织中的氧饱和度

认识到血红蛋白和氧气的结合可能很复杂,英国生物物理学家阿奇博尔德·维维安·希尔（Archibald Vivian Hill）开发了一个简单的模型来研究血红蛋白的 S 形氧合曲线,具体过程如下。

血红蛋白和氧气的结合反应可以表示如下：

$$Hb + nO_2 \rightleftharpoons Hb(O_2)_n$$

血红蛋白的解离常数 K_d 可以通过下面方程式计算：

$$K_d = \frac{[Hb][O_2]^n}{[Hb(O_2)_n]} = \frac{[Hb]p(O_2)^n}{[Hb(O_2)_n]} \tag{2-4}$$

$$\theta = \frac{[Hb(O_2)_n]}{[Hb] + [Hb(O_2)_n]} \tag{2-5}$$

联立方程（2-4）和（2-5）可以得到

$$\theta = \frac{p(O_2)^n}{K_d + p(O_2)^n} \tag{2-6}$$

$$\lg \frac{\theta}{1-\theta} = \lg \frac{p(O_2)^n}{K_d} = n \lg p(O_2) - \lg K_d \tag{2-7}$$

由方程（2-6）可知，$K_d = p_{50}^n$。因此方程（2-7）也可以表示如下：

$$\lg \frac{\theta}{1-\theta} = \lg \frac{p(O_2)^n}{K_d} = n \lg p(O_2) - n \lg p_{50} \tag{2-8}$$

方程（2-7）被称为 Hill 方程，其中的 n 被称为 Hill 系数。Hill 方程可用于描述血红蛋白和氧气分子的结合行为，也可以扩展到很多蛋白质分子和配体的协同结合行为，比如具有别构效应的酶和其底物的结合。

科学家进一步从蛋白质分子结构上探究血红蛋白具有 S 形氧合曲线的原因。研究发现，血红蛋白分子在体内以两种物理形式存在，一种是紧张态（tense state，T 态），另一种是松弛态（relaxed state，R 态）。T 态为脱氧构象，在脱氧血红蛋白中，4 个亚基呈对称排布，通过盐键和氢键互相连接，使得血红蛋白的 4 个亚基紧密聚合成近球形分子。$\alpha_1\beta_1$ 和 $\alpha_2\beta_2$ 亚基间接触面大，所以比较稳定。而 $\alpha_1\beta_2$ 和 $\alpha_2\beta_1$ 亚基间接触面较小，不稳定，在氧合时易滑动。2 个 β 亚基之间夹着一分子的 2，3-二磷酸甘油酸（BPG），它与每个 β 亚基形成 4 个盐键，把 2 个 β 亚基交联在一起。Hb 在紧张态时，各亚基缚紧在一起，对氧的亲和力低，当氧分子与 Hb 的 1 个亚基结合后，引起其构象发生变化，首先 Hb 铁原子与氧形成第 6 个配位键，随着铁原子的移位，引起 α-螺旋 F 做相应的移动。α-螺旋 F 的移动传递到 Hb 亚基的界面，引起 $\alpha_1\alpha_2$ 亚基间的盐键断裂，构象重调，使亚基间的结合松弛，从而四级结构发生改变，使其他 3 个亚基对氧的结合能力增强，变成 R 态。

以氧饱和度为纵坐标，氧分压为横坐标作图，可得氧合曲线，血红蛋白的氧合曲线是 S 形，当氧分压很低时，氧饱和度随氧分压的增加变化很小；随着氧分压的升高，氧饱和度迅速增加，这有利于氧的运输。血红蛋白的 S 形曲线具有重要的生理意义。在血液流经肺部时，肺部的氧分压较高，血红蛋白与氧结合后满载着 O_2 离开肺部；而当血液流经外周组织（如肌肉组织）时，氧分压较低，氧合血红蛋白就释放出 O_2。

2）血红蛋白的氧合能力受到不同因素的调节

1904 年丹麦科学家克里斯琴·波尔（Christian Bohr）发现血液 pH 值降低或 $p(CO_2)$ 升高可以使 Hb 对 O_2 的亲和力降低，反之，pH 值升高或 $p(CO_2)$ 降低，则 Hb 对 O_2 的亲和力增强。H^+ 和 CO_2 能够促进氧合血红蛋白释放 O_2 的现象称为波尔效应（Bohr effect）。血红

蛋白与 CO_2 和 H^+ 结合的能力能够被机体用于运输 CO_2 和 H^+（图 2-22）。在体内，组织代谢过程中会产生 CO_2 和 H^+。血红蛋白对 H^+ 的亲和力比对 O_2 的亲和力强，因此 H^+ 浓度升高会促使 O_2 从血红蛋白中释放出来。而生成的 CO_2 在体内与水结合后以碳酸氢盐的形式存在，也使细胞中 H^+ 浓度增加。当血液流经肺部时，肺循环血的 pH 值为 7.6，氧分压高，有利于血红蛋白与氧的结合，并促进了 H^+ 和 CO_2 的释放，CO_2 的呼出有利于氧合血红蛋白的生成。而当血液流经组织（如肌肉组织）时，pH 值较低，CO_2 量较多，此时会促进氧合血红蛋白释放 O_2。除了 CO_2、H^+，血红蛋白的氧合作用还受到 2，3- 二磷酸甘油酸等分子的变构调节。2，3- 二磷酸甘油酸是糖代谢的中间产物，它大量存在于红细胞中，能降低血红蛋白与 O_2 的亲和力。这样当血液流经氧分压较低的组织时，2，3- 二磷酸甘油酸使氧合血红蛋白释放更多的 O_2，以满足组织对氧的需要。2，3 - 二磷酸甘油酸的浓度越大，O_2 的释放量也越多。红细胞中 2,3- 二磷酸甘油酸浓度的变化是调节血红蛋白与 O_2 亲和力的重要因素。

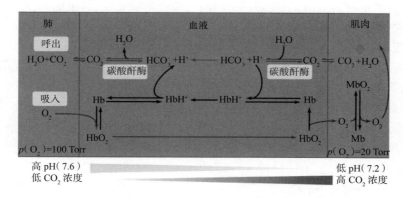

图 2-22　血红蛋白和肌红蛋白在 O_2 和 CO_2 转运中的作用

血红蛋白除了能与 O_2 和 CO_2 结合外，还能够与 CO 结合，形成稳定的一氧化碳血红蛋白。与 O_2 相比，血红蛋白与 CO 结合的亲和力比与 O_2 结合的亲和力大 250 倍，当血红蛋白与 CO 结合后，就不能再与 O_2 结合，即不能再运输氧气。煤气中毒实际上就是由于煤气中的 CO 与血红蛋白结合后使得血红蛋白丧失了运输氧的功能，而使机体因缺氧而死亡。

2.3.3.3　纤维状蛋白质

纤维状蛋白质广泛地分布于动物体内，大多为结构蛋白，外形呈纤维状或细棒状，这与其多肽链规则的二级结构有关。纤维状蛋白质可分为不溶性纤维状蛋白质和可溶性纤维状蛋白质两类，前者有角蛋白、胶原蛋白、弹性蛋白和丝蛋白等，后者有肌球蛋白和纤维蛋白原等。这里主要介绍几种不溶性纤维状蛋白质。

1. α- 角蛋白

角蛋白（keratin）是存在于动物组织中的一种纤维状蛋白质，包括皮肤、毛、发、羽毛、丝等。角蛋白可分为两类，一类是 α- 角蛋白，主要存在于哺乳动物中；另一类是 β- 角蛋白，主要存在于鸟类和爬虫类动物中。

α- 角蛋白主要由 α- 螺旋构象的多肽链构成，α- 角蛋白中三股右手 α- 螺旋拧在一起向左缠绕形成直径为 2 nm 的原纤维，这是一种 αα 组合的超二级结构。原纤维再排列成

"9+2"的电缆式结构,称为微纤维或微原纤维,直径为 8 nm。微纤维包埋在硫含量很高的无定形基质中。成百根这样的微纤维结合在一起形成不规则的纤维束,称为大纤维,直径为200 nm。一根毛发外围是一层鳞状细胞,而中间的皮层细胞就是由大纤维沿轴向排列形成的,皮层细胞横截面直径约为 20 μm。

毛发中的 α- 角蛋白具有较好的伸缩性能。在湿热的条件下,一根毛发在外力作用下可以拉长到原有长度的 2 倍,这时分子中的 α- 螺旋结构被撑开,氢键被破坏,转变为 β- 折叠结构。去除张力后,α- 螺旋在二硫键的交联作用下可以恢复到原来的状态,使毛发在冷却干燥后可以缩回原来的长度。包埋在基质中的半胱氨酸残基之间存在二硫键,一般每四个螺圈就有一个交联键。这种交联键不仅可以抵抗张力,还可以作为外力,使纤维复原,可以说,二硫键保证了 α- 角蛋白结构的稳定性。根据二硫键数目的多少,α- 角蛋白可分为硬角蛋白和软角蛋白两种类型。二硫键的数目越多,纤维的刚性越强。蹄、角、甲中的角蛋白二硫键数目较多,属于硬角蛋白,质地硬、难拉伸;二硫键的数目少,纤维的弹性越强,皮肤中的角蛋白属于软角蛋白。

2. β- 角蛋白

自然界中存在天然的 β- 角蛋白,例如蚕丝和蜘蛛丝中的丝心蛋白。丝心蛋白具有抗张强度高、质地柔软的特性,但是不能拉伸。

丝心蛋白是典型的反平行式 β- 折叠片,多肽链以平行的方式堆积成锯齿状折叠构象。丝心蛋白主要由甘氨酸、丙氨酸和丝氨酸组成,依靠氢键和范德华力来保持结构的稳定性。与 α- 角蛋白相比,它并不含二硫键。β- 角蛋白中的肽链为 β- 折叠结构,充分伸展,因此丝心蛋白不具备良好的弹性,不能拉伸,而按层排列的结构是由范德华力维系的,从而赋予丝心蛋白柔软的韧性和高的抗张能力。丝心蛋白的每个 β- 折叠链中都富含侧链基团较小的氨基酸残基,如甘氨酸、丙氨酸和丝氨酸,并且每隔一个残基就是甘氨酸。也就是说,在 β- 折叠片层中,所有的甘氨酸的侧链基团位于折叠片平面的一侧,而丝氨酸和丙氨酸等的侧链基团都分布在平面的另一侧。较小的氨基酸残基侧链,既可以使片层之间紧密堆积,也允许相邻片层的氨基酸残基侧链交替排列、彼此连锁。同一多肽链一侧的两个侧链间距离是 0.7 nm;在层中反平行的链间距离是 0.47 nm。若干这样的 β- 折叠片之间,甘氨酸一侧对甘氨酸一侧,丙氨酸或丝氨酸一侧对丙氨酸或丝氨酸一侧,以这种交替堆积层之间的结构排列成彼此交错咬合的结构形式,酰胺基的取向使相邻的 C_α 为侧链腾出空间,从而避免了任何空间位阻。β- 角蛋白结构中除了甘氨酸、丙氨酸和丝氨酸这三种氨基酸残基外,还存在一些侧链较大的氨基酸残基(如缬氨酸和脯氨酸等),由它们构成的区域是无规则的非晶状区,赋予丝心蛋白以一定的伸长度。

3. 胶原蛋白

胶原蛋白或称胶原(collagen),是很多动物体内含量最丰富的蛋白质,属于结构蛋白,是构成皮肤、骨骼、肌腱、软骨、牙齿的主要纤维成分。胶原蛋白至少包括四种类型:胶原蛋白Ⅰ、Ⅱ、Ⅲ和Ⅳ,它们结构相似,都由原胶原构成。

胶原蛋白在体内以胶原纤维的形式存在。胶原纤维的基本结构单位是原胶原。原胶原是由三股特殊的左手螺旋构成的右手超螺旋。这种螺旋的形成基于大量的甘氨酸、脯氨酸、4- 羟基脯氨酸和 5- 羟基赖氨酸参与形成氢键。在氨基酸序列中,96% 为—Gly—X—Y—的重复序列。甘氨酸残基占据 1/3,每隔两个残基就有一个甘氨酸出现。而其中 X 通常是脯氨酸，Y 通常是 4- 羟基脯氨酸或 5- 羟基赖氨酸。原胶原分子的三股螺旋形成一种错列排列，使三条链中的甘氨酸残基沿中心轴堆积时彼此交错排列，每个甘氨酸残基的 N—H 键可以与相邻链的 X 残基的 C=O 键形成氢键，链间氢键稳定了胶原蛋白的结构。脯氨酸和 4- 羟基脯氨酸的环化侧链有利于肽链的扭曲，可促进左手螺旋的形成。

2.4　蛋白质结构与功能的关系

蛋白质具有特定的生物学特性，蛋白质功能的多样性不仅取决于其特异的一级结构，更与其空间结构密切相关。蛋白质能够正常发挥其生物学功能依赖于其相应的构象。研究蛋白质结构与功能的关系有助于人们进一步了解生命起源、生命的进化过程、代谢控制等生物学的基本理论问题，也能从分子水平分析和诊断遗传病，并为人工模拟和设计蛋白质奠定基础，无论是在工农业生产还是医学方面都具有实际意义。

2.4.1　蛋白质一级结构与构象、功能的关系

蛋白质多种多样的生物学特性取决于蛋白质自身具有的空间构象。蛋白质的空间结构取决于蛋白质的一级结构，一级结构是其空间结构和生物学功能的物质基础。蛋白质一级结构的改变必然影响高级结构，进而影响蛋白质的生物活性，因此蛋白质的一级结构也与其功能息息相关。

1. 同源蛋白质的一级结构差异与生物进化

不同种属来源的生物体中功能相同或相似的蛋白质称为同源蛋白质（homologous protein）。不同生物的同源蛋白质存在相同的氨基酸序列，这些氨基酸序列决定了蛋白质的空间构象与功能。同源蛋白质中还有一些可变的氨基酸序列，体现了同源蛋白质的种属差异。比如：人胰岛素和猪胰岛素是同源蛋白质，二者的生物学功能相同，它们的氨基酸序列只是 B 链的第 30 位氨基酸残基不同。

不同种属的同源蛋白质一级结构的差异有助于人们了解不同物种进化的关系。细胞色素 C 作为生物体内普遍存在的一种重要蛋白质，在同源蛋白质一级结构研究中占有重要地位。通过对近百种不同种属生物体中细胞色素 C 的一级结构测定发现，大多数生物的细胞色素 C 是由 104 个氨基酸残基组成的，其中大约有 28 个氨基酸残基是各种生物共有的。通过对不同种属之间细胞色素 C 一级结构的比较发现，在进化过程中越接近的物种，它们之间细胞色素 C 一级结构的差异就越小。

2. 蛋白质一级结构的变异与分子病

对蛋白质来说，一级结构中某个起关键作用的氨基酸残基发生变异可能引起蛋白质的空间结构和功能发生变化，给机体带来严重的危害甚至引起疾病，这种由基因突变所致蛋白质一级结构发生变异引起的疾病称为分子病。镰刀型细胞贫血（sickle-cell anemia）是人们最早发现的一种分子病，正常人的血红蛋白和病人的血红蛋白相比，发现正常人血红蛋白 β 亚基 N- 端的第 6 位是谷氨酸，而病人的血红蛋白此位置被缬氨酸取代。谷氨酸为酸性氨基酸，侧链带负电荷，被缬氨酸取代后，酸性氨基酸换成了中性氨基酸，分子表面的负电荷减少，使此种血红蛋白（称为镰状细胞血红蛋白，HbS）在脱氧时的水溶性大大降低，相互聚集

黏着,红细胞变成长而薄、呈镰刀状的红细胞(图 2-23)。镰刀状红细胞比正常红细胞容易破碎,从而使机体产生贫血。

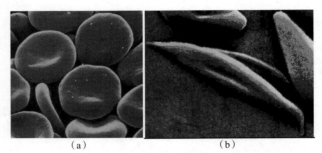

（a）　　　　　　　　　　　（b）

图 2-23　血红蛋白的不同形态细胞图

（a）正常的血红细胞　（b）镰刀形血红细胞

2.4.2　蛋白质构象与功能的关系

每种蛋白质都有其特定的构象,蛋白质生物学功能的正常发挥与其空间结构密切相关。蛋白质的空间结构与其功能具有相互适应性和高度的统一性。蛋白质的特定构象决定着它的生物学功能,当蛋白质空间结构遭到破坏时,蛋白质的生物学功能也随之丧失。

1. 核糖核酸酶的变性与复性

蛋白质一级结构是其空间构象的物质基础。安芬森(Anfinsen)在 20 世纪 60 年代进行的牛胰核糖核酸酶变性与复性的经典实验就证明了这一点。牛胰核糖核酸酶 A(RNase)是由 124 个氨基酸残基组成的单链蛋白质,分子中含 4 个二硫键。他发现,当天然的 RNase 在 8 mol/L 尿素情况下用还原剂 β- 巯基乙醇处理后,分子中的非共价键和存在的 4 个二硫键全部断裂,三级结构解体,肽链伸展呈无规则的线形状态。RNase 活性丧失,失去了催化 RNA 水解的功能。如果用透析的方法将尿素和 β- 巯基乙醇除去后,多肽链内非共价键和二硫键再次形成。变性后的 8 个游离巯基在复性时有 105 种配对选择性,但复性后的 RNase 的三维结构和二硫键的配对方式与天然分子相同,生物活性和理化性质也几乎完全恢复,如图 2-24 所示。Anfinsen 证明了蛋白质的三级结构对其一级结构的依赖关系,蛋白质的功能与其高级结构密不可分。

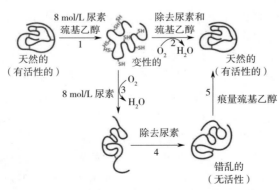

图 2-24　牛胰核糖核酸酶 A 的变性与复性示意

2. 血红蛋白的别构效应

蛋白质的功能与蛋白质特定的空间构象密切相关,蛋白质的空间构象是其功能活性的基础,构象发生改变,其功能活性也随之改变。在生物体内,某种物质特异地与蛋白质分子的某个部位结合,使该蛋白质的构象发生一定的变化,从而导致蛋白质活性改变的现象称为蛋白质的别构效应(allostery),也称为变构效应。影响蛋白质活性的物质称为别构配体或别构效应物。受别构效应调节的蛋白质称为别构蛋白质,如果是酶,则称为别构酶。

以血红蛋白为例,血红蛋白分子中含有 4 个亚基,当它处于脱氧状态时,亚基与亚基之间有 8 个盐桥存在 2 个 β 亚基之间夹着一分子 2,3- 二磷酸甘油酸(BPG)的,整个血红蛋白分子处于紧密型构象(即 T 态),此时与氧的亲和力很低,不易与氧结合;但当血红蛋白分子中 1 个亚基的血红素与氧结合后,会引起该亚基构象改变,这个亚基构象的改变又会引起其他 3 个亚基的构象相继发生改变,导致亚基间的盐键破裂,血红蛋白分子从原来的 T 态变为松弛构象(即 R 态),使得所有亚基的血红素铁原子的位置都变得适于与氧结合,整个血红蛋白分子呈氧合血红蛋白的构象,易与氧结合,大大加快了氧合速度。这种一个亚基与氧结合后增强其余亚基对氧的亲和力的现象称为协同效应(cooperative effect)。

血红蛋白的别构效应充分地反映了它的生物学适应性和结构与功能的高度统一性。别构效应是调节蛋白质生物功能的一种极有效的方式,也是蛋白质表现其生物功能的一种普遍而十分重要的现象。血红蛋白是别构效应的一个典型例子,很多酶在表现其活性时也有此现象,如某些酶作用的最终产物可与酶结合引起变构,使酶的活性提高或降低。

别构效应可分为同促效应和异促效应两类。相同配体(相同的结合部位)引起的反应称为同促效应,例如寡聚体酶或蛋白质(如血红蛋白)各亚基之间的协同作用即是同促效应,同促效应是同一种物质作用于不同亚基的相同部位而发生影响。不同配体(不同的结合部位)引起的反应称为异促效应,例如别构酶的别构结合部位和底物结合部位之间的反应即是异促效应。

2.5　环境对蛋白质结构和功能的影响

2.5.1　温度对蛋白质结构和功能的影响

由前述内容可知,加热会引起蛋白质凝固沉淀,这是因为高温导致维持蛋白质空间构象的次级键被破坏,使蛋白质的天然结构解体,疏水基团外露,破坏了蛋白质表面的水化层,进而导致蛋白质分子凝聚,从而使蛋白质发生凝固。也就是说,温度会使蛋白质的结构发生改变,从而影响蛋白质的功能。温度是血红蛋白和红细胞的一个重要变构因子,其微小的变化即可引起血红蛋白的分子结构、浓度、功能乃至红细胞的形态、结构、功能的显著改变。在高温作用下,离体血红蛋白的二级结构、空间结构会发生变化,主要表现在有序结构明显减少,无规卷曲增加,血红蛋白卟啉环丢失或松散,疏水性氨基酸残基暴露在外,血红蛋白的携氧能力也随加热温度的升高和加热时间的延长呈下降趋势。

2.5.2 pH 值对蛋白质结构和功能的影响

pH 值是影响蛋白结构和功能特性的主要因素之一,强酸、强碱中大量的 H^+ 和 OH^- 使得蛋白质分子带上大量电荷,破坏了盐键,造成分子内部基团间的斥力增大,进而破坏了空间结构。

例如,在正常生理条件(pH=7.35~7.45)下,人血红蛋白四聚体的粒径为 5.6 nm 左右。随着 pH 值的升高或降低,血红蛋白的四级结构被改变,一部分亚基与亚基之间的化学键发生断裂,蛋白粒径变为 3.2 nm 左右,血红蛋白四聚体解聚成二聚体。紫外可见光谱的结果显示,随着环境 pH 值的降低,血红素的吸收峰从原先 415 nm 处蓝移至 412 nm 处。同时,随着 pH 值偏离正常生理条件, 576 nm 处氧合血红蛋白吸收峰的高度下降,与此同时,高铁血红蛋白的吸光值却逐渐增大,表明随着环境 pH 值的改变,血红素周围疏水微环境发生变化,血红素中的二价铁与水相互作用被氧化成高铁,从而形成了高铁血红蛋白。激光共焦显微拉曼光谱结果表明,表征血红素卟啉环信息的 1 358 cm^{-1} 处谱峰强度在酸性或碱性条件下明显增大,间接地说明珠蛋白链所形成的血红素口袋结构发生了变化,暴露于水中,使血红素的拉曼谱强度增大。总的来说,在酸性或碱性环境中,血红蛋白会从四聚体结构解聚成二聚体结构。并且,伴随四级结构的变化,高铁血红蛋白的生成,血红蛋白的功能(氧合能力)在逐渐减弱,血红蛋白的二级结构也从有序性较高的 α - 螺旋转变成无序的无规卷曲,说明 pH 值偏离正常生理条件会使血红蛋白有序度降低,无序度增加。

2.5.3 有机溶剂对蛋白质结构和功能的影响

常见的可使蛋白质变性的有机溶剂有尿素、乙醇、丙酮等,它们可以提供自身羟基上的氢原子或羰基上的氧原子而参与形成氢键,从而破坏蛋白质中原有的氢键,使蛋白质变性。

过量饮酒可引起人体代谢的紊乱,其中包括血液中红细胞中血红蛋白的变化。研究者发现,随着乙醇浓度从 11.2 mmol/L 增加到 28 mmol/L,氧合血红蛋白占总血红蛋白的比例增加,在血红蛋白发生氧合过程时,血红蛋白的三级结构发生改变,造成血红蛋白 F 螺旋段的变形,使得 F 与 H 螺旋段之间的空隙变小,这时原本位于 F、H 两段螺旋之间隐藏的酪氨酸暴露,这使得血红蛋白的释氧能力减弱,体内的血红蛋白大部分与氧紧密结合,从而导致组织缺氧,由此引起机体的一系列问题,如呼吸、心跳抑制甚至死亡等。也就是说,乙醇能够改变血红蛋白的分子构象,进而影响血红蛋白的携氧能力。

小结

蛋白质是有机大分子,是构成细胞的基本有机物,是生命的物质基础。组成蛋白质的主要元素有碳、氢、氧、氮、硫;有些蛋白质含有少量的磷或金属元素,如铁、铜、锰、钴、锌、钼等;个别蛋白质还含有碘元素。蛋白质彻底水解的产物是氨基酸,氨基酸是组成蛋白质的基本结构单元。氨基酸是两性电解质,在它的分子中同时含有氨基(—NH_2)和羧基(—COOH),—COOH 可以释放 H^+,转变成—COO^-,体现酸性,起质子供体的作用;—NH_2 可以接收—COOH 释放出的 H^+,转变成—NH_3^+,体现碱性,起质子受体的作用。肽键是蛋白质分子中氨基酸的主要连接方式，是构成蛋白质分子中的主要共价键，性质比较稳定。氨基酸通过肽键连接形成的化合物称为肽。蛋白质是由一条或多条肽链按照一定的方式组合而成的生物大分子。

蛋白质是由氨基酸组成的，与氨基酸一样，是两性电解质。蛋白质分子所带的电荷性质及所带的电荷量取决于其分子中可解离基团的种类、数目及溶液的 pH 值。各种蛋白质具有特定的等电点，这和它所含氨基酸的种类和数量有关。蛋白质具有胶体溶液的特性，如丁达尔效应、布朗运动、不能透过半透膜以及具有吸附能力等。蛋白质在水溶液中比较稳定而不易沉淀，是一种比较稳定的亲水胶体。引起蛋白质沉淀的主要方法有盐析法、有机溶剂沉淀法、重金属盐沉淀法、生物碱试剂和某些酸类沉淀法、加热变性沉淀法。蛋白质在变性过程中，肽键并没有断裂，氨基酸顺序并没有改变，所以并不涉及一级结构的改变。能引起蛋白质变性的因素很多，主要有物理因素和化学因素两类。蛋白质分子中某些氨基酸或某些特殊结构能与多种化合物作用，产生颜色反应，在蛋白质的分析工作中，常以此作为测定的根据。

蛋白质中氨基酸的排列顺序和肽链的空间排布导致其分子结构异常复杂。蛋白质的一级结构是最基础、最稳定的结构，指氨基酸残基如何连接成肽链以及氨基酸在肽链中的排列顺序，是蛋白质分子结构的基础。蛋白质的一级结构是由遗传密码决定的，一级结构的阐明对生物进化具有重要理论意义，也有助于人们从基因水平展开对疾病的治疗，同时为蛋白质的生物合成提供了主要依据。蛋白质的二级结构指蛋白质多肽链的折叠方式，不涉及侧链的空间排布，是肽链中局部肽段的构象。维持二级结构的主要化学键是氢键。蛋白质二级结构的基本类型有 α- 螺旋、β- 折叠、β- 转角、无规卷曲。蛋白质的三级结构指由螺旋肽链结构盘绕、折叠而成的复杂空间结构。蛋白质的三级结构包括主链和侧链构象，反映了蛋白质多肽链中所有原子的空间排布。维持蛋白质三级结构的作用力主要是一些次级键，包括氢键、范德华力、疏水相互作用和离子键等非共价键。二硫键在维系一些蛋白质的三级结构方面也起着重要作用。蛋白质的四级结构是指由两条以上具有独立三级结构的多肽链通过非共价键相互结合而成的聚合体。维持四级结构的化学键主要是疏水键，此外，氢键、离子键及范德华力也会维持蛋白质的四级结构。

蛋白质种类繁多，结构复杂，有多种不同的分类方法。蛋白质可根据其形状分为球状蛋白质、纤维状蛋白质两类。根据蛋白质的化学组成可将它们分为简单蛋白质和结合蛋白质。

生物体各种生理功能往往都是通过蛋白质来实现的，蛋白质在生物体内的存在形式和作用是多样化的。

蛋白质多种多样的生物学特性取决于蛋白质自身具有的空间构象。肌红蛋白是哺乳动物肌肉中运输氧的蛋白质，是由一条肽链和一个血红素辅基组成的结合蛋白，分布于心肌和骨髓肌内。肌红蛋白的主要功能是与氧结合，贮存氧以备肌肉运动时需要。血红蛋白是目前已知最简单的具有四级结构的蛋白质，是红细胞中所含有的一种结合蛋白质，辅基为血红素。它的功能是从肺携带氧经由动脉血运送给组织，再携带组织代谢所产生的二氧化碳经静脉血送到肺部后排出体外。纤维状蛋白质广泛地分布于动物体内，大多为结构蛋白，外形呈纤维状或细棒状，这与其多肽链规则的二级结构有关。不同生物的同源蛋白质存在相同的氨基酸序列，这些氨基酸序列决定了蛋白质的空间构象与功能。而同源蛋白质中还有一些可变的氨基酸序列，体现了同源蛋白质的种属差异。

　　蛋白质的空间结构与其功能具有相互适应性和高度的统一性。蛋白质的特定构象决定着它的生物学功能,当蛋白质空间结构遭到破坏时,蛋白质的生物学功能也随之丧失。温度会使蛋白质的结构发生改变,从而影响蛋白质的功能。高温会导致维持蛋白质空间构象的次级键被破坏,使蛋白质的天然结构解体,疏水基团外露,破坏了蛋白质表面的水化层,进而导致蛋白质分子凝聚,从而使蛋白质发生凝固。pH 值是影响蛋白结构和功能特性的主要因素之一,强酸、强碱中大量的 H^+ 和 OH^- 使得蛋白质分子带上大量电荷,破坏了盐键,造成分子内部基团间的斥力增大,进而破坏了空间结构。重金属盐能使蛋白质变性,这是因为重金属阳离子可以和蛋白质中游离的羧基形成不溶性的盐,使氢键断裂,改变蛋白质的结构,进而影响其功能。常见的可使蛋白质变性的有机溶剂有尿素、乙醇、丙酮等,它们可以提供自身羟基上的氢原子或羰基上的氧原子而参与形成氢键,从而破坏蛋白质中原有的氢键,使蛋白质变性。

（本章编写人员：刘宪华 刘淼 刘宛昕 李阳）

第 3 章 核酸的结构、功能与环境影响

核酸是脱氧核糖核酸（DNA）和核糖核酸（RNA）的总称，是由许多核苷酸单体聚合成的生物大分子化合物，是所有已知生命形式必不可少的组成物质。细胞中每种蛋白质的氨基酸序列、每种 RNA 的核苷酸序列都是由细胞中 DNA 的核苷酸序列决定的。核苷酸随着核酸分布于生物体内各器官、组织、细胞中，作为核酸的组成成分参与生物的遗传、发育、生长等基本生命活动。生物体内还有相当数量以游离形式存在的核苷酸在细胞代谢中发挥能量货币、第二信使、辅酶组分等作用。

3.1 核酸的组成

核酸的基本组成单位是核苷酸。

3.1.1 核苷酸

3.1.1.1 核苷酸的组成

我们已经在第 1 章中了解了核苷酸由核糖或脱氧核糖（五碳糖）、磷酸基和含氮碱基（嘧啶、嘌呤）组成（图 3-1），不含磷酸基的称为核苷。如果五碳糖是核糖，则形成的聚合物是 RNA；如果五碳糖是脱氧核糖，则形成的聚合物是 DNA。部分核苷和核苷酸的结构如图 3-2 所示。

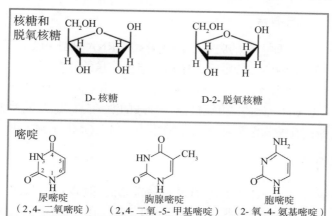

图 3-1 核糖、脱氧核糖、嘧啶和嘌呤

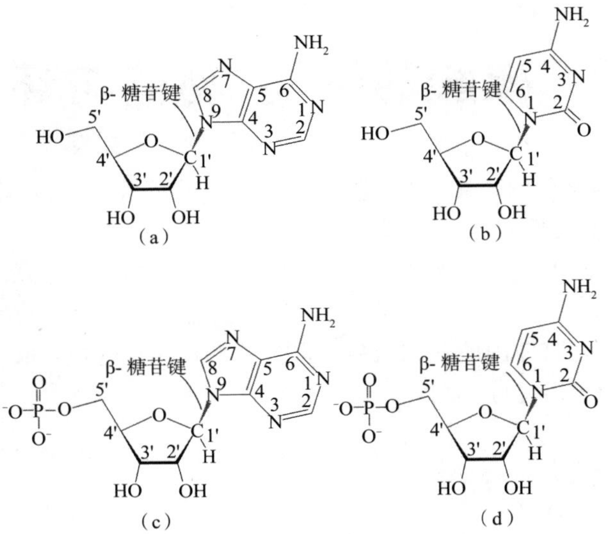

图 3-2　部分核苷和核苷酸的结构

（a）腺苷　（b）胞苷　（c）腺苷酸　（d）胞苷酸

核苷酸中的碱基均为含氮杂环化合物,属于嘌呤衍生物和嘧啶衍生物。核苷酸中的嘌呤主要是鸟嘌呤（G）和腺嘌呤（A）,嘧啶主要是胞嘧啶（C）、尿嘧啶（U）和胸腺嘧啶（T）。DNA 和 RNA 都含有鸟嘌呤（G）、腺嘌呤（A）和胞嘧啶（C）。胸腺嘧啶（T）只存在于 DNA 中,不存在于 RNA 中;而尿嘧啶（U）只存在于 RNA 中,不存在于 DNA 中。

核苷酸中的五碳糖碳原子编号为 1'～5',通常在腺嘌呤（A）、胞嘧啶（C）、鸟嘌呤（G）、尿嘧啶（U）的 1' 位上通过糖苷键连接嘧啶（N-1）或嘌呤（N-9）。

3.1.1.2　核苷酸的命名与表示

DNA 的结构单元是 4 种主要的脱氧核糖核苷酸,RNA 的结构单元是 4 种主要的核糖核苷酸。DNA 中 A、T、G 和 C 的特定组合序列是遗传信息的储存库。

DNA 中的核苷酸通常用 A、G、T 和 C 表示,有时用 dA、dG、dT 和 dC 表示;RNA 中的核苷酸通常用 A、G、U 和 C 表示。脱氧核糖核苷酸的游离形式通常缩写为 dAMP、dGMP、dTMP 和 dCMP;核糖核苷酸的游离形式通常缩写为 AMP、GMP、UMP 和 CMP。

3.1.2　特殊核苷酸

虽然含主要碱基 A、T、G、C、U 的核苷酸是最常见的,但 DNA 和 RNA 中也有含稀有碱基的核苷酸。例如:在 DNA 中,有些主要碱基被甲基化;在一些病毒的 DNA 中,有些主要碱基被羟甲基化或糖基化。DNA 分子中主要碱基被修饰的作用通常表现在调节或保护遗传信息方面。RNA 特别是 tRNA 中也存在许多稀有碱基,如甲基化的嘌呤 mG、mA,双氢尿嘧啶（DHU）,次黄嘌呤,等等。

核苷酸除了作为核酸的基本组成单位外,还可以在细胞中携带化学能。核糖核苷酸中与 5' 羟基共价连接的磷酸基可以再连接 1 分子或 2 分子磷酸生成核苷二磷酸（NDP）或核苷三磷酸（NTP）。腺苷三磷酸（ATP,图 3-3（a））中核糖和磷酸基间的酯键水解可提供化学能来驱动多种细胞反应,ATP 是目前最广泛用于传递化学能的核苷酸;UTP、GTP 和 CTP 可用于某些反应,如蛋白质合成需要 UTP 供能;NTP 和 dNTP 可作为 DNA 和 RNA 合成的活化前体。

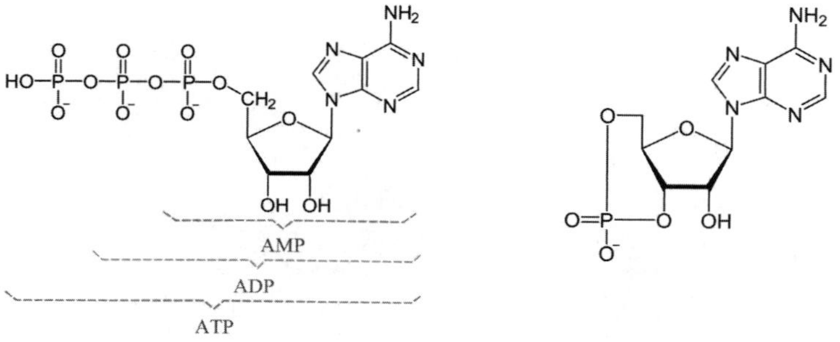

图 3-3　ATP 和 cAMP 的化学结构
（a）ATP　（b）cAMP

腺嘌呤核苷酸是许多辅酶因子的组成部分,多种具有广泛化学功能的辅酶因子含有腺苷,虽然腺苷没有直接参与主要功能,但去除腺苷通常会导致辅酶因子的活性急剧降低。

有些核苷酸是细胞内的信号分子,如 cAMP（环腺苷酸,图 3-3(b)）、cGMP（环鸟苷酸）等核苷酸在细胞内可以作为第二信使。第二信使是细胞内的信号分子,负责细胞内的信号转导,以触发生理变化,如细胞增殖、分化、迁移、存活、凋亡等。

3.2　核酸的结构与功能

1868 年,米舍尔从废弃的外科绷带上的脓细胞(白细胞)的细胞核中分离出一种含磷物质,称之为核酸,并发现核酸由一个酸性部分(DNA)和一个碱性部分(蛋白质)组成。1944 年,艾弗里、麦克劳德和麦卡蒂发现从致病性肺炎球菌中提取的 DNA 能将非致病性肺炎球菌转化为致病性肺炎球菌,这提示 DNA 携带了毒力的遗传信息。1952 年,赫尔希与蔡斯使用放射性 ^{35}S 示踪剂发现噬菌体中标记 ^{32}P 的核酸而不是标记 ^{35}S 的蛋白质进入宿主,为病毒复制提供遗传信息,证明 DNA 是承载活细胞遗传信息的唯一物质。

1953 年,沃森和克里克发现 DNA 双链结构,揭开了现代分子生物学的序幕。人类目前对细胞遗传信息的存储和表达的理解都基于这一发现,它是生物化学领域研究的基础。下面根据一级、二级、三级结构来描述核酸的结构,说明核酸的功能与其结构密切相关。

3.2.1　DNA 的结构与功能

3.2.1.1　DNA 的一级结构

DNA 的一级结构即 4 种核苷酸(dAMP、dCMP、dGMP、dTMP)按照一定的排列顺序通过磷酸二酯键连接形成的多核苷酸,由于核苷酸之间的差异仅仅是碱基不同,故核苷酸序列又可称为碱基顺序。在书写核苷酸序列时,惯例是从具有游离磷酸基的核苷酸开始,称为 5'

端，最后一个核苷酸的 3' 碳原子上有一个游离的 OH 基团，称为 3' 末端。图 3-4（a）中显示的 DNA 片段的核苷酸序列写作 5'-dA-dT-dG-dC-dA-3'（d 表示脱氧核糖），通常进一步缩写为 ATGCA。RNA 的书写方法与 DNA 相似，图 3-4（b）中的 RNA 片段的核苷酸序列写作 5'-U-G-C-C-A-3' 或 UGCCA。

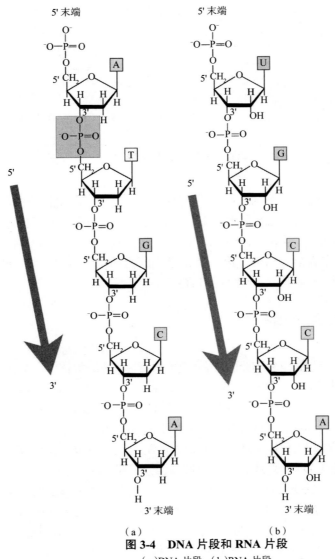

图 3-4 DNA 片段和 RNA 片段

（a）DNA 片段 （b）RNA 片段

3.2.1.2 DNA 的二级结构

1. Chargaff 规则

关于 DNA 结构最重要的线索来自 Erwin Chargaff 及其同事在 20 世纪 40 年代末的工作。他们发现 DNA 分子具有独特的碱基定量关系，称为 Chargaff 规则。

（1）DNA 的碱基组成通常因物种而异。

（2）从同一物种的不同组织中分离的 DNA 样本具有相同的碱基组成。

（3）特定物种的 DNA 碱基组成不会随生物体的年龄、营养状态或环境变化而变化。

（4）无论物种如何，在所有细胞的 DNA 中，嘌呤和嘧啶的数量都有特殊的关系，即 A=T、G=C，并且嘌呤残基的总和等于嘧啶残基的总和，即 A+G=T+C。

Chargaff 规则是建立 DNA 三维结构的关键，并为遗传信息在 DNA 中编码和代代相传提供了线索。

2. DNA 双螺旋模型

20 世纪 50 年代初，英国物理化学家 Rosalind Franklin 和 Maurice Wilkins 采用 X 射线衍射法发现 DNA 产生了一种特征性的 X 射线衍射图案，从而推断出 DNA 分子是螺旋状的，其沿长轴有周期性。1953 年，James Watson 和 Francis Crick 假设了一个 DNA 结构的三维模型，如图 3-5 所示，该模型可以解释 X 射线衍射数据、Erwin Chargaff 发现的碱基关系和 DNA 的化学性质等。

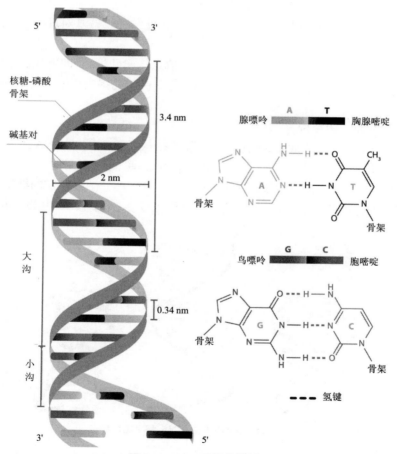

图 3-5　DNA 双螺旋模型

DNA 双螺旋模型具有如下特点。

（1）由缠绕在同一条轴线上的 2 条螺旋 DNA 链组成，形成右手双螺旋。

（2）2 条 DNA 链反向平行。

（3）由脱氧核糖和磷酸基交替连接而成的亲水性主链位于双螺旋的外侧。

（4）2条链的疏水性嘌呤和嘧啶碱基紧密堆积在双螺旋的内侧，碱基环平面与双螺旋的长轴近乎垂直。

（5）2条链偏移配对在双螺旋表面交替形成大沟和小沟。

（6）一条链的碱基与另一条链的碱基在同一平面上配对，A和T之间形成2个氢键，G和C之间形成3个氢键。

（7）双螺旋内垂直相邻的2个碱基相距3.4 Å，周期重复的碱基距离约为34 Å，双螺旋的每一整圈中存在10个碱基对。

（8）DNA双链通过互补碱基之间的氢键和碱基堆积力连接在一起，其中起主要作用的是碱基堆积力。

DNA中的大沟比小沟宽，许多序列特异性蛋白质在大沟中相互作用。嘌呤的N7、C6基团和嘧啶的C4、C5基团面向大沟，因此它们可以与DNA结合蛋白中的氨基酸特异性接触。因此，特定的氨基酸作为氢键供体和受体与DNA中的特定核苷酸形成氢键。小沟中也有氢键供体和受体，因此有些蛋白质在小沟中特异性结合。碱基对堆叠，并发生一定程度的旋转。

Watson和Crick通过该模型立即提出了遗传信息传递的机制，即首先2条链分离，接着按照碱基互补配对原则每条链合成一条互补链，这一机制的提出引发了生物遗传领域的一场革命。

3. DNA的其他二级结构

后来还发现了一些与Watson和Crick发现的结构显著不同的DNA，但它们仍然保持着DNA的关键特性：链互补性，反平行链，A≡T和G≡C碱基配对原则。沃森-克里克结构被称为B型DNA，在生理条件下，B型是随机序列DNA分子最稳定的结构，因此是所有DNA性质研究的标准参考。DNA晶体还有2种结构变体：A型和Z型（图3-6）。

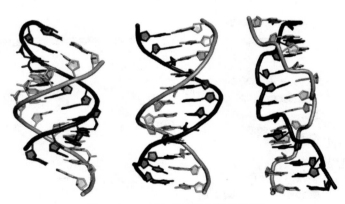

图3-6 A-DNA、B-DNA和Z-DNA

在相对湿度降低为75%且存在Na⁺、K⁺、Cs⁺等离子的情况下，可以发现A型DNA。A-DNA仍然呈右手双螺旋排列，但螺旋更紧，每个螺旋圈的碱基对数为11，而不是B-DNA中的10.5。这是由于A型DNA中的碱基对平面相对于螺旋轴倾斜了约20°，这个结构变化加深了大沟，同时使小沟变浅。

Z 型 DNA 最明显的特点是呈左手螺旋排列。其每个螺旋圈有 12 个碱基对,结构看起来更细长,主干呈 Z 字形。某些核苷酸序列,如交替的 C 和 G 容易折叠成左手 Z 螺旋。大沟在 Z 型 DNA 中不明显,而小沟又窄又深。

在体外试验中, Z 型 DNA 只在高盐条件下和较高浓度的乙醇中才稳定。A 型 DNA 是否存在于细胞中尚不确定,但有证据表明在原核生物和真核生物中都存在一些短片段的 Z 型 DNA。

3.2.1.3 DNA 的三级结构

1. 超螺旋结构

DNA 分子在体内并非以简单的双螺旋形式存在,而是采取更紧密的形式,以便其长链置于细胞或细胞核有限的空间中。

绝大多数原核生物、真核生物细胞中的线粒体、叶绿体,多种病毒都是共价封闭环状分子,它们的双螺旋结构会以自身为轴进一步盘绕形成一个新的螺旋,称为超螺旋结构(supercoil),如图 3-7 所示。有一些病毒的 DNA 分子形状可在线形和环状之间转化,如噬菌体 λ 在病毒中为双链线形,进入宿主细胞后变为环状。真核生物的染色体多为线形的,由 DNA 与蛋白质结合而成,依然具有超螺旋结构。

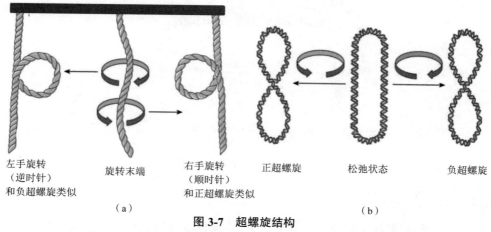

左手旋转   旋转末端   右手旋转   正超螺旋   松弛状态   负超螺旋
（逆时针）   （顺时针）
和负超螺旋类似   和正超螺旋类似
（a）   （b）

图 3-7　超螺旋结构

（a）超螺旋结构类似于把一根双股的绳子的一端进行旋转 （b）超螺旋的拓扑结构

超螺旋有正超螺旋和负超螺旋 2 种。负超螺旋形成超螺旋时,旋转方向与 DNA 双螺旋方向相反,结果使 DNA 分子内部张力减小,称为松旋效应。在自然条件下共价封闭环状 DNA 呈负超螺旋结构。正超螺旋与负超螺旋相反,形成超螺旋时旋转方向与 DNA 双螺旋方向相同,结果增大了 DNA 分子内部张力,称为紧旋效应。负超螺旋的存在对转录和复制都是必要的。

2. 核小体结构

真核细胞染色体中的线形 DNA 双链盘绕组蛋白形成核小体,并连接为串珠状,再进一步盘旋折叠,最终形成染色体。核小体是真核细胞染色体三级结构的基本单位。核小体由核心颗粒(core particle)和连接区 DNA(linker DNA)2 部分组成,前者包括由组蛋白 H2A、H2B、H3、H4 各 2 分子构成的核心组蛋白和缠绕其上的长度为 146 bp 的 DNA 链;后者包括相邻核心颗粒间约 60 bp 的连接 DNA 和位于连接 DNA 上的组蛋白 H1（图 3-8）。核小体是 DNA 紧缩的第一阶段，在此基础上，DNA 链进一步折叠成每圈 6 个核小体、直径为 30 nm 的纤维状结构，这种 30 nm 纤维再扭曲成超级结构，许多超级结构环绕染色体骨架（scaffold）形成棒状的染色体，最终压缩将近 10 000 倍。这样才使得每个染色体中几厘米长的 DNA 分子（如人染色体平均长度为 4 cm）容纳在直径为数微米的细胞核（如人细胞核的直径为 6~7 μm）中。

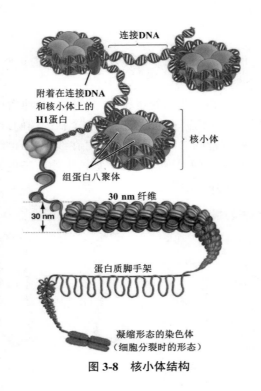

图 3-8　核小体结构

3.2.1.4　DNA 的功能

自然界中绝大多数生物体的遗传信息储存在 DNA 的核苷酸序列中。基因（gene）为 DNA 分子的功能单位，是包含合成某种蛋白质或 RNA 所需的信息的一段 DNA。基因的功能取决于 DNA 的一级结构。DNA 是巨大的生物高分子，一般将细胞内遗传信息的携带者染色体所包含的 DNA 总体称为基因组（genome）。同一物种的基因组 DNA 含量是恒定的，不同物种间基因组大小和复杂程度则差异极大，一般来讲，进化程度越高的生物体基因组越大、越复杂。

3.2.2　RNA 的结构与功能

RNA 是核糖核苷酸通过磷酸二酯键缩合而成的长链状分子。与 DNA 相比，RNA 中含有核糖，而非脱氧核糖；含有尿嘧啶，而非胸腺嘧啶；RNA 所含的稀有碱基比 DNA 多；RNA 分子以单链形式存在，但有些 RNA 分子内部存在局部双螺旋结构。RNA 比 DNA 种类繁多，分子质量较小，含量变化大。参与基因表达的 RNA 主要有 mRNA、tRNA 和 rRNA。

3.2.2.1　mRNA 的结构与功能

　　真核生物的 DNA 主要局限于细胞核中,而蛋白质合成发生在细胞质中的核糖体上,因此除了 DNA 以外的分子必须将遗传信息从细胞核传递到细胞质。1961 年,雅各布和莫诺提出了信使 RNA(messenger RNA, mRNA)的概念,mRNA 用于将遗传信息从 DNA 传递到核糖体,在那里作为模板指定多肽链中的氨基酸序列。在 DNA 模板上形成 mRNA 的过程称为转录。

　　mRNA 的最小长度由其编码的多肽链的长度决定,因为每个氨基酸都由核苷酸三联体编码。然而从 DNA 转录的 mRNA 的长度总是比编码多肽序列所需的长度稍大,因为其中还包括调节蛋白质合成的非编码 RNA 序列。图 3-9 所示为一般的原核和真核 mRNA 结构。

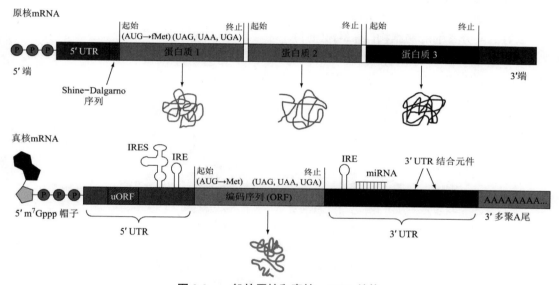

图 3-9　一般的原核和真核 mRNA 结构

　　编码序列(coding sequence, CDS)是基因 DNA 或 RNA 中编码蛋白质的部分。其通常在 5' 端以起始密码子开始,在 3' 端以终止密码子结束。在原核生物中,单个 mRNA 分子可能编码一条或多条多肽链。如果 mRNA 只携带一种多肽的编码,那么它是单顺反子;如果 mRNA 编码两种或两种以上多肽,则它为多顺反子。在真核生物中,大多数 mRNA 是单顺反子。

　　mRNA 中的非翻译区(untranslated region, UTR)包括 5'UTR 和 3'UTR。它们在维持 mRNA 的稳定性、mRNA 的潜在亚细胞定位和调节 mRNA 的翻译中起着重要作用。在原核细胞的 5'UTR 中有一段 SD 序列,它是识别核糖体的序列,核糖体在此结合 mRNA 并启动翻译。在真核细胞 mRNA 的 5' 端有帽子结构(真核细胞叶绿体和线粒体 mRNA 中没有),它是通过 5'-5' 焦磷酸键将甲基化鸟苷酸添加到新转录的 mRNA 的 5' 末端核苷酸(通常为嘌呤)上形成的 m^7GpppN。5' 帽子结构对稳定 mRNA 及其翻译具有重要意义,它将 5' 端封闭起来,可免遭核酸外切酶水解;还可作为蛋白合成系统的辨认信号,被帽子结合蛋白识别并与其结合,促使 mRNA 与核糖体小亚基结合,进而启动真核细胞翻译过程。

3'UTR 是终止密码子后的转录序列,3' 端尾部是一段多聚 A 尾(polyA 尾),成熟的 mRNA 的 3' 端一般都加上了长度为 20~200 个碱基的多聚 A 尾,以防止被外切酶降解,多聚 A 尾也可以作为成熟的 mRNA 通过核孔转运的标志,还可以参与翻译起始过程。

3.2.2.2 tRNA 的结构与功能

转运核糖核酸(transfer RNA, tRNA)是一种由 RNA 组成的接合器分子,长度通常为 76~90 个核苷酸,作为 mRNA 和蛋白质氨基酸序列之间的物理连接。

1. tRNA 分子的一级结构

tRNA 分子核苷酸的数量为 60~90,最常见的长度是 76 个核苷酸。单个 tRNA 分子由约 20% 的修饰碱基组成,是所有 RNA 分子中修饰程度最高的。成熟的 tRNA 的 5' 末端是 1 个磷酸化残基,常为 pG;3' 末端序列为 CCA,活化氨基酸连接在 3' 末端的 A 上。tRNA 分子中有些位置的氨基酸是不变的。

2. tRNA 分子的二级结构(图 3-10(a))

tRNA 的二级结构由 74~95 个核苷酸序列组成,这些核苷酸序列是稳定的,折叠形成一个含 4 个臂的三叶草状结构,有些 tRNA 还有一个可变臂。

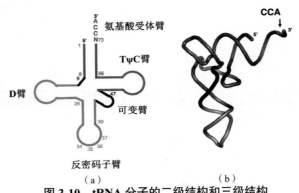

图 3-10 tRNA 分子的二级结构和三级结构
(a)二级结构 (b)三级结构

这 4 个碱基对臂分别是:3' 端含有核苷酸 CCA,作为进入氨基酸的附着位点的氨基酸受体臂;含有修饰碱基二氢尿苷,作为氨酰 -tRNA 合成酶的识别位点的 D 臂;含有修饰碱基假尿苷,包含一个核糖体结合位点的 TψC 臂;位于氨基酸受体臂对面,由反密码子茎和反密码子环构成的反密码子臂。氨基酸受体臂含有 CCA3' 尾,尾部的 3'-OH 可在氨酰 -tRNA 合成酶的作用下连接到 tRNA 上。可变臂通常存在于长 tRNA 中,位于反密码子臂和 TψC 臂之间,较短,很少看到碱基配对,看起来呈环状。在 D 臂、反密码子臂和 TψC 臂中,未配对的碱基分别形成 D 环、反密码子环和 TψC 环。反密码子环中的反密码子可识别 mRNA 中的密码子,并在蛋白质合成过程中与之结合。

3. tRNA 分子的三级结构(图 3-10(b))

tRNA 的三级结构呈倒 L 形,氨基酸受体臂与 TψC 臂构成 L 的一端,3'CCA 位于端点,而 D 臂与反密码子臂、反密码子环共同构成 L 的另一端,反密码子环位于另一端点,使得

tRNA 分子的 2 个主要功能区之间有最大的间隔。形成三级结构的很多氢键与 tRNA 中不变的核苷酸密切相关,这就使得各种 tRNA 三级结构都呈倒 L 形。碱基堆积力是稳定 tRNA 构型的主要因素。

3.2.2.3　rRNA 的结构与功能

核糖体 RNA(ribosomal RNA,rRNA)是核糖体中的 RNA 组分,通常根据沉淀系数分类:真核生物中的 28S、18S、5.8S 和 5S rRNA;原核生物中的 23S、16S 和 5S rRNA。rRNA 占核糖体质量的 60% 以上,对核糖体的功能至关重要,如与 mRNA 结合、招募 tRNA、催化 2 个氨基酸之间肽键的形成,甚至核糖体的结构也由其 rRNA 核心形状决定,核糖体中的蛋白质通过与 rRNA 的相互作用来稳定核糖体的结构。

rRNA 由一条单链在某些区域缠绕而成,局部为双链螺旋区域,通过插入的单链区域连接。在螺旋区域,大多数碱基是互补的,并通过氢键连接。

rRNA 包含 4 种主要的 RNA 碱基,并轻微甲基化。不同物种之间碱基的相对比例存在差异。在低离子强度下,rRNA 呈现为无规卷曲,但随着离子强度的增大,分子显示出腺嘌呤和尿嘧啶配对、鸟嘌呤和胞嘧啶配对产生的螺旋区域。

RNA 结构分析以及结构与功能之间的关系是一个新兴的研究领域,与蛋白质结构分析具有相同的复杂性。随着我们越来越意识到 RNA 分子的大量功能,理解 RNA 的结构也越来越重要。

3.3　核酸的理化性质

3.3.1　核酸的一般性质

核酸是极性化合物,微溶于水,溶于 10% 左右的 NaCl 溶液,不溶于乙醇、氯仿、乙醚等有机溶剂。在核酸的提取中常用到这些性质。

在 pH=7.0、室温下,天然核酸具有很大的黏度,尤其是 DNA。核酸的黏度与其结构有关,DNA 为双螺旋结构,因此黏度比单链的 RNA 大。

因为碱可以催化 DNA 和 RNA 的磷酸二酯键断裂,酸可以催化 N- 糖苷键水解,所以核酸是两性分子,但磷酸比碱基有更强的解离作用,所以核酸更偏向于酸性。核酸由于其糖磷酸骨架带负电,在一定强度的电场中会向正电极方向迁移,若在电泳中使用无反应活性的稳定的支持介质,则电泳迁移率与分子大小、介质黏度等成反比。因此,可在同一凝胶中、一定的电场强度下分离分子质量不同或分子质量相同但结构有差异的核酸分子。

溶液中的核酸具有沉降特性,不同构象的核酸(线形、环状、超螺旋结构)、蛋白质及其他杂质在超离心机的强大引力场中沉降的速率有很大的差异,所以可以用超离心法纯化核酸或将不同构象的核酸分离,也可以测定核酸的沉降常数与分子质量。应用不同介质形成密度梯度超离心分离核酸效果较好。RNA 分离常采用蔗糖梯度。分离 DNA 时用得最多的是氯化铯梯度。

3.3.2　核酸的紫外吸收特性

所有核酸、核苷酸和核苷都能强烈吸收紫外线,这与碱基含有芳香环结构有关。单核苷酸比单链 DNA 和双链 DNA 有更强的紫外线吸收,单链 DNA 和 RNA 比双链 DNA 有更强的紫外线吸收。核酸的特征吸收波长为 260 nm,核酸溶液的吸收与核酸的浓度成正比,可以利用核酸溶液的吸光度来计算核酸的浓度。

$$1\ A_{260}\ \text{unit} = 50\ \mu g/mL\ (\text{dsDNA})$$
$$1\ A_{260}\ \text{unit} = 33\ \mu g/mL\ (\text{ssDNA})$$
$$1\ A_{260}\ \text{unit} = 40\ \mu g/mL\ (\text{ssRNA})$$

在 280 nm 处可检测蛋白质等;在 230 nm 处可检测盐离子、去污剂、苯酚、乙醇、糖类等;还能通过计算 A_{260}/A_{280}、A_{260}/A_{230} 的数值估计核酸的纯度,纯 DNA 的 A_{260}/A_{280}=1.7~1.9,A_{260}/A_{230}=2.0~2.2。

3.3.3　核酸变性、复性与杂交

DNA 的一个显著特性是碱基之间的氢键较弱,因此其 2 条链易于可逆分离。细胞内的 DNA 复制和 RNA 转录过程都需要 DNA 的解链和复性。这种可逆分离可以在体外实现。

3.3.3.1　核酸变性

核酸变性(denaturation)指核酸的双螺旋结构解开,氢键断裂,成为 2 条互补的单链,但并不涉及核苷酸间磷酸二酯键的断裂,DNA 的一级结构仍然完好无损。核酸可以用多种化学试剂(如强酸、强碱、甲酰胺、尿素)变性,但加热是最常见的变性方法。变性后的 DNA 由于结构上的变化而发生了一系列理化性质的改变。例如,双链 DNA 变性后形成单链 DNA,更充分地暴露碱基,导致在 260 nm 处吸收增加,称为增色效应;相反地,复性时双螺旋结构恢复,导致在 260 nm 处吸收峰降低,称为减色效应。

能使 50% DNA 分子变性的温度称为熔解温度(melting temperature),用 T_m 表示,一般为 70~85 ℃。T_m 值与核酸双链分子中的 GC 含量有关,GC 配对数越多,则 T_m 值越大,反之越小。较高的盐浓度也会增大核酸双链的 T_m 值。

3.3.3.2　核酸复性

核酸复性(renaturation)指变性 DNA 在适当的条件下,2 条互补链全部或部分恢复为天然双螺旋结构的现象,它是变性的逆过程。热变性 DNA 一般经缓慢冷却即可复性,此过程称为退火(annealing)。一般认为比 T_m 低 25 ℃左右的温度是复性的最佳条件,复性时温度下降必须是一个缓慢的过程,且温度不能太低,如从超过 T_m 的温度迅速冷却至低温(如 4 ℃以下),复性几乎是不可能的,在实验中经常以此方式保持 DNA 的变性状态。

3.3.3.3　核酸杂交

核酸杂交(hybridization)指具有一定同源序列的 2 条核酸(DNA 或 RNA)单链在一定条件下按碱基互补配对原则经过退火处理,形成稳定的同源或异源双链分子(DNA 与 DNA、DNA 与 RNA、RNA 与 RNA)的过程。在进行分子杂交时,要用一种预先分离纯化的已知 RNA 或 DNA 序列片段去检测未知的核酸样品。作为检测工具的已知 RNA 或 DNA

序列片段称为杂交探针,它常常用放射性同位素来标记。

虽然核酸杂交技术的应用仅有 20 多年的历史,但它在核酸结构和功能的研究中作出了重要贡献,在基因的表达调控和物种的亲缘关系研究中也发挥了重要作用。随着核酸探针制备、标记技术的完善和以不同材料为支持物的固相杂交技术的发展,核酸杂交技术在分子生物学领域的应用更加广泛。

3.4　环境对核酸的影响

环境影响,无论是物理的还是化学的,都会导致直接暴露于环境中的核酸分子发生显著的结构改变。DNA 为双螺旋结构,具有较好的稳定性。RNA 为单链分子,稳定性差,极易降解,降解的主要原因是内源性核酸酶的作用,但它在活体内的存在时间不长。此外,外源性 RNA 酶也不容忽略,头发、灰尘、体液、塑料等中均有 RNA 酶存在。

DNA 分子的构型变化与环境因素(如温度、湿度、pH 值、溶液的离子浓度等)密切相关,凡能破坏双螺旋的因素(如加热,极端的 pH 值,甲醇、乙醇、尿素、甲酰胺等有机试剂)均可引起核酸分子变性。变性后的 DNA 常发生一些理化、生物学性质的改变,如溶液黏度减小。DNA 双螺旋是紧密的刚性结构,变性后则是柔软而松散的无规则单股线形结构, DNA 的黏度因此而明显减小,还有前面所讲的增色效应等。

环境对核酸的影响一方面可用于研究化学品、辐射等化学、物理因素对生物体的毒性效应(图 3-11),另一方面可以用来进行生物防治,特别是预防细菌和病毒的传播。例如,持续的严重急性呼吸综合征冠状病毒(SARS-CoV-2)引发了冠状病毒(COVID-19)大流行,在全球范围内夺去了数百万人的生命。这种病毒主要通过呼吸道飞沫在人与人之间传播。这种病毒在感染患者的唾液和粪便中的存在引发了对其环境传播的研究。影响冠状病毒在介质中的持久性的环境因素包括温度、紫外线、有机物、消毒剂、对抗性微生物。关于水环境的研究数据表明:温度升高会降低病毒的总体持久性;有机物的存在可以提高冠状病毒的存活率;氯是最有效和最经济的消毒剂;废水处理厂中的膜生物反应器是可以灭活冠状病毒的竞争性微生物的宿主;紫外线照射是灭活冠状病毒的另一个有效选择。然而冠状病毒的灭活消毒动力学仍有待充分了解。因此,需要进一步研究以了解冠状病毒在水循环中的存活状态和运输行为,以采取有效的策略来抑制其传播。这些策略可能因地理、气候、技术和社会条件而异。

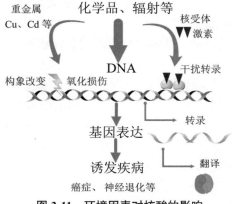

图 3-11　环境因素对核酸的影响

小结

核酸是脱氧核糖核酸和核糖核酸的总称,是由许多核苷酸单体聚合成的生物大分子化合物,是所有已知生命形式必不可少的组成物质。细胞中每种蛋白质的氨基酸序列、每种RNA 的核苷酸序列都是由细胞中 DNA 的核苷酸序列决定的。

核酸的基本组成单位是核苷酸,它由五碳糖、磷酸基和含氮碱基组成。 RNA 中的五碳糖为核糖,DNA 中的核糖为脱氧核糖。核苷酸中的碱基均为含氮杂环化合物,属于嘌呤衍生物和嘧啶衍生物。虽然含主要碱基 A、T、G、C、U 的核苷酸是最常见的,但 DNA 和 RNA 中也有含稀有碱基的核苷酸。

核苷酸除了作为核酸的基本组成单位外,还具有许多其他功能,如在细胞中携带化学能、作为辅酶因子或信号分子。 腺苷三磷酸中核糖和磷酸基间的酯键水解可提供化学能来驱动多种细胞反应, ATP 是目前最广泛用于传递化学能的核苷酸。腺嘌呤核苷酸是许多辅酶因子的组成部分,多种具有广泛化学功能的辅酶因子含有腺苷。cAMP、cGMP 等核苷酸是细胞内的信号分子,负责细胞内的信号转导,以触发生理变化。

DNA 的一级结构指 4 种核苷酸的排列顺序。DNA 分子中的碱基定量关系符合 Chargaff 规则。DNA 的二级结构是 Watson 和 Crick 提出的双螺旋模型。 反向平行的 2 条螺旋DNA 链缠绕在同一条轴线上形成右手双螺旋;由脱氧核糖和磷酸基交替连接而成的亲水性主链位于双螺旋的外侧,嘌呤和嘧啶碱基堆积在双螺旋的内侧;一条链的碱基与另一条链的碱基在同一平面上配对,A 和 T 之间形成 2 个氢键,G 和 C 之间形成 3 个氢键;双螺旋内垂直相邻的 2 个碱基相距 3.4 Å,周期重复的碱基距离约为 34 Å,双螺旋的每一整圈中存在 10个碱基对;DNA 双链通过互补碱基之间的氢键和碱基堆积力连接在一起,其中起主要作用的是碱基堆积力。DNA 分子在体内以更紧密的三级结构形式存在。绝大多数原核生物、真核生物细胞中的线粒体、叶绿体,多种病毒都是共价封闭环状分子,它们的双螺旋结构会以自身为轴进一步盘绕形成超螺旋结构。真核细胞染色体中的线形 DNA 双链盘绕组蛋白形成核小体,并连接为串珠状,再进一步盘旋折叠,最终形成染色体。

自然界中绝大多数生物体的遗传信息储存在 DNA 的核苷酸序列中。基因为 DNA 分子的功能单位,是包含合成某种蛋白质或 RNA 所需的信息的一段 DNA。基因的功能取决于 DNA 的一级结构。DNA 是巨大的生物高分子,一般将细胞内遗传信息的携带者染色体所包含的 DNA 总体称为基因组。

RNA 是核糖核苷酸通过磷酸二酯键缩合而成的长链状分子。参与基因表达的 RNA 主要有 mRNA、tRNA 和 rRNA。 信使 RNA 用于将遗传信息从 DNA 传递到核糖体,在那里作为模板指定多肽链中的氨基酸序列。在 DNA 模板上形成 mRNA 的过程称为转录。转运RNA 是修饰程度最高的 RNA 分子,它作为 mRNA 和蛋白质氨基酸序列之间的物理连接。tRNA 的二级结构是一个含 4 个臂的三叶草状结构,有些 tRNA 还有一个可变臂。tRNA 的三级结构呈倒 L 形。碱基堆积力是稳定 tRNA 构型的主要因素。核糖体 RNA 是核糖体中的 RNA 组分,它对核糖体的结构和功能起着重要作用。

可以利用核酸的一般性质来分离纯化核酸,如电泳和超速离心。 所有核酸、核苷酸和核苷都能强烈吸收紫外线。核酸的特征吸收波长为 260 nm,核酸溶液的吸收与核酸的浓度成正比,可以利用核酸溶液的吸光度来计算核酸的浓度。

核酸变性指核酸的双螺旋结构解开,氢键断裂,成为 2 条互补的单链。核酸可以用多种化学试剂(如强酸、强碱、甲酰胺、尿素)变性,但加热是最常见的变性方法。DNA 变性和复性后分别产生增色效应和减色效应。

核酸复性指变性 DNA 在适当的条件下,2 条互补链全部或部分恢复为天然双螺旋结构的现象,它是变性的逆过程。

核酸杂交指具有一定同源序列的 2 条核酸单链在一定条件下按碱基互补配对原则经过退火处理,形成稳定的同源或异源双链分子的过程。核酸杂交技术在核酸结构和功能的研究中作出了重要贡献,在基因的表达调控和物种的亲缘关系研究中也发挥了重要作用。

核酸分子暴露在污染环境中可能会导致结构发生改变。DNA 较 RNA 更稳定。DNA 分子的构型变化与环境因素密切相关,凡能破坏双螺旋的因素均可引起核酸分子变性。

环境对核酸的影响一方面可用于研究化学品、辐射等化学、物理因素对生物体的毒性效应,另一方面可以用来进行生物防治,特别是预防细菌和病毒的传播。

(本章编写人员:刘宪华 王志云 刘宛昕 王姣)

第4章 生物催化剂——酶

如果生命中有一种神奇的作用,那么肯定可以论证它是催化作用。在没有催化作用的"现实世界"中可能需要数百年才能完成的反应,在催化剂存在的情况下在几秒钟内就能发生。化学催化剂(如铂)可以加速反应,但酶(一种结构复杂的超级催化剂)能让化学催化剂相形见绌。本章将探讨酶和催化功能相关的结构特点及其反应动力学。研究生化反应时,重要的是要记住细胞中的反应就像试管中的反应一样——不是从平衡状态开始的,而是朝着平衡状态移动的动态反应。然而细胞中发生的反应是非常复杂的。在细胞中,一种反应的产物通常是另一种反应的底物。细胞中的反应以这种方式相互关联,产生了所谓的代谢途径。事实上,细胞中同时发生着数千种不同的相互关联的化学反应。在细胞中研究单一反应是困难的,但把所关注的酶从细胞中分离出来,在试管中可以轻松地实现对单一催化反应的研究。

生命就是一场盛大的化学事件,人体就是一个极其复杂的"生物化学反应器",由酶驱动的生化反应网络奠定了生命活动的核心基础。在生物体中,每分每秒都在发生催化反应。如果没有酶的参与,在常温常压条件下实现这一系列反应需要几年甚至更长的时间。如果没有酶,消化一口馒头可能要一年的时间。若要加快反应速度,就必须使用 300 ℃以上的高温,而这在生物体内是不可能实现的。正是在一系列酶的催化作用下,这些反应才能在常温常压下瞬间完成。

4.1 酶的简介

4.1.1 生物催化剂

酶(enzyme)是由活细胞产生的具有高度催化效能的一类生物大分子,所以又称为生物催化剂。迄今为止,除具有催化活性的 RNA 外,酶的化学本质是蛋白质,所以酶具有蛋白质的一切典型性质。在酶的作用下,许多生物化学反应过程可以在温和的条件下以很高的速率和效率进行。所以,酶是维持生物体内正常的生理活动和新陈代谢的基本条件。可以说没有酶就没有生物体的生理活动和新陈代谢,也就没有生命。

酶催化的生物化学反应称为酶促反应。在酶促反应中,被酶催化的物质称为底物;经酶催化所产生的物质称为产物。酶所具有的催化能力称为酶活力或酶活性,如果酶丧失催化能力称为酶失活。

4.1.2 酶的催化作用特点

酶作为生物催化剂和一般催化剂相比有共同点,即酶和其他催化剂一样都能显著地改变化学反应速率,加快其达到平衡状态,但不能改变反应的平衡常数,酶在反应后也不发生变化。这意味着酶对正逆反应以相同的倍数加速。

在一个化学反应体系中，因为各个分子具有的能量高低不同，每一瞬间并非全部反应物都能进行反应。只有那些具有较高能量、处于活化状态的分子，即活化分子（activated molecule）才能在分子碰撞中发生化学反应。反应物中活化分子越多，则反应速率越快。活化分子的能量比一般分子高，高出的这部分能量为活化能（activation energy）。活化能的定义为在一定温度下 1 mol 底物全部进入活化状态所需的自由能（free energy），单位为 kJ/mol。有催化剂参与反应时，由于催化剂能瞬时地与反应物结合成过渡态，因而降低了反应所需的活化能。从图 4-1 可以看出，在有催化剂时反应所需活化能降低，只需较少的能量就可使反应物变成活化分子，和非催化反应相比，活化分子数量大大增加，因而反应速率加快。

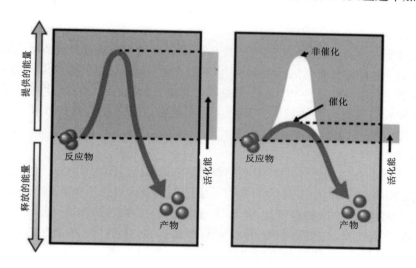

图 4-1　催化过程与非催化过程的活化能

例如，在没有催化剂存在的情况下，过氧化氢分解所需活化能为 75.4 kJ/mol；用无机物液钯做催化剂时，所需活化能降低为 48.9 kJ/mol；用过氧化氢酶催化时，则活化能只需 8.4 kJ/mol。由此可见，酶作为催化剂能比一般催化剂更显著地降低活化能，催化效率更高。

酶是活细胞所产生的受多种因素调节控制的具有催化能力的生物催化剂，与非生物催化剂相比有以下几个特点。

1）酶催化具有高效性

生物体内的大多数反应在没有酶的情况下几乎是不能进行的，即使像 CO_2 水合作用这样简单的反应也是通过碳酸酐酶催化的。

$$CO_2 + H_2O \rightleftharpoons H_2CO_3$$

每个碳酸酐酶分子在 1 s 内可以使 6×10^5 个 CO_2 发生水合作用，以细胞组织中的 CO_2 迅速进入血液，然后通过肺泡及时排出，这个经酶催化的反应比未经催化的反应快 10^7 倍。

再如尿素水解的反应：

$$CO(NH_2)_2 + 2H_2O + H^+ \rightarrow 2NH_4^+ + HCO_3^-$$

在 20 ℃时刀豆脲酶催化反应的速率常数是 $3 \times 10^4\ s^{-1}$，非催化反应的速率常数为 $3 \times 10^{-10}\ s^{-1}$，酶催化反应的速率是非催化反应的速率的 10^{14} 倍。

据报道，如果在人的消化道中没有各种酶参与催化作用，那么在 37 ℃的体温下，消化一餐简单的午饭大约需要 50 年。经过实验分析,动物吃下的肉食在消化道内只要几小时就可完全消化分解。将唾液淀粉酶稀释 100 万倍后,其仍具有催化能力。由此可知酶的催化效率是极高的。

2)酶催化具有高度专一性

所谓高度专一性指酶对催化的底物有严格的选择性。酶往往只能催化一种或一类反应,作用于一种或一类物质,而一般催化剂没有这么严格的选择性。氢离子可以催化淀粉、蛋白质、脂肪的水解,而淀粉酶只能催化淀粉糖苷键的水解,蛋白酶只能催化蛋白质肽键的水解,脂肪酶只能催化脂肪酯键的水解,对其他物质则没有催化作用。酶作用的专一性是酶最重要的特点之一,也是其和一般催化剂最主要的区别。

3)酶催化的反应条件温和

酶是由细胞产生的生物大分子,凡能使生物大分子变性的因素(如高温、强碱、强酸、重金属盐等)都能使酶失去催化活性,因此酶催化反应往往在常温常压、接近中性的温和条件下进行。例如,生物固氮在植物中是由固氮酶催化的,通常在 27 ℃和中性 pH 值下进行,每年可从空气中将 1 亿 t 左右的氮固定下来。而在工业上合成氨需要在 500 ℃、几百个大气压下才能完成。

4)酶活性可调控

酶的催化活性在体内受到多种因素的调节和控制,这是酶区别于一般催化剂的重要特征。有机体的生命活动表现了其内部化学反应历程的有序性,这种有序性是受多方面因素调节控制的,一旦破坏了这种有序性,就会导致代谢紊乱,罹患疾病,甚至死亡。细胞内酶的调节和控制有多种方式,主要有酶浓度的调节,即基因表达的调节;酶活性的调节,主要包括别构调节、共价修饰调节、酶原激活、抑制剂和酶分子的聚合、解聚调节。

4.1.3　酶的活性中心与催化作用机理

4.1.3.1　酶的活性中心

1. 活性中心的概念

研究证明,酶的特殊催化能力只局限在酶分子的一定区域,也就是说只有少数特异的氨基酸残基参与底物结合和催化作用。这些特异的氨基酸残基比较集中的区域,即与酶活力直接相关的区域称为酶的活性部位(active site)或活性中心(active center)。

2. 催化部位和结合部位

通常将活性中心分为催化部位和结合部位,前者负责催化底物键的断裂形成新键,决定酶的催化能力;后者负责与底物结合,决定酶的专一性。对需要辅酶的酶来说,辅酶分子或辅酶分子上的某一部分结构往往也是酶的活性中心的组成部分。

3. 必需基团

酶的活性中心含有多种不同的基团,其中一些基团是酶的催化活性所必需的,称为必需基团。在酶的催化过程中,这些必需基团通过非共价力(氢键、离子键等)、质子迁移、形成共价键等方式起催化作用。如果这些必需基团被修饰或置换,酶的催化活性将降低或丧失。常见的必需基团有组氨酸的咪唑基、丝氨酸和苏氨酸的羟基、半胱氨酸的巯基、赖氨酸的δ- 氨基、精氨酸的胍基、天冬氨酸和谷氨酸的羧基、游离的氨基和羟基等。

4. 活性中心的特点

虽然酶在结构、专一性和催化模式上差别很大，但其活性中心具有一些共同的特点。

1）活性中心在酶分子上只占相当小的部分

活性中心通常只占整个酶分子体积的 1%~2%。已知几乎所有的酶都由 100 多个氨基酸残基组成，分子质量在 10 kDa 以上，直径大于 2.5 nm，而活性中心只由几个氨基酸残基构成。酶分子的催化部位一般只由 2~3 个氨基酸残基组成，而结合部位的氨基酸残基数目因酶而异，可能是一个，也可能是数个。

2）酶的活性中心是一个三维实体

酶的活性中心不是一个点、一条线，也不是一个面。活性中心的三维结构是由酶的一级结构所决定且在一定的外界条件下形成的。活性中心的氨基酸残基在一级结构上可能相距甚远，甚至位于不同的肽链上，通过肽链的盘绕、折叠在空间结构上靠近。可以说没有酶的空间结构，也就没有酶的活性中心。一旦酶的高级结构受到物理因素或化学因素影响，酶的活性中心将遭到破坏，酶即失活。

3）酶的活性中心和底物的结合是诱导契合

酶的活性中心并不是和底物正好形状互补的，而是在酶和底物结合的过程中，底物分子或酶分子甚至两者的构象同时发生了一定的变化才互补的，这时催化基团正好在所催化底物的键断裂和即将生成键的适当位置。这个动态的辨认过程称为诱导契合（induced fit）。

4）酶的活性中心位于酶分子表面的一个裂缝内

底物分子或其一部分进入裂缝内并发生催化作用。裂缝内非极性基团较多，但也含有极性的氨基酸残基，以与底物结合并发生催化作用。其非极性性质在于产生一个微环境，提高与底物的结合能力而有利于催化。在此裂缝内底物的有效浓度可达到很高。

5）底物通过次级键较弱的力结合到酶上

酶与底物结合成中间复合物，主要通过次级键，即氢键、盐键、范德华力和疏水作用实现。

6）酶的活性中心具有柔性或可运动性

我国著名生物化学家邹承鲁对酶分子变性过程中的构象变化与活性变化进行了比较研究，发现在酶分子的整体构象受到明显影响之前，活性中心已大部分被破坏，从而丧失活性。这说明酶的活性中心相对于整个酶分子来说更具柔性，这种柔性或可运动性很可能正是表现其催化活性的一个必要因素。

4.1.3.2　酶与底物分子的结合

1. 中间产物学说

1903 年，Henri 和 Wurtz 提出了中间产物学说，该学说认为当酶催化某一化学反应时，酶首先和底物结合生成中间复合物（ES），然后生成产物（P），并释放出酶。反应用下式表示：

$$S+E \rightarrow ES \rightarrow P+E$$

酶与底物结合的中间产物学说已得到许多实验证明。

2. 锁钥学说和三点附着学说

1894 年，Edmond H. Fischer 在对酶作用专一性进行研究的基础上提出了锁钥学说。

Fisher 认为酶分子表面具有特定的可与底物互补的结构,酶与底物的结合如同一把钥匙对一把锁一样,也就是说 2 个生物分子之间特定的相互作用是通过分子表面的互补结构实现的,如图 4-2(a)所示。锁钥学说对生物化学的发展产生了深刻的影响,但其不足之处在于认为酶的结构是刚性的,这样就难以解释一个酶可以催化正逆两个反应,因为产物(或逆反应的底物)的形状、构象和底物(或逆反应的产物)完全不同。

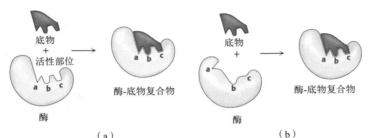

图 4-2　酶与底物分子的结合示意
(a)锁钥学说　(b)诱导契合学说

在此理论的基础上还衍生出了三点附着学说,专门解释酶的立体专一性。该学说认为酶只能与至少有 3 个结合点互相匹配的底物发生催化作用。

3. 诱导契合学说

随着研究的深入,人们发现底物与酶互补结合时,酶分子本身不是固定不变的。1958年,D. E. Koshland 提出了解释酶作用专一性的诱导契合学说。该学说认为酶与底物的结合是动态契合,当酶与底物接近时,受底物分子的诱导,酶分子的构象发生有利于与底物结合的变化,酶与底物在此基础上互补契合,进行反应,如图 4-2(b)所示。近年来,X 射线晶体结构分析的实验结果支持了这一学说,证明酶是一种具有高度柔性、构象动态变化的分子,酶与底物结合时确有显著的构象变化。因此,人们认为这一学说较好地说明了酶的专一性。

4.1.3.3　影响酶催化效率的因素

酶是专一性强、催化效率很高的生物催化剂,这是由酶分子的特殊结构决定的。经各种途径的研究发现,有多种因素可以使酶促反应加速,但很难确切地说它们的贡献有多大。下面讨论影响酶催化效率的有关因素。

1. 酶和底物的邻近与定向效应

酶和底物复合物的形成过程是专一性的识别过程,更重要的是分子间反应变为分子内反应的过程。在这一过程中包括两种效应:邻近效应和定向效应。

邻近效应(approximation)是酶与底物结合形成中间复合物以后,底物和底物(如双分子反应)、酶的催化部位和底物结合于同一分子而使有效浓度极大地升高,从而使反应速率大大提升的一种效应。有实验数据显示某底物在溶液中的浓度为 0.001 mol/L,而在酶的活性中心的浓度竟高达 100 mol/L,是溶液中的浓度的 10 万倍。

酶不仅可通过邻近效应有效地增大活性中心区域的底物浓度,还可通过使酶的催化基团与底物的反应基团严格地定向来加速催化反应。定向效应(orientation)是反应物的反应基团、酶的催化基团与底物的反应基团正确取位而产生的效应。正确取位问题在游离的反应物体系中很难解决,但当反应体系由分子间反应变为分子内反应后,这个问题就有了解决的基础。当底物与活性中心结合时,酶的构象会发生一定的变化,使得催化部位和结合部位可以正确地排列定向,从而促使底物与酶邻近和定向,达到提高反应速度的目的。

2. 底物分子敏感键扭曲变形

当酶遇到其专一性底物时,酶中的某些基团或离子可以使底物分子内敏感键中的某些基团的电子云密度增大或减小,产生电子张力,导致底物分子发生形变,使得底物比较接近过渡态,底物的敏感键更易于断裂,从而降低反应的活化能,使反应易于发生。

例如,乙烯环磷酸酯的水解速率是磷酸二酯的水解速率的 10^8 倍,这是因为环磷酸的构象更接近过渡态。再如,溶菌酶与底物结合时引起 D- 糖环的构象改变,由椅式变成半椅式。上述例子已为 X 射线晶体结构分析证实。

同时,在酶促反应中,由于底物的诱导,酶分子的构象也会发生变化,酶与底物分子都发生了形变,形成了互相契合的酶 - 底物复合物,其进一步转换至过渡态,大大提升了酶促反应速率。

3. 酸碱催化（acid-base catalysis）

酸碱催化是通过瞬时地向反应物提供质子或从反应物接受质子,以稳定过渡态、加速反应的催化机制。在水溶液中,通过高反应性的质子和 OH^- 进行的催化称为狭义的酸碱催化（specific acid-base catalysis）;而通过 H^+、OH^- 和能提供 H^+、OH^- 的供体进行的催化称为广义的酸碱催化（general acid-base catalysis）。

在生理条件下,因 H^+ 和 OH^- 的浓度甚低,体内的酶促反应以广义的酸碱催化作用较重要。很多酶的活性中心存在几种参与广义酸碱催化作用的功能基团（表 4-1）,如氨基、羧基、巯基、酚羟基、咪唑基。它们能在近中性的 pH 值范围内作为催化性的质子供体或受体参与广义的酸碱催化作用,可将反应速率提高 $10^2\sim10^5$ 倍。在生物化学中,这类反应有羧基的加成、酮和烯醇的互变异构、肽和酯的水解、磷酸和焦磷酸参与的反应等。

表 4-1　酶分子中可起酸碱催化作用的功能基团

氨基酸残基	广义酸基团（质子供体）	广义碱基团（质子受体）
Glu, Asp	—COOH	—COO$^-$
Lys, Arg	—NH$_3^+$	—NH$_2$
Tyr	—⟨○⟩—OH	—⟨○⟩—O$^-$
Cys	—SH	—S$^-$
His	$-C=CH$ HN$^+$NH CH	$-C=CH$ HN N: CH

影响酸碱催化反应速率的因素有 2 个,第一个因素是酸碱的强度。在功能基团中组氨酸的咪唑基是最有效、最活泼的。咪唑基的离解常数约为 6.0,表明从咪唑基上离解下来的质子浓度与水中的氢离子浓度相近,因此它在接近生理 pH 值（中性）的条件下一半以酸形式存在,另一半以碱形式存在。也就是说咪唑基既可以作为质子供体,又可以作为质子受体

在酶促反应中发挥作用。第二个因素是功能基团供出质子或接受质子的速度。在这方面咪唑基也是一个很重要的基团，它供出或接受质子的速度十分迅速，半衰期短于 10^{-10} s，并且供出和接受质子的速度几乎相等。由于咪唑基有这些特点，所以组氨酸虽然在大多数蛋白质中含量很少，却很重要。

参与总酸碱催化作用的酶很多，如溶菌酶、牛胰核糖核酸酶、牛胰凝乳蛋白酶等。

4. 共价催化（covalent catalysis）

共价催化又称亲核催化（nucleophilic catalysis）或亲电催化（electrophilic catalysis），在催化时，亲核催化剂、亲电子催化剂能分别放出电子、吸取电子并作用于底物的缺电子中心、负电中心，迅速形成不稳定的共价中间复合物，降低反应活化能，使反应加速。

酶分子活性中心上的某些基团含有非共用电子对，可以对底物进行亲核攻击，发生共价催化反应。酶分子上最主要的亲核攻击基团为丝氨酸的羟基、半胱氨酸的巯基、组氨酸的咪唑基，这些基团容易攻击底物的亲电中心，形成酶、底物共价结合的中间物。底物中典型的亲电中心包括磷酰基、酰基和糖基。

酶分子上的亲核基团被质子化后生成共轭酸，转化成亲电基团。例如，—NH₂（亲核基团）被质子化后转化成—NH₃⁺（亲电基团），它可从底物中吸取一对电子而发生亲电催化。在酶的亲电催化过程中，有时必需的亲电子物质不是共轭酸，而是酶的辅助因子，金属离子就是很重要的一类辅助因子，如 Mg^{2+}、Mn^{2+}、Fe^{3+} 等。

5. 辅助因子催化

辅助因子是与酶结合的分子，是酶的催化活性所必需的。它们可以分为两大类：金属离子和辅酶。

几乎 1/3 的酶的催化活性需要金属离子，根据金属离子与蛋白质相互作用的强度可将需要金属离子的酶分为两类，即金属酶（metalloenzyme）和金属激活酶（metal-activated enzyme）。金属酶含紧密结合的金属离子，多为过渡金属离子，如 Fe^{2+}、Fe^{3+}、Cu^{2+}、Zn^{2+}、Mn^{2+}、Co^{3+}。金属激活酶含松散结合的金属离子，通常为碱金属离子、碱土金属离子，如 Na^+、K^+、Mg^{2+}、Ca^{2+}。

金属离子以 3 种主要途径参与催化过程：①通过结合底物为反应定向；②通过可逆地改变金属离子的氧化态调节氧化还原反应；③通过静电稳定或屏蔽负电荷。金属离子的催化作用往往和酸的催化作用相似，但有些金属离子不止带一个正电荷，作用比质子要强；另外，不少金属离子有络合作用，并且在中性溶液中，H^+ 浓度很低，但金属离子容易维持一定的浓度。

辅酶是小的有机分子，通常来源于维生素，维生素是饮食中必需的有机营养素。辅酶可以与酶松散结合并具有从活性位点释放的能力，也可以与酶紧密结合并缺乏从酶中释放的能力。与酶紧密结合的辅酶称为辅基。未与所需辅助因子结合的酶称为脱辅基酶，与所需辅助因子结合的酶称为全酶。有时有机分子和金属结合形成辅酶，如血红素辅助因子。血红素辅助因子与其酶对应物的协调通常涉及与组氨酸残基的静电相互作用。

6. 低介电微环境

在酶分子的表面有一个裂缝，活性中心就位于疏水的裂缝中。化学基团的反应活性和化学反应的速率在非极性介质与水介质中有显著的差别。这是由于在非极性介质中的介电常数较在水介质中的介电常数小。在非极性环境中 2 个带电基团之间的静电作用比在极性环境中显著增强。当底物分子与酶的活性中心结合时,就被埋没在疏水环境中,在这里底物分子与催化基团之间的作用力比在极性环境中强得多。这一疏水的微环境大大有利于酶的催化作用。

上面讨论了与酶的催化效率有关的几个因素,必须指出上述因素不是同时在一个酶中起作用,也不是一个因素在所有的酶中起作用。可能的情况是对不同的酶,起主要作用的因素不同,可能受一个或几个因素的影响。

4.1.3.4　酶的催化作用机理举例

1. 蛋白酶

蛋白水解酶(也称为肽酶、蛋白酶)能够水解蛋白质中的肽键。它们存在于所有生物体中,从病毒到人类。蛋白水解酶因其在生物过程和许多病原体生命周期中的关键作用而具有重要的医学和药学意义。蛋白酶是工业和生物技术多个领域中广泛应用的酶,此外,许多研究应用都需要使用它们,包括酶的生产、肽合成、核酸纯化过程中去除不需要的蛋白质、细胞培养和组织解离、重组抗体的制备、对结构 - 功能关系的探索。

蛋白水解酶属于水解酶。根据酶作用的位点,蛋白酶可细分为外肽酶和内肽酶。外肽酶,如氨肽酶、羧肽酶分别催化底物 N、C 末端附近肽键的水解。内肽酶在肽序列的内部切割肽键。蛋白酶既可以非特异性地切割所有肽键,也可以高度序列特异性地仅在某些残基之后或特定的局部序列内切割肽键。

科学家估计大约 2% 的人类基因编码蛋白水解酶。由于蛋白水解酶在许多生物过程中具有重要作用,深入研究它们以探索它们的结构 - 功能关系,研究它们与底物、抑制剂的相互作用,开发用于抗病毒疗法的治疗剂,提高它们的热稳定性、效率,通过蛋白质工程改变它们的特异性以用于工业或治疗,是当前的热点领域。

根据催化机制和活性位点处的氨基酸残基,蛋白酶可分为天冬氨酸蛋白酶、半胱氨酸蛋白酶、谷氨酸蛋白酶、金属蛋白酶、天冬酰胺蛋白酶、丝氨酸蛋白酶、苏氨酸蛋白酶和催化机理未知的混合蛋白酶。在这里,我们将探讨丝氨酸蛋白酶家族的反应机制和序列特异性。丝氨酸蛋白酶的清单很长,它们分为两大类——胰凝乳蛋白酶和枯草杆菌蛋白酶。尽管枯草杆菌蛋白酶和胰凝乳蛋白酶具有相同的作用机制,但它们在序列上彼此不相关,并且似乎是独立进化的。因此,它们是趋同进化的一个例子——不同形式的进化汇聚在一个结构上以提供共同的功能。

胰凝乳蛋白酶切割特定氨基酸羧基侧的肽键,特异性取决于适合酶 S1 结合口袋的氨基酸侧链的大小、形状、电荷。3 个具有高度序列同源性的胰凝乳蛋白酶样家族成员是胰蛋白酶、胰凝乳蛋白酶和弹性蛋白酶。这些酶的蛋白质切割位点各不相同。胰蛋白酶在碱性残基(如赖氨酸和精氨酸)的羧基侧切割蛋白质,而胰凝乳蛋白酶在芳香族疏水氨基酸(如苯丙氨酸、酪氨酸和色氨酸)后切割,弹性蛋白酶则在小的疏水残基后切割,如甘氨酸、丙氨酸、缬氨酸。图 4-3 上部显示了胰蛋白酶、胰凝乳蛋白酶和弹性蛋白酶的空间填充晶体结构,并显示了 S1 结合口袋,下部则详细地描绘了每种蛋白酶的 S1 结合结构域,并标出了重要的氨基酸侧链基团。对胰蛋白酶,S1 结合口袋下部的天冬氨酸残基有助于与底物的碱性残基发生静电相互作用。胰凝乳蛋白酶的 S1 结合口袋大且疏水,可容纳底物的芳香族残基;而弹性蛋白酶的 S1 结合口袋小且疏水,仅允许小而疏水的 R 基团停靠在该位置。

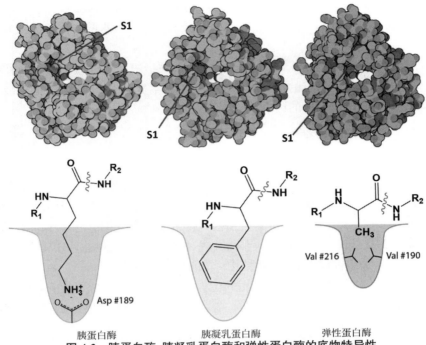

图 4-3 胰蛋白酶、胰凝乳蛋白酶和弹性蛋白酶的底物特异性

丝氨酸蛋白酶在反应循环中有 4 种主要的催化机制：酸碱催化、共价催化、静电相互作用和去溶剂化。丝氨酸蛋白酶的活性位点包含 3 个氨基酸的催化三联体：His、Ser(因此得名丝氨酸蛋白酶)和 Asp。这 3 个关键氨基酸各自在蛋白酶的切割能力中发挥重要作用。虽然三联体的氨基酸成员在蛋白质的一级序列中彼此远离，但由于折叠，它们在酶的核心非常接近。

催化过程有一种有序的机制，会产生几种中间体。肽切割的催化可以看作"乒乓"催化，底物(被切割的多肽)结合，产物(肽的 N 端"一半")被释放，另一个底物结合(在这种情况下是水)，并释放另一种产物(肽的 C 端"一半")。图 4-4 详细说明了催化过程。

在步骤 1 至 2 中，多肽底物进入活性位点并通过 S1 结合口袋中的静电相互作用定位在活性位点，使多肽底物的羰基碳定位于 Ser195 附近。催化三联体中的 Asp102 通过一个氢键定位并固定 His57，然后 His57 作为广义碱从 Ser195 中吸取一个质子。通常 Asp102 能够做到这一点是一件奇怪的事情，因为在水环境中 Asp102 的侧链基团的 pK_a 比 His57 小得多。然而当多肽底物停靠在酶的活性位点时，会通过去溶剂化过程从该区域排出水，产生疏水的微环境。这有效地提高了 Asp102 侧链的 pK_a 并有利于不带电或质子化，从而从组氨酸中吸取质子。

在步骤 2 至 3 中，当活性位点 Ser195 中的介导对底物羰基碳的亲核攻击形成氧阴离子四面体中间体时，共价催化成为可能。然后蛋白酶区域的氧阴离子空穴通过静电相互作用来稳定生成的氧阴离子中间体。氧阴离子的负电荷通过与来自蛋白酶骨架的酰胺氮的静电相互作用而稳定(步骤 4)。氧阴离子重新与羰基碳形成羰基双键，导致底物的肽键断裂。然后蛋白质的 C 末端部分离开酶的活性位点(步骤 5)。

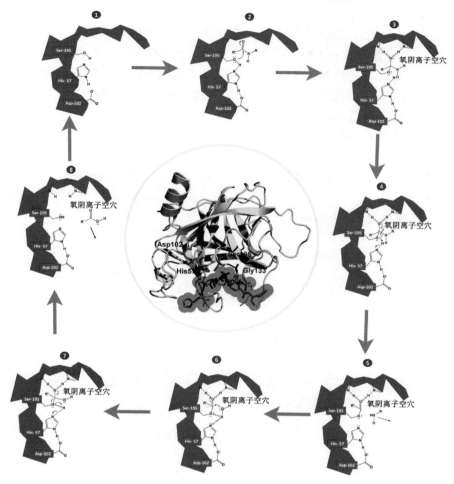

图 4-4　胰凝乳蛋白酶的反应机制

　　一旦 C 末端肽离开活性位点,水分子即进入活性中心。水分子定向靠近活性位点中的
Ser195(步骤 6)。水分子中的氧充当亲核试剂攻击羰基碳,产生另一个氧阴离子四面体中
间体。氧阴离子空穴通过静电相互作用稳定该中间体。His57 作为广义碱从攻击的水分子
处接受一个质子,随后把这个质子提供给 Ser195,以协调的方式帮助四面体中间体瓦解(步
骤 7)。氧阴离子重新形成羰基,N 末端肽从酶中释放出来。活性位点中的水恢复三联体氨
基酸残基的天然状态,这时酶恢复自由状态,进行下一轮催化(步骤 8)。

　　总体而言,三联体中的每个氨基酸在此过程中执行特定任务:Ser195 有一个—OH 基
团,它能够充当亲核试剂攻击底物中肽键的羰基碳(共价催化);His57 上的一对电子具有接
受来自 Ser195 羟基的质子的能力,从而协调肽键的攻击(酸碱催化);Asp102 上的羧基与
His57 配位,通过去溶剂化过程使氮原子更具电负性。静电相互作用对在 S1 结合口袋中结
合底物、稳定过渡态氧阴离子、协调水分子以介导对酶结合中间体的亲核攻击至关重要。

2. 腺苷酸激酶

　　腺苷酸激酶(AK 酶)是一种磷酸转移酶,可催化腺嘌呤核苷酸(ATP、ADP 和 AMP)的
相互转化。通过不断监测细胞内的磷酸核苷酸水平, AK 酶在细胞能量稳态中发挥着重要

作用。这种酶介导的基本化学反应是将 2 个 ADP 分子转化为 1 个 ATP 分子和 1 个 AMP 分子(图 4-5(a))。也可以发生逆反应,从而达到基于不同磷酸化状态的细胞浓度平衡。

迄今为止,已鉴定出 9 种人类 AK 蛋白亚型。其中一些在全身无处不在,但有些位于特定组织中。不仅细胞内各种异构体的位置不同,而且底物与酶的结合和磷酸转移的动力学也不同。AK1 是最丰富的胞质 AK 同工酶,其 K_m 比 AK7 和 AK8 的 K_m 高约 1 000 倍,表明 AK1 与 AMP 的结合弱得多。AK 酶的亚细胞定位是通过在蛋白质中发现的独特靶向序列完成的。每种异构体对 NTP 也有不同的偏好,有些只使用 ATP,而另一些则接受 GTP、UTP 和 CTP 作为磷酸载体。

AK 酶可以参与调节核苷酸浓度,并作为细胞质和线粒体之间腺嘌呤核苷酸的中继系统(图 4-5(b))。AK 酶还可以作为细胞内能量负荷的传感器,当能量水平较低时,可以激活细胞内的 AMP 敏感系统(图 4-5(c))。

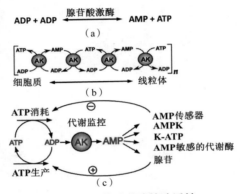

图 4-5 腺苷酸激酶的酶活性
(a)AK 酶的基本反应
(b)AK 酶的反应可以在级联机制中发挥作用,在细胞的不同区域(包括细胞质和线粒体)之间进行信号传导和通信
(c)AK 酶通常用作能量负荷的代谢监测器,导致下游酶被激活或抑制

AK 反应过程中的磷酰基转移仅发生在酶分子中的“敞盖”结构关闭之后,通过邻近定向机制催化。这导致水分子的排斥,使底物彼此靠近,并有效地降低了 ATP 的 γ-磷酰基对 AMP 的 α-磷酰基的亲核攻击的能垒。在来自大肠杆菌的 AK 酶与抑制剂 Ap5A 的晶体结构中,Arg88 残基通过静电相互作用与 α-磷酸基处的 Ap5A 配位。Arg88 突变为 Gly (R88G)导致该酶的催化活性丧失 99%,这表明该残基与磷酰基转移密切相关。另一个高度保守的残基是 Arg119,它位于 AK 的腺苷结合区,起到将腺嘌呤夹在活性位点中的作用。一个保守的带正电荷残基的网络(来自大肠杆菌的 AK 中的 Lys13、Arg123、Arg156 和 Arg167)在转移过程中稳定了磷酰基上负电荷的积累。两个远端的天冬氨酸残基可以与精氨酸残基网络结合,导致酶折叠且自由度降低。催化过程还需要 Mg 辅助因子,这对增强 AMP 上磷酸盐的亲电性至关重要,尽管 Mg 离子仅通过静电相互作用保持在活性口袋中并且很容易解离。灵活性和可塑性使蛋白质分子能够与配体结合形成低聚物,并发挥催化作用。蛋白质的大量构象变化在细胞信号转导中发挥着重要作用。AK 作为信号转导蛋白,其构象之间的平衡调节了蛋白质的活性。AK 具有开放构象,在与底物结合后被诱导为封闭的且具有生物活性的构象。

在 AK 蛋白结构中,有一个核心结构域和两个被称为 LID、NMP 的较小结构域(图 4-6)。ATP 结合在由 LID 和核心结构域形成的口袋中。AMP 结合在由 NMP 和核心结构域形成的口袋中。在构象转变过程中,蛋白质的局部区域折叠和展开并提高催化效率。两个子结构域(LID 和 NMP)可以相互独立地折叠和展开。底物结合诱导蛋白质结构向部分闭合或完全闭合的构象转变。完全闭合的构象优化了磷酸基转移的底物排列,并有助于从活性位点去除水,以避免 ATP 水解。

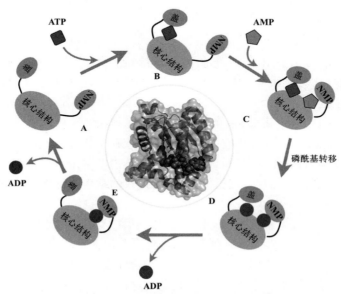

图 4-6　AK 的构象转变途径和催化机制

A—具有开放构象的无底物 AK;B—结合了 ATP 的盖子封闭的 AK;C—结合了 ATP 和 AMP 的具有闭合构象的 AK;
D—结合了 2 个 ADP 的具有闭合构象的 AK;E—结合了 1 个 ADP 的 AK(具有封闭的 NMP 结构域)

4.1.4　辅酶与辅基

4.1.4.1　辅酶与辅基的概念

酶的辅助因子包括辅酶(coenzyme)、辅基(prosthetic group)和金属离子。辅酶专指那些与酶蛋白的结合比较疏松,可以用透析或超滤的方法除去的有机小分子;辅基专指那些与脱辅酶结合紧密,使用透析或超滤的方法难以去除的有机小分子。

辅酶是一大类有机辅助因子的总称,是酶催化氧化还原反应、基团转移和异构反应的必需因子。它们在酶催化反应中承担传递电子、原子或基团的功能。辅酶也可以被视为第二底物,因为在催化反应发生时,辅酶发生的化学变化与底物正好相反。在酶促反应中,辅酶作为底物接受质子或基团后离开酶蛋白,参与另一个酶促反应并将其所携带的质子或基团转移出去,或者发生相反的变化。

辅基与酶蛋白结合得较紧密,不能通过透析或超滤的方法除去。在酶促反应中,辅基不能离开酶蛋白。

金属离子是最常见的辅助因子,约 2/3 的酶含有金属离子。最常见的金属离子有 K^+、

Na^+、Mg^{2+}、Cu^{2+}/Cu^+、Zn^{2+}、Fe^{2+}/Fe^{3+} 等。

水溶性维生素在维持正常生命活动中的作用大多数是作为辅酶或者辅基的组成成分参与生物体内的代谢反应。比如：维生素 B_1 为抗神经炎维生素，在体内它以焦磷酸硫胺素的形式存在，是一种重要的辅酶 TPP，可辅助丙酮脱羧酶的催化反应；维生素 B_2 又称核黄素，它能够参与组成两种重要的辅酶——黄素单核苷酸（FMN）和黄素腺嘌呤二核苷酸（FAD），FMN 和 FAD 这两种辅酶都能够起到递氢的作用，在呼吸作用等生物氧化反应中比较常见。

4.1.4.2　维生素的分类

维生素都是小分子有机化合物，它们在化学结构上无共同性，有脂肪族、芳香族、脂环族、杂环和甾类化合物等。通常根据溶解性将维生素分为水溶性和脂溶性两大类。

1. 水溶性维生素

水溶性维生素包括维生素 B 族、硫辛酸和维生素 C。属于 B 族的主要维生素有维生素 B_1、B_2、PP、B_6、B_{12}，泛酸，生物素，叶酸等。维生素 B 族在生物体内通过构成辅酶而对物质代谢产生影响。这类辅酶在肝脏内含量最丰富。进入体内的多余水溶性维生素及其代谢产物均通过尿排出，体内不能多储存。当机体饱和后，食入的维生素越多，尿中的排出量也越大。

2. 脂溶性维生素

脂溶性维生素包括维生素 A、D、E、K 等，它们不溶于水，但溶于脂肪和脂溶剂（如苯、乙醚、氯仿等），故称为脂溶性维生素。在食物中，它们常和脂质共同存在，因此在肠道吸收时也与脂质的吸收密切相关。当脂质吸收不良时，脂溶性维生素的吸收大为减少，甚至会出现缺乏症。吸收后的脂溶性维生素可以在体内，尤其是在肝内储存。

在生物体内维生素多以辅酶和辅基的形式存在，现将各种维生素的辅酶、辅基形式和在酶促反应中的主要功能列于表 4-2 中。

表 4-2　各种维生素的辅酶、辅基形式和在酶促反应中的主要功能

类型	辅酶、辅基或其他活性形式	主要功能
水溶性维生素		
维生素 B_1（硫胺素）	焦磷酸硫胺素（TPP）	醛基转移、α-酮酸脱羧作用
维生素 B_2（核黄素）	黄素单核苷酸（FMN）	参与氧化还原反应
	黄素腺嘌呤二核苷酸（FAD）	
维生素 PP（烟酸和烟酰胺）	烟酰胺腺嘌呤二核苷酸（NAD）	氢原子（电子）转移作用
	烟酰胺腺嘌呤二核苷酸磷酸（NADP）	
泛酸	辅酶 A（CoA）	酰基转移作用
维生素 B_6（吡哆醛、吡哆醇、吡哆胺）	磷酸吡哆醛、磷酸吡哆胺	氨基酸转氨基、脱羧作用
生物素		传递 CO_2
叶酸	四氢叶酸	传递一碳单位
维生素 B_{12}（钴胺素）	脱氧腺苷钴胺素、甲基钴胺素	氢原子重排、甲基化作用
硫辛酸	硫辛酸赖氨酸	酰基转移作用，参与氧化还原反应

续表

类型	辅酶、辅基或其他活性形式	主要功能
维生素 C（抗坏血酸）		羟基化反应辅助因子
脂溶性维生素		
维生素 A	11- 顺视黄醛	视循环
维生素 D	1,25- 二羟 VD3	调节钙、磷代谢
维生素 E		保护膜脂质，做抗氧化剂
维生素 K		参与羧化、氧化还原反应

4.1.4.3 水溶性维生素与辅助因子

1. 维生素 B_1 与焦磷酸硫胺素

1）结构

维生素 B_1 为抗神经炎维生素（又名抗脚气病维生素），由含硫的噻唑环和含氨基的嘧啶环组成，故称硫胺素（thiamine）（图 4-7（a））。其在生物体内多以焦磷酸硫胺素（thiamine pyrophosphate，TPP）的辅酶形式存在（图 4-7（b））。硫胺素在氧化剂存在时易被氧化产生脱氢硫胺素（硫色素），后者在紫外光照射下呈现蓝色荧光，利用这一特性可进行定性和定量分析。

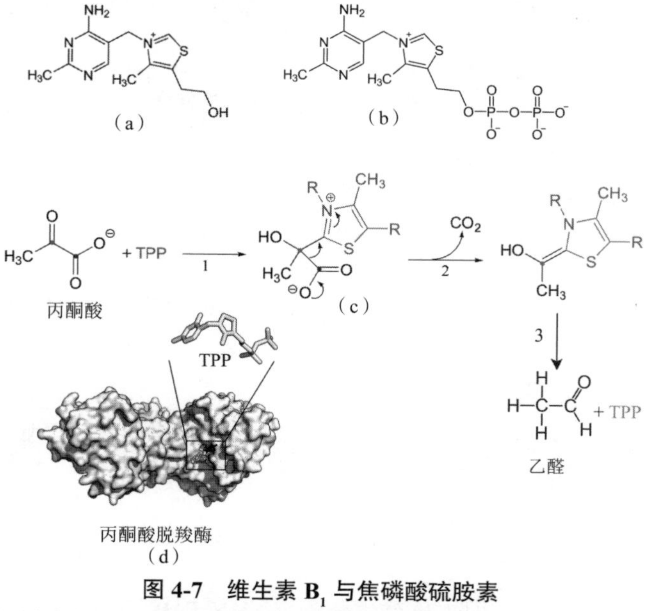

图 4-7 维生素 B_1 与焦磷酸硫胺素

（a）维生素 B_1 （b）焦磷酸硫胺素 （c）TPP 作为辅酶催化丙酮酸脱羧生成乙醛 （d）丙酮酸脱羧酶结构示意

2）功能

焦磷酸硫胺素（TPP）是涉及糖代谢中羧基碳（醛和酮）合成与裂解反应的辅酶。特别是 α- 酮酸的脱羧和 α- 羟酮的形成与裂解都依赖于焦磷酸硫胺素。例如，在乙醇发酵过程中，TPP 作为丙酮酸脱羧酶的辅酶使丙酮酸脱羧生成 CO_2 和乙醛（图 4-7（c）和（d））；在糖分解代谢过程中，TPP 作为丙酮酸脱氢酶复合体和 α- 酮戊二酸脱氢酶复合体中脱氢酶的辅

酶参与 α- 酮戊二酸的氧化脱羧作用。

TPP 之所以具有脱羧功能是由于其噻唑环 C 上的氢可以解离成 H^+ 和碳负离子,碳负离子是有效的亲核基团,能参与共价催化作用。例如,在丙酮酸脱羧形成乙醛的反应中,TPP 噻唑环上的 C^2 碳负离子作为亲核基团进攻丙酮酸分子中的羰基碳,形成不稳定的中间产物,经电子重排发生脱羧反应,生成乙醛。

由于维生素 B_1 和糖代谢关系密切,当缺乏维生素 B_1 时,糖代谢受阻,丙酮酸积累,病人的血、尿和脑组织中丙酮酸含量增多,出现多发性神经炎、皮肤麻木、心力衰竭、四肢无力、肌肉萎缩、下肢浮肿等症状,临床上称为脚气病。

根据研究,维生素 B_1 可抑制胆碱酯酶的活性,当缺乏维生素 B_1 时,该酶活性升高,乙酰胆碱水解加速,使神经传导受到影响,可造成胃肠蠕动缓慢、消化液分泌减少、食欲不振、消化不良等消化道症状。

维生素 B_1 主要存在于种子外皮和胚芽中,在米糠、麦麸、黄豆、酵母、瘦肉等中含量丰富。

2. 维生素 B_2 与 FMN、FAD

1)结构

维生素 B_2 又名核黄素(riboflavin),是核醇与 7,8 - 二甲基异咯嗪的缩合物(图 4-8 (a))。由于异咯嗪的 1 位和 5 位 N 原子上具有两个活泼的双键,易起氧化还原反应,故维生素 B_2 有氧化型和还原型两种形式,在生物体内的氧化还原过程中起传递氢的作用。

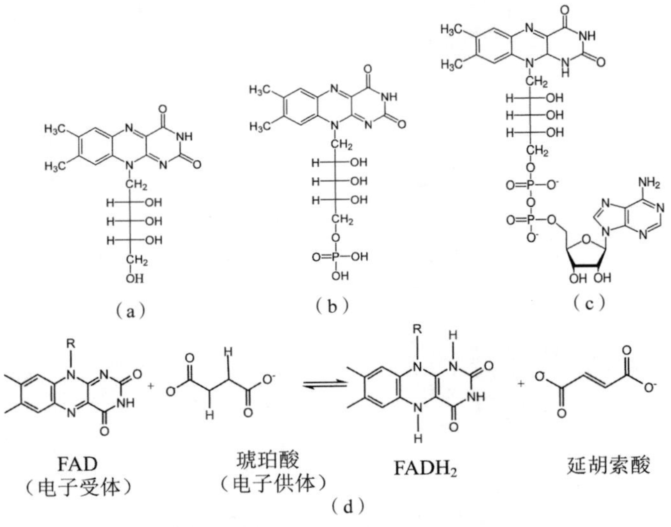

图 4-8　维生素 B_2 与 FMN、FAD
(a)维生素 B_2　(b)FMN　(c)FAD　(d)FAD 作为氧化还原反应中的递氢体

在体内核黄素以黄素单核苷酸(flavin mononucleotide,FMN)和黄素腺嘌呤二核苷酸(flavin adenine dinucleotide,FAD)的形式存在(图 4-8(b)和(c)),是生物体内一些氧化还原酶(黄素蛋白)的辅基(图 4-8(d)),与蛋白部分结合得很牢。

2)功能

由于 FMN、FAD 广泛参与体内的各种氧化还原反应,因此维生素 B_2 能促进糖、脂肪和蛋白质的代谢,对维持皮肤、黏膜和视觉的正常机能均有一定的作用。当缺乏维生素 B_2 时,会引起口角炎、舌炎、唇炎、阴囊皮炎、角膜血管增生等症状。

维生素 B_2 广泛存在于动植物中,在酵母、肝、肾、蛋黄、奶、大豆中含量丰富。所有植物和很多微生物都能合成核黄素。

3. 维生素 B_3 与 NAD$^+$、NADP$^+$

1)结构

维生素 B_3 即维生素 PP,包括烟酸(nicotinic acid)和烟酰胺(nicotinamide),又称抗癞皮病维生素,属于吡啶衍生物。烟酸为吡啶 -3- 羧酸(图 4-9(a)),烟酰胺为烟酸的酰胺(图 4-9(b))。在生物体内维生素 B_3 主要以烟酰胺的形式存在。

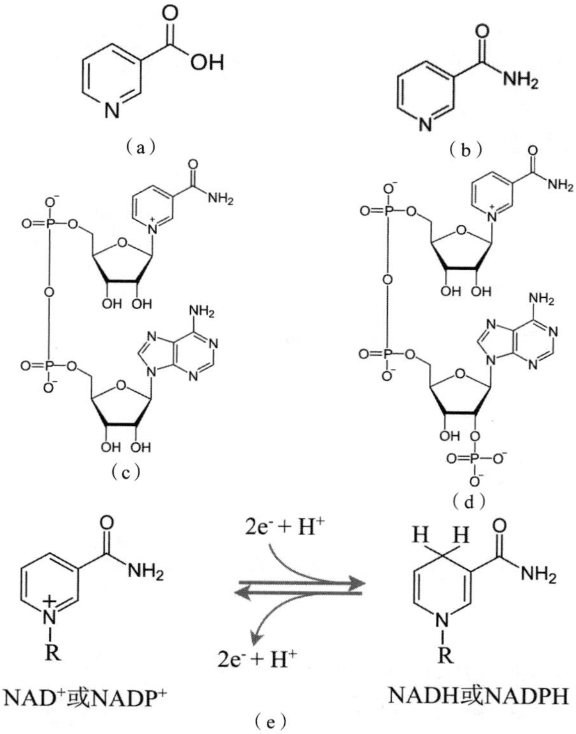

图 4-9　维生素 B_3 与 NAD$^+$、NADP$^+$

(a)烟酸　(b)烟酰胺　(c)NAD$^+$　(d)NADP$^+$　(e)NAD$^+$ 和 NADP$^+$ 的氧化还原反应式

2)功能

在生物体内烟酰胺与核糖、磷酸、腺嘌呤组成脱氢酶的辅酶,主要以烟酰胺腺嘌呤二核苷酸(nicotinamide adenine dinucleotide,NAD$^+$,辅酶 Ⅰ)和烟酰胺腺嘌呤二核苷酸磷酸(nicotinamide adenine dinucleotide phosphate, NADP$^+$,辅酶 Ⅱ)的形式存在(图 4-9(c)和(d)),其还原形式为 NADH 和 NADPH。

烟酰胺辅酶是电子载体,在各种酶促氧化还原反应中起着重要的递氢作用。NAD$^+$ 在氧化途径(分解代谢)中是电子受体,而 NADH 在还原途径(生物合成)中是电子 供体。这些反应涉及将氢负离子转移给 NAD$^+$,或者从 NADH 中转移出。促进这种转移的酶是熟知的脱氢酶。氢负离子含 1 个质子和 2 个电子,这样 NAD+ 和 NADP+ 起 2 个电子载体的作用。吡啶环的 C⁴ 位置是 NAD+ 和 NADP+ 的反应中心,能接受或给出氢离子,分子中的腺嘌呤部分不直接参与氧化还原过程(图 4-9(e))。

依赖于 NAD+ 和 NADP+ 的脱氢酶至少催化 6 种不同类型的反应:简单的氢转移,氨基酸脱氨生成 α- 酮酸,β- 羟酸氧化随后 β- 酮酸中间物脱羧,醛的氧化,双键的还原,碳氮键的氧化。

维生素 B_3 广泛存在于自然界中,以酵母、花生、谷类、豆类、肉类和动物肝中含量丰富,在体内色氨酸能转变为维生素 B_3。

4. 维生素 B_6 与磷酸吡哆醛

1)结构

维生素 B_6 又称吡哆素(pyridoxine),包括吡哆醇(pyridoxine)、吡哆醛(pyridoxal)、吡哆胺(pyridoxamine)3 种物质,它们在生物体内可相互转化。维生素 B_6 在体内经磷酸化作用转变为相应的磷酸酯,即磷酸吡哆醛(PLP)和磷酸吡哆胺(PMP),统称为磷酸吡哆素,是氨基酸代谢中多种酶的辅酶(图 4-10)。

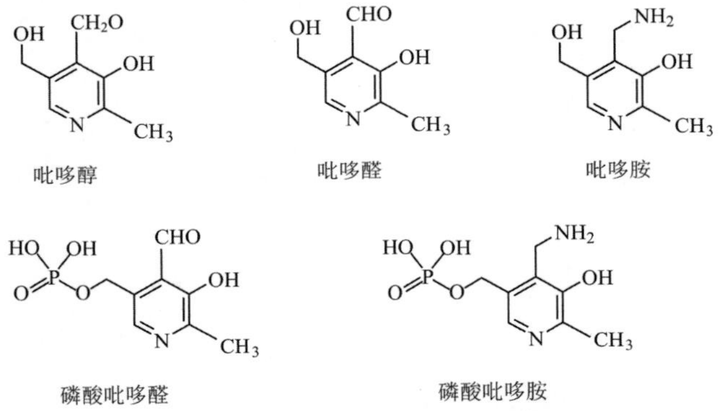

图 4-10 维生素 B_6 及其辅酶的结构

2)功能

磷酸吡哆素作为转氨酶和氨基酸脱羧酶的辅酶,在氨基酸和蛋白质代谢中起着重要作用,主要参与氨基酸的转氨、脱羧、消旋化等反应。例如,在转氨反应中,磷酸吡哆醛作为转氨酶的辅酶,先接受氨基酸的氨基生成醛亚胺,再转变为磷酸吡哆胺,然后将所携带的氨基转给另一个酮酸生成相应的氨基酸。

维生素 B_6 为无色晶体,易溶于水和乙醇,在酸溶液中稳定,在碱溶液中易被破坏。吡哆醇耐热,吡哆醛和吡哆胺不耐高温。

维生素 B_6 在酵母、肝脏、谷粒、肉、鱼、蛋、豆类、花生中含量较多。肠道细菌可以合成维生素 B_6,故生物体缺少维生素 B_6 的情况比较少见。

5. 泛酸与辅酶 A

1)结构

泛酸(pantothenic acid)又称遍多酸、维生素 B_5,由 α,γ- 二羟基 -β- 二甲基丁酸和 β- 丙氨酸缩合而成。泛酸在体内可转化为辅酶 A(CoA)。图 4-11 显示了泛酸与辅酶 A 的化学结构。

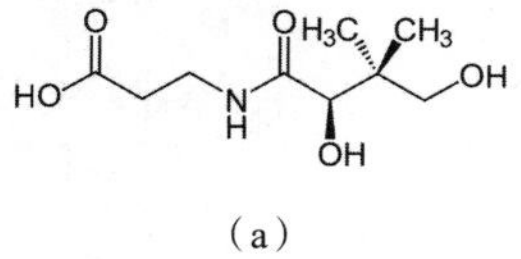

（a）

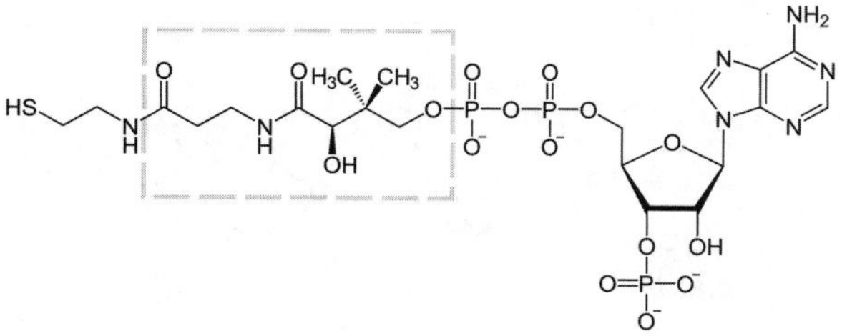

（b）

图 4-11　泛酸与辅酶 A

（a）泛酸　（b）辅酶 A（虚线框内为泛酸）

2）功能

辅酶 A 的主要功能是传递酰基，它是形成中间代谢产物的重要辅酶。例如，乙酸与辅酶 A 的—SH 基结合形成乙酰辅酶 A，它是糖代谢的重要中间产物。

6. 生物素

1）结构

生物素（biotin）即维生素 B_7，是由噻吩环和尿素结合而成的双环化合物，左侧链上有 1 分子戊酸（图 4-12）。

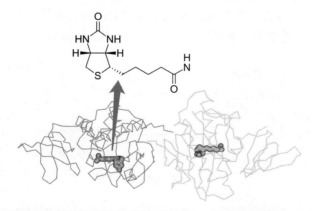

图 4-12　生物素（线状模型是嗜热古菌乙酰辅酶 A 羧化酶，生物素为该酶的辅酶）

2）功能

除了 1,5- 二磷酸羧化酶（rubisco）以外的大多数催化羧化反应的酶都以生物素为辅酶。在代谢过程中，生物素可以作为二氧化碳的临时载体。丙酮酸羧化酶是催化糖异生途径第一步的酶，是生物素依赖性羧化反应的一个很好的例子。CO_2 在该反应中衍生自碳酸氢盐，而 rubisco 反应的 CO_2 直接从大气中"固定"。生物素通过它的羧基与专一酶蛋白中赖氨酸残基的 ε- 氨基以酰胺键共价结合到酶上。首先 CO_2 与生物素尿素环上的一个氮原子结合，然后生物素将其所结合的 CO_2 转移给适当的受体（图 4-13）。

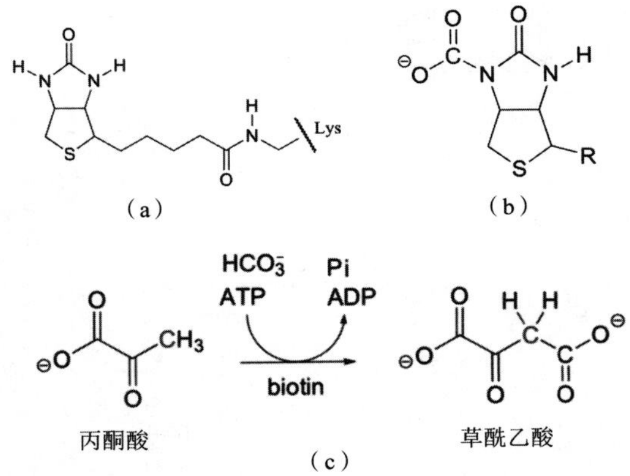

图 4-13　生物素参与羧化反应

（a）生物素与酶共价连接　（b）羧基化的生物素　（c）生物素参与丙酮酸的羧化反应

生物素来源广泛,肝、肾、蛋黄、酵母、蔬菜和谷类中都含有,肠道细菌也可以自行合成供人体需要,故一般很少出现缺乏症。但大量食用生鸡蛋清会引起生物素缺乏,因为新鲜鸡蛋中含有抗生物素蛋白,它能与生物素结合形成无活性又不易消化吸收的物质,鸡蛋加热后这种蛋白质即被破坏。另外,长期服用抗生素可抑制肠道正常菌群,也会造成生物素缺乏。

7. 叶酸与四氢叶酸

1）结构

叶酸(folic acid)即维生素 B_{11},最初是从肝脏中分离出的,后来发现绿叶中含量十分丰富,因此命名为叶酸。它由 2- 氨基 -4- 羟基 -6- 甲基蝶啶、对氨基苯甲酸和 L- 谷氨酸 3 部分组成,又称蝶酰谷氨酸。四氢叶酸(tetrahydrofolate, THF)是叶酸的活性辅酶形式,称为辅酶F(CoF),是用二氢叶酸还原酶连续地还原叶酸而成的(图 4-14)。

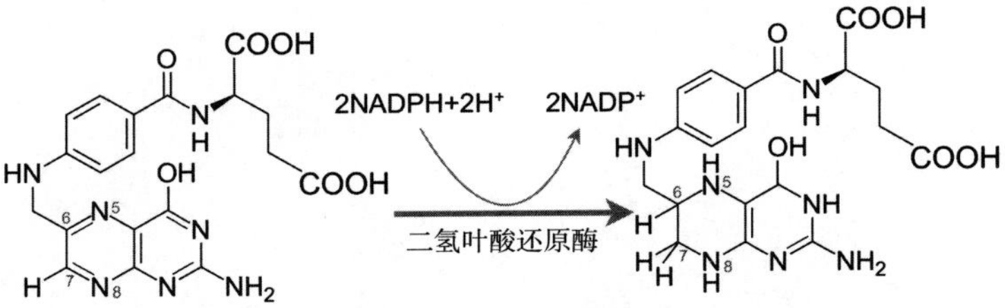

图 4-14　四氢叶酸的形成

2）功能

叶酸是除了 CO_2 之外的所有一碳基团转移酶的辅酶,如甲基、亚甲基、甲酰基、次甲酰基等一碳基团可结合在它的 N^5 位或 N^{10} 位(表 4-3),继而参与体内多种物质(如嘌呤、嘧啶、丝氨酸、甲硫氨酸、胆碱等)的合成,它也会影响到核酸和蛋白质的合成。

表 4-3　以四氢叶酸为载体的一碳单位

结合体	一碳单位
N^5- 甲酰 -FH_4	—CHO
N^{10}- 甲酰 -FH_4	—CHO

续表

结合体	一碳单位
N^5- 亚氨甲基 -FH_4	—CH=NH
N^5- 甲基 -FH_4	—CH_3
$N^{5,10}$- 亚甲酰 -FH_4	—CH_2—
$N^{5,10}$- 次甲基 -FH_4	—CH=

由于叶酸与核酸的合成有关,当缺乏叶酸时, DNA 合成受到抑制,骨髓红细胞中 DNA 合成减少,细胞分裂速度降低,细胞体积较大,细胞核内染色质疏松。这种红细胞称为巨红细胞,其在成熟前就被破坏造成贫血,这种贫血称作巨红细胞性贫血(macrocytic anemia)。因此,叶酸在临床上可用于治疗巨红细胞性贫血。叶酸广泛存在于肝、酵母、蔬菜中,人类肠道细菌也能合成叶酸,故一般不易发生缺乏症。

8. 维生素 B_{12}

1)结构

维生素 B_{12} 又称作氰钴胺素(cyanocobalamin),是体内唯一含有金属元素的维生素。

维生素 B_{12} 的结构(图 4-15)比较复杂,分子中除含有钴原子外,还有 5, 6- 二甲基苯咪唑、3- 磷酸核糖、氨基异丙醇和类似卟啉环的咕啉环成分。5, 6- 二甲基苯咪唑的氮原子与 3- 磷酸核糖形成糖苷键,然后和氨基异丙醇通过磷脂键相连,氨基异丙醇的氨基再与咕啉环的丙酸支链连接。钴原子位于咕啉环的中央,并与环上的氮原子和 5, 6- 二甲基苯咪唑的氮原子以配位键结合。在钴原子上结合不同的基团,如—CN、—OH、—CH_3、5'- 脱氧腺苷,分别得到氰钴胺素、羟钴胺素、甲钴胺素、5'- 脱氧腺苷钴胺素,其中 5'- 脱氧腺苷钴胺素是主要的辅酶形式。

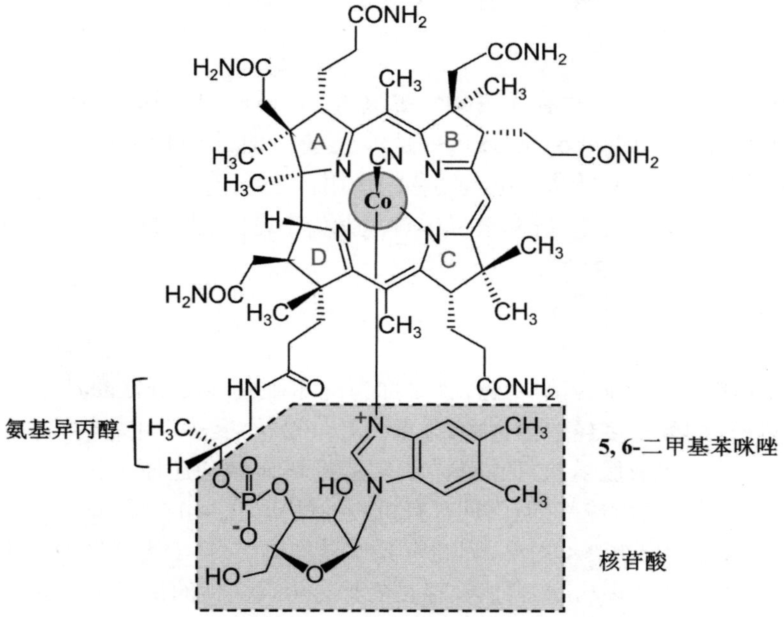

图 4-15　维生素 B_{12} 的结构

2）功能

维生素 B_{12} 在体内以辅酶的形式参加代谢反应,如分子内重排、核苷酸还原成脱氧核苷酸和甲基转移。前两种反应是由 5'- 脱氧腺苷钴胺素调节的,而甲基转移是通过甲基钴胺素实现的。

维生素 B_{12} 对维持人体正常生长、上皮组织细胞再生、神经系统髓磷脂的正常功能等具有极其重要的作用。维生素 B_{12} 参与 DNA 的合成,对红细胞的成熟很重要,当缺少维生素 B_{12} 时,巨红细胞中 DNA 合成受到阻碍,影响细胞分裂而不能分化成红细胞,易引起恶性贫血。

维生素 B_{12} 广泛来源于动物性食品,特别是肉类和肝中含量丰富。人和动物的肠道细菌都能合成维生素 B_{12},故在一般情况下不会缺少维生素 B_{12}。

9. 硫辛酸

1）结构

硫辛酸（lipoic acid）是一种含硫的脂肪酸,又称 6, 8- 二硫辛酸,以闭环氧化形式和开链还原形式两种结构的混合物存在（图 4-16）,这两种形式通过氧化还原循环相互转换。与生物素一样,硫辛酸事实上常常不游离存在,而是同酶分子中赖氨酸残基的 ε-NH_2 以酰胺键共价结合。

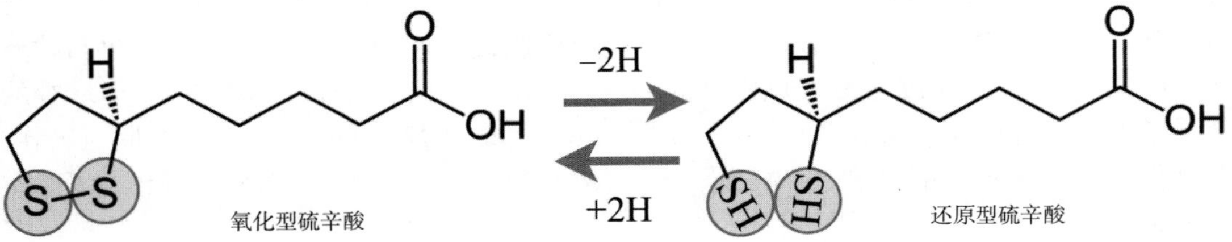

图 4-16　氧化型和还原型硫辛酸的互变

2）功能

硫辛酸是一种酰基载体,存在于丙酮酸脱氢酶（pyruvate dehydrogenase）和 α- 酮戊二酸脱氧酶（α-ketoglutarate dehydrogenase）中,是涉及糖代谢的两种多酶复合体。硫辛酸在 α- 酮酸氧化和脱羧时起酰基转移和电子转移的作用。

硫辛酸在自然界广泛分布,肝和酵母中含量尤为丰富。在食物中硫辛酸常和维生素 B_1 同时存在。

10. 维生素 C

1）结构

维生素 C 具有防治坏血病的功能,故又称为抗坏血酸（ascorbic acid）。维生素 C 是一种含有 6 个碳原子的酸性多羟基化合物,分子中 C_2、C_3 位上 2 个相邻的烯醇式羟基易解离而释放 H^+,从而被氧化成脱氢抗坏血酸。氧化型抗坏血酸和还原型抗坏血酸可以相互转变,所以维生素 C 虽无自由羧基,但仍具有有机酸的性质（图 4-17）。

由于维生素 C 的 C_4、C_5 不对称,因此有光学异构体,包括 D 型和 L 型。D 型维生素 C 一般不具有抗坏血酸的生理功能,自然界存在的具有生理活性的是 L 型抗坏血酸。

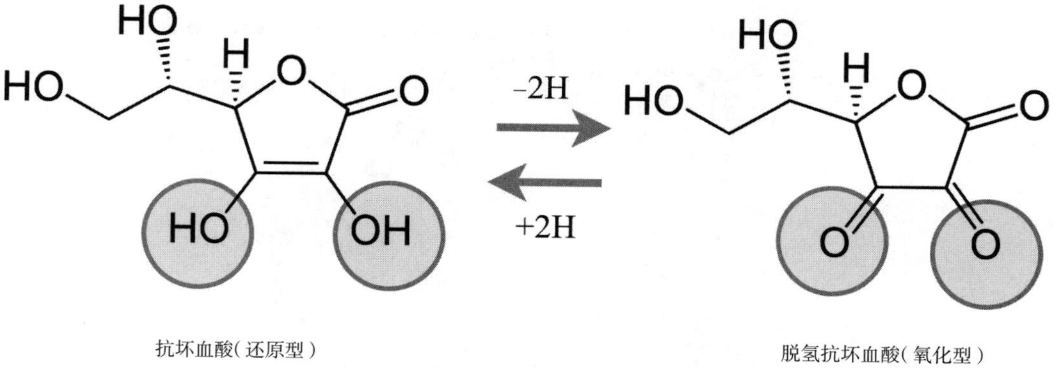

抗坏血酸（还原型）　　　　　　　　脱氢抗坏血酸（氧化型）

图 4-17　还原型和氧化型维生素 C 的互变

2）功能

维生素 C 的生理功能主要有以下几个方面。

（1）参与体内的氧化还原反应。

由于维生素 C 既可以以氧化型又可以以还原型存在于体内，所以它既可以作为氢供体又可以作为氢受体，在体内极其重要的氧化还原反应中发挥作用。维生素 C 能将酶分子中的—SH 维持在还原状态，从而使巯基酶保持活性；维生素 C 在谷胱甘肽还原酶的催化下可将氧化型谷胱甘肽（GSSG）还原，使还原型谷胱甘肽（GSH）不断得到补充，GSH 可与重金属离子结合排出体外，具有解毒作用；维生素 C 与红细胞内的氧化还原过程有密切的关系，红细胞中的维生素 C 可直接将高铁血红蛋白（HbM）还原成血红蛋白（Hb），恢复其运输氧的能力；维生素 C 能促进肠道内铁的吸收，因为它能将难以吸收的三价铁（Fe^{3+}）还原成易于吸收的二价铁（Fe^{2+}）；维生素 C 能保护维生素 A、B、E 免遭氧化，还能促进叶酸转变为有生理活性的四氢叶酸。

（2）参与体内的多种羟化反应。

代谢物羟基化是生物氧化的一种方式，而维生素 C 在羟化反应中起着必不可少的辅助因子的作用。合成胶原蛋白时，多肽链中的脯氨酸、赖氨酸残基分别在胶原脯氨酸羟化酶、胶原赖氨酸羟化酶的催化下羟化成羟脯氨酸、羟赖氨酸残基。维生素 C 是羟化酶维持活性所必需的辅助因子之一，因而缺乏维生素 C 对胶原合成有一定的影响，将导致毛细血管壁通透性和脆性增强，易破裂出血，即坏血病。缺乏维生素 C 还可造成牙齿易松动、骨骼脆弱而易折断、受到创伤时伤口不易愈合。维生素 C 与胆固醇的代谢有关，缺乏维生素 C 可能影响胆固醇的羟基化，使其不能变成胆酸而排出体外。维生素 C 还参与芳香族氨基酸的代谢。

4.1.5　酶的种类

由酶介导的生化反应有六大类，包括氧化还原反应、基团转移反应、水解反应、碳碳双键的形成/去除、异构化反应和连接反应（图 4-18）。国际酶学委员会根据酶所催化反应的类型把酶分为相应的六大类，即氧化还原酶类、转移酶类、水解酶类、裂合酶类、异构酶类和连接酶类。

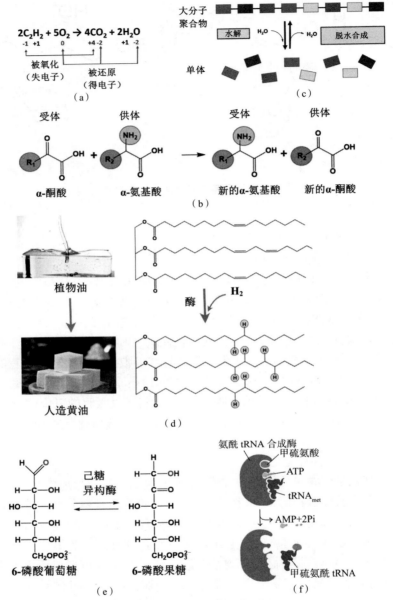

图 4-18　酶催化的六大类反应

（a）氧化还原反应　（b）基团转移反应　（c）水解反应　（d）碳碳双键的形成/去除反应　（e）异构化反应　（f）连接反应

4.1.5.1　氧化还原酶（oxido-reductase）类

氧化还原是一种化学反应，涉及两个原子或化合物之间的电子转移。失去电子的物质被氧化，而获得电子的物质被还原。氧化、还原反应总是同时发生。如果一个分子被氧化，那么另一个分子必定被还原（即电子不会凭空出现添加到化合物中，它们总是必须来自某个地方）。电子组成的变化可以通过原子氧化态（或数量）的变化来评估。因此，氧化还原反应是分子、原子或离子的氧化态（数量）通过获得或失去电子而发生变化的化学反应。总体而言,氧化还原反应对生命的一些基本功能很常见且至关重要,比如光合作用、呼吸作用。

氧化还原酶类是一类催化氧化还原反应的酶,可以分为氧化酶和脱氢酶两类。其催化反应通式为

$$AH_2+B \rightleftharpoons A+BH_2$$

例如,乳酸脱氢酶(EC 1.1.1.27)以 NAD^+ 为辅酶将乳酸氧化成丙酮酸。

4.1.5.2　转移酶(transferase)类

转移酶类催化化合物某些基团的转移反应,即将一种分子上的某一基团转移到另一种分子上的反应。其反应通式为

$$AX+B \rightleftharpoons A+BX$$

如谷丙转氨酶(EC 2.6.1.2)属于转移酶类中的转氨基酶。该酶以磷酸吡哆醛为辅基,将谷氨酸上的氨基转移到丙酮酸上,使之成为丙氨酸,而谷氨酸成为 α- 酮戊二酸。

除此之外,在糖解作用中,磷酸果糖激酶 1(EC 2.7.1.11)可以将果糖 -6- 磷酸与 ATP 转化成果糖 -1,6- 双磷酸与 ADP。

这一大类中还有转移羰基、醛或酮基、酰基、糖苷基和磷酸基的酶。

4.1.5.3　水解酶(hydrolase)类

水解酶类催化底物的加水分解反应。水解酶类大都属于细胞外酶,在生物体内分布最广,数量也多,包括水解酯键、糖苷键、酸酐键和 C—N 键的酶,共 11 个亚类,常见的有蛋白酶、淀粉酶、核酸酶和脂肪酶等。其反应通式为

$$AB+HOH \rightleftharpoons AOH+BH$$

例如,磷酸二酯酶(EC 3.1.4.1)催化磷酸酯键水解。

4.1.5.4　裂合酶(lyase)类

裂合酶类催化从底物中移去一个基团而形成双键的反应或其逆反应,反应可用下式表示:

$$AB \rightleftharpoons A+B$$

这类酶最常见的为 C—C、C—O、C—N、C—S 裂合酶亚类。例如,烯醇化酶(EC 4.2.1.11)能够催化 2- 磷酸甘油酯形成高能化合物磷酸烯醇式丙酮酸。除此之外,醛缩酶(EC 4.1.2.7)可催化果糖 -1,6- 二磷酸成为磷酸二羟丙酮和甘油醛 -3- 磷酸,是糖酵解过程中的一个关键酶。

4.1.5.5　异构酶(isomerase)类

异构酶类催化各种同分异构体之间的相互转变,即分子内部基团的重新排列,其反应通式为

$$A \rightleftharpoons B$$

这类酶包括消旋酶、差向异构酶、顺反异构酶、分子内氧化还原酶、分子内转移酶和分子内裂合酶等亚类。例如,磷酸丙糖异构酶能够催化磷酸二羟丙酮与甘油醛 -3- 磷酸之间的相互转化,葡糖 -6- 磷酸异构酶(EC 5.3.1.9)可催化葡糖 -6- 磷酸转变成果糖 -6- 磷酸。

4.1.5.6　连接酶（ligase）类

连接酶类也称合成酶（synthetase）类,催化有腺苷三磷酸（ATP）参与的合成反应,即由两种物质合成一种新物质的反应。其反应简式如下:

$$A+B+ATP \rightleftharpoons AB+ADP+Pi$$
$$A+B+ATP \rightleftharpoons AB+AMP+PPi$$

例如,丙酮酸缩化酶可以促进丙酮酸与草酰乙酸的转化,广泛存在于动物、霉菌和酵母中;L-酪氨酰tRNA合成酶（EC 6.1.1.1）可催化L-Tyr-tRNA的合成,这类酶在蛋白质生物合成中起着重要作用。

4.2　酶促反应动力学

4.2.1　酶与底物浓度

4.2.1.1　底物浓度与酶促反应速率的关系

1903年,V. Henri在前人工作的基础上用蔗糖酶水解蔗糖,研究底物浓度与酶促反应速率之间的关系。当酶浓度固定不变时,可以测出一系列不同底物浓度 [S] 下的反应速率 v,以 v 对 [S] 作图,可以得到图4-19所示的曲线。

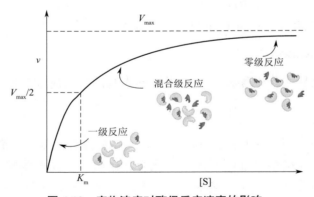

图 4-19　底物浓度对酶促反应速率的影响

从图4-19中可以看到,当底物浓度很低时,酶未被底物饱和,这时反应速率取决于底物浓度,底物浓度越大,反应速率也越大,反应速率与底物浓度成正比,表现为一级反应。随着底物浓度的不断增大,酶逐渐被底物饱和,反应速率和底物浓度不再成正比,这一阶段的反应表现为混合级反应。如果继续增大底物浓度,达到某一定值后,再增大底物浓度酶促反应速率也不再增大,而是趋于恒定,说明此时酶已经被底物所饱和,酶促反应速率不再随底物的变化而变化,表现为零级反应。根据这一实验结果,Henri和Wurtz提出了中间产物学说,即酶和底物结合形成ES是酶促反应的必需步骤。现已充分证明底物是通过酶的活性中心和酶结合的。

4.2.1.2 米曼氏方程

1913 年，L. Michaelis 和 M. Menten 在前人工作的基础上，根据酶促反应的中间复合物学说提出了酶促反应动力学的基本原理，并归纳总结成一个数学公式，即

$$v = \frac{V_{\max}[S]}{K_m + [S]}$$

式中：v 为反应速率；$V_{\max}$ 为酶完全被底物饱和时的最大反应速率；$[S]$ 为底物浓度；K_m 为米氏常数。所有这些参数都可以通过实验测得。该方程定量地描述了酶促反应速率与底物浓度之间的关系。

1925 年，G. E. Briggs 和 J. B. S. Haldane 提出了稳态理论，并根据稳态平衡假说对米曼氏方程进行了数学推导。在动力学推导中隐含三个假设：初速度假设、自由配体假设、稳态假设或快速平衡假设。

典型的酶促反应如下式所示：

$$E+S \underset{k_2}{\overset{k_1}{\rightleftharpoons}} ES \underset{k_4}{\overset{k_3}{\rightleftharpoons}} P+E$$

式中：k_1、k_2、k_3 和 k_4 为相关反应的反应速率常数。酶促反应的速率与酶 - 底物复合物（ES）的形成和分解速率直接相关。在反应的开始，几乎没有产物，即产物浓度很低，于是由产物 P 生成 ES 的量可以忽略不计（**初速度假设**）。上面的反应可以修改为

$$E+S \underset{k_2}{\overset{k_1}{\rightleftharpoons}} ES \overset{k_3}{\longrightarrow} P+E$$

在这样的条件下，ES 的形成速率取决于自由酶的浓度 $[E]$ 和自由底物的浓度 $[S]$。其中自由酶的浓度 $[E]$ 等于总酶的浓度 $[E_0]$ 减去结合了底物的酶的浓度 $[ES]$；自由底物的浓度 $[S]$ 等于总底物的浓度 $[S_0]$ 减去结合了酶的底物的浓度 $[ES]$。在 $[S]$ 远大于 $[ES]$ 的条件下，可以近似认为 $[S]$ 等于 $[S_0]$（**自由配体假设**）。因为我们知道向反应混合物中添加了多少底物，但不知道有多少底物在稳态下在溶液中保持游离状态。

$$v_1 = k_1[S][E] = k_1[S][E_0 - ES] \tag{4-1}$$

式中：E_0 表示酶的初始浓度，即体系中酶的总浓度。需要注意的是，当底物浓度低于总酶的浓度时，自由配体假设不成立，因为在低底物浓度下，很大一部分底物将与酶结合。

ES 的分解速率为

$$v_2 + v_3 = k_2[ES] + k_3[ES] = (k_2 + k_3)[ES] \tag{4-2}$$

当反应达到平衡时，ES 的形成速率和分解速率相等（**稳态假设**）：

$$k_1[S][E_0 - ES] = (k_2 + k_3)[ES] \tag{4-3}$$

移项得

$$\frac{[S][E_0 - ES]}{[ES]} = \frac{k_2 + k_3}{k_1} \tag{4-4}$$

令

$$K_m = \frac{k_2 + k_3}{k_1} \tag{4-5}$$

K_m 即米氏常数，则

$$K_m = \frac{[S][E_0 - ES]}{[ES]} \tag{4-6}$$

整理得

$$K_m[ES] = [S][E_0] - [S][ES] \tag{4-7}$$

$$(K_m + [S])[ES] = [S][E_0] \tag{4-8}$$

$$[ES] = \frac{[E_0][S]}{K_m + [S]} \tag{4-9}$$

根据稳态假设,ES 的生成反应很快达到稳定状态,整个反应的速率取决于 ES 分解成 E 和 P 的反应步骤,所以 ES 生成产物的反应速率(v_3)实际上代表了总的反应速率 v。

$$v = v_3 = k_3[ES] \tag{4-10}$$

即

$$v = k_3 \frac{[E_0][S]}{K_m + [S]} \tag{4-11}$$

当酶全部与底物结合($[E_0]=[ES]$)时,反应速率达到最大值 V_{max},即

$$V_{max} = k_3[E_0] \tag{4-12}$$

改写为

$$v = \frac{V_{max}[S]}{K_m + [S]}$$

上式即为米曼氏方程,一般简称为米氏方程。

根据米氏方程,可以知道酶促反应速率与底物浓度之间的关系。

(1)当 $[S] \ll K_m$ 时,米氏方程变为

$$v = \frac{V_{max}[S]}{K_m}$$

由于 V_{max} 和 K_m 为常数,两者的比值亦为常数,因此反应速率与底物浓度成正比,表现为一级反应。

(2)当 $[S] \gg K_m$ 时,米氏方程变为

$$v = \frac{V_{max}[S]}{[S]} = V_{max}$$

此时酶全部被底物所饱和,反应速率达到最大,再增大底物浓度反应速率也不再增大,表现为零级反应。

(3)当 $[S]=K_m$ 时,米氏方程变为

$$v = \frac{V_{max}[S]}{[S]+[S]} = \frac{V_{max}}{2}$$

也就是说,当底物浓度等于 K_m 时,反应速率为最大反应速率的一半。因此,K_m 就代表反应速率达到最大反应速率的一半时的底物浓度。米氏常数的单位为 mol/L。

4.2.1.3　米氏常数的意义

1. K_m 是酶的一个特性常数

K_m 值的大小只与酶的性质有关,而与酶的浓度无关。K_m 值随底物、温度、pH 值和离子

强度而改变。因此，K_m 值为常数只是对一定的底物、温度、pH 值和离子强度等条件而言。各种酶的 K_m 值相差很大，大多数酶的 K_m 值为 $10^{-6} \sim 10$ mol/L。

2. K_m 可以帮助判断酶的专一性和天然底物

有的酶可作用于几种底物，因此有几个 K_m 值，其中 K_m 值最小的底物称为该酶的最适底物，也就是天然底物。如谷氨酸脱氢酶可作用于谷氨酸、α- 酮戊二酸、NAD$^+$、NADH，它们的 K_m 值依次为 1.2×10^{-4}、2.0×10^{-3}、2.5×10^{-5}、1.8×10^{-5} mol/L，显然 NADH 为谷氨酸脱氢酶的最适底物。$1/K_m$ 可近似地表示酶对底物亲和力的大小，$1/K_m$ 越大，达到最大反应速率一半所需要的底物浓度就越小，表明酶与底物的亲和力越大。显然，作用于最适底物时酶的亲和力最大，K_m 值最小。

3. 若已知某个酶的 K_m，就可以根据已知的底物浓度求出该条件下的反应速率

例如，当 [S]=3K_m 时，代入米氏方程，得

$$v = \frac{V_{max} \times 3K_m}{K_m + 3K_m} = 0.75 V_{max}$$

4. K_m 可以帮助推断某一代谢反应的方向和途径

催化可逆反应的酶对正逆两向底物的 K_m 值往往是不同的，例如谷氨酸脱氢酶（glutamate dehydrogenase）作用于 NAD$^+$ 的 K_m 值为 2.5×10^{-5} mol/L，而作用于 NADH 的 K_m 值为 1.8×10^{-5} mol/L。测定 K_m 值和细胞内正逆两向底物的浓度，可以推测该酶催化正逆两向反应的效率，这对了解酶在细胞内的主要催化方向和生理功能有重要意义。

5. 可以根据 K_m 寻找代谢途径的限速步骤

当一系列不同的酶催化一个代谢途径的连锁反应时，如能确定各种酶的 K_m 值和相应底物的浓度，有助于寻找代谢途径的限速步骤。

6. K_m 可以帮助判断抑制类型

测定不同抑制剂对某个酶的 K_m 和 V_{max} 的影响，可以区别该抑制剂是竞争性还是非竞争性抑制剂。

4.2.1.4 解离常数 K_d 和米氏常数 K_m 之间的差异

酶动力学中两个常见的参数是解离常数（K_d）和米氏常数（K_m），它们都反映了酶和底物的结合行为。虽然这两个参数相互关联，但 K_m 和 K_d 并不相同。

1. 解离常数 K_d

解离常数量化了溶液中处于游离状态（L）和结合到蛋白质上（EL）的配体之间的平衡：

$$EL \underset{K_d}{\rightleftharpoons} E+L$$

它对应于配体对结合位点的亲和力。具有更高的结合自由能的配体结合得更紧密，更易于形成结合态。因为 K_d 被定义为解离常数，所以亲和力较大的配体具有较小的 K_d 值。作为平衡常数，可以将 K_d 表示为产物与反应物浓度的比值：

$$K_d = \frac{[E][L]}{[EL]} \tag{4-13}$$

还可以通过结合速率常数 k_1 和解离速率常数 k_2 从动力学角度解释 K_d：

$$E+L \underset{k_2}{\overset{k_1}{\rightleftharpoons}} EL$$

当配体结合和解离以相等的速率发生时达到平衡状态：

$$k_1[E][L] = k_2[EL] \tag{4-14}$$

$$K_d = \frac{[E][L]}{[EL]} = \frac{k_2}{k_1} \tag{4-15}$$

因此，K_d 等于解离速率常数 k_2 和结合速率常数 k_1 的比值。解离是单分子过程，而结合是双分子过程，所以 K_d 的单位是摩尔浓度。

2. 米氏常数 K_m 和米氏方程

米氏常数描述了底物与酶结合的动力学，然而它的确切含义取决于推导方程时所作的假设。首先看产物生成速率 v。根据定义，酶以一级速率常数 k_3 将酶底物复合体 ES 转化为产物 P。这里引入另一个概念——酶的转换数（turnover number），它表示酶的催化中心（或活性中心）的活性，是单位时间（如 1 s）内每一催化中心所能转化的底物分子数或每摩尔酶活性中心单位时间转换底物的摩尔数。

$$v = k_{cat}[ES] \tag{4-16}$$

每个酶每秒催化生成 1 000 个产物分子的 k_{cat} 值似乎很大，但已知的酶（例如碳酸酐酶）的 k_{cat} 值甚至超过 600 000/s。这个惊人的数值清楚地说明了为什么酶的作用是神奇的。与 V_{max} 随所用酶的量而变化不同，k_{cat} 是给定条件下酶的常数。

这个方程不是一个非常有用的形式，通过实验很难知道形成了多少 ES。总酶浓度 $[E_0]$ 是已知的，将等式两边除以总酶浓度 $[E_0]$ 得

$$\frac{v}{[E_0]} = \frac{k_{cat}[ES]}{[E_0]} = \frac{k_{cat}[ES]}{[E]+[ES]} \tag{4-17}$$

下面根据已知的和可以测量的量来推导酶底物复合体 ES 和自由酶 E 浓度的表达式。需要作一些假设。首先，总酶浓度远小于底物浓度，即和酶结合的底物很少，因此游离底物浓度 [S] 近似等于总底物浓度 $[S_0]$：

$$[S_0]=[S]+[ES]$$

$$[S_0] \gg [ES]$$

$$[S] \approx [S_0]$$

但是仅此还不够，要获得米氏方程，还必须作快速平衡或稳态假设。

1）快速平衡推导

在快速平衡假设下，假设与 ES 复合物形成产物的速度相比，底物和酶结合形成 ES 复合物并建立平衡的速度更快。因此，底物结合步骤可以通过其平衡解离常数 K_d 来描述。

$$E+S \underset{K_d}{\rightleftharpoons} ES \xrightarrow{k_{cat}} P+E$$

为了推导米氏方程，使用解离常数来描述底物结合的动力学：

$$K_d = \frac{[E][S]}{[ES]} \tag{4-18}$$

可以通过式（4-18）求解 [E] 并将其代入式（4-17）：

$$\frac{v}{[E_0]} = \frac{k_{cat}[ES]}{[E]+[ES]} = \frac{k_{cat}[ES]}{\frac{K_d[ES]}{[S]}+[ES]} = \frac{k_{cat}[S]}{K_d+[S]} \tag{4-19}$$

$$v = \frac{k_3 E_0 [S]}{K_d + [S]} = \frac{V_{max}[S]}{K_d + [S]}$$ 　　　　（4-20）

将此结果与米氏方程的一般形式进行比较,可以看出该假设给出的米氏常数等于解离常数($K_d = K_m$)。

2)稳态推导

稳态假设是用来推导米氏方程的更一般的假设。假设酶底物复合物的浓度在反应过程中变化不大(图 4-20),更准确地说,与产物生成速率相比变化很小。用各自的速率常数 k_1 和 k_2 来描述底物的结合和解离。

$$v = \frac{k_3 E_0 [S]}{K_m + [S]} = \frac{V_{max}[S]}{K_m + [S]}$$

其中

$$K_m = \frac{k_2 + k_3}{k_1}$$

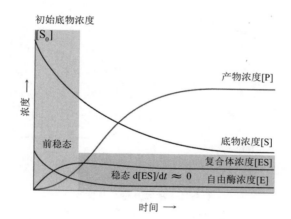

图 4-20　酶促反应处于稳态时 ES 复合体浓度和自由酶浓度保持稳定

3. K_m 和 K_d 的区别

在快速平衡假设下,K_m 和 K_d 是相等的,然而稳态推导提供了米氏常数更广泛的定义。

K_m 和 K_d 表达式之间的唯一区别是 K_m 表达式的分子中存在 k_{cat}。因此,K_m 是否等于 K_d 仅取决于 k_2 和 k_{cat} 的相对大小。当 k_2 远大于 k_{cat} 时,它们是相等的。快速平衡假设在酶催化过程的化学步骤与底物解离相比很慢时才有效。由于转换数为正数,因此米氏常数总是大于或等于解离常数。因为 K_m 和 K_d 有关,所以人们常常把 K_m 作为结合亲和力的衡量标准。它确实提供了有关这方面的信息,但假设它们是等价的是一个谬误。仅从简单的米氏方程动力学不可能知道快速平衡假设是否成立。在极端情况下,将 K_m 近似为 K_d 可能会将底物的结合亲和力低估几个数量级。

4. K_m 和 K_d 的生物化学意义

解离常数 K_d 是一个热力学参数,它反映了配体对结合蛋白质上位点的真实亲和力。此外,在通常条件下,解离常数给出了一半蛋白质分子与配体结合时的配体浓度。而米氏常数 K_m 是动力学参数,不是平衡常数,它给出了达到最大酶促反应速率一半时的底物浓度。它不仅取决于底物的结合亲和力,还取决于酶底物复合物转化为产物的速率。

4.2.1.5 米氏常数的求法

米氏方程是一个双曲线函数(图 4-21(a)),直接用它求 K_m 和 V_{max} 不太方便,通常对其进行各种线性变换。对米氏方程的形式变换有多种,其中最常用的为 Lineweaver Burk 法,即双倒数作图法。

将米氏方程两边取倒数,得到下面的方程:

$$\frac{1}{v} = \frac{K_m + [S]}{V_{max}[S]} = \frac{K_m}{V_{max}} \times \frac{1}{[S]} + \frac{1}{V_{max}}$$

以 $1/v$ 对 $1/[S]$ 作图,得到一条直线,如图 4-21(b)所示。其斜率为 K_m/V_{max},横轴截距为 $-1/K_m$,纵轴截距为 $1/V_{max}$。

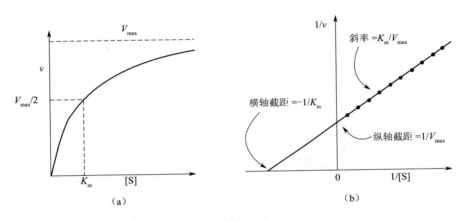

图 4-21 米氏方程及其变换
(a)米氏方程 (b)双倒数作图法变换

4.2.2 酶浓度、温度、pH 值的影响

4.2.2.1 酶浓度对酶促反应速率的影响

在酶促反应中,酶首先要与底物形成中间复合物,如果底物浓度足够大,足以使酶饱和,反应达到最大速率,这时增大酶浓度可增大反应速率,反应速率与酶浓度成正比。这种正比关系也可以由米氏方程推导出来。

$$v = \frac{V_{max}[S]}{K_m + [S]}$$

因为

$$V_{max} = k_3[E_0]$$

所以

$$v = \frac{k_3[S]}{K_m + [S]}[E_0]$$

如果初始底物浓度 [S] 固定,则 $k_3[S]/(K_m+[S])$ 是常数,用 K' 表示,$v=K'[E_0]$,即反应速率与酶浓度成正比。以 v 对 $[E_0]$ 作图为一条直线。

4.2.2.2　温度对酶促反应速率的影响

温度对酶促反应速率的影响表现在两个方面。一方面是在较低的温度范围内,随着温度的升高,反应速率增大。反应温度每升高 10 ℃,对大多数酶促反应来讲反应速率为原反应速率的 2 倍。另一方面是超过一定温度后,由于酶是蛋白质,随着温度升高,酶蛋白逐渐变性而失活,引起酶促反应速率减小。因此只有在某一温度下,反应速率才能达到最大值,这个温度通常称为酶促反应的最适温度。一般来讲,动物细胞内的酶最适温度为 35~40 ℃,植物细胞中的酶最适温度稍高,通常为 40~50 ℃,微生物中的酶最适温度差别较大,如 Taq DNA 聚合酶的最适温度高达 70 ℃。最适温度不是酶的特征物理常数,常受到底物种类、作用时间、pH 值和离子强度等因素的影响而改变。

4.2.2.3　pH 值对酶促反应速率的影响

酶活力受环境 pH 值的影响。在一定的 pH 值下,酶表现出最大活力,高于或低于此 pH 值,酶活力降低,通常表现出酶的最大活力的 pH 值称为该酶的最适 pH 值。各种酶在一定条件下都有其特定的最适 pH 值,因此最适 pH 值是酶的特性之一。大多数酶的最适 pH 值为 5~8,动物体内的酶最适 pH 值多为 6.5~8.0,植物、微生物中的酶最适 pH 值多为 4.5~6.5。但也有例外,如胃蛋白酶的最适 pH 值为 1.5。

pH 值影响酶活力的原因可能有以下几个。

(1)酸性或碱性过强使酶的空间结构被破坏,引起酶构象的改变,酶丧失活性。

(2)当 pH 值改变不很剧烈时,酶虽未变性,但活力受到影响。pH 值影响了底物的解离状态,或者底物不能和酶结合,或者结合后不能生成产物。

(3)pH 值影响维持酶分子空间结构的有关基团的解离,从而影响酶活性部位的构象,进而影响酶的活性。

由于酶活力受 pH 值的影响很大,因此在酶的提纯和测活时要选择酶的稳定 pH 值,通常在某一 pH 值的缓冲液中进行。

4.2.3　激活剂与抑制剂的影响

4.2.3.1　激活剂对酶促反应速率的影响

凡是能提高酶活性的物质都称为激活剂(activator),其中大部分是无机离子和简单的有机分子。

1. 无机离子

作为激活剂的金属离子有 K^+、Na^+、Ca^{2+}、Mg^{2+}、Zn^{2+}、Fe^{2+} 等,无机阴离子如 Cl^-、Br^-、I^-、CN^-、PO_4^{3-} 等也可作为激活剂。如 Mg^{2+} 是多数激酶、合成酶的激活剂,Cl^- 是唾液淀粉酶的激活剂。

无机离子作为激活剂可能有以下几方面的原因:

（1）与酶分子中的氨基酸侧链基团结合,稳定酶发挥催化作用所需的空间结构;

（2）作为底物（或辅酶）与酶蛋白之间联系的桥梁;

（3）作为辅酶或辅基的组成部分协调酶的催化作用。

2. 中等大小的有机分子

有些小分子有机化合物可作为酶的激活剂。例如半胱氨酸、还原型谷胱甘肽等还原剂对某些含巯基的酶有激活作用,可将酶中的二硫键还原成巯基,从而提高酶活性。木瓜蛋白酶和甘油醛 -3- 磷酸脱氢酶都属于巯基酶,在它们的分离纯化过程中往往需加上述还原剂,以保护巯基不被氧化。再如一些金属螯合剂（如 EDTA（乙二胺四乙酸）等）能除去对酶有抑制作用的重金属离子,也可视为酶的激活剂。

3. 具有蛋白质性质的大分子

酶原可被一些蛋白酶选择性水解肽键而被激活,这些蛋白酶也可用作激活剂。

激活剂对酶的作用具有一定的选择性,即一种酶的激活剂对另一种酶而言很可能起抑制作用。不同浓度的激活剂对酶活性的影响也不相同。

4.2.3.2　抑制剂对酶促反应速率的影响

酶是蛋白质,凡能使酶蛋白变性而引起酶活力丧失的作用称为失活（ inactivation ）作用;由于酶的必需基团化学性质的改变而引起酶活力降低或丧失,但酶未变性的作用称为抑制（ inhibition ）作用,具有抑制作用的物质称为抑制剂（ inhibitor ）。变性剂对酶的失活作用无选择性,而一种抑制剂只能对一种酶或一类酶产生抑制作用,因此抑制剂对酶的抑制作用是有选择性的,抑制作用与变性作用是不同的。

研究酶的抑制作用就是研究酶的结构与功能。酶的催化机制和代谢途径可以为设计新药物和生产新农药提供理论依据,因此对抑制作用的研究不仅有重要的理论意义,而且在实践上有重要价值。

抑制作用可分为不可逆的抑制作用和可逆的抑制作用两大类。

1. 不可逆的抑制作用

抑制剂与酶的必需基团以共价键结合而引起酶活力丧失,不能用透析、超滤等物理方法除去抑制剂而使酶复活,称为不可逆抑制（ irreversible inhibition ）。由于被抑制的酶分子受到不同程度的化学修饰,故不可逆抑制也就是酶的修饰抑制。

按照不可逆抑制作用的选择性,可将不可逆抑制剂分为两类,即非专一性的不可逆抑制剂和专一性的不可逆抑制剂。前者作用于酶的一类或几类基团,这些基团中包含必需基团,作用后引起酶失活;后者专一性地作用于某一种酶活性部位的必需基团而导致酶失活,它是研究酶活性部位的重要试剂。

非专一性的不可逆抑制剂主要有以下几类。

（1）有机磷化合物。

常见的有神经毒气二异丙基氟磷酸,农药敌敌畏、敌百虫、对硫磷等。有机磷化合物能抑制某些蛋白酶、酯酶的活性,与酶分子活性部位的丝氨酸羟基共价结合,从而使酶失活。这类化合物能强烈地抑制与神经传导有关的乙酰胆碱酯酶的活性,使乙酰胆碱不能分解为乙酸和胆碱,引起乙酰胆碱的积累,从而使一些以乙酰胆碱为传导介质的神经系统处于过度兴奋状态,引起神经中毒症状,因此有机磷化合物又称为神经毒剂。有机磷制剂与酶结合后虽不解离,但用解磷定或氯磷定能把酶上的磷酸根除去,使酶复活,故在临床上用于有机磷中毒后的解毒。

（2）有机汞、有机砷化合物。

这类化合物与酶分子中半胱氨酸残基的巯基作用,抑制含有巯基酶的活性。如路易斯毒气与酶的巯基结合而使人畜中毒。这类抑制作用可通过加入过量含巯基的化合物（如二巯基丙醇、二巯基丁二酸钠等）而消除。

（3）重金属盐。

含 Ag^+、Cu^{2+}、Hg^{2+}、Pb^{2+} 的重金属盐在高浓度时能使酶蛋白变性失活,在低浓度时会对某些酶的活性产生抑制作用。一般可以使用金属螯合剂（如 EDTA、半胱氨酸等）除去有害的重金属离子,恢复酶的活性。

（4）烷化试剂。

这类试剂往往含一个活泼的卤素原子,如碘乙酸、碘乙酰胺和 2，4 - 二硝基氟苯等,被作用的基团有巯基、氨基、羧基和咪唑基等。

（5）氰化物、硫化物和 CO。

这类物质能与酶中的金属离子形成较稳定的络合物,使酶的活性受到抑制。如氰化物作为剧毒物质与含铁卟啉的酶（如细胞色素氧化酶）中的 Fe^{2+} 结合,使酶失活而阻止细胞呼吸。

2. 可逆的抑制作用

抑制剂与酶以非共价键结合而引起酶活力降低或丧失,能用透析、超滤等物理方法除去抑制剂而使酶复活,这种抑制作用是可逆的,称为可逆抑制（reversible inhibition）。

根据抑制剂与底物的关系,可逆抑制作用可以分为竞争性、非竞争性和反竞争性抑制作用。

1）竞争性抑制作用

（1）竞争性抑制作用及其动力学。

竞争性抑制（competitive inhibition）是最常见的可逆抑制作用。抑制剂（I）和底物（S）竞争酶（E）的结合部位,从而影响了底物与酶的正常结合（图 4-22）。因为酶的活性部位不能既与底物结合又与抑制剂结合,从而在底物和抑制剂之间发生竞争,形成一定的平衡关系。大多数竞争性抑制剂与底物结构类似,因此能与酶的活性部位结合,与酶形成可逆的 EI 复合物,但 EI 不能分解成产物 P,因此反应速率减小。竞争性抑制作用的抑制程度取决于底物和抑制剂的相对浓度,这种抑制作用可以通过增大底物浓度而消除。

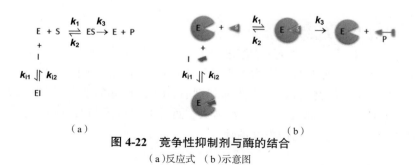

（a）　　　　　　　　　　　　　　　　（b）

图 4-22　竞争性抑制剂与酶的结合

（a）反应式　（b）示意图

在竞争性抑制中,底物或抑制剂与酶的结合都是可逆的。K_i 为抑制剂常数(inhibitor constant),$K_i=k_{i2}/k_{i1}$,因此 K_i 为 EI 的解离常数。

酶不能同时与 S、I 结合,所以有 ES 和 EI,而没有 ESI。

$$[E]=[E_f]+[ES]+[EI]$$

式中:$[E_f]$ 为游离酶的浓度;$[E]$ 为酶的总浓度。

$V_{max}=k_3[E]$,$v=k_3[ES]$,所以

$$\frac{V_{max}}{v}=\frac{[E]}{[ES]}=\frac{[E_f]+[ES]+[EI]}{[ES]} \tag{4-21}$$

为了消去 [ES] 项,根据 K_m 和 K_i 的平衡式求出 $[E_f]$ 项和 [EI] 项。

因为 $K_m=\dfrac{[E_f][S]}{[ES]}$,所以 $[E_f]=\dfrac{K_m}{[S]}[ES]$。

因为 $K_i=\dfrac{[E_f][I]}{[EI]}$,所以 $[EI]=\dfrac{[E_f][I]}{K_i}$。

将 $[E_f]$ 代入 [EI] 的式中,得

$$[EI]=\frac{K_m[I]}{K_i[S]}[ES] \tag{4-22}$$

将 $[E_f]$ 和 [EI] 代入,得

$$\frac{V_{max}}{v}=\frac{\dfrac{K_m}{[S]}[ES]+[ES]+\dfrac{K_m[I]}{K_i[S]}[ES]}{[ES]} \tag{4-23}$$

整理后得

$$v=\frac{V_{max}[S]}{K_m\left(1+\dfrac{[I]}{K_i}\right)+[S]} \tag{4-24}$$

令 $\alpha=1+\dfrac{[I]}{K_i}$,则式(4-24)转换为

$$v=\frac{V_{max}[S]}{\alpha K_m+[S]} \tag{4-25}$$

式(4-25)就是米氏方程格式的竞争性抑制剂的动力学方程。不难看出,该动力学方程中最大反应速率不变,米氏常数为 αK_m,称为表观米氏常数,符号为 K_m^{app}。

对式(4-25)两边取倒数得

$$\frac{1}{v}=\frac{\alpha K_m}{V_{max}}\frac{1}{[S]}+\frac{1}{V_{max}} \tag{4-26}$$

将抑制剂浓度 [I] 固定,改变底物浓度 [S],测定相应的反应速率 v,以 1/v 对 1/[S] 作图,在不同的抑制剂浓度下所得的直线均能相交于 1/v 轴上的一点,如图 4-23 所示。

从图 4-23 中可以看出,加入竞争性抑制剂后,不管 [I] 如何变化,双倒数方程图的纵轴截距都不变,即 V_{max} 不变,而 K_m 变大,$K_m^{app}>K_m$,而且抑制程度与 [I] 成正比,与 [S] 成反比,即竞争性抑制可以通过增大底物浓度消除。

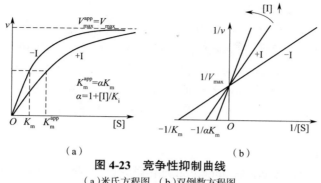

图 4-23 竞争性抑制曲线
（a）米氏方程图 （b）双倒数方程图

（2）竞争性抑制剂。

①底物类似物。

一些竞争性抑制剂与天然代谢或物在结构上十分相似，能选择性地抑制病菌或瘤细胞代谢过程中的某些酶而具有抗菌或抗瘤作用，这类抑制剂可称为抗代谢物或代谢类似物。例如 5'- 氟尿嘧啶是一种抗瘤药物，它的结构与尿嘧啶十分相似，能抑制胸腺嘧啶合成酶的活性，阻碍胸腺嘧啶的合成代谢，使核酸不能正常合成，使癌细胞增殖受阻，起到抗瘤作用。

磺胺类药物，以对氨基苯磺酰胺为例，它的结构与对氨基苯甲酸十分相似，是对氨基苯甲酸的竞争性抑制剂。对氨基苯甲酸是叶酸结构的一部分，叶酸和二氢叶酸是核酸的嘌呤核苷酸合成中的重要辅酶四氢叶酸的前体，如果缺少四氢叶酸，细菌生长繁殖便会受到影响。人体能直接利用食物中的叶酸，某些细菌则不能直接利用外源的叶酸，只能在二氢叶酸合成酶的作用下以对氨基苯甲酸为原料合成二氢叶酸。磺胺类药物可与对氨基苯甲酸竞争，抑制二氢叶酸合成酶的活性，影响二氢叶酸的合成，导致细菌的生长繁殖受到抑制，从而达到抗菌的效果。

可利用竞争性抑制的原理来设计药物，如抗癌药物阿拉伯糖胞苷、氨基叶酸等都是利用这一原理设计出来的。

②过渡态底物类似物。

所谓过渡态底物是底物和酶结合形成中间复合物后被活化的过渡形式，其由于能障小，和酶结合就紧密得多，这是酶具有高度催化效力的原因之一。如果抑制剂的化学结构类似于过渡态底物，则其对酶的亲和力就会远大于底物，可达到 $10^2 \sim 10^6$ 倍，从而对酶产生强烈的抑制作用。随着酶作用机制研究的发展，目前报道了各种酶促反应的几百种过渡态底物类似物，它们都属于竞争性抑制剂，抑制效率比基态底物类似物高得多。

例如，1,6- 二氧肌苷是小牛肠腺苷脱氨酶促反应中过渡态 1- 氢 -6- 羟基腺苷的类似物，是腺苷脱氨酶的强抑制剂，抑制常数为 $K_i = 3 \times 10^{-13}$ mol/L。甲醛中毒采用乙醇抢救也是利用了过渡态底物抑制剂。

乳酸脱氧酶（底物为乳酸）、草酰乙酸脱氧酶（底物为草酰乙酸）、丙酮酸羧化酶（底物为丙酮酸）和丙酮酸激酶（底物为磷酸）都有共同的过渡态——烯醇式丙酮酸。烯醇式丙酮酸的过渡态类似物为草酸，因此草酸对上述 4 种酶都有强竞争性抑制作用。

③其他。

有些化合物的平面结构与底物并不相似，但立体构象具有相似性，也可以成为竞争性抑制剂。例如,环氧合酶抑制剂消炎痛和底物花生四烯酸的三维结构(包括整个分子的立体构象、羧基和双键的位置等)有一定的相似性,因而能竞争性地与环氧合酶结合。

　　某些竞争性抑制剂的结构与底物的结构没有任何关系,其作用机制是抑制剂与酶活性中心的金属离子络合,妨碍底物的进入,从而起到抑制酶活性的作用。例如 5-脂氧合酶(LOX)的活性中心含有一个非血红素铁原子,通过 Fe^{2+} 与 Fe^{3+} 的循环实现其催化功能。该酶的抑制剂(CCGS-23885 和 A-76745)就是通过与铁螯合同底物竞争与酶活性中心的结合的。

　　2)反竞争性抑制作用

　　反竞争性抑制(uncompetitive inhibition)指酶只有与底物结合后才能与抑制剂结合生成 IES 复合物,但 IES 不能分解形成产物(图 4-24)。反竞争性抑制作用常见于多底物反应中,在单底物反应中比较少见。研究证明,L-Phe、L-同型精氨酸等多种氨基酸对碱性磷酸酶的作用是反竞争性抑制,肼类化合物抑制胃蛋白酶、氰化物抑制芳香硫酸酯酶的作用也属于反竞争性抑制。

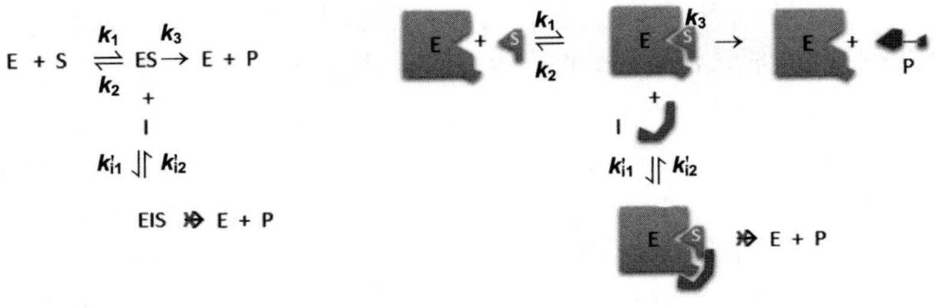

图 4-24　反竞争性抑制剂与酶的结合
(a)反应式　(b)示意图

这类抑制作用底物与酶结合的中间产物有 ES、ESI,而无 EI,因此

$$[E]=[E_f]+[ES]+[EIS]$$

$$\frac{V_{max}}{v}=\frac{[E]}{[ES]}=\frac{[E_f]+[ES]+[EIS]}{[ES]} \tag{4-27}$$

推导后得

$$v=\frac{V_{max}[S]}{K_m+[S]\left(1+\dfrac{[I]}{K_i'}\right)} \tag{4-28}$$

令 $\alpha'=1+\dfrac{[I]}{K_i'}$,则式(4-28)转换为

$$v=\frac{V_{max}[S]}{K_m+[S]\alpha'}=\frac{\dfrac{V_{max}}{\alpha'}[S]}{\dfrac{K_m}{\alpha'}+[S]} \tag{4-29}$$

式(4-29)就是米氏方程格式的反竞争性抑制剂的动力学方程。$V_{max}^{app}=V_{max}/\alpha'$,$K_m^{app}=K_m/\alpha'$。对式(4-29)两边取倒数得

$$\frac{1}{v} = \frac{K_m}{V_{max}}\frac{1}{[S]} + \frac{\alpha'}{V_{max}} \tag{4-30}$$

由式（4-29）和图 4-25 可以看出，加入反竞争性抑制剂后，K_m 和 V_{max} 都变小，而且 $K_m^{app}<K_m$，$V_{max}^{app}<V_{max}$，即表现为 K_m 和 V_{max} 都随 [I] 增大而减小。双倒数方程图为一组平行线，这是反竞争性抑制作用的特点。反竞争性抑制程度既与 [I] 成正比，也与 [S] 成正比。

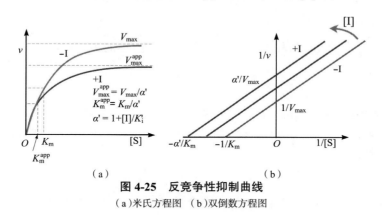

图 4-25　反竞争性抑制曲线

（a）米氏方程图　（b）双倒数方程图

3）混合性抑制作用与非竞争性抑制作用

混合性抑制（mixed inhibition）的特点是底物和抑制剂可以同时与酶结合，两者之间没有竞争作用。底物可以与游离酶结合生成 ES，也可以与酶和抑制剂的复合物结合生成 IES。同样地，抑制剂可以与游离酶结合生成 EI，也可以与酶和底物的复合物结合生成 IES。但是 IES 不能分解为产物，因此酶活力降低。混合性抑制剂与酶活性部位以外的基团结合（图 4-26），其结构与底物无相似之处。

图 4-26　混合性抑制剂与酶的结合

（a）反应式　（b）示意图

酶与底物结合后可再与抑制剂结合，酶与抑制剂结合后也可再与底物结合。与酶结合的中间产物有 ES、EI 和 IES。所以

$$[E]=[E_f]+[ES]+[EI]+[EIS]$$

$$\frac{V_{max}}{v} = \frac{[E]}{[ES]} = \frac{[E_f]+[ES]+[EI]+[EIS]}{[ES]} \tag{4-31}$$

推导后得

$$v = \frac{\dfrac{V_{\max}}{1+\dfrac{[I]}{K_i{'}}}[S]}{\dfrac{1+\dfrac{[I]}{K_i}}{1+\dfrac{[I]}{K_i{'}}}K_m+[S]} = \frac{\dfrac{V_{\max}}{\alpha'}[S]}{\dfrac{\alpha}{\alpha'}K_m+[S]} \qquad (4\text{-}32)$$

式（4-32）就是米氏方程格式的混合性抑制剂的动力学方程。$V_{\max}^{app}=\dfrac{1}{\alpha'}V_{\max}$，$K_m^{app}=\dfrac{\alpha}{\alpha'}K_m$。

对式（4-32）两边取倒数得

$$\frac{1}{v} = \frac{\dfrac{\alpha}{\alpha'}K_m}{\dfrac{1}{\alpha'}V_{\max}}\frac{1}{[S]} + \frac{\alpha'}{V_{\max}} \qquad (4\text{-}33)$$

由式（4-32）和图4-27可以看出，加入混合性抑制剂后，K_m的变化取决于α/α'，有可能变大也有可能变小，$V_{\max}$变小。

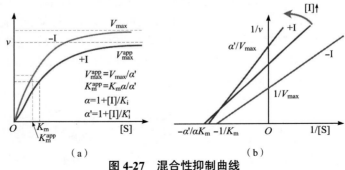

图 4-27　混合性抑制曲线

（a）米氏方程图　（b）双倒数方程图

当$K_i=K_i{'}$时，混合性抑制被称为非竞争性抑制（noncompetitive inhibition）。因此，非竞争性抑制是混合性抑制的一种特殊情况。这种抑制作用不能通过增大底物浓度消除，故称为非竞争性抑制。例如，亮氨酸是精氨酸酶的非竞争性抑制剂。某些对酶有抑制作用的重金属离子（如Ag^+、Cu^{2+}、Hg^{2+}、Pb^{2+}等）即属于这类抑制剂，如锂可以抑制肌醇单磷酸酶的活性和催化作用。

当$K_i=K_i{'}$时，$\alpha=\alpha'$，式（4-32）和式（4-33）变为

$$v = \frac{\dfrac{V_{\max}}{\alpha'}[S]}{K_m+[S]} \qquad (4\text{-}34)$$

$$\frac{1}{v} = \frac{K_m}{\dfrac{1}{\alpha'}V_{\max}}\frac{1}{[S]} + \frac{\alpha'}{V_{\max}} \qquad (4\text{-}35)$$

　　非竞争性抑制曲线如图 4-28 所示。可以看出,加入非竞争性抑制剂后,K_m 不变,V_{max} 变小,V_{max}^{app} 随 [I] 增大而减小。双倒数方程图直线相交于横轴,这是非竞争性抑制作用的特点。非竞争性抑制程度与 [I] 成正比,而与 [S] 无关。

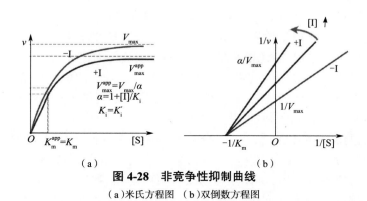

图 4-28　非竞争性抑制曲线

(a) 米氏方程图　(b) 双倒数方程图

　　下面将无抑制剂和有抑制剂时的米氏方程和 V_{max}、K_m 的变化归纳于表 4-4 中。

表 4-4　不同类型可逆抑制作用的米氏方程及其常数

类型	方程	V_{max}	K_m
无抑制剂	$v = \dfrac{V_{max}[S]}{K_m + [S]}$	V_{max}	K_m
竞争性抑制	$v = \dfrac{V_{max}[S]}{\alpha K_m + [S]}$	不变	增大
反竞争性抑制	$v = \dfrac{V_{max}[S]}{K_m + \alpha'[S]}$	减小	减小
混合性抑制	$v = \dfrac{\dfrac{V_{max}}{\alpha'}[S]}{\dfrac{\alpha}{\alpha'}K_m + [S]}$	减小	都有可能
非竞争性抑制	$v = \dfrac{\dfrac{V_{max}}{\alpha'}[S]}{K_m + [S]}$	减小	不变

4.3　酶活性的调节

4.3.1　酶原和酶原激活

　　有些酶(如消化系统中的各种蛋白酶)以无活性的前体形式合成和分泌,然后被输送到特定的部位,当功能需要时,经特异性蛋白酶的作用转变为有活性的酶而发挥作用。此外还有执行防御功能的酶。这些不具催化活性的酶的前体称为酶原(zymogen),如胃蛋白酶原(pepsinogen)、胰蛋白酶原(trypsinogen)和胰凝乳蛋白酶原(chymotrypsinogen)等。某种物质作用于酶原使之转变成有活性的酶的过程称为酶原的激活。使无活性的酶原转变为有活性的酶的物质称为致活素。致活素对酶原的致活作用具有一定的特异性。因有特异性,致活素也可以看成一种酶,致活作用也可以看作酶的催化作用。

如胃蛋白酶原在 pH 值小于 5 时可自行水解,切去 N 端由 44 个氨基酸残基组成的肽段而转变为有活性的胃蛋白酶,X 射线晶体衍射分析结果显示,在胃蛋白酶原分子中活性中心已经形成。但在中性 pH 值条件下,由于 N 端由 44 个氨基酸残基组成的肽段中的 6 个赖氨酸和精氨酸与酶分子中的天冬氨酸和谷氨酸之间形成盐桥而造成活性中心被封闭。特别是 N 端的 1 个赖氨酸与酶活性中心起催化作用的 Asp_{32}、Asp_{215} 之间产生静电相互作用,使酶不能表现出催化活性。当 pH 值小于 5 时,盐桥因天冬氨酸和谷氨酸侧链羧基的质子化而被破坏,导致构象变化而使活性中心暴露出来。

又如胰蛋白酶原进入小肠后,在钙离子存在的条件下,肠激酶切割酶原 Lys_6、Ile_7 之间的肽键,使之失去 N 端的 6 个氨基酸残基后,肽链重新折叠而形成有活性的胰蛋白酶(图 4-29)。胰蛋白酶原被激活后,可作用于胰凝乳蛋白酶原、弹性蛋白酶原(proelastase)和羧肽酶原(procarboxypeptidase),使它们转变为相应的有活性的蛋白酶,故胰蛋白酶是胰脏中所有蛋白酶原的共同激活剂。

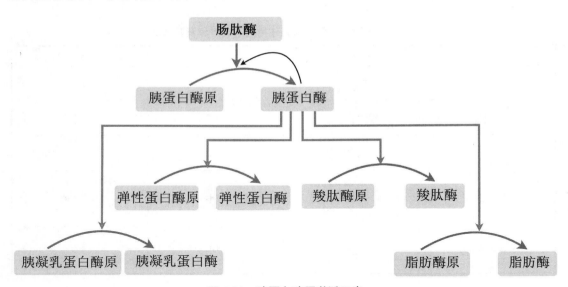

图 4-29 胰蛋白酶原激活示意

特定肽键断裂所导致的酶原激活在生物体中广泛存在,是重要的调节酶活性的方式。哺乳动物消化系统中的几种蛋白酶以无活性的酶原形式分泌出来,到达特定的部位后发挥作用,这具有保护消化道的生物学意义。如果酶原激活过程异常,将导致一系列疾病的发生。出血性胰腺炎的发生就是由于蛋白酶原在未进入小肠时就被激活,被激活的蛋白酶原水解胰腺细胞,导致胰腺出血、肿胀,腹部严重疼痛并伴有恶心呕吐等症状。

在酶原激活过程中,酶原分子结构发生不同形式的变化。Joseph Kraut 研究了胰凝乳蛋白酶原的激活过程发现,胰凝乳蛋白酶原为含有 245 个氨基酸残基的单肽链蛋白质。在胰蛋白酶的作用下,第 15 位精氨酸和第 16 位异亮氨酸之间的肽键断裂,形成有活性的 π- 胰凝乳蛋白酶;后者作用于另一分子的 π- 胰凝乳蛋白酶,除去 2 个二肽分子(即 Ser_{14}-Arg_{15} 和 Thr_{147}-Asn_{148})后,余下的 3 个肽段经 2 个链间二硫键相连,构象发生变化而形成有活性的 α- 胰凝乳蛋白酶。

X 射线入射分析结果表明,新形成的第 16 位异亮氨酸的氨基和 Asp_{194} 的羧基之间的静电吸引触发了一系列构象的变化,特别是第 192 位蛋氨酸,在酶原分子中它是深埋在分子内部的,由于 Ile_{16} 和 Asp_{194} 之间的静电吸引而移动到分子表面,Gly_{187}、Gly_{193} 变得比较伸展,形成了能与底物的非极性大侧链结合的疏水"口袋"。与此同时,Ser_{195} 和 His_{57} 移位,与 Asp_{102} 形成接近线形的排列,并以氢键相连,产生了有电荷中继网络(charge relay network)作用的活性中心。

上述经特定的一个或几个肽键断裂,使无活性的酶原变为有活性的酶的过程是一个不可逆的过程,因此需要专一性蛋白酶抑制剂的存在,以防止因形成胰蛋白酶等而导致超前的激活作用,这是生物体内的一项双重保险措施。如胰脏中存在胰蛋白酶抑制剂,其相对分子质量为 6×10^3,能与胰蛋白酶的活性部位紧密结合而使该酶的活性被抑制。X 射线分析结果证明,胰蛋白酶抑制剂是一个有效的底物类似物,它的 Lys_{15} 深入酶的活性部位与其中 Asp_{189} 的侧链形成盐键。此外,胰蛋白酶和它的抑制剂的侧链之间可形成许多氢键,且和与底物形成的氢键一样,因此胰蛋白酶抑制剂对胰蛋白酶的亲和力很大。

4.3.2　细胞内酶活性的调节

细胞内的代谢途径错综复杂,但能有条不紊地协调进行是因为机体内存在着精细的调节作用。有多种因素对这种有序性进行着调节和控制,但从分子水平上讲是以酶为中心的调控系统。细胞可通过调节酶的活性、控制酶蛋白的合成量等来调节自身的代谢活动。下面重点介绍调节酶。

4.3.2.1　多酶体系

在细胞的某一代谢过程中,由几种酶组成的反应链体系称为多酶体系(multienzyme system)。多酶体系是具有高度组织性的多酶复合体。在功能上,各种酶互相配合,第一个酶作用的产物是第二个酶作用的底物,第二个酶作用的产物又是第三个酶作用的底物,直到复合体中的每一种酶都参与了自己所承担的化学反应。生物细胞中的许多酶是在这样的一系列连续反应中起作用的。许多多酶体系都具有自我调节的能力。多酶体系反应的总速率取决于最慢的那一步反应,该反应称为限速步骤或关键步骤(committed step)。大部分具有自我调节能力的多酶体系的第一步反应就是限速步骤,催化第一步反应的酶是一种调节酶。当全部反应序列的最终产物的量超出细胞的需要时,催化第一步反应的酶的活性可被最终产物所抑制,这种类型的调节称为反馈抑制(feedback inhibition)作用(图 4-30(a))。如在 L- 苏氨酸经 5 步连续的反应转变为 L- 异亮氨酸的途径中,催化第一步反应的苏氨酸脱氢酶可被该途径的终产物异亮氨酸反馈抑制,而其他 4 个中间产物(A、B、C 和 D)均不影响该酶的活性,异亮氨酸结合到该酶的调节部位而不是活性部位。调节物与酶的结合是非共价结合,如果反应体系中异亮氨酸的水平下降,苏氨酸脱氢酶催化的反应速度加快,以满足机体对异亮氨酸的需要。

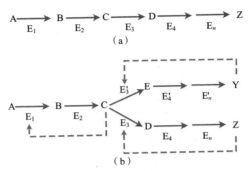

图 4-30　多酶体系的反馈抑制作用

（a）反馈抑制　（b）顺序反馈抑制

　　许多代谢途径是有分支的,如图4-30(b)所示。在分支途径中,当产物Z过多时对酶E_3产生反馈抑制,阻断C→D的反应,于是中间产物C的浓度增大,促使反应向E→→Y的方向进行。由此造成另一产物Y的浓度增大,从而对酶E_3'产生抑制,阻断C→E的反应。这又使中间产物C的浓度增大,从而对酶E_1产生抑制,使A→B的反应被阻断。这种调节方式称为顺序反馈抑制(sequential feedback inhibition),也称为逐步反馈抑制。

4.3.2.2　调节酶

　　调节酶(regulatory enzyme)都是多亚基蛋白质,但活性调节方式各异。

1. 别构酶和别构调节

　　别构酶(allosteric enzyme)也称为变构酶。别构酶一般为寡聚酶,含有两个或多个亚基,每个亚基上都有活性部位。别构酶分子中除活性部位外,还有一个或多个调节部位(regulatory site),也称为别构部位(变构部位, allosteric site)。它们可能存在于同一个亚基的不同部位,也可能存在于不同的亚基上,多数别构酶的活性部位和调节部位存在于不同的亚基上。存在调节部位的亚基一般称为调节亚基(R)。别构酶的活性部位(C)负责对底物的结合与催化;调节部位可结合调节物(modulator),负责调节酶促反应的速度。

　　调节物是能与别构酶结合并调节其活性的物质,也称为别构效应物(allosteric effector)或别构调节剂(allosteric modulator),一般是酶的底物或底物类似物、小分子代谢物。效应物与别构酶的别构部位结合后,诱导出或稳定住酶分子的某种构象,使酶活性部位对底物的结合和催化作用受到影响,从而调节酶的反应速度和代谢过程,此效应称为别构效应(allosteric effect)。与酶结合使酶的活性升高者,称为正效应物或别构激活剂;相反,使酶的活性降低者,称为负效应物或别构抑制剂。

　　一个效应物分子与别构酶的别构部位结合后对另一个效应物分子结合的影响称为协同效应(cooperative effect)。当一个效应物分子和酶结合后,影响另一个相同的效应物分子与酶的另一个部位结合称为同促效应(homotropic effect);当一个效应物分子和酶结合后,影响另一个不同的效应物分子与酶的另一个部位结合则称为异促效应(heterotropic effect)。有些别构酶与调节物(如它的底物)结合后,构象发生改变,新的构象很有利于后续与底物或调节物结合。这种别构酶的v-[S]曲线为S形曲线(sigmoidal plot),而不是简单的双曲线(hyperbolic plot)。一般来说,如果别构酶的调节物就是它的底物,这种别构酶称为同促(向同性）别构酶（ homotropic allosteric enzyme ）。同促别构酶的底物往往充当其正调节物（ positive modulator ），是一种激活剂。若调节物是其底物以外的小分子代谢物，这种别构酶称为异促（ 向异性 ）别构酶（ heterotropic allosteric enzyme ）。S 形动力学曲线表明了亚基间协同的相互作用，也就是说由于亚基界面上非共价作用的调节，一个亚基构象的改变将导致邻近亚基构象的改变。酶具有 S 形曲线的动力学性质，对较小的底物浓度的变化，酶促反应速率即可作出灵敏的应答。这具有重要的生物学意义，因为在生理条件下，底物浓度的变化一般较小。

如大肠杆菌的天冬氨酸转氨甲酰酶（ aspartate transcarbamoylase, ATCase ）催化天冬氨酸和氨甲酰磷酸合成氨甲酰天冬氨酸，这是嘧啶生物合成途径中的第二步反应。若以反应速率对底物之一天冬氨酸的浓度作图，另一底物氨甲酰磷酸的浓度保持在充分高的水平，得到 S 形曲线说明了 ATCase 的协同行为。John Gerhart 和 Arthur Pardee 发现，不仅该酶被嘧啶核苷酸合成途径中的终产物 CTP 反馈抑制，而且氨甲酰磷酸、天冬氨酸与酶的结合具有协同性。CTP 通过减小酶与底物的亲和力而抑制酶的活性，而 ATP 增大了酶与底物的亲和力（ 图 4-31 ）。

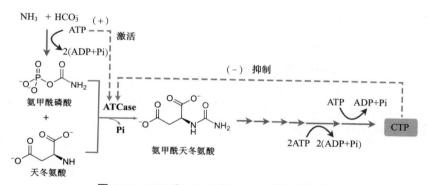

图 4-31　CTP 和 ATP 对 ATCase 的调节作用

ATCase 的沉降常数为 11.6 S，用汞化物处理可解离为两种亚基，其中一种的沉降常数为 2.8 S，另一种的为 5.8 S。这两种亚基所带的电荷不同，可用离子交换色谱法和蔗糖密度梯度离心法将它们分离。分离后的 5.8 S 亚基仍具催化活性，且不受 ATP 和 CTP 存在的影响，称为催化亚基；2.8 S 亚基无催化活性，但可结合 CTP 或 ATP，因此称为调节亚基。当 CTP 不与调节亚基结合时酶表现出最强活性。当细胞内 CTP 累积（ 水平升高 ）并与调节亚基结合后，酶的构象发生较大的变化，进而影响催化亚基的构象，使酶的催化活性降低。结合 ATP 能阻止 CTP 诱导的构象变化。

William Lipscomb 通过 X 射线分析进一步发现，天冬氨酸转氨甲酰酶有两个催化亚基，每个催化亚基由三条肽链组成，有三个调节亚基，每个调节亚基由两条肽链组成。从外观看，三个调节亚基（ 调节二聚体 ）形成三角形包围圈（ 每个调节亚基占据三角形的一个角 ）环绕着催化亚基（ 催化三聚体 ）（ 图 4-32 ）。两个催化亚基一个堆积在另一个的顶部；一个调节亚基内的每条肽链与一个催化亚基内的一条肽链通过 Zn 结构域相互作用；Zn 结构域中的 Zn 离子与 4 个半胱氨酸残基结合。故用汞化物处理 ATCase 时，汞化物与半胱氨酸残基作用，使酶的催化亚基和调节亚基分离。

　　ATCase 有两种主要的四级结构形式,一种是当底物或底物类似物不与酶结合时的 T 态,一种是当底物或底物类似物与酶结合时的 R 态。T 态对底物的亲和力较小,R 态对底物的亲和力较大。当底物与 ATCase 结合后,酶的四级结构发生重大变化,趋于 R 态。

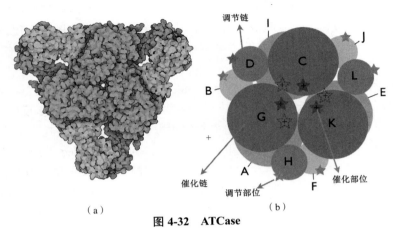

图 4-32　ATCase
（a）四级结构（顶面视图）（b）各亚基间的关系（共 12 条肽链）

2. 酶活性的共价修饰调节

　　共价修饰（covalent modification）调节是酶活性调节的另一种重要方式。某些调节酶在其他酶的作用下对其结构进行共价修饰,使其在高活性形式和相对较低的活性形式之间互相转变。可逆共价修饰的方式包括可逆磷酸化、可逆腺苷酰化、尿苷酰化、甲基化、腺苷二磷酸核糖基化等。当酶分子上的氨基酸残基被修饰后,这个残基的性质发生改变。电荷的引入可使酶分子局部性质改变并发生构象的改变。如细菌中的一种趋性（chemotaxis,趋药性）蛋白可接受甲基（甲基供体一般是 S-腺苷甲硫氨酸）,致使细菌“游向”溶液中的诱引剂（如葡萄糖）并远离其他的物质。

　　乙酰化修饰是常见的共价修饰方式之一,真核细胞中大约 80% 的可溶性蛋白（包括许多酶分子）都要进行乙酰化修饰,乙酰化修饰多发生在肽链的氨基末端。此外,酶分子上特定的丝氨酸、苏氨酸、酪氨酸残基的可逆磷酸化修饰也是常见的共价修饰方式,在真核细胞中,1/3~1/2 的蛋白质受可逆磷酸化修饰。磷酸基与酶分子上特定氨基酸残基的结合是由蛋白激酶（protein kinase）催化的,磷酸基的脱去由蛋白磷酸酶（protein phosphatase）催化。有些酶分子上只有一个磷酸化位点,有些酶分子上有几个磷酸化位点,个别酶分子上的磷酸化位点多达几十个。磷酸基的结合可使酶的结构发生改变,进而影响其催化活性。

　　如骨骼肌和肝脏中的糖原磷酸化酶（glycogen phosphorylase）是糖原分解途径中的一个重要酶,它催化糖原的磷酸解反应（图 4-33（a））。糖原磷酸化酶有两种形式,糖原磷酸化酶 a 和糖原磷酸化酶 b。糖原磷酸化酶 b 是糖原磷酸化酶的活性较低的形式,由两个亚基组成,在磷酸化酶激酶（phosphorylase kinase）的作用下,每个亚基上的第 14 位丝氨酸残基接受 ATP 提供的磷酸基被磷酸化而转变为有活性的糖原磷酸化酶 a。糖原磷酸化酶 a 在磷酸化酶磷酸酶（phosphorylase phosphatase）的作用下脱去磷酸基又可转变为糖原磷酸化酶 b（图 4-33（b））。

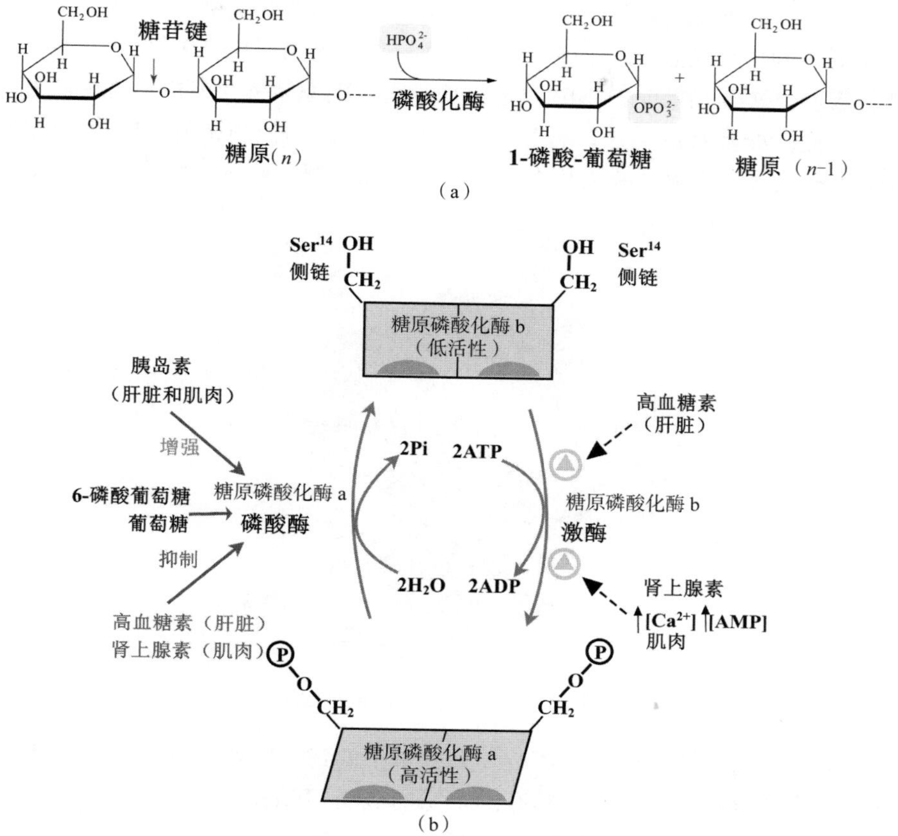

（a）

（b）

图 4-33　糖原磷酸化酶

（a）糖原磷酸化酶催化的反应　（b）糖原磷酸化酶的活性受共价修饰调节

以人为例，虽然就餐时间是固定的，但细胞需要持续地供应糖分和其他营养物质。生物体有一种机制——可以在进食时储存糖分，然后在一天剩余的时间里将其缓慢释放出来。对人体，这个碳水化合物的储存库就是糖原。糖原是一种大分子，含有多达 10 000 个葡萄糖分子，它们相互连接形成一个致密的含有支链的糖球。肌肉储存了足够的糖原来为人体的日常活动提供动力，肝脏则储存了足够的糖原来时时刻刻喂养神经系统和其他组织。

糖原磷酸化酶可以使单糖分子从糖原大分子中释放出来。该酶是两个相同亚基的二聚体（图 4-34），可以从糖原颗粒表面的多糖链中剪下葡萄糖。在图 4-34 中，两个核苷酸结合在活性位点中，该位点位于酶蛋白的深裂缝中。糖原链末端的短糖链结合到另一个裂缝中。糖原磷酸化酶在糖原链末端的葡萄糖单元中添加一个无机磷酸盐分子，将其转化为 1- 磷酸葡萄糖而从糖原中释放出来，然后磷酸葡萄糖变位酶将磷酸盐转移到糖中相邻的碳原子上，使 1- 磷酸葡萄糖转变为 6- 磷酸葡萄糖，并通过糖酵解分解。这个催化过程受到机体的高度监管，以控制血液中的葡萄糖水平稳定。当细胞需要葡萄糖时，激活糖原磷酸化酶；当葡萄糖充足时，迅速抑制糖原磷酸化酶的活性。细胞以多种方式控制糖原磷酸化酶的活性。首先，通过将磷酸分子添加到酶背面的丝氨酸残基（Ser14）上来激活酶。与磷酸结合导致糖原磷酸化酶的形状发生很大的变化，从而转变为活性构象。两种特殊酶（糖原磷酸化酶 a 磷酸酶和糖原磷酸化酶 b 激酶）通过监测胰岛素、胰高血糖素、肾上腺素等激素的水平控制磷酸的添加和去除。此外,结合其他分子也可以改变分子的活性。例如,AMP(单磷酸腺苷)与分子背面的不同位点结合,导致向活性构象的转变。AMP 是 ATP 分解的产物,当机体能量水平低且需要更多葡萄糖时,AMP 含量更加丰富。糖原磷酸化酶的活性形式和非活性形式之间的平衡使磷酸基共价结合到酶上或从酶上脱去,从而控制调节糖原磷酸化酶的活性。1 分子糖原磷酸化酶 b 激酶可催化几千分子糖原磷酸化酶 b 转变为糖原磷酸化酶 a,从而高速催化糖原分解为 1- 磷酸葡萄糖。

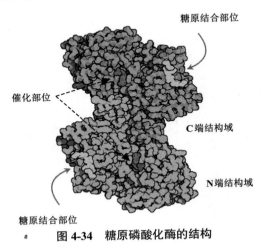

图 4-34　糖原磷酸化酶的结构

　　糖原磷酸化酶的活性又受别构调节。其分子中的每一个亚基含有 841 个氨基酸残基,一条肽链折叠成十分致密的结构。其有两个结构域,氨基端由 480 个氨基酸残基构成的结构域,是糖原结合部位;羧基端的结构域由 361 个氨基酸组成。催化部位在两个结构域围成的裂缝中。辅酶磷酸有吡哆醛位于活性部位,利于催化反应的进行。AMP 是糖原磷酸化酶 b 的别构激活剂,AMP 的结合部位在两个亚基的界面附近,远离催化部位和糖原结合部位。当 AMP 水平高时,AMP 的结合使两个亚基界面处的结构发生变化,导致二聚体结构的改变,使两个催化部位处于催化活性状态。故对调节酶来说,亚基间的相互作用,特别是两个亚基界面处的相互作用对该酶活性的变化起重要作用。

　　与糖原磷酸化酶一样,糖原合成酶的活性也受共价修饰调节,它的活性形式糖原合成酶 a 是脱磷酸化形式,而低活性形式糖原合成酶 b 是磷酸化形式。

4.3.2.3　同工酶

　　同工酶是同一种酶的不同分子形式,能催化相同的化学反应,但它们的动力学性质、调节性质、所用的辅助因子(如脱氢酶的同工酶有的用 NADH 作为其辅助因子,有的用 NADPH)、亚细胞分布(可溶的或膜结合的)等都存在明显的差异。它们可存在于同一种属、同一组织,甚至同一细胞内。同工酶的氨基酸序列相似但不相同。同工酶一般由两种或两种以上的亚基组成。同工酶广泛存在于生物界。如苹果酸脱氢酶同工酶不仅在动物心脏中存在,在豆科植物(如豌豆)、大肠杆菌中也存在。同工酶的研究具有重要的意义。在临床上可用同工酶帮助诊断疾病,这是由于某一器官组织富含某种同工酶时,该器官组织受损伤后将大量释放这种同工酶,通过对血液中这种酶的测定,可诊断出该器官组织是否发生病变。

4.3.2.4　催化抗体

根据酶催化反应的过渡态理论，1969 年 William P. Jencks 提出了催化抗体(catalytic an-tibody)的概念。他设想：若以一个酶促反应的过渡态类似物(它比真正的过渡态稳定)作为免疫原(immunogen)去诱发产生抗体，这种抗体应与该过渡态类似物有互补的构象，这种抗体与底物结合后应能诱导底物进入过渡态，从而起到催化作用。这种抗体是具有了酶活性的抗体，可称为催化抗体或抗体酶(abzyme)。催化抗体的研究具有重要意义。以某一反应中的过渡态类似物去诱导免疫反应产生特定的催化抗体，可用于治疗某种酶先天性缺陷的遗传病等。

4.4　酶的表征与应用

酶是动物、植物和微生物的重要组成部分，因为它们催化和协调细胞代谢的复杂反应。直到 20 世纪 70 年代，酶的大部分商业应用都涉及动物和植物来源。当时酶只用于食品加工业，优选动植物酶，因为它们被认为不存在与微生物来源相关的毒性和污染问题。然而随着需求的增长和发酵技术的发展，微生物酶的竞争性成本得到了认可，并得到了更广泛的应用。与植物和动物来源的酶相比，微生物酶具有经济、技术和伦理方面的优势。通过微生物培养可以于小型生产设施中在短时间内生产大量的酶。例如，在生产凝乳酶(一种用于奶酪制造的牛奶凝固酶)的过程中，传统的方法是使用从小牛(仍以母乳喂养的小牛)胃中提取的酶。从一头小牛的胃中提取的凝乳酶平均量为 10 kg，生产一头小牛需要几个月的集约化养殖。相比之下，1 000 L 的重组枯草芽孢杆菌发酵罐可在 12 h 内产生 20 kg 凝乳酶。因此，微生物产品在经济上更可取，并且没有使用动物的伦理问题。事实上，现在超市里出售的大部分奶酪都是用微生物酶凝固牛奶制成的。

无论使用动植物还是微生物作为酶源，都要对其进行提取纯化和性能表征。下面重点介绍酶性能的表征及其在工农业生产特别是环境保护行业的应用。

4.4.1　酶性能的表征

由于酶的各种优势，生物催化剂已经成为各国科学家的研究热点。下面简要介绍一些用来表征酶的性能的参数，包括活性、稳定性和立体选择性等。

4.4.1.1　活性(activity)

活性是一个用来衡量催化反应的速率的参数，具体的定义是单位时间内转化底物的摩尔数。用来表征活性的参数有初始速率(initial rate)、比活性(specific activity)、米氏常数(K_m)、最大反应速率(V_{max})等。米氏常数、最大反应速率前面已经介绍过，下面介绍一下其他几个常用概念。

1. 酶活力(enzyme activity)

酶活力又称酶活性，是酶催化特定化学反应的能力。酶活力可以用在一定条件下它所催化的某一化学反应的转化速率来表示，即酶催化的反应转化速率越大，酶活力越高；反之，转化速率越小,酶活力就越低。所以,测定酶活力就是测定酶促反应的转化速率。酶促反应的转化速率可以用单位时间内单位体积中底物的减少量或产物的增加量来表示。通常在酶的最适 pH 值、离子强度和指定的温度下测定酶活力。一般采用测定酶促反应初始速率的方法来测定酶活力,因为此时干扰因素较少,反应速率保持恒定。反应速率的单位是浓度/时间,可用底物减少或产物增加的量来表示。因为产物从无到有,浓度变化较大,而底物往往过量,浓度变化不易测准,所以以多用产物来测定。

2. 酶活力单位(U, active unit)

酶活力单位是酶活力的单位,通常为酶量。1961 年,国际酶学会议定义了酶活力国际单位:在特定条件下, 1 min 内转化 1 μmol 底物或者底物中 1 μmol 有关基团所需的酶量称为一个酶活力国际单位 IU。1972 年,国际酶学会议又规定了一个酶活力单位 Kat:在最适条件下, 1 s 内能使 1 mol 底物转化的酶量。Kat 和 IU 的换算关系: 1 Kat=6×10^7 IU, 1 IU=16.67 nKat(纳 Kat)。

3. 比活力(specific activity)

比活力为每毫克蛋白质所具有的酶活力单位数,在酶学研究中用来衡量酶的纯度。对同一种酶来说,比活力越大,酶的纯度越高。比活力可以用来比较酶制剂中单位质量蛋白质的催化能力,是表征酶的纯度的一个重要指标。

4. k_{cat} 和 k_{cat}/K_m

标准的一种底物/一种产物的米氏动力学速率方程为

$$v = \frac{K_3[E_t][S]}{K_m + [S]}$$

当 $[S] \gg K_m$ 时,方程简化为

$$v = K_3[E_t]$$

在这种情况下,反应是一级反应,反应速率仅取决于总酶浓度(E_t),而不取决于底物浓度。当底物过量时,把 K_3 称为转换数(turnover number),符号是 k_{cat}。因此, k_{cat} 是一阶速率常数,单位为 s^{-1}。k_{cat} 表示酶的催化中心的活性,是单位时间(如每秒)内每一催化中心(或活性中心)所能转化的底物分子数或底物摩尔数。$k_{cat}E_t$ 是酶在给定实验条件下可以达到的最大反应速率(V_{max}),所以转换数可用以下公式计算:$k_{cat} = k_3 = V_{max}/[E_0]$。

k_{cat} 代表在饱和底物浓度下的反应速率,k_{cat}/K_m 代表在可忽略底物浓度下的反应速率。当 $[S] \ll K_m$ 时,速率方程变为

$$v = \frac{k_{cat}}{K_m}[E_t][S]$$

k_{cat}/K_m 是 $[S] \ll K_m$ 时酶和底物之间的(伪)二级速率常数(图 4-35)。当采用更复杂的速率方程(如抑制剂、pH 值效应和动力学同位素效应)时,有研究者认为酶促反应的两个关键常数是 k_{cat} 和 k_{cat}/K_m,而 K_m 则应该被认为是"衍生的"常量。k_{cat}/K_m 通常被称为酶的特异性常数,原因是特定底物的 k_{cat}/K_m 代表了自由酶催化该反应的能力,在存在两种不同底物的情况下使用一种酶,两种底物的反应速率之比与它们各自的 k_{cat}/K_m 有关。

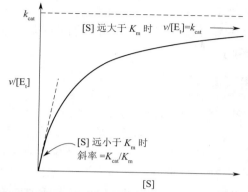

图 4-35 根据米氏方程绘制的 $v/[E_t]$ 与 [S] 的关系图

根据 k_{cat}/K_m，理想的酶应该是具有非常大的转换速率、对底物有非常大的亲和力的酶。也就是说具有较小的 K_m，而且 k_{cat} 非常大，这种酶具有最大的 k_{cat}/K_m。有几种酶具有这种特性，如乙酰胆碱酯酶、延胡索酸酶、过氧化氢酶和超氧化物歧化酶等，它们的最大 k_{cat}/K_m 大致相等。这种酶可谓"完美"，因为它们的 k_{cat}/K_m 达到了最大可能值。k_{cat}/K_m 有一个最大可能值，随着催化作用接近"完美"，底物向酶的扩散将成为酶的限制因素。在水中扩散的底物在任何温度下都有固定的速率，这决定了酶催化的最大速率。类似于在宏观世界中，工厂生产产品的速度不可能超过供应商提供材料的速度。可以肯定，对一种完美的酶来说，唯一的限制就是底物在水中的扩散速率。

4.4.1.2 稳定性（stability）

酶促反应的条件通常比较温和，工业中应用的酶通常需要进行改造，固定化或添加保护剂等。酶的活性极易受到温度、pH 值、有机溶剂的影响。酶的稳定性就是用来衡量酶承受外界极端条件的能力的参数。酶的稳定性可以分为动力学稳定性（kinetic stability）和热动力学稳定性（thermodynamic stability）。动力学稳定性与酶的活性有关，主要表现为蛋白质在经历不可逆的失活之前保持活性的时间。考察蛋白质的动力学稳定性最常用的指标是半衰期（$t_{1/2}$），即在特定条件下蛋白质失去活力的一半所用的时间。其他检测指标还有失活速率常数（k）、最适反应温度（T_{opt}）、$T_{50}X$（即在 T 温度下保存 X 时间，蛋白质的活力降低到50%）。热动力学稳定性与蛋白质构象的解折叠情况有关，考察热动力学稳定性的指标包括蛋白质解折叠的吉布斯自由能变（ΔG_u）、解折叠平衡常数（K_u）、熔点（T_m）。

4.4.1.3 立体选择性（stereoselectivity）

与传统的化学催化剂相比，极高的立体选择性是酶的主要优点之一。我们知道具有手性中心的化学分子是有异构体的。对称的两种分子通常具有不同的性质，一种分子是治疗疾病的活性组分，另一种分子可能是有毒的或无效的。例如：β- 受体阻断剂普萘洛尔的两个对映异构体的体外活性相差 98 倍；非甾体抗炎药萘普生的 S 对映体的活性比 R 对映体的活性强 35 倍；天然的尼古丁的毒性比其非天然的对映体的毒性大得多。在 20 世纪 60 年代，镇静药沙利度胺是以两个对映体的混合物（消旋体）用作缓解妊娠反应药物的。后来发现欧洲服用过此药的孕妇中有不少产下海豚状畸形儿，成为震惊国际医药界的悲惨事件。

随后的研究表明：沙利度胺的两个对映体中 R 对映体具有缓解妊娠反应的作用，而 S 对映体是一种强力致畸剂，在妊娠第 1~2 个月服用会导致胎儿畸形。这是两个对映体具有不同的药理或生理活性的突出例子。

4.4.2　酶的开发与利用

　　酶是大自然给予人类的馈赠。在自然界数亿年的进化过程中，酶分子形成了复杂的结构，以实现各自的功能。从生物体中找寻属性适宜的天然酶是目前工业用酶的重要来源。自然环境中的微生物具有丰富的多样性，1 g 土壤中含 1 000~100 000 种微生物，酶在自然选择下还在不断地进化与演变，使自然界的酶资源宝库不断丰富。直接从环境样本中筛选与鉴定新酶是重要的酶发掘手段之一，比如 20 世纪 70 年代，科学家们从热泉中筛选得到耐高温的 DNA 聚合酶，成为现代生命科学研究不可或缺的 PCR 技术基础。近年来新方法学的突破，例如大规模基因测序技术、基因人工合成技术、高通量筛选技术，使科学家们开始使用数据挖掘的手段来发掘新酶。

　　虽然天然酶资源丰富，但它们能催化的反应与工业上的需求仍存在差距。科学家们也在不断地学习自然，开发满足特定需求的人工酶。为了满足生物制造业高效能、高强度、操作柔性的要求，工业酶应具有优异的酸碱度、温度、离子强度、有机溶剂和底物耐受性能，能够在较宽的过程参数范围发挥催化作用。因此，理解工业环境下酶的催化行为，并开展适应性改造，使其发挥最大催化潜力，成为亟须破解的瓶颈。为此，科学家们发展了酶工程技术，对酶分子进行改造与重新设计，从而改善酶的性能，使其能够用于工业环境。该领域的领军人物 Frances H. Arnold 创立了模拟自然的定向进化方法，并因此项发明获得了 2018 年诺贝尔化学奖。定向进化在众多酶的改造中取得了重大成功，如重要的一线降血糖药物西格列汀就由人工改造的酶所合成。对酶的结构生物学研究使人们能够从结构的角度理解酶的功能，分子动力学模拟为酶催化的动态过程提供信息，而人工智能技术可对酶分子的结构进行预测。这些技术的结合使科学家们能够以更精巧的方式对酶进行设计。但在酶的结构与功能的生物物理机制尚未被完全解析的情况下，设计高性能的酶仍存在巨大的挑战。

　　目前，天然酶与人工酶一起实现了众多高价值产品的生物合成，生物催化正处于第三次发展浪潮中，酶改造的进程也在大幅加快。可以预见，随着人们对酶结构与功能关系认识的不断深入和人工智能的迅速发展，酶的设计与合成将更快速、科学、精准，酶催化功能改善的幅度和范围也将进一步拓展。

4.4.2.1　酶的一般应用

1. 应用于工业

　　利用微生物发酵的方法成功地大规模制备酶制剂之后，许多酶制剂在工业上得到了广泛和深入的应用。例如，纤维素酶（cellulase）是能催化天然或再生纤维素形成葡萄糖的酶的总称，可用于棉麻织物的抛光和仿旧处理。淀粉酶（amylase）是能水解淀粉的酶的总称，用于织物表面的退浆处理。这两类酶应用于纺织工业，具有加工质量好、织物损伤小和环境污染小等优点。果胶酶（pectinase）能分解织物组织中的果胶质，用于果汁、果酒工业，可提高得率，使产品更加澄清。碱性蛋白酶（alkaline protease）是一种蛋白水解酶，属丝氨酸蛋白酶家族，能水解蛋白质分子的肽键生成多肽或氨基酸，具有较强的分解蛋白质的能力。碱性蛋白酶对血渍、汗渍、奶渍等蛋白类污垢具有独特的洗涤效果,具有延长织物寿命、洗涤时间短、去污力强等优点。

2. 应用于制药

酶在制药领域的应用越来越广泛。青霉素酰化酶可以裂解青霉素得到 6- 氨基青霉烷酸(6-APA),即无侧链青霉素, 6-APA 抑菌活力很低,但在 6-APA 分子上引入不同的侧链,可以获得阿莫西林、氨苄西林等重要的半合成青霉素药物。6-APA 是 B- 内酰胺抗生素工业的重要中间体,用于生产 6-APA 的青霉素酰化酶是重要的医药用酶。

绝大多数药物由手性(chirality)分子构成,手性分子的两种异构体可能具有明显不同的生物活性。手性制药就是将单一对映体分离开,开发出药效高、副作用小的药物。手性药物除了从天然产品中提取以外,拆分外消旋体(等量对映异构体的混合物)是最常用的方法。酶催化手性药物合成具有高度立体异构专一性、反应条件温和等特点,如脂肪酶对抗炎药萘普生的拆分,对用于治疗高血压和心肌梗死等疾病的 β- 受体阻断剂普萘洛尔的中间体的拆分等。

3. 应用于科学研究

酶在生物学、医学等研究领域有广泛的应用。

溶菌酶(lysozyme)又称 N- 乙酰胞壁质聚糖水解酶(N-acetylmuramide glycanohydrlase),是一种能水解致病菌中的黏多糖的碱性酶。其主要通过破坏细胞壁中的 N- 乙酰胞壁酸和 N- 乙酰氨基葡萄糖之间的 β-1, 4 糖苷键使细胞壁中的不溶性黏多糖分解成可溶性糖肽,导致细胞壁破裂、内容物溢出而使细菌溶解。溶菌酶可用于细胞工程研究中原生质体的制备 。

Taq 酶是目前实验室最常用的 DNA 聚合酶之一。Taq 酶是一种来源于嗜热菌(thermophilic bacteria)的高度热稳定的 DNA 聚合酶, 95 ℃孵育时的半寿期长于 40 min,可用于 PCR、DNA 标记和测序。

T4 连接酶能催化相邻 DNA 或 RNA 链 5'-P 端和 3'-OH 端形成磷酸二酯键的反应,可形成 DNA—DNA、DNA—RNA、RNA—RNA 和双链 DNA 黏端、平端,广泛应用于分子生物学研究。

DNA 限制性核酸内切酶(DNA restriction endonuclease)是从细菌中分离出来的一种能在特异位点切割 DNA 分子的核酸内切酶,目前已从多种细菌中分离出 400 余种。其能识别不同的核苷酸顺序,如 Hind Ⅲ、EcoR Ⅰ、Not Ⅰ等,广泛应用于基因克隆研究中。

4. 应用于疾病诊断

许多酶在疾病诊断中发挥着重要作用。诊断试剂工具酶的研制是酶制剂工业中的一个分支,与工业用酶相比较,其对底物的专一性更严格,纯度要求更高。

乳酸脱氧酶(LDH)主要存在于心、肾、肝和肌肉组织中,当这些组织遭损害时,会导致 LDH 含量升高,LDH 含量升高与心肌梗死、肾损伤、肝炎和肌肉疾病有关。

肌酸激酶(CK)同工酶主要分布在心肌中,病毒性心肌炎、皮肌炎、肌肉损伤、肌营养不良、心包炎、脑血管意外、心脏手术等都可能使 CK 含量升高。它与天冬氨酸转氨酶、LDH 的测定结合进行,有助于急性心肌梗死的诊断和鉴别。

尿酸氧化酶用于测定血清和尿中的尿酸,有助于检查肾病、痛风症等疾病。

转氨酶是体内氨基酸代谢过程中必不可少的。重要的转氨酶有两种,即丙氨酸转氨酶

（ALT）和天冬氨酸转氨酶（AST），主要存在于肝脏、心脏和骨骼肌中。ALT 首先进入血中，当肝细胞严重损伤、危及线粒体时，AST 也会进入血中。因此，血清转氨酶活性是检查肝功能的重要指标。

5. 应用于食品加工

应用于食品加工的酶制剂是从生物体中提取，用于加速食品加工过程和提高食品质量的制剂。在我国已批准用于食品工业的酶制剂有 α- 淀粉酶、糖化酶、葡萄糖异构酶、木瓜蛋白酶、果胶酶、β- 葡聚糖酶、葡萄糖氧化酶、α- 乙酰乳酸脱羧酶等，主要应用于果蔬加工、酿造、焙烤、肉禽加工等方面。

糖化酶又称葡萄糖淀粉酶，能使淀粉从非还原型末端水解 α-1，4 葡萄糖苷键产生葡萄糖，也能缓慢水解 α- 1，6 葡萄糖苷键生成葡萄糖，广泛应用于需要对淀粉进行酶水解的酿酒和味精等行业。

木瓜蛋白酶能将食物中的蛋白质部分水解为多肽和氨基酸，广泛应用于肉制品加工中的嫩化过程，可有效转化肉质汤料，生产高级、方便的调味肉制品。

葡萄糖异构酶可催化葡萄糖转变为果糖，果糖是葡萄糖的同分异构体，但它的甜度比葡萄糖高。葡萄糖经葡萄糖异构酶的作用一部分转化为果糖，所得的混合物称为果葡糖浆，甜度大大提高。果葡糖浆是应用广泛的甜味剂。

4.4.2.2　化学酶工程

化学酶工程也可称为初级酶工程（ primary enzyme engineering），指天然酶、化学修饰酶、固定化酶、人工酶的研究和应用。

1. 天然酶

工业用酶制剂多为通过微生物发酵获得的粗酶，价格低，应用方式简单，产品种类少，使用范围窄。例如，洗涤剂、皮革生产等用的蛋白酶；纸张制造、棉布退浆等用的淀粉酶；漆生产用的多酚氧化酶；乳制品生产用的凝乳酶；等等。天然酶的分离纯化随着层析技术、电泳技术的发展得到长足的发展，目前医药、科研用酶多数从生物材料中分离纯化得到。

2. 化学修饰酶

对酶分子进行化学修饰可以改善酶的性能，以满足医药应用和研究工作的要求。化学修饰的途径有两种，即对酶分子表面进行修饰和对酶分子内部进行修饰，主要方法如下。

1）化学修饰酶的功能基团

最经常修饰的氨基酸残基既可以是亲核的（ Ser、Cys、Thr、Lys、His），也可以是亲电的（ Tyr、Trp），或者是可氧化的（ Tyr、Trp、Met）。例如，通过脱氨基作用，酰化反应可修饰抗白血病药物天冬酰胺酶（ asparaginase）的游离氨基，使该酶在血浆中的稳定性提高若干倍。再如，将 α- 胰凝乳蛋白酶（ α-chymotrypsin）表面的氨基修饰成亲水性更强的—NHCH$_2$COOH，使酶抗不可逆热失活的稳定性在 60 ℃时提高 1 000 倍，在更高温度下稳定化效应更好。

2）交联反应

某些双功能试剂能使酶分子间或分子内发生交联反应。如人 α- 半乳糖苷酶 A（ α- ga-lactosidase A）经交联反应修饰后酶活性比天然酶稳定，对热变性与蛋白质水解酶的稳定性也明显增强。用戊二醛将胰蛋白酶和碱性磷酸酶（ basic phosphatase）交联成杂化酶，可作为部分代谢途径的有用模型测定复杂的生物结构。若将两种大小、电荷和生物功能不同的药用酶交联在一起,则有可能在体内将这两种酶同时输送到同一部位,从而提高药效。

　　3)大分子修饰作用

　　可溶性高分子化合物,如肝素(heparin)、葡聚糖(dextran)、聚乙二醇(polyethylene glycol)等可修饰酶蛋白的侧链,提高酶的稳定性,改变酶的一些重要性质。如 α-淀粉酶(α-amylase)与葡聚糖结合后热稳定性显著增强,在 65 ℃下结合酶的半寿期为 63 min,而天然酶的半寿期只有 2.5 min。再如用葡聚糖修饰 SOD,用聚乙二醇修饰天冬酰胺酶,用肝素、葡聚糖、聚乙二醇修饰尿激酶,修饰过的酶在血液中的半寿期无一例外地延长几倍、几十倍,抗原性消失,耐热性提高,并具有耐酸、耐碱和抗蛋白酶的作用。还有报道将聚乙二醇连到脂肪酶(lipase)、胰凝乳蛋白酶上,所得产物溶于有机溶剂,可在有机溶剂中有效地起催化作用。

3. 固定化酶

　　固定化酶(immobilized enzyme)是 20 世纪 60 年代发展起来的一种新技术。通常酶催化反应是在水溶液中进行的,而固定化酶是将水溶性酶用物理或化学方法处理,使之成为不溶于水但仍具有活性的酶。

　　酶的固定化方法大致分为物理法和化学法,物理法有吸附法和包埋法,化学法有共价偶联法和交联法。经过固定化的酶不仅仍具有高的催化效率和高度专一性,而且对酸碱和温度的稳定性提高,使用寿命延长;可简化工艺,反应后易与产物分离,减小了产物分离纯化的困难,提高了产量和质量。由于具有上述优点,固定化酶已成为酶的一种主要应用形式,据报道,已有 100 多种酶进行了固定化。

　　目前,固定化酶已经在工农业、医药、分析、亲和层析、能源开发、环保和理论研究等方面得到了广泛应用,取得了丰硕成果。例如,我国已用固定化氨基酰化酶拆分 D-氨基酸和L-氨基酸,用固定化葡萄糖异构酶生产高果糖玉米糖浆,用固定化酶法生产脂肪酸、半合成新青霉素,等等。自 20 世纪 60 年代以来,出于检测目的,制出了附有固定化酶的酶电极,其中应用的电极包括各种离子电极、氧电极和 CO_2 电极等。酶电极兼有酶的专一性、灵敏性和电位测定的简单性,目前已有 80 种固定化酶用于酶电极中。模拟生物体内的多酶体系,将完成某一组反应的多种酶和辅助因子固定化,可制作特定的生物反应器。近年来,以固定化微生物组成的生物反应器已获得工业应用。

4. 人工酶

　　在深入了解酶的结构、功能和催化作用机制的基础上,许多科学家模拟酶的生物催化功能,用化学半合成法或化学全合成法合成了人工酶(artificial enzyme)催化剂。根据合成方法,人工酶可分为半合成酶和全合成酶。

　　例如,将电子传递催化剂 $[Ru(NH_3)_3]^{3+}$ 与巨头鲸肌红蛋白结合,产生一种半合成的无机生物酶,这样可以把能与 O_2 结合但无催化功能的肌红蛋白转变成能氧化各种有机物(如抗坏血酸)的半合成酶。它的催化效率接近于天然的抗坏血酸氧化酶。

　　全合成酶不是蛋白质,它们通过引入酶的催化基团与控制空间构象,像天然酶那样专一性地催化化学反应。例如,利用环糊精成功地模拟了胰凝乳蛋白酶、RNase、转氨酶、碳酸酐酶等。实验表明,人工酶催化简单酯反应的速率与天然酶相近,但热稳定性与 pH 值稳定性大大优于天然酶,在 80 ℃下仍能保持活力,在 pH=2~13 的大范围内都是稳定的。1993 年曾报道人工合成了两种肽酶,每种仅含有 29 个氨基酸,但分别具有胰凝乳蛋白酶和胰蛋白酶的催化活性。人工酶的研究虽已取得一些成果,但是达到实际应用还有很长的距离。

过去十年已在酶设计和工程领域取得巨大进展,但酶设计要达到甚至超过更成熟的自上而下的生物催化剂开发方法所达到的实际效用水平,必须解决两个核心问题。首先,必须学习如何设计效率更接近自然系统的高活性酶。目前,即使对相对简单的转化也必须进行许多设计和实验测试,以识别表现出所需活性的设计,并且需要进行广泛的进化优化,以减小与天然酶的效率差距。可直接由一级序列准确预测蛋白质结构的深度学习算法的出现为设计这种定制支架提供了令人兴奋的新机会。除了预测蛋白质结构之外,机器学习已被用于在蛋白质功能的定向进化过程中更智能地导航序列空间,并从头开始生产满足界面约束的蛋白质。展望未来,将深度学习和基本生物物理相结合的混合设计策略将是一条富有成效的探索途径。无论采用何种特定设计方法,在可预见的未来,定向进化都可能继续在改进人工酶的催化位点方面发挥核心作用。其次,必须扩大人工酶适用的化学反应的范围,并为可大规模实施的有价值的化学过程开发催化剂。有机化学家和蛋白质设计者之间更广泛的合作特别有价值。通过工程化细胞翻译将新的功能氨基酸引入蛋白质中,可以大大扩大底物的范围,这些氨基酸可用于调节金属离子辅助因子的催化作用或用作小分子有机催化剂的基因编码替代物。未来,酶设计师和工程师将通过开发日益复杂的催化剂继续推动该领域的发展。

总之,尽管仍有相当大的挑战需要克服,但可以乐观地认为,完全可编程的人工酶在未来将成为现实。可以从头开始预测新的蛋白质序列,以提供具有所需功能的高效生物催化剂。只有利用计算化学、生物学、有机化学、酶学、结构生物学、蛋白质设计、定向进化等领域的专业知识,才能实现这一雄心勃勃的目标。

4.4.2.3　生物酶工程

生物酶工程是酶学和以 DNA 重组技术为主的现代分子生物学技术相结合的产物,因此亦可称为高级酶工程(advanced enzyme engineering)。其主要包括以下三个方面的内容。

1. 克隆酶

应用酶基因的克隆和表达技术,可能克隆出各种天然酶。在克隆酶的制备过程中,先在特定的酶结构基因前加上高效的启动基因序列和必要的调控序列,再将此片段克隆到一定的载体中,然后将带有特定酶基因的杂交表达载体转移到适当的受体细菌或酵母中,采用发酵的方法大量地生产所需要的酶。目前,在酶生产的基因工程研究中,已成功地实现淀粉酶基因的克隆,使产酶能力提高 3~5 倍,这是第一个获得美国食品药品监督管理局(FDA)批准的用基因工程菌生产的酶制剂。此外,青霉素酰胺酶基因和耐热菌亮氨酸合成酶基因已在 *E. coli* 中表达成功。

2. 突变酶

通过有控制地对天然酶基因进行剪切、修饰或使其突变,可改变酶的催化活性、底物专一性、最适 pH 值,改变含金属酶的氧化还原能力,改变酶的别构调节功能,改变酶对辅酶的要求,提高酶的稳定性。

3. 新酶

DNA 合成技术的迅速发展为酶的遗传设计开创了令人鼓舞的美好前景。只要有遗传设计蓝图,就能人工合成酶基因,并导入适当的微生物中表达,产生自然界不曾有的新酶。

　　酶工程作为现代生物工程的支柱,有着广阔的发展前景。不论是早期的化学酶工程还是近年来发展起来的生物酶工程,随着酶学、分子生物学基础理论的研究,化学工程技术和基因工程技术的不断发展和更新,酶工程必将发展成为一个更大的生物技术产业。

4.4.3　酶在环境治理中的应用

4.4.3.1　环境监测

　　环境监测是了解环境情况、掌握环境质量变化和进行环境保护的一个重要环节。酶在环境监测方面的应用越来越广泛,已经在农药污染的检测、重金属污染的检测、微生物污染的检测等方面取得重要成就。

1. 利用胆碱酯酶检测有机磷农药污染

　　最近几十年来,为了防治农作物的病虫害,大量使用各种农药。农药的大量使用对农作物产量的提高起到了一定的作用,然而由于农药,特别是有机磷农药的滥用,造成了严重的环境污染,破坏了生态环境。

　　为了检测农药污染,人们研究了多种方法,其中利用胆碱酯酶检测有机磷农药污染是一种具有良好前景的方法。胆碱酯酶可以催化胆碱酯水解生成胆碱和有机酸。有机磷农药是胆碱酯酶的一种抑制剂,可以通过检测胆碱酯酶的活性变化来判定是否受到有机磷农药的污染。20 世纪 50 年代,就有人通过检测鱼脑中乙酰胆碱酯酶活性受抑制的程度来检测水中存在的极低浓度的有机磷农药。现在可以通过固定胆碱酯酶的受抑制情况检测空气或水中微量的酶抑制剂(有机磷等),灵敏度可达 0.1 mg/L。

2. 利用乳酸脱氢酶的同工酶检测重金属污染

　　乳酸脱氢酶(lactate dehydrogenase,EC 1.1.1.27)有 5 种同工酶,它们具有不同的结构和特性。通过检测家鱼血清乳酸同工酶(SLDH)的活性变化,可以检测水中重金属污染的情况和危害程度。镉和铅的存在可以使 SLDH4 活性升高;汞污染能使 SLDH1 活性升高;铜的存在则会引起 SLDH4 活性降低。

3. 利用 β- 葡聚糖苷酸酶检测大肠杆菌污染

　　将 4- 甲基香豆素基 -β- 葡聚糖苷酸掺入选择性培养基,样品中如果有大肠杆菌存在,大肠杆菌中的 β- 葡聚糖苷酸酶就会将其水解,生成甲基香豆素。甲基香豆素在紫外光的照射下会发出荧光,由此可以检测水或者食品中是否有大肠杆菌。

4. 利用亚硝酸还原酶检测水中亚硝酸盐的浓度

　　亚硝酸还原酶是催化亚硝酸生成一氧化氮的氧化还原酶。利用固定化亚硝酸还原酶制成电极,可以检测水中亚硝酸盐的浓度。

4.4.3.2　污染治理

　　酶在污染治理方面的应用主要有废水处理、消除白色污染、石油和工业废油处理等。废水中的有毒物质的成分十分复杂,包括酚、氰化物、重金属、有机磷、有机汞、有机酸、醛、醇、蛋白质等。微生物通过自身的生命活动可以解除污水的毒害作用,从而使污水中的有毒物质转化为有益的无毒物质,使污水得到净化。当今用固定化酶和固定化细胞技术处理污水是生物净化污水的方法之一。

　　有的废水中含有淀粉、蛋白质、脂肪等有机物质,可以在有氧和无氧的条件下用微生物处理,也可以通过固定化淀粉酶、蛋白酶、脂肪酶等进行处理。冶金工业产生的含酚废水可以采用固定化酚氧化酶进行处理。含有硝酸盐、亚硝酸盐的地下水或废水可以采用固定化硝酸还原酶、亚硝酸还原酶、一氧化氮还原酶进行处理。

　　总之,酶在污水处理中具有以下优点:①能处理难以生物降解的化合物;②高浓度或低浓度污水都适用;③操作时的 pH 值、温度和盐度范围均很广;④不会因为生物质的聚集而减慢处理速度,处理过程的控制简单易行。

　　运用固定化酶和固定化细胞技术可以高效处理废水,在此方面国内外成功的例子很多。如德国将能降解对硫磷等 9 种农药的酶以共价结合法固定于多孔玻璃、多孔硅球上制成酶柱,用于处理对硫磷废水,去除率达 95% 以上。近几年我国在应用固定化细胞技术降解合成洗涤剂中的表面活性剂直链烷基苯磺酸钠方面取得较大进展,对含量为 100 mg/L 的废水,降解率和酶活性保存率均在 90% 以上。利用固定化酵母细胞降解含酚废水也已实际应用于废水处理。

　　目前应用于各个领域的高分子材料大多是生物不可降解或不可完全降解的材料。这些高分子材料使用后成为固体废弃物,对环境造成严重的影响。一方面可以利用酶在有机介质中的催化作用合成可生物降解材料来替代原有的难降解材料,如利用脂肪酶合成聚酯类物质、聚糖酯类物质,利用蛋白酶或脂肪酶合成多肽类或聚酰胺类物质等;另一方面可以广泛地分离筛选能够降解塑料和农膜的优势微生物,构建高效降解菌。除此之外,从部分昆虫幼虫的肠道微生物中分离出的菌株所产生的酶还可以降解聚乙烯薄膜。

　　每年由于各种原因排入海中的石油达 200 万 t,如不及时处理,不仅会造成鱼类大量死亡,而且石油中的有害物质也会通过食物链进入人体。人们用含有酶和其他成分的复合制剂处理海中的石油,可以将石油降解成适合微生物的营养成分,为浮在油表面的细菌提供优良的养料,使得分解石油的细菌迅速繁殖,以达到快速降解石油的目的。

　　脂酶生物技术应用于被污染环境的修复和废物处理是一个新兴的领域。石油开采和炼制过程中泄漏的油、脂加工过程中产生的含脂废物、餐饮业产生的废物,都可以用不同来源的脂酶进行有效的处理。酶法生产生物柴油日益受到人们的青睐,可以餐饮业废油脂和工业废油脂为原料,在变废为宝的同时降低生物柴油的生产成本。

　　生物柴油,即长链脂肪酸单酯是一种以动植物油脂为原料生产的可再生的绿色能源。它不但可以作为化石柴油的替代品,而且具有化石柴油无可比拟的优良特性。随着石油资源的日益枯竭和人们环保意识的不断增强,近年来生物柴油的生产已引起世界各国的广泛关注,成为新能源开发的一个热点。

　　目前生物柴油的工业生产均采用化学法,这种方法存在醇必须大大过量、能耗高、产物难于回收和废碱液污染环境等缺点,并且对原料要求高,导致生产成本过高(原料成本占总成本的 75% 左右)。能否利用廉价的原料生产生物柴油是生物柴油能否得到广泛应用的关键。酶法生产生物柴油具有反应条件温和、醇用量小、产物易分离和无污染物排放等优点,尤其是对原料要求低,可利用餐饮业废油脂和工业废油脂等原料,故可望降低生物柴油的生产成本。因此,酶法生产生物柴油日益受到人们的青睐。

4.4.3.3 能源开发

第二代生物燃料主要以秸秆、草和木材等农林废弃物为原料，比第一代生物燃料更加经济、环保，并且不占用耕地。但是如何分解秸秆、草和木材等植物原料细胞壁内的纤维素是其开发所面临的难题。研究人员通过对牛的消化机制的研究，找到了可用于生产生物燃料的酶。未来可以利用生物化学方法大量生产这种酶，并用这种酶大规模生产第二代生物燃料。目前已经有研究以酶为生物催化剂制备酶基生物燃料电池，通过电化学途径将生物质中的化学能直接转化为电能。酶生物燃料电池反应条件温和、原料廉价、生物相容性好，可望作为便携式电源、植入式在体电源为人造器官或可穿戴生物传感器提供能源。

4.4.3.4 环境友好材料开发

随着城市化和工业化的不断发展，高分子材料已经成为与钢铁、水泥和木材并重的四大支柱材料之一。虽然许多新材料的生产改善了人类的物质生活，但是与此同时也带来了大量的污染废弃物，加速了环境的恶化。因此可生物降解材料越来越引起人们的关注，并且将对人类的生存、健康与发展起重要作用。近些年来，可生物降解高分子材料的研发已成为高分子领域的热点之一。这种材料具有质量轻、化学稳定性好、价格低廉、可生物降解等优点，因此应用领域比较广泛，如建材业、农业和医学领域等。

真正的可生物降解高分子在有水存在的环境中能被酶或微生物促进水解降解，高分子主链断裂，分子质量逐渐变小，最终成为单体或代谢成 CO_2 和 H_2O。当前生物材料研究中的一个重要趋势是发展可降解聚合物新的应用，最广泛的应用是作为药物控制体系的载体材料和体内短期植入物。用可生物降解高分子作为载体的长效药物植入体内，在药物释放完之后也不需要再经手术将载体取出，这样可以减少用药者的痛苦和麻烦。因此，可生物降解高分子是抗癌，止痛，避孕，治疗青光眼、心脏病、高血压等长期服用药物的理想载体。

目前传统的开发可生物降解高分子材料的方法有天然高分子改造法、化学合成法、微生物发酵法等。传统的方法虽然各有特点，但是它们的缺点也是显而易见的。酶法合成可生物降解高分子材料兼有化学合成法和微生物发酵法的优点，它以酶代替化学催化剂，高效率、高选择性地催化某一化学反应，催化条件温和，克服了微生物发酵法代谢产物复杂、产物难分离的缺点。

酶法合成可生物降解高分子材料实际上得益于非水酶学的发展。酶在有机介质中表现出与在水溶液中不同的性质，并拥有催化一些特殊反应的能力，从而显现出许多在水相中所没有的特点。

小结

酶是生物催化剂。酶是由活细胞产生的具有高度催化效能的一类生物大分子，所以又称为生物催化剂。迄今为止，除具有催化活性的 RNA 外，酶的化学本质是蛋白质，所以酶具有蛋白质的一切典型性质。酶催化的生物化学反应称为酶促反应。在酶促反应中，被酶催化的物质称为底物；经酶催化所产生的物质称为产物。酶所具有的催化能力称为酶活力或酶活性,如果酶丧失催化能力称为酶失活。酶与非生物催化剂相比有以下几个特点:酶催化具有高效性,酶催化具有高度专一性,酶催化的反应条件温和,酶活性可调控。

酶具有活性中心。酶的特殊催化能力只局限在酶分子的一定区域,也就是说只有少数特异的氨基酸残基参与底物结合和催化作用。这些特异的氨基酸残基比较集中的区域,即与酶活力直接相关的区域称为酶的活性部位或活性中心。活性中心在酶分子上只占相当小的部分,通常只占整个酶分子体积的 1%~2%。酶的活性中心是一个三维实体。酶的活性中心并不是和底物正好形状互补的,而是在酶和底物结合的过程中,底物分子或酶分子甚至两者的构象同时发生了一定的变化才互补的。酶的活性中心位于酶分子表面的一个裂缝内。底物通过次级键较弱的力结合到酶上。酶的活性中心具有柔性或可运动性。

酶的辅助因子包括辅酶、辅基和金属离子。辅酶专指那些与酶蛋白的结合比较疏松,可以用透析或超滤的方法除去的有机小分子;辅基专指那些与脱辅酶结合紧密,使用透析或超滤的方法难以去除的有机小分子。金属离子是最常见的辅助因子,约 2/3 的酶含有金属离子。

维生素都是小分子有机化合物,根据溶解性分为水溶性和脂溶性两大类。水溶性维生素包括维生素 B 族、硫辛酸和维生素 C。属于 B 族的主要维生素有维生素 B_1、B_2、PP、B_6、B_{12},泛酸,生物素,叶酸等。脂溶性维生素包括维生素 A、D、E、K 等,它们不溶于水,但溶于脂肪和脂溶剂(如苯、乙醚、氯仿等),故称为脂溶性维生素。水溶性维生素与辅助因子同样在生物体内发挥着重要的作用。

根据酶所催化反应的类型把酶分为相应的六大类,即氧化还原酶类、转移酶类、水解酶类、裂合酶类、异构酶类和连接酶类。氧化还原酶类是一类催化氧化还原反应的酶,可以分为氧化酶和脱氢酶两类。转移酶类催化化合物某些基团的转移反应,即将一种分子上的某一基团转移到另一种分子上的反应。水解酶类催化底物的加水分解反应。水解酶类大都属于细胞外酶,在生物体内分布最广,数量也多。裂合酶类催化从底物中移去一个基团而形成双键的反应或其逆反应。异构酶类催化各种同分异构体之间的相互转变,即分子内部基团的重新排列。连接酶类也称合成酶类,催化有腺苷三磷酸参与的合成反应,即由两种物质合成一种新物质的反应。

米氏常数 K_m 具有重要的意义。它是酶的一个特性常数。K_m 值的大小只与酶的性质有关,而与酶的浓度无关。K_m 值随底物、温度、pH 值和离子强度而改变。有的酶可作用于几种底物,因此有几个 K_m 值,其中 K_m 值最小的底物称为该酶的最适底物,也就是天然底物。若已知某个酶的 K_m,就可以根据已知的底物浓度求出该条件下的反应速率。K_m 可以帮助推断某一代谢反应的方向和途径。可以根据 K_m 寻找代谢途径的限速步骤。K_m 可以帮助判断抑制类型。

酶促反应受酶浓度、温度、pH 值的影响。在酶促反应中,酶首先要与底物形成中间复合物,如果底物浓度足够大,足以使酶饱和,反应达到最大速率,这时增大酶浓度可增大反应速率,反应速率与酶浓度成正比。温度对酶促反应速率的影响表现在两个方面。一方面是在较低的温度范围内,随着温度的升高,反应速率增大。反应温度每升高 10 ℃,对大多数酶促反应来讲反应速率为原反应速率的 2 倍。另一方面是超过一定温度后,由于酶是蛋白质,随着温度升高,酶蛋白逐渐变性而失活,引起酶促反应速率减小。因此只有在某一温度下,反应速率才能达到最大值,这个温度通常称为酶促反应的最适温度。酶活力受环境 pH 值的影响。在一定的 pH 值下,酶表现出最大活力,高于或低于此 pH 值,酶活力降低,通常表现出酶的最大活力的 pH 值称为该酶的最适 pH 值。

酶促反应还受激活剂与抑制剂的影响。 凡是能提高酶活性的物质都称为激活剂,其中大部分是无机离子和简单的有机分子。酶是蛋白质,凡能使酶蛋白变性而引起酶活力丧失的作用称为失活作用;由于酶的必需基团化学性质的改变而引起酶活力降低或丧失,但酶未变性的作用称为抑制作用,具有抑制作用的物质称为抑制剂。抑制作用可分为不可逆的抑制作用和可逆的抑制作用两大类。抑制剂与酶的必需基团以共价键结合而引起酶活力丧失,不能用透析、超滤等物理方法除去抑制剂而使酶复活,称为不可逆抑制。抑制剂与酶以非共价键结合而引起酶活力降低或丧失,能用透析、超滤等物理方法除去抑制剂而使酶复活,这种抑制作用是可逆的,称为可逆抑制。

有些酶的存在形式比较特殊。 如消化系统中的各种蛋白酶以无活性的前体形式合成和分泌,然后被输送到特定的部位,当功能需要时,经特异性蛋白酶的作用转变为有活性的酶而发挥作用。此外还有执行防御功能的酶。这些不具催化活性的酶的前体称为酶原。

细胞可通过调节酶的活性、控制酶蛋白的合成量等来调节自身的代谢活动。 调节酶都是多亚基蛋白质,但活性调节方式各异。别构酶也称为变构酶。别构酶的活性部位负责对底物的结合与催化;调节部位可结合调节物,负责调节酶促反应的速度。调节物是能与别构酶结合并调节其活性的物质,也称为别构效应物或别构调节剂。与酶结合使酶的活性升高者,称为正效应物或别构激活剂;相反,使酶的活性降低者,称为负效应物或别构抑制剂。共价修饰调节是酶活性调节的另一种重要方式。可逆共价修饰的方式包括可逆磷酸化、可逆腺苷酰化、尿苷酰化、甲基化、腺苷二磷酸核糖基化等。

酶的开发与利用是现代生物技术的重要内容。 酶工程主要研究酶的生产、纯化、固定化技术,酶分子结构的修饰和改造及其在工农业、医药卫生和理论研究等方面的应用。根据研究和解决问题的手段,将酶工程分为化学酶工程和生物酶工程。化学酶工程通过对酶的化学修饰或固定化处理改善酶的性质,以提高酶的效率和降低成本,或通过化学合成法制造人工酶;生物酶工程用基因重组技术生产酶,对酶基因进行修饰或设计新基因,从而生产性能稳定、具有新的生物活性、催化效率更高的酶。因此,酶工程可以说是把酶学基本原理与化学工程技术、基因重组技术有机结合而形成的新型应用技术。

（本章编写人员:刘宪华 谷春博 周宇 李赟雪）

第5章　生物能学与能量转化

　　能量转化在生物界是普遍存在的现象。例如,植物通过光合作用将光能转化为化学能,储存在所形成的淀粉等糖类中,人通过膳食将淀粉等糖类物质摄入体内,并通过体内的一系列化学反应(生化反应)释放出能量,以维持人的生理活动。糖类在人体内发生的氧化还原反应与体外的燃烧本质相同,最终产物一样(都是二氧化碳和水),所放出的能量也相等,但是二者的反应条件和进行方式并不相同。生物氧化是在体温条件和酶的催化下,经一系列连续的化学反应逐步进行的,能量的转化率和利用率都很高。而糖类在体外的燃烧通常在高温下才能发生,当反应剧烈进行时,常伴随着发光和发热,能量很难得到理想的转化和充分的利用。因此,有关生物体如何进行能量转化和利用的研究,历来是一个极具吸引力又极其艰巨的课题。

　　生物体内的能量转化装置的一个例子是 ATP 合成酶,它在细胞内催化能源物质 ATP 的合成。在呼吸或光合作用过程中,通过电子传递链释放的能量先转化为跨膜质子梯度,之后质子流顺质子梯度在 ATP 合成酶的作用下以 ADP 和磷酸分子为底物合成 ATP(图 5-1)。ATP 合成酶广泛分布于线粒体内膜、叶绿体类囊体、异养菌和光合菌的细胞膜上,参与氧化磷酸化和光合磷酸化。ATP 合成酶是一种结构非常微妙的生物分子马达,由多达 17 个蛋白质亚基组成,它的"转子"结构能够在质子流的推动下每分钟旋转 100 次,通过调节催化位点的构象变化催化 ATP 的合成。ATP 合成酶等生物分子马达结构与机制的发现一方面使人们对生命的复杂有序有了新的认识,另一方面也启示和激发科学家去建造能与自然相媲美的纳米机器。

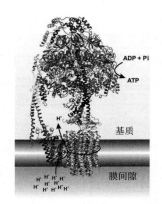

图 5-1　生物分子马达——ATP 合成酶

5.1　生物能学

　　自然界中的所有运动都伴随着能量的变化,生命过程也不例外。生物体生活在一定的环境中,必须不断地从外界获取能量,以维持生命,进行必要的生命过程(吸收能量),并将从外界吸收的能量转化为适合在体内储存的形式（储存能量）。在适当的条件下，被吸收的能量在体内转移到需要能量的部位启动反应，这个过程就是能量的转移。生物能学是生物化学的一个重要领域，它研究生命系统的能量流动和能量的形式转变、数量变化。生物能学涉及在生物有机体中发现的分子化学键形成和断裂所释放和需要的能量。这是一个活跃的生物学研究领域，研究范围包括数千种不同的细胞过程，如细胞呼吸等生产和利用 ATP 的代谢和酶促过程。生物能学的目标是描述生物体如何获取和转化能量以进行生命过程。因此，代谢途径的研究对生物能学至关重要。

生命依赖于能量转化。由于活组织/细胞与外部环境之间的能量交换，生物体得以生存。一些自养生物可以从阳光中获取能量（通过光合作用），而无须消耗营养。异养生物则必须从食物中摄取营养，才能通过在糖酵解和柠檬酸循环等代谢过程中分解营养中的化学键来获取能量。重要的是，自养生物和异养生物参与了一个普遍的代谢网络——通过食用自养生物（植物），异养生物得以利用其在光合作用过程中最初转化的能量。

5.1.1　热力学的基本概念

像普通的化学反应一样，生物化学反应也遵循热力学定律。热力学是从能量转化的角度来研究物质的热属性。它提出了能量从一种形式转化为另一种形式时遵循的宏观规律，并对物质的宏观现象进行总结，从而得到热力学理论。热力学并不关注由大量微观粒子组成的物质的微观结构，而只关注整个系统的热现象以及其发展必须遵循的基本规律。

5.1.1.1　热力学定律

热力学系统的能量由三部分组成，系统整体运动的动能、系统在外力场中的势能和系统的热力学能。由于能量较小，一般不考虑系统整体运动的动能和系统在外力场中的势能，热力学系统的能量通常仅指热力学能。

能量守恒定律应用于热力学即为热力学第一定律，即物体内能的增加等于物体吸收的热量和对物体所做的功的总和，表达式为

$$\Delta U = Q - W$$

内能（U）是体系中质点能量的总和，是热力学状态函数。这些能量储藏在体系内部，所以称为内能。内能不仅包括分子的化学键能和相互间的作用力，还包括其他形式的能量。内能的改变量只取决于初始状态和最终状态，而与变化的途径无关。

内能变化不易直接测量，于是人们希望把它转化为容易测量的热量变化。大多数化学反应包括代谢反应是在恒压下进行的，另外在反应过程中只做膨胀功而不做其他功，则热力学第一定律可以写成

$$\Delta U = Q_p - p\Delta V$$

可以将上式转化为 $Q_p = \Delta U + p\Delta V$，即在恒压过程中，体系所吸收的热量一部分转化为体系的内能（ΔU），另一部分转化为膨胀功（$p\Delta V$）。

这里引入另一个热力学状态函数焓（H）。焓是体系内质点间的相互作用和质点自身的内能（$H = pV + U$）。所以在恒压过程中，反应的 $\Delta H = Q_p$。在大多数生物化学反应中，体系的体积变化很小，因此膨胀功可以忽略不计。因此在恒压条件下，$\Delta H = \Delta U = Q_p$。这样就

把难测的内能变化转化为较易测量的热量变化了。例如,动物体内普遍存在的葡萄糖氧化过程与葡萄糖的体外氧化(燃烧)过程内能的改变量是相等的,可以通过弹式量热器测定燃料热。

热力学第一定律解决了能量守恒和转化问题,阐明了转化过程中各种能量的当量关系,但无法判断变化的方向和变化的程度,回答这两个问题的是热力学第二定律。

对热力学第二定律,克劳修斯表述为:"不可能把热量从低温物体传向高温物体而不引起其他变化。"开尔文表述为:"不可能制成一种循环动作的热机,从单一热源取热,使之完全变为功而不引起其他变化。"这两种表述虽然形式不同,但阐明的规律是一致的。

为了更好地描述热力学第二定律,引入另一个热力学状态函数熵(S)。熵是反映体系中质点运行混乱程度的物理量。自然界孤立体系中的一切变化都是自发地向混乱度增加的方向进行,即 $\Delta S > 0$,当体系达到平衡时,$\Delta S = 0$。因此,根据熵的变化可以判断一个反应能否自发进行。

热力学第二定律可以用数学式表达为 $\Delta S \geqslant Q/T$,这个式子可以进一步转化为 $Q - T\Delta S \leqslant 0$。在恒温恒压条件下,$\Delta H = Q_p$,所以热力学第二定律 $\Delta S \geqslant Q/T$ 可以写为 $\Delta H - T\Delta S \leqslant 0$。

引入另一个热力学状态函数吉布斯自由能(G),$\Delta G = \Delta H - T\Delta S$。根据热力学第二定律,$\Delta G \leqslant 0$ 时反应能够自发进行。自由能在研究生物化学过程方面具有重要意义。生物体用于做功的能量正是体内化学反应释放的自由能,生物氧化释放的能量正是为有机体所利用的自由能。

5.1.1.2　反应和能量变化

有些反应能进行,并且在本质上是不可逆的,而有些反应会在反应物和产物之间形成平衡,并且可以正向或反向移动。为什么反应的程度有所不同? 在探讨复杂的化学反应之前,了解一个简单的物理反应可能会有所帮助。

山顶的球会自发地滚下山。除非给球大量能量,否则没有人见过球自发地滚上山。这个物理反应似乎是不可逆的,因为球在山脚的势能比在山顶的势能低。势能的差距与这个反应的程度和自发性有关。正如我们之前所观察到的,自然倾向于进入较低的能量状态。以此类推,可以将化学反应的驱动力视为反应物和产物之间的自由能差 ΔG。ΔG 决定了反应的程度和自发性。

1. 可逆/不可逆反应、反应程度、反应平衡

考虑下面假设的可逆反应,其中 A 和 B 是反应物,P 和 Q 是产物:

$$A + B \leftrightarrow P + Q$$

想象一下从反应物 A 和 B 开始的情况,每个反应物的浓度为 1 M,没有产物 P 和 Q。为方便起见,假设溶液的体积为 1 L,所以从 A 和 B 各 1 mol 开始。在时间 $t=0$ 时,产物的浓度为 0 M。随着时间的推移,A 和 B 的浓度随着产物 P 和 Q 的浓度增大而减小。在某个时间,剩余反应物和产物的浓度不会发生进一步的变化。此时反应处于平衡状态,表示系统没有发生净变化。

根据反应可逆的程度,反应物和产物的浓度随时间的变化有 4 种不同的情况。

情况 1:可逆反应,正向和逆向反应倾向相同。在这种类型的反应中,随着 [A] 和 [B] 减小,[P] 和 [Q] 增大,这增加了 P、Q 碰撞和重整反应物的机会。由于 P 和 Q 可以以相反的方向同等地反应形成反应物 A 和 B,因此平衡时 [A]+[B] 等于 [P]+[Q]。这种类型的反应在自然界中很少见,更典型的是在反应物和产物的方向上建立不平衡的平衡,而不是产生 1∶1 的混合物。

情况 2:有利于逆向反应的可逆反应。在这种情况下, [A] 和 [B] 随着时间的推移而增大,而 [P] 和 [Q] 减小,当建立平衡时, [A]+[B] 比 [P]+[Q] 大。这种有利于反应物的反应的一个例子是乙酸与水的反应。在水溶液中,大部分乙酸以质子化形式存在。

情况 3:有利于正向反应的可逆反应。在这种情况下, [A] 和 [B] 随着时间的推移而减小,而 [P] 和 [Q] 增大。当建立平衡时,[A]+[B] 小于 [P]+[Q]。

情况 4:不可逆反应,逆向反应可以忽略不计。理论上,所有反应物都转化为产物,平衡时 [A] 和 [B] 等于 0,产物的浓度为 1 M。实际上,当反应达到平衡时,反应物 A 的浓度非常接近于零,超过 99% 的反应物转化为产物。不可逆反应的例子有强酸与碱的反应、燃烧反应,如碳水化合物、碳氢化合物燃烧生成 CO_2 和 H_2O。

如果没有丰富的经验,很难确定反应是否可逆,有利于生成反应物还是产物(明显的不可逆反应除外)。然而这些数据可以在平衡常数表中查到。平衡常数 K_{eq} 是常数,与反应物和产物的浓度无关。$K_{eq}>1$ 表示对产物更有利;$K_{eq}<1$ 表示对反应物更有利;当 $K_{eq}=1$ 时,对反应物和产物同样有利。对更一般的反应

$$aA + bB \leftrightarrow cP + dQ$$

其中 a、b、c 和 d 是化学计量系数,

$$K_{eq} = \frac{[P]^c [Q]^d}{[A]^a [B]^b}$$

其中所有浓度均为平衡浓度。(注意:平衡常数只有在给定的温度、压强和溶剂条件下才是真正恒定的)

对不可逆反应,如 0.1 M HCl 溶液在水中的反应,平衡时 [HCl] 接近于零,因此无法轻易地测量 K_{eq}。然而如果假设逆向反应几乎无法察觉,$[HCl]_{eq}$ 将非常非常小,如 10^{-10} M。因此,$K_{eq} \gg 1$。

总之,反应的程度从完全不可逆(仅对产物有利)到仅对反应物有利不等。吉布斯自由能的变化(ΔG)控制着反应的程度。有两对因素影响着 ΔG:一对是浓度和产物、反应物的固有反应性(反映在 K_{eq} 中);另一对是焓变和熵变。

2. 内在稳定性(K_{eq})和浓度对 ΔG 的贡献

考虑盐酸、乙酸与水的反应:

$$HCl(aq)+H_2O(l) \rightarrow H_3O^+(aq)+Cl^-(aq)$$

$$CH_3CO_2H(aq)+H_2O(l) \rightarrow H_3O^+(aq)+CH_3CO_2^-(aq)$$

在 $t=0$ 时,将每种酸以 0.1 M 的浓度加入水中。当达到平衡时,溶液中基本上没有 HCl,而 99% 的乙酸仍然存在。原因是盐酸是比水合质子强得多的酸,而水合质子是比乙酸强得多的酸。盐酸在本质上结构更不稳定,能量更高,因此比它形成的酸(水合质子)更具反应性。 同样,水合质子与乙酸相比在本质上更不稳定,能量更高,因此更具反应性。这与

浓度无关,因为盐酸和乙酸的初始浓度相等。这一结果反映在这些酸的 K_{eq}(HCl $\gg$ 1,乙酸 $\ll$ 1)中。反应物相对于产物的内在稳定性差异(与浓度无关)是导致 ΔG 的一个因素。

另一个因素是浓度。0.25 M 的乙酸溶液不导电,这意味着溶液中几乎没有水合质子和乙酸根离子。但是如果添加更多乙酸,则显现出导电性。添加更多反应物会推动反应形成更多的产物,但如果仅考虑反应物和产物的内在稳定性,则对逆向反应是有利的。在添加更多乙酸之前,系统处于平衡状态。添加乙酸会扰乱平衡,从而推动反应形成额外的产物。这是符合 1888 年法国化学家 Le Chatelier 提出的化学平衡移动原理的一个例子。该原理指出,如果平衡的反应受到扰动,反应将朝着减轻扰动的方向进行。因此,如果产物被选择性地去除(通过蒸馏、结晶或进一步反应生成另一种物质),则反应转移以形成更多产物。如果去除反应物(如上),则反应转移以形成更多反应物。如果对放热反应加热,则反应会转移形成更多反应物来消除多余的热量。

5.1.2　化学反应中自由能的变化

对反应

$$aA + bB \leftrightarrow cP + dQ$$

总的 ΔG 可以表示为体现内在稳定性和浓度影响的两个分量的和:

$$\Delta G = \Delta G_{内在稳定性} + \Delta G_{浓度}$$
$$\Delta G = \Delta G^{\ominus} + RT\ln K$$

$\Delta G^{\ominus}$ 反映了反应物和产物的内在稳定性的贡献,$RT\ln K$ 反映了反应物和产物的浓度的贡献。K 是反应商,对上述反应:

$$K = \frac{[P]^c [Q]^d}{[A]^a [B]^b}$$

因此

$$\Delta G = \Delta G^{\ominus} + RT\ln \frac{[P]^c [Q]^d}{[A]^a [B]^b}$$

对有利于产物的化学反应,$\Delta G < 0$。系统不处于平衡状态,反应将朝着产物的方向进行。随着反应的进行,产物逐渐增多,反应物生成产物的驱动力越来越小,因此 ΔG 的绝对值逐渐减小,直到 $\Delta G = 0$ 并且反应处于平衡状态。$\Delta G > 0$ 的反应同样不处于平衡状态,它将朝着适当的方向进行,直到达到平衡。

下面看两种特殊的情况。一种是反应达到平衡状态时。这时 $\Delta G = 0$,并且 $K = K_{eq}$。代入方程,得到

$$\Delta G^{\ominus} = -RT\ln K_{eq}$$

这表明 $\Delta G^{\ominus}$ 与浓度无关,因为 K_{eq} 与浓度无关。

另外一种是所有反应物和产物的浓度都为 1 M 时。将浓度值代入方程,得到 $\Delta G = \Delta G^{\ominus}$。因此,标准条件定义为 25 ℃、1 atm、参加反应的物质浓度都是 1 M。在这个条件下测得的自由能变化称为标准自由能变化,用符号 $\Delta G^{\ominus}$ 表示。但是对生物化学反应,如果一种反应物或产物是水合质子 H_3O^+,则使用 $[H_3O^+]$=1 M(这时 pH 值为 0)的标准条件计算反应的

$\Delta G^{\ominus}$几乎没有生物学意义。对生物化学反应,标准条件指 pH 值为 7.0(即 $[H_3O^+]=10^{-7}$ M) 时的标准条件,这时测得的自由能变化以符号 $\Delta G^{\ominus'}$ 表示。

通过以上分析我们知道,ΔG 可用于任意恒温恒压条件下化学反应方向性的判断。由于标准条件是任意条件的一种特殊形式,所以 $\Delta G^{\ominus}$ 也是 ΔG 中的一种,但只能用于判断标准条件下化学反应的方向性。

5.1.3　高能化合物的作用

5.1.3.1　高能磷酸化合物的磷酰基水解时释放出大量自由能

一般将 $\Delta G^{\ominus}$ 大于 21 kJ/mol 的磷酸化合物称为高能磷酸化合物。高能化合物的常见类型包括磷氧键型、氮磷键型、硫酯键型、甲硫键型等。其中磷氧键型包括酰基磷基化合物（如 1, 3- 二磷酸 - 甘油酸）、焦磷酸化合物（如焦磷酸）、磷酸烯醇式化合物（如磷酸烯醇式丙酮酸）。氮磷键型如磷酸肌酸和磷酸精氨酸,硫酯键型如乙酰辅酶 A,甲硫键型如 S- 腺苷甲硫氨酸。这些化学键有时被称为高能键,但这个名称并不准确,因为水解释放的能量很高,但不是键的能量。有人说 ATP(以及上面指出的其他化合物)是一种富含能量的化合物,实际上葡萄糖和脂肪酸等分子完全氧化后可以释放出更多能量(1 mol 葡萄糖分子完全氧化可以产生 2 840 kJ,而 ATP 转化为 ADP+Pi 仅产生 30.5 kJ)。

5.1.3.2　ATP 在能量代谢中的特殊作用

在活的有机体中,化学键被破坏,从而进行能量交换和转化。当弱键断裂并形成更强的键时,能量可用于做功(如机械功)或其他过程(如生长中的化学合成和合成代谢过程)。活细胞必须进行一些吸能反应,不仅包括合成代谢反应(如多糖、蛋白质、核酸等大分子的生物合成),而且包括运输、传递、做机械功、实现神经系统功能、分解代谢反应,特别是底物在被降解之前必须被激活(如脂肪酸的激活、糖的磷酸化)。由于能量耦合,所需的能量由放能反应提供。能量耦合是生物的重要特征之一。

一方面,这意味着提供能量的放能反应的负 ΔG 的绝对值必须大于与之耦合的吸能反应的正 ΔG。另一方面,两个耦合反应必须有一个共同的中间体。对细胞来说,具有单一的共同中间体是极其有利的,该化合物在所有的放能反应中形成并且可用于所有的吸能反应。这样的化合物就是 ATP。

ATP 水解时由于电子分布的重排和所形成产物的更强稳定性伴随着可利用能量的强烈释放。释放的能量(ΔG)取决于 pH 值、Mg^{2+} 和 ADP 的浓度等。在标准条件下 ATP 水解反应的自由能 $\Delta G^{\ominus}$ 为 -30.5 kJ/mol。ATP 被称为生物体内的能量货币,即能量传递的中介,这是因为 ATP 是一种化学性质极其活泼的物质,很容易和周围的物质发生反应。也就是说,ATP 与 ADP 互相切换的反应非常容易发生,这就意味着通过 ATP 储能、放能是一个极其便捷、高效的能量使用方案。与葡萄糖等分子完全氧化相比,ATP 分子水解释放的能量少得多,但 ATP 的优势在于它可以直接参与能量转移反应。因此,正确的说法应该是 ATP 具有高能量势或高磷酸基转移势,这解释了它的末端磷酸基很容易转移到另一种化合物(如葡萄糖)上,这要归功于 ATP 水解(放能反应)释放的能量可立即用于葡萄糖的磷酸化(吸能反应)。在某些反应中, ATP 水解释放的能量可用于将一个磷酸基、两个磷酸基或腺苷酸

（AMP）转移到受体分子上,从而使它们在能量上更具反应性。此外,某些化合物富含能量的磷酸基可用于合成 ATP,这些化合物释放的能量超过了连接 ATP 的末端磷酸基所需的能量。

　　尽管生物细胞中有几种富含能量的化合物,但 ATP 是最常用的生化反应能量来源。ATP 是一种比较大的分子,不能大量储存在细胞中,尤其是细菌的小细胞。因此,它不断地被合成和消耗。细胞通常将能量储存在较小的分子(如葡萄糖)中,这些分子被分解时化学键断裂释放的能量用于产生 ATP。ATP 可以如下方式在细胞中形成:向 ADP 添加一个磷酸基,同时释放一个水分子,该过程称为磷酸化。ATP 生成的三种方法是底物水平磷酸化、氧化磷酸化和光合磷酸化。生物体的 ATP 被用作电池将能量储存在细胞中,为生物体的生物过程提供动力。

5.2　生物氧化

5.2.1　生物氧化概述

5.2.1.1　生物氧化的概念和研究历史

　　活细胞内一切代谢有机物(蛋白质、糖、脂肪等)的氧化过程称为生物氧化。对好氧生物,生物氧化是有机物在生物体内通过氧化分解作用产生 CO_2 和 H_2O、释放大量能量的过程,此过程耗氧且产生 CO_2,在活细胞内进行,故又称为细胞呼吸。生物氧化的主要功能是为生物体提供可用的能量。

　　18 世纪,科学家们首次提出了复杂化学反应发生在每个生物体内的理论。法国化学家拉瓦锡(Lavoisier)研究了这个问题,他注意到燃烧和生物氧化过程相似。科学家们追踪了氧气在呼吸过程中被生物体吸收的路径,并得出结论,生物体内发生了类似于燃烧过程的氧化过程,但速度较慢。当时科学家们仍不清楚该过程的几个方面:为什么氧化发生在低温下,不像类似的燃烧过程;为什么氧化反应不伴有火焰和大量释放自由能;生物体内的水含量约为 80%,营养物质如何在生物体内"燃烧"。科学家们花了很多年的时间来回答这些问题和许多其他问题,并澄清了什么是生物氧化。该领域的主要进展包括生物氧化在活细胞内的定位、生物氧化与其他代谢过程的关系、酶促氧化还原反应机制的阐明、细胞如何储存和转化能量的发现。

　　最早的生物是厌氧菌和异养菌,它们可能存在于不含氧气的原始大气中,通过类似于糖酵解的过程向细胞提供能量。一些现代微生物中已知的氧化机制当时可能已经存在,通过该机制,还原当量沿着呼吸链转移到硝酸盐或硫酸盐中。与大气中氧气的出现有关的一个重要进化步骤是原始单细胞生物中光合作用的发展。具有高氧化还原电位的氧气成为呼吸链中电子的最终受体。这是随着细胞色素氧化酶的出现而发生的,该酶可以还原氧气,并导致现代类型的生化呼吸。所有需氧生物(其细胞含有线粒体)的能量供应都基于这种呼吸,而且细胞保留了糖酵解的酶系统。在糖酵解过程中形成的丙酮酸随后在三羧酸循环中被氧化,进而为呼吸链提供电子。因此,能量代谢的演变显然是沿着一条涉及使用和阐述已经存在的能量供应机制的路径进行的。有人提出叶绿体和线粒体是从原始共生微生物发展而来的,因为现代生物中用于糖酵解、呼吸和光合作用的酶系统分别完整地存在于细胞质、线粒体和叶绿体中。另一条证据表明,线粒体和叶绿体中能量转化的机制与微生物之间存在惊人的相似性。

在不同的条件下,可以发生两种类型的生物氧化。许多真菌和微生物通过厌氧方式转化养分来获得能量。厌氧生物氧化是在没有任何形式的氧气参与该过程的情况下发生的反应。在空气无法进入的环境——黏土、地下、泥土、沼泽和腐烂的物质中,生物体使用这种接收能量的方法。厌氧生物氧化称为糖酵解。将营养物质转化为能量的第二种更复杂的方法是厌氧生物氧化或组织呼吸。该反应发生在所有在呼吸过程使用氧气的需氧生物中。生物氧化涉及以下过程。①糖酵解。糖酵解是单糖的无氧分解,它先于细胞呼吸过程,并伴随着能量的释放。这个阶段是每个异养生物的初始阶段。糖酵解后,发酵过程在厌氧菌中开始。②丙酮酸的氧化。该过程涉及将从糖酵解过程中获得的丙酮酸转化为乙酰辅酶。该反应在丙酮酸脱氢酶的酶复合物的帮助下发生,定位于线粒体嵴。③β-脂肪酸的分解。该反应与线粒体嵴中丙酮酸的氧化同时进行,目标是将所有脂肪酸转化为乙酰辅酶,并将它们输送到三羧酸循环中。④三羧酸循环。首先乙酰辅酶转化为柠檬酸,然后进行后续转化:脱水、脱羧和再生。所有过程重复几次。⑤氧化磷酸化。这个阶段是真核化合物在生物体中转化的最后阶段。在此过程中生成 ATP。合成 ATP 所需的能量由前面阶段形成的脱氢酶辅酶分子的氧化过程提供,然后能量储存在 ATP 中。

细胞中的生物氧化与还原当量(氢原子或电子)从供体到受体的转移有关。在好氧生物中,包括大多数动植物和许多微生物,氧气是还原当量的最终受体,还原当量由有机或无机化合物提供。在呼吸过程中,碳水化合物、脂肪和蛋白质在多阶段过程中被氧化,导致代谢链的主要还原当量物——黄素、烟酰胺腺嘌呤二核苷酸(NAD)、烟酰胺腺嘌呤二核苷酸磷酸(NADP)的主要供体被还原。这些供体化合物在三羧酸循环中几乎完全被还原,完成了碳水化合物、脂肪和氨基酸氧化裂解的主要代谢途径(对于碳水化合物,该途径始于糖酵解)。辅酶黄素腺嘌呤二核苷酸(FAD)和 NAD 在脂肪酸氧化中被还原;NAD 在谷氨酸氧化脱氨基作用中被还原;NADP 则在磷酸戊糖循环途径中被还原。

5.2.1.2　生物氧化的方式

生物氧化在一系列氧化还原酶的催化下分步进行,每一步都由特定的酶催化。生物氧化的方式主要包括脱电子反应、脱氢反应和加氧反应。

1. 脱电子反应

脱电子反应即底物脱去部分电子完成氧化。例如,细胞色素类物质氧化时,其辅基血红素含有的 Fe^{2+} 脱电子氧化生成 Fe^{3+}。

2. 脱氢反应

脱氢反应指底物通过脱去氢原子而被氧化,包括直接脱氢和加水脱氢两种。直接脱氢即底物直接脱去一对氢而被氧化,如琥珀酸脱去一对氢生成延胡索酸;加水脱氢指底物加入水分子后脱去一对氢的过程,如乙醛加入水分子后脱去一对氢生成乙酸。

3. 加氧反应

加氧反应即直接向底物中加入氧原子或氧分子的过程,如苯与 O_2 结合生成苯酚。加氧反应同样为氧化还原反应,在加入 O_2 的同时常常伴随着水的生成。

生物不仅能够在有氧条件下生存,在无氧条件下也能进行氧化作用。根据是否有氧参加,将生物氧化分为有氧氧化和无氧氧化两种方式。在有氧氧化过程中,微生物利用氧分子或氧原子来氧化底物,最终生成 CO_2 和 H_2O,这种方式氧化较彻底,释放的能量较多;而在无氧氧化过程中,微生物利用无机物或体内的有机物来氧化底物,容易氧化不彻底,释放的能量较少。

5.2.1.3　生物氧化的特点

有机物在体内的氧化主要通过生物氧化的酶促反应实现,在体外的氧化可通过燃烧过程实现。生物氧化与体外燃烧过程相比,在作用条件、作用方式、进行过程等方面存在较大差别。生物氧化与体外燃烧过程的对比如表 5-1 所示。

表 5-1　生物氧化与体外燃烧过程的对比

对比方面	生物氧化	体外燃烧过程
环境条件	细胞内生理条件,较温和,近似恒温恒压	高温高压、干燥条件
反应过程特点	多种酶催化、辅酶和电子传递体参与的复杂反应	自发进行的自由基反应
能量释放形式	能量逐步释放,不会引起体温突然升高	能量以光和热的形式一次性、爆发式释放
能量储存特点	能量储存在特殊化合物,主要为 ATP 中	能量不储存
可控性	过程受细胞的精确控制,适应性较强	过程相对不可控

5.2.2　生物氧化体系和酶

5.2.2.1　生物氧化体系

生物氧化作用主要通过脱氢作用实现,脱氢反应一般包括脱氢、递氢和受氢三个步骤。底物上脱掉的氢多数通过递氢体进行传递,最终交给氢受体。不同微生物含有不同的氧化还原酶,因此氧化还原方式不同,脱氢、递氢、受氢方式也不同,进而形成了不同的生物氧化体系。

1. 有氧氧化体系

在有氧氧化体系中,氧为最终氢受体。根据递氢过程是否具有传递体,有氧氧化体系可分为不需传递体体系和电子传递体系。

1)不需传递体体系

不需传递体体系中没有递氢过程,底物上脱掉的氢与氧结合只需一种酶催化,根据催化酶的种类可进一步分为氧化酶类型和需氧脱氢酶类型。

氧化酶类型的反应模式如图 5-2 所示,这种反应无法在无氧条件下进行,且氧不能被其他氢受体替代。

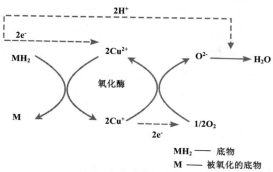

图 5-2　氧化酶类型的反应模式

需氧脱氢酶类型的反应模式如图 5-3 所示。在无氧条件下,可由亚甲基蓝或醌代替氧成为最终受体。

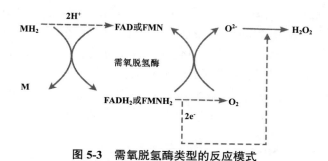

图 5-3　需氧脱氢酶类型的反应模式

2)电子传递体系

电子传递体系也称为电子传递链或呼吸链,是生物体主要的生物氧化体系,包括以 NAD 为辅酶的不需氧脱氢酶、以 FAD/FMN 为辅基的黄素蛋白(FP)、细胞色素和细胞色素氧化酶(Cyt b、c_1、c)、泛醌(UQ)。根据接受底物脱掉的氢的受体,可将电子传递链分为 NAD 传递链和 FAD 传递链两种。电子传递链的电子传递历程如图 5-4 所示。无线粒体细菌的电子传递链与上述电子传递链类似,但不同菌类的电子传递链的传递体组成和细胞色素种类有差异,且一个细菌中常常含有多种可作为电子传递链末端氧化酶的细胞色素。

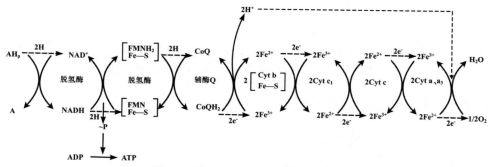

图 5-4　电子传递链的电子传递历程

2. 无氧氧化体系

无氧氧化体系指在无氧条件下以有机物或无机物为最终氢受体的生物氧化体系。在以有机物为最终氢受体的氧化体系中,最终氢受体一般是代谢物分解的中间产物。在多数情况下, NAD 或 NADP 接受底物脱掉的氢被还原生成 $NADH_2$ 或 $NADPH_2$,之后 $NADH_2$ 或 $NADPH_2$ 再将氢转交给其他有机物。在以无机物为最终氢受体的氧化体系中,最终氢受体可以是 NO_2^-、NO_3^-、SO_4^{2-}、CO_2 等,NAD 和细胞色素都参与电子或氢的传递过程。

5.2.2.2 生物氧化酶

生物氧化过程中涉及的酶主要包括氧化酶和脱氢酶。

1. 氧化酶

氧化酶是含铜或铁的金属蛋白,它只可夺取底物上的电子对而无法从底物上脱掉氢,用于激活分子氧、促进氧与底物化合。其反应过程如图 5-2 所示。氧化酶只可作为电子受体,重要的氧化酶有细胞色素氧化酶、酚氧化酶等。

2. 脱氢酶

根据底物脱掉的氢是否传递到分子氧,可将脱氢酶分为需氧脱氢酶和不需氧脱氢酶。

需氧脱氢酶是以 FMN 或 FAD 为辅基的黄素蛋白,它以分子氧为直接氢受体,既能催化底物脱氢,也能激活分子氧,有时称为氧化酶。其反应过程如图 5-3 所示。

不需氧脱氢酶直接作用于底物分子,无须氧作为直接氢受体,在具有足够的氧化型受体时可持续进行催化。其反应过程如图 5-5 所示。不需氧脱氢酶可分为以 NAD^+ 或 $NADP^+$ 为辅酶的不需氧脱氢酶和以 FMN 或 FAD 为辅基的不需氧脱氢酶。

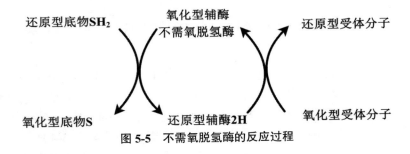

图 5-5　不需氧脱氢酶的反应过程

5.2.2.3 生物氧化体系中的传递体

传递体可分为氢传递体和电子传递体两种。氢传递体可以接受底物脱掉的氢原子 ($H^+ + e^-$),并将其传递给别的氢受体,包括烟酰胺核苷酸、异咯嗪核苷酸和泛醌。电子传递体是由细胞色素传递电子的以铁卟啉为辅基的色蛋白,可按照细胞色素处于还原态时的吸收光带将其分为 a、b、c 三类。不同的细胞色素蛋白质部分和铁卟啉的侧链不同。

5.2.3 呼吸链

5.2.3.1 呼吸链的概念、组成和特点

1. 呼吸链的概念

代谢物脱下的成对氢原子通过由多种酶和辅酶催化的连锁反应逐步传递,最终与氧结合生成水,这一途径称为呼吸链或电子传递链。

2. 呼吸链的组成

呼吸链由递氢体和电子传递体组成,一般包括以下五种物质。

1)烟酰胺脱氢酶

烟酰胺脱氢酶为不需氧脱氢酶,以 NAD$^+$ 或 NADP$^+$ 为辅酶。该酶脱掉底物的两个氢原子,其中一个氢原子转移到 NAD$^+$ 或 NADP$^+$ 的吡啶环氮对位的碳原子上,另一个氢原子分裂为质子和电子,质子以 H$^+$ 的形式游离在溶液中,电子与吡啶环上的氮原子结合使氮由 5 价降低到 3 价,其反应过程如图 5-6 所示。以 NAD$^+$ 或 NADP$^+$ 为辅酶的烟酰胺脱氢酶可将不同底物的氢脱下,形成 NADH+H$^+$ 或 NADPH+H$^+$。

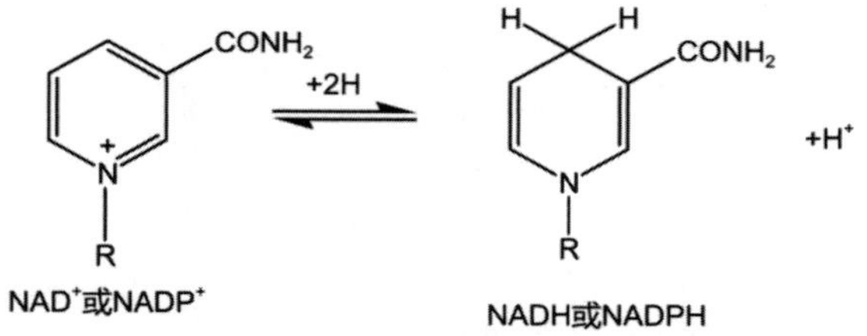

图 5-6　烟酰胺脱氢酶的反应过程

2)黄素酶

黄素酶为不需氧脱氢酶,以 FAD 或 FMN 为辅基。该酶可催化氧化还原反应,脱掉底物的两个氢原子并将其加到 FMN 或 FAD 的异咯嗪第 1、10 号位的氮原子上,使其转变为还原态 FADH$_2$ 或 FMNH$_2$,并由黄色变为无色,其反应过程如图 5-7 所示。

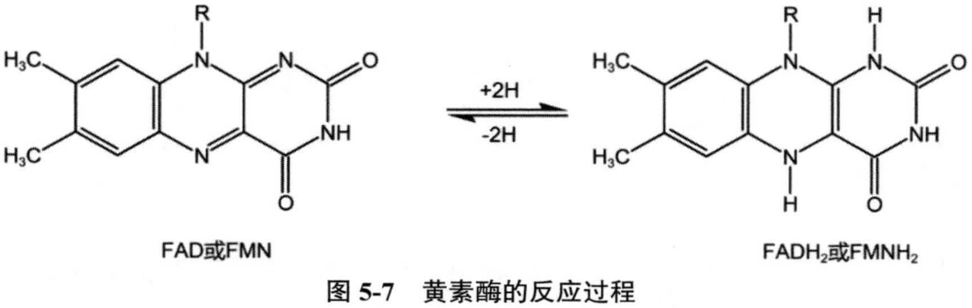

图 5-7　黄素酶的反应过程

3)铁硫蛋白

铁硫蛋白存在于线粒体内膜上或叶绿体中,是一种与电子传递有关的血红素铁蛋白。铁硫蛋白含有非血红素铁和对酸不稳定的硫,也称为铁硫中心,包括 [Fe—S]、[2Fe—2S]、[4Fe—4S] 三种类型。铁硫蛋白中铁的存在形式包括 Fe^{2+} 和 Fe^{3+},是一种单电子传递体。

4)泛醌

泛醌也称辅酶 Q(CoQ),属于脂溶性醌类化合物。泛醌有一个长异戊二烯侧链,动物和高等植物的泛醌含 10 个异戊二烯单位,称为 CoQ$_{10}$;微生物的泛醌含 6~9 个异戊二烯单位,称为 CoQ$_{6\sim9}$。辅酶 Q 是非极性的,因而可以结合到线粒体内膜上,也可以游离态存在。辅酶 Q 接受 NADH 脱氢酶和线粒体中其他脱氢酶脱掉的氢,在电子传递链中处于中心地位。辅酶 Q 与蛋白质结合不紧密,可作为电子传递链中的灵活载体。

5）细胞色素

细胞色素以血红素为辅基,因此呈红色或褐色,是含铁的、在呼吸链中将电子从辅酶 Q 传递到氧的专一电子传递体。

目前发现的细胞色素有 30 多种,其中参与生物氧化的有 3 种,即 a、b、c 三类。线粒体的电子传递链中有 5 种细胞色素,即 Cyt b、Cyt c、Cyt c_1、Cyt a 和 Cyt a_3。其中 Cyt a 和 a_3 含有血红素 A,它与 Cyt b 中的血红素 B 的区别在于第 2 位以一个长疏水链代替乙烯基、第 8 位以一个甲酰基代替甲基,如图 5-8 所示。Cyt c 中含有血红素 C。以上几种血红素的主要区别在于卟啉具有不同的侧链基团。

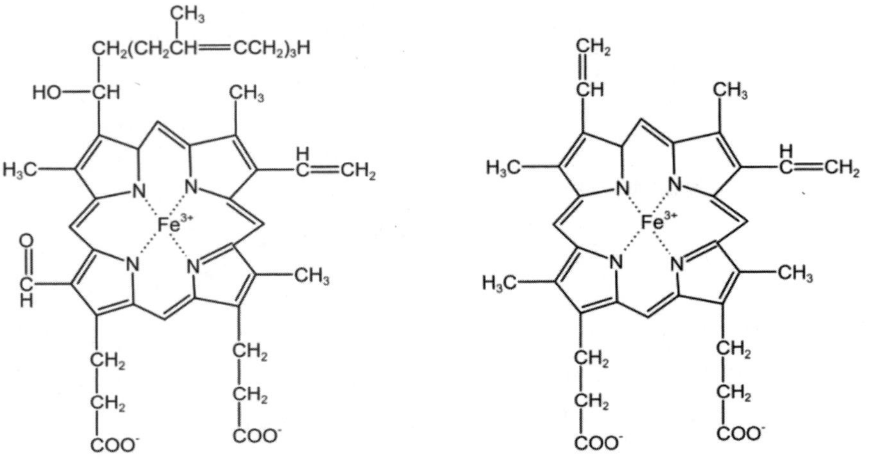

图 5-8 血红素 A 和血红素 B 的结构
（a）血红素 A （b）血红素 B

3. 呼吸链的特点

呼吸链的特点包括:①随着各电子传递体的还原电位升高,其对电子的亲和力增大,电子逐步传递到氧,每次传递都释放能量;②各电子传递体以复合体形式存在,按序整合,连续、高速;③分布不对称(内膜上),贯穿内膜的有复合体 I、III、IV,在内膜偏外位置的是细胞色素 c_1 和细胞色素 a,偏内的是细胞色素 a_3。

5.2.3.2 呼吸链中传递体的排序

具有线粒体的生物中存在 NADH 和琥珀酸两条氧化呼吸链,二者的交汇处为辅酶 Q,如图 5-9 所示。

NADH 氧化呼吸链传递氢和电子的过程为:RH_2 在脱氢酶的作用下脱氢生成 NADH 或 NADPH 和 H^+,之后 NADH 或 NADPH 和 H^+ 被黄素酶氧化生成 $FMNH_2$ 或 $FADH_2$,脱掉的氢被辅酶接受;$FMNH_2$ 或 $FADH_2$ 脱掉的氢以质子和电子的形式存在,其中电子通过铁硫中心传递到辅酶 Q,二者结合生成 QH_2;QH_2 脱掉的氢分裂成质子和电子,其中电子通过多种细胞色素(传递顺序为 Cyt b、Cyt c、Cyt c_1、Cyt a、Cyt a_3)传递到氧,氧活化成 O^{2-},与两个质子结合生成水。NADH 氧化呼吸链是细胞最主要的呼吸链。

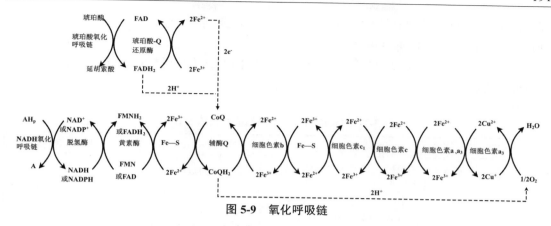

图 5-9　氧化呼吸链

琥珀酸氧化呼吸链由琥珀酸脱氢酶复合体、细胞色素和辅酶 Q 组成,其传递氢和电子的过程为:琥珀酸脱氢酶催化琥珀酸氧化脱氢,辅酶接受脱掉的氢生成 $FADH_2$;$FADH_2$ 被氧化,脱掉的氢以质子和电子的形式存在,电子通过铁硫中心向辅酶 Q 传递,质子在基质中与辅酶 Q 结合生成 QH_2;之后 QH_2 的传递过程与 NADH 氧化呼吸链相同,最后都将质子传递给氧生成水。

5.2.4　氧化磷酸化

5.2.4.1　磷酸化的概念和类型

生物利用 ADP 和磷酸合成 ATP 的主要方法有三种,氧化磷酸化、底物水平磷酸化和光合磷酸化。氧化磷酸化和光合磷酸化从原理上讲都属于离子耦合磷酸化,ATP 的合成都依靠建立跨膜的离子梯度形成的电化学势差,或称质子驱动力。底物水平磷酸化不依靠跨膜离子电化学势差合成 ATP,而是依靠高能化合物的介导反应。

底物水平磷酸化是底物分子内部能量重新分布,生成高能键,使 ADP 磷酸化生成 ATP 的过程。在生物体内,代谢产生的能量只有一小部分通过底物水平磷酸化直接形成 ATP,大部分是以还原型辅酶 NADH 和 $FADH_2$ 的形式储存的。氧化磷酸化是这些还原型辅酶被氧化,电子通过呼吸链传递给电子受体(氧),并把释放的能量供给 ADP 与磷酸合成 ATP 的偶联反应。在真核生物中,氧化磷酸化发生在线粒体内,相关的酶嵌入线粒体内膜。氧化磷酸化是需氧细胞的生命活动基础,也是生物体主要的能量来源,其也称为偶联磷酸化。

5.2.4.2　氧化磷酸化的偶联部位与 P/O 值

P/O 值指氧化时每消耗 1 mol 氧原子所消耗的无机磷的物质的量。实验表明,电子沿呼吸链传递时有三个部位可以释放能量,第一个部位位于 NADH 和辅酶 Q 之间,第二个部位位于辅酶 Q 和细胞色素 c 之间,第三个部位位于细胞色素 a 和氧之间,三个部位对应于三个电子传递的酶复合体。

一对电子经过第一个部位时有 4 个质子从基质泵中泵出,经过第二个部位时有 2 个质子泵出,经过第三个部位时有 4 个质子泵出。产生 1 分子 ATP 需要 4 个质子,所以由 NADH 氧化脱下的电子经过呼吸链传递到氧会产生 2.5 个 ATP,P/O 值为 2.5。琥珀酸氧化

脱掉的氢经 $FADH_2$ 传递到辅酶 Q,之后通过呼吸链传递到氧,该过程不经过第一个部位,只能产生 1.5 个 ATP,所以 P/O 值为 1.5。

表 5-2 给出了线粒体离体实验测得的一些底物的 P/O 值。可根据 P/O 值确定氧化磷酸化的偶联部位。

表 5-2　线粒体离体实验测得的底物的 P/O 值

底物	呼吸链的组成	P/O 值	可能的 ATP 数
β- 羟丁酸	NAD^+ →复合体 I →CoQ →复合体 III →Cyt c →复合体 IV →O_2	2.4~2.8	3
琥珀酸	复合体 II →CoQ →复合体 III →Cyt c →复合体 IV →O_2	1.7	2
抗坏血酸	Cyt c →复合体 IV →O_2	0.88	1
细胞色素 c(Fe^{2+})	复合体 IV →O_2	0.61~0.68	1

氧化磷酸化的偶联部位也可根据下式计算电子传递时的自由能变化确定。

$$\Delta G^{\ominus\prime} = -nF\Delta E^{\ominus\prime} \tag{1}$$

表 5-3 给出了电子传递链不同区段的自由能变化情况。

表 5-3　电子传递链不同区段的自由能变化情况

区段	电位变化 $\Delta E^{\ominus}$	自由能变化 $\Delta G^{\ominus}$	能否生成 ATP（$\Delta G^{\ominus}$ 是否大于 30.5 kJ/mol）
NADH~CoQ	0.36 V	69.5 kJ/mol	能
CoQ~Cyt c	0.19 V	36.7 kJ/mol	能
Cyt c~O_2	0.58 V	112 kJ/mol	能

5.2.4.3　氧化磷酸化的机理

1. ATP 合成酶

ATP 合成酶由两部分组成:嵌入膜内的部分为基部的 F_0 单元,是由 4 种亚基组成的疏水的内在蛋白质,在内膜形成跨膜质子通道;在膜外的部分为球形的 F_1 单元,由 5 类 9 个亚基(α、β、γ、δ、ε)组成复合体,具有 3 个 ATP 合成催化位点。F_0 单元和 F_1 单元之间以柄相连,柄含有寡霉素敏感蛋白(OSCP)和耦合因子 6 两种蛋白质,用于调节质子流。

2. 化学渗透假说

化学渗透假说由英国生物化学家米切尔(Mitchell)提出。该假说的主要内容为:电子经过呼吸链传递时,驱动 H^+ 从线粒体内膜的基质侧泵到胞浆侧,从而产生膜内外质子电化学梯度储存能量。当质子顺浓度梯度回流时,驱动 ADP 与 Pi 生成 ATP。

3. ATP 合成酶的旋转催化理论

ADP 和 Pi 在 ATP 合成酶的催化下合成 ATP,但 ATP 合成酶如何利用 H^+ 的电化学梯度合成 ATP 的工作机制尚不清楚。目前世界公认的是 Boyer 提出的 ATP 结合变化机制和旋转催化模型。

该理论的主要内容为：F_1 单元中的 3 个 β 亚基有 3 个催化位点，在催化过程中 3 个位点的构象不同。一种是 "O" 形式，即开放形式，酶对 ATP 的亲和力很小，可将 ATP 释放；一种是 "L" 形式，酶和 ADP、Pi 结合得相对松弛，无催化能力；一种是 "T" 形式，酶与底物结合紧密，酶催化 ADP、Pi 生成 ATP。同一时刻，3 个 β 亚基处于不同的构象。质子通过 F_0 单元时，带动 F_1 单元的 γ 亚基和 ε 亚基旋转（转子），在这 2 个亚基的带动下，3 个 β 亚基的构象改变。在质子流的推动下，当由 3 个 α 亚基和 3 个 β 亚基形成的六聚体相对于转子旋转 120° 时，各 β 亚基催化位点的构象随之改变一次。三种状态的周期性转变使得 ADP 和 Pi 不断结合，生成并释放 ATP。

4. 氧化磷酸化的重建

用超声波将线粒体嵴打成碎片，这些碎片会自动封闭形成泡状体，即亚线粒体泡，泡的外表面可看到 F_1 单元的球状体，所以亚线粒体仍具有氧化磷酸化功能。若用胰蛋白酶或尿素处理泡状体，球状体单元会脱落，只有 F_0 单元留在亚线粒体泡的膜上，此时的亚线粒体可以传递电子，但不能合成 ATP。将脱落的 F_1 单元重新加到泡上，则亚线粒体泡恢复氧化磷酸化功能。以上的氧化磷酸化重建实验符合化学渗透假说中电子传递和氧化磷酸化偶联的机制。

5. 腺苷酸与磷酸的转运

线粒体具有双层膜结构，其选择性地使某些物质通过的特性主要与内膜上不同的转运蛋白对各物质的转运作用有关，如腺苷酸转运依靠腺苷酸转运蛋白，磷酸转运依靠磷酸转运蛋白。腺苷酸转运蛋白为反向转运载体，可介导胞浆 ATP 和线粒体 ATP 的交换。

5.2.5　生物氧化抑制剂

根据作用机理，可将生物氧化抑制剂分为电子传递抑制剂、氧化磷酸化解偶联剂和氧化磷酸化抑制剂三种（图 5-10）。电子传递抑制剂用于阻断呼吸链中某些部位的电子传递，如鱼藤酮、抗霉素 A、氰化物、叠氮化物等；氧化磷酸化解偶联剂用于使电子传递与磷酸化生成 ATP 的过程脱离，如 2,4-二硝基苯酚；氧化磷酸化抑制剂对电子传递和 ATP 生成均有抑制作用，如寡霉素，其抑制作用可被解偶联剂解除。

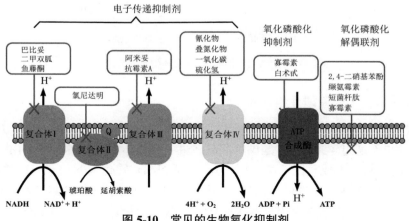

图 5-10　常见的生物氧化抑制剂

5.2.6　胞质中 NADH 的运输

糖、脂肪、蛋白质等有机物在线粒体中进行彻底的氧化分解，ATP 主要靠线粒体内膜上的电子传递与氧化磷酸化过程产生，而底物水平磷酸化释放的 ATP 较少。

丙酮酸氧化脱羧、三羧酸循环等过程发生在线粒体中，生成的 NADH 可直接在内膜上释放能量；但糖酵解过程在细胞质/膜间隙中进行，生成的 NADH 必须运输到线粒体中才能进行下一步的电子传递，运输方式包括 3- 磷酸甘油穿梭系统和苹果酸 - 天冬氨酸穿梭系统两种。

5.2.6.1　3- 磷酸甘油穿梭系统

图 5-11 给出了 3- 磷酸甘油穿梭系统的示意图。细胞质/膜间隙中的 3- 磷酸甘油脱氢酶催化磷酸二羟丙酮生成 3- 磷酸甘油，$NADH+H^+$ 转化为 NAD^+。生成的 3- 磷酸甘油可由细胞质/膜间隙进入线粒体，被线粒体中的另一种 3- 磷酸甘油脱氢酶催化氧化生成磷酸二羟丙酮，由于这种脱氢酶的辅酶为 FAD^+，所以会生成 $FADH_2$。生成的磷酸二羟丙酮可由线粒体进入细胞质/膜间隙，参与下一次循环。因此，通过这一穿梭系统，NADH 转化为 $FADH_2$ 被运输到线粒体中，但通过电子传递与氧化磷酸化只能生成 1.5 个 ATP，比直接传递 NADH 少生成 1 个 ATP。

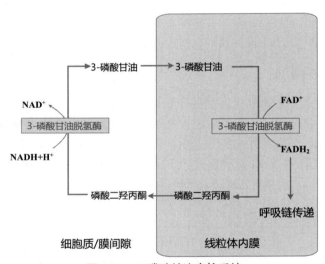

图 5-11　3- 磷酸甘油穿梭系统

5.2.6.2　苹果酸 - 天冬氨酸穿梭系统

细胞质/膜间隙中存在的苹果酸脱氢酶可催化草酰乙酸生成苹果酸，将 $NADH+H^+$ 转化为 NAD^+。苹果酸通过苹果酸 -α- 酮戊二酸载体进入线粒体中，在线粒体含有的苹果酸脱氢酶的催化作用下氧化生成草酰乙酸，这一过程包括 NAD^+ 转化为 $NADH+H^+$ 的过程。由于草酰乙酸无法通过线粒体内膜进入细胞质/膜间隙，所以使其经过转氨过程变为天冬氨酸，天冬氨酸进入细胞质/膜间隙参与下一次循环。在这一穿梭系统中不会额外消耗能量，因此经过电子传递过程后仍可生成 2.5 个 ATP。苹果酸 - 天冬氨酸穿梭系统如图 5-12 所示。

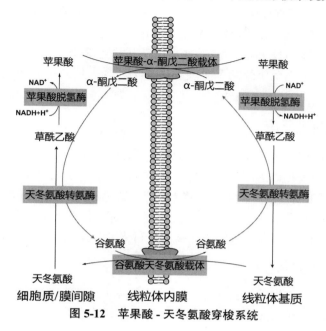

图 5-12 苹果酸 - 天冬氨酸穿梭系统

5.3 光合作用

光合作用（photosynthesis）指光合生物利用太阳能将二氧化碳（CO_2）和水转变为有机物，同时释放氧气的过程，是地球上最古老和最广泛的有机合成反应，也是生命进化的起源。除一些原始的化能自养菌可利用无机物（如 H_2S）获得生长繁殖所需的能量外，几乎所有生物体都要依赖光合作用产生的有机物存活。迄今，人类所需的煤、石油和天然气等化石燃料都是古代植物光合作用直接或间接的产物。因此，光合作用被称为地球上最重要的化学反应。

地球上有两种反应机制能将光能转化为化学能。一种是基于含有叶绿素的光化学反应中心的光合作用，叶绿素吸收光，然后将电子激发转移至反应中心，通过电子传递链产生能量，将 CO_2 还原。目前已知的光合生物包括藻类、细菌和植物，尚未发现能进行光合作用的古菌。另一种机制基于细菌视紫红质或变形菌视紫红质实现，由于这个过程只依靠质子泵产能，无电子转移，所以进行这种机制的生物是光营养型生物而非光合生物，光营养型生物包括古菌、细菌和真核生物。

光合生物的光合作用分为光反应和暗反应两个阶段。光反应发生在细胞膜中。在光合细菌中，细胞膜就是光合膜。在许多细菌中，细胞膜反复折叠以产生更大的表面积。在植物和藻类中，光合作用由叶绿体进行，叶绿体被认为是光合细菌进化的后代。叶绿体的内膜称为类囊体膜，是由连续的双层磷脂组成的扁囊。类囊体膜高度有序，包含与光反应有关的结构。因此，光反应也称为类囊体反应。类囊体反应分为四个过程。①初级光事件。光子被色素捕捉，用以激发色素中的电子。②电荷分离。激发能被转移到光系统的反应中心，反应中心将高能电子转移到受体分子,从而启动电子传递。③电子传递。被激发的电子沿着嵌入光合膜内的一系列电子载体传递,其中一些通过在膜上传输质子而发生反应,产生质子梯度。最终,电子被用来还原最终受体 NADP。④化学渗透。积聚在膜一侧的质子通过 ATP 合成酶流到膜的另一侧,ATP 的化学渗透合成在膜上发生,就像有氧呼吸一样。

这四个过程构成了光反应的两个阶段。过程①到③为从光中捕获能量的阶段;过程④是产生 ATP 的阶段。

5.3.1 光合细菌的光反应

光合细菌是能进行光合作用的原核生物的总称,广泛存在于土壤、湖泊、河流、海洋中,是地球上最古老的细菌类群之一。根据在光合作用中是否产生氧气,光合细菌被划分为产氧光合细菌(蓝细菌和原绿菌)和不产氧光合细菌(紫色细菌和绿色细菌)。这里所指的光合细菌是不产氧光合细菌。它们是一类以光为能源,能在厌氧光照或好氧黑暗条件下以自然界中的有机物、硫化物、氨等为氢供体兼碳源进行光合作用的微生物。

5.3.1.1 环式光合磷酸化

光合细菌进行光合作用的主要途径是环式光合磷酸化。环式光合磷酸化是在光能的驱动下通过电子的循环传递而完成的磷酸化产能反应。其特点为:①在光能的驱动下,电子从菌绿素分子上激发后,通过类似呼吸链的传递循环回到菌绿素,在过程中产生 ATP;②产 ATP 与产还原 [H] 分别进行;③只有一个光合系统,但不是光合系统 I;④还原力来自 H_2S 等氢供体;⑤不产生 O_2。其反应式为

$$n\text{ADP}+n\text{Pi} \rightarrow n\text{ATP}$$

光合细菌可以通过光能营养和化能营养来获得能量。如图 5-13 所示,在厌氧光照条件下绝大多数光合细菌可以利用 CO_2 作为碳源,将硫化物、硫、硫代硫酸物、氢分子或有机物(有机酸、醇)作为电子供体,通过环式光合磷酸化过程获取能量。

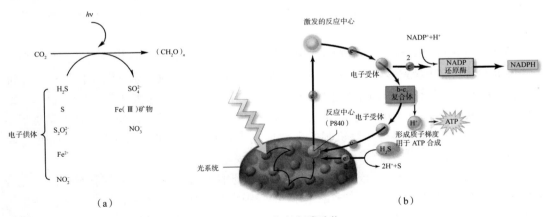

图 5-13 环式光合磷酸化
(a 反应式 (b)反应过程示意

5.3.1.2　色素的作用

在光合细菌的光合作用中,根据菌绿素在光合细菌中的分布,将菌绿素分为 2 组:
① BChl c、d、e,主要功能是接收光能,被称为天线叶绿素;② BChl a、b,主要功能是将光能转为化学能,被称为光同化叶绿素。

还有一种类胡萝卜素,其在蓝紫区有 2~3 个吸收峰,功能为保护光合作用的结构不受损伤,在细胞能量代谢中起辅助作用。

光合细菌由于体内菌绿素和类胡萝卜素的含量和比例不同,菌体呈现出红、橙、蓝绿、紫、褐等不同的颜色。

5.3.1.3　光合细菌的种类

到目前为止,常见的光合细菌有绿色硫细菌、绿色非硫细菌、变形杆菌、厚壁菌和酸杆菌等。

紫色细菌仅在变形菌门中发现有光合作用,包括紫色硫细菌和紫色非硫细菌,其主要分布于富含硫化物的水体、富营养化湖泊和海洋中,能利用太阳能和原始大气成分 N_2、H_2S、H_2、CO_2、NH_3 进行不产氧的光能自养生长,也能利用有机物作为电子供体光能异养或化能异养生长,反应中心为 II 型,含有 BChl a、b。由于紫色细菌是不产氧光合细菌中分布最广、种属最多、形态和生理生化特征最丰富的,因此国内外对其研究得最多。绿硫细菌是一类严格厌氧、专性光能的自养菌,它主要分布于水域底层的泥沙沉积物中,适宜在较高浓度 H_2S 和低光强的条件下生长,能利用硫化物,反应中心为 I 型,含有 BChl a、叶绿素 a 和绿小体(含有 BChl c、d、e)。绿色非硫细菌里只有绿色丝状菌能进行光合作用,它主要分布于富含硫化物的高温热泉、活性污泥、海洋、淡水等环境中,反应中心为 II 型,色素主要为 BChl a。它是典型的丝状可滑行运动种类细菌,优先光能异养或化能异养生长,也可光能自养生长。厚壁菌里只有螺旋菌能进行光合作用,为光能异养型微生物,反应中心为 I 型,含有 BChl g。2007 年研究发现某些酸杆菌也能进行光合作用,反应中心为 I 型,含有 BChl a、c 和绿小体,是一类好氧的光能异养型细菌。

例如,红螺菌科的细菌能利用异丙醇作为氢供体进行光合作用,积累丙酮。

$$2\ CH_3\text{—}CHOH\text{—}CH_3 + CO_2 \xrightarrow[\text{细菌叶绿素(菌紫素)}]{\text{阳光}} 2CH_3COCH_3 + [CH_2O] + H_2O$$

5.3.1.4　光合细菌的固氮、产氢和摄磷作用

除了进行光合作用,所有光合细菌都能直接同化铵盐或将 N_2 直接固定为铵盐,也就是进行固氮作用。在固氮的同时,一些光合细菌还可以产 H_2(如紫色硫细菌)。反应式如下:

$$2H_2 + CO_2 \xrightleftharpoons[\text{细菌叶绿素(菌紫素)}]{\text{阳光}} [CH_2O] + H_2O$$

此外,某些光合细菌还具有较强的摄磷能力。

5.3.1.5　光合细菌的应用

　　由于光合细菌菌体含有丰富的蛋白质、氨基酸和维生素,尤其是 B 族维生素含量极丰富,细胞内还含有碳素储存物质糖原和聚 β- 羟基丁酸、大量的类胡萝卜素、辅酶 Q、抗病毒物质、生长促进因子,因此光合细菌在水产和家禽养殖,医药保健,提取单细胞蛋白、类胡萝卜素等方面具有很高的应用价值。光合细菌能够降解水体中的亚硝酸盐、硫化物等有毒物质,实现充当饵料、净化水质、预防疾病、作为饲料添加剂等功能。例如,红螺菌生活在湖泊、池塘的淤泥中,是一种典型的兼性营养型细菌。红螺菌在不同环境条件下生长时,其营养类型会有所不同。在没有有机物的条件下,它可以利用光能固定二氧化碳合成有机物;在有有机物的条件下,它可以利用有机物进行生长。根据这个特点,在环保工作中已经开始运用红螺菌来净化高浓度的有机废水,以达到保护环境、消除污染的目的。光合细菌适应性强,能忍耐高浓度的有机废水,对酚、氰等毒物有一定的忍受和分解能力,可以利用多种有机物作为电子供体,因此在降解废弃有毒物质、净化水质和环境中起到了相当大的作用。

　　除了在环境污染治理方面,光合细菌在新能源开发方面也有应用前景。氢气作为一种理想而无污染的未来能源日益受到人们的关注。生物制氢是开发新能源的一个方向,国内外均在研究和开发生物制氢技术。光合细菌中的许多种在代谢过程中都能释放氢气,并且具有产氢速率高、产生的氢气纯度高等优点。

5.3.2　蓝细菌、藻类和植物的光反应

　　蓝细菌、藻类和植物的光合作用分为两个阶段。光合作用的第一个阶段称为光反应阶段,该阶段的特征是依赖于光的水分子裂解生成氧气。来自水的质子用于由 ADP 和 Pi 化学渗透合成 ATP,而来自水相的氢负离子用于将 $NADP^+$ 还原为 NADPH。光合作用的第二个阶段是利用光反应生成的 NADPH 和 ATP 进行碳的同化作用,结果使得二氧化碳气体被还原为糖。由于这个阶段不是直接依赖于光,而只是依赖于 ATP 和 NADPH 的供给,称之为暗反应阶段。

5.3.2.1　叶绿体和叶绿素

　　在植物和藻类中,光合作用发生在叶绿体中。叶绿体的主要结构是一个被称为类囊体膜的内膜网状结构,它是形成 NADPH 和 ATP 的光反应部位。类囊体膜是一个高度折叠的连续膜网状结构,悬浮在叶绿体的基质中,基质是光合作用的第二个阶段二氧化碳还原为糖的部位,含有利用 ATP 和 NADPH 还原 CO_2 组装有机分子所需的酶。被类囊体膜包围的水相空间称为腔。质子跨类囊体膜转移可以产生驱动 ATP 合成的质子移动力。类囊体膜折叠成一个堆积排列的称为基粒的平整泡囊网络,或形成横跨基质、连接基粒的未堆积的泡囊。位于基粒内但不与基质接触的类囊体膜区域称为基质薄片。

　　类囊体膜含有各种各样捕获用于光合作用的光能的色素,主要是叶绿素。在光合自养生物中通常存在着四种类型的叶绿素。它们的共同特征是有亲水的卟啉环,含有吸收光的共轭双键网络和疏水的植醇侧链,该侧链有助于叶绿素溶解在膜中。除了叶绿素之外,类囊体膜上还存在几种辅助色素。其中有存在于所有光养生物中的类胡萝卜素(黄色到棕色)

和存在于某些藻类和蓝细菌中的藻胆色素,包括藻红蛋白(红色)和藻蓝蛋白(蓝色)。

5.3.2.2　光系统

每个光系统都含有一个反应中心,它是光系统的核心。反应中心由蛋白质复合物(特殊的电子传递分子)和一对特殊的 BChl 分子(在细菌中为 BChl a、b)组成。光系统中的色素吸收光子,将吸收的光能转移给位于反应中心的特殊的叶绿素分子。只有这种特殊的叶绿素分子直接参与光化学能转化为电化学能的过程,即通过特殊叶绿素吸收的能量可以启动电子在电子传递链中的传递,使光能转化为化学能。

类囊体膜的光系统有两种类型,光系统 I(PS I)和光系统 II(PS II)。PS I 主要位于基质片层,接触基质;PS II 主要位于基粒片层,远离基质。位于 PS I 的反应中心的特殊的 BChl a 分子的最大吸收波长为 700 nm,所以该分子有时也称为 P700,而位于 PS II 的反应中心的特殊的 BChl a 分子的最大吸收波长为 680 nm,所以该分子有时也称为 P680。尽管两个跨膜的光系统位于类囊体膜的不同区域,但它们通过一系列特殊的电子载体联系在一起。PS I 和 PS II 在空间上分离是为了防止两个光系统之间的激发能自发转移,确保 PS I 和 PS II 只通过电子传递联系。用于光合作用的光能是通过与每个反应中心相联系的天线色素和称为叶绿素 a/b 捕光复合体(LHC)的色素复合体捕获的。

除了光系统和 LHC 之外,一些镶嵌在类囊体膜中或与它相连接的成分也参与光合作用,包括水裂解复合物(也称为放氧复合体)、细胞色素 b_6-f 复合体和 ATP 合成酶(图5-14)。

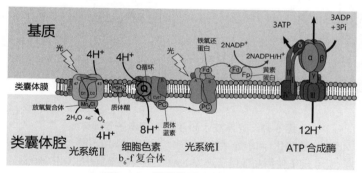

图 5-14　类囊体膜上的光系统

从图 5-14 中可以看到,在光能的驱动下类囊体内进行着电子和质子流动。在水裂解复合物的作用下,H_2O 裂解产生的电子经 PS II、一系列中间载体、PS I,最后传递给 $NADP^+$;而一部分质子在电子传递过程中从基质泵入类囊体腔内,与 H_2O 裂解生成的质子在腔内外形成质子梯度,腔内的质子经 ATP 合成酶形成的质子通道流回基质,同时催化 ATP 的合成。

光照激发的电子可以沿着一系列与膜结合的载体线性传递,最终转移给 $NADP^+$,这是一条非循环的传递途径。电子传递的第一步是色素分子吸收光子,处于基态的低能电子被激发到高能分子轨道,使得色素分子处于激发态。被激发的色素分子的能量可以在色素分子之间转移和转移给反应中心。在电子传递过程中,质子从基质跨膜转移到类囊体腔中,结果膜两侧产生一个驱动 ATP 合成的质子梯度。

5.3.2.3　非环式光合磷酸化

蓝细菌、藻类和植物的反应中心都含有叶绿素(chlorophyll, Chl),它们在白天利用体内的 Chl(a、b、c、d)、胡萝卜素、藻蓝素、藻红素等光合色素进行非环式光合磷酸化反应。

非环式光合磷酸化反应能够利用光能产生 ATP 和 NADPH(图 5-15)。其特点为:①电子传递途径非循环;②在有氧条件下进行;③有两个光系统——PS Ⅰ 和 PS Ⅱ;④反应中同时有 ATP、还原力和 O₂ 产生;⑤还原力来自水的光解。

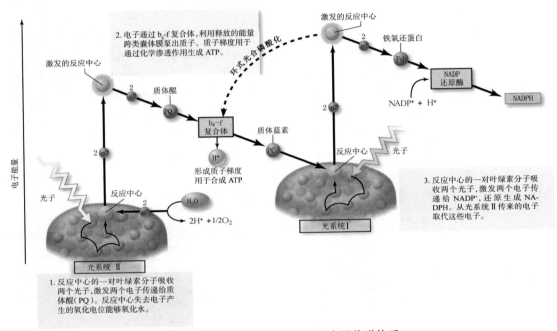

图 5-15　光系统 Ⅰ 和 Ⅱ 的 Z 型电子传递体系

(图中实线表示非环式光合磷酸化,两个光系统按顺序工作并且作用不同,光系统 Ⅱ 通过电子传递链为光系统 Ⅰ 提供高能电子,光系统 Ⅰ 使用高能电子还原 NADP⁺ 生成 NADPH;图中虚线表示环式光合磷酸化,光系统 Ⅰ 激发的电子不是传递给 NADP⁺,而是传回光系统 Ⅰ 形成质子梯度用于合成 ATP)

在 PS Ⅱ 中,水光解产生质子和氧气。氧气可以及时释放,而电子须经 PS Ⅱ 和 Ⅰ 接力传递。在 PS Ⅰ 中,电子经 Fe-S(铁硫蛋白)和 Fd(铁氧还蛋白)传递,最终被 NADP⁺ 接受,形成可用于还原 CO₂ 的还原力 NADPH+H⁺。在 PS Ⅱ 中有 ATP 生成:

$$2NADP^+ + 2ADP + 2Pi + 2H_2O \rightarrow 2NADPH + 2H^+ + 2ATP + O_2$$

在特殊条件下,叶绿体中也可以进行环式光合磷酸化,即由光系统 Ⅰ 独立完成的光合磷酸化。P700 色素分子吸收光子后失去的电子不沿着光合电子传递链传递,而是经另一条支路回到 P700 色素分子。环式电子流也能促使 ADP 磷酸化产生 ATP,但是与非环式光合磷酸化不同,不产生还原力 NADPH,也不产生氧气。当细胞具有足够的还原力 NADPH 而需要更多的 ATP 来满足代谢需要时,可能发生环式光合磷酸化。叶绿体可以根据细胞内环境的变化改变环式和非环式光合磷酸化的比例。其生理学意义在于当细胞的 NADPH/NADP⁺

含量高时,将光能转化为 ATP。非环式光合磷酸化和环式光合磷酸化的区别如表 5-4 所示。

蓝细菌、藻类与植物都是利用 CO_2 作为碳源、H_2O 作为氢供体合成有机物,构成自身细胞物质,因此蓝细菌和藻类的光合作用是植物性光合作用,化学反应式为

$$CO_2 + H_2O \underset{叶绿素}{\overset{阳光}{\rightleftharpoons}} [CH_2O] + O_2$$

表 5-4　非环式光合磷酸化和环式光合磷酸化的区别

区别	非环式光合磷酸化	环式光合磷酸化
涉及的光系统	光系统 Ⅰ 和 Ⅱ 都参与其中	仅涉及光系统 Ⅰ
反应中心	P680 是活跃的反应中心	P700 是反应中心
电子传递	电子以非循环方式传递	电子以循环方式传递
电子去向	电子被 NADP 接受	电子回到光系统 Ⅰ
NADPH 和 ATP	合成 NADPH 和 ATP	只合成 ATP
是否需要水	需要水	不需要水
是否产氧	产氧	不产氧
生物	在绿色植物中占主导地位	仅在细菌中占优势

5.3.2.4　色素的作用

在藻类的光合作用中,叶绿素是将光能转化为化学能的基本色素。类胡萝卜素是辅助色素,它和叶绿素紧密结合,不直接参与反应,但有捕捉光能并将其传到叶绿素的功能,还能吸收有害光,保护叶绿素免遭破坏。

5.3.3　卡尔文循环

卡尔文循环是光合碳固定的起始反应步骤,也是光合作用暗反应阶段的一部分。藻类、蓝细菌和不产氧光合细菌均通过卡尔文循环固定二氧化碳。在光合作用的暗反应阶段,二氧化碳被还原转化为糖,反应不直接依赖于光,而是一个消耗光反应中产生的 ATP 和 NADPH 的过程。糖是在叶绿体的基质中通过酶催化的循环反应生成的。这个阶段包括三个主要的过程(图 5-16):一是二氧化碳的固定,这是一个羧化反应,由二氧化碳受体 1, 5- 二磷酸核酮糖固定大气中的二氧化碳;二是二氧化碳的还原,将固定的二氧化碳还原为磷酸甘油醛;三是二氧化碳受体(1, 5- 二磷酸核酮糖)的再生。二氧化碳同化生成糖的途径称为还原磷酸戊糖循环,也称为 C3 途径(因途径中的第一个中间产物是三碳分子)或卡尔文循环。

卡尔文循环的底物是二氧化碳,二氧化碳可以直接扩散到进行光合作用的细胞内。在陆生脉管植物中,二氧化碳通过称为气门的表面结构进入进行光合作用的细胞。

5.3.3.1　二氧化碳的固定(羧化反应)

二氧化碳受体是 1, 5- 二磷酸核酮糖,它是在 5- 磷酸核酮糖激酶的催化下,由 5- 磷酸核酮糖产生的。然后在 1, 5- 二磷酸核酮糖羧化酶的作用下,1, 5- 二磷酸核酮糖吸收 1 分子二氧化碳,生成 2 分子 3- 磷酸甘油酸。反应过程如图 5-17 所示。

5.3.3.2　磷酸甘油醛的合成（还原反应）

　　还原反应指被固定的二氧化碳的还原。这一过程紧接在羧化反应后，是 3- 磷酸甘油酸上的羧基被还原为醛基的反应（经 EMP 途径的逆反应进行），生成 3- 磷酸甘油醛。将酸还原成醛需要还原态的 NAD（P）H，还需要 3- 磷酸甘油酸激酶和 3- 磷酸甘油醛脱氢酶。反应过程如图 5-18 所示。

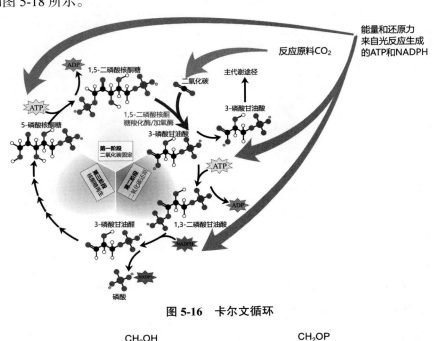

图 5-16　卡尔文循环

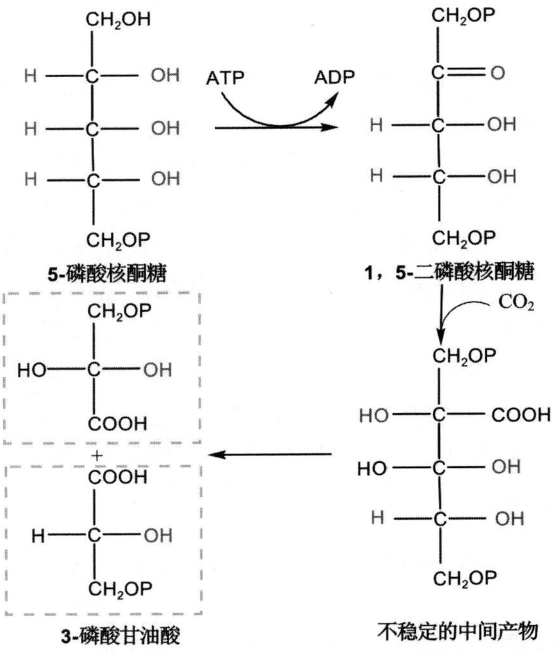

图 5-17　二氧化碳的固定

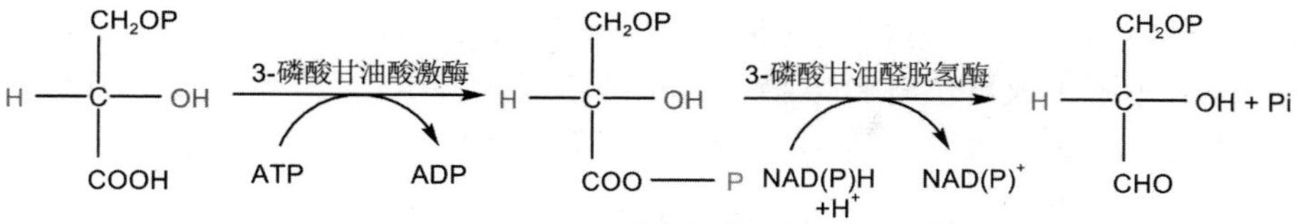

图 5-18　磷酸甘油醛的合成

5.3.3.3　二磷酸核酮糖的再生(二氧化碳受体的再生)

该反应指 5- 磷酸核酮糖在 5- 磷酸核酮糖激酶的催化下转变成 1,5- 二磷酸核酮糖的反应。本来在得到 3- 磷酸甘油醛以后就可以通过糖酵解途径的逆反应合成葡萄糖了,但为了使固定二氧化碳的反应能继续下去,必须有一部分 3- 磷酸甘油醛转变成 5- 磷酸核酮糖,从而再生二氧化碳受体 1,5- 二磷酸核酮糖。由 5 个 3- 磷酸甘油醛转变成 3 个 5- 磷酸核酮糖的过程如下。① 2 分子 3- 磷酸甘油醛缩合成 6- 磷酸果糖,这是在磷酸丙糖异构酶(催化 3- 磷酸甘油醛转变成磷酸二羟丙酮)、1,6- 二磷酸果糖醛缩酶(催化 2 个三碳分子缩合成 1,6- 二磷酸果糖)和磷酸酯酶(水解第 1 位碳上的磷酯键)的作用下完成的。② 6- 磷酸果糖和 3- 磷酸甘油醛在转乙醛酶的作用下反应生成 4- 磷酸赤藓糖和 5- 磷酸木酮糖,后者可转变为 5- 磷酸核酮糖。③ 4- 磷酸赤藓糖与磷酸二羟丙酮缩合成 1,7- 二磷酸景天庚酮糖,再脱掉一个磷酸变成 7- 磷酸景天庚酮糖。前者由 1,7- 二磷酸景天庚酮糖醛缩酶催化,是可逆反应;后者由磷酸酯酶催化,是不可逆反应。在磷酸戊糖途径中, 7- 磷酸景天庚酮糖由 4- 磷酸赤藓糖和 6- 磷酸果糖在转醛醇酶的作用下产生,该反应是可逆的。在卡尔文循环中, 7- 磷酸景天庚酮糖的生成不可逆,确保了底物向核糖转变的单向性,从而赋予了整个反应不可逆性,也因此产生了调节代谢流的可能,具有很重要的意义,这是卡尔文循环所特有的反应。④ 7- 磷酸景天庚酮糖与 3- 磷酸甘油醛在转乙醛酶的催化下反应生成 l mol 5- 磷酸核糖和 1 mol 5- 磷酸木酮糖,最后转变成 2 mol 5- 磷酸核酮糖。

磷酸果糖激酶、1,5- 二磷酸核酮糖羧化酶是卡尔文循环的特征酶,它们不参与其他任何反应,从数量上讲,后者是地球上最丰富的蛋白质。

卡尔文循环具有重要意义,在此循环中, 3 个受体分子循环一次,固定 3 个二氧化碳分子,生成 1 mol 3- 磷酸甘油醛:

$$3CO_2+6NAD(P)H+6H^++9ATP \rightarrow$$

$$6H_2O+3\text{-磷酸甘油醛（TP）}+6NAD（P）^++9ADP+9Pi$$

或 6 个受体分子循环一次,固定 6 个二氧化碳分子,生成 1 mol 葡萄糖:

$$6CO_2+12NAD(P)H+12H^++18ATP \rightarrow 6H_2O+C_6H_{12}O_6+12NAD（P）^++18ADP+18Pi$$

这是自养微生物单糖的主要来源,也是其他糖合成的起点。生物界中有几种固碳方法,主要是卡尔文循环,但并非所有进行光合作用的细胞都通过卡尔文循环进行碳固定,如绿硫细菌通过还原性三羧酸循环进行碳固定,一些生物通过核酮糖 - 单磷酸途径和丝氨酸途径进行碳固定。还原性三羧酸循环又称为逆向三羧酸循环,是在进行光合作用的绿硫细菌中发现的,绿硫细菌属于光能无机自养型微生物。该途径中的多数酶与正向循环时的相同,不同的只有依赖于 ATP 的柠檬酸裂解酶,它可使柠檬酸和辅酶 A 反应转化为草酰乙酸和乙酰辅酶 A(图 5-19)。而在正向氧化性三羧酸循环中,草酰乙酸和乙酰辅酶 A 是在柠檬酸合成酶的作用下合成柠檬酸的。柠檬酸的裂解产物草酰乙酸可作为 CO_2 受体。每循环一次掺入 2 分子 CO_2，还原生成可供各种生物合成用的乙酰辅酶 A，它再固定 1 分子 CO_2 就可以进一步形成丙酸、丙糖、己糖等一系列生物合成所需要的原料。

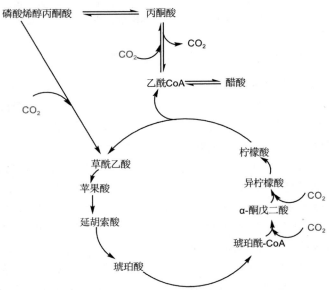

图 5-19　绿硫细菌的还原性三羧酸循环示意

5.3.4　生物能学的应用

基于细胞能量转化、供应与利用的机制，可以开发一系列的前沿技术和器件，举例如下。

5.3.4.1　仿生纳米机器

21 世纪是纳米科技和生命科学快速发展的世纪。高集成、智能化纳米器件的开发必将推动信息技术、生物技术、新材料技术、能源技术、环境技术等的高速发展。纳米技术是国际科技竞争的前沿，也是对未来社会发展、经济振兴、国力增强最有影响力的战略研究领域。人工纳米机器的构建与应用是此前沿领域最具有挑战性的热点课题之一。生命活动是自然界最精巧的运动方式，它赖以存在的基础是生物大分子能够响应外界刺激（包括环境、外界条件的改变）。近 20 年来，分子生物学和单分子生物物理学取得的突破性进展揭示了生物分子马达在生命过程中扮演着核心角色。这些过程包括 ATP 合成，基因转录、翻译，物质输运，细胞运动与分裂等。因此，科学界已全面确立了将蛋白酶理解为生物单分子机器的观点。ATP 合成酶等生物分子马达结构与机制的发现一方面使人们对生命的复杂有序有了新的认识，另一方面也启示和激发科学家去建造能与自然相媲美的纳米机器。

5.3.4.2　人工光合系统

近年来能源危机和环境污染问题不断加剧，高效转化利用以太阳能为代表的绿色清洁能源成了人类社会可持续发展的重大需求。结合材料高效的捕光能力和生物体系高特异性的产物催化能力，用光催化材料对生物代谢过程进行赋能的人工光合作用研究应运而生。

通过光催化材料为细胞代谢提供能量,有望实现太阳能到食品、药品、燃料、材料等高价值产品的特异性转化。这些研究涉及生物非生物界面的相互作用,包括材料对细胞、细胞对材料的影响,电子和能量在界面的传递等。构建人工光合系统时不仅需要考虑材料的生物兼容性和光电转化能力,也需要考虑细胞分泌物等对材料性能的不利影响。因此,实现纳米材料高效赋能细胞代谢过程,达成光驱动绿色生物制造和推动碳中和的宏伟目标,需要材料化学、微生物学、合成生物学、界面科学等学科领域的科学家们携手努力。

5.3.4.3 生物质能利用

生物质能一直是人类赖以生存的重要能源,它是仅次于煤炭、石油和天然气,居于世界能源消费总量第四位的能源,在整个能源系统中占有重要地位。生物质能极有可能成为未来可持续能源系统的组成部分,据估计,到 21 世纪中叶,采用新技术生产的各种生物质替代燃料提供的能量将占全球总能耗的 40% 以上。不管是作物秸秆、树干茎叶、人畜粪便、城市垃圾,还是污水处理厂的污泥,都是能源转化的原料。在生物处理过程中,废物得到处理,同时获得了能源。在农业生态系统中,可处理各类废弃物制成农家肥,并获得生物质能用来照明或作为燃料。污水处理厂的污泥厌氧消化可使污泥体积减小,产生的甲烷、氢气能用来发电,从而降低污水处理厂的运行费用。

小结

生物能学是生物化学的一个重要领域,它研究生命系统的能量流动和能量的形式转变、数量变化。**像普通的化学反应一样,生物化学反应也遵循热力学定律。热力学第一定律解决了能量守恒和转化问题,阐明了转化过程中各种能量的当量关系,但判断变化的方向和变化的程度需要使用热力学第二定律。**自由能在研究生物化学过程方面具有重要意义。生物体用于做功的能量正是体内化学反应释放的自由能,生物氧化释放的能量正是为有机体所利用的自由能。吉布斯自由能的变化(ΔG)控制着反应的程度。有两对因素影响着 ΔG:一对是浓度和产物、反应物的固有反应性(反映在 K_{eq} 中);另一对是焓变和熵变。

ATP 是一种常见的高能磷酸化合物,在能量代谢中具有特殊作用。高能化合物的常见类型包括磷氧键型、氮磷键型、硫酯键型、甲硫键型等。ATP 被称为生物体内的能量货币,即能量传递的中介。尽管生物细胞中有几种富含能量的化合物,但 ATP 是最常用的生化反应能量来源。

活细胞内一切代谢有机物(蛋白质、糖、脂肪等)的氧化过程称为生物氧化。对好氧生物,生物氧化是有机物在生物体内通过氧化分解作用产生 CO_2 和 H_2O、释放大量能量的过程,此过程耗氧且产生 CO_2,在活细胞内进行,故又称为细胞呼吸。生物氧化的主要功能是为生物体提供可用的能量。

生物氧化在一系列氧化还原酶的催化下分步进行,每一步都由特定的酶催化。生物氧化的方式主要包括脱电子反应、脱氢反应和加氧反应。生物氧化作用主要通过脱氢作用实现,脱氢反应一般包括脱氢、递氢和受氢三个步骤。底物上脱掉的氢多数通过递氢体进行传递,最终交给氢受体。不同微生物含有不同的氧化还原酶,因此氧化还原方式不同,脱氢、递氢、受氢方式也不同,进而形成了不同的生物氧化体系。生物氧化过程中涉及的酶主要包括氧化酶和脱氢酶。

代谢物脱下的成对氢原子通过由多种酶和辅酶催化的连锁反应逐步传递,最终与氧结合生成水,这一途径称为呼吸链或电子传递链。呼吸链由递氢体和电子传递体组成,一般包括烟酰胺脱氢酶、黄素酶、铁硫蛋白、泛醌和细胞色素。具有线粒体的生物中存在 NADH 和琥珀酸两条氧化呼吸链,二者的交汇处为辅酶 Q。NADH 氧化呼吸链是细胞最主要的呼吸链。

生物利用 ADP 和磷酸合成 ATP 的主要方法有三种,氧化磷酸化、底物水平磷酸化和光合磷酸化。氧化磷酸化和光合磷酸化从原理上讲都属于离子耦合磷酸化,ATP 的合成都依靠建立跨膜的离子梯度形成的电化学势差,或称质子驱动力。底物水平磷酸化不依靠跨膜离子电化学势差合成 ATP,而是依靠高能化合物的介导反应。

化学渗透假说用于解释生物氧化和磷酸化耦合机制。其主要内容为:电子经过呼吸链传递时,驱动 H^+ 从线粒体的基质侧泵到内膜胞浆侧,从而产生膜内外质子电化学梯度储存能量。当质子顺浓度梯度回流时,驱动 ADP 与 Pi 生成 ATP。

丙酮酸氧化脱羧、三羧酸循环等过程发生在线粒体中,生成的 NADH 可直接在内膜上释放能量;但糖酵解过程在细胞质/膜间隙中进行,生成的 NADH 必须运输到线粒体中才能进行下一步的电子传递,运输方式包括 3-磷酸甘油穿梭系统和苹果酸-天冬氨酸穿梭系统两种。

光合作用指光合生物利用太阳能将二氧化碳和水转变为有机物,同时释放氧气的过程。光合生物的光合作用分为光反应和暗反应两个阶段。光反应发生在细胞膜中。在光合细菌中,细胞膜就是光合膜。在植物和藻类中,光合作用由叶绿体进行。叶绿体的内膜称为类囊体膜。类囊体膜高度有序,包含与光反应有关的结构。

不产氧光合细菌进行光合作用的主要途径是环式光合磷酸化。环式光合磷酸化是在光能的驱动下通过电子的循环传递而完成的磷酸化产能反应。除了进行光合作用,所有光合细菌都能直接同化铵盐或将 N_2 直接固定为铵盐,也就是进行固氮作用。在固氮的同时,一些光合细菌还可以产 H_2(如紫色硫细菌)。此外,某些光合细菌还具有较强的摄磷能力。光合细菌适应性强,可以利用多种有机物作为电子供体,因此在降解废弃有毒物质、净化水质和环境中起到了相当大的作用。

蓝细菌、藻类和植物的光合作用分为两个阶段。光合作用的第一个阶段称为光反应阶段,该阶段的特征是依赖于光的水分子裂解生成氧气。来自水的质子用于由 ADP 和 Pi 化学渗透合成 ATP,而来自水相的氢负离子用于将 $NADP^+$ 还原为 NADPH。光合作用的第二个阶段是利用光反应生成的 NADPH 和 ATP 进行碳的同化作用,结果使得二氧化碳气体被还原为糖。由于这个阶段不是直接依赖于光,而只是依赖于 ATP 和 NADPH 的供给,称之为暗反应阶段。

在光能的驱动下类囊体内进行着电子和质子流动。在水裂解复合物的作用下,H_2O 裂解产生的电子经 PS Ⅱ、一系列中间载体、PS Ⅰ,最后传递给 $NADP^+$;而一部分质子在电子传递过程中从基质泵入类囊体腔内,与 H_2O 裂解生成的质子在腔内外形成质子梯度,腔内的质子经 ATP 合成酶形成的质子通道流回基质,同时催化 ATP 的合成。光照激发的电子可以沿着一系列与膜结合的载体线性传递,最终转移给 $NADP^+$,这是一条非循环的传递途径。

卡尔文循环是光合碳固定的起始反应步骤,也是光合作用暗反应阶段的一部分。在光合作用的暗反应阶段,二氧化碳被还原转化为糖,反应不直接依赖于光,而是一个消耗光反应中产生的 ATP 和 NADPH 的过程。糖是在叶绿体的基质中通过酶催化的循环反应生成的。这个阶段包括三个主要的过程:二氧化碳的固定,二氧化碳的还原,二氧化碳受体的再生。二氧化碳同化生成糖的途径称为还原磷酸戊糖循环,也称为 C3 途径(因途径中的第一个中间产物是三碳分子)或卡尔文循环。

基于细胞能量转化、供应与利用的机制,可以开发一系列的前沿技术和器件,如仿生纳米机器、人工光合系统和生物质能利用。

（本章编写人员:刘宪华 钟磊 刘宛昕）

第6章　物质的代谢

生物化学定律支配着所有生物体和生命过程。通过生化信号控制信息流和通过新陈代谢控制化学能流，生化过程产生了生命的复杂性。在过去的几十年里，生物化学在解释生命过程方面取得了很大的成功，以至于现在几乎所有生命科学领域都在从事生化研究。现今纯生物化学的主要焦点是了解生物分子如何引起活细胞内发生的过程，这与对整个生物体的研究和理解密切相关。而环境生物化学更关注环境污染物如何影响活细胞内的生化过程，如何利用和改造这些代谢途径以调控细胞效能。

新陈代谢是在生物体细胞中发生的用以维持生命的一系列化学反应。这些过程使有机体得以生长和繁殖，维持其结构并对环境作出反应。本章将介绍糖、氨基酸、脂类、核苷酸的代谢。值得说明的是，虽然为了易于理解，书中把糖、氨基酸、脂类、核苷酸等化合物的代谢途径分开讲述，但在实际的细胞中，这些代谢途径交织在一起形成代谢网络（图6-1）。另一个需要说明的是，在细胞内物质代谢和能量代谢是同时进行的。物质代谢是能量代谢的物质基础，能量代谢则是物质代谢得以进行的保证。

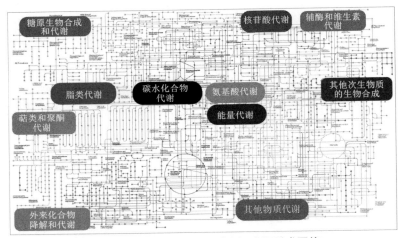

图 6-1　细胞内的各种代谢途径交织形成网络

6.1　糖代谢

糖是自然界最丰富的物质之一。人体每日摄入的糖超过所摄入的蛋白质和脂肪总量，占到食物总量的 50% 以上，以葡萄糖为主向机体的各种组织供给能量。1 g 葡萄糖完全氧化分解可产生 2 840 J/mol 的能量。除了供给机体能量以外，糖也是人体组织结构的重要成分：与蛋白质结合形成糖蛋白，构成细胞表面受体、配体，在细胞间信息传递中发挥重要作用；与脂类结合形成糖脂，糖脂是神经组织细胞膜的组成成分；血浆蛋白、抗体和某些酶、激素中也含有糖。因为糖的基本结构式一般用（CH_2O）$_n$ 表示，所以糖也称为碳水化合物。糖之所以是地球上最丰富的大分子,部分原因在于植物所含有的纤维素和淀粉,两者均由多个葡萄糖分子单元组成。纤维素是植物细胞壁的重要结构元素。动物一般缺乏将纤维素分解成较小的葡萄糖分子的酶,但可以将淀粉或者糖原分解成较小的葡萄糖分子。许多健身锻炼的人都知道,在剧烈运动中,糖类化合物是一种非常好的燃料来源。大多数人也已意识到,在不运动的情况下过量摄入糖类化合物很容易使体重增加。因此,糖类化合物既可以被分解代谢为能量(ATP),也可以用于合成代谢,如脂肪酸的生成。

糖是生物体细胞能量的主要来源。食物中的糖首先在口腔中被唾液淀粉酶部分水解 α-1,4- 糖苷键,进而在小肠被胰液中的淀粉酶进一步水解生成麦芽糖、异麦芽糖和含 4 个糖基的临界糊精,最终被小肠黏膜上的麦芽糖酶、乳糖酶和蔗糖酶水解为葡萄糖、果糖和半乳糖。这些单糖可通过主动转运的方式被吸收进入小肠上皮细胞,这个过程由特定载体协助完成,同时伴有 Na^+ 的转运。这一过程不受胰岛素的调控。除上述糖以外,在一些动物(如白蚁)和一些微生物(如原生生物和细菌)中,纤维素可以在消化过程中分解并以葡萄糖的形式被吸收。由于人体内没有足量的 β- 糖苷酶,食物中含有的纤维素无法被人体分解利用。

6.1.1　葡萄糖的分解代谢

生物体的各个组织均能对糖进行分解代谢,以葡萄糖为例,它主要的分解途径有四条:①无氧条件下的糖酵解途径;②有氧条件下的完全氧化分解,生成 CO_2 和 H_2O;③生成磷酸戊糖的磷酸戊糖通路;④生成葡萄糖醛酸。

简单的糖是单糖,如葡萄糖、半乳糖、果糖;二糖包括乳糖(由半乳糖和葡萄糖组成)、蔗糖(由葡萄糖和果糖组成,也称食糖)和麦芽糖(由 2 分子葡萄糖组成)。葡萄糖、果糖和半乳糖可以直接发生糖酵解。葡萄糖在细胞内分解代谢的主要步骤如图 6-2 所示。蔗糖和乳糖可以由相应的酶分解成单糖。许多成年人无法代谢乳糖(即不耐受乳糖)通常是因为乳糖酶水平降低。结肠中的某些细菌可以乳糖为燃料产生甲烷(CH_4)和氢气(H_2),从而导致肠道不适和令人尴尬的胀气问题。

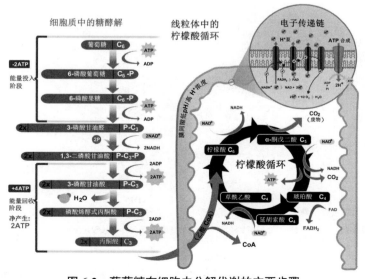

图 6-2　葡萄糖在细胞内分解代谢的主要步骤

6.1.1.1 糖酵解途径

葡萄糖为整个身体的细胞提供能量。葡萄糖是一种方便的燃料分子,因为它稳定且可溶,很容易通过血液从储存的地方运输到需要的地方。葡萄糖充满了化学能,可以随时利用。在试管中燃烧葡萄糖可以产生二氧化碳、水和大量的光、热。我们的细胞也可以燃烧葡萄糖,但这个过程是通过许多小而可控的步骤进行的,因此可以以更可用的形式捕获能量,如 ATP(三磷酸腺苷)。

糖酵解途径是葡萄糖在细胞中燃烧的第一个过程,指细胞在胞浆中分解葡萄糖生成丙酮酸(pyruvate)的过程,在此过程中会有少量 ATP 生成。在缺氧条件下丙酮酸被还原为乳酸,称为糖酵解。在有氧条件下丙酮酸可氧化分解生成乙酰 CoA 进入三羧酸循环,生成 CO_2 和 H_2O。

1. 葡萄糖转运

葡萄糖不能直接扩散进入细胞,其通过两种方式转运入细胞:一种方式是与 Na^+ 共转运,这是一个耗能逆浓度梯度的转运过程,主要发生在小肠黏膜细胞、肾小管上皮细胞等部位;另一种方式是通过细胞膜上的特定转运载体转运入细胞,这是一个不耗能顺浓度梯度的转运过程,即易化扩散。

2. 糖酵解过程

糖酵解过程从葡萄糖或糖原开始。从葡萄糖开始的糖酵解分为两个阶段共 10 个反应(图 6-3)。1 分子葡萄糖经第一阶段的 5 个反应需消耗 2 分子 ATP(耗能过程),经第二阶段的 5 个反应生成 4 分子 ATP(释能过程)。糖原需要在糖原磷酸酶的催化下转变为 1- 磷酸葡萄糖和葡萄糖,然后 1- 磷酸葡萄糖在变位酶的催化下转变为 6- 磷酸葡萄糖,再进行糖酵解。

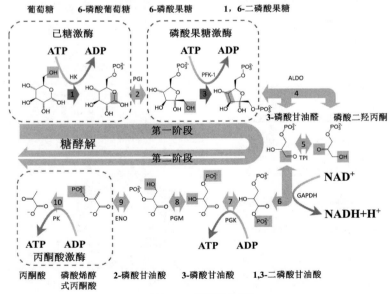

图 6-3 糖酵解过程

(图中三个不可逆的反应步骤(1、3 和 10,分别由己糖激酶、磷酸果糖激酶和丙酮酸激酶催化)用虚框标出)

1）第一阶段——能量投入阶段

（1）步骤 1：葡萄糖的磷酸化。

进入细胞的葡萄糖首先在第 6 位碳上被磷酸化生成 6- 磷酸葡萄糖（G-6-P），磷酸根由 ATP 供给，这一过程不仅对葡萄糖进行了活化，有利于它进一步参与细胞的合成与分解代谢，还能使进入细胞的葡萄糖无法排出细胞。催化此反应的酶是己糖激酶（hexokinase，HK），该反应不可逆，需要消耗 ATP，并以 Mg^{2+} 作为反应的激活剂。己糖激酶能催化葡萄糖、甘露糖、氨基葡萄糖、果糖进行不可逆的磷酸化反应，生成相应的 6- 磷酸酯。6- 磷酸葡萄糖是 HK 的反馈抑制物，己糖激酶是糖氧化反应过程的限速酶，或称关键酶。

（2）步骤 2：6- 磷酸葡萄糖的异构反应。

该反应是由磷酸葡萄糖异构酶（PGI）催化 6- 磷酸葡萄糖（以醛糖形式存在）转变为 6- 磷酸果糖的过程，具有可逆性。最近研究人员发现，这种酶在细胞外也发挥着重要作用，它不是一种酶，而是一种信使分子。它由白细胞分泌，有助于控制多种细胞的生长和运动。随着研究人员对生物基因组的深入研究，发现了许多其他"兼职"蛋白质的例子，这些蛋白质在机体的一个地方具有一种功能，而在其他地方具有完全不同的功能。

（3）步骤 3：6- 磷酸果糖的磷酸化。

此反应是 6- 磷酸果糖第 1 位上的 C 进一步磷酸化生成 1，6- 二磷酸果糖，磷酸根由 ATP 供给，催化此反应的酶是磷酸果糖激酶（PFK-1），该反应不可逆。

PFK-1 是糖的有氧氧化过程中最重要的限速酶，同时也是变构酶，柠檬酸、ATP 等是变构抑制剂，ADP、AMP、Pi、2，6- 二磷酸果糖等是变构激活剂，胰岛素可诱导 PFK-1 的生成。磷酸果糖激酶就像一台微型分子计算机，它可以感知不同分子的水平并判断糖分解的时间是否合适。例如，当细胞内 ADP 和 AMP 浓度高时，酶的活性会增强，以加速 ATP 合成。

（4）步骤 4：1，6- 二磷酸果糖的裂解反应。

醛缩酶（ALDO）催化 1，6- 二磷酸果糖裂解生成磷酸二羟丙酮和 3- 磷酸甘油醛，此反应是可逆的。

（5）步骤 5：磷酸二羟丙酮的异构反应。

磷酸丙糖异构酶（TPI）催化磷酸二羟丙酮转变为 3- 磷酸甘油醛，此反应是可逆的。

到此 1 分子葡萄糖分解产生 2 分子 3- 磷酸甘油醛，两次磷酸化作用共消耗 2 分子 ATP。

2）第二阶段——能量回收阶段

（1）步骤 6：3- 磷酸甘油醛的氧化反应。

此反应由 3- 磷酸甘油醛脱氢酶（GAPDH）催化 3- 磷酸甘油醛氧化脱氢并磷酸化生成含有 1 个高能磷酸键的 1，3- 二磷酸甘油酸，反应生成的氢离子和电子转给脱氢酶的辅酶 NAD^+ 生成 NADH 和 H^+，参与反应的磷酸根来自磷酸。

（2）步骤 7：1，3- 二磷酸甘油酸的磷酸基转移反应。

1，3- 二磷酸甘油酸在磷酸甘油酸激酶（PGK）的催化下将磷酸基传递给 ADP 生成 ATP，这种在底物氧化过程中产生的能量直接使 ADP 磷酸化生成 ATP 的过程称为底物水平磷酸化（substrate level phosphorylation）。此反应是可逆的。

（3）步骤 8：3- 磷酸甘油酸的变位反应。

在磷酸甘油酸变位酶（PGM）的催化下，3- 磷酸甘油酸 C3 位上的磷酸基转移到 C2 位上生成 2- 磷酸甘油酸。此反应是可逆的。

（4）步骤 9:2-磷酸甘油酸的脱水反应。

在烯醇化酶（ENO）催化 2-磷酸甘油酸脱水的同时，能量重新分配，生成含高能磷酸键的磷酸烯醇式丙酮酸（phosphoenol pyruvate，PEP）。此反应是可逆的。

（5）步骤 10:磷酸烯醇式丙酮酸的磷酸转移。

在丙酮酸激酶（PK）的催化下，磷酸烯醇式丙酮酸上的高能磷酸根转移至 ADP 生成 ATP，这是又一次底物水平磷酸化过程。但此反应是不可逆的。

丙酮酸激酶是糖的有氧氧化过程中的重要限速酶，具有变构酶的性质，ATP 是变构抑制剂，ADP 是变构激活剂，Mg^{2+}、K^+ 可激活丙酮酸激酶，胰岛素可诱导丙酮酸激酶的生成，磷酸烯醇式丙酮酸可自动转变成丙酮酸。

3）糖的无氧酵解

在细胞质中，1 分子葡萄糖或糖原中的 1 个葡萄糖单位可氧化分解产生 2 分子丙酮酸，同时释放 4 分子 ATP，丙酮酸进入线粒体继续氧化分解，在此过程中产生的 2 对 $NADH+H^+$ 由氢离子受体 α-磷酸甘油（肌肉和神经组织细胞）或苹果酸（心肌或肝脏细胞）接收后传递进入线粒体，再经线粒体内呼吸链的传递，最后与氧结合生成水，同时产生 NAD^+。在氢离子的传递过程中释放能量，其中一部分以 ATP 的形式储存。

在整个细胞液阶段的 10 步酶促反应中，在生理条件下有 3 步是不可逆的单向反应。催化这 3 步反应的酶活性较弱，是整个糖的有氧氧化过程的关键酶，其活性对糖的氧化分解速度起决定性作用。在此阶段，经底物水平磷酸化产生 4 分子 ATP。

总而言之，经过糖酵解途径，1 分子葡萄糖可氧化分解产生 2 分子丙酮酸。在此过程中，经底物水平磷酸化可产生 4 分子 ATP，如与第一阶段葡萄糖磷酸化和磷酸果糖磷酸化消耗 2 分子 ATP 相互抵消，1 分子葡萄糖降解为丙酮酸净产生 2 分子 ATP。如从糖原开始，因开始阶段仅消耗 1 分子 ATP，所以 1 个葡萄糖单位可净生成 3 分子 ATP。

$$葡萄糖 + 2Pi + 2NAD^+ + 2ADP \rightarrow 2丙酮酸 + 2ATP + 2NADH + 2H^+ + 2H_2O$$

3. 乳酸发酵和乙醇发酵

糖酵解从糖中去除几个氢原子，将它们转移到小载体分子 NAD（烟酰胺腺嘌呤二核苷酸）上生成还原态的 NADH。如果糖酵解是唯一正在进行的过程，NADH 就会积累起来，细胞已经开发出几种方法来处理它们，以使糖酵解过程持续进行。许多细胞最终使它们与氧气结合形成水，在此过程中产生大量额外的 ATP。在某些情况下，如剧烈运动后，过度劳累的肌肉收缩太快，无法获得足够的氧气，便以不同的方式将氢原子添加回葡萄糖分子的分解产物（丙酮酸）形成乳酸。在无氧运动期间，乳酸会积聚，从而引起局部肌肉酸痛。某些植物和微生物（如酿酒酵母）中含有丙酮酸脱羧酶，在缺氧条件下，这种酶参与发酵过程，使丙酮酸脱羧产生乙醛和二氧化碳。酿酒酵母细胞可利用乙醇脱氢酶将氢原子添加回乙醛分子生成酒精，我们喝的酒就是以这种方式生产的。丙酮酸脱羧酶也存在于某些鱼（包括金鱼和鲤鱼）中，因此这些鱼在氧气不足的情况下可以同时进行乙醇发酵和乳酸发酵。丙酮酸脱羧酶依赖于辅助因子焦磷酸硫胺素（TPP）和镁离子，这和丙酮酸脱氢酶不同，后者是一种氧化还原酶，可催化丙酮酸氧化脱羧生成乙酰辅酶 A。人体中不含有丙酮酸脱羧酶，因此不能进行乙醇发酵。

4. 糖酵解的生理意义

糖酵解是生物界普遍存在的供能途径,但其释放的能量不多,而且在一般生理情况下,大多数组织有足够的氧供有氧氧化的需要,很少进行糖酵解,因此这一代谢途径供能意义不大。但少数组织(如视网膜、睾丸、肾髓质、红细胞等)即使在有氧条件下仍需通过糖酵解获得能量。

在某些情况下,糖酵解有特殊的生理意义。例如剧烈运动时,能量需求增加,糖分解加速,此时即使呼吸和循环加快以增加氧的供应量,仍不能满足体内的糖完全氧化所需的能量,肌肉处于相对缺氧状态,必须通过糖酵解过程补充所需的能量。在剧烈运动后,血中乳酸的浓度成倍地升高,这是糖酵解增强的结果。又如人们从平原进入高原的初期,由于缺氧,组织细胞往往通过增强糖酵解获得能量。

在某些病理情况下,如严重贫血、大量失血、呼吸障碍等,组织细胞也需要通过增强糖酵解获取能量。倘若糖酵解过度,可能因乳酸产生过多而导致酸中毒。

5. 糖酵解的调节

糖酵解过程是无穷无尽的。在糖酵解的 10 步反应中,有许多重要的反应过程,这些反应过程使我们的细胞充满活力。它们已通过进化完善,可以快速、有效地执行各种化学任务(添加、移除和移动原子)而不会出错。糖酵解途径经过细胞的精心调节,仅在需要能量时才分解葡萄糖。在糖酵解途径中,有的酶在发挥功能期间可以改变形状(图 6-4);有的酶在反应过程中与其底物形成共价键;有的酶使用金属离子或有机分子辅助。其中一些酶非常有效,以至于它们的工作速度比糖分子到达它们的速度更快。整个路径是精心编排的,每一步都顺利进行,不会失控。在一个代谢过程中,往往催化不可逆反应的酶限制代谢反应速度,这种酶称为限速酶。糖酵解途径中的主要限速酶是己糖激酶(HK)、磷酸果糖激酶 -1(PFK-1)和丙酮酸激酶(PK)。

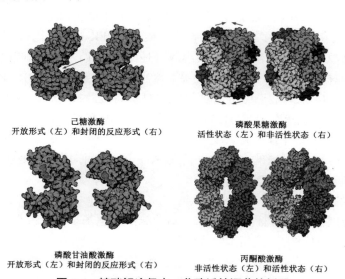

己糖激酶
开放形式(左)和封闭的反应形式(右)

磷酸果糖激酶
活性状态(左)和非活性状态(右)

磷酸甘油酸激酶
开放形式(左)和封闭的反应形式(右)

丙酮酸激酶
非活性状态(左)和活性状态(右)

图 6-4　糖酵解途径中一些酶活性调节的例子

1)激素的调节

胰岛素能诱导己糖激酶、磷酸果糖激酶、丙酮酸激酶的合成,从而提高这些酶的活性,一般来说,这种促进作用比对限速酶的变构或修饰调节慢,但作用比较持久。

2)诱导契合

科学家在己糖激酶的结构被解析出来之前就预测出其催化的化学反应必须与水隔绝,以防止磷酸盐被水分子简单地从 ATP 中分离出来。因此,己糖激酶应该可以对底物进行诱导契合,一旦它们结合,就会在 ATP 和葡萄糖周围闭合。当己糖激酶的几种结构被解析出来时,这种预测被证明是正确的。己糖激酶的形状像一个夹子,一侧有一个大凹槽。不含葡萄糖的结构是开放的,允许访问其活性位点。但是与葡萄糖结合时,这个夹子结构关闭以包围底物分子。

3)代谢物对限速酶的变构调节

在上述三种限速酶中,起决定作用的是催化效率最低的酶 PFK-1。PFK-1 是一种变构酶,由 4 个亚基组成,受许多激活剂和抑制剂控制。PFK-1 是哺乳动物糖酵解途径中最重要的酶。PFK-1 参与的过程受到广泛的监管,因为它不仅消耗 ATP,而且是一个不可逆的步骤。葡萄糖和其他单糖在糖酵解途径中的变化方向受到 PFK-1 活性的精确控制。在这步反应之前, 6- 磷酸葡萄糖可能沿着磷酸戊糖途径向下移动,或转化为 1- 磷酸葡萄糖以生成糖原。

PFK-1 被高水平的 ATP 变构抑制,但 AMP 可以逆转 ATP 的抑制作用。因此,当细胞 ATP/AMP 比率降低时,酶活性会增强。ATP 既可作为底物又可作为抑制剂,原因在于 PFK-1 对 ATP 有两个结合位点,一个是 ATP 作为底物的结合位点,另一个是 ATP 作为抑制剂的结合位点。两个位点对 ATP 的亲和力不同,与底物作用的位点亲和力大,与抑制剂作用的位点亲和力小。当细胞内 ATP 不足时,ATP 主要作为底物,保证酶促反应进行;而当细胞内 ATP 增多时, ATP 作为抑制剂,与 PFK-1 的调节亚基结合,减小酶对 6- 磷酸果糖的亲和力。PFK-1 也受到低 pH 值的抑制,这增强了 ATP 的抑制作用。当肌肉在厌氧状态下工作并产生过量的乳酸时,pH 值会下降(尽管乳酸并不是导致 pH 值降低的原因)。这种抑制作用用于保护肌肉免受因过多酸积累而导致的损伤。PFK-1 还可以被磷酸烯醇式丙酮酸(PEP)和柠檬酸盐变构抑制。磷酸烯醇式丙酮酸是糖酵解途径下游的产物。

真核生物和原核生物中 PFK-1 调节的关键区别在于,在真核生物中, PFK-1 被 2, 6- 二磷酸果糖激活。2, 6- 二磷酸果糖可使真核生物对胰高血糖素和胰岛素等激素的调节更敏感。2, 6- 二磷酸果糖是 PFK-1 最有效的激活剂,它是由 PFK-1 催化 6- 磷酸果糖产生的。因此,丰富的 6- 磷酸果糖导致更高浓度的 2, 6- 二磷酸果糖。2, 6- 二磷酸果糖与 PFK-1 结合可以增大其对 6- 磷酸果糖的亲和力并降低 ATP 的抑制作用。这是前馈调节的一个例子,因为当葡萄糖丰富时糖酵解会加速。

6. 其他单糖的酵解

单糖对哺乳动物具有不同程度的甜味。对甜味的感觉基于糖与舌头上的味觉细胞表面表达的 G 蛋白偶联受体结合,从而刺激大脑的神经元信号。糖对味觉细胞中 G 蛋白偶联受体的亲和力决定了感知到的甜味。例如,果糖比葡萄糖更甜。此外,这些糖的代谢非常多样化。葡萄糖在己糖激酶的催化下通过 ATP 依赖性反应变成 6- 磷酸葡萄糖。

果糖主要由肝脏代谢,在较小程度上由小肠和肾脏代谢(图 6-5)。第一步是果糖激酶将果糖磷酸化为 1- 磷酸果糖。随后, 1- 磷酸果糖醛缩酶 B 将 1- 磷酸果糖裂解为甘油醛和磷酸二羟丙酮。然后甘油醛被丙糖激酶磷酸化为 3- 磷酸甘油醛———一种糖酵解中间体。

简单地看,果糖代谢似乎和葡萄糖代谢差别不大。然而果糖在糖酵解中的重要调节步骤之后进入糖酵解。绕过这一重要的监管步骤而大量摄入果糖可能导致令人担忧的肥胖流行病。近年来,过量食用果糖被认为是肥胖和糖尿病增加的驱动因素之一。蔗糖含有等量的葡萄糖(50%)和果糖(50%);高果糖玉米糖浆并没有太大的不同,含有 55% 的果糖。葡萄糖和果糖之间的最大区别在于它们的代谢方式。例如,含有以淀粉形式存在的葡萄糖分子的 100 cal 的马铃薯与含有 50% 果糖、50% 葡萄糖的 100 cal 的蔗糖代谢非常不同。它们的热量含量是一样的,但是机体内的所有细胞都可以使用葡萄糖,而主要使用果糖的是肝脏。肝脏中葡萄糖和果糖的代谢完全不同。大多数细胞没有 GLUT5 转运蛋白,它是果糖的主要转运蛋白。而肝脏具有丰富的 GLUT5 转运蛋白,使果糖易于代谢。肝脏会将多余的果糖转化为甘油醛,甘油醛再转化为甘油三酯的前体 3- 磷酸甘油。果糖还可以生成磷酸二羟丙酮,进而生成 3- 磷酸甘油醛,最终通过糖酵解进入线粒体 TCA 循环。产生的过量柠檬酸盐被输出到细胞质中,在那里转化为乙酰辅酶 A 以产生脂肪酸,这是甘油三酯的另一种前体。因此,果糖更容易在肝脏中转化为脂肪。有趣的是,肿瘤细胞也可以代谢果糖。

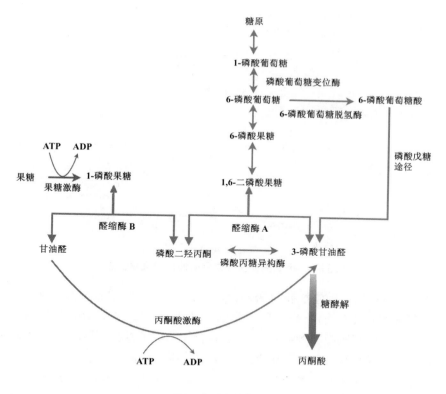

图 6-5　果糖代谢

6.1.1.2　糖的有氧氧化

葡萄糖在有氧条件下氧化分解生成二氧化碳和水的过程称为糖的有氧氧化(aerobic oxidation)。有氧氧化是糖分解代谢的主要方式,大多数组织中的葡萄糖均进行有氧氧化分解供给机体能量。

1. 糖有氧氧化的代谢过程

糖的有氧氧化分两个阶段进行。第一个阶段是由葡萄糖生成丙酮酸,在细胞液中进行。第二个阶段是在上述过程中产生的 NADH+H⁺ 和丙酮酸在有氧状态下进入线粒体,丙酮酸氧化脱羧生成乙酰 CoA 进入三羧酸循环,进而氧化生成 CO_2 和 H_2O,同时 NADH+H⁺ 经呼吸链传递,伴随着氧化磷酸化过程生成 H_2O 和 ATP(图 6-2)。下面主要讨论在线粒体中进行的第二阶段代谢。

(1)丙酮酸氧化脱羧转变为乙酰 CoA。

丙酮酸脱氢反应的重要特征是丙酮酸氧化释放的自由能储存在乙酰 CoA 的高能硫酯键中,并生成 NADH+H⁺。该反应由线粒体中的丙酮酸脱氢酶复合体催化,反应过程如图6-6 所示。

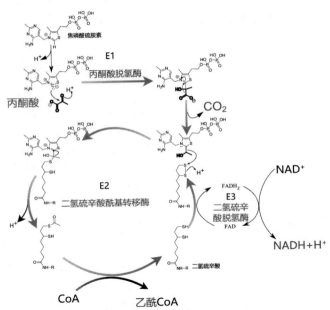

图 6-6　丙酮酸脱氢酶复合体催化的反应步骤

催化氧化脱羧的酶是丙酮酸脱氢酶复合体,它包括丙酮酸脱氢酶 E1(辅酶是 TPP)、二氢硫辛酸酰基转移酶 E2(辅酶是二氢硫辛酸和辅酶 A)、二氢硫辛酸脱氢酶 E3(辅酶是 FAD 和存在于线粒体基质中的 NAD⁺)。多酶复合体形成了紧密相连的连锁反应机构,提高了催化效率。从丙酮酸到乙酰 CoA 是糖的有氧氧化中关键的不可逆反应,催化这个反应的丙酮酸脱氢酶复合体受到很多因素的影响,反应产物乙酰 CoA 和 NADH+H⁺ 可以分别抑制二氢硫辛酸酰基转移酶和二氢硫辛酸脱氢酶的活性,丙酮酸脱羧酶的活性受 ADP 的激活,受 ATP 的抑制。

丙酮酸脱氢酶复合体是一个巨大的分子复合物,将丙酮酸脱氢、二氢硫辛酸酰基转移和二氢硫辛酸脱氢这三个独立、连续的化学反应过程耦合起来以产生能量,并将糖酵解与三羧酸循环联系起来。结合利用晶体学、核磁共振光谱和电子显微镜揭示了丙酮酸脱氢酶复合体的结构。哺乳动物体内的丙酮酸脱氢酶复合体直径大约是 50 nm,约是核糖体的 5 倍,可以在电子显微镜下直接观察其外观。但该复合体的结构很灵活,因此很难研究。结构生物学家采取了分而治之的方法,将复合体分解成可供研究的小块,然后使用电子显微镜拍摄的整个复合体的图片来确定如何组装所有部件。分析电子显微镜照片与晶体衍射结果可以得出一个模型,显示在复合体外围的是 E1,内部则是 E2 与 E3。

　　E2 的催化结构域形成了丙酮酸脱氢酶复合体的核心,并使用乙酰 CoA 作为乙酰基供体、二氢硫辛酰胺作为受体催化乙酰转移酶反应。E2 的形状为五角十二面体,直径大约为 25 nm。在牛的细胞里以 60 个单位组成一个核心,在大肠杆菌中则以 24 个单位组成一个核心。图 6-7 中示意性地显示了丙酮酸脱氢酶复合体的结构,其中柔性接头不包括在原子坐标中。该复合体围绕对称的中央核心 E2 构建,核心中的每条蛋白质链都有一条长而灵活的尾巴,可以折叠成几个额外的结构域。其中一个结构域可以抓取复合体中的其他酶(E1 和 E3),还有几个小结构域充当载体。这些结构域上的赖氨酸残基连接到特殊的载体分子硫辛酸(不包括在结构中)上,在反应过程中在酶之间传递待分解的分子。

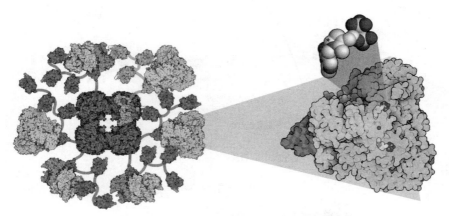

图 6-7　大肠杆菌丙酮酸脱氢酶复合体示意

(左图中包含几个结构:中央核心 E2、载体域、与柔性尾部的接头结构域结合的两种酶 E1 和 E3(此图高度简化,仅显示了 24 个尾部中的 6 个,在实际的复合体中,中央核心被完全包围);右图显示了 E1 的结构,并放大显示了 E1 的辅酶 TPP,TPP 分子有一个特别活泼的碳原子,图中用星号表示)

　　在这个复合体中进行的脱羧反应比较复杂,因此使用了几种专门的化学工具(辅酶)来辅助催化反应。第一步反应使用焦磷酸硫胺素(TPP)从丙酮酸中提取二氧化碳,TPP 分子有一个特别活泼的碳原子,它有助于反应的进行。复合体还需要其他化学工具:小载体结构域需要硫辛酸来紧紧抓住第一步反应产生的乙酰基,最终将它们转移到另一种化学载体分子辅酶 A 上。最后一步反应需要 FAD 和 NAD^+ 对硫辛酸进行再生。细胞无法从头开始构建这些复杂的化学工具(辅酶),因此需要在饮食中获取这些分子,如维生素、硫胺素、泛酸、核黄素和烟酸。

　　(2)三羧酸循环(tricarboxylic acid cycle)。

　　乙酰 CoA 进入由一连串反应构成的循环体系,最终被氧化生成 H_2O 和 CO_2。由于这个循环反应开始于乙酰 CoA 与草酰乙酸(oxaloacetate)缩合生成的含有三个羧基的柠檬酸,因此称之为三羧酸循环(TCA 循环)或柠檬酸循环。这个循环是英籍德裔科学家 Hans Adolf Krebs 发现的,所以有时也称为 Krebs 循环。

　　其详细过程如图 6-8 所示。

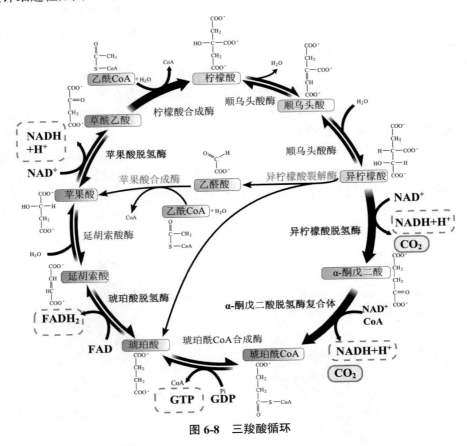

图 6-8　三羧酸循环

　　①乙酰 CoA 进入三羧酸循环。

　　乙酰 CoA 具有高能硫酯键,乙酰基有足够的能量与草酰乙酸的羧基进行醛醇型缩合。首先从乙酰基上除去一个 H$^+$,生成的碳阴离子对草酰乙酸的羰基碳进行亲核攻击,生成柠檬酰 CoA 中间体,然后高能硫酯键水解放出游离的柠檬酸,使反应不可逆地向右进行。该反应由柠檬酸合成酶催化,是很强的放能反应。

　　由草酰乙酸和乙酰 CoA 合成柠檬酸是三羧酸循环的重要调节点,柠檬酸合成酶是一个变构酶,ATP 是柠檬酸合成酶的变构抑制剂,高浓度柠檬酸抑制柠檬酸合成酶的活性。此外,α- 酮戊二酸、NADH 能变构抑制其活性,长链脂酰 CoA 也可抑制它的活性,AMP 可对抗 ATP 的抑制而起激活作用。

　　②异柠檬酸形成。

　　柠檬酸的叔醇基不易被氧化,使柠檬酸转变成异柠檬酸(即使叔醇转变成仲醇)则易于被氧化。此反应由顺乌头酸酶催化,为可逆反应。

　　③第一次氧化脱羧。

　　在异柠檬酸脱氢酶的作用下,异柠檬酸的仲醇基被氧化为羰基,生成草酰琥珀酸的中间产物,后者在同一酶表面快速脱羧生成 α- 酮戊二酸(α-ketoglutarate)、NADH+H$^+$ 和 CO$_2$。

此反应为 β- 氧化脱羧,此酶需要 Mn^{2+} 作为激活剂。

此反应是不可逆的,是三羧酸循环中的限速步骤,ADP 是异柠檬酸脱氢酶的激活剂,而 ATP、NADH 是此酶的抑制剂。

④第二次氧化脱羧。

在 α- 酮戊二酸脱氢酶复合体的作用下,α- 酮戊二酸氧化脱羧生成琥珀酰 CoA、NA-DH+H^+ 和 CO_2,该反应过程完全类似于丙酮酸脱氢酶复合体催化的氧化脱羧,是 α- 氧化脱羧,氧化产生的能量一部分储存于琥珀酰 CoA 的高能硫酯键中。

α- 酮戊二酸脱氢酶复合体也由三个酶(α- 酮戊二酸脱羧酶、硫辛酸琥珀酰基转移酶、二氢硫辛酸脱氢酶)和五个辅酶(TPP、硫辛酸、CoA、NAD^+、FAD)组成。

此反应也是不可逆的。α- 酮戊二酸脱氢酶复合体受 ATP、GTP、NADPH 和琥珀酰 CoA 抑制,但其不受磷酸化/去磷酸化调控。

⑤底物磷酸化生成 ATP。

在琥珀酸硫激酶的作用下,琥珀酰 CoA 的硫酯键水解,释放的自由能用于合成 GTP,在细菌和植物体内可直接生成 ATP,在哺乳动物中先生成 GTP,再生成 ATP,琥珀酰 CoA 分解生成琥珀酸和辅酶 A。

⑥琥珀酸脱氢。

琥珀酸脱氢酶催化琥珀酸氧化成为延胡索酸。该酶结合在线粒体内膜上,而其他三羧酸循环的酶都是存在于线粒体基质中的。该酶含有铁硫中心和共价结合的 FAD,来自琥珀酸的电子通过 FAD 和铁硫中心进入电子传递链给 O_2。丙二酸是琥珀酸的类似物,是琥珀酸脱氢酶强有力的竞争性抑制物,可以阻断三羧酸循环。丙二酸也是脂肪酸合成的初始反应物,对细胞内能量代谢的平衡发挥着重要作用。

⑦延胡索酸水化。

延胡索酸酶仅对延胡索酸的反式双键起作用,而对顺丁烯二酸(马来酸)则无催化作用,因而延胡索酸酶具有高度立体特异性。

⑧草酰乙酸再生。

在苹果酸脱氢酶的作用下,苹果酸的仲醇基脱氢氧化成羰基,生成草酰乙酸,NAD^+ 是该酶的辅酶,接受氢成为 NADH+H^+。

三羧酸循环的总反应如下:

$$乙酰CoA+3NAD^++FAD+GDP+Pi+2H_2O \rightarrow$$
$$2CO_2+3NADH+FADH_2+GTP+3H^++CoA$$

三羧酸循环通过脱羧作用生成 CO_2,循环中有两次脱羧反应,这两次反应都有脱氢作用,但作用的机理不同。由异柠檬酸脱氢酶催化的 β- 氧化脱羧,辅酶是 NAD^+,底物先脱氢生成草酰琥珀酸,然后在 Mn^{2+} 或 Mg^{2+} 的协同下脱去羧基,生成 α- 酮戊二酸。α- 酮戊二酸脱氢酶复合体催化的 α- 氧化脱羧反应和丙酮酸脱氢酶复合体催化反应基本相同。应当指出,通过脱羧作用生成 CO_2 是机体内产生 CO_2 的普遍规律,由此可见,机体 CO_2 的生成与体外燃烧生成 CO_2 的过程截然不同。

三羧酸循环中的四次脱氢,其中三对氢原子以 NAD^+ 为氢受体,一对氢原子以 FAD 为氢受体,分别还原生成 NADH+H^+ 和 $FADH_2$。它们经线粒体内递氢体系的传递,最终与氧结合生成水,在此过程中释放出来的能量使 ADP 和 Pi 结合生成 ATP,凡 NADH+H$^+$ 参与的递氢体系,每对氢原子氧化生成 1 分子 H$_2$O 和 3 分子 ATP,而 FADH$_2$ 参与的递氢体系则生成 2 分子 ATP,再加上底物磷酸化产生 1 分子 ATP,1 分子乙酰 CoA 参与三羧酸循环至循环终末共生成 12 分子 ATP。在此过程中释放的能量是糖酵解产生的能量的数倍。

乙酰 CoA 进入 TCA 循环后,乙酰 CoA 中乙酰基的碳原子与四碳的受体分子草酰乙酸缩合生成六碳的柠檬酸,在三羧酸循环中两次脱羧生成 2 分子 CO$_2$,与进入循环的乙酰基的碳原子数相等,但是以 CO$_2$ 方式失去的碳并非来自乙酰基的碳原子,经同位素示踪显示来自草酰乙酸。

三羧酸循环的中间产物从理论上讲可以循环不消耗,但是由于循环中的某些组成成分还可参与合成其他物质,其他物质也可不断通过多种途径生成中间产物,所以三羧酸循环的组成成分始终处于不断更新之中。例如草酰乙酸接受氨基后生成天冬氨酸,α- 酮戊二酸接受氨基后生成谷氨酸。草酰乙酸被烯醇丙酮酸磷酸羧激酶催化变成烯醇丙酮酸磷酸,再由丙酮酸激酶催化为烯醇式丙酮酸,随后变为丙酮酸。因为草酰乙酸的含量直接影响循环的速度,因此不断补充草酰乙酸是使三羧酸循环顺利进行的关键。菠菜富含草酰乙酸,因而被认为是能够补充营养物质、提供能量的蔬菜。

2. 糖有氧氧化的生理意义

三羧酸循环是机体获取能量的主要方式。1 分子葡萄糖经无氧酵解仅净生成 2 分子 ATP,而经有氧氧化可净生成 32 分子 ATP。在一般生理条件下,许多组织细胞从糖的有氧氧化中获得能量。糖的有氧氧化不但释能效率高,而且能量逐级释放,储存于 ATP 分子中,具有很高的能效利用率。

三羧酸循环是细胞内重要的能源物质糖、脂肪和蛋白质这三种有机物在体内彻底氧化的共同代谢途径,三羧酸循环的起始物乙酰 CoA 不但是糖氧化分解的产物,也是来自脂肪的甘油、脂肪酸和来自蛋白质的某些氨基酸代谢的必经途径,因此三羧酸循环实际上是三种主要的有机物在体内氧化供能的共同通路。据估计人体内 2/3 的有机物是通过三羧酸循环被分解的。

三羧酸循环是体内三种主要的有机物互变的重要转换途径:糖和甘油在体内代谢可生成 α- 酮戊二酸、草酰乙酸等三羧酸循环的中间产物,这些中间产物可以转变成为某些非必需氨基酸;有些氨基酸可通过不同途径变成 α- 酮戊二酸和草酰乙酸,再经糖异生途径生成糖或转变成甘油。因此三羧酸循环不仅是三种主要的有机物分解代谢的最终共同途径,而且是它们相互转化的重要机制。

3. 糖有氧氧化的调节

1)代谢途径中酶活性的调节

糖有氧氧化的第一个阶段糖酵解途径的调节前面已探讨过,下面主要讨论后两个阶段丙酮酸氧化脱羧生成乙酰 CoA 并进入三羧酸循环的一系列反应的调节。丙酮酸脱氢酶复合体、柠檬酸合成酶、异柠檬酸脱氢酶和 α- 酮戊二酸脱氢酶复合体是这一过程的限速酶。

丙酮酸脱氢酶复合体(pyruvate dehydrogenase complex,PDH complex)受变构调控也受化学修饰调控,并受它的催化产物 ATP、乙酰 CoA 和 NADH 有力的抑制,这种变构抑制可被长链脂肪酸增强。若进入三羧酸循环的乙酰 CoA 减少,而 AMP、辅酶 A 和 NAD$^+$ 堆积,酶复合体就被变构激活,除上述变构调节,在脊椎动物体内还有第二层次的调节,即酶蛋白的化学修饰,PDH 含有两个亚基,其中一个亚基上一个特定的丝氨酸残基磷酸化后酶活性就受到抑制,脱磷酸化后酶活性即可恢复。磷酸化和脱磷酸化作用是由特异的磷酸激酶和磷酸蛋白磷酸酶分别催化的,它们在真核生物的线粒体基质中参与丙酮酸脱氢酶复合体的调节。激酶受 ATP 变构激活,当 ATP 浓度高时,PDH 就磷酸化而被抑制,当 ATP 浓度下降时,PDH 活性也降低,用磷酸酶除去 PDH 上的磷酸,PDH 又被激活。

对三羧酸循环中柠檬酸合成酶、异柠檬酸脱氢酶和 α- 酮戊二酸脱氢酶复合体的调节主要通过产物的反馈抑制实现,ATP/ADP 与 NADH/NAD$^+$ 是主要调节因素。ATP/ADP 升高,抑制柠檬酸合成酶和异柠檬酶脱氢酶的活性;反之,ATP/ADP 下降可激活上述两个酶。NADH/NAD$^+$ 升高,抑制柠檬酸合成酶和 α- 酮戊二酸脱氢酶的活性。除 ATP、ADP、NADH、NAD$^+$ 之外,一些其他代谢产物对酶的活性也有影响,如柠檬酸抑制柠檬酸合成酶活性,琥珀酰 CoA 抑制 α- 酮戊二酸脱氢酶复合体的活性。总之,组织中的代谢产物决定循环反应的速度,以便调节机体 ATP 和 NADH 浓度,保证机体能量供给。

2)糖有氧氧化和糖酵解的相互调节

Pasteur 在研究酵母发酵时发现,在供氧充足的条件下,细胞内的糖酵解作用受到抑制。葡萄糖消耗和乳酸生成减少,这种糖有氧氧化对糖酵解的抑制作用称为巴斯德效应(Pasteur effect)。

产生巴斯德效应主要是由于在供氧充足的条件下,细胞内 ATP/ADP 升高,抑制了 PK 和 PFK,使 6- 磷酸果糖和 6- 磷酸葡萄糖含量增加,后者反馈抑制己糖激酶(HK),使葡萄糖利用减少,呈现出糖有氧氧化对糖酵解的抑制作用。

6.1.1.3　磷酸戊糖途径

磷酸戊糖途径(pentose phosphate pathway)又称己糖单磷酸旁路(hexose monophosphate shut,HMS)或磷酸葡萄糖旁路(phosphogluconate shut)。此途径由 6- 磷酸葡萄糖开始生成具有重要生理功能的 NADPH 和 5- 磷酸核糖。全过程中无 ATP 生成,因此该过程不是机体产能的方式。其主要发生在肝脏、脂肪组织、哺乳期的乳腺、肾上腺皮质、性腺、骨髓和红细胞等中。

1. 反应过程

磷酸戊糖途径在细胞液中进行,全过程分为不可逆的氧化阶段和可逆的非氧化阶段(图 6-9)。在氧化阶段,3 分子 6- 磷酸葡萄糖在 6- 磷酸葡萄糖脱氢酶和 6- 磷酸葡萄糖酸脱氢酶等的催化下氧化脱羧生成 6 分子 NADPH+H$^+$、3 分子 CO_2 和 3 分子 5- 磷酸核酮糖;在非氧化阶段,5- 磷酸核酮糖在转酮基酶(TPP 为辅酶)和转醛基酶的催化下部分碳链相互转换,经三碳、四碳、七碳糖磷酸酯等,最终生成 2 分子 6- 磷酸果糖和 1 分子 3- 磷酸甘油醛,它们可转变为 6- 磷酸葡萄糖继续进行磷酸戊糖途径,也可以进入糖有氧氧化或糖酵解途径。此反应途径的限速酶是 6- 磷酸葡萄糖脱氢酶,此酶活性受 NADPH 浓度影响,NADPH 浓度升高抑制酶的活性,因此磷酸戊糖途径主要受体内 NADPH 的需求量调节。

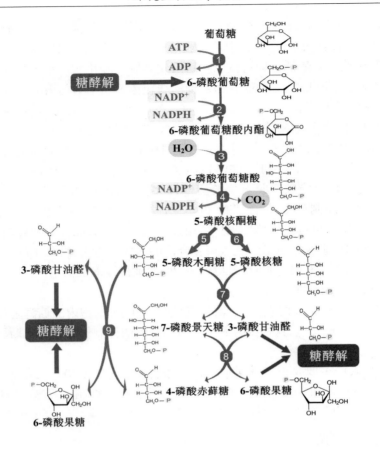

图 6-9　磷酸戊糖途径

2. 生理意义

1）5- 磷酸核糖的生成

此途径是葡萄糖在体内生成 5- 磷酸核糖的唯一途径,故命名为磷酸戊糖途径。机体需要的 5- 磷酸核糖可通过磷酸戊糖途径不可逆的氧化阶段生成,也可经可逆的非氧化阶段生成,在人体内主要通过氧化阶段生成。5- 磷酸核糖是合成核苷酸辅酶和核酸的主要原料,在损伤后修复、再生的组织(如梗死的心肌、部分切除后的肝脏)中,此代谢途径比较活跃。

2）NADPH+H⁺ 的去路

与 NADH 不同, NADPH+H⁺ 携带的氢不是通过呼吸链氧化磷酸化生成 ATP,而是作为氢供体参与许多代谢反应,具有多种不同的生理意义。

（ 1 ）作为氢供体参与体内的多种生物合成反应,如脂肪酸、胆固醇和类固醇激素的生物合成都需要大量的 NADPH+H⁺,因此磷酸戊糖途径在合成脂肪和固醇类化合物的肝、肾上腺、性腺等组织中特别旺盛。

（ 2 ）NADPH+H⁺ 是谷胱甘肽还原酶的辅酶,对维持还原型谷胱甘肽(GSH)的正常含量有很重要的作用。GSH 能保护某些蛋白质(如红细胞膜和血红蛋白)中的巯基,因此缺乏 NADPH+H⁺ 的人 GSH 含量过低,红细胞易于被破坏而发生溶血性贫血。

（3）参与肝脏中的生物转化反应。肝细胞内质网含有以 NADPH+H$^+$ 为氢供体的加单氧酶体系，其可参与激素、药物、毒物的生物转化过程。

（4）参与体内嗜中性粒细胞和巨噬细胞产生离子态氧的反应，因而有杀菌作用。

6.1.1.4　糖醛酸代谢

糖醛酸代谢（uronic acid metabolism）主要在肝脏和红细胞中进行，它由尿嘧啶核苷二磷酸葡萄糖（UDPG）关联糖原合成途径，经过一系列反应生成磷酸戊糖而进入磷酸戊糖途径，从而形成糖分解代谢的另一条途径。

1-磷酸葡萄糖和尿嘧啶核苷三磷酸（UTP）在尿嘧啶二磷酸葡萄糖焦磷酸化酶的催化下生成 UDPG，UDPG 经尿嘧啶二磷酸葡萄糖脱氢酶（辅酶是 NAD$^+$）的作用进一步氧化脱氢生成尿嘧啶二磷酸葡萄糖醛酸（UDPGA），UDPGA 脱去尿嘧啶二磷酸生成葡萄糖醛酸（glucuronic acid），葡萄糖醛酸在一系列酶的作用下经 NADPH+H$^+$ 供氢和 NAD$^+$ 受氢生成5-磷酸木酮糖进入磷酸戊糖途径。

糖醛酸代谢的主要生理功能在于生成了尿嘧啶二磷酸葡萄糖醛酸，它是体内重要的解毒物质之一，也是合成黏多糖的原料。此代谢过程消耗 NADPH+H$^+$（同时生成 NADH+H$^+$），而磷酸戊糖途径生成 NADPH+H$^+$，因此两者关系密切，当磷酸戊糖途径发生障碍时，必然会影响糖醛酸代谢的顺利进行。

6.1.2　葡萄糖的合成代谢——糖异生

非糖物质转变为葡萄糖或糖原的过程称为糖异生（gluconeogenesis）。非糖物质主要有生糖氨基酸（甘氨酸、丙氨酸、苏氨酸、丝氨酸、天冬氨酸、谷氨酸、半胱氨酸、脯氨酸、精氨酸、组氨酸等）、有机酸（乳酸、丙酮酸和三羧酸循环中的羧酸等）和甘油等。不同物质转变为糖的速度不同。糖异生依赖细胞内的三大能源物质，糖、蛋白质和脂肪酸通过三羧酸循环中几个重要的转化中间体，经糖酵解逆途径生成葡萄糖，此过程称为糖异生。肝脏是进行糖异生的主要器官，长期饥饿和酸中毒时肾脏中的糖异生作用也会大大加强。

图 6-10 显示了进入糖异生途径的多种底物。丙氨酸、乳酸、甘油和谷氨酰胺可以通过糖异生产生葡萄糖。甘油通过转化为磷酸二羟丙酮（DHAP）进入糖异生途径，这是由 3-磷酸甘油脱氢酶催化的反应。丙氨酸、乳酸和谷氨酰胺必须转化为草酰乙酸，草酰乙酸通过磷酸烯醇丙酮酸羧激酶转化为 PEP 进入糖异生途径。

糖异生途径基本上是糖酵解或糖有氧氧化的逆过程，糖酵解途径中的大多数酶促反应是可逆的，但是己糖激酶、磷酸果糖激酶和丙酮酸激酶这三个限速酶催化的三个反应过程都有相当大的能量变化，因此不可逆。由于己糖激酶（包括葡萄糖激酶）和磷酸果糖激酶催化的反应要消耗 ATP 而释放能量，丙酮酸激酶催化的反应使磷酸烯醇式丙酮酸转移其能量和磷酸基团生成 ATP，这些反应的逆过程就需要吸收等量的能量，因而形成了"能障"。为实现糖异生，细胞往往选择由不同的酶来催化逆反应过程，绕过自由能差，实现不可逆反应的可逆化。这种由不同的酶催化单向反应，造成两个作用物互变的循环称为作用物循环或底物循环。

图 6-11 比较了糖酵解和糖异生途径的不同。

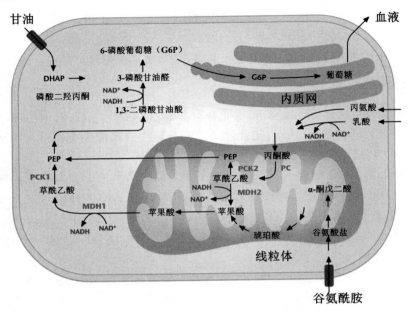

图 6-10　多种底物可以进入糖异生途径

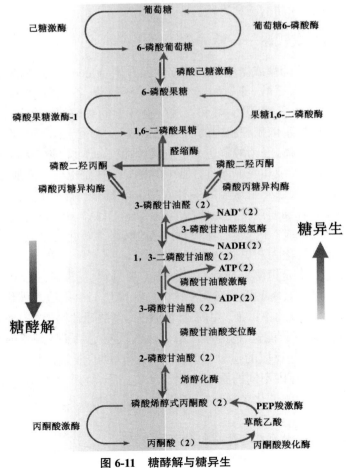

图 6-11　糖酵解与糖异生

（糖酵解和糖异生共享许多酶，然而糖酵解中有三个不可逆的反应必须绕过，这样才能进行糖异生）

1. 由丙酮酸激酶催化的逆反应是通过两步反应完成的

首先由丙酮酸羧化酶催化,将丙酮酸转变为草酰乙酸,然后由磷酸烯醇式丙酮酸羧激酶催化,由草酰乙酸生成磷酸烯醇式丙酮酸,实现丙酮酸的逆转化。在这个过程中消耗两个高能键(一个来自 ATP,另一个来自 GTP),而磷酸烯醇式丙酮酸分解为丙酮酸只生成 1 分子 ATP。

由于丙酮酸羧化酶仅存在于线粒体内,胞液中的丙酮酸必须进入线粒体才能羧化生成草酰乙酸;而磷酸烯醇式丙酮酸羧激酶在线粒体和胞液中都存在,因此草酰乙酸可在线粒体中直接转变为磷酸烯醇式丙酮酸再进入胞液,也可在胞液中转变为磷酸烯醇式丙酮酸。但是草酰乙酸不能通过线粒体膜,其进入胞液可通过两种方式转运:一种方式是经苹果酸脱氢酶作用还原成苹果酸,然后通过线粒体膜进入胞液,再经胞液中的 NAD^+- 苹果酸脱氢酶脱氢氧化为草酰乙酸而进入糖异生途径,由此可见,以苹果酸代替草酰乙酸通过线粒体膜不仅提供了糖异生所需要的碳单位,而且从线粒体内带出一对氢,使 1, 3- 二磷酸甘油酸生成 3- 磷酸甘油醛,从而保证了糖异生顺利进行;另一种方式是经谷草转氨酶的作用,生成天冬氨酸后再运送出线粒体,进入胞液的天冬氨酸再经胞液中的谷草转氨酶催化生成草酰乙酸。有实验表明,以丙酮酸或能转变为丙酮酸的某些成糖氨基酸为原料成糖时,以苹果酸通过线粒体的方式进行糖异生,而乳糖进行糖异生反应时,它在胞液中变成丙酮酸时已脱氢生成 $NADH+H^+$,可供利用。故常在线粒体内生成草酰乙酸,再变成天冬氨酸运送出线粒体膜进入胞浆。

2. 由己糖激酶和磷酸果糖激酶催化的两个反应的逆过程

这两个过程由两个特异的磷酸酶水解己糖磷酸酯键完成:催化 G6P 水解生成葡萄糖的酶为葡萄糖 -6- 磷酸酶(glucose-6-phosphatase);催化 1, 6- 二磷酸果糖水解生成 F6P 的酶是果糖二磷酸酶(fructose diphosphatase)。

除上述几步反应以外,糖异生就是糖酵解途径的逆反应过程。因此,糖异生可总结为

$$2丙酮酸+4ATP+2GTP+2NADH+2H^++6H_2O \rightarrow$$

$$葡萄糖+2NAD^++4ADP+2GDP+6Pi+6H^+$$

糖异生作用的三种主要原料为乳酸、甘油和氨基酸。乳酸在乳酸脱氢酶的作用下转变为丙酮酸,经羧化支路转化成糖;甘油磷酸化生成磷酸甘油,而后氧化生成磷酸二羟丙酮,再沿糖酵解的逆过程生成糖;氨基酸则通过多种渠道成为糖酵解或糖有氧氧化过程的中间产物,然后转化成糖;三羧酸循环中的羧酸则可转变为草酰乙酸后生成糖。

3. 糖异生作用的主要生理意义

糖异生有效保证了在饥饿情况下血糖浓度相对恒定。血糖的正常浓度为 5.5 mmol/L 左右,即使禁食数周,血糖浓度仍可保持在 3.4 mmol/L 左右,这对保证某些主要依赖葡萄糖供能的组织的功能具有重要意义。处于安静状态的正常人每日体内葡萄糖利用量:脑约 125 g,肌肉约 50 g,血细胞等约 50 g,仅这几种组织耗糖量就达 225 g。体内储存的可供利用的糖约 150 g,储存量最多的肌糖原仅为本身氧化供能,若只用肝糖原储存的糖来维持血糖浓度最多不超过 12 h,由此可见糖异生的重要性。

4. 糖异生作用与乳酸

在激烈运动时,肌肉发生糖酵解生成大量乳酸,后者经血液运到肝脏可合成肝糖原和葡萄糖,从而使不能直接产生葡萄糖的肌糖原间接变成血糖,并且有利于回收乳酸分子中的能

量,更新肌糖原,防止乳酸中毒的发生。

5. 协助氨基酸代谢

实验证实进食蛋白质后,肝中糖原含量增加,禁食晚期、患糖尿病或皮质醇过多时,由于组织蛋白质分解,血浆氨基酸增多,糖异生作用增强,因而氨基酸成糖可能是氨基酸分解代谢的主要途径。

6. 促进肾小管泌氨

长期禁食后肾脏中的糖异生作用会明显增强,发生这一变化的原因可能是饥饿造成的代谢性酸中毒,体液 pH 值降低促进肾小管中磷酸烯醇式丙酮酸羧化激酶的合成,使成糖作用提高。当肾脏中的 α- 酮戊二酸经草酰乙酸快速成糖时,可因 α- 酮戊二酸的减少而促进谷氨酰胺脱氨成谷氨酸和谷氨酸脱氨,肾小管细胞将 NH_3 分泌入管腔中,与原尿中的 H^+ 结合,降低原尿 H^+ 的浓度,对防止酸中毒有重要作用。

6.1.3　糖原的合成与分解

糖原是由多个葡萄糖组成的带分支的大分子多糖,分子质量一般在 $10^6 \sim 10^7$ D,可高达 10^8 D,是体内糖的储存形式。葡萄糖主要以 α-1, 4- 糖苷键相连形成直链,部分以 α-1, 6- 糖苷键相连形成支链。糖原主要储存在肌肉和肝脏中,肌肉中的糖原占肌肉总质量的 1%~2%(约为 400 g),肝脏中的糖原约占肝脏总质量的 6%~8%(约为 100 g)。糖原与纤维素不同,前者分子内含 α- 糖苷键,而后者分子内含 β- 糖苷键。肌糖原分解为肌肉收缩供给能量,肝糖原分解主要维持血糖浓度。

6.1.3.1　糖原的合成

由葡萄糖(包括少量果糖和半乳糖)合成糖原的过程称为糖原合成,反应在细胞质中进行。糖原合成是需要能量的。糖原合成的能量来自三磷酸尿苷(UTP),它与 1- 磷酸葡萄糖反应生成 UDP- 葡萄糖(UDPG),这个反应由尿苷二磷酸焦磷酸化酶催化。

首先葡萄糖在己糖激酶的催化下转化为 6- 磷酸葡萄糖,然后 6- 磷酸葡萄糖在葡萄糖变位酶的作用下转化为 1- 磷酸葡萄糖。1- 磷酸葡萄糖与 UTP 在 UDP 焦磷酸化酶的催化下形成 UDPG。糖原由 UDPG 单体合成,最初以体内原有的小分子糖原为引物,糖原合成酶使用 UDP- 葡萄糖逐渐延长糖原链,将新加入的葡萄糖以 α-1, 4- 糖苷键添加到糖原链的非还原性末端。每增加 1 分子葡萄糖残基需要消耗 1 分子 ATP 和 1 分子 UTP。

糖原合成酶催化的糖原合成反应不能从头开始合成第一个糖原分子的葡萄糖,需要至少含 4 个葡萄糖残基的 α-1, 4- 多聚葡萄糖作为引物,使其非还原性末端与 UDPG 反应,UDPG 上的葡萄糖基 C1 与糖原分子的非还原性末端 C4 形成 α-1, 4- 糖苷键,使糖原增加 1 个葡萄糖单位。UDPG 是活泼葡萄糖基的供体,其生成过程消耗 UTP,故糖原合成是耗能过程。糖原合成酶只能作用生成 α-1, 4- 糖苷键,因此该酶催化的反应生成以 α-1, 4- 糖苷键相连形成的直链多糖分子(如淀粉)。

机体内存在一种特殊的蛋白质,它可作为葡萄糖基的受体从头开始合成第一个糖原分子的葡萄糖,催化此反应的酶是糖原起始合成酶,进而合成寡糖链作为引物,再由糖原合成酶催化合成糖。糖原分支链的生成需分支酶的催化,将含 5~8 个葡萄糖残基的寡糖直链转移到另一个糖原分子上,以 α-1, 6- 糖苷键相连,生成分支糖链,在其非还原性末端可由糖原合成酶催化进行糖链的延长。多分支能增强糖原的水溶性,有利于其储存,并且在糖原分解时可从多个非还原性末端同时开始,提高分解速度。

6.1.3.2　糖原的分解

糖原分解不是糖原合成的逆反应,除磷酸葡萄糖变位酶外,其他酶均不一样。糖原在糖原磷酸化酶和脱分支酶的作用下释放出 1- 磷酸葡萄糖和葡萄糖。其中糖原磷酸化酶只作用于糖原上的 α-1, 4- 糖苷键,并且催化至距 α-1, 6- 糖苷键 4 个葡萄糖残基就不再起作用了,这时要有脱分支酶(debranching enzyme)才可将糖原完全分解。脱分支酶是一种双功能酶,它催化糖原脱分支的两个反应。一个功能是 4-α- 葡聚糖基转移酶活性,即将糖原四葡聚糖分支链上的三葡聚糖基转移到酶蛋白上,然后转移至同一糖原分子或相邻糖原分子末端具自由 4- 羟基的葡萄糖残基上,生成 α-1, 4- 糖苷键,结果直链增加 3 个葡萄糖单位,而 α-1, 6- 分支处只留下 1 个葡萄糖残基。另一个功能即 1, 6- 葡萄糖苷酶活性,葡萄糖基被水解脱下成为游离的葡萄糖。在磷酸化酶与脱分支酶的协同和反复作用下,糖原可以完全磷酸化和水解。

6.1.3.3　糖原代谢的调节

糖原合成酶和磷酸化酶分别是糖原合成与分解代谢中的限速酶,它们均受到变构与共价修饰双重调节。

1. 别构调节

6- 磷酸葡萄糖在细胞内大量积累时,可激活糖原合成酶,刺激糖原合成,同时抑制糖原磷酸化酶,阻止糖原分解。ATP 和葡萄糖也是糖原磷酸化酶的抑制剂。高浓度 AMP 可激活无活性的糖原磷酸化酶 b 使之产生活性,加速糖原分解。Ca^{2+} 可激活糖原磷酸化酶激酶,进而激活糖原磷酸化酶,促进糖原分解。

2. 激素调节

肾上腺素和胰高血糖素是细胞内分解代谢的重要调控激素,可通过 cAMP 连锁酶促反应逐级放大,形成一个调节糖原合成与分解的控制系统。

当机体受到某些因素(如血糖浓度下降、剧烈活动)的影响时,肾上腺素和胰高血糖素分泌量增加,这两种激素与肝脏或肌肉等组织中的细胞膜受体结合,由 G 蛋白介导活化环磷酸腺苷环化酶(cAMP cyclase),使 cAMP 生成量增加。cAMP 又使 cAMP 依赖蛋白激酶(cAMP dependent protein kinase)活化,活化的蛋白激酶一方面使有活性的糖原合成酶 a 磷酸化为无活性的糖原合成酶 b,另一方面使无活性的磷酸化酶激酶转化为有活性的磷酸化酶激酶,活化的磷酸化酶激酶进一步使无活性的糖原磷酸化酶 b 转变为有活性的糖原磷酸化酶 a,最终结果是抑制糖原生成,促进糖原分解,使肝糖原分解为葡萄糖进入血液,使血糖浓度升高,肌糖原分解用于肌肉收缩。

6.2　氨基酸代谢

蛋白质水解生成的氨基酸在体内的代谢包括两个方面:一方面用以合成机体自身所特有的蛋白质、多肽和其他含氮物质;另一方面通过脱氨作用、转氨作用、联合脱氨或脱羧作用分

解成 α- 酮酸、胺类和二氧化碳。氨基酸分解所生成的 α- 酮酸可以转变成糖、脂类或合成某些非必需氨基酸,也可以经过三羧酸循环氧化成二氧化碳和水,并放出能量。氨基酸脱去的氨基可以生成尿素,尿素是蛋白质代谢的排泄产物。合成尿素的游离氨来自谷氨酸的氧化脱氨作用,其他氨基酸可以通过转氨作用把氨基转给谷氨酸。由于游离氨具有毒性,外周组织中一旦形成游离氨,就必须转移到肝脏中合成尿素。肌肉和肝脏之间氨的转运是通过葡萄糖 - 丙氨酸循环进行的。在葡萄糖 - 丙氨酸循环中,由丙酮酸的转氨作用形成的丙氨酸通过血液被转运到肝脏中,然后在丙氨酸转氨酶的催化下脱去氨基生成丙酮酸。肝脏中氨的无毒储存和运输形式是谷氨酰胺。氨通过谷氨酰胺合成酶催化的反应加载(NH_3+ 谷氨酸→谷氨酰胺),通过谷氨酰胺酶催化的反应卸载(谷氨酰胺→ NH_3+ 谷氨酸)。氨加载反应几乎发生在身体的所有组织中,氨卸载反应特别存在于肾脏和肠道中,在肝脏中的浓度非常低。

　　氨基酸完全氧化分解生成的一碳单位参与细胞内多种物质的合成,其余骨架结构经由尿素循环和三羧酸循环完全氧化分解。因而氨基酸是细胞内代谢网络的核心组成部分。作为蛋白质合成来源的氨基酸通过膳食营养中的蛋白质补充,并经逐级水解释放。人体小肠上皮细胞是氨基酸吸收的主要场所,氨基酸分解代谢主要在肝脏中进行。用于衡量肝脏细胞活力的两个功能性指标为谷丙转氨酶和谷草转氨酶,它们在血液中的浓度对判断早期肝部病变具有重要的指导意义。氨基酸代谢和核苷酸代谢密切相关,如色氨酸、酪氨酸和苯丙氨酸可部分转化为嘌呤碱与嘧啶碱参与核苷酸代谢。营养物质间的相互转化对维持细胞内营养与代谢平衡具有重要意义。

6.2.1　氨基酸的分解代谢

6.2.1.1　脱氨基作用

　　脱氨基作用是氨基酸在酶的催化下脱去氨基生成 α- 酮酸的过程。这是氨基酸在体内分解的主要方式。参与人体蛋白质合成的氨基酸共有 20 种,它们的结构不同,脱氨基的方式也不同,主要有氧化脱氨基、转氨基、联合脱氨基和非氧化脱氨基作用等,其中以联合脱氨基作用最重要。

1. 氧化脱氨基作用

　　氧化脱氨基作用是在酶的催化下氨基酸在氧化脱氢的同时脱去氨基的过程,如谷氨酸在线粒体中由谷氨酸脱氢酶催化氧化脱氨。谷氨酸脱氢酶以 NAD^+ 或 $NADP^+$ 作为辅酶,使谷氨酸的 α 碳脱氢转给 $NAD(P)^+$ 形成 α- 亚氨基戊二酸,再水解生成 α- 酮戊二酸和氨。谷氨酸脱氢酶为变构酶,GDP 和 ADP 为变构激活剂,GTP 和 ATP 为变构抑制剂。

　　在体内,谷氨酸脱氢酶催化氧化脱氨和还原加氨的可逆反应。在一般情况下反应偏向于谷氨酸的合成($\Delta G^{\ominus\prime} \approx 30$ kJ/mol),因为高浓度的氨对机体有害,此反应的平衡点有助于保持较低的氨浓度。但当谷氨酸浓度高而 NH_3 浓度低时,有利于脱氨和 α- 酮戊二酸的生成。氨的 pK 值为 9.2,因此在中性水溶液中,氨主要以氨离子(NH_4^+)的形式存在。然而在酶的催化中心处,可反应的分子是未质子化的、亲核的 NH_3。在植物和动物中 , α- 酮戊二酸在谷氨酸脱氢酶的催化下还原氨基形成谷氨酸是将氨整合到氨基酸代谢中心途径的最有效的途径。有的谷氨酸脱氢酶需要 NADH 作为辅酶,有的需要 NADPH,有的两者都可以。

　　在许多生物中,另一个对氨的同化作用至关重要的反应是由谷氨酸和氨形成谷氨酰胺的反应,该反应是由谷氨酰胺合成酶催化的。可以说谷氨酰胺是氨的一个重要载体。在许多生物合成反应中,谷氨酰胺是氮的供体,如谷氨酰胺的酰胺氮是核苷酸中嘌呤和嘧啶环的氮原子的直接供体。谷氨酰胺在哺乳动物中有着特殊的作用,它可以在组织之间转移氮和碳,因此可以降低有毒的 NH_4^+ 的循环水平。在哺乳动物中,谷氨酰胺主要是在肌肉中合成的,然后经循环系统转运到其他组织,如肝脏和肾脏。

2. 转氨基作用

转氨基(transamination)作用指在转氨酶的催化下将 α- 氨基酸的氨基转给 α- 酮酸,生成相应的 α- 酮酸和新的 α- 氨基酸的过程。

体内的绝大多数氨基酸通过转氨基作用脱氨。参与蛋白质合成的 20 种 α- 氨基酸中,除甘氨酸、赖氨酸、苏氨酸和脯氨酸不参与转氨基作用,其余均可由特异的转氨酶催化参与转氨基作用。转氨基作用最重要的氨基受体是 α- 酮戊二酸,其产生谷氨酸作为新生氨基酸。谷氨酸中的氨基可进一步转给草酰乙酸生成 α- 酮戊二酸和天冬氨酸,也可转给丙酮酸生成 α- 酮戊二酸和丙氨酸。通过两次转氨基反应实现 α- 酮戊二酸的再生。人体内的谷草转氨酶(GPT)和谷丙转氨酸(GOT)活性较强。

转氨基作用是可逆的,该反应的 $\Delta G^{\ominus\prime} \approx 0$,所以平衡常数约为 1,反应的方向取决于四种反应物的相对浓度。因而转氨基作用也是体内某些氨基酸(非必需氨基酸)合成的重要途径。

1)转氨基作用的机理

转氨基作用过程可分为两个阶段:首先一个氨基酸的氨基转到酶分子上,产生相应的酮酸和氨基化酶;然后氨基转给另一种酮酸(如 α- 酮戊二酸)生成氨基酸,并释放出酶分子。

为传送氨基,转氨酶需要含醛基的辅酶磷酸吡哆醛(PLP)。在转氨基过程中,辅酶 PLP 转变为磷酸吡哆胺(PMP)。PLP 通过其醛基与酶分子中赖氨酸的 ω 氨基缩合形成 Schiff 碱而共价结合于酶分子中。

2)转氨基作用的基本过程

(1)氨基酸转变为酮酸。

①氨基酸的亲核基团—NH_2 作用于酶 -PLP-Schiff 碱的碳原子,通过转亚氨基反应形成一种氨基酸 -PLP-Schiff 碱,同时使酶分子中赖氨酸的氨基复原。

②通过酶活性位点赖氨酸催化去除氨基酸的 α 氢,并通过一个共振稳定的中间产物在 PLP 的第 4 位碳原子上加质子,使氨基酸 -PLP-Schiff 碱重排为 α- 酮酸 -PMP-Schiff 碱。

③水解生成 PMP 和 α- 酮酸。

(2)α- 酮酸转变为氨基酸。

为完成转氨反应循环,辅酶必须由 PMP 形式转变为 E-PLP-Schiff 形式,此过程亦包括三步,为上述反应的逆过程。

① PMP 与 α- 酮酸作用形成 α- 酮酸 -Schiff 碱。

②分子重排,α- 酮酸 -PMP-Schiff 碱变为氨基酸 -PLP-Schiff 碱。

③酶活性位点赖氨酸 ω-NH_2 攻击氨基酸 -PLP-Schiff 碱,通过转亚氨基生成有活性的酶 -PLP-Schiff 碱,并释放出形成的新氨基酸。

在转氨基反应中,辅酶在 PLP 和 PMP 间转换,起着氨基载体的作用,氨基在 α- 酮酸和 α- 氨基酸之间转移。在转氨基反应中无净 NH_3 的生成。

3)转氨基作用的生理意义

转氨基作用十分重要,它可以调节体内非必需氨基酸的种类和数量,以满足体内蛋白质合成时对非必需氨基酸的需求;转氨基作用还是联合脱氨基作用的重要组成部分,从而加速了体内氨的转变和运输,沟通了机体的糖代谢、脂代谢和氨基酸代谢。

3. 联合脱氨基作用

联合脱氨基作用是体内主要的脱氨基方式,主要有两种反应途径:联合脱氨基作用和嘌呤核苷酸循环。

1)由 L- 谷氨酸脱氢酶和转氨酶联合催化的联合脱氨基作用

先在转氨酶的催化下将某种氨基酸的 α- 氨基转移到 α- 酮戊二酸上生成谷氨酸,然后在 L- 谷氨酸脱氢酶的作用下将谷氨酸氧化脱氨生成 α- 酮戊二酸, α- 酮戊二酸再继续参与转氨基作用(图 6-12)。

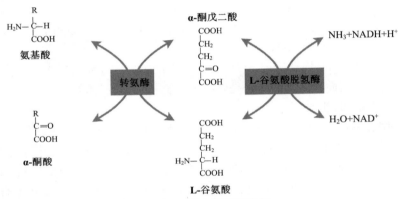

图 6-12　联合脱氨基作用

L- 谷氨酸脱氢酶主要分布于肝、肾、脑等组织中,而 α- 酮戊二酸参与的转氨基作用普遍存在于各组织中,所以联合脱氨基主要在肝、肾、脑等组织中进行。联合脱氨基反应是可逆的,因此也可称为联合加氨基。

2)嘌呤核苷酸循环(purine nucleotide cycle)

骨骼肌和心肌组织中 L- 谷氨酸脱氢酶的活性很低,因而不能通过上述形式的联合脱氨基反应脱氨。但骨骼肌和心肌中含丰富的腺苷酸脱氨酶(adenylate deaminase),它能催化腺苷酸加水、脱氨生成次黄嘌呤核苷酸(IMP)。

氨基酸经过两次转氨基作用可将 α- 氨基转移至草酰乙酸上生成天冬氨酸。天冬氨酸又可将此氨基转移到次黄嘌呤核苷酸上生成腺嘌呤核苷酸(通过中间化合物腺苷酸代琥珀酸)。

目前认为嘌呤核苷酸循环是骨骼肌和心肌中氨基酸脱氨的主要方式。嘌呤核苷酸循环在肌肉组织代谢中具有重要作用。肌肉活动增加时需要三羧酸循环增强以供能,此过程需三羧酸循环中间产物增加,肌肉组织中缺乏催化这种补偿反应的酶。肌肉组织则依赖嘌呤核苷酸循环补充中间产物草酰乙酸。研究表明肌肉组织中催化嘌呤核苷酸循环反应的三种酶的活性均比其他组织中高几倍。AMP 脱氨酶遗传缺陷患者(肌腺嘌呤脱氨酶缺乏症)易疲劳,而且运动后常出现痛性痉挛。

这种形式的联合脱氨基是不可逆的,因而不能通过其逆过程合成非必需氨基酸。这一代谢途径不仅把氨基酸代谢与糖代谢、脂代谢联系起来,而且把氨基酸代谢与核苷酸代谢联系起来。

4. 非氧化脱氨基作用

某些氨基酸还可以通过非氧化脱氨基作用将氨基脱掉。

1）脱水脱氨基

如丝氨酸在丝氨酸脱水酶的催化下生成氨和丙酮酸；苏氨酸在苏氨酸脱水酶的作用下生成 α- 酮丁酸，再经丙酰辅酶 A 、琥珀酰 CoA 参与代谢，这是苏氨酸在体内分解的途径之一。

2）脱硫化氢脱氨基

半胱氨酸可在脱硫化氢酶的催化下生成丙酮酸和氨。

3）直接脱氨基

天冬氨酸可在天冬氨酸酶的作用下直接脱氨基生成延胡索酸和氨。

6.2.1.2 氨的代谢

在多种化合物的新陈代谢过程中，身体的所有组织都会产生氨。氨是由氨基酸和其他含氮化合物的代谢产生的。氨在生理 pH 值下以铵离子（NH_4^+）的形式在体内产生，主要是通过转氨基和脱氨基过程产生的，来自生物胺、含氮碱基（如嘌呤和嘧啶）的氨基和肠道细菌通过脲酶对尿素的作用在肠道中产生氨。氨在动物体内的主要去路是在肝脏内合成尿素。氨的血液水平必须保持非常低，因为即使浓度稍微升高（高氨血症），也会对中枢神经系统产生毒性。氨的产生和排泄是应对机体内的酸性环境的主要机制。在生理条件下，当身体暴露在酸性环境中时，肾脏会刺激氨的产生和排泄。氨的主要来源是通过尿液排出的谷氨酰胺。近端小管是氨形成的主要部位，该部位谷氨酰胺的有效输送率不仅取决于谷氨酰胺的充分输送，还取决于近端小管吸收所输送的特定谷氨酰胺的能力。酸中毒状态刺激谷氨酰胺的输送，增加谷氨酰胺进入肾脏的运输量。

1. 人体中氨的转运

肝外组织产生的氨向肝内转运的方式主要有两种：一种是以谷氨酰胺的形式转运；另一种是以丙氨酸的形式转运（图 6-13 ）。

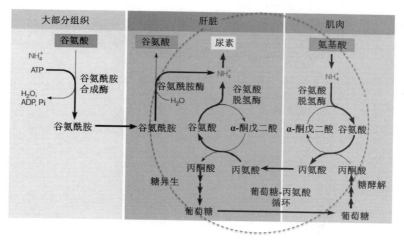

图 6-13 人体中氨的转运

1）以谷氨酰胺的形式转运

氨与谷氨酸在谷氨酰胺合成酶的催化下生成中性、无毒的谷氨酰胺，由血液运输至肝或肾，再经谷氨酰胺酶水解成谷氨酸和氨,这一反应需要消耗 ATP。谷氨酰胺合成酶存在于所有组织中,在氮代谢的控制中起重要作用。谷氨酰胺除负责氨的转运外,还为各种生物反应提供氨基。

2)以丙氨酸的形式转运

在肌肉组织中以丙酮酸作为转移的氨基的受体,生成的丙氨酸经血液运输到肝脏。在肝脏中,经转氨基作用生成丙酮酸,经糖异生作用生成葡萄糖,葡萄糖由血液运输到肌肉组织,经分解代谢产生丙酮酸,后者接受氨基生成丙氨酸。这一循环途径称为葡萄糖 - 丙氨酸循环。通过此途径,肌肉中氨基酸的氨基运输到肝脏,以 NH_3 或天冬氨酸的形式参与尿素合成。

饥饿时通过葡萄糖 - 丙氨酸循环将肌肉组织中氨基酸分解生成的氨和葡萄糖不完全分解的产物丙酮酸以无毒性的丙氨酸的形式转运到肝脏作为糖异生的原料。肝脏异生生成的葡萄糖可被肌肉或其他外周组织利用。

2. 尿素合成

根据动物试验,人们很早就确定了肝脏是尿素合成的主要器官,肾脏是尿素排泄的主要器官。1932 年,Krebs 等用大鼠肝切片做体外试验,发现在供能的条件下可由 CO_2 和氨合成尿素。若向反应体系中加入少量的精氨酸、鸟氨酸、瓜氨酸可加速尿素的合成,而氨基酸的含量并不减少。因此,Krebs 等提出了鸟氨酸循环(ornithine cycle)学说,鸟氨酸循环又称为尿素循环。

1)尿素循环的途径

尿素循环可概括为图 6-14。尿素中的两个 N 原子分别由氨和天冬氨酸提供,而 C 原子来自 HCO_3^-。五步酶促反应,两步在线粒体中进行,三步在胞液中进行。

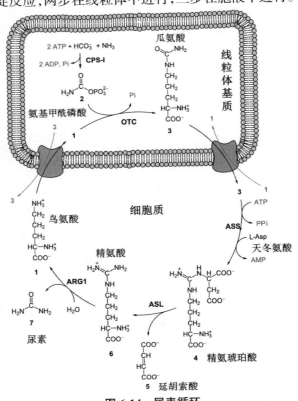

图 6-14　尿素循环

　　尿素循环的详细过程可分为以下五步。

　　（1）氨基甲酰磷酸的生成。

　　氨基甲酰磷酸是在 Mg^{2+}、ATP 和乙酰谷氨酸存在的情况下,由氨基甲酰磷酸合成酶Ⅰ（carbamyl phosphate synthetase Ⅰ, CPS-Ⅰ）催化 NH_3 和 HCO_3^- 在肝细胞线粒体中合成。

　　真核细胞中有两种 CPS:线粒体 CPS-Ⅰ以游离的 NH_3 为氮源合成氨基甲酰磷酸,参与尿素合成;胞液 CPS-Ⅱ以谷氨酰胺为氮源参与嘧啶的从头合成。

　　CPS-Ⅰ催化的反应包括三步:首先 ATP 活化 HCO_3^- 生成 ADP 和羧基磷酸;然后氨基与羧基磷酸作用替代磷酸根,生成氨基甲酸和 Pi;最后另一个 ATP 使氨基甲酸磷酸化,生成氨基甲酰磷酸和 ADP。

　　此反应为不可逆反应,消耗 2 分子 ATP。CPS-Ⅰ是一种变构酶,乙酰谷氨酸是此酶的变构激活剂,由乙酰 CoA 和谷氨酸缩合而成。

　　肝细胞线粒体中谷氨酸脱氢酶和氨基甲酰磷酸合成酶Ⅰ催化的反应是紧密偶联的。谷氨酸脱氢酶催化谷氨酸氧化脱氨,生成的产物有 NH_3 和 $NADH+H^+$。NADH 经 NADH 氧化呼吸链传递氧化生成 H_2O,释放出来的能量用于 ADP 磷酸化生成 ATP。因此谷氨酸脱氢酶催化的反应不仅为氨基甲酰磷酸的生成提供了底物 NH_3,同时也提供了该反应所需要的能量 ATP。氨基甲酰磷酸合成酶Ⅰ将有毒的氨转变成氨基甲酰磷酸,反应生成的 ADP 又是谷氨酸脱氢酶的变构激活剂,促进谷氨酸进一步氧化脱氨。这种紧密偶联的反应有利于迅速将氨固定在肝细胞线粒体内,防止氨离开线粒体进入细胞质,进而透过细胞膜进入血液,引起血液中的氨浓度升高。

　　（2）瓜氨酸的生成。

　　鸟氨酸氨基甲酰转移酶存在于线粒体中,通常与 CPS-Ⅰ形成酶的复合物催化氨基甲酰磷酸将甲酰基转给鸟氨酸生成瓜氨酸（注意:鸟氨酸、瓜氨酸均非必需 α- 氨基酸,不出现在蛋白质中）。此反应在线粒体内进行,而鸟氨酸在胞液中生成,所以必须通过特异的穿梭系统进入线粒体内。

　　（3）精氨琥珀酸的生成。

　　瓜氨酸穿过线粒体膜进入胞浆,在胞浆中由精氨琥珀酸合成酶催化瓜氨酸的脲基与天冬氨酸的氨基缩合生成精氨琥珀酸,获得尿素分子中的第二个氮原子。此反应由 ATP 供能。在上述反应中,天冬氨酸起着供给氨基的作用。天冬氨酸可由草酰乙酸与谷氨酸在转氨酶的催化下经转氨基作用生成,谷氨酸的氨基来自体内的多种氨基酸。

　　（4）精氨酸的生成。

　　精氨琥珀酸裂解酶催化精氨琥珀酸裂解成精氨酸和延胡索酸。

　　上述反应中生成的延胡索酸可经三羧酸循环的中间步骤生成草酰乙酸,再经谷草转氨酶的催化转氨基作用生成天冬氨酸。通过延胡索酸和天冬氨酸,三羧酸循环与尿素循环联系起来了。

　　（5）尿素的生成。

　　尿素循环的最后一步反应是由精氨酸酶催化精氨酸水解生成尿素并再生鸟氨酸,鸟氨酸进入线粒体参与另一轮循环。

　　尿素合成是一个耗能的过程,合成 1 分子尿素需要消耗 4 个高能磷酸键（3 分子 ATP 水解生成 2 分子 ADP、2 分子 Pi、1 分子 AMP 和 1 分子 PPi）。从尿素循环的底物水平上看,能量的消耗大于恢复。由 L- 谷氨酸脱氢酶催化脱氨和延胡索酸经草酰乙酸再生成天冬氨酸的反应中均有 NADH 生成。经线粒体再氧化可生成 6 分子 ATP。

　　2)尿素循环的调节

　　CPS-Ⅰ是线粒体内的变构酶,其变构激活剂 AGA 由 N- 乙酰谷氨酸合成酶催化生成,并由特异水解酶水解。肝脏生成尿素的速度与 AGA 浓度相关。当氨基酸分解旺盛时,转氨基作用引起谷氨酸浓度升高,增加 AGA 的合成,从而激活 CPS-Ⅰ,加速氨基甲酰磷酸的合成,推动尿素循环。精氨酸是 AGA 合成酶的激活剂,因此临床上利用精氨酸治疗高氨血症。

6.2.1.3　α- 酮酸的代谢

　　氨基酸脱氨基所生成的 α- 酮酸有下述去路。

　　1)生成非必需氨基酸

　　α- 酮酸经联合加氨反应可生成相应的氨基酸。在 8 种必需氨基酸中,除赖氨酸和苏氨酸外,其余 6 种可由相应的 α- 酮酸加氨生成。但和必需氨基酸相对应的 α- 酮酸不能在体内合成,所以必需氨基酸依赖于食物供应。

　　2)氧化生成 CO_2 和 H_2O

　　这是 α- 酮酸的重要去路之一。α- 酮酸通过一定的反应途径先转变成丙酮酸、乙酰 CoA 或三羧酸循环的中间产物,再经过三羧酸循环彻底氧化分解。三羧酸循环将氨基酸代谢与糖代谢、脂类代谢紧密联系起来。

　　3)生成糖和酮体

　　四氧嘧啶可选择性地破坏胰岛 β- 细胞,导致胰岛素分泌减少。建立人工糖尿病的动物模型,待体内的糖原和脂肪耗尽后,用某种氨基酸饲养,并检查尿中糖与酮体的含量。若饲以某种氨基酸后尿中葡萄糖增多,称此氨基酸为生糖氨基酸(glucogenic amino acid);若尿中酮体增多,则称为生酮氨基酸(ketogenic amino acid);尿中二者都增多者称为生糖兼生酮氨基酸。

　　在常见氨基酸中,亮氨酸为生酮氨基酸,赖氨酸、异亮氨酸、色氨酸、苯丙氨酸和酪氨酸为生糖兼生酮氨基酸,其余氨基酸均为生糖氨基酸。

6.2.1.4　脱羧基作用

　　部分氨基酸可在氨基酸脱羧酶的催化下进行脱羧基作用,生成相应的胺,氨基酸脱羧酶的辅酶为磷酸吡哆醛。从量上讲,脱羧基作用不是体内氨基酸分解的主要方式,但可生成有重要生理功能的胺,如组胺、5- 羟色胺和多胺等。

6.2.2　氨基酸的生物合成

　　组成人体蛋白质的氨基酸中,有些氨基酸只能在植物和微生物体内合成,人体必须从食物中摄取,这些氨基酸即必需氨基酸,其余氨基酸可利用代谢中间产物合成,称为非必需氨基酸。除酪氨酸外,体内的非必需氨基酸以四种共同的代谢中间产物(丙酮酸、草酰乙酸、α- 酮戊二酸、3- 磷酸甘油)之一为前体简单合成。酪氨酸由必需氨基酸苯丙氨酸羟化生成,严格来讲酪氨酸不是非必需氨基酸,每日膳食中对苯丙氨酸的需要量同时反映了对酪氨酸的需要量。

　　1）丙氨酸、天冬酰胺、天冬氨酸、谷氨酸和谷氨酰胺由丙酮酸、草酰乙酸和 α- 酮戊二酸合成

　　三种 α- 酮酸丙酮酸、草酰乙酸和 α- 酮戊二酸分别为丙氨酸、天冬氨酸和谷氨酸的前体，经一步转氨反应可生成相应的氨基酸。天冬酰胺和谷氨酰胺分别由天冬氨酸和谷氨酸加氨反应生成。谷氨酰胺合成酶催化谷氨酰胺合成，NH_3 为氨基供体，在反应中消耗 ATP 生成 ADP 和 Pi。而天冬酰胺由天冬酰胺合成酶催化合成，谷氨酰胺提供氨基，消耗 ATP 生成 AMP 和 PPi。

　　谷氨酰胺是许多生物合成反应的氨基供体，同时也是体内氨的储存形式。谷氨酰胺合成酶位于体内氨代谢的中枢位置，由 α- 酮戊二酸激活，这种调控作用有利于防止谷氨酸氧化脱氨造成体内氨的堆积。

　　2）谷氨酸是脯氨酸、鸟氨酸和精氨酸的前体

　　谷氨酸的 γ- 羧基还原生成醛，继而形成中间 Schiff 碱，进一步还原可生成脯氨酸。此过程的中间产物 5- 谷氨酸半醛在鸟氨酸 -δ- 氨基转移酶的催化下直接转氨生成鸟氨酸。

　　3）丝氨酸、半胱氨酸和甘氨酸由 3- 磷酸甘油酸生成

　　丝氨酸由糖代谢的中间产物 3- 磷酸甘油酸经三步反应生成。首先 3- 磷酸甘油酸在 3- 磷酸甘油酸脱氢酶的催化下生成磷酸羟基丙酮酸；然后由谷氨酸提供氨基经转氨基作用生成 3- 磷酸丝氨酸；最后 3- 磷酸丝氨酸水解生成丝氨酸。

　　半胱氨酸在人体中可由蛋氨酸分解代谢的中间产物同型半胱氨酸和丝氨酸合成，半胱氨酸的巯基来源于必需氨基酸蛋氨酸，故有人将其称为半必需氨基酸。在植物和微生物中，丝氨酸在丝氨酸乙酰转移酶的催化下生成 O- 乙酰丝氨酸，从硫酸经 3'- 磷酸腺苷 -5'- 磷酸硫酸和亚硫酸还原生成的硫化氢和 O- 乙酰丝氨酸或丝氨酸反应生成半胱氨酸。

　　丝氨酸以两种途径参与甘氨酸的合成：由丝氨酸羟甲酰转移酶催化直接生成甘氨酸，同时生成 N5，N10- 甲酰四氢叶酸；由 N5，N10- 甲酰四氢叶酸、CO_2 和 NH_4^+ 在甘氨酸合成酶的催化下缩合生成。

6.2.3　一碳单位代谢

　　某些氨基酸在代谢过程中能生成含一个碳原子的基团，其经过转移参与生物合成过程。这种含一个碳原子的基团称为一碳单位（C1 unit 或 one carbon unit）。有关一碳单位生成和转移的代谢称为一碳单位代谢。

　　体内的一碳单位有甲基（—CH_3，methyl）、甲烯基（—CH_2，methylene）、甲炔基（—CH＝，methenyl）、甲酰基（—CHO，formyl）、亚胺甲基（—CH＝NH，formimino）等，它们来自甘氨酸、组氨酸、丝氨酸、色氨酸、蛋氨酸等。

1. 一碳单位代谢的辅酶

　　一碳单位不能游离存在，通常与四氢叶酸（tetrahydrofolic acid，FH_4）结合而转运或参与生物代谢，FH_4 是一碳单位代谢的辅酶。

　　四氢叶酸由叶酸衍生而来。叶酸需经两次还原方可转变为活性辅酶 FH_4。两次还原均由二氢叶酸还原酶催化。

一碳单位共价连接于 FH_4 分子的 N5、N10 位或 N5 和 N10 位。

2. 一碳单位的来源和转变

一碳单位主要来源于丝氨酸,在丝氨酸被丝氨酸羟甲基转移酶催化为甘氨酸的过程中产生 N5,N10-甲烯-FH_4;甘氨酸在甘氨酸合成酶的催化下可分解为 CO_2、NH_4^+ 和 N5,N10-FH_2-FH_4。此外,苏氨酸和丝氨酸都可经相应的酶催化转变为丝氨酸,因此亦可产生 N5,N10-FH_2-FH_4。

在组氨酸转变为谷氨酸的过程中由亚胺甲基谷氨酸提供 N5-H = NH-FH_4。

色氨酸分解代谢能产生甲酸,甲酸可与 FH_4 结合产生 N10-CHO-FH_4。

体内的一碳单位处于不同的甲酸、甲醛氧化水平,通过相应的酶促氧化还原反应可相互转化。在这些反应中,N5-CH_3-FH_4 的生成基本是不可逆的。N5-CH_3-FH_4 可将甲基转移给同型半胱氨酸生成蛋氨酸和 FH_4。催化此反应的酶是 N5-CH_3-FH_4 同型半胱氨酸甲基转移酶,辅酶为甲基 B_{12}。此反应不可逆,故 N5-CH_3-FH_4 不能自蛋氨酸生成。

蛋氨酸分子中的甲基也是一碳单位。在 ATP 的参与下蛋氨酸转变生成 S-腺苷甲硫氨酸(S-adenosylmethionine,又称活性蛋氨酸),S-腺苷甲硫氨酸是活泼的甲基供体。因此,四氢叶酸并不是一碳单位的唯一载体。

3. 一碳单位的功能

(1)一碳单位是合成嘌呤和嘧啶的原料,在核酸的生物合成中有重要作用。如 N5,N10-CH = FH_4 直接提供甲基用于脱氧核苷酸 dUMP 向 dTMP 转化,N10-CHO-FH_4 和 N5,N10-CH = FH_4 分别参与嘌呤碱中 C2、C3 原子的生成。

(2)SAM 提供甲基参与体内多种物质(如肾上腺素、胆碱、胆酸等)的合成。

一碳单位代谢将氨基酸代谢与核苷酸等重要物质的生物合成联系起来。一碳单位代谢障碍会导致出现某些病理情况。磺胺药和某些抗癌药(氨甲蝶呤等)正是通过干扰细菌和肿瘤细胞叶酸、四氢叶酸的合成影响核酸的合成而发挥药理作用的。

6.2.4　自然环境中的氮代谢

在地球上,植物的生长离不开氮元素,缺乏氮元素,植物将无法生长。大量的氮元素被用于制造进行光合作用的叶绿素分子。空气中大约含有 78% 的氮元素,但它们不能直接被植物利用。空气中的氮气经过微生物的代谢作用转化为氨态氮、亚硝态氮和硝态氮才能通过植物的根系被吸收,用于构建植物体内的有机分子。

自然界氮循环的第一步是大气中以氮气形式存在的氮通过固氮作用转化成氨,然后通过硝化作用变成亚硝酸盐,最后变成硝酸盐(图 6-15)。上述过程均依赖于土壤中的细菌完成。当通气性良好时,中性和碱性的土壤环境有利于硝化细菌的生长。在植物死亡后,固定态的氮将返回土壤中。氮可在生物体和土壤之间循环多次,直至最后在反硝化细菌的作用下以氮气和其他含氮气体的形式返回大气中。

自从工业化以来,化学氮肥和化石燃料的消耗量陡然升高,活化氮的数量猛增,使与氮循环有关的温室效应、水体富营养化和酸雨等生态环境问题进一步加剧。氮循环是全球生物地球化学循环的重要组成部分,与人类生命活动有着密切联系。土壤环境(包括土壤结构、养分状况、土壤微生物等)对氮循环有着重要的影响。

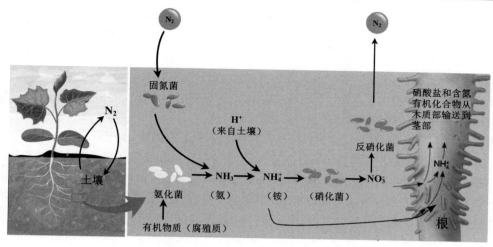

图 6-15 土壤环境中的氮代谢

人体的尿液中也有氮存在,这是体内的蛋白质经酶分解后释放出来的。这些蛋白质可能来自我们吃下去的食物、身体组织或氨基酸池中的氨基酸。当排出的氮量大于摄取的氮量时,身体处于负的氮平衡状态。当摄取的蛋白质足够身体所需,且量相等时,身体就处于氮平衡状态。成长中的动物和儿童通常会摄取较多的蛋白质,以维持发育所需,摄取的氮量大于排出的氮量,此时身体就处于正的氮平衡状态。饮食健康的成年人应该维持在氮平衡状态。

固氮是将惰性大气中的氮气转化为可利用的含氮化合物,如硝酸盐、氨、氨基酸等。共生固氮细菌在固氮中起主要作用。有几种根瘤菌生活在土壤中,无法自行固氮。豆科植物的根部能分泌化学引诱剂,如黄酮类化合物和甜菜碱。豆科植物根瘤共生固氮涉及根瘤菌和豆科植物根系之间的复杂相互作用。这种复杂的相互作用受根瘤菌对植物类黄酮的感知和根瘤菌中 nod 基因的激活控制。细菌通过聚集在根毛上释放结瘤因子。编码结瘤蛋白的 nod 基因被结瘤因子激活。结瘤因子导致细菌周围的根毛卷曲,细胞壁降解和形成感染线。细菌繁殖导致感染线生长。受感染的皮层细胞分化并开始分裂,导致结节形成。皮层细胞产生的生长素和入侵细菌释放的细胞分裂素刺激结节形成。随着受感染的细胞扩大,细菌细胞扩大并形成被称为类菌体的不规则多面体结构。在受感染的细胞中,类菌体以被宿主膜包围的群体形式出现。宿主细胞会产生一种被称为豆血红蛋白的粉红色色素,它是一种氧气清除剂,可以保护固氮酶免受氧气影响。在固氮酶催化的反应过程中, Fe 蛋白还原 MoFe 蛋白,而 MoFe 蛋白还原 N_2。固氮需要还原力(如 NADPH 和 $FMNH_2$)、能量来源(如 ATP)、固氮酶、用于捕集氨的化合物。

植物最重要的氮源是硝酸盐。在植物中,硝酸盐首先被还原为氨,然后才能被植物利用。硝酸盐的还原利用包括两个步骤。步骤一是将硝酸盐还原为亚硝酸盐,由硝酸盐还原酶催化。硝酸盐还原酶需要还原型辅酶(NADH 或 NADPH)才能发挥其活性,是硝酸盐同化的重要酶。步骤二是将亚硝酸盐还原为氨,由亚硝酸盐还原酶催化。亚硝酸盐还原酶是一种含有 Cu 和 Fe 的金属黄素蛋白,需要还原型辅酶(NADPH 或 NADH)才能发挥其活性。还原过程还需要铁氧还蛋白,它主要存在于高等植物的绿色组织中。亚硝酸盐还原的产物是氨,其与有机酸结合形成氨基酸,此外还可形成各种类型的含氮化合物。

环境中细菌的固氮过程分为两步:氨化和硝化。引起腐烂的生物通过作用于生物体的含氮排泄物和蛋白质而引起氨化。这种生物的例子包括 *B. ramosus*、*B. vulgaris*、*B. mesentericus*、放线菌。硝化作用是将铵态氮转化为硝态氮的过程。

在自然界中,氨既以游离 NH_3 的形式存在,也以铵离子(NH_4^+)的形式存在。缓冲反应 $NH_3+H^+ \rightarrow NH_4^+$ 用于维持两种形式的相对量。在生物条件下,该反应的 pK_a 约为 9.15,并且该反应几乎是瞬间发生的。因此,在生理条件下大部分氨以 NH_4^+ 的形式存在,只有约 1.7% 的氨以 NH_3 的形式存在。氨是一种非常小的不带电粒子。由于氨的这种特性,最初认为氨由于维持适当的扩散平衡而具有高渗透性,从而穿过脂质膜。但后来经过深入、广泛的研究,否定了这种假设。因为尽管氨是不带电的粒子,但氨分子中氮原子和氢原子之间的共价键极性不同,使得氮原子带负电荷,氢原子带正电荷。带正电荷的氢原子在中心氮原子周围不对称排列,使氨转化为具有相对极性的粒子。可以用偶极矩来表示带正电粒子和带负电粒子之间的分离程度。氨分子的偶极矩为 1.47 D, HCl 分子的偶极矩为 1.08 D,水分子的偶极矩约为 1.85 D。由于具有这种带电极性,氨通过脂质膜的渗透性有限。这导致在肾脏中形成氨的跨上皮梯度。在没有特定转运蛋白的情况下,氨具有通过脂双层的受限特性。在没有合适的转运蛋白的情况下,铵离子穿过生物膜的渗透性非常差。铵离子跨生物膜转运可以通过特定的蛋白质发生。水合形式的铵离子具有特殊的生物学特性,细胞膜上的铵转运蛋白可以主动转运这种离子。

水体中的氨是鱼类死亡的常见原因。除了直接毒性外,氨还对受纳水体产生生化需氧量(称为含氮生物需氧量或 NBOD)。这是因为溶解氧在细菌和其他微生物将氨氧化成亚硝酸盐和硝酸盐时被消耗。溶解氧减少会降低物种多样性,甚至导致鱼类死亡。沉积物中的氨通常是由细菌分解沉积物中的有机物产生的。沉积物中的微生物通过矿化有机氮或异化硝酸盐还原产生氨。氨在缺氧沉积物中尤其普遍,因为硝化作用(氨氧化成亚硝酸盐和硝酸盐)受到抑制。沉积物中产生的氨可能对底栖水或地表水生物群产生毒性作用。此外,由于其营养特性,氨会导致植物大量生长(富营养化)。藻类和大型植物吸收氨,从而降低水中氨的浓度。全球氨排放的最大来源是农业,如大规模集中动物饲养、化肥生产。氨排放在制药、废物处理、食品加工和城市污水处理厂污泥处理中也很常见。

植物通过快速将铵转化为氨基酸来避免铵毒性,这些反应发生在细胞质、根质体、叶绿体中。铵与谷氨酸结合形成谷氨酰胺,该反应需要谷氨酰胺合成酶、ATP 和二价阳离子(如 Mg^{2+}、Mn^{2+}、Co^{2+})。这是同化铵的第一个反应。铵与 α- 酮戊二酸结合,通过谷氨酸脱氢酶形成谷氨酸。这是同化铵的第二个反应,需要氧化 NADH 或 NADPH。

6.3 脂类代谢

脂类是有机体内的一类有机大分子物质,其范围很广,化学结构有很大的差异,生理功能各不相同,其共同的理化性质是不溶于水而溶于有机溶剂。脂类是人体储存能量的主要物质,其完全氧化分解能够释放大量的能量。与氨基酸和糖不同,脂类在细胞中的分解代谢相对缓慢,在长期热量摄入不足的情况下,脂类在很大程度上保障了有机体对能量的需求。

脂类的合成代谢与细胞膜形成等因素密切相关,部分脂类物质与人体免疫调控、激素形成有关。

　　甘油三酯是人体内含量最多的脂类,大部分组织可以利用甘油三酯分解产物供给能量,同时肝脏、脂肪等组织还可以进行甘油三酯的合成,并储存在脂肪组织中。脂肪组织中的甘油三酯可以在一系列脂肪酶的作用下分解生成甘油和脂肪酸。

6.3.1　脂肪酸的氧化分解

　　脂肪酸在有充足的氧供给的情况下可氧化分解为 CO_2 和 H_2O,并释放大量能量,因此脂肪酸是机体的主要能量来源之一。肝脏和肌肉是进行脂肪酸氧化最活跃的组织,最主要的氧化形式是 β- 氧化。

6.3.1.1　脂肪酸 β- 氧化的过程

　　此过程可分为活化、转移、β- 氧化三个阶段,如图 6-16 所示。

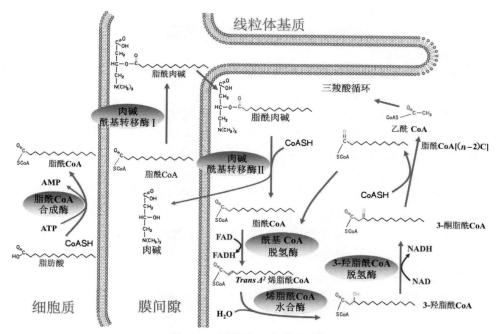

图 6-16　脂肪酸 β- 氧化的过程

1. 脂肪酸活化

　　和葡萄糖一样,脂肪酸参与代谢前也要先活化。其活化形式是硫酯——脂酰 CoA,催化脂肪酸活化的酶是脂酰 CoA 合成酶。活化后生成的脂酰 CoA 极性增强,易溶于水;分子中有高能键,性质活泼;是酶的特异底物,对酶的亲和力大,因此更容易参加反应。

　　脂酰 CoA 合成酶又称硫激酶,分布在胞浆中、线粒体膜和内质网膜上。胞浆中的硫激酶催化中短链脂肪酸活化;内质网膜上的酶活化长链脂肪酸,生成脂酰 CoA,然后进入内质网用于甘油三酯的合成;而被线粒体膜上的酶活化的长链脂酰 CoA 进入线粒体进行 β- 氧化。

2. 脂酰 CoA 进入线粒体

催化脂肪酸 β- 氧化的酶在线粒体基质中,但长链脂酰 CoA 不能自由通过线粒体内膜,要进入线粒体基质就需要载体转运,这一载体就是肉碱(carnitine),即 3- 羟基 -4- 三甲氨基丁酸。长链脂酰 CoA 和肉碱反应生成辅酶 A 和脂酰肉碱,脂酰基与肉碱的 3- 羟基通过酯键相连接。催化此反应的酶为肉碱脂酰转移酶,线粒体内膜的内外两侧均有此酶,系同工酶,分别称为肉碱脂酰转移酶 I 和肉碱脂酰转移酶 II。肉碱脂酰转移酶 I 使胞浆中的脂酰 CoA 转化为辅酶 A 和脂酰肉碱,后者进入线粒体内膜。位于线粒体内膜内侧的肉碱脂酰转移酶 II 又使脂酰肉碱转化成肉碱和脂酰 CoA,肉碱重新发挥其载体功能,脂酰 CoA 则进入线粒体基质,成为脂肪酸 β- 氧化酶的底物。

长链脂酰 CoA 进入线粒体的速度受到肉碱脂酰转移酶 I 和肉碱脂酰转移酶 II 的调节。肉碱脂酰转移酶 I 受丙二酰 CoA 抑制,肉碱脂酰转移酶 II 受胰岛素抑制。丙二酰 CoA 是合成脂肪酸的起始反应物,胰岛素通过诱导乙酰 CoA 羧化酶的合成使丙二酰 CoA 浓度增大,进而抑制肉碱脂酰转移酶 I。可以看出胰岛素对肉碱脂酰转移酶 I 和肉碱脂酰转移酶 II 有间接或直接抑制作用。饥饿或禁食时胰岛素分泌减少,肉碱脂酰转移酶 I 和肉碱脂酰转移酶 II 活性增强,转移的长链脂肪酸进入线粒体氧化供能。

3. β- 氧化的反应过程

脂酰 CoA 在线粒体基质中进行 β- 氧化要经过四步反应,即氧化脱氢、加水、氧化脱氢和硫解,生成乙酰 CoA 和少两个碳的新的脂酰 CoA。

1)脂酰 CoA 的氧化脱氢反应

该反应由脂酰 CoA 脱氢酶催化,辅酶为 FAD,脂酰 CoA 的 α 和 β 碳原子各脱去一个氢原子生成具有反式双键的 α,β- 烯脂酰 CoA。

2)反式烯脂酰 CoA 的加水反应

该反应由烯脂酰 CoA 水合酶催化,生成具有 L 构型的 β- 羟脂酰 CoA。

3)L-β- 羟脂酰 CoA 的氧化脱氢反应

该反应是在 β- 羟脂酰 CoA 脱氢酶(辅酶为 NAD$^+$)的催化下, β- 羟脂酰 CoA 脱氢生成 β- 酮脂酰 CoA。

4)β- 酮脂酰 CoA 的硫解反应

该反应由 β- 酮硫解酶催化, β- 酮酯酰 CoA 在 α 和 β 碳原子之间断链,加上 1 分子辅酶 A 生成乙酰 CoA 和少两个碳原子的脂酰 CoA。

上述四步反应与 TCA 循环中由琥珀酸经延胡索酸、苹果酸生成草酰乙酸的过程相似,只是 β- 氧化的第四步反应是硫解,而草酰乙酸的下一步反应是与乙酰 CoA 缩合生成柠檬酸。长链脂酰 CoA 经上面一次循环,碳链减少两个碳原子,生成 1 分子乙酰 CoA,多次重复上面的循环,就会逐步生成乙酰 CoA。

可以看出脂肪酸 β- 氧化的过程具有以下特点。首先要将脂肪酸活化生成脂酰 CoA,这是一个耗能过程。中、短链脂肪酸不需要载体,可直接进入线粒体,而长链脂酰 CoA 需要肉碱转运。β- 氧化反应在线粒体内进行,因此没有线粒体的红细胞不能氧化脂肪酸供能。在 β- 氧化过程中有 FADH$_2$ 和 NADH+H$^+$ 生成,其中的氢要经呼吸链传递给氧生成水,需要氧参加,乙酰 CoA 氧化也需要氧,因此 β- 氧化是绝对需氧的过程。

6.3.1.2 脂肪酸 β- 氧化的生理意义

脂肪酸 β- 氧化是体内脂肪酸分解的主要途径,脂肪酸氧化可以供应机体所需要的大量能量,以十八个碳原子的饱和脂肪酸硬脂酸为例,其 β- 氧化的总反应为

$$CH_3(CH_2)_{16}COCoA+NAD^++CoA+H_2O \rightarrow CH_3COCoA+FADH_2+NADH+H^+$$

8 分子 $FADH_2$ 提供 $8 \times 1.5=12$ 分子 ATP,8 分子 $NADH+H^+$ 提供 $8 \times 2.5=20$ 分子 ATP,9 分子乙酰 CoA 完全氧化提供 $9 \times 10=90$ 分子 ATP,因此 1 分子硬脂酸完全氧化生成 CO_2 和 H_2O 共提供 122 分子 ATP。硬脂酸的活化过程消耗 2 分子 ATP,所以 1 分子硬脂酸完全氧化可净生成 120 分子 ATP。1 分子葡萄糖完全氧化可生成 32 分子 ATP。3 分子葡萄糖所含碳原子数与 1 分子硬脂酸相同,前者可提供 96 分子 ATP,后者可提供 120 分子 ATP。可见在碳原子数相同的情况下,脂肪酸能提供更多的能量。脂肪酸氧化释放出来的能量约有 40% 为机体利用合成高能化合物,其余 60% 以热的形式释放,热效率为 40%,说明人体能很有效地利用脂肪酸氧化所提供的能量。

脂肪酸 β- 氧化也是脂肪酸改造的过程,人体所需要的脂肪酸链长短不同,通过 β- 氧化可将长链脂肪酸改造成长度适宜的脂肪酸,供机体代谢所用。

在脂肪酸 β- 氧化过程中生成的乙酰 CoA 是一种十分重要的中间化合物,它除能进入三羧酸循环氧化供能外,还是合成许多重要化合物(如酮体、胆固醇和类固醇化合物)的原料。

6.3.1.3 酮体的生成与利用

酮体(acetonebody)是脂肪酸在肝脏中正常分解代谢所生成的特殊中间产物,包括乙酰乙酸(acetoacetic acid,约占 30%)、β- 羟丁酸(β-hydroxybutyric acid,约占 70%)和极少量的丙酮(acetone)。正常人血液中酮体含量极少,这是人体利用脂肪氧化供能的正常现象。但在某些生理情况(如饥饿、禁食)或病理情况(如糖尿病)下,糖的来源或氧化供能遇到障碍,脂肪动员增强,脂肪酸就成了人体的主要供能物质。若肝中合成酮体的量超过肝外组织利用酮体的量,二者之间失去平衡,血液中酮体浓度就会过高,导致酮血症和酮尿症。乙酰乙酸和 β- 羟丁酸都是酸性物质,因此酮体在体内大量堆积还会引起酸中毒。

1. 酮体的生成过程

酮体是在肝细胞线粒体中生成的,其原料是脂肪酸 β- 氧化生成的乙酰 CoA。2 分子乙酰 CoA 在硫解酶的作用下脱去 1 分子辅酶 A,生成乙酰乙酰 CoA。在 3- 羟基 -3- 甲基戊二酰 CoA(HMG-CoA)合成酶的催化下,乙酰乙酰 CoA 与 1 分子乙酰 CoA 反应生成 HMG-CoA,并释放出 1 分子辅酶。这一步反应是酮体生成的限速步骤。HMG-CoA 裂解酶催化 HMG-CoA 生成乙酰乙酸和乙酰 CoA,后者可再用于酮体的合成。线粒体中的 β- 羟丁酸脱氢酶催化乙酰乙酸加氢还原($NADH+H^+$ 作为氢供体)生成 β- 羟丁酸,还原速度取决于线粒体中 $[NADH+H^+]/[NAD^+]$ 的比值,少量乙酰乙酸可自行脱羧生成丙酮。

酮体生成过程实际上是一个循环过程,2 分子乙酰 CoA 通过此循环生成 1 分子乙酰乙酸。酮体生成后迅速透过肝线粒体膜和细胞膜进入血液,转运至肝外组织利用。

2. 酮体的利用过程

骨骼肌、心肌和肾脏中有琥珀酰 CoA 转硫酶,在琥珀酰 CoA 存在时,此酶催化乙酰乙酸活化生成乙酰乙酰 CoA。心肌、肾脏和脑中还有乙酰乙酸硫激酶,在 ATP 和 CoA 存在时,此酶催化乙酰乙酸活化生成乙酰乙酰 CoA。经上述两种酶催化生成的乙酰乙酰 CoA 在硫解酶的作用下分解成 2 分子乙酰 CoA,乙酰 CoA 主要进入三羧酸循环氧化分解。

丙酮除随尿排出外,有一部分直接从肺呼出,在代谢方面不占重要地位。

肝细胞中没有琥珀酰 CoA 转硫酶和乙酰乙酸硫激酶,所以肝细胞不能利用酮体。

3. 酮体生成的意义

(1)酮体易运输。长链脂肪酸穿过线粒体内膜需要载体肉碱转运,脂肪酸在血液中转运需要与白蛋白结合生成脂肪酸白蛋白,而酮体通过线粒体内膜和在血液中转运不需要载体。

(2)酮体易利用。脂肪酸活化后进行 β- 氧化,每经四步反应才能生成 1 分子乙酰 CoA,而乙酰乙酸活化后只需一步反应就可以生成 2 分子乙酰 CoA,β- 羟丁酸的利用只比乙酰乙酸多一步氧化反应。因此,可以把酮体看作脂肪酸在肝脏中加工生成的半成品。

(3)节省葡萄糖供脑和红细胞利用。肝外组织利用酮体会生成大量的乙酰 CoA,从而抑制丙酮酸脱氢酶的活性,限制糖的利用。乙酰 CoA 还能激活丙酮酸羧化酶,促进糖异生。肝外组织利用酮体氧化供能,就减少了对葡萄糖的需求,以保证脑组织、红细胞对葡萄糖的需要。脑组织不能利用长链脂肪酸,但在饥饿时可利用酮体供能,饥饿 5 周时酮体供能可多达 70%。

(4)肌肉组织利用酮体可以抑制肌肉蛋白质的分解,防止蛋白质消耗过多,但其作用机理尚不清楚。

(5)酮体生成增多常见于饥饿、妊娠中毒症、糖尿病等情况下,低糖高脂饮食也可使酮体生成增多。

6.3.2　脂肪酸的合成代谢

人体内的脂肪酸大部分来源于食物,为外源性脂肪酸,其可通过改造加工被人体利用。同时机体还可以将糖和蛋白质转变为脂肪酸(称为内源性脂肪酸),用于甘油三酯的生成,储存能量。合成脂肪酸的主要器官是肝脏和哺乳期乳腺,脂肪组织、肾脏、小肠也可以合成脂肪酸。合成脂肪酸的直接原料是乙酰 CoA,消耗 ATP 和 NADPH,首先生成十六个碳的软脂酸,然后经过加工生成各种脂肪酸,合成在细胞质中进行。

6.3.2.1　脂肪酸的合成

脂肪酸的合成从乙酰 CoA 开始,产物是十六个碳的饱和脂肪酸,即软脂酸。

1. 乙酰 CoA 的转移

乙酰 CoA 可由糖氧化分解或由脂肪酸、酮体、蛋白质分解生成,生成乙酰 CoA 的反应均发生在线粒体中,而合成脂肪酸的部位是胞浆,因此乙酰 CoA 必须由线粒体转运至胞浆。但是乙酰 CoA 不能自由通过线粒体膜,需要通过柠檬酸 - 丙酮酸循环完成乙酰 CoA 由线粒体到胞浆的转移。在线粒体内,乙酰 CoA 与草酰乙酸经柠檬酸合成酶催化,缩合生成柠檬酸,再由线粒体内膜上的相应载体协助进入胞液,胞液内的柠檬酸裂解酶可使柠檬酸裂解产生乙酰

CoA 和草酰乙酸。前者可用于生成脂肪酸,后者可返回线粒体补充合成柠檬酸时的消耗。草酰乙酸也不能自由通过线粒体膜,必须先经苹果酸脱氢酶催化还原成苹果酸,再由线粒体内膜上的载体转运入线粒体,经氧化后补充草酰乙酸。草酰乙酸也可在苹果酸酶的作用下氧化脱羧生成丙酮酸,同时伴有 NADPH 的生成,丙酮酸由线粒体内膜上的载体转运入线粒体,再羧化转变为草酰乙酸。每经过一次柠檬酸 - 丙酮酸循环,可使 1 分子乙酰 CoA 由线粒体进入胞液,同时消耗 2 分子 ATP,还可为机体提供 NADPH 以满足合成反应的需要。

2. 丙二酰 CoA 的生成

乙酰 CoA 由乙酰 CoA 羧化酶催化转变成丙二酰 CoA。

乙酰 CoA 羧化酶存在于胞液中,其辅酶为生物素,在反应过程中起到携带和转移羧基的作用。该反应的机理类似于其他依赖生物素的羧化反应,如催化丙酮酸羧化生成草酰乙酸的反应等。

由乙酰 CoA 羧化酶催化的反应为脂肪酸合成过程中的限速步骤。此酶为变构酶,在变构效应剂的作用下,无活性的单体与有活性的多聚体(由 10 个单体呈线形排列)可以互变。柠檬酸与异柠檬酸可促进单体聚合成多聚体,增强酶活性,而长链脂肪酸可加速解聚,从而抑制酶活性。乙酰 CoA 羧化酶还可通过依赖 cAMP 的磷酸化和去磷酸化修饰来调节酶活性。此酶经磷酸化后丧失活性。胰高血糖素、肾上腺素等能促进磷酸化作用,从而抑制脂肪酸合成;而胰岛素能促进去磷酸化作用,故可增强乙酰 CoA 羧化酶的活性,促进脂肪酸合成。

同时乙酰 CoA 羧化酶也是诱导酶,长期高糖低脂饮食能诱导此酶合成,促进脂肪酸合成;反之,高脂低糖饮食能抑制此酶合成,减少脂肪酸的生成。

3. 软脂酸的生成

软脂酸的生成实际上是一个循环的过程,1 分子乙酰 CoA 与 7 分子丙二酰 CoA 经转移、缩合、加氢、脱水和再加氢过程,每一次使碳链延长两个碳,共重复 7 次,最终生成含十六个碳的软脂酸。

在原核生物中催化此反应的酶是由 7 种不同功能的酶与酰基载体蛋白(acyl carrier protein,ACP)聚合成的复合体。在真核生物中催化此反应的是一种含有双亚基的酶,每个亚基有 7 个具有不同催化功能的结构区和 1 个相当于 ACP 的结构区,因此这是一种具有多种功能的酶。

脂肪酸合成需消耗 ATP 和 NADPH+H[+],NADPH 主要来源于葡萄糖分解的磷酸戊糖途径。此外,苹果酸氧化脱羧也可产生少量 NADPH。

脂肪酸合成不是 β- 氧化的逆过程,它们发生反应的组织、细胞定位、转移载体、酰基载体、限速酶、激活剂、抑制剂、氢供体、氢受体、反应底物与产物均不相同。

6.3.2.2 脂肪酸合成的调节

乙酰 CoA 羧化酶催化的反应是脂肪酸合成的限速步骤,很多因素都可影响此酶的活性,从而使脂肪酸合成速度改变。在脂肪酸合成过程中,其他酶(如脂肪酸合成酶、柠檬酸裂解酶等)亦可被调节。

1. 代谢物的调节

在高脂膳食后或因饥饿导致脂肪动员加强时,细胞内软脂酰 CoA 增多,可反馈抑制乙酰 CoA 羧化酶,从而抑制体内脂肪酸的合成。而进食糖类糖代谢加强时,由糖氧化和磷酸戊糖循环提供的乙酰 CoA 和 NADPH 增多,这些合成脂肪酸的原料增多有利于脂肪酸的合成。此外,糖氧化加强使细胞内 ATP 增多,进而抑制异柠檬酸脱氢酶,造成异柠檬酸、柠檬酸堆积,其在线粒体内膜上相应载体的协助下由线粒体转入胞液,可以别构激活乙酰 CoA 羧化酶,同时可裂解释放乙酰 CoA,增加脂肪酸合成的原料,促进脂肪酸合成。

2. 激素的调节

胰岛素、胰高血糖素、肾上腺素、生长素等均参与对脂肪酸合成的调节。胰岛素能诱导乙酰 CoA 羧化酶、脂肪酸合成酶、柠檬酸裂解酶的合成,从而促进脂肪酸的合成;还可通过促进乙酰 CoA 羧化酶的去磷酸化而使酶活性增强,使脂肪酸合成加速。胰高血糖素可通过增加 cAMP 使乙酰 CoA 羧化酶磷酸化而活性降低,从而抑制脂肪酸的合成;还可抑制甘油三酯的合成,从而增强长链脂酰 CoA 对乙酰 CoA 羧化酶的反馈抑制,使脂肪酸合成被抑制。

6.4　核苷酸代谢

食物中的核酸大多以核蛋白的形式存在。核蛋白在胃中受胃酸的作用,分解成核酸与蛋白质。核酸在小肠中受胰液和肠液中各种水解酶的作用逐步水解,最终生成戊糖和碱基。产生的戊糖被吸收参与体内的戊糖代谢;嘌呤和嘧啶碱基主要被分解排出体外(食物来源的嘌呤和嘧啶碱基很少被机体利用)。核苷酸是核酸的基本结构单位,人体内的核苷酸主要由机体细胞合成,核苷酸不属于必需营养物质。核苷酸在体内分布广泛,在细胞中主要以 $5'$ - 核苷酸的形式存在。细胞中核糖核苷酸的浓度远远超过脱氧核糖核苷酸,其中含量最多的是 ATP。不同类型的细胞中各种核苷酸的含量差异很大,同一类型的细胞中各种核苷酸的含量也有差异,但核苷酸总量变化不大。

核苷酸的生物降解主要是嘌呤和嘧啶碱基降解的过程,嘌呤降解生成可以排泄的、有潜在毒性的化合物,而嘧啶降解生成容易代谢的产物。

所有生物体和组织都有能力合成嘌呤和嘧啶核苷酸,核苷酸生物合成有两条途径,从头合成途径和补救合成途径。从头合成途径是利用简单的前体分子(如氨基酸、CO_2 和 NH_3 等分子)生物合成核苷酸的杂环碱基的途径。补救合成途径是直接利用核苷酸降解生成的完整的嘌呤和嘧啶碱基重新生成核苷酸的过程。科学家根据这些原理开发了一些可以用来抑制嘌呤和嘧啶的合成和降解的药物,这种抑制作用是癌症化疗的理论基础。

6.4.1　核苷酸的合成代谢

体内以磷酸核糖和简单的前体分子(如氨基酸、一碳单位、CO_2 等)为原料合成核苷酸的过程称为从头合成途径,这是体内的主要合成途径。利用体内游离的碱基、核苷酸,经简单反应过程生成核苷酸的过程称为补救途径(salvage pathway,或称重新利用途径)。部分组织只能通过此途径合成核苷酸,这样可以节省一些氨基酸和能量的消耗。

6.4.1.1　磷酸核糖焦磷酸的合成

核苷酸的生物合成都是先合成单磷酸核苷酸,各种嘌呤核苷酸的前体是次黄嘌呤核苷酸(IMP,或称肌苷酸),而各种嘧啶核苷酸则是从尿嘧啶核苷酸(UMP)衍生出来的。IMP 是由次黄嘌呤碱基和 5- 磷酸核糖组成的,UMP 是由尿嘧啶碱基和 5- 磷酸核糖组成的,IMP 和 UMP 的从头合成实际上是次黄嘌呤碱基和尿嘧啶碱基的合成,因为这两种核苷酸中都含有 5- 磷酸核糖。IMP 是在 5- 磷酸核糖的基础上合成次黄嘌呤环结构的,而 UMP 则是先合成尿嘧啶碱基,然后连接 5- 磷酸核糖。但无论哪种连接方式,使用的都是 5- 磷酸核糖的活化形式 5- 磷酸核糖 -1- 焦磷酸(5-phosphoribosyl-1-pyrophosphate, PRPP)。PRPP 是在 PRPP 合成酶的催化下由 5- 磷酸核糖和 ATP 合成的(图 6-17)。5- 磷酸核糖与 ATP 反应,焦磷酸基团从 ATP 转移到 5- 磷酸核糖的 C1 位,形成 PRPP,是 α 构型。5- 磷酸核糖来自磷酸戊糖途径。

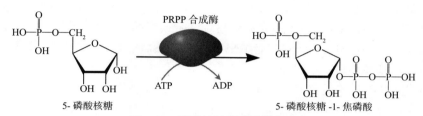

图 6-17　磷酸核糖焦磷酸的合成

6.4.1.2　嘌呤核苷酸的合成

各种嘌呤核苷酸的前体是次黄嘌呤核苷酸。同位素标记实验给出了嘌呤环中各个原子的来源:N1 来自天冬氨酸;C2 和 C8 来自甲酸(通过 10- 甲酰四氢叶酸);N3 和 N9 来自谷氨酰胺的酰胺基;C4、C5 和 N7 来自甘氨酸;C6 来自 CO_2。

1. 次黄嘌呤核苷酸的从头合成

嘌呤核苷酸的从头合成开始于 PRPP,产物是次黄嘌呤核苷酸。次黄嘌呤核苷酸从头合成途径共涉及 10 步反应,催化各步反应的酶分别是谷氨酰胺 -PRPP 转酰胺酶、甘氨酰胺核苷酸合成酶、甘氨酰胺核苷酸转甲酰基酶、甲酰甘氨脒核苷酸合成酶、氨基咪唑核苷酸合成酶、氨基咪唑核苷酸羧化酶、氨基咪唑琥珀基氨甲酰核苷酸合成酶、腺苷琥珀酸裂解酶、氨基咪唑氨甲酰核苷酸转甲酰基酶、IMP 环化水解酶,这些酶都存在于胞液中。

从头合成途径开始于 PRPP 的焦磷酰基被谷氨酰胺的酰胺氮取代的反应,该反应是由谷氨酰胺 -PRPP 转酰胺酶催化的。值得注意的是,核糖的异头构型在亲核取代过程中由 α 构型转变成了 β 构型,形成的是 β 构型的 5- 磷酸核糖胺。这种 β 构型一直保留在合成的嘌呤核苷酸中。然后 β 构型的 5- 磷酸核糖胺的氨基被甘氨酸酰化,生成甘氨酰胺核苷酸。

在第 3 步反应中,一个甲酰基从 10- 甲酰四氢叶酸转移到甘氨酰胺核苷酸的氨基上,形成 IMP 的 C8。在第 4 步反应中,来自谷氨酰胺的酰胺在酰胺转移酶的催化下转化成脒 R—NH—CH=NH,该反应需要 ATP。酰胺转移酶受到类似于谷氨酰胺的抗生素(如重氮丝氨酸、6- 重氮 -5- 氧 - 正亮氨酸)的不可逆抑制。这些谷氨酰胺类似物可以与酶的巯基发生反应。

IMP 合成的第 5 步反应是需要 ATP 的闭环反应,生成咪唑衍生物。在第 6 步反应中,CO_2 连接到已经变成嘌呤的 C5 上,这个羧化反应很罕见,因为反应既不需要 ATP,也不需要生物素。

在第 7、8 步反应中,天冬氨酸的氨基整合到嘌呤环中。首先天冬氨酸与新进入的羧基缩合形成一个酰胺键,然后在腺苷琥珀酸裂解酶的作用下脱去琥珀酸,生成氨基咪唑核苷酸,该反应需要 ATP。这两步反应使得来自天冬氨酸的一个氨基氮变成了 IMP 中的 N1。

第 9 步反应类似于第 3 步反应,来自 10- 甲酰四氢叶酸的甲酰基转移到氨基咪唑氨甲酰核苷酸的氨基上。第 10 步反应是一个闭环反应,形成嘌呤环中的嘧啶环。至此完成了 IMP 整个嘌呤环的合成。

IMP 从头合成消耗了大量的能量。在合成 PRPP 时,ATP 转化为 AMP,第 2、4、5、7 步反应也是通过 ATP 转化为 ADP 驱动的,另外由谷氨酸和氨合成谷氨酰胺也需要 ATP。

2. AMP 和 GMP 的合成

合成的次黄嘌呤核苷酸可以转化成 AMP 或 GMP,每次转化都需两步酶促反应。

在 IMP 转化成 AMP 的过程中,在腺苷琥珀酸合成酶的催化下,天冬氨酸的氨基与 IMP 的酮基缩合形成腺苷琥珀酸,反应的能量来自 GTP。然后腺苷琥珀酸在腺苷琥珀酸裂解酶的作用下脱去延胡索酸,生成 AMP。

IMP 转化成 GMP 的过程实际上是嘌呤环上的 C2 被氧化的过程。首先在 IMP 脱氢酶的催化下 IMP 的 C2＝N3 双键加水,然后水化产物被 NAD^+ 氧化生成黄嘌呤核苷酸（XMP）。在鸟嘌呤核苷酸合成酶的催化下,谷氨酰胺的酰胺氮取代 XMP 中 C2 位的氧生成 GMP,ATP 水解为 AMP 和焦磷酸驱动反应进行。

3. 通过补救途径合成嘌呤核苷酸

核酸降解形成的大部分嘌呤可以通过核苷酸合成的补救途径再循环。PRPP 是补救合成途径中 5- 磷酸核糖的供体,腺嘌呤磷酸核糖转移酶（adenine phosphoribosyl transferase, APRT）催化腺嘌呤与 PRPP 形成 AMP 和 PPi,无机焦磷酸酶催化 PPi 水解,使反应不可逆。次黄嘌呤 - 鸟嘌呤磷酸核糖转移酶（hypoxanthine-guanine phosphoribosyl transferase, HPRT）催化类似的反应,生成 IMP 和 GMP。在低浓度 PRPP 的条件下,补救合成途径的反应比从头合成途径的反应优先发生。图 6-18 给出了嘌呤核苷酸降解为嘌呤和通过与 PRPP 反应回收嘌呤的简图。

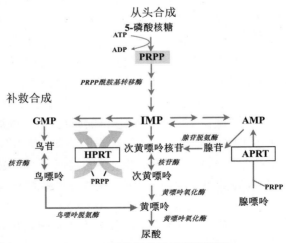

图 6-18　嘌呤核苷酸的代谢简图

次黄嘌呤 - 鸟嘌呤磷酸核糖转移酶活性低会导致严重的代谢病,生化特征是尿酸排泄量升高,约为正常值的 6 倍,同时嘌呤从头合成的速率大大增大,该疾病称为 Lesch-Nyhan 综合征。

6.4.1.3　嘧啶核苷酸的合成

同位素实验表明嘧啶环中的原子来自三个前体: C2 来自 HCO_3^-; N3 来自谷氨酰胺的酰胺基;其余原子来自天冬氨酸。各种嘧啶核苷酸的前体是尿嘧啶核苷酸,尿嘧啶核苷酸从头合成的过程比嘌呤简单,并且消耗的 ATP 少。

1. 尿嘧啶核苷酸的从头合成

尿嘧啶核苷酸的从头合成共涉及 6 步反应,催化各步反应的酶分别是氨甲酰磷酸合成酶、天冬氨酸转氨甲酰酶、二氢乳清酸酶、二氢乳清酸脱氢酶、乳清酸磷酸核糖转移酶和乳清苷 -5′ -一磷酸脱羧酶,这些酶都位于胞液中。

首先经过第 1、2 步反应生成中间产物氨甲酰天冬氨酸,然后这个中间产物环化生成二氢乳清酸,二氢乳清酸经氧化生成乳清酸,嘧啶环形成。在乳清酸磷酸核糖转移酶的催化下,乳清酸与 PRPP 反应生成乳清苷酸,然后乳清苷酸脱羧生成尿嘧啶核苷酸。尿嘧啶核苷酸是所有其他嘧啶核苷酸和嘧啶脱氧核苷酸的前体。

2. CTP 的合成

UMP 转化成 CTP 涉及三步反应。尿苷酸激酶催化 ATP 的 γ- 磷酸转移给 UMP,形成 UDP。核苷二磷酸激酶催化另一个 ATP 的 γ- 磷酸转移给 UDP,形成 UTP。CTP 合成酶催化来自谷氨酰胺的酰胺氮转移至 UTP 的 C4,形成 CTP。

3. 脱氧核糖核苷酸的合成

脱氧核糖核苷酸是通过二磷酸核糖核苷还原生成的, NADPH 为这一反应的还原力。DNA 合成需要的 dTMP 是由 dUMP 甲基化形成的。

首先 dUDP 转化为 dUMP,然后在胸苷酸合成酶的催化下 dUMP 转化为 dTMP。在反应中,甲酰四氢叶酸提供一碳单位之后形成二氢叶酸,二氢叶酸经还原变成四氢叶酸,再接受丝氨酸提供的一碳单位形成甲酰四氢叶酸。

6.4.2　核苷酸的分解代谢

在生物体内,核苷酸在核苷酸酶的催化下水解生成核苷和磷酸。核苷经核苷酶的作用分解为含氮碱基和核糖。分解核苷的酶有两类:一类是核苷水解酶,另一类是核苷磷酸化酶。前者使核苷生成含氮碱基和核糖;后者使核苷生成含氮碱基和核糖的磷酸酯。

核苷酶主要存在于植物和微生物体内,只作用于核糖核苷,对脱氧核糖核苷无作用,反应是不可逆的。核苷磷酸化酶存在范围比较广,其所催化的反应是可逆的。不同来源的酶对底物的要求不一,有的能作用于核苷和脱氧核苷,有的则对核糖要求严格。这类酶有嘌呤核苷磷酸解酶与嘧啶核苷磷酸解酶之分。核苷的降解产物嘌呤和嘧啶碱基还可进一步分解。

6.4.2.1　嘌呤核苷酸的降解

尽管大多数嘌呤和嘧啶碱基可以通过补救合成途径再循环,但还是有些碱基被降解。

鸟类、爬行动物和灵长类动物（包括人）可以将嘌呤核苷酸转化为尿酸排泄掉，许多动物还可以进一步将尿酸降解为其他产物。

嘌呤降解的最终产物因动物种类而异，排出形式有尿酸、尿素、尿囊素、鸟嘌呤、氨等不同形式。

1. AMP 和 GMP 的降解

AMP 和 GMP 降解为尿酸涉及以下几个反应过程。

AMP 和 GMP 经水解除去磷酸形成腺苷和鸟苷；腺苷经腺苷脱氨酶催化脱氨形成次黄嘌呤核苷，AMP 在 AMP 脱氨酶的作用下脱氨生成 IMP；IMP 水解生成次黄嘌呤核苷；次黄嘌呤核苷磷酸解形成次黄嘌呤，鸟苷磷酸解生成鸟嘌呤；次黄嘌呤被氧化形成黄嘌呤，黄嘌呤被氧化形成尿酸。在大多数细胞中，鸟嘌呤在鸟嘌呤酶的催化下脱氨形成黄嘌呤。缺少鸟嘌呤酶的动物排泄鸟嘌呤。

动物的肉和内脏中含有大量嘌呤，很多水产品（如鱼类、螃蟹、龙虾、贝类）中也含有大量嘌呤。

痛风是由尿酸生产过量或尿酸排泄不充分而堆积引起的一种疾病。痛风可能是由于次黄嘌呤 - 鸟嘌呤磷酸核糖转移酶活性低，导致嘌呤回收下降，使嘌呤分解生成更多的尿酸。痛风也可能是由嘌呤生物合成调控的缺陷引起的。治疗痛风的最有效药物是与次黄嘌呤结构非常类似的别嘌呤醇。次黄嘌呤的 N7 和 C8 换个位置就变成了别嘌呤醇。在细胞内别嘌呤醇转化为羟嘌呤醇，羟嘌呤醇是黄嘌呤脱氢酶的一种很强的抑制剂，服用别嘌呤醇可以防止非正常的高水平尿酸的形成，因此可以防止尿酸的沉积和肾结石的形成。在用别嘌呤醇治疗期间，次黄嘌呤和黄嘌呤都不会堆积，它们经次黄嘌呤 - 鸟嘌呤磷酸核糖转移酶催化转化为 IMP 和黄嘌呤核苷酸，然后形成 AMP 和 GMP。次黄嘌呤和黄嘌呤的溶解度比尿酸钠和尿酸大得多，它们如果不能通过补救合成途径被重新利用也可经肾脏排泄掉。

在古代，痛风几乎是帝王、贵族将相的专属疾病。尤其在古罗马时代，人们喜欢饮用含铅的葡萄酒。他们将葡萄汁在铅容器中熬制成糖浆状，以一定的比例与酒混合，这样制出的葡萄酒颜色鲜亮、味道香甜醇美，然而铅和酒精都容易诱发痛风。荷兰人列文虎克（Leeuwenhoek）在 1679 年用显微镜观察了痛风石，发现痛风石里有大量针状结晶物，后来才弄明白那是尿酸盐结晶。但长期以来，把痛风的临床病理归因于尿酸盐沉积这一观点一直让人怀疑，直到 1899 年 Freudweiler 发现注射痛风石性物质可引起炎症，提高了这一观点的可信度。

2. 尿酸的降解

某些硬骨鱼具有尿囊素酶活性，可以催化尿囊素的咪唑环开环生成尿囊酸，作为嘌呤降解的终产物排泄。

大多数鱼类、两栖动物、淡水软体动物可以进一步降解尿囊酸，这些动物的嘌呤降解氮的终产物是尿素。许多生物能够进一步水解尿素生成 CO_2 和 NH_3。

3. 嘌呤核苷酸循环

活动的肌肉会生成氨，发生的反应如下：

$$AMP + H_2O \xrightarrow{\text{AMP脱氨酶}} IMP + NH_3$$

反应生成的 IMP 可以循环生成 AMP，即 IMP 与天冬氨酸缩合生成腺苷琥珀酸，然后脱去延胡索酸形成 AMP。这一循环途径称为嘌呤核苷酸循环(图 6-19)。

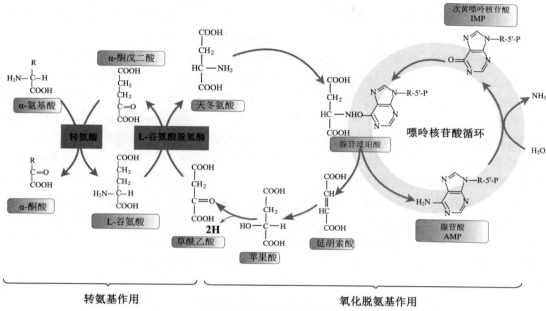

图 6-19　嘌呤核苷酸循环

　　肌肉(骨骼肌和心肌)主要通过嘌呤核苷酸循环脱去氨基。氨基酸经过一次或多次转氨基作用把氨基转给草酰乙酸,生成天冬氨酸;天冬氨酸先与次黄嘌呤核苷酸(IMP)反应生成腺嘌呤代琥珀酸,再裂解出延胡索酸和腺嘌呤(AMP)。肌肉中的 AMP 脱氨酶催化 AMP 脱氨恢复为 IMP,肌肉中氨基酸的氨基经嘌呤核苷酸循环而被脱去。这是因为肌肉不像肝、肾等组织,其中的 L- 谷氨酸脱氢酶活性极弱,难以通过联合脱氨基作用脱去氨基。

6.4.2.2　嘧啶核苷酸的降解

　　嘧啶核苷酸可以降解为尿嘧啶和胸腺嘧啶。在 5′- 核苷酸酶的催化下,CMP 水解生成胞苷;胞苷经胞苷脱氨酶催化脱氨形成尿苷;尿苷和胸苷的糖苷键分别经尿苷磷酸化酶和胸苷磷酸化酶磷酸解生成尿嘧啶、1- 磷酸核糖和胸腺嘧啶、1- 磷酸脱氧核糖。

　　生成的尿嘧啶和胸腺嘧啶可以继续降解生成中枢代谢途径的中间产物——乙酰 CoA 和琥珀酰 CoA。

6.5　生物的次级代谢

　　蛋白质、脂类、核酸、糖等是生物体生命活动不可缺少的物质,为生物体的生长发育、繁殖提供能源和中间产物。这类物质的代谢称为初级代谢(primary metabolism)或一级代谢。生物体在长期进化的过程中,在特定的条件下以一些重要的初级代谢产物为前体,经过一些代谢过程产生一些对维持生物体的生长发育起一定作用的化合物,这个过程称为次级代谢(secondary metabolism)。由次级代谢产生的物质称为次生物质或次级代谢产物。

1. 植物的次级代谢及其功能

植物的次级代谢是植物对环境的一种适应,是在长期进化的过程中植物与生物、非生物因素相互作用的结果,在植物对环境胁迫的适应,植物与植物之间的竞争和协同进化,植物对昆虫的危害、草食动物的采食、病原微生物的侵染等的防御方面起着重要作用。许多植物在受到病原微生物的侵染后产生并大量积累次级代谢产物,以增强自身的免疫力和抵抗力。植物的次级代谢途径是高度分支的途径,这些途径在植物体内或细胞中并不全部开放,而是定位于某一器官、组织、细胞或细胞器并受到独立的调控。

次级代谢的概念最早于 1891 年由 Kòssel 明确提出,次级代谢是生物合成生命非必需物质并储存次级代谢产物的过程。植物的次级代谢过程是植物在长期进化中对生态环境适应的结果,它在处理植物与生态环境的关系中充当着重要的角色。植物的初级代谢和次级代谢之间并没有清晰的界限。植物在逆境中一般会开启至少 20 条次级代谢途径,其中有 5 条途径对形成植物的化感物质、品质与风味物质影响显著。分别是生物碱代谢途径,产生含氮化合物;酚类衍生物代谢途径,产生酚类化合物;黄酮类化合物代谢途径,产生黄酮类化合物;有机酸代谢途径,功能是改变 pH 值和果实的风味;萜类代谢途径,产生萜烯类和甾类化合物。植物的次级代谢产物是由次级代谢产生的细胞生命活动、植物生长发育正常进行的非必需小分子有机化合物,其产生和分布通常有种属、器官、组织、生长发育时期的特异性。这些次级代谢产物可分为苯丙素、醌、黄酮、单宁、萜、甾体及其苷、生物碱七大类。

植物在生长过程中遇到任何胁迫都会开启次级代谢途径,形成维系自身生长和抵抗不良环境的物质。次级代谢途径在植物与植物、植物与病原菌、植物与昆虫的关系中具有重要的化学生态学功能。

1）在植物与植物的关系中的作用

德国科学家 Molisch 最先提出了化感作用这一概念,指植物在其生长发育过程中通过向环境释放特定的代谢产物改变周围的微生态环境,影响周围其他植物的生长发育,导致植物间相互排斥或促进。化感作用在可持续除草手段的开发、合理作物轮换顺序的设计、合理作物复合群体的构建等方面有重要的应用价值。具有化感作用的化学物质被称作化感作用化合物,简称化感物质。化感物质大体上可以分为十几类:水溶性有机酸,直链醇,脂肪族醛、酮,简单不饱和内酯,萘醌、蒽醌、复合醌,简单酚,苯甲酸及其衍生物,肉桂酸及其衍生物,香豆素,黄酮,单宁,萜,甾体,氨基酸、多肽,生物碱等。

2）在植物与病原菌的关系中的作用

致病微生物的侵袭是危害植物生存的一大重要因素,植物的次级代谢产物在提高植物的抗病能力方面也起着举足轻重的作用。按照作用机制,可以把参与抗病的次级代谢产物分成三大类:第一类是直接参与化学防御的植物毒素和植保素,可抵御病、虫、草害;第二类是参与抗病的信号分子,包括植物激素茉莉酸和水杨酸,还有最近发现的在植物系统获得性抗病中起重要作用的赖氨酸代谢产物等;第三类参与植物的结构或物理防御,多为大分子次级代谢产物(如角质、木栓质、木质素、类黑色素等组成型高分子质量次级代谢产物),它们可充当病原菌侵入的物理障碍。

3）在植物与昆虫的关系中的作用

害虫是严重影响农作物产量和品质的重要因素。植物可通过体内营养物质含量的变化减小对害虫的吸引力,营养物质也可参与防御反应来提高植物的抗虫性,如单宁酸对象甲虫、多酚对果园秋尺蛾具有影响发育、抑制生长等效应;植物的次级代谢产物具有抗虫作用,可对害虫的行为、取食、消化等造成影响,以达到抵御虫害的目的,如槲皮素对墨西哥棉铃虫、α- 铁杉内酯和桑色素对纹棘胫小蠹具有刺激取食的效应;植物防御酶参与抗虫反应,并维持植物体内的正常生长代谢平衡,以提高植物的抗虫能力;植物激素信号途径有助于植物防御基因的表达、防御反应的发生、抗虫物质的产生,从而增强宿主植物的抗虫性;此外,植物界也存在诱导型抗虫次级代谢产物,已在节肢食草昆虫取食诱导作用下的利马豆、玉米、黄瓜等 13 个属的 20 个种中发现挥发性异戊二烯、莽草酸等代谢途径合成的次级代谢产物,它们可以吸引捕食者或寄生蜂等害虫天敌。

4)植物的次级代谢产物与植物的营养品质、保健品质的关系

植物次级代谢产物中的白藜芦醇、类黄酮、多酚、儿茶酚、胡萝卜素、叶黄素、番茄红素、皂苷、超氧化物歧化酶(SOD)、维生素 A、维生素 C、维生素 E 等与人类健康关系密切,被归为人类的必需营养物质。植物次级代谢产物中的生物碱、酚类、萜类、类黄酮等能提高农产品品质、色泽、品相和延长贮藏期。

5)植物的次级代谢产物与环境的关系

抗逆(干旱、寒冷、热害、盐碱)性物质:又称渗透物质或非生物因子,如脯氨酸、甜菜生物碱、脱落酸、可溶性糖等。

激素物质:参与调控植物生长发育和对环境的适应性,目前已确认植物体内有九种内源激素,为赤霉素、脱落酸、生长素、细胞分裂素、乙烯、油菜素类固醇、多胺、茉莉酸、水杨酸。

在逆境中起应激指挥作用的物质:由各种逆境诱导形成新的蛋白质(或称为酶),统称为逆境蛋白,包括病程相关蛋白、热激蛋白、冷响应蛋白、耐盐相关蛋白等。

2. 微生物的次级代谢及其功能

微生物的次级代谢产物是一些生物活性小分子,这些化合物在恶劣的环境条件下保护细菌,并在营养物质竞争期间作为抗菌剂对抗其他环境微生物。微生物的次级代谢产物是许多抗生素、化疗药物、免疫抑制剂和其他药物的来源。在细菌中,放线菌(特别是链霉菌)产生最多的化学多样性次级代谢产物。微生物的次级代谢产物一般是微生物生长到一定阶段才产生的化学结构十分复杂、对该微生物无明显的生理功能或并非微生物生长和繁殖所必需的物质,如抗生素、毒素、激素、色素等。不同种类的微生物产生的次级代谢产物不相同,它们可能积累在细胞内,也可能排到外环境中。

微生物的次级代谢产物有以下功能。

1)次级代谢产物作为竞争性武器

自然防御机制已经在微生物中进化出来,其通过分泌次级代谢产物来实现。最好的例子可能是抗生素,它可以杀死竞争微生物或抑制其生长。研究证实,次级代谢产物和孢子的形成受类似因素的调节,因此次级代谢产物可延缓孢子的萌发,直到存在竞争性较低的环境和更有利的生长条件。次级代谢产物还可保护休眠或启动的孢子不被变形虫吞噬,并在孢子发芽期间抑制竞争微生物生长。

2)次级代谢产物充当金属沉淀剂或螯合剂

有毒微量金属高生物积累可导致非生物胁迫,从而对生物细胞造成氧化损伤。而某些金属元素生物可利用性极低,生物难以摄取。金属沉淀是通过低分子质量化合物(如酚、有机酸和糖)和高分子质量化合物(如微生物中的胞外聚合物)实现的。如铁载体,它对铁

（Fe）具有高亲和力，并且可以溶解铁。铁载体主要存在于微生物中，禾本科植物也可以合成铁载体。微生物需要铁元素合成细胞色素和酶，但是地球是一个富氧的环境，自然界中的铁以极不可溶的氧化物形式存在。微生物、植物通过合成铁载体螯合铁，以摄取铁元素。

3）次级代谢产物作为微生物与其他生物共生的试剂

在共生关系中，两种生物都受益。土壤真菌和根系之间的共生关联被称为菌根。通过共生，菌根可以吸收更多的磷酸盐，真菌反过来通过经常使用抗生素等次级代谢产物来保护植物免受病原体的损害。次级代谢产物介导共生关系的另一个例子是细菌假单胞菌，它通过定植根并产生限制其他致病菌和真菌生长的抗生素来充当植物生长促进细菌。

4）次级代谢产物作为生殖剂

真菌产生的众所周知的性激素是三孢子酸，它是毛霉菌的次级代谢产物。三孢子酸于1964年被发现，其可促进 *Blakeslea trispora* 产生胡萝卜素，并且后来被证明是在黏液中产生合子的激素。合子（性菌丝）是在杂交生物的两种交配类型的营养菌丝接近时产生的。

5）次级代谢产物作为分化效应器

分化发生在生物体的发育过程中，可能是形态变化或化学变化。孢子的形成与抗生素的合成有关，这得到了一些证据的支持，如孢子微生物孢子化和抗生素合成都可以由某些必需营养素耗尽诱发，抗生素的合成与孢子的形成之间具有遗传上的联系，在孢子形成期间抗生素的浓度经常会抑制其营养生长。

6）次级代谢产物作为生物体之间通信的媒介

细胞间通信已被假设在特殊细胞（如腺体、神经元、免疫细胞和血细胞）出现之前很久就首先在单细胞生物体中进化。在微生物中，次级代谢产物充当调节基因表达的信息小分子。高丝氨酸内酯（HLs）是革兰氏阴性菌群体感应系统中最重要的一类信号分子，它可调控许多生理特性的表达，以适应生物环境，如导致细胞间黏附、形成生物膜。HLs 在铜绿假单胞菌中起作用，铜绿假单胞菌是一种机会性病原体。HLs 信号转导可能带来基因表达的剧烈变化，影响次级代谢、毒力因子表达、孢子形成和生物膜形成。与此类似的是霍乱弧菌，它使用 CAI-1 等自身诱导剂来终止宿主定植，阻止生物膜形成和毒力因子表达。该信号转导也被视为革兰氏阳性菌（如金黄色葡萄球菌）的发病机制。在感染期间，当细菌进入人体时表现出复杂的适应性行为，导致种群密度、时间和环境特异性地变化。

6.6 外来化合物在微生物中的共代谢

一些在天然条件下并不存在的人工合成的化学物质（如杀虫剂、杀菌剂、除草剂等）易被细菌或真菌降解，另一些则需添加有机物作为初级能源后才能降解，这一降解现象称为共代谢，这些有机物称为异体化合物或外来化合物。在共代谢过程中，微生物不能利用异体化合物作为能量来源或结构成分。实际上，许多难降解的有机污染物是通过共代谢开始降解而完成降解全过程的。这类污染物包括稠环芳烃、杂环化合物、氯代有机溶剂、氯代苯环类化合物、农药等。能进行共代谢的微生物包括好氧微生物、厌氧微生物和兼性微生物等。

（1）化合物在非灭菌样品中转化为有机产物，但在灭菌环境下却不能，并且不能分离出利用这种化合物作为能量来源或碳源的微生物。

（2）利用其他有机营养分子作为生长所需碳源的微生物在培养基中代谢这种化合物得到的产物与在自然界中发现的代谢产物一致。

（3）化合物中的碳没有被整合到细胞结构中。

（4）在培养基中通过共代谢产生的产物通常累积持久地存在于自然界中。

对共代谢发生机制的一些解释如下：

（1）初始的一种酶或多种酶把异体化合物转化为有机产物后，这种有机产物不能被微生物中的其他酶进一步转化为用于生物合成或能量制造的中间产物；

（2）在矿化过程中，初始底物被转化为抑制后续酶活性的产物；

（3）微生物需要第二种底物来使某些特定的反应发生。

下面讨论氯代有机化合物共代谢的情况。一般来讲，细菌能够以三种方式转化氯代有机化合物。

（1）代谢进入主干途径：包括用一个新的代谢反应覆盖已有的代谢途径。例如，二氯甲烷产生的甲醛被添加到甲烷营养和甲醇营养的 C1 代谢中。

（2）以氯代烃作为产 ATP 电子传递中的最终电子受体：有机氯的还原反应被发现与 ATP 的产生有关。

（3）共代谢或者无偿反应：在这种情况下，细菌表达广谱的代谢酶，能够转化有机氯而不与它们的碳代谢和能量代谢发生任何联系。

三氯乙烯（TCE）的共代谢已被深入研究，现以 TCE 为例简要说明共代谢的降解过程。TCE 是一种很稳定的被广泛使用的工业溶剂，已经成为地下水中最常见的环境污染物。TCE 分布广，其特别引人注目的一点是能被厌氧细菌还原脱氯成为氯乙烯，TCE 和氯乙烯对动物具有致突变和致癌性，也是人类的致癌剂。近百年科学工作者一直致力于得到以 TCE 为唯一碳源和能源的降解菌，但一直没有成功，因此 TCE 的共代谢成为人们关心的课题。至今已发现 9 种细菌氧化酶能共代谢 TCE，它们是溶解性甲烷单加氧酶、甲苯 2- 单加氧酶、甲苯 4- 单加氧酶、甲苯双加氧酶、氨单加氧酶、颗粒性甲烷单加氧酶、丙烷单加氧酶、酚羟化酶和异戊二烯氧化酶。其中溶解性甲烷单加氧酶和甲苯双加氧酶得到深入的研究。溶解性甲烷单加氧酶在低铜浓度时合成，酶系由三种蛋白成分组成，羟化酶成分含有双核铁中心作为氧结合和反应位点。

甲烷营养菌氧化甲烷的第一步是由甲烷单加氧酶催化的，这种酶是广底物专一性的，其在甲烷和 TCE 同时存在的情况下也能催化 TCE 共代谢氧化过程的第一步。TCE 共代谢不能为微生物细胞活动提供能量，也不能使微生物细胞增长。TCE 共代谢的降解产物可以被甲烷营养菌或其他细菌进一步催化降解。在修复被 TCE 污染的环境时，可以向环境中投入甲烷、甲苯、丙烷甚至氨这样的共基质（co-substrate），利用甲烷营养菌、甲苯利用菌、丙烷利用菌、氨氧化菌的共代谢能力来净化环境。纯培养条件下的共代谢是一种截止式转化。然而在混合培养和自然环境条件下，开始的共代谢可以为其他微生物所进行的共代谢或其他降解铺平道路。这种共代谢方式可以使难分解的污染物经过一系列微生物协同作用而彻底降解。但这种偶然转化中的共代谢也可能有害，有可能产生对进一步降解具有更大抗性和毒性的化合物。

共代谢过程除 TCE 这种方式外，还有其他多样的方式，如能利用 DCA（1，2- 二氯乙烷）作为唯一碳源和能源生长的假单胞菌 DCA1 能共氧化利用 DCP（1，2- 二氯丙烷）。以

DCA 作为碳源培养假单胞菌共代谢 DCP 时会出现竞争性抑制,造成共代谢过程中降解微生物生长慢、降解速率低的问题。有研究表明 DCA 降解过程的中间代谢产物乙酸易被 DCA 利用菌氧化利用。因此加入氯乙酸能使细胞表达 DCA 单加氧酶,而又不与 DCP 竞争 DCA 单加氧酶,使 DCA 单加氧酶可以共代谢 DCP。

氧化脱氯对高氯化合物是无能为力的,如四氯乙烯就不能氧化脱氯,但还原脱氯可以使高氯化合物脱氯。在还原脱氯中也存在共代谢,已经发现在产甲烷菌的纯培养中氯乙烯和氯乙烷发生还原脱氯。

共代谢和底物对微生物群落的生物可利用性是生物降解的关键,了解这些内容对土壤和地下水的生物修复是非常重要的。

小结

新陈代谢是在生物体细胞中发生的用以维持生命的一系列化学反应。这些过程使有机体得以生长和繁殖,维持其结构并对环境作出反应。在实际的细胞中,各种代谢途径交织在一起形成代谢网络。在细胞内物质代谢和能量代谢是同时进行的。物质代谢是能量代谢的物质基础,能量代谢则是物质代谢得以进行的保证。代谢通常分为两类:分解代谢和合成代谢。分解代谢分解有机物,收集和转化能量。合成代谢使用能量来构建细胞成分。

糖是生物体细胞能量的主要来源。生物体的各个组织均能对糖进行分解代谢,以葡萄糖为例,它主要的分解途径有四条:①无氧条件下的糖酵解途径;②有氧条件下的完全氧化分解,生成 CO_2 和 H_2O;③生成磷酸戊糖的磷酸戊糖通路;④生成葡萄糖醛酸。

糖酵解途径是葡萄糖在细胞中燃烧的第一个过程,指细胞在胞浆中分解葡萄糖生成丙酮酸的过程,在此过程中会有少量 ATP 生成。在缺氧条件下丙酮酸被还原为乳酸,称为糖酵解。在有氧条件下丙酮酸可氧化分解生成乙酰 CoA 进入三羧酸循环,生成 CO_2 和 H_2O。糖酵解过程从葡萄糖或糖原开始。从葡萄糖开始的糖酵解分为两个阶段共 10 个反应,在生理条件下有 3 步是不可逆的单向反应,也是糖酵解途径的主要限速步骤,分别由己糖激酶、磷酸果糖激酶和丙酮酸激酶催化。这三种酶的活性较弱,是整个糖的有氧氧化过程的关键酶,其活性对糖的氧化分解速度起决定性作用。

葡萄糖在有氧条件下氧化分解生成二氧化碳和水的过程称为糖的有氧氧化。有氧氧化是糖分解代谢的主要方式,大多数组织中的葡萄糖均进行有氧氧化分解供给机体能量。糖的有氧氧化分两个阶段进行。第一个阶段是由葡萄糖生成丙酮酸,在细胞液中进行。第二个阶段是在上述过程中产生的 $NADH+H^+$ 和丙酮酸在有氧状态下进入线粒体,丙酮酸氧化脱羧生成乙酰 CoA 进入三羧酸循环,进而氧化生成 CO_2 和 H_2O,同时 $NADH+H^+$ 经呼吸链传递,伴随着氧化磷酸化过程生成 H_2O 和 ATP。1 分子乙酰 CoA 参与三羧酸循环至循环终末共生成 12 分子 ATP。三羧酸循环是机体获取能量的主要方式。1 分子葡萄糖经无氧酵解仅净生成 2 分子 ATP,而经有氧氧化可净生成 32 分子 ATP。三羧酸循环是细胞内重要的能源物质糖、脂肪和蛋白质这三种有机物在体内彻底氧化的共同代谢途径,三羧酸循环的起始物乙酰 CoA 不但是糖氧化分解的产物,也是来自脂肪的甘油、脂肪酸和来自蛋白质的某些氨基酸代谢的必经途径,因此三羧酸循环实际上是三种主要的有机物在体内氧化供能的共同通路。糖酵解和糖的有氧氧化途径受到机体的严格调控,调节方式包括激素、空间邻近和分隔、变构效应和酶的共价修饰等。

磷酸戊糖途径由 6- 磷酸葡萄糖开始生成具有重要生理功能的 NADPH 和 5- 磷酸核糖。磷酸戊糖途径在细胞液中进行,全过程分为不可逆的氧化阶段和可逆的非氧化阶段。此途径是葡萄糖在体内生成 5- 磷酸核糖的唯一途径。机体需要的 5- 磷酸核糖可通过磷酸戊糖途径不可逆的氧化阶段生成,也可经可逆的非氧化阶段生成。

非糖物质转变为葡萄糖或糖原的过程称为糖异生。糖异生途径基本上是糖酵解或糖有氧氧化的逆过程,糖酵解途径中的大多数酶促反应是可逆的,但是己糖激酶、磷酸果糖激酶和丙酮酸激酶这三个限速酶催化的三个反应过程由不同的酶来催化逆反应过程,以绕过各自的"能障"。糖异生的限速酶主要有以下 4 种:丙酮酸羧化酶、磷酸烯醇式丙酮酸羧激酶、果糖二磷酸酶和葡萄糖磷酸酶。

由葡萄糖(包括少量果糖和半乳糖)合成糖原的过程称为糖原合成,反应在细胞质中进行。糖原合成是需要能量的。糖原合成的能量来自三磷酸尿苷(UTP),它与 1- 磷酸葡萄糖反应生成 UDP- 葡萄糖(UDPG),这个反应由尿苷二磷酸焦磷酸化酶催化。糖原分解不是糖原合成的逆反应,除磷酸葡萄糖变位酶外,其他酶均不一样。在磷酸化酶与脱分支酶的协同和反复作用下,糖原可以完全磷酸化和水解。糖原合成酶和磷酸化酶分别是糖原合成与分解代谢中的限速酶,它们均受到变构与共价修饰双重调节。肾上腺素和胰高血糖素是细胞内分解代谢的重要调控激素,可通过 cAMP 连锁酶促反应逐级放大,形成一个调节糖原合成与分解的控制系统。

蛋白质水解生成的氨基酸在体内的代谢包括两个方面:一方面用以合成机体自身所特有的蛋白质、多肽和其他含氮物质;另一方面通过脱氨作用、转氨作用、联合脱氨或脱羧作用分解成 α- 酮酸、胺类和二氧化碳。氨基酸分解所生成的 α- 酮酸可以转变成糖、脂类或合成某些非必需氨基酸,也可以经过三羧酸循环氧化成二氧化碳和水,并放出能量。氨基酸脱去的氨基可以生成尿素,尿素是蛋白质代谢的排泄产物。合成尿素的游离氨来自谷氨酸的氧化脱氨作用,其他氨基酸可以通过转氨作用把氨基转给谷氨酸。由于游离氨具有毒性,外周组织中一旦形成游离氨,就必须转移到肝脏中合成尿素。肌肉和肝脏之间氨的转运是通过葡萄糖 - 丙氨酸循环进行的。尿素循环可概括为五步酶促反应,两步在线粒体中进行,三步在胞液中进行。尿素中的两个 N 原子分别由氨和天冬氨酸提供,而 C 原子来自 HCO_3^-。

氨基酸完全氧化分解生成的一碳单位参与细胞内多种物质的合成,其余骨架结构经由尿素循环和三羧酸循环完全氧化分解。因而氨基酸是细胞内代谢网络的核心组成部分。作为蛋白质合成来源的氨基酸通过膳食营养中的蛋白质补充,并经逐级水解释放。人体小肠上皮细胞是氨基酸吸收的主要场所,氨基酸分解代谢主要在肝脏中进行。用于衡量肝脏细胞活力的两个功能性指标为谷丙转氨酶和谷草转氨酶,它们在血液中的浓度对判断早期肝部病变具有重要的指导意义。氨基酸代谢和核苷酸代谢密切相关,如色氨酸、酪氨酸和苯丙氨酸可部分转化为嘌呤碱与嘧啶碱参与核苷酸代谢。营养物质间的相互转化对维持细胞内营养与代谢平衡具有重要意义。

空气中的氮气经过微生物的代谢作用转化为氨态氮、亚硝态氮和硝态氮才能通过植物的根系被吸收,用于构建植物体内的有机分子。植物最重要的氮源是硝酸盐。在植物中,硝酸盐的利用分为两个步骤,先在硝酸盐还原酶的催化下还原为亚硝酸盐,然后在亚硝酸盐还原的催化下还原为氨。氨可以与有机酸结合形成氨基酸,此外还可形成各种类型的含氮化合物。在生理条件下大部分氨以 NH_4^+ 的形式存在,只有约 1.7% 的氨以 NH_3 的形式存在。在没有合适的转运蛋白的情况下,铵离子穿过生物膜的渗透性非常差。植物通过快速将铵转化为氨基酸来避免铵毒性。铵可以在谷氨酰胺合成酶的催化下与谷氨酸形成谷氨酰胺,或者在谷氨酸脱氢酶的作用下与 α-酮戊二酸结合形成谷氨酸。

脂类是人体储存能量的主要物质,其完全氧化分解能够释放大量的能量。与氨基酸和糖不同,脂类在细胞中的分解代谢相对缓慢,在长期热量摄入不足的情况下,脂类在很大程度上保障了有机体对能量的需求。脂肪组织中的甘油三酯可以在一系列脂肪酶的作用下分解生成甘油和脂肪酸。脂肪酸在有充足的氧供给的情况下可氧化分解为 CO_2 和 H_2O,并释放大量能量,因此脂肪酸是机体的主要能量来源之一。肝脏和肌肉是进行脂肪酸氧化最活跃的组织,最主要的氧化形式是 β-氧化。此过程可分为活化、转移、β-氧化三个阶段。脂肪酸的活化形式是脂酰 CoA,活化反应是一个耗能过程。长链脂酰 CoA 进入线粒体基质需要载体肉碱转运。脂酰 CoA 在线粒体基质中进行 β-氧化要经过四步反应,即氧化脱氢、加水、氧化脱氢和硫解,生成乙酰 CoA 和少两个碳的新的脂酰 CoA。酮体是脂肪酸在肝脏中正常分解代谢所生成的特殊中间产物,包括乙酰乙酸、β-羟丁酸和极少量的丙酮。正常人血液中酮体含量极少,这是人体利用脂肪氧化供能的正常现象。但在某些生理情况或病理情况下,糖的来源或氧化供能遇到障碍,脂肪动员增强,脂肪酸就成了人体的主要供能物质。

脂肪酸的合成从乙酰 CoA 开始,乙酰 CoA 通过线粒体膜需要通过柠檬酸-丙酮酸循环完成。乙酰 CoA 由乙酰 CoA 羧化酶催化转变成丙二酸单酰 CoA。软脂酸的生成实际上是一个循环的过程,1 分子乙酰 CoA 与 7 分子丙二酰 CoA 经转移、缩合、加氢、脱水和再加氢过程,每一次使碳链延长两个碳。乙酰 CoA 羧化酶催化的反应是脂肪酸合成的限速步骤,很多因素都可影响此酶的活性,从而使脂肪酸合成速度改变。在脂肪酸合成过程中,其他酶(如脂肪酸合成酶、柠檬酸裂解酶等)亦可被调节。

所有生物体和组织都有能力合成嘌呤和嘧啶核苷酸,核苷酸生物合成有两条途径,从头合成途径和补救合成途径。从头合成途径是利用简单的前体分子生物合成核苷酸的杂环碱基的途径。补救合成途径是直接利用核苷酸降解生成的完整的嘌呤和嘧啶碱基重新生成核苷酸的过程。

生物体在长期进化的过程中,在特定的条件下以一些重要的初级代谢产物为前体,经过一些代谢过程产生一些对维持生物体的生长发育起一定作用的化合物,这个过程称为次级代谢。由次级代谢产生的物质称为次生物质或次级代谢产物。植物的次级代谢是植物对环境的一种适应,是在长期进化的过程中植物与生物、非生物因素相互作用的结果,在植物对环境胁迫的适应,植物与植物之间的竞争和协同进化,植物对昆虫的危害、草食动物的采食、病原微生物的侵染等的防御方面起着重要作用。微生物的次级代谢产物是一些生物活性小分子,这些化合物在恶劣的环境条件下保护细菌,并在营养物质竞争期间作为抗菌剂对抗其他环境微生物。

一些在天然条件下并不存在的人工合成的化学物质需添加有机物作为初级能源后才能降解,这一降解现象称为共代谢,这些有机物称为异体化合物或外来化合物。在共代谢过程中,微生物不能利用异体化合物作为能量来源或结构成分。许多难降解的有机污染物是通过共代谢开始降解而完成降解全过程的。

(本章编写人员:刘宪华 谢云轩 刘宛昕)

第7章 信息的传递与表达

7.1 细胞间信息的传递与表达

细胞接收和处理外部信号的能力是生命的基础。单细胞生物(如细菌)不断利用信息受体接收周围介质的 pH 值和渗透强度、食物、氧气、光、有毒物质、捕食者等信号。多细胞生物是一个有序、可控的细胞社会,这种社会性的维持不仅依赖于细胞的物质代谢和能量代谢,更依赖于细胞间信息的传递与表达。信号需要从细胞外通过细胞膜传入细胞核,这种细胞外因子通过与相应的特异性膜受体或核受体结合,引发细胞的一系列级联生物化学反应、蛋白质与蛋白质的相互作用,直至细胞生理反应所需基因表达开始的过程称为信号转导,其最终目的是使机体在整体上对外界环境的变化作出最适宜的反应。

7.1.1 信号分子与受体

7.1.1.1 信号分子

信号分子通常被称为配体,是专门与其他分子(如受体)结合的分子的总称,其携带的信息通常通过细胞内的化学信息链传递。信号分子在化学组成上包括蛋白质、肽、氨基酸、核酸、甾体、脂肪酸和一氧化氮等。信号分子由发出信号的细胞合成,经过扩散或血液循环到达靶细胞。

信号分子根据溶解性可分为亲水性和亲脂性两类。亲水性信号分子的主要代表是神经递质、含氮类激素(除甲状腺激素)、局部介质等,它们不能穿过靶细胞膜,只能与细胞表面受体结合,再经信号转换机制在细胞内产生第二信使或激活膜受体的激酶(如蛋白激酶)跨膜传递信息,以启动一系列反应而产生特定的生物学效应。

第一信使是细胞外因子,通常是激素或神经递质(如肾上腺素、生长激素和血清素),它们并不直接参与细胞的物质和能量代谢,而是将信息传递给第二信使。第二信使是细胞内因子,负责细胞内的信号转导,以触发生理变化(如增殖、分化、迁移、存活和凋亡)。常见的第二信使有环磷酸腺苷(cAMP)、环磷酸鸟苷(cGMP)、肌醇三磷酸(IP3)、甘油二酯(DAG)、钙离子(Ca^{2+})等。

激酶是从高能供体分子(如 ATP)转移磷酸基团到特定靶分子(底物)的酶,这一过程称为磷酸化。最大的激酶族群是蛋白激酶。蛋白激酶把 ATP 的磷酸基转移到某个蛋白的特定氨基酸残基上,从而改变其活性。激酶在细胞的信号转导和复杂的生命活动中起到了广泛的作用。

亲脂性信号分子的主要代表为小分子的甾类激素、甲状腺素等,它们可以直接穿过靶细胞膜进入细胞,与细胞质或细胞核中的受体结合,激发后续的生物学效应。

7.1.1.2　受体

受体是细胞膜上或细胞内能识别生物活性分子并与之结合的成分,它能把识别和接收的信号正确无误地放大并传递到细胞内部,进而引起生物学效应。

细胞内受体指位于细胞内部的细胞质或细胞核中的受体,这类受体都为转录因子。转录因子是对基因转录有调节作用的蛋白质,本质是与 DNA 特异性结合的蛋白质,因此接受信号分子后,可结合 DNA 顺式作用元件,激活或抑制基因转录和表达。细胞内受体包括类固醇激素受体、甲状腺激素受体等。

膜受体是存在于细胞膜上的蛋白质,一般由两个亚单位组成:裸露于细胞膜外表面的部分叫调节亚单位,它能识别环境中的特异化学物质(如激素、神经递质、抗原、药物等)并与之结合;位于细胞膜内表面的部分叫催化亚单位,常见的是无活性的腺苷酸环化酶(AC),其可以产生第二信使 cAMP。

信号分子与受体的作用过程如图 7-1 所示。

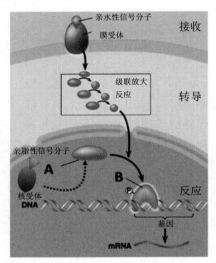

图 7-1　信号分子与受体

7.1.1.3　信号转导

构成信号通路的主要元素有配体、受体、蛋白激酶、转录因子。信号转导具有显著的特异性和灵敏性,特异性是通过信号分子和受体之间精确的分子互补性实现的;灵敏性是通过受体对信号分子的高度亲和性、配体 - 受体相互作用中的协同性、酶级联放大信号实现的。当信号持续存在时,受体系统会脱敏;当刺激降至某个阈值以下时,系统再次变得敏感。

信号转导具有以下特征:信号与受体相互识别;受体活化产生第二信号或细胞蛋白活性的变化;靶细胞的代谢活性(广义上定义为包括 RNA、DNA 和蛋白质的代谢)发生变化;信号转导结束后,细胞恢复刺激前的状态。

在有些情况下,从细胞表面受体接收外部信号到最后作出综合性应答是一个将信号逐级传递并逐步放大的过程,称为信号级联放大(signaling cascade amplification)。组成级联反应的各个成员称为一个级联,主要是磷酸化和去磷酸化。如肾上腺素以几皮摩尔每升的浓度到达靶细胞,几秒钟就可使糖原磷酸化酶的活性达最大值。反应迅速的原因是激素与膜表面的激素受体结合,激活腺苷酸环化酶迅速合成 cAMP,随即触发一系列酶促反应,致使信号逐级放大。具有级联放大作用的酶往往是共价调节酶,一个共价调节酶分子可在一定时间内催化形成几千个产物分子,经过 n 个连锁反应的激活,作用就会增大 n 个数量级。

级联反应除了可将原始信号放大引起细胞的强烈反应外,还有其他一些作用:①信号转移,即将信号转移到细胞的其他部位;②信号转化,即将信号转化成能够激发细胞应答的分子,如级联中酶的磷酸化;③信号分支,即将信号分开为几种平行的信号,影响多种生化途径,引起更大的反应。级联反应中的各个步骤都有可能受到一些因子的调节,因此级联反应的最终效应是由细胞内外的条件决定的。

7.1.2 细胞膜受体的信息传递途径

细胞表面受体可以分成四大类:离子通道型受体、G 蛋白偶联型受体、催化型受体和酶偶联型受体。

7.1.2.1 离子通道型受体

离子通道型受体是可跨越细胞膜的蛋白质,其接收特定的电、机械或化学信号,识别和选择特定的离子,使这些离子得以通过。离子通道是"门控的",它们可能是开放的,也可能是封闭的,取决于相关受体是否与特定的配体结合。其中配体门控离子通道可在与配体结合后激活,通过调控离子通道的开放,使细胞内外的离子流进、流出,完成跨膜信号转导。

烟碱型乙酰胆碱受体是配体门控离子通道,由五个蛋白亚基组成一个桶状的结构,允许钠离子、钾离子甚至钙离子通过,主要分布在神经肌肉接头处的突触后膜上,可被突触前膜释放的乙酰胆碱激活, Na^+ 和 K^+ 在受体上扩散会引起去极化,从而打开电压门控钠离子通道,激发动作电位并可能引起肌肉收缩。

7.1.2.2 G 蛋白偶联型受体

G 蛋白偶联型受体是一类存在于细胞膜上的具有七个跨膜段的蛋白质,其与配体结合后通过 G 蛋白发挥作用。G 蛋白是由 α、β、γ 亚基组成的三聚体,α 亚基具有 GTPase 活性。G 蛋白偶联型受体与配体结合后构象发生变化,三聚体 G 蛋白解离,游离的 Gα-GTP 处于活化状态,结合并激活下游效应器蛋白,从而传递信号;Gα-GTP 水解形成 Gα-GDP 时则失活,终止信号传递并导致三聚体 G 蛋白重新装配,进入静息状态。

如肾上腺素能受体结合肾上腺素,然后通过刺激 Gα 激活细胞膜中的腺苷酸环化酶,产生第二信使 cAMP,进而刺激 cAMP 依赖性蛋白激酶,通过磷酸化下游关键蛋白并改变其活性来介导肾上腺素的作用。当 cAMP 被酶解后,Gα 通过将结合的 GTP 水解为 GDP 而自行关闭。

7.1.2.3 酶偶联型受体

酶偶联型受体也是酶,其在细胞膜的细胞外表面有一个配体结合域,在胞质侧有一个酶活性位点,通常是蛋白激酶。体内大部分生长因子和一部分肽类激素(如胰岛素)是通过酶偶联型受体进行信号转导的。

受体酪氨酸激酶（RTKs）是最大的一类酶偶联型受体，它既是生长因子的受体，也是能够催化下游靶蛋白磷酸化的酶。RTKs 均由三个部分组成：含有配体结合位点的细胞外结构域、单次跨膜的疏水 α 螺旋区和具有酪氨酸蛋白激酶活性的细胞内结构域。当一个配体与受体酪氨酸激酶的细胞外结构域结合时，该受体与相邻的受体二聚化，二聚化触发受体细胞内结构域上的酪氨酸分子磷酸化，磷酸化酪氨酸分子参与许多不同的信号级联，这些级联可以调控细胞生长、增殖、分化、生存、基因转录、代谢调节等一系列活动。

7.1.3　细胞内受体（DNA 结合蛋白）的信息传递途径

细胞内受体是位于细胞内的受体，包括核受体和位于细胞质中的受体（如位于内质网上的 IP3 受体），与它们结合的配体通常是能穿过脂膜的亲脂性激素（如类固醇激素）或细胞内第二信使（如 IP3）。细胞内受体属于 DNA 结合蛋白超家族，有位于 N 端的可变结构域、位于中心的高度保守的 DNA 结合域、控制受体向细胞核运动的铰链区、位于 C 端的中等保守的配体结合域。当激素与细胞内受体结合时，受体构象发生变化，暴露出受体核内转移部位和 DNA 结合部位，激素 - 受体复合物向核内转移，并和与 DNA 上的特异基因邻近的激素反应元件结合，进而改变细胞的基因表达谱，使细胞功能改变。

如类固醇与细胞内受体结合后，会转移到细胞核中，与 DNA 上位于基因挑空区的特定类固醇反应元件结合，其一旦被激活，就可以改变基因表达模式。在缺乏配体的情况下，受体通过与热休克蛋白 90（HSP90）结合而保留在细胞质中，HSP90 隐藏了受体的核定位信号。受体与配体结合后，HSP90 被释放，受体迅速转移到细胞核中。类固醇受体作为转录因子发挥作用，类固醇受体结合可以增强或减弱基因的转录活性。

7.2　遗传信息的传递——DNA 复制

繁殖是生物最基础的特征之一，从最简单的裂殖到有性生殖，繁殖过程最核心的部分就是 DNA 复制过程，因为 DNA 复制可以将亲代的遗传信息传递给子代，从而保持遗传信息的连续性。中心法则描述了遗传信息的一般传递途径：① DNA 自我复制，遗传信息从亲代传递给子代；②通过转录，遗传信息从 DNA 传递给信使 RNA；③通过翻译，遗传信息从信使 RNA 传递给蛋白质；④通过逆转录（如 HIV 病毒），遗传信息从 RNA 传递给 DNA；⑤某些病毒中的 RNA 自我复制（如烟草花叶病毒等），遗传信息从亲代传递给子代。

Arthur Kornberg（斯坦福大学医学院教授）等于 1956 年在大肠杆菌的提取液中发现了 DNA 聚合酶，即现在的 DNA 聚合酶 I。后来，人们又陆续从其他生物中发现了别的 DNA 聚合酶。研究发现，原核生物和真核生物的 DNA 复制基本机制，特别是复制叉的移动是类似的。DNA 聚合反应的基本过程都是延伸链的 3'-OH 对进入的新的核苷三磷酸（dNTP）的磷酸基进行亲核攻击，导致磷酯键断裂，形成焦磷酸，焦磷酸进一步被磷酸酶水解有利于聚合反应的进行，结果在 3' 末端加上了一个新的核苷酸（图 7-2）。

大肠杆菌中的 DNA 聚合酶 I、II 和 III 有着不同的功能。虽然这三种酶都可催化聚合反应，但链延伸的速度有很大的差别，DNA 聚合酶 III 活性最强，复制速度最快。三种 DNA 聚合酶都具有校正活性，即都具有 3' → 5' 外切酶活性，可以将错配的核苷酸切去，再将正确的填上,这一功能对 DNA 的正确合成非常重要。

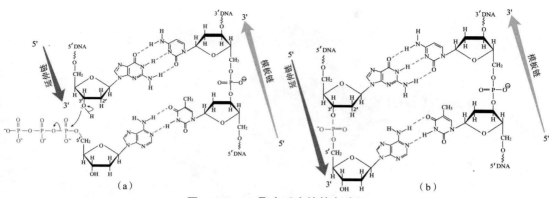

图 7-2　DNA 聚合反应的基本过程

(a)延伸链的 3'-OH 对进入的新的核苷三磷酸的磷酸基进行亲核攻击　(b)新的磷酸二酯键形成,DNA 链进一步延伸

7.2.1　DNA 复制的特点

　　DNA 复制是以母链 DNA 为模板合成子链 DNA,使一条双链 DNA 变成两条相同的双链 DNA 的过程。DNA 复制有如下特点。

　　(1)DNA 复制是半保留的。DNA 在复制时,以亲代 DNA 的每一股作为模板,合成完全相同的两个双链子代 DNA。每个子代 DNA 中都含有一股亲代 DNA 链,这种现象称为 DNA 的半保留复制。

　　(2)DNA 复制有一定的复制原点。复制从一个原点开始,通常双向进行。环的一端或两端是动态点,称为复制叉,在这里亲代 DNA 双链被解开,分离的链被快速复制。在原核生物中,复制原点通常为一个,而在真核生物中为多个。

　　(3)DNA 合成需要引物。DNA 聚合酶需要引物。引物是与模板互补且带有可添加核苷酸的游离 3' 羟基的一小段单链核酸。DNA 聚合酶只能将核苷酸添加到先前存在的链中,而不能从头合成。大多数引物是 RNA 寡核苷酸。

　　(4)DNA 合成以 5' → 3' 方向进行,并且是半不连续的。因为 DNA 双链中的两条链是反向的,当两条链在复制叉处移动时,一条链可以与复制叉移动方向相同,以 5' → 3' 方向连续合成,这条链称为连续链或前导链。另一条新的 DNA 链合成方向与复制叉移动方向相反,只能不连续合成冈崎片段。

　　冈崎片段是 20 世纪 60 年代日本科学家冈崎令治、冈崎恒子及其同事在研究噬菌体在大肠杆菌中的复制过程时发现的,因此得名。冈崎片段连接形成一条完整的不连续链或滞后链。冈崎片段的长度从几百个核苷酸到几千个核苷酸,取决于细胞类型。但前导链和滞后链的合成是紧密协调的。

7.2.2　DNA 复制有关的酶和蛋白

　　参与 DNA 复制的有底物(dATP、dGTP、dCTP 和 dTTP)、模板、引物、聚合酶及其他酶、蛋白质因子。在大肠杆菌中复制不仅需要 DNA 聚合酶,还需要 20 种或更多不同的酶和蛋白质,称为 DNA 复制酶系统,每种酶和蛋白质都执行特定的任务,DNA 复制酶系统的复杂性反映了 DNA 结构和准确性的要求。DNA 复制有关的酶和蛋白如图 7-3 所示，具体介绍如下。

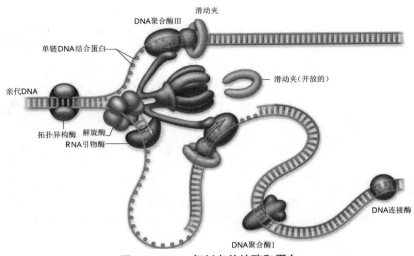

图 7-3　DNA 复制有关的酶和蛋白

（1）解旋酶。要获得作为模板的 DNA 链，需要分离双链。这通过解旋酶来完成，解旋酶是利用 ATP 的化学能在复制叉处分离两条 DNA 亲本链的酶。

（2）拓扑异构酶。通过切割 DNA 的一条链或双链，释放 DNA 复制和转录过程中产生的张力，去除复制叉前端产生的正超螺旋，再将切割形成的断端连接成完整的 DNA 链，保证反应顺利进行。

（3）单链 DNA 结合蛋白。分离的链由单链 DNA 结合蛋白稳定。单链 DNA 结合蛋白结合于解旋酶沿复制叉方向向前推进产生的单链区，以防止新形成的单链 DNA 重新配对形成双链 DNA 或被核酸酶降解。

（4）引物酶。在 DNA 聚合酶开始合成 DNA 之前，引物必须已经存在于模板上，通常由引物酶合成一小段 RNA 片段。

（5）DNA 连接酶。在移除 RNA 引物并用 DNA 填充缺口后，DNA 中仍有一个缺口，DNA 连接酶催化两个双链 DNA 片段相邻的 5' 磷酸基与 3' 羟基形成磷酸酯键，封闭缺口。

（6）DNA 聚合酶。1955 年发现了大肠杆菌 DNA 聚合酶 I，后来又陆续发现了主要参与 DNA 修复的 DNA 聚合酶 II 和在 DNA 复制中起主要作用的 DNA 聚合酶 III。20 世纪 90 年代发现了罕见的在 DNA 修复中起作用的 DNA 聚合酶 IV、V。大肠杆菌 DNA 聚合酶的比较如表 7-1 所示。

表 7-1　大肠杆菌 DNA 聚合酶的比较

DNA 聚合酶	DNA 聚合酶 I	DNA 聚合酶 II	DNA 聚合酶 III
5' → 3' 聚合酶活性	有	有	有
3' → 5' 外切酶活性	有	有	有
5' → 3' 外切酶活性	有	无	无
合成速度/(个碱基/s)	16~20	40	250~1 000

DNA 聚合酶	DNA 聚合酶 I	DNA 聚合酶 II	DNA 聚合酶 III
合成长度/个碱基	3~200	1 500	>500 000

DNA 聚合酶 I 的 5' → 3' 外切酶活性促使它在复制、重组和修复期间执行大量特殊功能。去除 5' → 3' 外切酶结构域时,剩余的片段(68 kDa)被称为大片段或 Klenow 片段,其保留着聚合和校对活性。利用 DNA 聚合酶 I 的 5' → 3' 外切酶活性,依次切除核酸缺口处的下游序列,同时利用 5' → 3' 聚合酶活性将 dNTP 补入缺口,使缺口逐渐平移,并在平移过程中形成新生核酸链,这一过程称为缺口平移,常用于 DNA 复制过程中引物的去除、核酸探针标记技术。

DNA 聚合酶 III 比 DNA 聚合酶 I 复杂得多,有十种亚基。其合成的核酸长度可以大于 500 000 个碱基对。

7.2.3 DNA 复制过程

DNA 复制过程如图 7-4 所示,其可分为三个阶段:起始阶段、延伸阶段和终止阶段。下面以大肠杆菌为例介绍 DNA 复制过程,这些原理在所有复制系统中高度保守。首先在复制原点处,拓扑异构酶使超螺旋染色体松弛。然后双链 DNA 在复制原点处打开形成两个复制叉,解旋酶将 DNA 链分开, DNA 链被单链 DNA 结合蛋白包被以保持链分离。DNA 复制发生在两个方向上。与亲本链互补的 RNA 引物由 RNA 引物酶合成,并由 DNA 聚合酶 III 通过在 3'-OH 末端添加核苷酸来延长。在前导链上, DNA 是连续合成的,而在滞后链上, DNA 是在称为冈崎片段的短链中合成的。DNA 聚合酶 I 的核酸外切酶活性去除了滞后链中的 RNA 引物,而冈崎片段通过 DNA 连接酶连接。

1. 起始阶段

复制是从 DNA 分子上的特定部位开始的,这一部位叫作复制原点(origin of replication, ori)。大肠杆菌的复制原点 oriC 由高度保守的 245 bp 序列组成,保守序列是 3 个重复的 13 碱基对序列和 4 个重复的 9 碱基对序列(图 7-5)。

DnaA 蛋白首先与 oriC 的 4 个 9 bp 重复序列结合,然后识别并依次解开富含 AT 碱基对的 3 个 13 bp 重复序列,这个过程需要 ATP;然后 DnaC 蛋白将 DnaB 蛋白装载到解链区,每条 DNA 链上各有一个环状的 DnaB 六聚体,其作为解旋酶双向解开 DNA 并产生两个复制叉;许多 SSB 分子与单链 DNA 结合,稳定分离 DNA 链并防止其复性,而拓扑异构酶减小 DnaB 螺旋酶产生的拓扑应力。

起始阶段是已知的 DNA 复制中唯一受调控的阶段,它使复制在每个细胞周期中只发生一次。复制起始的时间受 DNA 甲基化和与细胞膜的相互作用的影响。oriC DNA 由 Dam 甲基化酶甲基化,该酶使回文序列 5'GATC 内 A 的 N6 位置甲基化,大肠杆菌的 oriC 区中 GATC 序列高度富集,有 11 个,而 GATC 在大肠杆菌染色体上的平均频率为 1/256 bp。复制刚结束时,只有亲本链上的 oriC 序列是甲基化的,新合成的链没有甲基化。半甲基化的 oriC 序列通过与细胞膜相互作用被隔离一段时间(机制未知)。一段时间后,oriC 从细胞膜上释放出来,它必须被 Dam 甲基化酶完全甲基化才能再次与 DnaA 结合。起始调节还涉及 DnaA 蛋白在活性(结合 ATP)和非活性(结合 ADP)形式之间的循环,时间范围为 20~40 min。

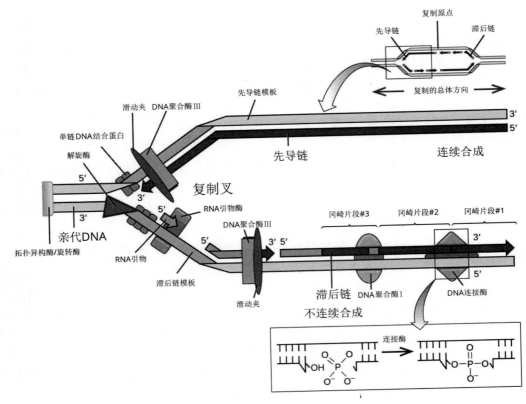

图 7-4　DNA 复制过程示意

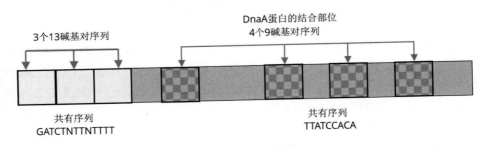

图 7-5　大肠杆菌的复制原点

2. 延伸阶段

延伸阶段包括前导链合成和滞后链合成。前导链合成简单,在复制起始点通过 RNA 引物酶(DnaG 蛋白)合成一个短 RNA 引物,DNA 聚合酶Ⅲ将脱氧核糖核酸添加到该引物中,前导链继续合成,方向与复制叉移动方向相同。

滞后链合成通过冈崎片段完成。当复制叉移动时,每隔一段时间会在复制叉附近合成一个新的引物,并以 5′ → 3′ 方向合成一个新的冈崎片段,直到遇到上一个引物停止合成。

前导链和滞后链同时由同一个 DNA 聚合酶Ⅲ产生,它们的协同通过使滞后链的 DNA 环化来实现。当一个冈崎片段合成完毕后,其 RNA 引物被 DNA 聚合酶Ⅰ除去并被 DNA 替换,留下一个切口由 DNA 连接酶封闭。

3. 终止阶段

最终大肠杆菌环形染色体的两个复制叉在一个末端区域相遇,该区域包含称为 Ter(末端)的 20 bp 序列的多个拷贝。Ter 序列形成一种复制叉可以进入但不能离开的陷阱。Ter 序列结合 Tus 蛋白形成终止复合物,阻止复制叉迁移,使复制停止。

7.2.4　真核生物的 DNA 复制

真核生物的 DNA 分子比细菌的 DNA 分子大得多,并被组织成复杂的染色质。DNA 复制的基本特征在真核生物和原核生物中是相同的,包括:半保留复制;半不连续合成;复制有起始点与方向;都需要 DNA 聚合酶、解旋酶等。

真核生物的 DNA 复制也有不同之处,包括:复制叉运动速度慢;复制从许多起始点双向进行。

真核生物也有几种类型的 DNA 聚合酶, DNA 聚合酶 α 有引物酶活性和聚合酶活性,却没有 3' → 5' 核酸外切酶活性,被认为只在滞后链上冈崎片段的短引物合成中起作用。这些引物被具有校对活性的 DNA 聚合酶 δ 延伸,这种酶与一种三维结构与大肠杆菌 DNA 聚合酶Ⅲ的 β 亚基类似,被称为增殖细胞核抗原(PCNA)的蛋白质相关并受其刺激,进行性大大增强。DNA 聚合酶 δ 在延伸的同时进行前导链和滞后链合成。DNA 聚合酶 ε 可能起到类似于细菌 DNA 聚合酶Ⅰ的作用,去除滞后链上冈崎片段的引物。

真核生物 DNA 复制过程中引物和冈崎片段的长度均小于原核生物,真核生物长 100~200 个核苷酸,原核生物长 1 000~2 000 个核苷酸。

7.2.5　逆转录与逆转录酶

DNA 合成不仅有 DNA 复制这种方式,还有少见的依赖 RNA 的逆转录合成 DNA 方式。如人类免疫缺陷病毒(HIV)携带一种以 RNA 为模板催化合成 DNA 链的逆转录酶(reverse transcriptase,RT),这是一种 RNA 依赖性 DNA 聚合酶。逆转录(reverse transcription)是以 RNA 为模板合成 DNA 的过程,即 RNA 指导下的 DNA 合成。逆转录酶的发现对遗传工程技术起到了很大的推动作用,目前已成为逆转录 - 聚合酶链反应(RT-PCR)的工具酶。

逆转录酶是由不同功能结构域组成的,具有不同的酶活性。逆转录酶有依赖 RNA 合成 DNA 链的逆转录活性,有降解 RNA-DNA 杂交中 RNA 链的 RNA 酶 H 活性,还有再合成互补的另一条 DNA 链的 DNA 依赖性 DNA 聚合酶活性(图 7-6)。

含有逆转录酶的 RNA 病毒称为逆转录病毒。来自真核生物的端粒酶是一种逆转录酶。端粒(telomere)是染色体单链 3' 末端,由重复的 DNA 序列(TTAGGG)和核蛋白组成,可以维持基因组的完整性。对线性基因组,滞后链的末端是无法完整复制的,每次损失 30~200 个核苷酸。未分化的生殖细胞、干细胞、大多数肿瘤细胞具有高水平的端粒酶活性,可以克服端粒磨损并维持无限的细胞分裂。端粒酶(telomerase)由端粒酶 RNA 和端粒酶逆转录酶组成，可以以端粒酶 RNA 为模板，通过逆转录过程延长端粒。

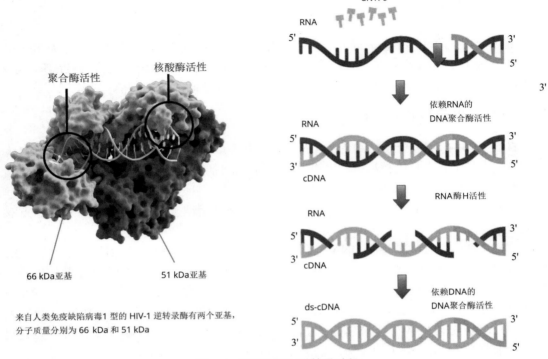

来自人类免疫缺陷病毒 1 型的 HIV-1 逆转录酶有两个亚基，
分子质量分别为 66 kDa 和 51 kDa

图 7-6　逆转录酶与逆转录过程

7.3　遗传信息的表达——转录与翻译

　　基因通过控制蛋白质的生物合成使基因的遗传信息得以表达，从而实现基因对生物性状的控制。基因控制蛋白质合成的过程包括转录和翻译两个阶段。转录是以有遗传效应的 DNA 分子片段中的一条链为模板合成 RNA 的过程。在转录过程中，酶系统将双链 DNA 片段中的遗传信息转化为 RNA 链，其碱基序列与其中一条 DNA 链互补，产物为三种主要的 RNA。信使 RNA（mRNA）编码一个或多个由基因或一组基因指定的多肽氨基酸序列。转运 RNA（tRNA）读取 mRNA 中编码的信息，并在蛋白质合成过程中将适当的氨基酸转移到正在生长的多肽链中。核糖体 RNA（rRNA）是核糖体的组成部分，核糖体是合成蛋白质的复杂细胞机器。许多其他的特殊 RNA 具有调节或催化功能，或者是三大类 RNA 的前体。RNA 是已知的唯一一种在信息储存和传输、催化作用中都起作用的大分子。

　　原核生物和真核生物的转录和翻译系统在很大程度上是由于较大的真核细胞的区室分隔而不同的。由于这种区室分隔，转录和翻译在细胞内在空间和时间上是分开的。在真核生物中，转录发生在细胞核内，翻译发生在细胞质内（图 7-7）。原核生物没有区室分隔，因此进化出了一个耦合的转录/翻译系统，两个过程同时发生。

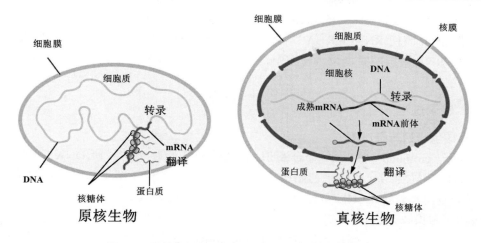

图 7-7　原核生物和真核生物转录和翻译的细胞定位

7.3.1　转录

7.3.1.1　转录的特点

转录不需要引物,这与 RNA 聚合酶的功能有关。 转录和复制一样,都需要以 DNA 为模板,以核苷酸为原料,按 5' → 3' 的方向,在酶的作用下聚合生成磷酸二酯键。

转录是不对称转录,即两条 DNA 链中只有一条链作为模板,这说明不同基因的模板链和编码链并不固定在 DNA 分子的某一条链上。模板链(template strand)是用作模板来合成 RNA 的一条 DNA 链。非模板链或编码链(coding strand)是与模板链互补的 DNA 链,碱基序列与基因转录的 RNA 相同,除了 RNA 中的 U 转录为 DNA 中的 T。

在复制过程中,整个染色体被复制,但转录更具选择性,只有特定的基因或基因组被转录,某些部分甚至永远不会被转录,因此转录更需要精细、复杂的调控。

7.3.1.2　RNA 聚合酶

RNA 聚合酶不需要引物来启动合成,这一点与 DNA 聚合酶不同。此外, RNA 聚合酶缺乏像 DNA 聚合酶那样的 3' → 5' 核酸外切酶活性,因此转录的错误率高于 DNA 复制,但由于一个基因可产生许多 RNA 拷贝,而且所有 RNA 最终都会被降解,因此转录错误对细胞的影响不大。

大肠杆菌的 DNA 依赖性 RNA 聚合酶(RNA polymerase, RNApol)是一种大型复合酶,其中的核心酶由 5 个亚基 α2ββ' ω 组成,具有解开 DNA 双链和催化 RNA 合成的功能;另一个亚基 σ 因子的功能是识别启动子,辨认转录起始点,它与核心酶结合时组成全酶,改变酶的构象,使全酶对转录起始点的亲和力比其他部位高 4 个数量级,在转录延伸阶段, σ 因子与核心酶分离,仅由核心酶参与延伸过程。大肠杆菌的 RNA 聚合酶全酶有多种 σ 因子,最常见的是 σ70,可通过置换 σ 因子调控基因转录,以适应环境变化。

真核生物的核糖体基因存在于核仁中,其他基因存在于核质中,这说明有不同的 RNA 聚合酶负责基因转录。RNA 聚合酶 I 位于核仁中,负责合成核糖体 RNA(rRNA)的前体

45S,其成熟后成为 28S、18S、5.8S rRNA,是核糖体的主要 RNA 部分。RNA 聚合酶II存在于核质中,转录信使 RNA(mRNA)的前体、大部分小核 RNA(snRNA)和微型 RNA(microRNA)。RNA 聚合酶III也位于核质中,合成转运 RNA(tRNA)、5S rRNA 和小部分小核 RNA。

7.3.1.3 转录过程

1. 原核生物的转录过程

启动子(promoter)是 RNA 聚合酶识别、结合和开始转录的一段 DNA 序列,它含有 RNA 聚合酶特异性结合和转录起始所需的保守序列,多数位于结构基因转录起始点的上游,启动子本身不被转录(图 7-8)。对应于转录起始点的 DNA 碱基对定位为 +1,起始点之前的碱基对为负数,启动子常位于 −70 和 +30 之间。其中 −10 区和 −35 区有各自的共有序列(consensus sequence),如果一组 DNA 序列非常相似但又不完全相同,则由这组相似序列中每个位置最常出现的碱基组成的 DNA 序列就是共有序列。−35 区的共有序列为 5' TTGACA 3',是 σ 因子的识别位点;−10 区的共有序列为 5' TATAAT 3',是 RNA 聚合酶与 DNA 的结合位点,−10 区富含 AT。启动子序列差异使得基因之间的表达水平差异很大。

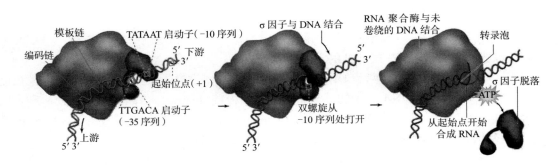

图 7-8　RNA 转录过程

1)转录起始阶段

σ 因子沿 DNA 链搜索特异性结合位,找到 −35 区,招募 RNA 聚合酶核心酶,形成封闭性转录起始复合物(结合部位 DNA 未解旋);封闭性转录起始复合物移向 −10 区,DNA 双链解开,形成开放的转录起始复合物(−10 区解旋)。

2)转录延伸阶段

转录的延伸在由 RNA 聚合酶核心酶、DNA 模板链、RNA 新链三者结合形成的转录复合物中进行,该复合物称为转录泡(图 7-9)。在转录泡中,DNA 双链解开约 17 bp,RNA 聚合酶沿着 DNA 3' → 5' 方向移动,催化核苷酸按 5' → 3' 方向合成,形成 8~12 bp 的 DNA-RNA 杂交链,在 RNA 链延长过程中 DNA 持续解链和再聚合可视为这 17 bp 左右的转录泡在 DNA 上动态移动。

3)转录终止阶段

目前真核生物的转录终止过程未被充分理解,原核生物 DNA 没有共有的终止序列,转录终止信号存在于 RNA 产物序列中。大肠杆菌至少有两类终止信号:一类依赖 ρ 因子,另

一类不依赖 ρ 因子（图 7-10）。

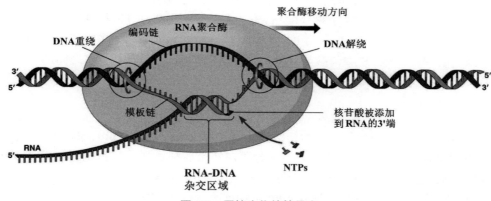

图 7-9　原核生物的转录泡

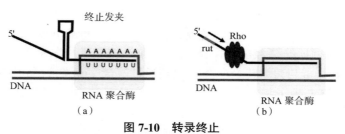

图 7-10　转录终止

（a）不依赖 ρ 因子的终止　（b）依赖 ρ 因子的终止

不依赖 ρ 因子的终止信号有两个显著特征。第一个特征是 RNA 末端有能产生自我互补序列的区域，形成发夹结构。第二个特征是模板链中由 AAA 组成的高度保守序列在发夹的 3' 末端附近转录成 UUU。当聚合酶到达具有这种特征的结构时，RNA 合成终止。

ρ 因子广泛存在于原核和真核细胞中，当 ρ 因子结合在新生的 RNA 链上时，借助 ATP 水解获得的能量沿着 RNA 链移动，但移动速度比 RNA 聚合酶慢。当 RNA 聚合酶遇到终止子时便暂停移动，ρ 因子赶上 RNA 聚合酶，二者相互作用，释放 RNA、RNA 聚合酶和 ρ 因子。

2. 真核生物的转录过程

真核细胞的转录机制比原核细胞复杂得多，转录起始与终止都不同，起始时 RNA 聚合酶不能与 DNA 直接结合，而是需要一系列转录因子来辅助。转录因子（transcription factor, TF）也称为反式作用因子，是能够与真核基因的顺式作用元件发生特异性相互作用，并对基因的转录有激活或抑制作用的 DNA 结合蛋白，在所有真核生物中高度保守。每个 Pol II 启动子都必需的转录因子一般称为通用转录因子。

RNA 聚合酶 II 的启动过程首先需要 TF II D 中的亚基 TBP 识别的 TATA 盒（类似于原核生物的启动子 -10 区）；TBP 与 TF II B 结合，TF II B 与 DNA 大沟结合，作为 TBP 与 RNA 聚合酶结合的桥梁；TAF 辅助 TBP 与 DNA 的结合；TF II A 稳定 TF II B-TBP 复合体；TF II E 具有解旋酶活性，可促进 RNA 起始点附近的 DNA 解旋；TF II F 通过和 RNA

聚合酶Ⅱ作用抑制 RNA 聚合酶与非特异性部位的结合,从而协助 RNA 聚合酶Ⅱ靶向结合启动子;TF Ⅱ H 具有激酶活性,使 RNA 聚合酶磷酸化,启动转录。

在 RNA 合成最初 60~70 个核苷酸后,先后释放 TF Ⅱ E 和 TF Ⅱ H,进入转录延伸过程。在整个延伸过程中, TF Ⅱ F 与 Pol Ⅱ 结合。新加入的延伸因子增强了聚合酶的活性,抑制转录过程中的停顿,并协调参与 mRNA 转录后加工的蛋白质复合物之间的相互作用。一旦 RNA 转录完成,转录即终止。Pol Ⅱ 被去磷酸化并再循环,准备启动下一次转录。

7.3.1.4 转录后加工

刚刚转录合成的 RNA 分子称为初级转录产物(primary transcript),原核生物中的许多 RNA 分子和真核生物中的几乎所有 RNA 分子在转录后都经过一定程度的加工,才能由初级转录物变成具有功能的成熟 RNA 分子。原核生物的 mRNA 不用转录后加工,最广泛的初级转录产物处理发生在真核生物的 mRNA 和细菌、真核生物的 tRNA 中。

1. 真核生物 mRNA 的加工

1)加帽

大多数真核生物的 mRNA 都有一个 5′ 帽子(m⁷GpppN),即 7- 甲基鸟苷残基通过 5′, 5′- 三磷酸键与 mRNA 的 5′ 末端相连。5′ 帽子有助于保护 mRNA 免受核糖核酸酶的降解,还参与 mRNA 与核糖体的结合,以启动翻译。5′ 帽子的形成发生在转录早期合成前 20~30 个核苷酸后, GTP 分子与初级转录产物的 5′ 端通过缩合反应连接,鸟嘌呤随后在 N-7 处甲基化,有时也会在与 5′ 帽子相邻的第一个和第二个核苷酸的 2′ 羟基处添加甲基。加帽后 mRNA 的合成进入延伸期。

2)加尾

大多数真核生物的 mRNA 3′ 末端都有由 80~200 个腺苷酸组成的 Poly(A)尾。Poly(A)尾不是由 DNA 编码的,而是转录后的 mRNA 以 ATP 为前体,由 RNA 末端的腺苷酸转移酶催化聚合到 3′ 末端。Poly(A)尾的作用是维持 mRNA 作为翻译模板的活性并增强 mRNA 的稳定性。

3)剪接

脊椎动物的绝大多数基因都由外显子和内含子间隔组成。外显子(Exon)为 DNA 链或前体 mRNA 上能够编码蛋白质的核苷酸片段,出现在成熟的 mRNA 分子中。内含子(Intron)是外显子之间的间隔序列,可参与前体 RNA 的转录,但其转录的 RNA 序列于转录后加工中被切除,不包括于成熟的 RNA 分子中。大多数外显子的长度小于 1 000 个核苷酸,许多外显子的长度为 100~200 个核苷酸。内含子的长度从 50 到 20 000 个核苷酸不等。包括人类在内的高等真核生物的基因,DNA 中含有的内含子比外显子多。

剪接(splicing)就是切除内含子,将外显子连接起来的过程。剪接主要在转录延伸过程中进行。mRNA 初级转录产物中内含子的去除发生在称为剪接体的大型蛋白质复合物内并由其催化,剪接体的主要成分是小核糖核蛋白(snRNP),每个 snRNP 包含一类长度为 100~200 nt 的核苷酸,称为小核 RNA(snRNA),参与剪接反应的 snRNA 有 U1、U2、U4、U5 和 U6。剪接体能够在成熟的 mRNA 分子出核和翻译之前识别剪接信号,经历两次酯化反应,形成套索结构,移除内含子,并将外显子拼接在一起。

2. tRNA 的加工

tRNA 前体中存在 tRNA、rRNA 串联,不同种类 tRNA 串联,多拷贝同种 tRNA 串联,所以无论原核还是真核生物,tRNA 前体都必须经过加工(图 7-11)。核酸内切酶 RNase P 切断 tRNA 前体的 5' 端,它是一种核酶,含有一个单链 RNA 分子,并结合一个蛋白质分子,但真正催化切割 tRNA 的是 RNase 中的 RNA,蛋白质只是稳定 RNA 结构。核酸内切酶 RNase F 在 3' 端切断;核苷酸转移酶 RNase D 在 3' 端添加 CCA;tRNA 前体通过甲基化、脱氨基、还原对某些碱基进行修饰,如假尿苷是尿嘧啶被移除并通过 C-5 重新连接到糖上形成的;真核生物的 tRNA 前体有内含子需要 RNase 的异体剪切。

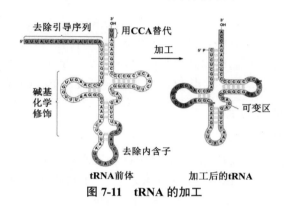

图 7-11　tRNA 的加工

3. rRNA 的加工

原核细胞和真核细胞的 rRNA 均需加工。在细菌中,16S、23S、5S rRNA 和某些 tRNA 由单个 30S RNA 前体产生(图 7-12)。30S RNA 前体两端的 RNA 和 rRNA 之间的片段在加工过程中被去除。原核生物 rRNA 的转录后加工包括以下几方面:① rRNA 前体被大肠杆菌核酸内切酶等剪切成一定链长的 rRNA 分子;② rRNA 在修饰酶的催化下进行碱基修饰;③ rRNA 与蛋白质结合形成核糖体的大、小亚基。

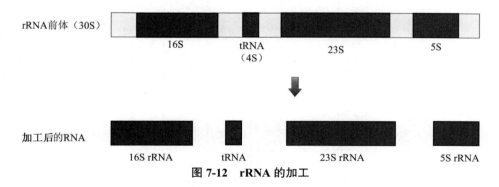

图 7-12　rRNA 的加工

真核生物的 rRNA 前体比原核生物大,哺乳动物的初级转录产物为 45 S rRNA,低等真核生物的 rRNA 前体为 38 S,真核生物的 5S rRNA 前体独立于其他三种 rRNA 的基因转录。真核生物的 rRNA 前体中含有转录间隔序列,rRNA 前体要形成成熟的 rRNA 需要经过拼接反应。有些真核生物的 rRNA 内含子剪接很特殊,如四膜虫的 rRNA 前体的剪接是核酶的自我剪接,通过两次酯交换反应,形成一个套索结构,磷酸二酯键将要剪接的位点连接到一起。

7.3.1.5 转录调节

任何基因表达产物都会随着细胞环境或发育阶段而变化，每个基因的转录都会受到精细调节。调节可以发生在转录的任何一步，包括延伸和终止。然而大部分调节针对聚合酶结合和转录起始步骤。启动子序列差异是一种转录调节方式，蛋白质与启动子附近或远处序列的结合也会影响基因表达水平。

7.3.2 翻译

蛋白质是大多数遗传信息表达的最终产物，以 mRNA 为模板合成蛋白质，将 mRNA 中的核苷酸序列转换为氨基酸序列的过程就叫翻译。细胞在任何时刻都在根据自身当时的需求合成几千种蛋白质，并将它们运输到细胞的适当位置。蛋白质合成是最复杂的生物合成，需要几乎 300 种不同的大分子协同，其中很多大分子组成了单独的核糖体结构。

7.3.2.1 蛋白质合成体系的组成

1. mRNA 与遗传密码

遗传密码为一组特定的规则，活细胞利用这些规则翻译遗传物质（DNA 或 mRNA 序列）中编码的信息（图 7-13）。tRNA 作为接头分子，一方面携带氨基酸，一方面读取 mRNA 上的三个核苷酸，从而以 mRNA 指定的顺序连接氨基酸。

第1位	第2位 U	第2位 C	第2位 A	第2位 G	第3位
U	Phe	Ser	Tyr	Cys	U
	Phe	Ser	Tyr	Cys	C
	Leu	Ser	终止	终止	A
	Leu	Ser	终止	Trp	G
C	Leu	Pro	His	Arg	U
	Leu	Pro	His	Arg	C
	Leu	Pro	Gln	Arg	A
	Leu	Pro	Gln	Arg	G
A	Ile	Thr	Asn	Ser	U
	Ile	Thr	Asn	Ser	C
	Ile	Thr	Lys	Arg	A
	Met	Thr	Lys	Arg	G
G	Val	Ala	Asp	Gly	U
	Val	Ala	Asp	Gly	C
	Val	Ala	Glu	Gly	A
	Val	Ala	Glu	Gly	G
	氨基酸				

图 7-13 遗传密码表

遗传密码具有以下几个特点。

（1）方向性。遗传密码在 mRNA 中从 5' 端的起始密码子读取到 3' 端的终止密码子。AUG 是起始密码（少数为 GUG、AUA、UUG），位于 mRNA 的 5′ 末端，UAA、UAG、UGA 是终止密码，位于 mRNA 的 3' 末端，从起始密码子到终止密码子的核苷酸序列称为开放阅读框架（ORF）。

（2）连续性。遗传密码以连续、不重叠的方式读取,如果读框中间插入或缺失一个碱基就会造成移码突变,引起突变位点下游氨基酸排列的错误。

（3）简并性。一个氨基酸可能由多个密码子指定。密码子的专一性主要由前两个碱基决定,即使第三个碱基发生突变也能翻译出正确的氨基酸,这对保证物种的稳定性有一定意义。如 GCU、GCC、GCA 和 GCG 都代表丙氨酸。

（4）摆动性。密码子的摆动理论可解释密码子的简并性。mRNA 中密码子的第一个碱基与反密码子的第三个碱基成对。一些 tRNA 中的反密码子包括次黄嘌呤核苷酸,它可以与三种不同的核苷酸（U、C 和 A）形成氢键,称为摆动碱基对。

（5）通用性。从低等生物到高等生物都使用一套密码,也就是说遗传密码在很长的进化时期中保持不变。但线粒体的密码子有许多不同于通用密码。

2. tRNA 与反密码子

mRNA 分子与氨基酸分子之间并无直接的对应关系,需要 tRNA 充当接头分子。tRNA是一类小分子 RNA,其氨基酸臂 3' 端均为 CCA 序列,氨基酸分子与其中的 A 结合,每种氨基酸依靠氨酰 tRNA 合成酶识别 2~6 种特异 tRNA,这些 tRNA 称为同工受体 tRNA。同时,tRNA 分子的反密码子环上的三个反密码子与 mRNA 分子中的密码子依据碱基配对原则形成氢键,达到相互识别的目的（图 7-14）。密码子与反密码子结合具有一定的摆动性,即密码子的第 3 位碱基与反密码子的第 1 位碱基配对并不严格,如反密码子的第 1 位碱基为次黄嘌呤 I,其可与 A、C、U 结合,因此当密码子的第 3 位碱基发生一定程度的突变时,并不影响 tRNA 带入正确的氨基酸。

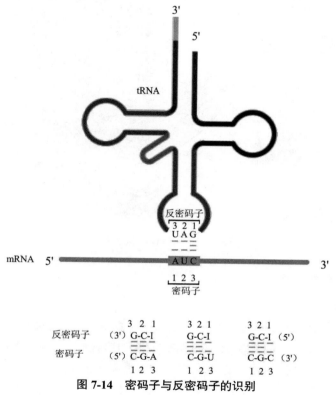

图 7-14　密码子与反密码子的识别

在蛋白质的生物合成过程中,特异识别 mRNA 上的起始密码子的 tRNA 称为起始 tRNA,它们参与多肽链合成的起始,其他在多肽链延伸中运载氨基酸的 tRNA 统称为延伸 tRNA。

3. 核糖体与 rRNA

核糖体是细胞的主要成分之一,为由 rRNA 和几十种蛋白质组成的亚细胞颗粒,位于胞浆内,可分为两类,一类附着于粗面内质网上,主要参与分泌性蛋白质的合成,另一类游离于胞浆中,主要参与细胞固有蛋白质的合成。

每个大肠杆菌含有 15 000 个或更多核糖体,几乎占细胞干重的四分之一。细菌核糖体约含有 65% 的 rRNA 和 35% 的蛋白质,它由两个不同的亚基组成,沉降系数分别为 30 S 和 50 S,组合沉降系数为 70 S,这两个亚基都含有数十种核糖体蛋白和至少一种大的 rRNA。在 50 S 亚基中, 5S rRNA 和 23S rRNA 为核心,蛋白质是次要元素,在肽键形成的活性位点 18Å 内没有蛋白质,说明核糖体的功能主体是核酶。

细菌核糖体有三个结合氨酰 tRNA 的位点(图 7-15),氨酰 tRNA 结合位点(A 位点)、肽酰 tRNA 结合位点(P 位点)和脱氨酰 tRNA 离开位点(E 位点)。起始密码子 AUG 结合于 P 位点, fMet-tRNA^{fMet} 是唯一首先与 P 位点结合的氨酰 tRNA,在随后的延伸阶段,所有其他进入的氨酰 tRNA(包括结合内部 AUG 密码子的 Met-tRNA^{Met})都要先结合于 A 位点,然后转移到 P 位点和 E 位点。E 位点是延伸期间空载氨基酸 tRNA 离开的位点。

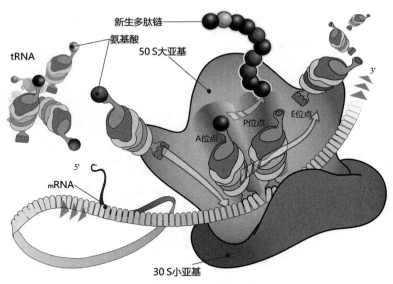

图 7-15　核糖体结构示意

7.3.2.2　蛋白质合成过程

1. 氨基酸活化

氨基酸在氨酰 tRNA 合成酶(aminoacyl tRNA synthetase,aaRS)的催化下与特异性 tRNA 结合形成氨酰 tRNA 的过程称为氨基酸活化。其目的在于激活氨基酸形成肽键,将氨基酸连接到 tRNA 上,确保氨基酸在正在生长的多肽链的正确位置。这是蛋白质合成的第一阶段,发生在细胞质中,每种氨酰 tRNA 合成酶对应一种氨基酸和一种或多种相应的 tRNA。氨基酸活化首先发生在氨基酸的羧基与 ATP 的磷酸基之间,形成酶结合中间体氨酰 AMP。接着氨酰基从氨酰 AMP 转移到相应的特异性 tRNA 中,氨基酸和 tRNA 之间产生酯键,释放焦磷酸。因此,每个被激活的氨基酸分子最终消耗两个高能磷酸键,使得氨基酸活化的整个反应不可逆。

氨基酸+tRNA+ATP → 氨酰tRNA+AMP+PPi

氨酰 tRNA 合成酶同时特异性地识别氨基酸和 tRNA,它的校正功能保证了蛋白质合成的保真度,校正发生在氨酰 tRNA 合成酶的第一个活性位点(错误的 tRNA 不能激活氨基酸产生氨酰 AMP)和第二个活性位点(已经生成的错误的氨酰 AMP 会被水解),还可以水解氨基酸和 tRNA 之间的酯键。

2. 肽链合成起始

1)起始密码子识别

起始密码子 AUG 指定起始氨基酸为蛋氨酸,但同时 AUG 也是编码多肽内部的蛋氨酸的密码子,为了区分,原核生物有两种特定的 tRNA 来转运不同位置的蛋氨酸,分别为 tRNA^Met 和 tRNA^fMet。首先蛋氨酸在 Met-tRNA 合成酶的作用下连接形成 tRNA^Met,接着甲酰基转化酶将甲酰基转移到蛋氨酸上形成 tRNA^fMet。甲酰基转化酶比 Met-tRNA 合成酶选择性强,可识别出 tRNA 的某些独特结构特征,使 fMet-tRNA^fMet 只能结合在核糖体的起始位点。mRNA 起始密码子上游 8~13 bp 富含嘌呤,被称为 SD 序列,其与 30 S 核糖体亚基中的 16S rRNA 的 3' 端互补,正是这种 mRNA-rRNA 相互作用将起始密码子 AUG 定位在 30 S 亚基上启动翻译的精确位置。

在真核细胞中,由胞质中的核糖体合成的多肽虽然都以 Met 开始,但是细胞使用一种特殊的起始 tRNA,它不同于 mRNA 内部的 AUG 密码子使用的 tRNA。真核生物的 mRNA 是单顺反子,其虽没有 SD 序列,但可以在多种起始因子的帮助下通过扫描模式将从 5' 端遇到的第一个 AUG 定为起始密码子。

2)起始复合物形成

原核生物起始复合物的形成分三步(图 7-16)。

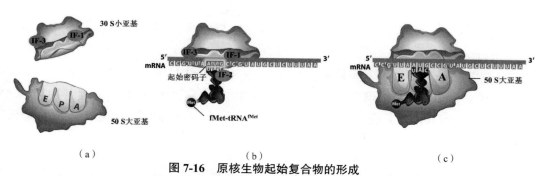

图 7-16　原核生物起始复合物的形成

(a)核糖体大、小亚基分离　(b)30 S 亚基与 mRNA 结合　(c)50 S 亚基与 30 S 亚基结合

(1)核糖体大、小亚基分离。

30 S 核糖体亚基结合起始因子 IF-3,防止 30 S 和 50 S 亚基过早结合。起始因子 IF-1

占据核糖体 A 位点,防止 tRNA 提前进入。

(2)30 S 亚基与 mRNA 结合。

由 30 S 核糖体亚基、IF-3、IF-1 和 mRNA 组成的复合物与 GTP-IF2、起始 fMet-tRNA^{fMet} 连接形成更大的复合物。mRNA 中的 SD 序列确定了起始密码子的位置,tRNA^{fMet} 的反密码子与 mRNA 的起始密码子正确配对。

(3)50 S 亚基与 30 S 亚基结合。

复合物接着与 50 S 核糖体亚基结合;同时,与 IF-2 结合的 GTP 水解产能并释放,起始因子 IF-1、IF-2、IF-3 离开核糖体。此时产生一个功能性 70 S 核糖体,其包含 mRNA 和起始 fMet-tRNA^{fMet},称为起始复合物。fMet-tRNA^{fMet} 与完整的 70 S 起始复合物中的 P 位点正确结合至少需要三种作用保证:密码子 - 反密码子相互作用;mRNA 中 SD 序列与 16S rRNA 之间的相互作用;核糖体 P 位点与 fMet-tRNA^{fMet} 之间的相互作用。

3. 肽链延伸(图 7-17)

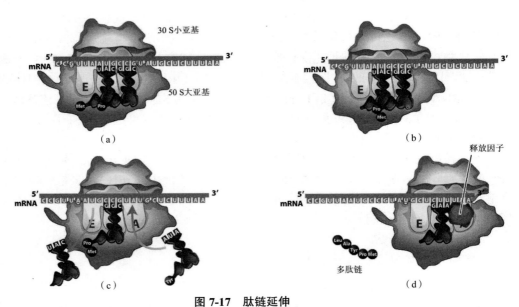

图 7-17　肽链延伸

(a)氨酰 tRNA 进位　(b)肽键形成　(c)肽酰 tRNA 转位　(d)肽链合成终止

(1)氨酰 tRNA 进位。

在翻译起始之后,起始 tRNA 占据 P 位点,A 位点是空缺的,新进入的氨酰 tRNA 与携带 GTP 的延伸因子 EF-Tu 结合,进入 A 位点。GTP 被水解,70 S 核糖体释放出 EF-Tu-GDP 复合物,A 位点只留下新进入的氨酰 tRNA。延伸因子 EF-Ts 促进 EF-Tu-GDP 复合物再生为 EF-Tu-GTP。

(2)肽键形成。

在核糖体转肽酶的作用下,P 位点氨基酸的羧基与 A 位点氨基酸的氨基形成肽键,P 位点氨基酸连接到 A 位点氨基酸上,这就是转肽。转肽后,在 A 位点形成了一个二肽酰 tRNA,而 P 位点上无负载氨基酸的 tRNA 进入 E 位点。催化肽键形成的酶称为肽基转移酶。在大肠杆菌中,核糖体大亚基中的 23S rRNA 具有转肽酶活性。

（3）肽酰 tRNA 转位。

核糖体沿着 mRNA 向 3' 端方向移动一组密码子,使得原来结合二肽酰 tRNA 的 A 位点变成了 P 位点, A 位点空出,接受下一个新的氨酰 tRNA 进入。核糖体沿着 mRNA 运动需要延伸因子 EF-G(又称转位酶)和 GTP 水解提供的能量。E 位点的空载 tRNA 被释放,空出 E 位点。

肽链上每增加一个氨基酸,则重复一次上述进位、转肽、移位的步骤,直至达到所需的长度。 mRNA 上信息的阅读从 5' 端向 3' 端进行,而肽链的延伸则从氨基端到羧基端。

在细菌延伸的氨酰 tRNA 进位中, EF-Tu-GTP、EF-Tu-GDP 和氨酰 tRNA 复合物在解离前都存在数毫秒,这两个时间段为密码子 - 反密码子相互作用提供了校正的机会,延伸因子 EF-Tu 的 GTPase 活性对整个生物合成过程的速率和保真度作出了重要贡献。

（4）肽链合成终止。

mRNA 中的三个终止密码子(UAA、UAG、UGA)都是终止信号。在细菌中,一旦某一个终止密码子占据核糖体 A 位点,三个终止因子 RF-1、RF-2 和 RF-3 会使末端的肽酰 tRNA 键水解,从 P 位点释放游离多肽和最后一个空载 tRNA , 70 S 核糖体解离为 30 S 和 50 S 亚基,准备开始新的多肽合成周期。终止因子 RF-1 识别终止密码子 UAG 和 UAA, RF-2 识别 UGA 和 UAA。RF-1、RF-2 在终止密码子处结合,并诱导肽基转移酶将生长中的多肽转移到水分子而不是另一个氨基酸上。

4. 原核生物蛋白质合成中的能量消耗和多聚核糖体

1)蛋白质合成中的能量消耗

按照 mRNA 指定的氨基酸序列合成蛋白质需要消耗能量,形成一个氨酰 tRNA 需消耗两个高能磷酸键。作为校正活动的一部分,氨酰 tRNA 合成酶水解错误激活的氨基酸时,会消耗额外的 ATP。氨酰 tRNA 进位需要一个 GTP,转位阶段需要一个 GDP。因此,形成多肽的每个肽键至少需要四个 NTP 水解为 NDP 产生的能量。

2)多聚核糖体快速翻译一条 mRNA

在原核生物蛋白质合成中,几个甚至几十个核糖体串联附着在一条 mRNA 上,形成念珠状结构,称为多聚核糖体。

因为细菌的 mRNA 在被核酸酶降解之前通常只存在几分钟,为了保持蛋白质的高合成率,必须连续、快速、高效地翻译 mRNA,多聚核糖体解决了这个问题。在细菌中,转录和翻译是紧密耦合的, mRNA 的转录和翻译方向相同,所以核糖体可以在转录完成之前就开始翻译 mRNA 的 5' 末端,多聚核糖体更可以同时翻译多个 mRNA 分子,达到使用少量 mRNA 分子翻译大量蛋白质的效果。真核细胞中新转录的 mRNA 必须离开细胞核才能被翻译,所以没有多聚核糖体。

7.3.2.3 新合成多肽链的加工

在新生的多肽链的合成过程中,依靠氢键、范德华力、离子键和疏水作用形成有规律的空间结构,逐渐呈现其天然构象。通过这种方式, mRNA 中的线性遗传信息转化为蛋白质的三维结构。一些新制备的蛋白质,包括原核和真核蛋白质,必须经过一步或多步翻译后修饰加工才能获得具有生物活性的构象。

1. 氨基端和羧基端修饰

新合成多肽链的第一个氨基酸是 N- 甲酰蛋氨酸（细菌）或蛋氨酸（真核生物），然而甲酰蛋氨酸中的甲酰基、氨基末端的蛋氨酸残基，甚至多个氨基酸残基、羧基端残基常常被酶切除，因此不出现在最终的功能蛋白质中。在多达 50% 的真核蛋白质中，氨基端氨基酸的氨基在翻译后被 N- 乙酰化。羧基端氨基酸有时也被修饰。

2. 信号序列去除

一些蛋白质（如分泌蛋白、膜蛋白）前体的氨基端存在一段长度为 15~30 个氨基酸残基的信号序列，它的作用是引导蛋白质穿越细胞膜或内质网膜。这段序列在穿膜后被特定的肽酶切除。

3. 单个氨基酸修饰

有些蛋白质的一些 Ser、Thr 和 Tyr 的羟基磷酸化，这种修饰的功能意义因蛋白质而异。磷酸化 - 去磷酸化循环调节许多酶和调节蛋白的活性。额外的羧基可以添加到某些蛋白质的谷氨酸中。在有些蛋白质中，一些谷氨酸残基的羧基会甲基化，从而去除负电荷。

4. 添加糖基侧链

糖蛋白的糖基侧链在多肽合成期间或之后共价连接。糖基侧链可以通过酶与 Asn（N 连接的低聚糖）相连，在其他糖蛋白中，糖基侧链与 Ser 或 Thr 残基（O 连接的低聚糖）相连。许多具有细胞外功能的蛋白质和覆盖黏膜的蛋白聚糖都含有低聚糖侧链。

5. 异戊烯化修饰

许多真核蛋白质通过添加异戊二烯基进行修饰，异戊烯化修饰蛋白在不同物种之间比较保守，这就突出了脂质修饰途径在生物学和进化过程中的重要性，其控制着蛋白质定位和活性等一系列生物调控的重要功能。异戊二烯基和蛋白质的 Cys 之间形成硫醚键，异戊二烯基源自胆固醇生物合成途径的焦磷酸化中间体。以这种方式修饰的蛋白质包括 Ras 蛋白、Ras 癌基因和原癌基因的产物、G 蛋白等。

6. 添加辅基

许多原核和真核蛋白质需要共价结合的辅基才能发挥其活性，如乙酰辅酶 A 羧化酶的生物素分子和血红蛋白、细胞色素 c 的血红素基团。

7. 蛋白质水解

许多蛋白质最初合成大的、无活性的前体多肽，经蛋白质水解形成较小的、有活性的形式，如胰岛素原、糜蛋白酶原和胰蛋白酶原。

8. 二硫键形成

一些蛋白质在 Cys 残基之间形成链内或链间二硫键，折叠成天然构象。在真核生物中，二硫键在分泌性蛋白中很常见，因为二硫键形成的交联有助于保护蛋白质分子的天然构象，使其在细胞外环境中不致变性。

7.4 环境中影响信息传递与表达的有毒物质

凡是能引起生物体的遗传物质发生突然或根本的改变，使基因突变或染色体畸变达到自然水平以上的物质，统称为诱变剂。一般来说环境诱变剂可以分为三大类：化学性环境诱变剂、物理性环境诱变剂、生物性环境诱变剂。

7.4.1　化学性环境诱变剂

7.4.1.1　烷化剂

烷化剂可直接作用于 DNA，引起 DNA 链断裂和交联。DNA 是细胞遗传信息传递的起点、生命活动的核心，其结构、功能缺损或破坏可能引起细胞的一系列功能失控，最终导致细胞损伤甚至死亡。烷化剂有烷基磺酸盐和烷基硫酸盐，如甲基磺酸乙酯（EMS）；亚硝基烷基化合物，如亚硝基乙基脲（NEH）；次乙胺和环氧乙烷，如乙烯亚胺（EI）；芥子气。

7.4.1.2　碱基类似物

这类化合物具有与 DNA 碱基类似的结构，作为 DNA 的成分渗入 DNA 分子，使 DNA 复制时发生配对错误，从而引起有机体变异。例如：5-溴尿嘧啶（BU）、5-溴去氧尿核苷（BudR）为胸腺嘧啶（T）的类似物，2-氨基嘌呤（AP）为腺嘌呤（A）的类似物，马来酰肼（MH）为尿嘧啶（U）的异构体。

7.4.1.3　其他诱变剂

亚硝酸能使嘌呤或嘧啶脱氨，改变核酸的结构和性质，造成 DNA 复制紊乱，还能造成 DNA 双链间的交联而引起遗传效应。叠氮化钠（NaN_3）是一种呼吸抑制剂，能引起基因突变，可获得较高的突变频率，而且无残毒。

7.4.2　物理性环境诱变剂

7.4.2.1　紫外线

紫外线可使 DNA 分子形成嘧啶二聚体，即两个相邻的嘧啶共价连接，引起双链结构扭曲变形，阻碍碱基间的正常配对，同时妨碍双链的解开，影响 DNA 的复制和转录。

7.4.2.2　γ 射线

γ 射线具有很高的能量，能直接使脱氧核糖的碱基氧化，磷酸二酯键断裂，从而使 DNA 断裂，间接效应为产生自由基，引起 DNA 损伤。

7.4.2.3　等离子体

常压室温等离子体指在大气压下产生的温度在 25~40 ℃、具有高活性粒子（如处于激发态的氦原子、氧原子、氮原子、OH 自由基等）浓度的等离子体射流。活性粒子作用于微生物，能够使微生物细胞壁/膜的结构、通透性改变，并引起基因损伤，导致微生物发生突变。

7.4.3　生物性环境诱变剂

7.4.3.1　真菌代谢产物

大部分抗生素是真菌的次级代谢产物。如白色链霉菌产生的嘌呤霉素的结构与氨酰

tRNA 的 3' 端非常相似,可与核糖体 A 位点结合并参与肽键的形成,但它不参与转位,从而过早地终止多肽的合成。四环素通过阻断核糖体上的 A 位点抑制细菌中的蛋白质合成。氯霉素通过阻断肽基转移抑制细菌中的蛋白质合成,但不影响真核生物的细胞质蛋白质合成。放线菌酮可阻断 80 S 真核核糖体的肽基转移酶,但不能阻断 70 S 细菌核糖体的肽基转移酶。链霉素是一种碱性三糖,在较低的浓度下会导致细菌中遗传密码的误读,在较高的浓度下会抑制启动。

7.4.3.2　病毒

有的逆转录病毒和双链 DNA 可将自身的遗传物质整合进宿主细胞的 DNA 中。如双链 DNA 病毒中的人乳头瘤病毒(HPV)、EB 病毒(EBV)、乙肝病毒(HBV)等可将病毒的 DNA 整合到宿主细胞的基因组中,最终导致细胞恶性转化、肿瘤形成。

HIV 是一种单链 RNA 病毒,其单链 RNA 基因组通过逆转录酶逆转录为双链 DNA 副本,并整合到宿主的染色体中,在某些状态下活化,导致艾滋病。

小结

细胞接收和处理外部信号的能力是生命的基础。单细胞生物(如细菌)不断利用信息受体接收周围的信号。多细胞生物是一个有序、可控的细胞社会,这种社会性的维持不仅依赖于细胞的物质代谢和能量代谢,更依赖于细胞间信息的传递与表达。信号需要从细胞外通过细胞膜传入细胞核,这种细胞外因子通过与相应的特异性膜受体或核受体结合,引发细胞的一系列级联生物化学反应、蛋白质与蛋白质的相互作用,直至细胞生理反应所需基因表达开始的过程称为信号转导,其最终目的是使机体在整体上对外界环境的变化作出最适宜的反应。

信号分子通常被称为配体,是专门与其他分子(如受体)结合的分子的总称,其携带的信息通常通过细胞内的化学信息链传递。信号分子根据溶解性可分为亲水性和亲脂性两类。亲水性信号分子的主要代表是神经递质、含氮类激素(除甲状腺激素)、局部介质等,它们不能穿过靶细胞膜,只能与细胞表面受体结合,再经信号转换机制在细胞内产生第二信使或激活膜受体的激酶(如蛋白激酶)跨膜传递信息,以启动一系列反应而产生特定的生物学效应。第一信使是细胞外因子,通常是激素或神经递质(如肾上腺素、生长激素和血清素),它们并不直接参与细胞的物质和能量代谢,而是将信息传递给第二信使。第二信使是细胞内因子,负责细胞内的信号转导,以触发生理变化(如增殖、分化、迁移、存活和凋亡)。常见的第二信使有环磷酸腺苷(cAMP)、环磷酸鸟苷(cGMP)、肌醇三磷酸(IP3)、甘油二酯(DAG)、钙离子(Ca^{2+})等。

受体是细胞膜上或细胞内能识别生物活性分子并与之结合的成分,它能把识别和接收的信号正确无误地放大并传递到细胞内部,进而引起生物学效应。细胞内受体指位于细胞内部的细胞质或细胞核中的受体,这类受体都为转录因子。转录因子是对基因转录有调节作用的蛋白质,本质是与 DNA 特异性结合的蛋白质,因此接受信号分子后,可结合 DNA 顺式作用元件,激活或抑制基因转录和表达。细胞内受体包括类固醇激素受体、甲状腺激素受体等。膜受体是存在于细胞膜上的蛋白质,一般由两个亚单位组成:裸露于细胞膜外表面的部分叫调节亚单位,它能识别环境中的特异化学物质并与之结合;位于细胞膜内表面的部分叫催化亚单位,常见的是无活性的腺苷酸环化酶(AC),其可以产生第二信使 cAMP。细胞表面受体可以分成四大类:离子通道型受体、G 蛋白偶联型受体、催化型受体和酶偶联型受体。细胞内受体是位于细胞内的受体,包括核受体和位于细胞质中的受体(如位于内质网上的 IP3 受体),与它们结合的配体通常是能穿过脂膜的亲脂性激素(如类固醇激素)或细胞内第二信使(如 IP3)。

构成信号通路的主要元素有配体、受体、蛋白激酶、转录因子。信号转导具有显著的特异性和灵敏性,特异性是通过信号分子和受体之间精确的分子互补性实现的;灵敏性是通过受体对信号分子的高度亲和性、配体 - 受体相互作用中的协同性、酶级联放大信号实现的。当信号持续存在时,受体系统会脱敏;当刺激降至某个阈值以下时,系统再次变得敏感。信号转导具有以下特征:信号与受体相互识别;受体活化产生第二信号或细胞蛋白活性的变化;靶细胞的代谢活性(广义上定义为包括 RNA、DNA 和蛋白质的代谢)发生变化;信号转导结束后,细胞恢复刺激前的状态。

繁殖是生物最基础的特征之一,繁殖过程最核心的部分就是 DNA 复制过程。DNA 聚合反应的基本过程都是延伸链的 3'-OH 对进入的新的核苷三磷酸(dNTP)的磷酸基进行亲核攻击,在 3' 末端加上一个新的核苷酸。大肠杆菌中的 DNA 聚合酶 I、II 和 III 有着不同的功能。DNA 聚合酶 III 活性最强,复制速度最快。三种 DNA 聚合酶都具有校正活性,即都具有 $3' \rightarrow 5'$ 外切酶活性,可以将错配的核苷酸切去,再将正确的填上,这一功能对 DNA 的正确合成非常重要。DNA 复制是以母链 DNA 为模板合成子链 DNA,使一条双链 DNA 变成两条相同的双链 DNA 的过程。在大肠杆菌中复制不仅需要 DNA 聚合酶,还需要 20 种或更多不同的酶和蛋白质(解旋酶、拓扑异构酶、单链 DNA 结合蛋白、引物酶和 DNA 聚合酶等),称为 DNA 复制酶系统,每种酶和蛋白质都执行特定的任务,DNA 复制酶系统的复杂性反映了 DNA 结构和准确性的要求。DNA 复制过程可分为三个阶段:起始阶段、延伸阶段和终止阶段。真核生物的 DNA 分子比细菌的 DNA 分子大得多,并被组织成复杂的染色质。DNA 复制的基本特征在真核生物和原核生物中是相同的,包括:半保留复制;半不连续合成;复制有起始点与方向;都需要 DNA 聚合酶、解旋酶等。真核生物的 DNA 复制也有不同之处,如复制从许多起始点双向进行。DNA 合成不仅有 DNA 复制这种方式,还有少见的依赖 RNA 的逆转录合成 DNA 方式。逆转录酶的发现对遗传工程技术起到了很大的推动作用,目前已成为逆转录 - 聚合酶链反应(RT-PCR)的工具酶。

基因通过控制蛋白质的生物合成使基因的遗传信息得以表达,从而实现基因对生物性状的控制。基因控制蛋白质合成的过程包括转录和翻译两个阶段。转录是以有遗传效应的 DNA 分子片段中的一条链为模板合成 RNA 的过程。在转录过程中,酶系统将双链 DNA 片段中的遗传信息转化为 RNA 链,其碱基序列与其中一条 DNA 链互补,产物为三种主要的 RNA。RNA 合成需要 DNA 依赖性 RNA 聚合酶全酶。初级 RNA 转录产物的转录后加工主要包括加帽、加尾、剪接、tRNA 碱基修饰。tRNA 和 rRNA 的加工涉及大的前体转录产物的依次切断,最后获得功能性 RNA 产物。遗传密码具有以下几个特点:方向性、连续性、简并性、摆动性和通用性。tRNA 分子是 mRNA 和蛋白质之间的桥梁。tRNA 分子中往往含有许多保守和共价修饰的核苷酸,其中一些核苷酸对 tRNA 分子的二级和三级结构有稳定作用。tRNA 分子的二级结构为三叶草形,含有 4 个臂(碱基配对区)和 3 个环。tRNA 分子的三级结构为倒 L 形。核糖体是由一个大亚基和一个小亚基组成的。核糖体中肽链的合成包括三个阶段:起始、延伸和终止。许多蛋白质在合成期间和翻译之后会受到共价修饰。

　　凡是能引起生物体的遗传物质发生突然或根本的改变,使基因突变或染色体畸变达到自然水平以上的物质,统称为诱变剂。一般来说环境诱变剂可以分为三大类:化学性环境诱变剂、物理性环境诱变剂、生物性环境诱变剂。

（本章编写人员:王志云 刘宪华 刘宛昕 李璟玉）

第8章 环境污染物的生物毒性与生物转化

本章重点介绍三方面的内容,一是毒物的转运和代谢过程,二是毒物的毒性效应,三是如何定量评定有毒环境污染物对机体的影响。毒物代谢与毒物的毒性效应之间有什么区别? 你的朋友喝了几杯白酒,第二天你能闻到他或她身上的酸味,这就是毒物代谢动力学问题。白酒中的乙醇在体内转化为乙醛(然后转化为乙酸),会产生难闻的气味。乙醇是一种利尿剂,它会增加身体通过尿液排出的水量,使人在早上感到口渴。这些现象本身没有毒性,但却是毒物代谢动力学的表现,即生物体处理潜在的有毒物质的方式。如果你的朋友继续定期过量饮用白酒或其他酒精饮料,他或她很可能发展成肝硬化,这是一种毒性作用。过量乙醇会阻碍蛋白质、脂肪和碳水化合物的正常代谢,从而损害肝脏。在肝硬化中,疤痕组织取代了正常的健康组织,阻碍了血液通过该器官的流动,并阻止该器官正常工作。这就是毒性效应动力学,即产生毒性作用的机制。生物化学理论有助于研究环境污染物及其在环境中的降解和转化产物在生物体内的吸收、分布、排泄等生物转运过程和代谢转化等生物转化过程,阐明环境污染物对生物体的毒性作用产生、发展和消除的机理。通过定量评定有毒环境污染物对机体的影响,确定其剂量与效应或剂量 - 反应关系,可以为制定环境卫生标准提供科学依据。

8.1 环境污染物在环境中和生物体内的转运和转化

污染物进入环境后,将对生物产生从微观到宏观、从数秒到数十年的不同影响(图 8-1)。这些影响涉及分子、细胞、个体、种群、群落、生态系统等不同水平,需要从生物化学、分子与细胞生物学、环境生物学、生态学等不同学科的视角去研究。

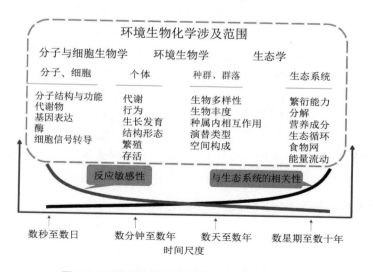

图 8-1　污染物在各级生物学水平上的影响示意

8.1.1　环境污染物在环境中的生物迁移和生物转化

环境污染物进入环境以后,由于自身的物理化学性质和各种环境因素的影响,会在空间位置和形态特征等方面发生一系列复杂的变化。在变化过程中,污染物的状态、浓度、结构和性质等都可能发生变化,并直接或间接地作用于人体或其他生物。污染物在环境中发生的各种变化称为污染物在环境中的迁移和转化,又称为污染物的环境行为。环境污染物在环境中的迁移和转化主要包括物理、化学、生物三个方面的作用。其中生物作用指污染物通过生物体的摄食、吸附、吸收、代谢、死亡等过程发生的生物迁移和污染物在环境中生物相关酶系的催化作用下发生的生物化学反应。

污染物生物迁移的表现形式主要有三种:生物浓缩、生物积累和生物放大,分别描述了生物体与环境、同一生物体的不同发育阶段和食物链中不同生物体中污染物浓度增大的现象。生物浓缩(bioconcentration)指生物体从环境中蓄积某种污染物,从而使生物体内的污染物浓度超过环境中的污染物浓度的现象。生物积累(bioaccumulation)指生物体在生长发育的不同阶段从环境中蓄积污染物,从而使浓缩系数不断增大的现象。生物放大(biomagnification)指在生态系统的同一食物链上,随着营养级的提高,某种污染物在生物体内的浓度逐步增大的现象。

污染物在环境中发生生物转化一方面可使大部分有机污染物的毒性减弱,另一方面可以使一部分污染物的毒性增强或形成更难降解的分子结构。

污染物的迁移与转化往往是相互依赖、相伴进行的复杂连续过程。迁移为转化提供了环境条件,转化又为迁移提供了新的理化特征等物质基础。

8.1.2　环境污染物在生物体内的转运过程

毒物代谢动力学的本质是研究有毒物质如何进入体内和它在体内发生了什么,以获得有关其吸收、分布、生物转化(即代谢)和排泄的充分信息,将浓度或剂量与观察到的毒性联系起来,从而了解其毒性机制。环境污染物通过不同途径和方式与机体接触后,一般可经历吸收、分布、代谢和排泄等过程储存或排出体外。在机体中环境污染物利用吸收、分布和排泄的机理,反复通过生物膜在体内产生位移的过程统称为生物转运;环境污染物被机体吸收后进入血液,通过血液循环分布到全身各组织器官,在组织细胞内发生结构和性质的变化,形成代谢物,环境污染物在组织细胞中发生结构和性质变化的过程称为生物转化或代谢转化。

不同的环境污染物对机体毒性作用的大小和部位与其在体内的吸收、分布、代谢和排泄过程有密切关系。因此,研究环境污染物的生物转运和生物转化过程有助于了解环境污染物在生物体内的转运、生物学效应和致毒作用机理,对阐明其在体内可能引起的损害作用具有重要的意义。

8.1.2.1　生物膜的结构和物质通过生物膜的方式

1. 生物膜的结构

环境污染物在生物体内的转运与生物膜息息相关。污染物的毒性与生物膜对污染物的通透性成正比。了解生物膜的结构与物质通过生物膜的方式对分析污染物的毒性和动力有重要价值。

生物膜是一种动态的结构,是细胞进行生命活动的必要条件。生物膜主要由脂质双分子层和蛋白质组成,具有各种功能的蛋白质镶嵌在脂质双分子层中或附着在膜表面(图8-2)。镶嵌在脂质双分子层中的蛋白质有的可以作为转运膜内外物质的载体,有的可以作为接受化学物质的受体,有的是具有催化作用的酶,有的是能量转换器。另外,膜上还具有亲水性孔道,称为膜孔,膜孔的大小随器官组织的结构而异。

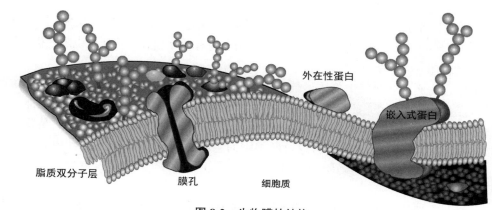

图 8-2　生物膜的结构

2. 物质通过生物膜的方式

物质通过生物膜的方式主要有简单扩散、易化扩散、膜孔滤过、主动运输和膜的转运(图8-3)。

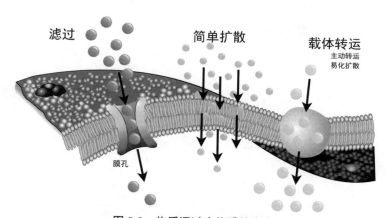

图 8-3　物质通过生物膜的方式

1)简单扩散

简单扩散是大多数物质通过生物膜的主要方式。在简单扩散过程中,膜两侧的毒物从高浓度侧向低浓度侧扩散,不与膜起反应,不消耗能量。当环境污染物通过细胞膜时,细胞膜两侧浓度相差越大,其通过细胞膜的速度越快。

2)易化扩散

易化扩散是易溶于脂质的物质依靠载体由高浓度一侧向低浓度一侧移动的过程,该过程不需要消耗能量。毒物在脂质中的脂水分配系数越大（以毒物在脂质中的溶解度与在水中的溶解度之比表示），就越易通过细胞膜。例如，乙醇为脂溶性的，但也具有水溶性，所以容易通过许多生物膜（胃肠道、肝脏、中枢神经系统等）。体液的酸碱程度影响毒物的解离程度，毒物处于解离状态时在脂质中溶解度低，不易通过细胞膜，而处于非解离状态时脂溶性强，较易通过细胞膜。毒物在细胞膜上的扩散速率与膜两侧毒物的浓度有关，也和载体对毒物的亲和力相关。

3）膜孔滤过

膜孔滤过是外源污染物通过生物膜上的亲水性孔道进入细胞的过程。借助流体静压和渗透压梯度，大量的水可以经膜孔流过，溶解于水的分子直径小于膜孔的物质可以随之被转运。

4）主动转运

外来化合物通过生物膜由低浓度处转运至高浓度处并需要消耗能量的过程称为主动转运。其特点是需要载体蛋白，载体可逆浓度梯度使物质通过细胞膜，因此需要消耗能量。某些与载体蛋白运载的物质结构相似的外来物质可以通过此种方式吸收。例如，某些金属毒物（如铅、镉、砷和锰等的化合物）可通过肝细胞的主动转运进入胆汁，使胆汁内的毒物浓度高于血浆中浓度，有利于毒物随胆汁排出。

5）膜的转运

膜的转运是细胞与外界环境之间进行的某些颗粒物、大分子物质的交换，转运时生物膜的形态发生胞吞（吞噬吞饮）和胞吐。

外来毒物以何种方式通过细胞膜，主要取决于各种组织细胞膜的结构特征和毒物本身的化学结构、理化性质，如脂溶性、水溶性、解离度、分子大小等。大多数物质以简单扩散方式通过细胞膜，营养物质和代谢物质主要以易化扩散和主动转运方式通过细胞膜。

8.1.2.2　污染物在机体内的转运

环境污染物在机体内的运动过程包括转运和消除，其中转运包括吸收和分布，消除包括排泄和生物转化。

环境污染物在生物体内部代谢之前，需要反复通过生物膜在生物体内部进行吸收、分布和排泄的生物转运过程（图 8-4）。

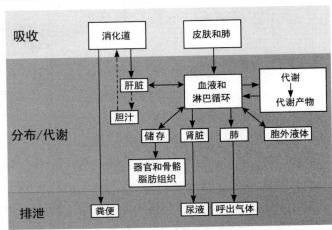

图 8-4　环境污染物在生物体内的吸收、分布与排泄

1. 吸收

毒物在多种因素的影响下通过生物膜进入体液的过程叫作吸收。固体污染物和大气污染物主要通过皮肤和呼吸进入,水污染物和土壤污染物主要经消化道吸收进入。

1)消化道吸收

消化道是毒物的主要吸收途径。环境污染物以大气、水、土壤为介质进入食物链,通过水和食物经过咽喉进入胃和肠道,主要通过被动运输的方式被吸收。肠道黏膜上的绒毛结构可使肠道表面积增大约 600 倍,使肠道成为吸收毒物的主要部位之一。环境污染物的浓度和性质影响消化道对毒物的吸收,浓度越高吸收得越多,脂溶性物质较易被吸收,水溶性易解离、难溶于水的物质则不易被吸收。另外,由于胃和肠道中存在大量的酶,环境污染物在这里最容易发生化学变化,转化为新的物质而改变其毒性和对机体的影响。

哺乳动物的肠道中存在特殊的转运系统,某些毒物能通过这种转运系统被吸收。例如,5- 氟嘧啶能被嘧啶的转运系统吸收,铊和铅可被正常吸收铁和钙的系统转运。

2)呼吸吸收

空气中的污染物主要以气体、蒸气和气溶胶等形式存在,然后经过呼吸道进入机体。气态污染物经常在肺部被吸收,因为肺部存在大量的肺泡上皮细胞和血液充盈的毛细血管,有利于污染物进入血液。

一般以气体和蒸气形式存在的污染物在肺部被动扩散,通过呼吸膜吸收入血液,主要机理为利用肺泡气体和血液中污染物的浓度(分压)差。气溶胶和颗粒状物质通常以被动扩散方式通过细胞膜吸收,越小的物质危害性越大。

3)皮肤吸收

皮肤对一般环境污染物的通透性较弱,是良好的屏障。但有些环境污染物会通过皮肤吸收而导致中毒。例如,四氯化碳可通过皮肤吸收而引起肝损伤;某些有机磷农药可经皮肤吸收引起中毒甚至死亡。

皮肤吸收环境污染物分两种途径,一是表皮,二是汗腺、皮脂腺、毛囊。表皮吸收过程主要为毒物→角质层→透明层→颗粒层→生发层和基膜→真皮(最薄的表皮只有角质层和生发层),在这一吸收过程中,毒物的相对分子质量、脂水分配系数、角质层的厚度都影响毒物的进入。例如,昆虫的外壳对各种杀虫剂的通透性远强于哺乳动物的皮肤的通透性,因此体表接触 DDT 后,人产生的毒性反应远小于昆虫产生的毒性反应。二甲基亚砜(DMSO)等脂质溶剂可增强角质层的通透性,从而增加毒物吸收的风险。毒物还可以通过汗腺、皮脂腺和毛囊等皮肤附属器,绕过表皮屏障直接进入真皮。由于这些皮肤附属器的表面积仅占表皮面积的 0.1%~1%,所以此途径不占主要地位,但有些电解质和某些金属能经此途径被少量吸收。

2. 分布与储存

环境污染物通过各种途径被吸收进入血液和体液后,随着血液和淋巴的流动分散到全身各组织器官的过程称为分布。环境污染物与某种组织器官表现出强的亲和力,从而最终在某种组织器官中浓集或蓄积称为储存。环境污染物在机体各组织器官中的分布是不均匀的,这取决于各组织器官的血流量、毒物与各组织器官之间的亲和力及其他因素。

大部分污染物一开始会结合血浆蛋白随血液到达各组织器官,所以血液充盈的部位毒物浓度较高,但由于组织器官与毒物之间的亲和力的影响,毒物会随着时间进行再分布。例如,铅中毒 2 h 后,约 50% 剂量的铅分布在肝脏内,然而一个月以后体内残留的铅 90% 分布在骨骼中;除草剂百草枯与肺部亲和力较大,故浓集于肺部,从而引起肺的病变。

　　大多数有机毒物为非电解质,一般在体内均匀分布,非电解质的无机毒物分布不均匀。导致环境污染物在体内分布不均匀的另一个重要因素是在体内特定部位存在对外源性化学物质转运有阻碍作用的体内屏障,主要的屏障有血脑屏障和胎盘屏障。

　　由于中枢神经系统的毛细血管内皮细胞间连接很紧密,几乎没有空隙,且毛细血管被星状胶质细胞紧密包围,所以对毒物的渗透性很小,形成了血脑屏障。只有脂溶性、未与蛋白结合、处于非解离状态的化合物才有可能穿过血脑屏障进入脑组织。例如,甲基汞较容易进入脑,作用于中枢神经系统;而非脂溶性的无机汞很难进入脑,其主要毒性作用部位为肾脏。由于新生动物的血脑屏障发育不全,污染物对新生动物的影响更大,如铅可引起新生大鼠的脑病变,吗啡对婴幼儿的毒性比对成人强。

　　胎盘不仅在母体与胎儿之间起到交换营养物质、氧、CO_2 和代谢产物的作用,还能够阻止一些外源性物质由母体进入胚胎,从而保护胎儿正常生长发育。在组织学上,胎盘屏障是由多层细胞组成的,不同的生物细胞层数不同,层数越多通透性越弱。非脂溶性毒物毒性作用小,脂溶性毒物可以突破胎盘屏障影响胎儿。

　　另外,还发现其他部位有类似的屏障作用,如血 - 眼屏障、血 - 睾丸屏障等,这些屏障对防止化学物质侵入具有重要意义。

3. 排泄

　　排泄是进入体内的污染物及其代谢产物、结合物向体外转运的过程,是机体物质代谢全过程的最后一个环节。

　　排泄的主要途径如下:一是经肾脏从尿中排出,肾脏是最主要的排泄器官,经肾随尿液排出的化学物质数量超过通过其他途径排出的化学物质的总和;二是经肝胆通过消化道随粪便排出,如肝随胆汁排泄 DDT 和铅;三是挥发性物质经呼吸道随呼出气排出。另外,毒物可经乳腺排入乳汁,如有机碱和亲脂性毒物易从血浆扩散入乳腺管,并在乳汁中浓集,授乳时进入婴儿体内。毒物也可以简单扩散方式经唾液腺、汗腺排出,如 I、Br、F 及其化合物和Hg 等可经此途径微量排出。头发和指甲不是身体的排泄物,但有些毒物(如 As、Hg、Pb、Mn 等)可富集于头发和指甲中,且重新返回血液循环的可能性不大,因此也可将头发和指甲看作毒物的排出途径。

　　毒物经上述途径排出时,可能对局部组织产生毒性作用,如镉、汞可损伤近曲肾小管,汞由唾液腺排出可引起口腔炎,β- 萘胺代谢转化后经尿路排出可导致膀胱癌等。

8.1.3　环境污染物的生物转化过程

　　环境污染物的生物转化是物质在体内经酶催化或非酶作用转化成代谢产物的过程。毒物经机体生物转化一般会发生两个过程,一个是大多数物质的生物转化,会增强其极性或水溶性,使其更易于排出体外,或改变其结构变为无毒或低毒的代谢产物,这种转化叫生物解毒作用。另一个是物质经过生物转化后,溶解度降低,或原来无毒、毒性小的化合物转化成有毒、毒性更大的产物,这种转化叫生物增毒作用。生物转化过程本质上是分子结构的改变,即活性基团的增减或改变,发生自身的缩合、降解或与某些化学物质结合。

　　毒物在体内能否发挥毒性作用和毒性作用大小不仅与自身的性质相关,更取决于机体的代谢能力(即毒物与机体相互作用的相对速率)。对毒物生物转化的研究有助于清楚地判断环境污染物的动力学变化,更好地评价环境中的外源性物质对机体的危害程度。

　　机体内使得外来物质发生生物转化的重要物质是体内的各种酶,与嘌呤、类固醇、生物胺类衍生物等类似的毒物可按营养物质的代谢途径进行生物转化,其他大多数外来物质可通过一些非特异酶的催化反应完成其生物转化过程,主要方式包括氧化、还原、水解和结合。

　　肝、肾、胃、肠、肺、皮肤和胎盘等都具有代谢转化功能,但以肝脏代谢最活跃,其次为肾和肺等。代谢外源性物质的酶系统主要在肝脏的内质网(滑面内质网构造代谢酶系统,粗面内质网生产转化酶)中。

　　生物代谢转化一般分为两大类:Ⅰ相反应,包括氧化、还原和水解;Ⅱ相反应,包括毒物或其代谢产物与内源性代谢产物发生的结合反应。Ⅱ相反应的发生需要特定的基团,Ⅰ相反应可以为Ⅱ相反应提供必需的功能基团,具备Ⅱ相反应必需的化学结构的外来化学物质也能直接发生结合反应。例如,外来化学物质苯经Ⅰ相氧化代谢成苯酚后才能进行Ⅱ相结合反应,生成苯磺酸酯结合物,而外来化学物质苯酚能直接发生Ⅱ相结合反应,生成水溶性强的结合物苯磺酸。

　　Ⅱ相反应的主要作用是修饰外来化学物质的结构,引入一个与葡萄糖醛酸、硫酸、肽、氨基酸等强极性内源性化学物质相结合的功能基团,使结合物成为水溶性强的衍生物,易于排出。Ⅱ相反应未必都会增强极性和水溶性。例如,磺胺在体内被乙酰化,产物溶解度降低,甚至沉淀于肾脏中,引起肾毒性。

8.1.3.1　氧化反应

　　各种物质进入机体后的生物转化都涉及氧化反应。发生氧化还原反应主要依靠位于内质网上的特异性较弱的微粒体氧化还原酶和位于线粒体或经离心的组织匀浆上清液中的特异性非微粒体氧化还原酶。不论有机、无机还是脂溶性物质进入组织后,几乎都被氧化酶所催化,产生各种代谢产物。催化这种反应的最重要酶系统为多功能氧化酶。多功能氧化酶主要存在于肝脏中,也存在于其他组织中,只是量较少而已。混合功能氧化酶不是一种单一的酶,而是一组酶,包括细胞色素 P450、NADPH- 细胞色素 P450 还原酶、细胞色素 b5、NADH- 细胞色素 b5 还原酶、芳烃羟化酶、环氧化物水化酶、磷脂等。细胞色素 P450 能与分子氧形成活性氧复合体,氧化进入肝、肺的外源性化学物质。相关的酶能够催化许多类型的反应,包括脂肪烃和芳香烃的羟基氧化反应、去氨基反应、去卤化反应、去烷基化反应等。细胞色素 P450 的氧化形式在活性位点与底物结合,这个酶 - 底物复合物通过细胞色素 P450 还原酶与来自 NADPH 的电子结合而被还原。然后 P450 的还原态复合物与氧结合,进一步在细胞色素 b5 和 NADH- 细胞色素 b5 还原酶的作用下被由 NADH 提供的电子还原。最后氧化形式的 P450 复合物在水中分裂形成氧化形式的底物。

　　大多数毒物被氧化后可转变为低毒或无毒的物质,这种变化称为解毒,也有些毒物被氧化后转变成毒性更强的物质。如甲醇氧化后转变成甲醛和甲酸;有机磷化合物对磷酸在肝内氧化成对氧磷,增强了对胆碱酯酶活性的抑制作用;氟乙醇氧化为氟乙酸,阻碍了三羧酸循环,破坏了糖代谢。

8.1.3.2　还原反应

肝脏中的微粒体酶系统能催化许多还原性代谢转化反应,如硝基还原、偶氮还原、还原性脱卤等。非微粒体还原反应包括酮还原、双键还原、硫氧化物和氮氧化物还原等,如三氯乙醛→三氯乙醇。

8.1.3.3　水解反应

物质在体内或在酶的催化下发生水解反应,生成无毒或有毒的化合物。肝、肾、肠及其他组织的微粒体或细胞内含的各种酯酶和酰胺酶能水解各种酯类和酰胺类毒物而消除其毒性,非特异性酯酶和酰胺酶通过作用于酯键使毒物水解。

各种细胞的微粒体、血浆、消化液中含的酯酶和酰胺酶能使各种酯类和酰胺类毒物水解,不少有机磷化合物主要以这种方式在体内解毒,如乐果、敌敌畏、对硫磷、马拉硫磷等在体内水解后毒性减弱。水解是解毒反应之一,但有些毒物水解后毒性会增强,如农药氟乙酰胺水解后可形成毒性更强的氟乙酸。

8.1.3.4　结合反应

各种脂溶性有机毒物进入组织后,不论是否经过氧化还原或水解,大多要与体内的某些化合物或基团结合而毒性减弱,极性和水溶性增强,从而迅速随尿液或胆汁排出体外,因此结合作用是毒物在体内解毒的重要方式之一。结合作用是在专一性强的各种转移酶的催化下进行的。

参与结合反应的细胞内物质(即结合物)主要是各种核苷酸衍生物,如尿苷二磷酸葡萄糖醛酸(UDPGA,提供葡萄糖醛酸基团,即 GA)、3′- 磷酸腺苷 -5′- 磷酰硫酸(PAPS,提供硫酸基团,S 代表 SO_3H)、S- 腺苷甲硫氨酸(SAM,提供甲基,M 代表 CH_3)、乙酰辅酶 A(CH_3CO-SCoA,提供乙酰基)等。此外,某些氨基酸(如甘氨酸、谷氨酰胺)及其衍生物(如谷胱甘肽)也是重要的结合物。

8.2　环境污染物的生物致毒效应

8.2.1　有毒物质的毒性作用机理

有毒物质的毒性作用机理非常复杂,不同种类的生物对同一种有毒物质的反应往往差别很大,不同有毒物质对同一种生物常常有不同的毒性作用。了解有毒物质的毒性作用机理有利于对其毒性进行全面评价并开展有效防治。

毒性作用机理体现在靶器官中,环境中的毒物或活性代谢产物与靶器官中相应的靶分子相互作用,引发生物体内一系列的生物化学或生物物理过程,最终在靶器官(即效应器官)中导致毒性作用。这个过程共分两个过程,原发过程(毒物与靶分子相互作用直接造成靶分子结构功能的损伤)和继发过程(毒物与靶分子相互作用引起生物分子结构功能的改变,引发一系列生物化学或生物物理过程,最后在效应器官中出现效应)。

不同毒物作用于靶器官的不同生物分子,如果最终引发相同的生物化学或生物物理过程,则可导致相同的毒效应。生物是一个完整统一的整体,毒物的毒性作用必然会在分子水平、亚细胞水平、细胞水平、器官水平和整体水平上出现多种效应。

8.2.1.1　自由基理论

细胞代谢过程离不开氧,生物氧化过程是细胞获得能量的过程,然而在生物氧化过程进行的同时,会产生一些高活性的化合物、自由基。自由基理论认为,有毒物质代谢过程中产生的自由基或中间产物与细胞损伤、衰老、死亡直接相关,它们会导致细胞结构和功能的改变。机体内正常和必要的代谢活动都会产生自由基,此外,生活压力、环境污染、不良的生活习惯(如抽烟和饮酒)都会导致体内产生额外的自由基。

自由基是具有奇数电子的分子,主要由于化合物的共价键均裂而产生,它可以有正、负或中性离子,如超氧阴离子自由基($O^-\cdot$)与三氯甲烷自由基($CCl_3\cdot$)。自由基的共同特点是顺磁性、化学反应性极强,因而半减期极短,一般以微秒(μs)计。自由基由于含未配对的电子,所以在机体内极不稳定,会从邻近的分子(包括脂肪、蛋白质和DNA等生物大分子)中夺取电子,让自己处于稳定的状态。这样邻近的分子又变成一个新的自由基,再去周边夺取电子。如此的连锁反应让细胞结构受到破坏,造成细胞功能丧失、基因突变甚至死亡。少量并且控制得宜的自由基是有用的。例如,白细胞利用自由基来杀死外来的微生物,体内一些分解代谢的反应需要自由基来催化,血管的舒张和部分神经、消化系统讯号的传导要借助于自由基,基因经自由基的刺激而发生突变以更适应环境的变化。

自由基有很多种类,常见的是氧自由基和脂类自由基。细胞呼吸的氧绝大部分与细胞器内的葡萄糖和脂肪相结合,转化为能量,满足细胞活动的需要,极少部分氧分子转化成活性氧自由基。脂类自由基比氧自由基寿命长,疏水性强,对细胞膜损伤迅速,故它在机体损伤、炎症中是一种不可忽视的因素。在一般情况下,细胞不会遭到自由基的损害,生物体内具备一套完整的防止活性氧自由基损伤的机制,即抗氧化剂和抗氧化酶。在正常情况下,它们可以维持体内自由基代谢的平衡,使机体处于健康状态。一旦出现自由基代谢的不平衡,或叫氧化应激,有可能诱发疾病。

1. 自由基反应

自由基因含未配对的电子,所以极不稳定,会从邻近的分子中夺取电子,让自己处于稳定的状态。这样邻近的分子又变成一个新的自由基,再去夺取电子。如此下去,即自由基链式反应。反应大致分为三个阶段。

(1)引发:通过热辐射、光照、单电子氧化还原等手段使分子的共价键均裂产生自由基的过程称为引发。

$$Cl-Cl \xrightarrow{hv或\triangle} Cl\cdot + Cl\cdot \qquad (8-1)$$

(2)增长:引发阶段产生的自由基与反应体系中的分子作用,产生一个新的分子和一个新的自由基,新产生的自由基再与体系中的分子作用又产生一个新的分子和一个新的自由基,如此周而复始、反复进行的反应称为链(式)反应。

$$Cl\cdot + CH_4 \rightarrow CH_3\cdot + HCl \qquad (8-2)$$

$$CH_3\cdot + Cl_2 \rightarrow Cl\cdot + CH_3Cl \qquad (8-3)$$

(3)终止:两个自由基结合形成分子的过程称为终止。

$$Cl\cdot+Cl\cdot\rightarrow Cl_2 \tag{8-4}$$

$$CH_3\cdot+Cl\cdot\rightarrow CH_3Cl \tag{8-5}$$

$$CH_3\cdot+CH_3\cdot\rightarrow CH_3CH_3 \tag{8-6}$$

除上述反应外,自由基还有可能发生裂解、重排、氧化还原、歧化等反应。自由基是人体生命活动中各种生化反应的中间代谢产物,具有高度的化学活性,也是机体有效的防御系统,若不能维持一定水平则会影响机体的生命活动。但自由基产生过多而不能及时地清除,它就会攻击机体内的生命大分子物质和各种细胞器,造成机体在分子水平、细胞水平和组织器官水平的各种损伤,加速机体的衰老进程并诱发各种疾病。

2. 生物体内自由基的清除机制

生物体活细胞中都有极微量的自由基,而且所有的细胞成分(包括脂质、蛋白质、核酸、糖)均可受到自由基攻击而过氧化。

机体对自由基有两类天然的防御系统:酶促防御系统和非酶促反应系统。酶类自由基清除剂即大分子自由基清除剂,包括超氧化物歧化酶(SOD)、过氧化氢酶(CAT)、谷胱甘肽过氧化物酶(GPX)和谷胱甘肽还原酶(GR)等(图 8-5);非酶类自由基清除剂即小分子自由基清除剂,包括维生素 E、维生素 C、胡萝卜素、辅酶 Q、谷胱甘肽等。这些抗氧化酶和抗氧化剂在体内形成了一道自由基的防线,可以有效防止有害自由基对机体的伤害,维持体内自由基产生和清除的平衡,保证机体的健康。

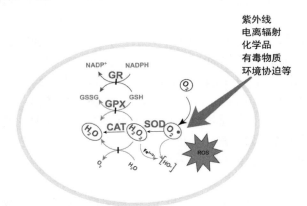

图 8-5　机体内自由基的酶促防御系统

3. 自由基形成和脂质过氧化对生物大分子的影响

自由基形成后即可引起脂质过氧化,其某些降解产物能对生物大分子产生一系列影响,从而损害膜的结构与功能,进而导致各种亚细胞结构的损伤,如细胞膜的通透性、流动性改变,滑面内质网扩张,粗面内质网上的核糖体脱落,线粒体肿胀和崩解,溶酶体破裂等。

自由基形成后,首先作用于多不饱和脂肪酸,因为多不饱和脂肪酸的双键减小了邻近碳原子的 C—H 键能,仅需少量能量即可发生自由基的启动反应,生成活性很强的脂质自由基。脂质自由基发生共振与电子转移,从而生成共轭双烯,其很快与分子氧结合形成很不稳定的羟基氧化物。多不饱和脂肪酸的不饱和程度(即双键的数目)决定了过氧化的速率。过氧化速率还因磷脂部分所连接的胆碱、胆胺、丝氨酸不同而有很大差异。

　　蛋白质是自由基攻击的重要靶分子。体外试验证明各种蛋白质(如血清蛋白、血红蛋白、α-球蛋白等)在脂质自由基的作用下逐渐发生交联作用,分子质量增大数倍,说明蛋白质发生了变性。自由基可以通过作用于蛋白质分子的氨基酸残基与巯基而使其发生交联和断解,氨基酸结构改变可以导致蛋白质变性。如硝基与亚硝基对血红蛋白的毒性作用是典型的自由基反应。

　　核酸分子中的所有成分都可能受到自由基的攻击而造成损伤,引起碱基置换、嘌呤脱落、DNA 链断裂等。自由基攻击的靶位点为嘌呤碱基的 C8、嘧啶碱基的 C5 和 C6 双键。碱基受到自由基攻击后可能发生碱基置换、脱嘌呤与碱基交换等异常改变,最后导致突变。

8.2.1.2　共价结合学说

　　共价结合学说认为,许多外源污染物对细胞的损害作用与其本身或其亲电代谢物不可逆地结合于细胞大分子的亲核部位有密切关系。这些外源性化学物质或本身有足够的形成共价键的反应活性,或能通过细胞代谢活化过程转变为能介导共价结合的产物。目前认为硅肺、铍肺、氧乙烯导致的肢端溶骨症的机理可能与此有关。组织细胞损伤最终导致细胞死亡和组织坏死。

　　在生物大分子中亲核部位包括蛋白质分子中的氨基、羟基、巯基,DNA、RNA 中的碱基、核糖或脱氧核糖、磷酸酯等亚单元,脂质中的磷脂酰丝氨酸、胆碱、乙醇胺等。根据共价结合学说,污染物可以参与以下反应。

1. 与核酸结合

　　在核酸分子中,碱基、戊糖、磷酸等任何一个亚单元均可受到攻击,造成化学性损伤。碱基是最常见也是最重要的靶位点。

　　有些物质能干扰细胞 DNA 的复制过程,因而干扰了细胞的分裂。如多价生物烷化剂含有间隔一定距离的活性基团,所以能和 DNA 链的相应基团发生反应,也能在双螺旋结构的 DNA 链之间形成化学链。干扰 DNA 的复制,影响细胞的分裂,可使染色体在细胞分裂过程中彼此不能分开或变成断片,从而引起突变。

2. 与蛋白质结合

　　蛋白质分子中有许多官能团可与外源性化学物质或其活性代谢产物共价结合,如半胱氨酸的巯基、组氨酸的咪唑基、色氨酸的吲哚基、酪氨酸的酚基、赖氨酸的 ε-氨基、精氨酸的胍基、苏氨酸和丝氨酸的羟基等,从而造成细胞膜结构和通透性改变,引起各亚细胞结构和功能损伤,影响酶的催化功能,引起代谢异常和能量供应障碍,导致遗传毒性,引起机体特殊的免疫反应等。

　　某些物质能干扰在核糖体上合成蛋白质的过程。各种抗生素就是通过这一机理起作用的。在合成蛋白质的过程中,干扰 mRNA 信息的翻译,从而干扰蛋白质的合成;干扰蛋白质和核酸成分的合成,从而干扰决定细胞活性类型的调节过程和不同细胞、组织的分化和增殖。

3. 与脂质结合

　　外源性化学物质或其活性代谢产物与脂质发生共价结合的部位主要有丝氨酸、胆碱、乙醇胺等,脂质的化学损伤使膜结构和功能改变。

4. 致死性掺入

致死性掺入指外源性化学物质或其活性代谢产物作为生物合成的原料掺入生物大分子,从而导致生物大分子组成和功能的异常。

8.2.1.3　受体作用学说

受体是许多组织细胞的生物大分子,与配体结合后形成配体 - 受体复合物,能产生一定的生物学效应。受体按分布位置分为细胞膜受体、胞浆受体、胞核受体。受体一般是糖蛋白、脂蛋白或其他特殊蛋白质,只占细胞的极小部分,却对配体有很大的亲和力。配体是对受体具有选择性结合能力的生物活性物质,包括内源性活性物质(激素、抗体)和外源性活性物质(毒物、食物、药物)。

许多环境化学物的毒性作用与其干扰正常的受体、配体相互作用的能力有关。例如,有机磷农药中毒是由于有机磷化合物抑制胆碱酯酶的活性,使其失去分解乙酰胆碱的能力,导致乙酰胆碱积聚,乙酰胆碱与胆碱受体结合,引发神经中毒症状。阿托品的解毒作用就在于其能与乙酰胆碱竞争受体,阻断乙酰胆碱对受体的刺激作用,从而消除中毒症状。又如,甲基汞可通过抑制大脑、小脑的胆碱受体而损害中枢神经系统;农药杀虫脒和双甲脒可通过抑制前脑细胞肾上腺素受体而产生毒性作用。

8.2.1.4　对酶作用的影响

生化过程是整个生命活动的基础,酶在这一过程中起着重要作用。毒物进入机体后,一方面在酶的催化下进行代谢转化,另一方面导致体内酶活性的改变,很多毒物的毒性作用就基于与酶的相互作用,毒物可影响酶的数量、活性等。酶的诱导作用可使外源污染物的某些代谢酶系的活力增强、含量增加;酶的抑制作用可使酶活力减弱、含量减少或催化反应速率减小。毒物对酶系的破坏作用包括重金属与酶蛋白活性中心功能基团作用、与辅酶作用、与酶的激活剂作用、非竞争性抑制和竞争性抑制等,有的毒物甚至能使酶永久失活。

8.2.1.5　细胞钙稳态紊乱

在体内,细胞外 Ca^{2+} 浓度约为 10^{-3} mol/L,而细胞内 Ca^{2+} 浓度仅为 $10^{-7} \sim 10^{-6}$ mol/L。细胞膜的电势倾向于使 Ca^{2+} 进入细胞,此电化学梯度由细胞膜对 Ca^{2+} 的相对不通透性和主动泵出来维持。Ca^{2+} 在生物学上是非常活跃的,对细胞代谢机能的调节有重要意义。

许多外源性化学物质都能干扰细胞钙稳态,如硝基酚、酮、过氧化物、醛、二噁英、卤化链烷、链烯和 Cd^{2+}、Pb^{2+}、Hg^{2+} 等重金属离子。

8.2.1.6　干扰细胞能量的产生与供给

生命活动所需能量来源于糖类和脂肪类等物质的生物氧化,产生的能量以 ATP 的形式暂时储存。外源污染物可能造成的影响包括干扰糖类的生物氧化,使细胞不产生 ATP(如氰化物、H_2S),使能量不能以 ATP 的形式储存(如硝基酚、五氯酚钠、氯化联苯、钒类化合物等可使氧化磷酸化过程解偶联)。ATP 缺乏不仅会使细胞生命活动得不到充足的能量供给,而且会干扰膜的完整性、离子泵转运和蛋白质的合成,严重的 ATP 缺乏可导致细胞丧失功能甚至死亡。

8.2.2　典型环境污染物的致毒效应

环境污染物对机体的致毒效应大致可分为三种类型：对健康的损害；通过母体致胎儿先天性异常，即胚胎毒性作用，造成胎儿死亡、生长迟缓、畸形和功能不全；作用于遗传物质引起的损害，其中遗传病是由性细胞突变引起的，癌症则是由体细胞突变引起的。环境污染物对机体的直接毒害作用称为近期毒性效应；对胚胎和遗传物质的毒害作用称为远期毒性效应。下面简单举例说明一些环境污染物的致毒效应。

8.2.2.1　金属有毒物质的致毒效应

环境污染使局部地区的金属元素浓度过高时，破坏了人与环境之间元素的平衡，当人体内的金属含量超过人体所适应的变动范围时，就会对人体健康产生危害，引起疾病，发生金属中毒，甚至死亡。尤其是那些非必需的、有毒的重金属元素（如汞、铅、砷等），它们污染环境进入人体后，对人体的危害更大。对环境造成严重金属污染的主要来源包括采矿、冶炼、使用重金属的工业生产过程、施用农药（包括 Hg、Cd、As 等）和煤、石油等。

进入环境的金属可在环境中迁移、浓集与转化。金属主要通过大气、水、生物三种途径在环境中转移。①大气转移：以各种方式进入大气的金属随风漂扬沉降，落到大地或海洋的表面，或远或近，这取决于金属的状态（气体或蒸气）和颗粒大小；②水转移：大部分进入环境的金属是由水转移的（铅例外），它们随河流到达湖泊或近海，以不同形式沉积在活性沉积区内，受微生物或各种物理化学因素（酸度和氧化还原作用）的影响，然后被重新释放；③生物转移：近海的浮游生物，特别是繁殖很快的浮游植物和动物，可能吸收由河床进入海岸带的大部分金属，吸收的金属最后被排出或与死亡的生物体一起沉积下来，不再转移入海洋。

1. 汞的生物致毒效应

1）汞污染的来源

以汞为原料的工业生产过程产生的含汞废水、废气和废渣对环境的汞污染非常严重。这类工业主要包括氯碱工业、电子工业、塑料工业、仪表工业、含汞农药工业等。此外，煤和石油的燃烧、含汞农药的应用、含汞污水灌溉等也是环境汞污染的来源。

在汞的化合物中甲基汞的危害性最大，而且环境中任何形式的汞（金属汞、无机汞、芳基汞等）均可转化为剧毒的甲基汞。汞主要通过生物富集的方式危害人体健康，水和底泥中汞的浓度较低，水生生物从水体中吸收和富集甲基汞，并沿着食物链进行转移和富集，尤其是含有大量脂肪的鱼类，甲基汞因具有较强的脂溶性而被吸收，其从体内排出比较缓慢，这使得鱼体内甲基汞的浓度随年龄和体重的增加而增大。长期食用甲基汞含量较高的鱼类、贝类会患病。

2）汞的毒性作用机理

（1）汞对硫化物有高度的亲和性，在体内极易与含巯基（—SH）的化合物结合，产生毒性作用。汞易与含巯基的蛋白质和多肽结合，改变或破坏蛋白质的结构和功能，尤其对一些有生理活性的蛋白质和多肽结构的破坏会导致细胞代谢紊乱。体内含巯基最多的物质是蛋白质，脑内灰质部分含蛋白质多，白质部分含脂肪多，所以汞在脑中的分布是灰质部分比白质部分多。

（2）体内大多数酶含有巯基,许多酶的活性中心是由巯基构成的,汞与酶蛋白中的巯基结合后使酶蛋白的结构和功能改变,甚至失去活性,影响生物大分子的合成,抑制 ATP 的合成,从而使细胞代谢紊乱甚至死亡。如细胞色素氧化酶、琥珀酸脱氢酶、乳酸脱氢酶、磷酸甘油变位酶、烯醇化酶、丙酮酸激酶、丙酮酸脱氢酶等。

（3）汞可与细胞膜中一些成分的巯基结合,使膜的完整性受到损伤,改变细胞膜的功能,如可增强 K^+ 的通透性、影响糖进入细胞等,从而使细胞功能失常。

（4）甲基汞属脂溶性化合物,易通过血脑屏障和胎盘屏障,引起中枢神经系统症状和胎儿畸形。无机汞化合物具有水溶性,不易通过血脑屏障和胎盘屏障,主要分布在肾脏并由尿排出体外,故无机汞可作用于近端肾小管细胞内的线粒体和内质网,并抑制多种酶的活性,使肾脏受到损害。

2. 铅的生物致毒效应

1）铅污染的来源

铅污染来源广泛,主要来自汽车废气、冶炼、制造和使用铅制品的工矿企业,如蓄电池、铸造合金、电缆、油漆、颜料、农药、陶瓷、塑料、辐射防护材料等。以前汽车使用的含铅汽油常加入四乙基铅作为防爆剂,汽油燃烧时四乙基铅绝大部分分解成无机铅盐和铅的氧化物,随汽车尾气排出,成为最严重的铅污染源。

2）铅的毒性作用机理

铅可与体内一系列蛋白质中的官能团（主要是巯基）结合,从多方面干扰机体的生理生化功能。受铅干扰最严重的代谢环节是呼吸色素（如血红素和细胞色素）的生成。铅可通过抑制线粒体的生物呼吸作用和氧化磷酸化而影响能量的产生,并通过抑制三磷酸腺苷酶而影响细胞膜的运输功能。铅的毒性作用以对骨髓造血系统和神经系统的损害最严重。

8.2.2.2　典型农药的致毒效应

农药指用于预防、消灭或控制危害农业、林业的病、虫、草害和其他有害生物,有目的地调节植物、昆虫生长的化学合成的或者来源于生物、其他天然物质的一种物质或几种物质的混合物及其制剂。

农药污染环境的主要来源是农药的直接使用和农药生产过程中的废水排放,还有通过降水将大气中的农药带入地表环境,或通过地表径流、地表水循环将农药转运到不同的地区。在这一过程中,生物富集效应使得农药在更高级的生物体内的含量不断增加,从而导致农药中毒。

1. 有机氯农药

1）常见的有机氯农药

有机氯农药是一类高效广谱杀虫剂,自 20 世纪 40 年代人们发现 DDT 具有显著的杀虫效果以后,相继合成了狄氏剂、艾氏剂、异狄氏剂、六六六、氯丹、毒杀芬、林丹和硫丹等多种有机氯农药,它们被广泛用于杀灭农林业害虫和卫生害虫,曾是使用量最大的一类农药。

有机氯农药性质稳定,在土壤、水体和动、植物体内降解缓慢并易富集和转移,在人体内也有一定的积累。虽然这类农药对农作物增产、人类卫生条件改善起到了重要作用，但其对环境造成的污染是不可忽视的，是一种重要的环境污染物，大部分品种目前已被禁用。

2）毒性作用

有机氯农药的急性毒性主要表现为对中枢神经系统的作用，轻者有头痛、头晕、视物模糊、恶心、呕吐、流涎、腹泻、全身乏力等症状，严重时发生阵发性、强直性抽搐，甚至失去知觉而死亡。长期接触有机氯农药可引起慢性中毒，症状为全身倦怠、四肢无力、头痛、头昏、失眠、食欲减退、乏力、易倦、易激动、多汗、心悸等，严重时引起肌肉震颤，肝、肾损伤，末梢神经炎。

有机氯农药的主要靶器官是神经系统。DDT 对神经系统的作用是由于 DDT 作用于神经类脂膜，降低神经膜对 K^+ 的通透性，改变神经元膜电位，抑制神经末梢 ATP 酶的活性。六六六、狄氏剂、艾氏剂和氯丹等化合物可刺激突触前膜，引起乙酰胆碱释放量增加，并大量积集在突触间隙；狄氏剂和六六六可与 γ- 氨基丁酸受体结合，产生竞争性拮抗作用，使正常的神经传递受阻，因而产生神经毒性作用。有机氯农药对肝脏微粒体细胞色素 P450 等酶具有诱导作用。DDT 能诱导产生较多的脱氯化氢酶，加速其转化为 DDE 的过程，致使肝细胞肿大，影响其他药物的代谢。DDT 可与雌激素受体结合，产生雌激素样作用，DDT 呈现的生殖毒性作用可能与此有关。

2. 有机磷农药

1）常见的有机磷农药

有机磷农药是一种杀虫能力较强、对植物危害较小的化学合成农药。其因对虫害适应范围较广、残留时间短而被广泛使用。我国生产和使用的有机磷农药中最常用的有敌百虫、敌敌畏、乐果、对硫磷（1605）、内吸磷（1059）和马拉硫磷（4049）等。

2）毒性作用

有机磷农药的中毒特征是血液中胆碱酯酶的活性下降。由于胆碱酯酶的活性受到抑制，导致神经系统机能失调，于是受神经系统支配的心脏、支气管、肠和胃等脏器发生功能异常。有机磷农药作用于 M 型胆碱受体时，出现恶心、呕吐、腹泻、大小便失禁、瞳孔缩小、视物模糊、流涎、出汗、心率减慢、呼吸困难等症状；作用于 N 型胆碱受体时，引起自主神经节兴奋、肾上腺髓质分泌增多、骨骼肌兴奋，表现为血压升高、心率增快、肌肉震颤和抽搐等。

有机磷农药具有比较容易水解的特性，进入体内后易于分解排泄，一部分可经肾脏由尿液排出体外。轻度中毒者，经 2~5 d 血液中的胆碱酯酶就能恢复正常；稍微重症中毒者，经过一个月左右也可恢复健康。因此，有机磷农药的毒性残留时间短，大部分表现为急性中毒，慢性中毒较少见。

8.2.2.3　环境内分泌干扰物的致毒效应

1998 年 3 月，IPCS/OECD 专家委员会将改变健康生物及其后代或者其群体的内分泌功能并对它们的健康产生不良影响的外源性物质或混合物称为环境内分泌干扰物。由于人类的活动，大量影响人和动物正常的激素功能的内分泌干扰物被释放到环境中。这些物质能干扰生物体内天然激素的合成、分泌、运输、结合作用、代谢、消除，表现出拟天然激素、抗天然激素的作用,对人类雌激素、甲状腺素、儿茶酚胺、睾酮等呈现出显著的干扰效应,从而破坏内分泌系统、神经系统和免疫系统等系统的信息传递和对机体的调节功能,在临床上表现为生殖障碍、出生缺陷、发育异常、代谢紊乱、癌症。

环境内分泌干扰物广泛存在于空气、水、土壤等环境介质中,垃圾焚烧、汽车尾气排放、烹饪等均可产生环境内分泌干扰物。此外,农药的喷施、化工生产过程也可对周围环境产生类激素污染。水体中环境内分泌干扰物污染主要来自工业和市政废水的随意排放、农药和化肥的大量使用、工业固体废弃物的随意堆放、垃圾场填埋物的渗滤液等。土壤的环境内分泌干扰物污染主要来自农药残留和化肥的大量使用。

环境内分泌干扰物可以与相应的膜受体结合,从而引起机体的代谢紊乱,使机体和生殖系统发生严重的差错和病变。它们也可以直接进入细胞,作用于细胞核的酶系统或核酸,从而引起遗传变异。

(1)环境内分泌干扰物能对神经系统产生毒害作用,主要影响大脑皮层、下丘脑、脑垂体等对激素分泌的调节作用,导致激素合成、释放、运输异常。

(2)环境激素可以影响卵巢内卵泡的发育和成熟、性激素的合成与释放。例如,有机氯农药可以使鸟类产蛋数目减少、蛋壳变薄和胚胎不易发育,使大鼠精子损害、受孕和生殖能力下降。

(3)环境内分泌干扰物通过改变体内酶的活性影响代谢功能。如有机磷、有机氯农药可以诱导肝脏甾醇羟化酶、微粒体酶,从而加速内源性激素的代谢和排泄,艾氏剂和狄氏剂可使大鼠的谷丙转氨酶和醛缩酶活性增强,DDT 对 ATP 合成酶有抑制作用等。

(4)免疫系统在环境激素的长期作用下会发生免疫失调和病理反应。如 Pb、Hg 可使机体产生过敏性综合征,银、环氧化物可使机体产生过敏性皮炎,一些杀虫剂可引起免疫性溶血性贫血。

8.3　环境污染物的毒性及其评价

毒理学的一个重要理论是所有的东西都是毒物,只有剂量决定了一个东西是否无毒。由于所有化学品在某些暴露条件下都会造成生物体伤害或死亡,因此不存在安全的化学品。然而所有的化学品都能通过限制剂量或暴露而安全使用。因此,不应提及有毒和无毒物质或化合物,而应提及有毒或无毒剂量。如生命必需的营养物质水、维生素、微量元素等大量进入机体也会引起损害而成为毒物,而有毒物质在极其微量时对机体并不具有毒性作用。要判断环境污染物的毒性,通常需要考虑其进入机体的数量(剂量)、暴露方式(经口食入,经呼吸道吸入,经皮肤或黏膜接触)和时间分布(一次或反复多次给予)等。

8.3.1　剂量与效应

8.3.1.1　剂量与效应的几个概念

1.剂量的概念

剂量一般指给予机体的或机体接触的外来物质的数量。剂量是决定外源性化学物质对机体的损害程度的最主要因素。同一种物质在不同剂量时对机体作用的性质和程度不同。

1）致死剂量（LD）

致死剂量指以机体死亡为观察指标而确定的外源性化学物质的剂量。其按照机体死亡率的不同分为以下几种。

（1）绝对致死量（LD_{100}）：指能引起所观察个体全部死亡的最低剂量。

（2）半数致死量（LD_{50}）：指能引起一群个体 50% 死亡所需的剂量。半数致死浓度（LC_{50}）指能引起一群个体 50% 死亡所需的浓度。

2）半数效应剂量（ED_{50}）

半数效应剂量指外源性化学物质引起机体某项生物效应发生 50% 的改变所需的剂量。

3）最小有作用剂量（MEL）

最小有作用剂量也称中毒阈剂量或中毒阈值，指外源性化学物质以一定方式或途径与机体接触时，在一定时间内使某项灵敏的观察指标出现异常变化或机体出现损害所需的最低剂量。

4）最大无作用剂量（MNEL 或 NOEL）

最大无作用剂量又称未观察到作用剂量，指外源性化学物质在一定时间内以一定方式或途径与机体接触后，采用目前最灵敏的方法和观察指标而未能观察到任何对机体的损害作用的最高剂量。最大无作用剂量是根据慢性或亚慢性毒性试验的结果确定的，是评定外源性化学物质对机体损害的主要依据。

5）阈剂量（threshold dose）

阈剂量可分为急性阈剂量 Lim_{ac} 和慢性阈剂量 Lim_{ch}，分别从急性毒性试验和慢性毒性试验中得到。阈剂量是个理论值，且受观察指标和检测技术的影响。在实际毒理学试验中，只能得到可观察到有害作用的最低剂量（LOAEL），随着实验剂量、组数和每组动物数的增加，LOAEL 可以逐渐接近阈剂量，但一般难以达到。

6）急性毒作用带（acute toxic effect zone，Zac）

急性毒作用带是另一个表示环境污染物的毒性和毒性作用特点的重要参数，为 LD_{50} 与急性阈剂量的比值，即 $Zac = LD_{50}/Lim_{ac}$。Zac 值小，说明环境污染物从产生轻微损害到导致急性死亡的剂量范围窄，引起死亡的危险性大；反之，则说明引起死亡的危险性小。

2. 效应和反应

1）效应（effect）

效应指一定剂量的环境污染物与机体接触后引起的机体的生物学变化，变化的程度大多可用计量单位表示。

2）反应（response）

反应指机体与一定剂量的环境污染物接触后，呈现某种效应并达到一定程度的比率，或呈现效应的个体数在某一群体中所占的比例。反应一般以百分率或比值表示，如死亡率、发病率、反应率、肿瘤发生率等。

8.3.1.2　剂量与效应的关系

1. 剂量 - 效应关系和剂量 - 反应关系

剂量 - 效应关系是外源性化学物质的剂量与其在个体或群体中引起的效应之间的关系。剂量 - 反应关系是外源性化学物质的剂量与其引起的效应的发生率之间的关系。

2. 剂量 - 效应关系和剂量 - 反应关系曲线

剂量 - 效应关系和剂量 - 反应关系均可用曲线表示,即以表示效应的计量单位、表示反应的百分率或比值为纵坐标,以剂量为横坐标绘制散点图。不同的外源性化学物质在不同条件下剂量与效应、反应的关系也不同,可呈现不同类型的曲线,主要有直线型、抛物线型和S型三种。直线型指效应、反应与剂量呈线性关系,即随剂量增加,效应、反应也增大,且二者成正比。抛物线型指剂量与效应、反应呈非线性关系,即随着剂量的增加,效应、反应也增大,但最初增大急速,继而变缓,曲线呈先陡峭后平缓的抛物线。如将剂量换成对数值,则为直线,便于在低剂量与高剂量、低反应与高反应之间进行相互推算。S形曲线在外源性化学物质的剂量 - 反应关系中较常见,在剂量 - 效应关系中也有出现。这种曲线的特点是:在低剂量范围内,反应、效应随剂量增大较缓慢;当剂量较大时,反应、效应随剂量的增加急速增大;但当剂量继续增加时,反应、效应的增大又趋于缓慢。曲线开始平缓,继而陡峭,然后又趋于平缓,呈不甚规则的S形。曲线的中间部分(即反应率在50%左右)斜率最大,剂量略有变动,反应即有较大的增减。S形曲线分为对称与非对称两种。非对称S形曲线两端不对称,一端较长,另一端较短。将非对称S形曲线的横坐标(剂量)用对数表示,则成为对称S形曲线。

8.3.2　毒性评价

污染物的毒性可根据不同的分类依据分为急性中毒、亚急性中毒和慢性中毒。急性中毒指污染物一次性或在24 h内多次作用于生物机体引起损伤。亚急性中毒指污染物在生物寿命1/10左右的时间内每日或反复多次作用于生物机体引起损伤。慢性中毒指污染物在生物寿命的大部分时间内或整个生命周期内持续作用于生物机体引起损伤。

8.3.2.1　污染物毒性评价方法

急性毒性试验是短期试验,用于测量暴露于较高浓度的化学品的影响。慢性毒性试验通常是长期试验,用于测量暴露于较低浓度、较小毒性的化学品的影响。

1. 急性毒性的评价方法

评价化学物急性毒性的方法是急性毒性试验。不同的化学物(如食品、药品、农药、兽药、化妆品、消杀产品、工业毒物等)有不同的程序和规范,但原则和要点基本相同或相似,主要包括试验生物及其处置、染毒剂量和途径、毒性效应观察、LD_{50}或LC_{50}计算、毒性评价和试验报告等。

1)试验生物及其处置

毒理学家根据以下几个因素选择试验生物:对待测物质的敏感性、可用性、生态系统的代表性、在实验室条件下是否易于维护和培养。环境毒理学研究最常用的生物是大鼠和小鼠,也可使用鱼类、鸟类、家禽、蜜蜂、蚯蚓等生物。一般受试动物应雌、雄各半,若两种性别的动物对受试物毒性作用的敏感程度有显著差异,应分别求出各自的 LD_{50} 及其 95% 可信限。

　　2)染毒剂量和途径

　　染毒剂量的设计可参考受试物的化学结构、分子质量、纯度、杂质成分及其含量、溶解度、挥发度、酸碱度等理化性质,也可以借鉴受试物的相关文献资料,但大多数都需要经过预试验探索合适的剂量范围和染毒途径。如能查到受试物或其类似物对同种动物的 LD_{50},可以此值为参考中值,先以较大的剂量间隔用少量动物进行预试验,找出 10%~90%(或 0~100%)的致死剂量范围,然后设计正式试验的剂量和分组。不同的 LD_{50} 计算方法对剂量、组数和每组动物数有不同的要求。

　　3)毒性效应观察

　　急性毒性试验主要观察动物染毒后的急性中毒表现。有些受试物染毒后迅速出现中毒体征并死亡,如某些受试物在染有机磷农药后可在数分钟至数小时内死亡。但有些受试物中毒体征发展迟缓,甚至暂时缓解,然后出现严重中毒体征,迟发性死亡。因此,染毒后要立即开始观察。在实际工作中,对速杀型化合物可以仅计算 24 h 的死亡率求其 LD_{50}。急性毒性试验不应简单地理解为测定 LD_{50},而是要全面观察,记录动物染毒后可能发生的中毒现象。

　　4)LD_{50} 或 LC_{50} 计算

　　LD_{50} 或 LC_{50} 的计算方法很多,不同的规范中会说明建议或允许使用哪些方法。如《农药登记毒理学试验方法》中规定的有霍恩法、概率单位 - 对数图解法和寇氏法。

　　2. 亚慢性和慢性毒性的评价方法

　　慢性毒性试验使受试生物体暴露于一系列低浓度化学品稀释液中,测量亚致死效应,在某些情况下也测量致死效应。亚致死效应包括生长减缓、生殖障碍、神经功能障碍、缺乏运动、行为改变和致畸的发展方式。一种是简单地将暴露于现场培养基的生物体和暴露于未受污染培养基的生物体中发生的百分比效应进行直接比较。慢性毒性试验在实验室中测量的亚致死效应在环境中发生时具有生态意义。例如,生长减缓会导致产量下降、体形变小、繁殖力降低、对捕食的易感性增强以及其他影响。生殖障碍会减小人口规模,也会带来人口年龄结构的变化。畸形个体的产生会对种群产生不利影响,因为这些个体生长速度较慢,通常无法繁殖,并且对捕食的易感性增强。

　　1)试验生物及其处置

　　一般采用标准化测试建议的生物体,如淡水中常用脊椎动物虹鳟鱼、无脊椎动物大型溞、藻类植物羊角月牙藻,海水和河水中常用脊椎动物青鳉鱼、无脊椎动物草虾和海胆、藻类植物环节藻,土壤中则常用蚯蚓和生菜。研究者也可以使用非标准物种或替代物种,替代物种能更好地代表本土生物,对现场污染物表现出更高的敏感性。但必须为使用替代物种规定若干标准,包括试验生物体的来源、适合测试的年龄范围、消除生物体状况变异性的手段、适合测试的条件。此外,如果收集而不是购买生物体,调查人员必须建立确保准确识别的标准。当在淡水或盐水中检测到除草剂和具有植物毒性的物质时,应使用藻类进行初始测试。

　　2)染毒途径

　　进行亚慢性和慢性毒性试验所用的染毒途径应尽量与实际接触受试物的方式相同或相

似,且亚慢性毒性试验和慢性毒性试验的染毒途径应该一致。环境毒理学常用的染毒途径是经胃肠道、呼吸道和皮肤染毒。染毒期限要根据受试物的种类和生命期而定。

3)剂量分组

染毒剂量的选择是亚慢性和慢性毒性试验最关键的问题之一。为了得出明确的剂量-反应关系,一般至少应设 3 个染毒剂量组和 1 个阴性(溶剂)对照组。高剂量组应能引起明显的毒性效应,但不引起动物死亡或只引起少量动物死亡(少于 10%)。低剂量组应无中毒反应,相当于未观察到有害作用剂量(NOAEL)。高、低剂量组之间设 1 个中剂量组,比较理想的中剂量组最好出现轻微的毒性效应,相当于观察到有害作用的最低剂量(LOAEL)。

4)毒性效应观察

亚慢性和慢性毒性试验通常包括一般性指标、实验室检查、病理学检查和某些特异性指标。一般性指标包括动物体重、食物利用率、中毒体征等;实验室检查包括血液学检查、尿液检查、血液生化检查和其他检查;病理学检查包括大体观察、脏器重量和脏器系数、病理组织学检查。

8.3.2.2　环境与健康风险评价

在环境污染物管理方面,必须区分危害(hazard)和风险(risk)。危害定义了污染物的固有特性,当有机体、系统或人群暴露于该物质时,可能会产生不利影响。而风险确定了不利影响发生的可能性。

风险 = 危害 × 暴露

更具体地说,环境污染物的风险取决于两个因素:环境污染物的固有毒性(危害);环境介质(如水、土壤、空气)中存在多少环境污染物,人或生态受体与环境污染物有多少接触(暴露)。如果没有暴露,环境污染物就不会有风险。例如,硫酸具有很强的腐蚀性,但对不处理它们的普通人来说,它是没有风险或风险很小的,可能接触硫酸的人(科学家、工人)可以采取风险管理措施(即戴护目镜和手套)将风险降至最低。

环境污染物环境与健康风险评价的目标是全面了解环境污染物对健康或环境的潜在不利影响的性质、程度和概率。它考虑了危险和暴露,是当今发达国家工业环境污染物、农药、药品、化妆品、食品添加剂和食品接触物质监管决策的基础。

一般来说,化学物质环境与健康风险评价包括危害表征、暴露评估和风险表征三个步骤(图 8-6)。危害表征对化学品进行剂量反应测定,获得 LD_{50}/LC_{50}、NOAEL、EC_{50}、NOEC 等数据,确定暴露程度与不良反应的概率和严重程度之间的关系。暴露评估确定暴露实际发生的程度。暴露水平通常是估计或测量的。风险表征结合来自危害表征和暴露评估的信息,形成关于风险性质和程度的结论,并在需要时实施额外的风险管理措施。需要注意的是,风险表征是一个迭代过程。如果初始健康风险表征比率 RCR>1,则可以采取一定的风险管理措施,通过减少暴露来有效降低 RCR。此类措施包括减少使用量、缩短工作时间、减少排放。

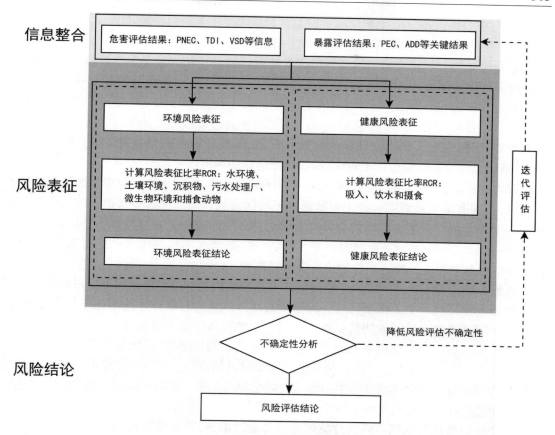

图 8-6　化学物质环境与健康风险评价的一般程序
（PNEC：预测无效应浓度；TDI：化学物质每日可耐受摄入量；VSD：虚拟安全剂量；
PEC：预测环境浓度；ADD：化学物质日均暴露剂量；RCR：健康风险表征比率）

小结

　　环境污染物进入环境以后，由于自身的物理化学性质和各种环境因素的影响，会在空间位置和形态特征等方面发生一系列复杂的变化。在变化过程中，污染物的状态、浓度、结构和性质等都可能发生变化，并直接或间接地作用于人体或其他生物。污染物在环境中发生的各种变化称为污染物在环境中的迁移和转化，又称为污染物的环境行为。环境污染物在环境中的迁移和转化主要包括物理、化学、生物三个方面的作用。

　　环境污染物通过不同途径和方式与机体接触后，一般可经历吸收、分布、代谢和排泄等过程储存或排出体外。环境污染物在生物体内的转运与生物膜息息相关。污染物的毒性与生物膜对污染物的通透性成正比。物质通过生物膜的方式主要有简单扩散、易化扩散、膜孔滤过、主动运输和膜的转运。环境污染物在机体内的运动过程包括转运和消除，其中转运包括吸收和分布，消除包括排泄和生物转化。环境污染物的生物转化是物质在体内经酶催化或非酶作用转化成代谢产物的过程。生物代谢转化一般分为两大类：Ⅰ相反应，包括氧化、还原和水解；Ⅱ相反应，包括毒物或其代谢产物与内源性代谢产物发生的结合反应。Ⅱ相反应的发生需要特定的基团,Ⅰ相反应可以为Ⅱ相反应提供必需的功能基团,具备Ⅱ相反应必需的化学结构的外来化学物质也能直接发生结合反应。

毒物代谢动力学研究提供的资料是化学物质风险评价和制定卫生学标准的重要依据。不同种类的生物对同一种环境化学物的反应往往差别很大,不同环境化学物对同一种生物常常有不同的毒性作用,不同的环境条件又影响着生物体与环境化学物之间的相互作用。所以在制定各种污染物或化学品的标准时需要运用各种毒理学方法来评价毒物的安全性,研究毒物代谢过程,了解毒物在体内消长的规律,将毒理作用根据动物试验资料外推到人类,并确定急性、慢性、致癌性等毒性,研究选择适宜的剂量水平。

有毒物质的毒性作用机理非常复杂,不同种类的生物对同一种有毒物质的反应往往差别很大,不同有毒物质对同一种生物常常有不同的毒性作用。了解有毒物质的毒性作用机理有利于对其毒性进行全面评价并开展有效防治。生物是一个完整统一的整体,毒物的毒性作用必然会在分子水平、亚细胞水平、细胞水平、器官水平和整体水平上出现多种效应。常用于解释有毒物质致毒机制的理论有自由基理论、共价结合学说、受体作用学说等。

剂量一般指给予机体的或机体接触的外来物质的数量。剂量是决定外源性化学物质对机体的损害程度的最主要因素。同一种物质在不同剂量时对机体作用的性质和程度不同。效应指一定剂量的环境污染物与机体接触后引起的机体的生物学变化,变化的程度大多可用计量单位表示。反应指机体与一定剂量的环境污染物接触后,呈现某种效应并达到一定程度的比率,或呈现效应的个体数在某一群体中所占的比例。剂量 - 效应关系是外源性化学物质的剂量与其在个体或群体中引起的效应之间的关系。剂量 - 反应关系是外源性化学物质的剂量与其引起的效应的发生率之间的关系。

污染物的毒性可根据不同的分类依据分为急性中毒、亚急性中毒和慢性中毒。急性中毒指污染物一次性或在 24 h 内多次作用于生物机体引起损伤。亚急性中毒指污染物在生物寿命 1/10 左右的时间内每日或反复多次作用于生物机体引起损伤。慢性中毒指污染物在生物寿命的大部分时间内或整个生命周期内持续作用于生物机体引起损伤。

急性毒性试验是短期试验,用于测量暴露于较高浓度的化学品的影响。慢性毒性试验通常是长期试验,用于测量暴露于较低浓度、较小毒性的化学品的影响。

在环境污染物管理方面,必须区分危害(hazard)和风险(risk)。危害定义了污染物的固有特性,当有机体、系统或人群暴露于该物质时,可能会产生不利影响。而风险确定了不利影响发生的可能性。环境污染物的风险取决于两个因素:环境污染物的固有毒性(危害);环境介质中存在多少环境污染物,人或生态受体与环境污染物有多少接触(暴露)。环境污染物环境与健康风险评价的目标是全面了解环境污染物对健康或环境的潜在不利影响的性质、程度和概率。它考虑了危险和暴露,是当今发达国家工业环境污染物、农药、药品、化妆品、食品添加剂和食品接触物质监管决策的基础。

一般来说,化学物质环境与健康风险评价包括危害表征、暴露评估和风险表征三个步骤。危害表征对化学品进行剂量反应测定,获得 LD_{50}/LC_{50}、NOAEL、EC_{50}、NOEC 等数据,确定暴露程度与不良反应的概率和严重程度之间的关系。暴露评估确定暴露实际发生的程度。风险表征结合来自危害表征和暴露评估的信息,形成关于风险性质和程度的结论,并在需要时实施额外的风险管理措施。

(本章编写人员:刘宪华　李佳璇　刘宛昕)

第9章 环境分析检测中的生物化学原理

随着各国经济的迅速发展,环境污染问题逐渐凸显出来,并成为制约经济快速发展的因素。因此,保护环境成为各界关注的问题。环境监测为环境改善、污染管控、环境质量评估等重要工作提供了更精确、完善的信息与参考数据。传统的环境监测方法在分析速度方面并不理想,且操作相对复杂,无法在复杂的环境中实现在线持续监测,所以亟待开发一些全新的监测技术。

生物细胞及其内部的生物大分子在特定环境条件下会发生一些特定的物理和化学性质的变化。一方面可以利用生物分子对环境因素敏感的特征来制备生物传感器,另一方面可以使用现代分子生物技术来认识这些变化。

9.1 生物传感器

自 1962 年美国生物化学家克拉克(Clark)开发出第一种生物传感器以来,生物分析化学和生物传感器的研究取得了巨大的成功并引起了人们的关注。生物传感器不仅在医学应用中极为重要,如疾病的诊断/识别和监测、糖尿病患者的血糖监测、制药、蛋白质组学和药物的发现,而且在污染物的环境检测、分子成像、水修复、食品检查和有毒气体传感等应用中也极为重要。生物传感器依托化学、生物学、电子学、物理学、材料科学和光子学等领域的学科交叉,可用于生物技术、医学、生物医学工程、农业和军事等许多应用领域。与传统的分析技术相比,它需要的分析物体积更小,可用小型集成、便携式、紧凑设备。

生物传感器可以定义为一种独立集成的受体传感器装置,其使用生物识别元件提供选择性定量或半定量分析信息。生物传感器是一种分析设备,其中生物的或生物衍生的识别元件和特定的生物分析仪集成,并与传感器结合,以检测生物信号并将其转换为电信号。

通常生物传感器有三个主要组成部分:生物受体、转换器和微电子(图 9-1)。首先,生物识别系统(生物受体)在各种成分的多种组合中识别特定目标分析物(待识别或测量的物质)的存在、活性和浓度。各种生物分子(如酶、核酸、蛋白质、抗体、适配体、肽、动物或植物细胞、抗体酶、微生物、组织切片和细胞器)都可以作为生物受体。大量生物受体的可用性使检测各种类型的分析物成为可能,并扩展了生物传感器的可用领域。其次,生物传感器是转换各种效应(如化学、物理和生物效应)的装置,其通过样品基质中分析物和生物受体之间的后续反应或相互作用获得可处理和可测量的电信号。生物传感器可以转换处理各种信号,如反应物耗尽、化学产物形成、电子流、热量释放、质量变化、pH 值。不同类型的传感器(如电子、电光、电声、电磁、机电、电热传感器)分别用于处理不同的信号(如光、热、电、磁、声音、应变、辐射、压力、振动、加速度)。最后,进行适当的信号处理(如除噪)和信号放大,显示或打印数字和图像。

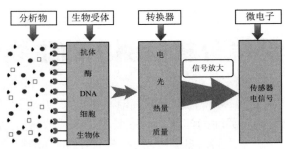

图 9-1　生物传感器的组成

生物传感器兼具稳定性佳、灵敏度高、成本低廉、选择性好的优良特点,不仅可以提供生物环境信息,还可以提供化学、物理环境信息,在环境监测领域得到了越来越广泛的应用。传统的仪器检测法(如基于气相色谱、液相色谱与质谱联用的方法)可以获得高度准确的结果,然而样品处理费时费力且分析程序复杂,因此适合作为验证方法。生物传感器检测法具有成本低、快速、高通量和小型化等优点,有利于进行有机污染物的现场快速筛选和在线检测,适用于大规模的监测项目。

9.1.1　免疫反应与环境污染物检测

在所有生化反应中,抗原、抗体的免疫反应是生物传感器中最常用的。它将传统的免疫测试和生物传感技术融为一体,集两者的诸多优点于一身,不仅缩短了分析时间,提高了灵敏度和测试精度,也使测定过程变得简单,易于实现自动化,有广阔的应用前景。随着生物工程技术的发展,已经研制出能对各种微生物、细胞表面抗原、蛋白质抗原分泌单克隆抗体的融合细胞,这些单克隆抗体已广泛进入生物学及其他领域。随着杂交瘤技术的发展,各种化合物都可能产生相应的抗体,这将使免疫测试有更加广阔的应用前景。

9.1.1.1　抗原与抗体

抗原是一种能引发免疫反应并与特异性抗体结合的分子。抗原的分子质量越大,抗原性越强。很多环境污染物(如汞、杀虫剂)是半抗原,因为它们单独存在时只能结合抗体,不能诱发免疫应答,必须附着在蛋白质等较大的载体上才能诱导免疫系统产生抗体。抗原上可以引起机体产生抗体的分子结构叫作抗原决定簇。一种天然抗原物质可以有多种抗原决定簇。抗原结构如图 9-2 所示。

最常见的抗体 IgG 分子由两条相同的轻链(L 链)和两条相同的重链(H 链)组成。H链靠近 N 端的 1/5 或 1/4 和 L 链靠近 N 端的 1/2 称为可变区(V 区),其氨基酸序列不同,故可结合不同的抗原,是抗体对靶点有高度特异性和亲和性的分子基础。抗体是免疫传感器开发中的关键试剂。

抗体可分为多克隆抗体(pAb)、单克隆抗体(mAb)和重组抗体(rAb)。多克隆抗体是采用一种含有多种抗原决定簇的抗原免疫动物,刺激机体的 B 细胞产生的针对多种抗原决定簇的不同抗体,所获得的免疫血清实际上是含有多种抗体的混合物。单克隆抗体由识别一种抗原决定簇的 B 细胞和肿瘤细胞融合后的杂交瘤细胞产生,高度均一、特异性强、效价高、无交叉反应性或交叉反应性很弱。单克隆抗体的生产非常困难,促进了重组抗体的发展。重组抗体是单克隆抗体,但是其生产涉及体外遗传操纵。将一大群 B 细胞的重链可变区基因与同等量的轻链可变区基因随机融合,以创造所有结合位点的组合基因,将这些基因克隆到表达载体中后转染到合适的宿主细胞系中进行抗体表达,通过与给定抗原体外结合的筛选方式,可得到具有批次间一致性,持续供应,顺应工程化,无动物源性生产的重组抗体。

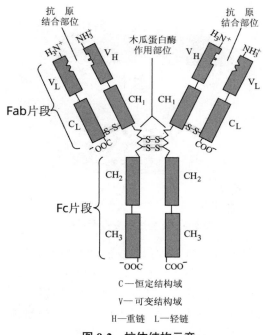

C—恒定结构域

V— 可变结构域

H—重链　L—轻链

图 9-2　抗体结构示意

9.1.1.2　免疫反应的种类

　　利用免疫反应的检测策略有竞争性和非竞争性两种,可根据分析物的分子大小和反应性进行选择。非竞争性免疫策略常用于含有两个或更多抗原决定簇的抗原分析物,可直接将示踪的标记抗原(抗体)固定化,用于检测待测抗体(抗原)。非竞争性免疫除了直接的抗原抗体反应,还有三明治免疫法(图 9-3),其中一个抗体固定,作为捕捉抗体,结合待测抗原后,再加入另一个标记抗体(检测抗体),信号与待测抗原的浓度成正比。

样本溶液　　　　　捕获抗体捕获　　　　　检测抗体结合

图 9-3　三明治免疫法

竞争性免疫策略常用于检测药物、毒素这样的小分子,如图 9-4 所示,抗体结合到某种固相载体表面,提前将一定量的抗原与某一种示踪剂(如酶)连接成标记抗原,在测定受检标本时,待测抗原和标记抗原以不同的比例竞争结合固定抗体,洗涤后固相载体上只留下结合的抗原抗体复合物,因为样品中待测抗原的数量越多,抗原抗体复合物中标记抗原的数量就越少,所以产生的示踪信号与标记抗原的浓度成反比,根据标记抗原的标准曲线,可定量分析待测抗原。

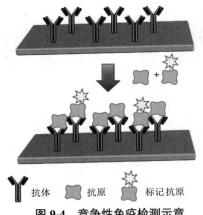

图 9-4　竞争性免疫检测示意

　　抗体是生物传感中最常用的试剂,因为首先抗体的生物学作用是准确识别外来分子的结构并与其牢固结合,这和开发一个用于测定化学物质的传感器系统正好目标一致;其次目前生物技术的发展水平允许按需获得适合任何有机分子的抗体。因此利用抗原、抗体之间的免疫反应构建了多种特异性强、灵敏度高、成本低、适合高通量筛选的免疫传感器。免疫传感器将抗原(抗体)固定在换能器表面,抗原(抗体)与样品中的抗体(抗原)结合之后产生的物理、化学性质的改变通过换能器转化为可识别的信号,从而得到与被测物质浓度成比例的响应信号。

　　固定化过程在免疫传感器的开发中至关重要。光学和电化学传感器表面最常见的材料是金、玻璃、金属氧化物、碳(即玻璃碳、石墨、石墨烯等)。抗体和抗原都可以固定在传感器表面,有非共价(主要是静电)相互作用的物理吸附,还有共价结合的化学吸附,如通过在金上沉积硫醇自组装层(SAM)、羧基限制、硅烷化或醛衍生物修饰传感器表面来实现固定化。

　　此外,抗体可以固定在单独的载体(磁性微珠、纳米珠)上,而不是固定在传感器表面。在这种情况下,传感器仅用于测量,通常采用电化学传感器。免疫磁性分析被认为对改善电化学免疫分析的分析性能特别有用。

9.1.1.3　基于免疫反应的生物传感器

　　根据换能器的不同,可将免疫传感器分为光学型、电化学型和质量型。气相色谱、液相色谱 - 质谱串联都需要衍生,且重现性差,检测极限高。免疫传感器无须费力处理样品,在低浓度下就可检测,很有吸引力。

1. 光学免疫传感器

　　免疫分析法绝大多数基于酶联免疫吸附试验(ELISA)。荧光小分子和酶是常用标记物。光学免疫传感器具有快速响应、全自动和灵敏度高等优点,可用于现场分析。

2. 电化学免疫传感器

电化学免疫传感器具有结构简单、成本低、易于集成化和小型化等优势。近年来半导体电极（如氧化铟锡电极）、丝网印刷电极（SPE）、纳米标记物的普遍使用使电化学免疫传感器得到了较快的发展。

3. 质量免疫传感器

质量免疫传感器是利用压电材料（如石英晶体）微天平构建的一种免疫传感器，在免疫反应后结合的抗体（抗原）会使晶体表面物质的质量增大，从而导致石英晶体在电路中的振荡频率发生改变，根据质量 - 频率关系可对免疫反应进行实时在线监测。该传感器的最大优点是不需要对抗体（抗原）进行任何标记，属于无标记型免疫传感器。抗体的分子质量远大于大多数有机污染物，因此通常选择固定抗原（或其衍生物），检测由于结合抗体分子带来的信号。

9.1.2　电化学生物传感器

9.1.2.1　基于导电聚合物的生物传感器

导电聚合物是骨架上存在延伸的 π-π 键、轨道高度重叠的聚合物。基于导电聚合物的生物传感器主要利用物理吸附或共价结合的方法将生物分子固定在传感器上。比如，调整溶液的酸碱值至高于酶等生物活性物质的等电点，促使酶等生物活性物质带负电，在静电吸附作用下将生物分子固定到聚合物的阳离子基体上。再如，通过化学氧化合成功能性聚合物，使其外层与共价键结合后固定生物活性物质。

基于导电聚合物的生物传感器可以应用于环境中酚类化合物、重金属离子、农药的监测。比如，在环境中酚类化合物的监测中，利用聚苯胺/多酚氧化酶、聚吡咯/酪氨酸酶、聚苯胺 - 离子液体 - 碳纳米管 - 酪氨酸酶，可以在 $1.25 \times 10^{-6} \sim 1.50 \times 10^{-4}$ mol/L 的线性范围内进行监测。再如，利用电极表面固定亚硫酸盐氧化酶、细菌色素的 SO_2 电化学生物传感器可以检测大气环境污染物中的二氧化硫。除此之外，以接枝二茂铁为介体，借助缩合反应，在玻碳电极（或大分子介孔材料）上固定酵母菌种，同时混合包埋源于活性污泥的微生物、聚乙烯醇溶胶，可以快速检测被污染水源环境中的生化需氧量。

优点：选择性佳、灵敏度高、成本低、重现性佳。

缺点：稳定性较差，除聚苯胺/多酚氧化酶生物传感器可以在一个月内达到 90% 的活性外，其他生物传感器在一个月内活性均明显下降，下降幅度最高为 60%。

9.1.2.2　DNA 电化学生物传感器

DNA 电化学生物传感器是利用电化学体系进行环境中 DNA 分子已标定样品检测的传感器，如致癌物多氯联苯、芳香族胺等。在实际应用过程中，DNA 电化学生物传感器主要依据所加电活性指示剂、DNA 单链或 DNA 双链作用的差异进行环境中污染物的识别。部分结合在 DNA 上的小分子易受外界环境污染因子的作用而发生变化，可以根据小分子的变化进行环境污染程度的描述。一般可以利用计时电位分析法将 DNA 杂交后的鸟嘌呤固定在电极表面，通过检测鸟嘌呤峰值氧化信号推测环境中的污染物，或者利用基于核酸探针生物接收器的微芯片电极捕获 DNA 序列，判定环境中致病微生物的含量。

DNA 电化学生物传感器主要用于无法培养的环境微生物污染因子的检测,可以满足土壤环境、水环境微生物污染因子的检测需求,检测速度较快,可靠性较高。但是只有两个引物之间存在特异性的 DNA 片段才可以顺利扩增,进而用于环境污染因子检测,基于此,当前该传感器仅适用于对 DNA 具有亲和作用的物质的检测。

9.1.3 基于微生物燃料电池的生物传感器

微生物燃料电池是一种借助微生物完成化学能、电能转化的装置,在装置应用过程中微生物承担着阳极催化剂的作用。

基于微生物燃料电池的生物传感器包括基于单室微生物燃料电池的生物传感器、基于双室微生物燃料电池的生物传感器两种。基于微生物燃料电池的生物传感器可以采用伏安法或电流分析法制备,即根据电流、电势变动幅度和峰值电流密度与目标化学物质浓度之间的联系进行多种化学物质的检测,或者根据电流变化与微生物氧化还原、新陈代谢过程之间的关系进行特定类型的化学物质的监测。在环境水质分析监测、重金属监测、溶解氧监测中均可应用基于微生物燃料电池的生物传感器。比如,已有研究表明,以乙酸盐作为微生物燃料电池的碳源制备无膜单室微生物燃料电池,可以在 32~1 280 mg/L 的范围内测定水环境中的生化需氧量。再如,向浸没式微生物燃料电池内加入一定量的铜等重金属,可以通过检测微生物燃料电池输出电压的变化了解环境中对应重金属的浓度。基于微生物燃料电池的生物传感器具有便携、小型化、简单化、稳定、实时化的特点,且可以回收。但是基于微生物燃料电池的生物传感器应用于环境监测有一定的前提条件,即电池电流对污水浓度响应速度快,且电池产生的电流(或电荷)与环境污染物浓度之间线性关系良好。

9.1.4 全细胞生物传感器

全细胞生物传感器是融合了微生物学、合成生物学、工程学、生态学的传感器,其感应中心为活细胞,可以在感应到目标毒性物质时诱导蛋白基因产生可测量信号。报告元件将化学信号转换为报告蛋白信号后,依据报告蛋白的活性、数量判定靶目标物浓度。

根据检测物质的差异,全细胞生物传感器可以划分为非特异性全细胞生物传感器、特异性全细胞生物传感器两种。全细胞生物传感器的敏感元件为微生物全细胞,这种传感器可以应用于环境中污染物监测、毒性物质快速感应预警,具有成本低廉、敏感度高、响应速度快、可定量、原位监测、易检测、体积小的优良特点。但是因细胞天然调节蛋白具有专一性,这种传感器无法检测毒害性较强的污染物。

9.1.4.1 非特异性全细胞生物传感器

非特异性全细胞生物传感器主要用于环境中有毒物质总量的检测,易受外界因素影响而出现假阳性结果。

免疫传感器是典型的非特异性全细胞生物传感器。在环境毒性物质监测中,CFI(continuous flow immunosensor,连续流动的免疫传感器)较常用。免疫传感器的分子识别元件为抗原、抗体,这种传感器具有可靠性高、特异性强、灵敏性佳的优良特点。在分子传导技术的支持下,免疫传感器的灵敏度进一步提高,为环境污染物监测提供了依据。但是在特异性、数量性方面,免疫传感器的局限性较明显。特别是基于抗体的免疫传感器需要在获知待分析化合物的成分的前提下选择适宜的抗体,且抗体仅可满足一种化合物或几种化合物的识别要求,加之抗原、抗体是通过静电作用、憎水作用结合的,无法完成多种化合物的检测,在离子强度、腐殖质含量、酸碱值等环境条件变化时,检测灵敏度会显著下降。

9.1.4.2　特异性全细胞生物传感器

特异性全细胞生物传感器包括特定化合物生物传感器、金属离子生物传感器、压力应答生物传感器。特定化合物生物传感器主要依赖细胞分解代谢中调节蛋白、代谢化合物的相互作用实现对特定抗生素、有机物的检测,如利用荧光假单胞杆菌萘传感器进行代谢毒性化合物甲苯的检测等;金属离子生物传感器包括识别元件(对多种重金属离子敏感)、报告单元两个部分,可以响应特定的重金属离子,如汞、砷等;压力应答生物传感器的代表是 RecA(重组修复蛋白 A)-LexA 调节的 SOS 压力应答生物传感器,其可以筛选出对 DNA 具有危害的环境毒性因子。

9.2　环境生物分析中的分子生物学手段

分子生物学是从分子水平研究生物大分子的结构、功能,进而阐明生命现象的本质的一门科学。分子生物学的主要研究内容包括自然界所有生命体个体或局部的形态、结构、组分、运动等在机体整体中的作用、相互关系和分子生物学的研究设备。

将分子生物学手段引入环境生物分析领域可以更准确地了解、分析环境生物的种类、状态和对环境造成的影响,保障生态环境的安全。可应用于环境生物分析的分子生物学技术包括基因重组技术、电泳技术、分子杂交与印记技术等,利用以上技术可进行环境生物多样性、功能性质和基因表达的分析,并可进行环境生物检测和污染分析。

9.2.1　核酸和蛋白质样本的提取

DNA、RNA 和蛋白质样本的提取是分子生物学分析的基本要求。这些生物分子的提取简单、方便。碘化钾法、苯酚/氯仿提取、煮沸、超声处理、萃取柱过滤是提取 DNA、RNA 的传统技术。环境蛋白质组学分析为寻找功能性微生物提供了另一条途径。高通量蛋白质组学技术是蛋白质分析的重要进展。提取方法主要有:将二维差异凝胶电泳与高分辨率质谱相结合;使用稳定同位素标签标记至少两个不同的样品中的蛋白质,然后通过质谱鉴定。

9.2.1.1　DNA 提取

DNA 分析可以帮助识别环境样本中的微生物群落和微生物分布,甚至可以检测功能性微生物。一般来说,直接分离和间接分离是 DNA 提取的两种技术。前者是先分离微生物,然后从微生物中提取 DNA;后者是在不进行任何处理的情况下从样本中提取 DNA。商业 DNA 提取试剂盒通常操作简单、耗时较短,是 DNA 提取的首选。基于样本来源的试剂盒选择丰富,可以提取细菌、植物基质、难降解植物组织、复杂有机基质、土壤、废水和粪便等样品。除非识别特殊物种,否则不同的 DNA 提取方法对微生物群落组成的调查没有显著影响。

9.2.1.2 RNA 提取

RNA 在基因的编码、解码、调节和表达中起着至关重要的作用，RNA 分析在生物体及其功能之间建立了更紧密的联系。RNA 对外界刺激更敏感，在提取过程中不稳定且容易降解。严格控制 RNA 提取条件是获得高质量 RNA 样本的必要条件，将 RNA 反转录成其互补 cDNA 进行深入分析是最明智的做法。一些 RNA 提取试剂盒对富含多糖的微生物无效。然而组合方法可能会产生意想不到的结果，如高盐基提取缓冲液、饱和 NaCl 溶液、苯酚/氯仿和氯化锂已成功用于多种类型样品的 RNA 提取。

9.2.1.3 蛋白质提取

在环境中起催化剂和调节器作用的是功能蛋白质，而不是 DNA 或 RNA。生物体蛋白质组对环境变化更敏感，即使表型变化不大，蛋白质也可能在分子水平上明显上调或下调。与核酸分析过程一样，蛋白质研究中最基本但最关键的步骤是提取，有必要根据研究目的或生物体选择合适的蛋白质提取方法。用碱提取酸沉淀法分离植物蛋白简单、经济，但碱溶液浓度不合适会导致蛋白质降解，蛋白质营养流失。低丰度蛋白质的提取容易受到高丰度蛋白质的影响，从而导致在分析生物体总蛋白质时，低丰度蛋白质的生物信息丢失。用简单的制备方法很难从复杂的环境样品中获得高质量的蛋白质，但组合方法可以提供令人满意的实验结果。

9.2.2 环境分析中的分子生物学技术

一般来说，基于 DNA、RNA、蛋白质和代谢物的技术是分析受环境因素影响的生物群落特征的四种分子技术。基因组学、转录组学和蛋白质组学等组学是与生物培养无关的方法，可以选择这些方法来探索生物群落的特征。近年来，荧光原位杂交、稳定同位素探针、微芯片、高通量测序技术等得到了快速发展，并被广泛用于提供有关环境生物的信息。

9.2.2.1 PCR-DGGE 技术

PCR 技术即聚合酶链式反应（polymerase chain reaction）技术，可在生物体对微量目的基因进行选择性扩增。DGGE 技术即变性梯度凝胶电泳（denatured gradient gel electrophoresis）技术，起初用于检测 DNA 片段中的点突变，之后发展出衍生技术，即温度梯度凝胶电泳（temperature gradient gel electrophoresis，TGGE）技术。在聚丙烯酰胺凝胶的基础上加入变性剂（尿素、甲酰胺）梯度或温度梯度后，采用 DGGE 或 TGGE 技术可对相同长度、不同序列的 DNA 片段加以区分。将 DGGE 或 TGGE 技术与 PCR 技术结合，可进行环境生物群落结构和功能的稳定性分析、功能基因及其表达的分析等。

9.2.2.2 LAMP 技术

环介导等温扩增（loop-mediated isothermal amplification，LAMP）技术针对靶序列中的 6 个基因区段设计 2 对特殊引物，通过引物反转设计对目的片段进行链置换扩增；也可直接以 RNA 为模板扩增，加入 AMV 反转录酶后一步实现反转录和扩增。该技术灵敏度、反应效率高，特异性强，操作简便，成本低，适合简易环境监测实验室使用。

9.2.2.3　PCR-SSCP 技术

SSCP 技术即单链构象多态性(single strand conformation polymorphism)技术,是利用 DNA 或 RNA 单链构象的多态性进行基因检测的分析技术。PCR-SSCP 技术可用于分析环境微生物的遗传学特征和基因突变,在环境生物分类、新种类鉴定、分子流行病学调查中均具有重要作用。

9.2.2.4　FISH 技术

FISH 技术即荧光原位杂交技术(fluorescence in situ hybridization),属于非放射性原位杂交技术。FISH 技术采用特殊的荧光素标记核酸探针,可与染色体、细胞和组织切片标本进行 DNA 杂交,检测生物细胞的 DNA、RNA 特定序列。FISH 技术可用于分析环境生物的种类多样性。

9.2.2.5　T-RFLP 技术

T-RFLP 技术即末端限制性片段长度多态性技术,是对 PCR 引物中的一条进行荧光标记, 用限制酶切割扩增产物并电泳,根据片段的大小和标记片段的种类、数量分析群落结构和组成的一种技术。T-RFLP 技术主要以 16S rRNA 进行 PCR 荧光扩增,之后酶切处理扩增产物,以产物的多样性反映生物群落的多样性。

T-RFLP 技术可重复性、可操作性良好,能够产生大量可操作单元(OTUs),可与相应的数据库建立直接联系,可对菌株间的基因差别进行评估,近年来广泛应用于土壤、水生生态系统的评价研究。

9.2.2.6　生物芯片技术

生物芯片技术是利用光导原位、微量点样等方法将大量生物大分子(核酸切片、多肽分子、细胞、组织切片等)的生物样品有序固化于支持物表面,形成密集的二维排列,与标记待测生物样品中的靶分子杂交,用特定仪器进行检测分析,判断靶分子的数量、质量的技术。利用生物芯片,可快速对环境中的致病微生物进行分析诊断。

9.2.2.7　组学技术

组学技术主要包括基因组学、转录组学、蛋白质组学、代谢组学与离子组学等。基因组包含大量由 DNA 和 RNA 支持的遗传信息;蛋白质组学可以帮助我们了解毒理学机制、降解机制和涉及的细胞代谢过程;代谢物指生物大分子的前体和降解产物,代谢物检测为分析污染物降解途径提供了科学依据。

环境中的快速变化可能破坏生物多样性和生态系统功能。为了使生物更好地生存,了解更多的生物反应机制至关重要。环境基因组学技术的出现缩小了快速变化和复杂栖息地之间的差距。环境基因组学方法在系统层面上提供了丰富的生物信息,而不仅是关于具有已知功能的单个基因的知识。通过测序技术可以更好地了解与微生物环境适应相关的模式和机制。比较基因组学在阐明生物多样性、生态作用和进化方面是非常有用的。基因组学,尤其是 NGS 和宏基因组学,使了解生物特性更加方便,甚至可以开发用于生物修复的新生物技术。宏基因组学技术可以用来分析微生物的特性,这些数据可以为寻找功能微生物、功能基因或蛋白质提供基础参考。宏基因组学方法可以为深入了解进化模式、生长过程、基因组/基因特异性扫描和环境驱动力的持久性铺平道路。转录组学在调查物种分布和群落结构方面具有巨大潜力。经常选择 RNA 测序技术来研究模式和非模式生物(如鱼类)对环境变化(如盐度、温度、溶解氧浓度和 pH 值胁迫)的转录组反应。

环境蛋白质组学为系统了解生物体对污染物的反应或防御机制提供了一个平台。使用环境蛋白质组学方法的最理想目标是识别关键功能蛋白以揭示毒性机制,甚至发现可用于生物监测的生物标记物。在过去的十年中,二维凝胶电泳是环境风险评估的常用方法,之后的二维差异凝胶电泳是多样本检测准确性和重复性的升级版本。当前依赖 LC-MS 进行蛋白质组定量越来越流行。它可以使数百种蛋白质物种可见,并提供蛋白质组学的关键信息。除了毒理学应用外,环境蛋白质组学技术还可以分析生物体在污染物降解过程中的蛋白质组学变化。

代谢组学研究可以在了解生物体在环境压力下的细胞状态方面提供更多信息。使用代谢组学方法有可能发现与抗性相关的代谢物或生物标记物,这些物质有助于育种家识别受基因型和环境影响的表型。

利用分子生物学技术可最大限度地获取环境生物的遗传信息,全面分析环境生物的多样性及其对环境生态的影响。然而该分析结果易受样品采集方法的影响,且对许多微生物只能在分离培养后进行深入研究。因此,研究环境生物时应将传统技术与现代手段结合应用,对环境生物进行多方位全面的分析。

小结

生物细胞及其内部的生物大分子在特定环境条件下会发生一些特定的物理和化学性质的变化。一方面可以利用生物分子对环境因素敏感的特征来制备生物传感器,另一方面可以使用现代分子生物技术来认识这些变化。生物传感器可以定义为一种独立集成的受体传感器装置,其使用生物识别元件提供选择性定量或半定量分析信息。生物传感器是一种分析设备,其中生物的或生物衍生的识别元件和特定的生物分析仪集成,并与传感器结合,以检测生物信号并将其转换为电信号。

生物传感器有三个主要组成部分:生物受体、转换器和微电子。首先,生物识别系统(生物受体)在各种成分的多种组合中识别特定目标分析物(待识别或测量的物质)的存在、活性和浓度。各种生物分子都可以作为生物受体。大量生物受体的可用性使检测各种类型的分析物成为可能,并扩展了生物传感器的可用领域。其次,生物传感器是转换各种效应的装置。最后,进行适当的信号处理和信号放大,显示或打印数字和图像。

在所有生化反应中,抗原、抗体的免疫反应是生物传感器中最常用的。抗原是一种能引发免疫反应并与特异性抗体结合的分子。抗原的分子质量越大,抗原性越强。很多环境污染物(如汞、杀虫剂)是半抗原,因为它们单独存在时只能结合抗体,不能诱发免疫应答,必须附着在蛋白质等较大的载体上才能诱导免疫系统产生抗体。抗原上可以引起机体产生抗体的分子结构叫作抗原决定簇。抗体是免疫传感器开发中的关键试剂。抗体可分为多克隆抗体、单克隆抗体和重组抗体。多克隆抗体是采用一种含有多种抗原决定簇的抗原免疫动物,刺激机体的 B 细胞产生的针对多种抗原决定簇的不同抗体,所获得的免疫血清实际上是含有多种抗体的混合物。单克隆抗体由识别一种抗原决定簇的 B 细胞和肿瘤细胞融合后的杂交瘤细胞产生,高度均一、特异性强、效价高、无交叉反应性或交叉反应性很弱。单克隆抗体的生产非常困难,促进了重组抗体的发展。重组抗体是单克隆抗体,但是其生产涉及体外遗传操纵。

利用免疫反应的检测策略有竞争性和非竞争性两种,可根据分析物的分子大小和反应性进行选择。非竞争性免疫策略常用于含有两个或更多抗原决定簇的抗原分析物,可直接将示踪的标记抗原(抗体)固定化,用于检测待测抗体(抗原)。竞争性免疫策略常用于检测药物、毒素这样的小分子,抗体结合到某种固相载体表面,提前将一定量的抗原与某一种示踪剂连接成标记抗原,在测定受检标本时,待测抗原和标记抗原以不同的比例竞争结合固定抗体,洗涤后固相载体上只留下结合的抗原抗体复合物。

导电聚合物是骨架上存在延伸的 π-π 键、轨道高度重叠的聚合物。基于导电聚合物的生物传感器主要利用物理吸附或共价结合的方法将生物分子固定在传感器上。基于导电聚合物的生物传感器可以应用于环境中酚类化合物、重金属离子、农药的监测。

DNA 电化学生物传感器是利用电化学体系进行环境中 DNA 分子已标定样品检测的传感器。在实际应用过程中,DNA 电化学生物传感器主要依据所加电活性指示剂、DNA 单链或 DNA 双链作用的差异进行环境中污染物的识别。

微生物燃料电池是一种借助微生物完成化学能、电能转化的装置,在装置应用过程中微生物承担着阳极催化剂的作用。基于微生物燃料电池的生物传感器具有便携、小型化、简单化、稳定、实时化的特点,且可以回收。

全细胞生物传感器是融合了微生物学、合成生物学、工程学、生态学的传感器,其感应中心为活细胞,可以在感应到目标毒性物质时诱导蛋白基因产生可测量信号。

将分子生物学手段引入环境生物分析领域可以更准确地了解、分析环境生物的种类、状态和对环境造成的影响,保障生态环境的安全。可应用于环境生物分析的分子生物学技术包括基因重组技术、电泳技术、分子杂交与印记技术等,利用以上技术可进行环境生物多样性、功能性质和基因表达的分析,并可进行环境生物检测和污染分析。

基于 DNA、RNA、蛋白质和代谢物的技术是分析受环境因素影响的生物群落特征的四种分子技术。基因组学、转录组学和蛋白质组学等组学是与生物培养无关的方法,可以选择这些方法来探索生物群落的特征。近年来,荧光原位杂交、稳定同位素探针、微芯片、高通量测序技术等得到了快速发展,并被广泛用于提供有关环境生物的信息。

利用分子生物学技术可最大限度地获取环境生物的遗传信息,全面分析环境生物的多样性及其对环境生态的影响。然而该分析结果易受样品采集方法的影响,且对许多微生物只能在分离培养后进行深入研究。**因此,研究环境生物时应将传统技术与现代手段结合应用,对环境生物进行多方位全面的分析。**

(本章编写人员:刘宪华　王志云　钟磊　刘宛昕)

第 10 章　环境生物化学在环境污染治理中的应用

环境生物化学兼有基础学科和应用科学的特点。在环境污染治理中,利用微生物和植物进行污染控制已成为应用最广、最重要的技术。用环境生物技术处理污染物通常能一步到位,最终产物大都是无毒无害、稳定的物质。环境生物技术在水污染控制、大气污染治理、有毒有害物质降解、废物资源化、环境污染修复和重污染工业企业的清洁生产等方面都发挥着重要作用。环境生物技术直接或间接利用完整的生物体或生物体的某些组成部分、某些机能,开发减少或消除污染物的生产工艺,或者建立能够高效净化污染环境,同时生产有用物质的人工技术系统,是生物技术思想在环境科学领域的技术体现。

10.1　水污染治理的生物化学技术

水是地球上最重要、分布最广泛的物质之一,是人类赖以生存和发展的自然资源,是参与生命形成和生命活动、地表物质能量转化的重要因素。水体是江河湖海、地下水、冰川等的总称,是被水覆盖地段的自然综合体。水体不仅包括水,还包括水中存在的溶解物、悬浮物和水生生物等。水环境指自然界中水的形成、分布和转化所处空间的环境,是围绕人群空间、可直接或间接影响人类生存和发展的水体正常功能的各种自然因素和有关的社会因素的总体。在通常情况下,一个水环境就是一个完整的生态系统,包括其中的水、悬浮物、溶解物、底质和水生生物等。因此,水环境是环境的基本构成要素之一,是人类赖以生存和发展的重要场所,也是受人类干扰和破坏最严重的领域。近年来,随着我国经济、社会的发展和城市化进程的不断推进,各种新的环境问题不断出现,各种生活和生产污染物、重金属等物质排入水体,导致水体的物理、化学、生物特征改变,从而造成水质恶化和水体污染,影响水的有效利用,同时对生态环境、人体健康造成危害。按处理程度划分,污水处理通常可分为一级、二级和三级处理。一级处理主要用于去除污水中呈悬浮状态的固体污染物质,二级处理主要用于去除污水中呈胶体和溶解状态的有机污染物质,三级处理主要用于进一步去除难降解的有机物、氮和磷等会导致水体富营养化的物质(图 10-1)。三级处理技术主要包括生物脱氮除磷、混凝沉淀、活性炭吸附、离子交换和电渗析等。其中生物处理技术因具有处理效果好、处理费用低、二次污染少等特点,在水污染治理中的应用越来越广泛。

10.1.1　水污染治理中的生物化学

在自然水体中,存在着大量依靠有机物生活的微生物。它们不但能分解氧化一般的有机物并将其转化为稳定的化合物,而且能转化有毒物质。生物处理就是利用微生物分解氧化有机物这一功能,并采取一定的人工措施,创造有利于微生物生长、繁殖的环境,使微生物大量增殖,以提高其分解氧化有机物的效率的污水处理方法。

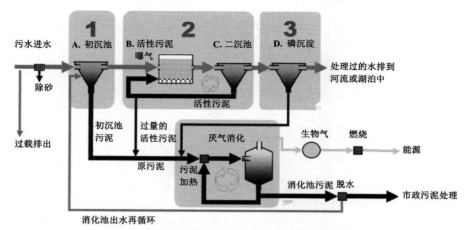

图 10-1　一般市政污水处理厂的三级处理工艺流程图

　　水处理工艺根据微生物的培养方式可以分为两类,一类是悬浮式培养系统,又称活性污泥法,如常规的活性污泥法、氧化沟和序批式活性污泥(SBR)工艺;另一类是附着式培养系统,又称生物膜法,如生物接触氧化池、生物滤池和升流式厌氧污泥床。附着式培养系统独特的地方在于由生物膜和黏液层提供吸附能力。随着水处理技术的发展,不同的工艺交叉融合,以得到更好的水处理效果。

　　用活性污泥法处理污水时,将生物反应(即曝气)部分与沉淀部分合建在一个构筑物中的称为完全混合型合建式曝气池,简称合建式曝气池。其充氧方式为表面曝气充氧,也可以采用鼓风曝气充氧。

　　生物膜法是利用附着生长于某些固体表面的微生物(即生物膜)进行有机污水处理的方法。生物膜法与活性污泥法在去除机理上有一定的相似性,但又有区别,生物膜法主要依靠固着于载体表面的微生物来净化有机物,而活性污泥法是依靠曝气池中悬浮流动着的活性污泥来分解有机物的。由于生物膜的吸附作用,在其表面有一层很薄的水层,称为附着层(图 10-2)。这层水中的有机物大部分已经被生物膜所氧化,有机物浓度比进水低得多。因此,当进入池内的污水沿膜面流动时,由于浓度差的作用,有机物会从污水中转到附着水层中,并进一步被生物膜所吸附。同时,空气中的氧也会经过污水进入生物膜。膜上的微生物在氧的参与下进行有机物分解和机体新陈代谢。其中一部分有机物被转化为细胞物质,成为生物膜中新的活性物质;另一部分物质转化为排泄物,在转化过程中放出能量,产生的二氧化碳和其他代谢产物则沿着与底物扩散相反的方向从生物膜经过附着水层排到污水和空气中。如此反复,最终达到净化水质的目的。

　　生物膜法的生物相呈膜状,附着于介质表面,生态系统稳定,种群丰富,除了大量的细菌、原生动物、真菌、藻类和后生动物外,还能栖息一些增殖速度慢的其他无脊椎动物,形成复杂、稳定的复合生态系统。因此,在生物膜上形成的食物链长于活性污泥中的食物链,世代时间较长的微生物能够存活。生物膜附着在滤料或填料上,其生物固体平均停留时间(污泥龄)较长,因此在生物膜上世代时间较长、增殖速度较慢的微生物(如硝化菌、亚硝化菌等)能够生长。在活性污泥中生物固体平均停留时间与污水的停留时间无关。

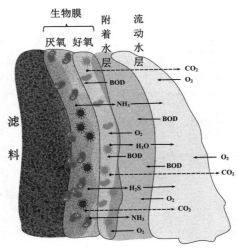

图 10-2　生物膜反应机理

10.1.2　常见的生活污水生化处理工艺

氧化沟（oxidation ditch）又名连续循环曝气池（continuous loop reactor），是活性污泥法的一种改型。它把循环式反应池用作生物反应池，混合液在该反应池中沿一条闭合式曝气渠道连续循环，水力停留时间长，有机物负荷低，通过曝气和搅动装置向反应池中的污水传递能量，从而使被搅动的污水在沟内循环。

20 世纪 70 年代初，美国诺特丹大学（University of Notre Dame）的 Irvine 教授及其同事对间歇进水、间歇排水的序批式活性污泥法进行了系统性的研究，并将此工艺命名为序批式活性污泥法，该工艺具有一系列优于传统的活性污泥法的特点（图 10-3）。

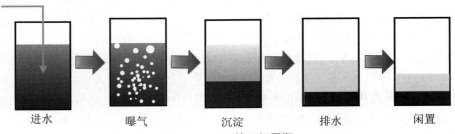

| 进水 | 曝气 | 沉淀 | 排水 | 闲置 |

图 10-3　SBR 的运行周期

生物接触氧化池是一种于 20 世纪 70 年代初开创的污水处理技术，其技术实质是在反应器内设置填料，充氧的污水浸没全部填料，并以一定的流速流经填料，从而使污水得到净化（图 10-4）。由于填料的比表面积大，池内的充氧条件良好。生物接触氧化池内单位容积的生物固体量高于活性污泥法中的曝气池和生物滤池，因此生物接触氧化池具有较高的容积负荷。生物接触氧化池不需要污泥回流，不存在污泥膨胀问题，运行管理简便。由于生物固体量大，水流属于完全混合型，因此生物接触氧化池对水质、水量的骤变有较强的适应能力。生物接触氧化池有机容积负荷较高时，其 F/M 保持在较低水平，污泥产率较低。

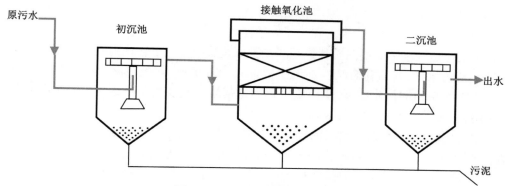

图 10-4　生物接触氧化池示意

　　生物滤池是 19 世纪末发展起来的,以土壤自净原理为依据,在污水灌溉的实践基础上形成的人工生物处理技术。生物滤池利用需氧微生物对污水进行生物氧化处理。

　　升流式厌氧污泥床(upflow anaerobic sludge bed, UASB)是第二代废水厌氧生物处理反应器中典型的一种(图 10-5)。由于在 UASB 中能形成产甲烷活性高、沉降性能良好的颗粒污泥,因而 UASB 具有很高的有机负荷。在接种时应尽量采用与所处理废水相似的污泥作为接种物,以缩短启动时间,一般可选择消化池污泥、厌氧污泥、好氧污泥等。

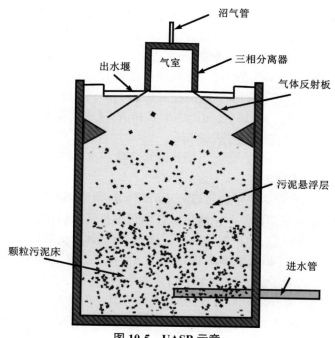

图 10-5　UASB 示意

10.1.3　生物化学脱氮除磷工艺

　　传统的活性污泥法只是用于 COD 和 SS 的去除,无法有效地去除废水中的氮和磷。氮和磷是微生物生长的必需物质,但是过量的氮和磷会造成湖泊等水体富营养化,未处理废水作为灌溉水会使作物贪青晚熟、减产和品质劣化。

生物脱氮过程包含氨化、硝化和反硝化过程。

氨化反应是废水中的蛋白质和氨基酸在脱氨基酶的作用下转化为氨氮的过程。在未经处理的生活污水中，含氮化合物存在的主要形式为有机氮，如蛋白质、氨基酸、尿素、胺等。在蛋白质水解酶的催化作用下，蛋白质水解为氨基酸。氨基酸在脱氨基酶的作用下发生脱氨基作用，生成无机小分子氨态氮 NH_3 或 NH_4^+。

硝化反应由自养型好氧微生物完成，它包括两个步骤：第一步是亚硝酸菌将氨氮转化为亚硝态氮（NO_2^-）；第二步是硝酸菌将亚硝态氮进一步氧化为硝态氮（NO_3^-）。两步反应均需在有氧的条件下进行。这两类菌统称为硝化菌，它们利用无机碳化物（如 CO_3^{2-}、HCO_3^- 和 CO_2）做碳源，在 NH_3、NH_4^+、NO_2^- 的氧化反应中获取能量。

反硝化反应是由异养型反硝化菌完成的，它的主要作用是将硝态氮或亚硝态氮还原成氮气，反应在无分子氧的条件下进行。反硝化菌大多是兼性的，在溶解氧浓度极低的环境中，它们利用硝酸盐中的氧做电子受体，有机物则作为碳源和电子供体提供能量并得到氧化而稳定。

废水中磷的存在形态取决于废水的类型，最常见的是磷酸盐（$H_2PO_4^-$、HPO_4^{2-}、PO_4^{3-}）、聚磷酸盐和有机磷。常规二级生物处理的出水中，90% 左右的磷以磷酸盐的形式存在。一般认为，在厌氧条件下兼性细菌将溶解性 BOD_5 转化为低分子挥发性有机酸（VFA）。聚磷菌吸收这些 VFA 和来自原污水的 VFA，并将其运送到细胞内，同化成胞内碳源存储物（PHB/PHV），所需能量来源于聚磷水解和糖酵解，以维持聚磷菌在厌氧环境中生存，并导致磷酸盐释放。在好氧条件下，聚磷菌进行有氧呼吸，从污水中大量地吸收磷，数量大大超出其生理需求，通过 PHB（聚 β-羟基丁酸）的氧化代谢产生能量，用于磷的吸收和聚磷的合成，能量以聚合磷酸盐的形式存储在细胞内，磷酸盐从污水中得到去除。同时合成新的聚磷菌，产生富磷污泥。产生的富磷污泥以剩余污泥的形式排放，从而将磷从系统中除去。聚磷菌以聚 β-羟基丁酸作为其含碳有机物的储藏物质。

通过对不同功能微生物的整合，可以得到同步去除污水中的氮磷的工艺。

1. 生物转盘工艺（图 10-6）

经过预处理的污水在经两级生物转盘处理后，BOD 得到部分降解，在两级生物转盘中，硝化反应逐渐强化，生成亚硝酸氮和硝酸氮。在两级生物转盘后增设淹没式转盘，形成厌氧状态，在这里发生反硝化反应，氮以气体的形式逸出，以达到脱氮的目的。为了补充碳源，向淹没式转盘中投加甲醇，过剩的甲醇使 BOD 值上升，为了去除这部分 BOD，在淹没式转盘后补设一级生物转盘。为了截住处理水中脱落的生物膜，在这一级生物转盘后设二沉池。在二沉池的中央部位设混合反应室，投加的混凝剂在其中发生反应，产生除磷的效果，然后从二沉池中排放含磷污泥。

2. 厌氧池 - 氧化沟工艺（图 10-7）

厌氧池和氧化沟结合为一体的工艺在空间上创造厌氧、缺氧、好氧的过程，以达到在单池中同时生物脱氮除磷的目的。氧化沟的设计运行参数：SRT 为 20~30 d；MLSS 为 2 000~4 000 mg/L；总 HRT 为 18~30 h；回流污泥占进水平均流量的 50%~100%。

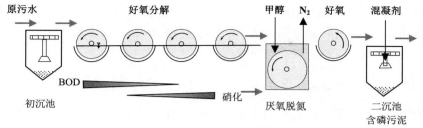

图 10-6 生物转盘工艺示意

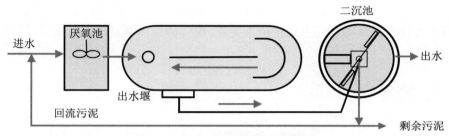

图 10-7 厌氧池 - 氧化沟工艺示意

3. A₂N-SBR 双污泥脱氮除磷工艺(图 10-8)

基于缺氧吸磷理论开发的 A_2N(anaerobic anoxic nitrification)-SBR 连续流反硝化脱氮除磷工艺是生物膜法和活性污泥法相结合的双污泥脱氮除磷工艺。在该工艺中,反硝化除磷菌悬浮生长在一个反应器中,而硝化菌呈生物膜固着生长在另一个反应器中,两者分离解决了传统的单污泥系统中除磷菌和硝化菌的竞争性矛盾,使它们各自在最佳的环境中生长,有利于除磷和脱氮系统的稳定、高效运行。与传统的生物脱氮除磷工艺相比较,A_2N 工艺具有"一碳两用"、曝气和回流耗费的能量少、污泥产量低、不同菌群分开培养的优点。A_2N 工艺最适合碳氮质量比较低的情形,颇受污水处理行业的重视。

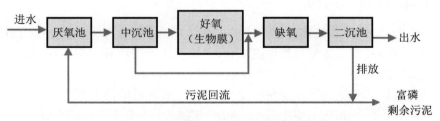

图 10-8 A₂N-SBR 双污泥脱氮除磷工艺示意

4. AOA-SBR 脱氮除磷工艺

AOA-SBR 工艺是将厌氧/好氧/缺氧(AOA)工艺应用于 SBR 中,充分利用 DPB 在缺氧且没有碳源的条件下能同时脱氮除磷的特性,使反硝化过程在没有碳源的缺氧期进行,不需要好氧池和缺氧池之间的循环,以达到氮、磷在单一的 SBR 中同时去除的目的。采用此工艺处理碳氮质量比低于 10 的合成废水可以得到良好的脱氮除磷效果,平均氮、磷去除率分别为 83%、92%。此工艺不但可以富集 DPB,而且使 DPB 在脱氮除磷过程中起主要作用。实验结果显示,在 AOA-SBR 工艺中 DPB 占总聚磷菌的比例是 44%,远比常规工艺 AO-

SBR(13%)和 A_2O 工艺(21%)高。AOA-SBR 工艺具有以下两个特点:一是在好氧期开始时加入适量碳源,以抑制好氧吸磷,最佳碳源量是 40 mg/L;二是亚硝酸盐可以作为吸磷的电子受体。

10.1.4　工业废水处理工艺

从理论上讲,几乎所有的有机污染物都可以被生物降解,但从废水生物处理的角度来看,一些有机物对生物具有很明显的毒害作用和抑制作用。在工业废水中这类物质普遍多于生活污水,所以工业废水的生物处理与生活污水的生物处理最大的不同是由工业废水的可生化性造成的。可生化性强的工业废水可以采用与生活污水相似的处理工艺,而高毒性的工业废水往往需要采用理化方法进行预处理,也有部分毒性有机物可以通过特殊的微生物降解。

10.2　土壤生物化学

土壤是人类赖以生存、国家兴旺发达的基础资源。由于资源短缺、环境污染严重、生态系统退化、粮食减产且质量安全问题频发,土壤生物与生态学成为当前土壤学、环境保护、生物学与分子生态学前沿的交叉研究热点。如何满足国家粮食保障、环境保护和生态安全的战略需求,如何实现土壤的持续利用,已成为新时期土壤生物与生态学工作者肩负的神圣而艰巨的历史使命。土壤是自然环境的重要组成要素之一,它是处于岩石圈最外面的一层疏松的部分,具有支持植物和微生物生长繁殖的能力,被称为土壤圈。土壤圈是处于大气圈、岩石圈、水圈和生物圈之间的过渡地带,是联系有机界和无机界的中心环节。土壤还具有同化和代谢从外界进入土壤的物质的能力,所以土壤是保护环境的重要净化剂。这就是土壤的两个重要的功能。

10.2.1　土壤的组成与结构

土壤是由固体、液体和气体三相组成的多相体系,如图 10-9 所示。土壤溶质的种类和含量会导致土壤溶液组成成分和浓度的变化,并影响土壤溶液和土壤的性质。土壤固相包括土壤矿物质和土壤有机质。土壤矿物质占土壤的绝大部分,约占土壤固体总质量的 90%以上。土壤有机质占土壤固体总质量的 1%~10%,一般在可耕性土壤中约占 5%,且绝大部分在土壤表层。土壤液相指土壤中的水分和水溶物。土壤有无数孔隙充满空气,即土壤气相,典型土壤约有 35% 的体积是充满空气的孔隙,所以土壤具有疏松的结构(图 10-9)。

典型土壤在深度上呈现出不同的层次,如图 10-10 所示。最上层为覆盖层(A0 层),由地面上的枯枝落叶等构成。第二层为淋溶层(A 层),是土壤中生物最活跃的一层,土壤有机质大部分在这一层,金属离子和黏土颗粒在此层被淋溶得最显著。第三层为淀积层(B 层),它接纳从上一层中淋溶出来的有机物、盐和黏土颗粒。第四层为母质层(C 层),由风化的成土母岩构成。母质层下面为未风化的基岩,常用 D 层表示。

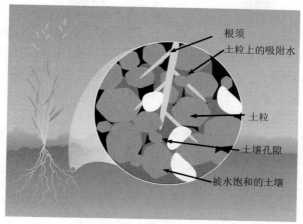

图 10-9　土壤的结构

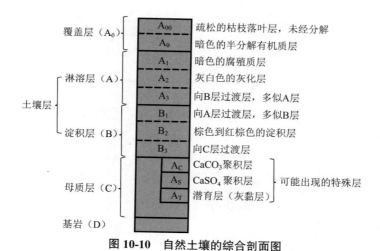

图 10-10　自然土壤的综合剖面图

　　土壤有机质是土壤中含碳有机物的总称,一般占土壤固体总质量的 10% 以下,是土壤的重要组成部分,是土壤形成的主要标志,对土壤性质有很大的影响。土壤有机质主要来源于动植物和微生物残体,可以分为两大类:一类是组成有机体的有机物,称为非腐殖物质,如蛋白质、糖、树脂、有机酸等;另一类是被称为腐殖质的特殊有机物,包括腐殖酸、富里酸和腐黑物等。

　　水分是土壤的重要组成部分,主要来自大气降水和灌溉。在地下水水面接近地面(2~3 m)的情况下,地下水也是上层土壤水分的重要来源。此外,空气中的水蒸气遇冷也会凝结成为土壤水分。水进入土壤以后,由于土壤颗粒表面的吸附力和微细孔隙的毛细管力,一部分水会被保持住。不同土壤保持水分的能力不同:砂土由于土质疏松,孔隙大,水分容易渗漏流失;黏土土质细密,孔隙小,水分不容易渗漏流失。气候条件对土壤水分含量影响也很大。土壤水分并非纯水,实际上是土壤中的水分和污染物形成的溶液,即土壤溶液。土壤水分既是植物养分的主要来源,也是进入土壤的污染物向其他环境圈层(如水圈、生物圈等)迁移的媒介。

　　土壤空气的组成与大气基本相似,主要成分都是 N_2、O_2 和 CO_2,但也存在一些差异。

①土壤空气存在于相互隔离的土壤孔隙中,是一个不连续的体系。② CO_2、O_2、水蒸气等的含量有很大的差异。土壤空气中 CO_2 含量比大气中高得多,大气中 CO_2 含量为 0.02%~0.03%,而土壤空气中 CO_2 含量一般为 0.15%~0.65%,甚至高达 5%,这主要是因为生物的呼吸作用和有机物分解。土壤空气中 O_2 含量低于大气,而水蒸气含量比大气中高得多。土壤空气中还含有少量还原性气体,如 CH_4、H_2S、H_2、NH_3 等。如果是被污染的土壤,其空气中还可能存在污染物。

土壤是一个复杂的体系,其中存在着多种化学和生物化学反应,因而土壤表现出不同的酸性或碱性。根据土壤的 pH 值可以将其划分为九个等级,如表 10-1 所示。

表 10-1　土壤分级

分级	pH 值	分级	pH 值
极强酸性	<4.5	弱碱性	7.0~7.5
强酸性	4.5~5.5	碱性	7.5~8.5
酸性	5.5~6.0	强碱性	8.5~9.5
弱酸性	6.0~6.5	极强碱性	>9.5
中性	6.5~7.0		

我国土壤的 pH 值大多在 4.5~8.5 的范围内,并有由南向北递增的规律。长江(北纬 33°)以南的土壤多为酸性或强酸性;华南、西南地区广泛分布的红壤、黄壤, pH 值大多在 4.5~5.5,少数低至 3.6~3.8;华中、华东地区的红壤, pH 值在 5.5~6.5。长江以北的土壤多为中性或碱性,如华北、西北的土壤大多含 $CaCO_3$, pH 值一般在 7.5~8.5,少数强碱性土壤的 pH 值高达 10.5。

10.2.2　土壤重金属修复中的生物化学

重金属是土壤中主要的污染物,土壤无机污染物中的重金属元素常常分为两类:有毒元素,如 Hg、Cd、Cr、Pb 和类金属 As;常见元素,如 Cu、Zn、Co、Mo、Ni、Sn。一般来讲,进入土壤的重金属元素不易随水淋溶,不能被土壤微生物分解,但易被土壤胶体吸附,能在土壤中积累,能被土壤微生物富集或被植物吸收。有些重金属元素会转化为毒性更强的物质,有些会通过食物链以有害浓度在人体内蓄积,严重危害人体健康。

10.2.2.1　影响重金属在土壤 - 植物体系中迁移、转化的因素

重金属在土壤 - 植物体系中的迁移、转化机制非常复杂,影响因素很多,主要有土壤的理化性质,重金属的种类、浓度和在土壤中的存在形态,植物的种类、生长发育期,复合污染,施肥等。

1. 土壤的理化性质

土壤的理化性质主要通过影响重金属在土壤中的存在形态而影响重金属的生物有效性。土壤的理化性质主要包括 pH 值、质地、氧化还原电位、有机质含量等。

2. 重金属的种类、浓度和在土壤中的存在形态

重金属对植物的毒害程度首先取决于土壤中重金属的存在形态,其次取决于重金属的含量。不同种类的重金属由于物理化学行为和生物有效性的差异,在土壤 - 植物体系中的

迁移、转化规律明显不同。

对重金属在土壤中的含量和植物的吸收积累进行研究,结果为:Cd、As 较易被植物吸收; Cu、Mn、Se、Zn 等次之;Co、Pb、Ni 等难于被吸收;Cr 极难被吸收。研究春麦受重金属污染的 状况后发现,Cd 是强积累性元素,Pb 的迁移性相对较弱,Cr 和 Pb 是生物不易积累的元素。

随着土壤中重金属含量的增加,植物体内各部分的积累量也相应增加。不同形态的重 金属在土壤中的转化能力不同,对植物的生物有效性亦不同。重金属的存在形态可分为交 换态、碳酸盐结合态、铁锰氧化物结合态、有机结合态和残渣态。交换态的重金属(包括溶 解态的重金属)迁移能力最强,具有生物有效性,因此交换态又称有效态。

3. 植物的种类、生长发育期

重金属进入土壤 - 植物体系后,除了物理化学因素影响其迁移、转化外,植物也起着特 殊的作用。植物的种类和生长发育期影响着重金属在土壤 - 植物体系中的迁移、转化。植 物种类不同,其对重金属的富集规律不同;植物生长发育期不同,其对重金属的富集量不同。

4. 复合污染

重金属复合污染的机制十分复杂,在复合污染状况下,影响重金属迁移、转化的因素包 括污染物因素(包括污染物的种类、性质、浓度、比例和时序性)、环境因素(包括光、温度、 pH 值、氧化还原条件等)、生物的种类和发育阶段、所选择的指标等。在其他条件相同、仅考 虑污染物因素的情况下,某元素在植物体内的积累除受元素本身性质的影响外,首先受环境 中该元素的存在量影响,其次受共存元素的性质与浓度影响。元素的联合作用有协同、竞 争、加和、屏蔽和独立等作用。

在土壤 - 植物体系中,重金属的复合污染效应使得重金属的迁移、转化十分复杂。实验 条件和所选择的重金属不同,得出的结论也不同;重金属浓度不同,复合污染效应亦不同。

5. 施肥

施肥可以改变土壤的理化性质和重金属的存在形态,从而影响重金属的迁移、转化。由 于肥料、植物、重金属种类的多样性和重金属行为的复杂性,施肥对土壤 - 植物体系中重金 属迁移、转化的影响机制十分复杂,结论也不尽相同。如磷酸根能与 Cd 共沉淀而降低 Cd 的生物有效性,施用磷肥可以抑制土壤 Cd 污染。而对 As,由于 P 和 As 是同族元素,两者 之间存在竞争吸附,施用磷肥能有效地促进土壤中 As 的释放和迁移,有利于 As 在土壤 - 植 物体系中的迁移、转化;但由于两者之间的竞争吸附,As 不易富集在植物的根际土壤中,从 而降低了 As 的生物有效性。

10.2.2.2　重金属在土壤 - 植物体系中的迁移、转化规律

1. 植物对土壤中重金属的富集规律

从植物对重金属吸收、富集的总趋势来看,土壤中重金属含量越高,植物体内重金属含 量也越高,土壤中有效态重金属含量越高,植物籽实中重金属含量也越高。

不同的植物由于生物学特性不同,对重金属的吸收、积累有明显的种间差异,一般顺序 为豆类 > 小麦 > 水稻 > 玉米。重金属在植物体内分布的一般规律为根 > 茎叶 > 颖壳 > 籽实。

2. 重金属在土壤剖面中的迁移、转化规律

进入土壤的重金属大部分被土壤颗粒所吸附。通过土壤柱淋溶实验发现淋溶液中的 Hg、Cd、As、Pb 95% 以上被土壤吸附。在土壤剖面中,重金属无论含量还是存在形态均表现

出明显的垂直分布规律,其中可耕层为重金属的富集层。

土壤中的重金属有向根际土壤迁移的趋势,且根际土壤中有效态重金属的含量高于土体,这主要是由根际生理活动引起根 - 土界面微区环境变化导致的,可能与植物根系的特性和分泌物有关。

3. 土壤对重金属离子的吸附固定原理

土壤胶体对金属离子的吸附能力与金属离子的性质、胶体的种类有关。同一类型的土壤胶体对阳离子的吸附与阳离子的价态、离子半径有关。阳离子的价态越高,电荷越多,土壤胶体与阳离子之间的静电作用越大,吸附力也越大。具有相同价态的阳离子,离子半径越大,水合半径越小,越易被土壤胶体吸附。

土壤中的各类胶体对重金属吸附影响极大,以 Cu^{2+} 为例,土壤中各类胶体的吸附顺序为氧化锰 > 有机质 > 氧化铁 > 伊利石 > 蒙脱石 > 高岭石。因此,土壤中的胶体对重金属吸附贡献大的除有机质外,主要是锰、铁等的氧化物。

10.2.3　土壤中的生物化学过程

土壤是自然界中微生物密集的地方,也是微生物良好的天然培养基。土壤中的微生物不仅种类繁多,而且数量极大。从环境的角度看,微生物在转化土壤中的有机质方面有特殊的功绩。有机残骸进入土壤后,经微生物作用向两个方向转化。把复杂的有机物分解转化为简单的有机物,如 CO_2、NH_3、H_2O、H_2、$H_2PO_4^-$、SO_4^{2-} 等,称为矿化过程。在矿化过程中形成的某些中间产物经缩合变成新的复杂有机化合物,即腐殖质,称为腐殖化过程。土壤中含有的大量腐殖质就是这样产生的,这可以说是生物土壤体系中独有的现象。土壤有机质的矿化和腐殖化是两个相互对立又相互联系的过程,是土壤中最重要的生物化学过程。矿化过程也是自然界碳素循环的重要环节。

一切异养微生物都能以糖类为能源和碳源:在好氧条件下,能将糖类中 80% 的碳彻底氧化分解为 CO_2,20% 的碳被用来合成自身有机体;在厌氧条件下,则利用糖类进行发酵作用,生成中间产物多种有机酸和最后的还原产物 CH_4、H_2 等。常见的脂肪、蛋白质、氨基酸等有机物在土壤中均容易被微生物分解。比较难分解的纤维素是土壤有机质的主要成分,也可以由好氧性纤维菌和厌氧性纤维菌分别在好氧和厌氧条件下分解。

10.2.3.1　氮的生物转化

土壤中的尿素细菌十分活跃,可以在好氧或厌氧条件下将尿素水解成 $(NH_4)_2CO_3$,后者很快又分解:

$$(NH_2)_2CO+2H_2O \rightarrow (NH_4)_2CO_3 \rightarrow 2NH_3+CO_2+H_2O$$

硝化菌和反硝化菌在转化土壤中的氮素方面有重要作用。土壤中有机态氮和无机态氮之间的转化完全是生物控制的,总过程如图 10-11(a)所示。

这个反应是高度概括性的,实际情况要复杂得多,而且由铵离子转化为硝酸盐的许多中间产物还没有弄得很清楚。概括 Campbell 等人的研究,可以写成如下步骤:

$$NH_4^+ +1/2O_2 \rightarrow NH_2OH+H^+$$

$$NH_2OH+HNO_2 \rightarrow NO_2NHOH+H_2$$

$$NO_2NHOH+1/2O_2 \rightarrow 2HNO_2$$

$$NO_2^- +1/2O_2 \rightarrow NO_3^-$$

土壤中氮的生物转化是十分活跃的。土壤中的氮主要有四种形式:无机氮、活有机质结合氮(NLO)、死有机质结合氮(NDO)和气态形式结合氮(NGF)。四种形式的氮通过各类微生物的作用相互转化。现将主要的表征性反应方程归纳如下。

(1)生物固定:NGF $\rightarrow$ NLO。

(2)氨化作用:NDO $\rightarrow$ NH_4^+。

(3)生物硝化作用:$NH_4^+ \rightarrow NH_2 \rightarrow NH_3 \rightarrow NO_2^- \rightarrow NO_3^-$。

(4)生物反硝化作用:$NO_3^- \rightarrow NO_2^- \rightarrow$ NGF。

(5)植物吸收:$NH_4^+ \rightarrow$ NLO,$NO_3^- \rightarrow$ NLO。

(6)排泄和死亡:NLO $\rightarrow$ NDO。

但有两点要指出:大部分土壤微生物能吸收 NH_4^+ 和氨基酸,少数固氮菌能吸收 N_2,它们都不能直接吸收硝酸盐;而土壤中的植物根系能吸收氨和硝酸盐。土壤中的动物、植物、微生物相互配合,共同完成了土壤中氮的生物转化(图 10-11(b))。

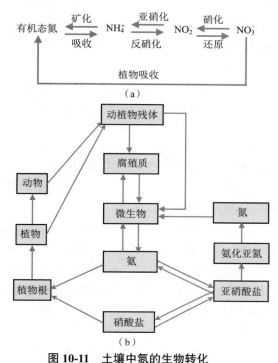

图 10-11　土壤中氮的生物转化

(a)不同形态氮的转化过程　(b)生物转化过程

10.2.3.2　磷的生物转化

1. 土壤中磷的来源和形态

土壤中可被植物吸收利用的磷基本上来源于地壳表层的风化释放和成土过程中磷在土壤表层的生物富集。农业中磷肥的长期大量施用在改变土壤中磷的含量、转化状况和土壤供磷能量的同时,在很大程度上增大了磷素向水环境中释放的风险,许多有毒有害的重金属元素也随磷肥的施用进入土壤和水体。另外,用生活污水和工业废水灌溉农田也会导致土壤中磷含量的增加,造成土壤磷污染。

土壤中的磷按存在形态可以分为有机磷和无机磷两大类。已知的土壤中的有机磷化合物主要有植素类、磷脂类、核酸及其衍生物类。

2. 磷在土壤中的迁移、转化

有机磷的矿化和无机磷的生物固定是两个方向相反的过程,前者使有机磷转化为无机磷,后者使无机磷转化为有机磷。土壤中的有机磷除了一部分被作物直接吸收利用外,其余大部分需经微生物作用矿化转化为无机磷才能被作物吸收。

土壤中有机磷的矿化主要是土壤中的微生物和游离酶、磷酸酶共同作用的结果,其速率与有机氮的矿化速率相似,取决于土壤的温度、湿度、通气性、pH值、无机磷和其他营养元素、耕作技术、根分泌物等因素。温度在30~40 ℃时,有机磷的矿化速率随温度升高而增大,矿化最适温度为35 ℃,在30 ℃以下时不仅不进行有机磷的矿化,反而发生磷的净固定。干湿交替可以促进有机磷的矿化,淹水可以加速六磷酸肌醇的矿化;氧压低、通气差时,矿化速率变小。磷酸肌醇在酸性条件下易与活性铁、铝形成难溶性化合物,水解作用变弱,核蛋白水解需一定数量的Ca^{2+},故酸性土壤施用石灰可以调节pH值和Ca与Mg的含量比,从而促进有机磷的矿化;施用无机磷对有机磷的矿化亦有一定的促进作用。有机质中磷的含量是决定磷发生纯生物固定还是纯矿化的重要因素,其临界值约为0.2%,磷含量高于0.2%发生纯矿化,低于0.2%则发生纯生物固定。有机磷的矿化速率还受到C与P的含量比和N与P的含量比的影响,当C与P的含量比或N与P的含量比大时,发生纯生物固定,反之则发生纯矿化。供硫过多时,也会发生磷的纯生物固定。土壤耕作能降低磷酸肌醇的含量,因此多耕的土壤中有机磷的含量比少耕或免耕的土壤少。植物根系分泌的有机物能增强曲霉、青霉、毛霉、根霉和芽孢杆菌、假单胞菌等微生物的活性,使之产生更多的磷酸酶,加速有机磷的矿化,特别是菌根植物根系的磷酸酶具有较强的活性。可见土壤中有机磷的分解是一个生物作用的过程,分解矿化速率受土壤中微生物活性的影响,环境条件适宜微生物生长时,土壤中有机磷的分解矿化速率就增大。

土壤中无机磷的生物固定即使在有机磷的矿化过程中也能够发生,因为分解有机磷的微生物也需要磷才能生长和繁殖。当土壤中有机磷含量不足或C与P的含量比大时,就会出现微生物与作物竞争磷的现象,发生磷的生物固定。土壤对磷的固定和释放是磷的重要性质:磷的固定是水溶性磷从液相转入固相;磷的释放是固定作用的逆作用,是磷从固相转入液相的过程。

土壤中磷的固定机理主要是磷化合物的沉淀作用和吸附作用。土壤中磷的浓度一般较高,有大量可溶态阳离子存在和土壤的pH值较高或较低时,沉淀作用是主要的。相反,土壤中磷的浓度较低时,若土壤溶液中阳离子的浓度也较低,吸附作用是主要的。

土壤中的磷和其他阳离子形成固体而沉淀,在不同的土壤中由不同的系统控制,在石灰性土壤和中性土壤中由钙镁系统控制。土壤溶液中磷的主要形态为HPO_4^{2-},它与土壤胶体中的交换性Ca^{2+}经化学作用生成Ca-P化合物。如水溶性磷酸一钙在石灰性土壤中最初生成磷酸二钙,继续反应逐渐生成溶解度很小的磷酸八钙,最终缓慢转化为稳定的磷酸十钙。随着这一转化过程的持续进行,生成物的溶度积常数相继增大,溶解度变小,生成物在土壤中趋于稳定,磷的有效性降低。

根据热力学理论,磷和土壤反应的最终产物在碱性或石灰性土壤中是羟基和氟基磷灰石,而在中性或酸性土壤中是磷铝石和粉红磷铁矿。当土壤不断风化时,土壤的pH值降低,磷酸钙会向无定形和结晶的磷酸铝盐转变,磷酸铝盐则进一步向磷酸铁盐转化。因此,土壤中各种磷肥和土壤的最初反应产物都按热力学规律向更加稳定的状态转化,直至变为最终产物,如图 10-12 所示。

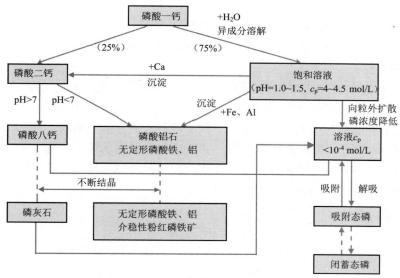

图 10-12　磷酸盐转化过程示意

　　土壤中的磷化合物具有吸附作用,由于土壤固相性质不同,吸附固定过程可分为专性吸附和非专性吸附。在酸性条件下,土壤中的铁、铝氧化物能从介质中获得质子而带正电荷,由于静电引力吸附阴离子,这是非专性吸附。

　　　　$M(金属)\text{-}OH+H^+ \rightarrow M\text{-}[OH_2]^+$

　　　　$M(金属)\text{-}[OH_2]^+ + H_2PO_4^- \rightarrow M\text{-}[OH_2]^+ \cdot H_2PO_4^-$

磷酸根离子置换土壤胶体(黏性矿物或铁、铝氧化物)表面的金属原子配位壳中的 -OH 或 -OH_2 配位基,同时发生电子转移并共享电子对而被吸附在胶体表面即为专性吸附。不论黏粒带正电还是带负电,专性吸附均能发生,但吸附过程较缓慢。随着时间推移,逐渐由单键吸附过渡到双键吸附,从而出现磷的"老化",最后形成晶体,磷的活性降低。在石灰性土壤中,也会发生专性吸附。当土壤溶液中磷酸根离子的局部浓度过高时,在 $CaCO_3$ 表面可形成无定形磷酸钙。随着 $CaCO_3$ 表面不断渗出 Ca^{2+},无定形磷酸钙逐渐转化为结晶形磷酸钙,较长时间后,结晶形磷酸钙转化为磷酸八钙或磷酸十钙。

　　土壤中磷的解吸作用是磷释放的重要机理之一,它是磷在土壤中从固相向液相转移的过程。当磷或磷肥的沉淀物与土壤溶液共存时,土壤溶液中的磷因作物吸收而含量降低,破坏了原有的平衡,反应向磷溶解的方向进行。当土壤中其他阴离子的浓度大于磷酸根离子的浓度时,因竞争吸附作用会发生吸附态磷的解吸,吸附态磷沿浓度梯度向外扩散进入土壤溶液。

10.2.3.3　汞的生物转化

1. 汞的氧化还原

　　在土壤和水体等自然环境中汞的浓度很低,一般不超过 1 mg/kg,但随着工业的发展,汞污染也呈上升趋势,全球每年燃烧矿物燃料释放的汞即达 3 000 t。汞具有强毒性,且生物对它有富集作用,因此会造成严重危害。在自然界中汞以三种状态存在:Hg^0、Hg^+、Hg^{2+}。一价汞常为二聚体 $^+Hg—Hg^+$,它可发生如下的化学歧化作用。

$$^+Hg—Hg^+ \rightleftharpoons Hg^{2+} + Hg^0$$

可溶性 Hg^{2+} 的毒性很强,但很多细菌能依靠 NADP 还原酶将它转化成 Hg^0。

$$Hg^{2+} + NADPH + H^+ \rightleftharpoons Hg^0 + 2H^+ + NADP^+$$

2. 汞的甲基化

微生物能将甲基转移给 Hg^{2+},形成甲基汞。甲基汞的毒性比无机汞高 50~100 倍,它是亲脂性的,具有很强的神经毒性。与无机汞和苯汞化合物相比,烷基汞从人体中排放出去的速度慢得多(半衰期为 30 d),因此甲基汞是危害性很大的环境污染物。

甲基转移是依靠甲基钴胺素实现的。甲基钴胺素即甲基维生素 B_{12},它将甲基转移给 Hg^{2+} 后,自身成了还原性维生素 B_{12}。这一过程的主要产物是甲基汞(CH_3Hg^+),也有少量的二甲基汞形成。汞的甲基化过程如图 10-13 所示。

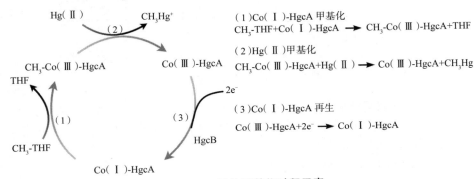

图 10-13　汞的甲基化过程示意

3. 汞的去甲基化

土壤中甲基汞的产生与降解是同时发生而又对立的两个过程,这两个反应过程的平衡最终决定了土壤中甲基汞的净含量和相应的环境风险。在自然环境中甲基汞降解主要通过非生物光化学降解和生物降解两种途径。

目前认为微生物降解甲基汞主要有两种途径,一种是还原性去甲基化,甲基汞在微生物的还原作用下降解为金属态汞和甲烷。该过程主要是在耐 Hg 微生物 Mer 操纵子系统的驱动下对 Hg 的解毒过程。微生物编码的 Hg 裂解酶(MerB)先使 C—Hg 键断裂,产生 CH_4 和无机 Hg^{2+},汞还原酶 A(MerA)随后将 Hg^{2+} 还原成 Hg^0。

$$R—CH_2—Hg^+ + H^+ \xrightarrow{MerB} R—CH_3 + Hg^{2+}$$

$$Hg^{2+} + NADPH + OH^- \xrightarrow{MerA} Hg^0 + H_2O + NADP^+$$

另一种途径是氧化性去甲基化,微生物将甲基汞氧化成无机 Hg^{2+}、CO_2 和少量 CH_4。

$$SO_4^{2-} + CH_3Hg^+ + 3H^+ \xrightarrow{SRB} H_2S + CO_2 + Hg^{2+} + 2H_2O$$

$$4CH_3Hg^+ + 2H_2O + 4H^+ \xrightarrow{methanogen} 3CH_4 + CO_2 + 4Hg^{2+} + 4H_2$$

现有研究发现,在好氧、高浓度 Hg 污染环境中,甲基汞的微生物降解过程主要是还原性去甲基化。还有研究认为,氧化性去甲基化由甲基营养菌的新陈代谢所致。

10.2.3.4　砷的生物转化

砷是一种具有强毒性的非金属元素,在自然界中主要以氧化物(如白砷石 AsO_3)和硫化物(如雄黄 As_4S_4 、雌黄 As_2S_3)的形式存在。

砷的毒性一部分是由于砷酸盐可以替代生化反应中的磷酸盐,干扰了必需的高能磷酸酯的合成引起的。如短柄帚霉(*Scopulariopsis brevicaulis*)可以使砷酸盐甲基化,形成甲胂酸、二甲次胂酸和二甲胂,这些产物都是挥发性有毒化合物。

微生物对环境中砷的转化作用机制如图 10-14 所示,主要包括砷的氧化还原和甲基化过程。

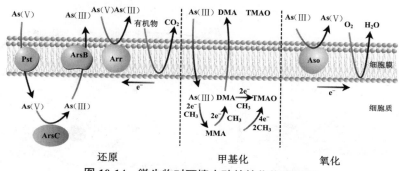

图 10-14　微生物对环境中砷的转化作用机制

1. 砷的氧化还原

植物通过磷酸转运蛋白(如水稻的 OsPTs)吸收环境中的五价砷。大多数植物的根细胞能将进入其内的五价砷迅速还原成三价砷,植物体利用水甘油通道蛋白(aquaglyceroporins, AQPs)吸收三价砷,一部分被富含巯基的多肽植物络合素(phytochelatin, PC)络合并被液泡膜上的 ABC 转运子转入液泡内,另一部分通过木质部往地上部运输(如水稻的 Lsi2 和 *A. thaliana* 的肌醇转运蛋白 AtINT2 和 AtINT4 参与该过程)。

在自然界中,尤其是高砷环境中存在一些特殊的细菌,它们能够在无氧环境中以砷酸盐代替氧气作为电子受体,氧化有机物、合成细胞物质用于细胞生长,这类细菌称为异养型砷还原微生物。

与异养型砷还原微生物不同,砷抗性微生物虽然也能够还原五价砷,但是该作用不作为提供生长所需能量的过程,仅作为减弱砷毒性的一种机制。砷抗性微生物利用细胞质中的砷还原酶 ArsC 将五价砷还原为毒性更强的三价砷,三价砷在 ATP 依赖性的亚砷酸盐特异性转运蛋白 ArsB 的作用下排出体外。砷抗性微生物在自然界中分布极广泛。

2. 砷的甲基化

砷甲基化可以将毒性较强的无机砷转化成毒性较弱的甲基化砷,虽然中间产物可能是毒性更强的 MAs(Ⅲ),但该中间产物极不稳定,在短时间内即被氧化成 MAs(Ⅴ)。

砷在生物体内甲基化的过程由砷甲基化酶催化,以 S-腺苷甲硫氨酸(SAM)为甲基供体,巯基在还原中起重要作用。

10.2.3.5 硒的生物转化

　　硒在环境中的含量、形态和全球硒循环的动态是备受关注的主题,这主要是因为硒在高
水平时既是一种基本元素又是一种有毒物质。虽然已知含硒的氨基酸和蛋白质对许多生命
体的正常代谢功能至关重要,但长期过量摄入硒会导致硒中毒。影响自然环境中硒的形态
的因素是化学、物理和生物过程。已报道有几种无机硒(六价、四价、零价和负二价)和有机
硒(单甲基化和二甲基化)。硒在地圈中与硫沉积物和煤有关。在陆地系统中,矿物是硒的
主要来源,但硒也来源于人造来源,这些来源与硒在陶瓷、玻璃制造和制药等许多行业中的
使用有关。硒的全球生物地球化学循环如图10-15(a)所示。

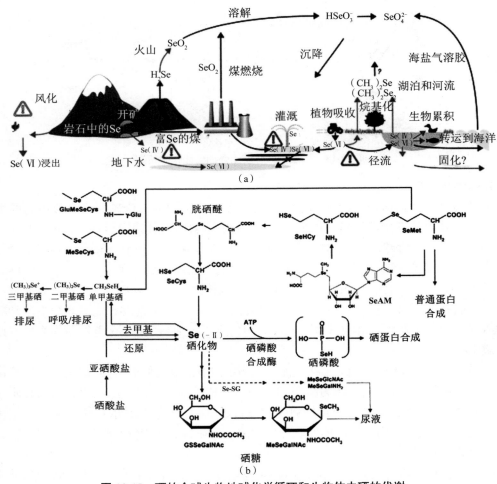

图10-15 硒的全球生物地球化学循环和生物体内硒的代谢

(a)硒的全球生物地球化学循环 (b)生物体内硒的代谢

　　硒是硫族中的一个元素,具有一些与硫相似的化学性质,因此含硫蛋白质中的硫可为硒
所替代,如甲硫氨酸中的硫被硒替代即为含硒甲硫氨酸(SeMet)。还原状态的硒(Se^{2-})可

被微生物氧化成 Se^0、SeO_3^{2-} 和 SeO_4^{2-}。氧化状态的硒可作为厌氧条件下的电子受体,本身被还原成单质硒。无机硒也可甲基化,生成二甲硒,但其甲基化后的毒性状况与汞不同,不是升高,而是降低。因此可以推断,硒的甲基化是一种去毒反应。生物体内硒的代谢如图 10-15(b)所示。

1. 硒酸盐的氧化还原

很多微生物在无氧条件下可以利用 SeO_4^{2-} 作为最终电子受体进行呼吸作用,将 SeO_4^{2-} 还原为 SeO_3^{2-},最终还原为不溶性单质硒(Se^0)。

$$SeO_4^{2-} + 2e^- + 2H^+ \rightarrow SeO_3^{2-} + H_2O$$

$$SeO_3^{2-} + 4e^- + 6H^+ \rightarrow Se^0 + 3H_2O$$

研究显示硒的氧化过程比还原过程慢 3~4 个数量级,这可能是阻碍硒氧化微生物研究的一个重要因素。目前,几乎没有关于古细菌和真菌氧化硒的报道,也没有关于硒氧化细菌的系统报道,同时缺乏对硒氧化分子机制的研究。

2. 硒的甲基化

在原核生物中,硒的甲基化需要甲基转移酶的参与。纤细红螺菌(*R. tenuis*)和深红红螺菌(*R. rubrum*)可以在光能自养的过程中分别利用亚硒酸盐和硒酸盐产生甲基硒。谷胱甘肽与亚硒酸盐反应生成的 GS-Se-SG 可以进一步与 S-腺苷甲硫氨酸反应生成甲烷硒醇和二甲基硒醚。另外,硒代半胱氨酸可以与谷胱甘肽反应还原为硒化氢。此外,大肠杆菌(*E. coli*)中的氧硫族解毒蛋白 TehB 与硒的甲基化有关,丁香假单胞菌(*Pseudomonas syringae*)的三甲基嘌呤甲基化酶基因(tmp)与硒酸盐、亚硒酸盐和硒代半胱氨酸的甲基化都有关。

10.2.3.6　有机污染物的生物转化

1. 多环芳烃的生物转化

多环芳烃(PAHs)是石油的重要组成部分,其生物降解取决于分子化学结构的复杂性和微生物降解酶的适应程度。降解的难易程度与 PAHs 的溶解度、环的数目、取代基的种类、取代基的位置、取代基的数目、杂环原子的性质有关,而且不同种类的微生物对各类 PAHs 的降解机制也有很大的差异。细菌对 PAHs 的降解虽然在降解的底物、降解的途径上存在着差异,但是在降解的关键步骤上却是一致的。

细菌对 PAHs 好氧降解的第一步是将两个氧原子直接加到芳香核上,催化这一反应的酶被称作 PAHs 双氧化酶,它是一个由还原酶、铁氧还蛋白、铁硫蛋白组成的酶复合物。在该酶的作用下 PAHs 转变成顺式二氢二醇,后者进一步脱氢生成相应的二醇,然后环氧化裂解,而后进一步转化为儿茶酚或龙胆酸,彻底降解。

2. 有机农药的生物转化

1)有机磷农药

有机磷农药属于有机磷酸酯类化合物,多含有 C—P、C—O—P、C—S—P、C—N—P 键,是使用最多的杀虫剂。对有机磷农药有降解作用的酶有多种,但由于酶的来源不同,各种降解酶的酶学性质、底物范围等存在着很大的差异,其中有机磷水解酶(organophosphorus hydrolase, OPH)是最有应用前景的酶,目前已从多种生物体中鉴定、分离、纯化得到 OPH,其编码基因也已经被破译、克隆、鉴定和改造。

目前,数种微生物来源的 OPH 已得到分离、纯化,并已进入分子水平的生理生化研究。其三维分子结构、活性位点和水解机理已被阐明(图 10-16 和图 10-17)。OPH 分子为同源二聚体蛋白,每个亚基折叠成一个($\alpha\beta$)$_8$ 桶状结构,活性位点含有一对双金属核中心,位于 β 片层的 C 末端。天然酶含有 Zn^{2+},用 Co^{2+}、Cd^{2+}、Ni^{2+} 或 Mn^{2+} 代替 Zn^{2+} 可保持全部的催化活性。两个 Zn^{2+} 结合在一簇组氨酸残基内,其中一个 Zn^{2+} 通过一个精氨酸(Asp)和两个组氨酸(His55、His57)连接到蛋白上,另外一个 Zn^{2+} 连接到两个组氨酸(His201、His230)残基上,两个 Zn^{2+} 通过 Lys169 羧化形成的氨基甲酸基团和水分子(或 OH^-)连接在一起。水解机理类似于水分子的直接亲核取代,速度控制步骤为磷氧键的断裂过程。

图 10-16　有机磷水解酶的结构(PDB:1DPM)

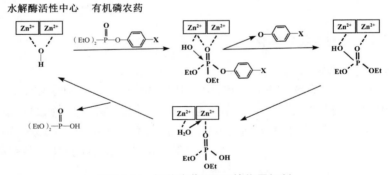

图 10-17　假单胞菌 OPH 的作用机制

2)DDT

DDT 共代谢的机制为还原性脱氯,在还原酶的作用下 DDT 烷基上的氯以氯化氢的形式脱去,导致溶液酸化。该反应的第一产物为 DDD,DDD 在无氧条件下进一步降解,依次产生 DDMS、DDMU、DDOH、DDA、DDM、DBH 和终产物 DBP,降解过程中无二氧化碳产生。在有氧条件下,DDT 降解过程较复杂,且有二氧化碳产生,降解初反应产物为 DDT 的羟基化合物、DDD、DDE,DDD 可进一步转化为 DDE。与无氧条件下不同的是,该反应过程涉及 DBP 苯环的裂解,这是产生二氧化碳的关键步骤。*A. eutrophus* A5 在有氧条件下降解 DDT 是双加氧酶在一个苯环的 2、3 位上加上两个羟基产生羟基化 DDT,而后发生邻位裂解,最终产生对氯苯甲酸。研究表明,联苯能诱导 *P. acidovorans* M3GY 对 DDE 的共代谢,代谢机制是双加氧作用和苯环间位裂解,产生二氧化碳,与 *A. eutrophus* A5 降解 DDT 的研究结果一致,即最初通过双加氧酶进行环氧化作用,二羟基 DDE 的形成则是由于苯环裂解产物积累,产生了反馈抑制作用。

10.2.3.7　土壤的氧化还原性

氧化还原反应是土壤中的无机物和有机物迁移、转化,并对土壤生态系统产生重要影响的化学过程。土壤中的主要氧化剂有 O_2、NO_3^- 和高价金属离子(如 Fe(Ⅲ)、Mn(Ⅳ)、V(Ⅴ)、Ti(Ⅳ)等)。土壤中的主要还原剂有有机质和低价金属离子。此外,土壤中的根系和土壤生物也是土壤中氧化还原反应的重要参与者,如表 10-2 所示。

表 10-2　主要氧化还原体系

体系	氧化态	还原态	体系	氧化态	还原态
铁体系	Fe(Ⅲ)	Fe(Ⅱ)	氮体系	NO_3^-	NO_2^- N_2 NH_4^+
锰体系	Mn(Ⅳ)	Mn(Ⅱ)			
硫体系	SO_4^{2-}	H_2S			
有机碳体系	CO_2	CH_4			

土壤氧化还原能力的大小可以用土壤的氧化还原电位(E_h)来衡量,其值是以氧化态物质与还原态物质的浓度比为依据的。由于土壤中氧化态物质与还原态物质的组成十分复杂,因此计算土壤的 E_h 很困难,主要通过实际测量得到的 E_h 衡量土壤的氧化还原性。一般旱地土壤的 E_h 为 400~700 mV;水田的 E_h 为 -200~300 mV。根据土壤的 E_h 可以确定土壤中有机物和无机物可能发生的氧化还原反应和环境行为。

当土壤的 E_h>700 mV 时,土壤完全处于氧化条件下,有机物会迅速分解;当 E_h 在 400~700 mV 时,土壤中的氮素主要以 NO_3^- 的形式存在;当 E_h<400 mV 时,反硝化开始发生;当 E_h<200 mV 时,NO_3^- 开始消失,出现大量的 NH_4^+。当土壤渍水时,E_h 降至 -100 mV,Fe^{2+} 浓度超过 Fe^{3+};E_h 再降低,小于 -200 mV 时,H_2S 大量产生,Fe^{2+} 变成 FeS 沉淀,迁移能力降低。其他变价金属离子在土壤中不同氧化还原条件下的迁移、转化行为与在水环境中相似。

10.2.4　土壤生物修复工程技术

目前实际应用的土壤生物修复工程技术有以下三种。

10.2.4.1　原位处理

这种方法是在受污染地区直接采用生物修复技术,不需要将土壤挖出和运输。对受有机物污染的土壤,一般采用土著微生物处理,或加入经过驯化和培养的微生物,以加速处理。对废弃矿区的土地,一般引入植物进行复垦,以恢复植被。

1. 对受油污染的土壤进行修复

原位处理需要在修复区钻井,如图 10-18 所示。井可以分为两组,一组是注水井,用来将接种的微生物、水、营养物和电子受体等物质注入土壤。另一组是抽水井,通过抽取地下水造成地下水在地层中流动,促进微生物的分布和营养物等物质的运输,保持氧气供应。原位处理通常需要水泵和空压机等设备,有的系统还在地面上建有采用活性污泥法等手段的生物处理装置,将抽取的地下水处理后再注入地下。

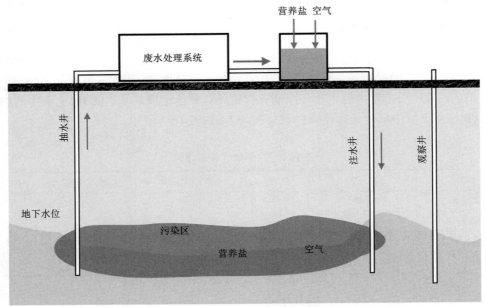

图 10-18　生物修复原位处理方式示意

目前已有学者用苜蓿草与微生物共同对多环芳烃(PAHs)和矿物油污染土壤进行修复,并研究了污染物含量、专性细菌和真菌、有机肥等因素对修复效果的影响。结果表明,PAHs和矿物油的降解率与有机肥含量正相关,增加有机肥可提高 PAHs 和矿物油的降解率。在植物存在时,土壤微生物的降解功能得到明显的提高。

生物修复工艺是较简单的受损环境修复方法,费用较省,但处理时间较长,而且在长期的生物修复过程中,污染物可能进一步扩散到深层土壤和地下水中,因而适于处理污染时间较长、状况已基本稳定的地区或者受污染面积较大的地区。

生物通风(bioventing)是原位生物修复的一种方式。土壤中的有机污染物会降低土壤中的氧气浓度,提高二氧化碳浓度,从而形成抑制污染物进一步生物降解的条件。生物通风系统向土壤中补充氧气来提高土壤中污染物的降解效果。它通过抽真空或加压进行土壤曝气,成功地用于轻度污染土壤的生物修复,如图 10-19 所示。

2. 矿山废弃地的植被恢复

矿山废弃地复垦技术的研究和实施在一些国家已有几十年的历史,大规模的复垦工程也已经普遍展开,并在施工技术、土壤改造、现场管理等方面取得了重大成果和经验。其中最主要的是以恢复生态学为基础的复垦技术,建立了多种矿山废弃地复垦模式和自维持生态系统。

矿山废弃地复垦首先要对复垦土壤的结构与成分进行分析,根据矿区土壤受到干扰的程度和类型筛选出具有抗性的植物种类,确定复垦模式,根据群落演替规律恢复植被,并进行复垦系统的能流、物流分析,同时应根据实际情况不断修改复垦模式,以提高生态效率。

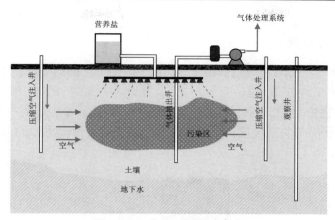

图 10-19　生物通风系统示意

　　耕作层土壤的理化性质是否适合植物生长是决定矿山废弃地复垦成败的关键因素之一。国内有关于对石墨矿废弃矿坑进行生态复垦的现场试验和小区工程措施的报道。在试验中,通过一定的结构设计和矿山废弃物与熟土的配比试验,并辅以适当的水、肥措施,获得了与当地农田土壤理化性质基本一致的复垦土壤。采矿后形成的废弃矿坑经长期自然风化,表层形成了一层风化土。首先将矿坑中的风化土取出,再把矿土中的岩石与松散土分离。按上轻下重的顺序分三层将岩石、尾渣、风化土、熟土等的混合物回填到矿坑中。岩石与尾渣按 1∶2 的比例回填到矿坑底层,厚度视矿坑深浅而定;将尾渣与风化土按 1∶1 的比例混合后覆盖在底层上,厚度为 50 cm;将尾渣与熟土以 2∶1 的配比混合填到最上层,形成耕作表土层,厚度为 50 cm,如图 10-20 所示。然后在其上进行树木和作物的种植,主要品种有丹参、菊花、花生、玉米、桑树等,并适当浇水和施有机肥,两年后以 100 cm 的剖面取土样进行理化分析。测定结果表明,废弃矿坑复垦土壤经两年的种植培育后,在化学、物理和生物作用下,基本形成了碎粒状结构的中石质土壤,土体发育良好,有机质、全磷、全氮的含量接近当地农田土壤,碱解氮和速效钾的含量与当地农田土壤相近甚至略有提高,速效磷的含量明显提高。在物理性质方面,复垦土壤的总孔隙度、毛管孔隙度、通气孔隙度均高于当地农田土壤,说明复垦土壤在施加了一定量的有机肥和经过一定时间的栽培养育后,理化性质得到改善,达到了农用土地的标准。经过生态复垦,不仅改善了矿区的生态环境,也恢复了土地的使用价值,从而获得了较高的经济效益。

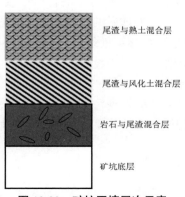

图 10-20　矿坑回填层次示意

10.2.4.2　挖掘堆置处理

将受污染的土壤从污染地区挖掘出来,防止污染物向地下水或更广大的地域扩散,将土壤运输到经过各种工程准备(包括布置衬里、设置通风管道等)的地点堆放,形成上升的斜坡,并在此进行生物修复,处理后的土壤再运回原地,如图 10-21 所示。复杂的系统可以带管道并用温室封闭,简单的系统就只是露天堆放。从系统中渗流出来的水要收集起来,重新喷洒或另外处理。

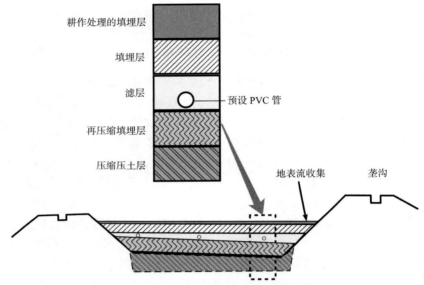

耕作处理的填埋层

填埋层

滤层　　　——预设 PVC 管

再压缩填埋层

压缩压土层

地表流收集　　垄沟

图 10-21　生物修复挖掘堆置处理方式示意

这种方法的优点是可以在土壤刚受污染时就限制污染物的扩散和迁移,减小污染范围。但其用于挖土方和运输的费用显著高于原位处理方法。另外,在运输过程中可能造成污染物进一步暴露,还会由于挖掘而破坏原地的土壤生态结构。

10.2.4.3　反应器处理

这种方法是将受污染的土壤挖掘出来,与水混合后在接种了微生物的反应器内进行处理,工艺类似于污水生物处理方法。处理后的土壤经脱水处理后运回原地,处理后的出水视水质情况直接排放或送入污水处理厂继续处理。反应装置不仅包括各种可以拖动的小型反应器,也有类似稳定塘和污水处理厂的大型设施。

和前两种处理方法相比,反应器处理的一个主要特征是以水相为处理介质,而前两种处理方法以土壤为处理介质。这种方法处理污染物的速度快,但工程复杂,处理费用高。另外,在用其处理难生物降解的物质时必须慎重,以防止污染物从土壤中转移到水中。

10.3　大气污染治理与固体废弃物处理中的生物化学

10.3.1　大气污染治理中的生物化学

在社会经济发展的过程中,大气污染问题越来越严重。在大气污染治理中,应用生物化学法可以得到较好的效果,这对大气污染治理整体质量水平的提升是非常有帮助的。生物化学法治理大气污染的工艺主要有生物吸收法、生物洗涤法、生物过滤法、生物滴滤法、电晕法等。

生物化学法的本质是氧化分解过程,通过生物法净化废气,活性微生物以废气中的能源、养分作为生命活动所需要的成分,并对其进行转换,得到一些简单无机物。可以人为地创造适于微生物生存和繁殖的环境,这样可以使氧化分解有机物的效率极大地提升。根据微生物的种类,生物化学法主要分为好氧法、厌氧法和生物酶法三种。

10.3.1.1　生物化学法处理废气的机理

对生物化学法处理废气机理的研究有很多,但是没有形成统一的理论。其中影响较大的有生物膜理论、吸附 - 生物膜理论。生物膜是一种生态膜系统,由微生物群体在固体载体表面形成。微生物处于湿润环境中的时候,以废气中的有机物为原材料,将其分解转化为一定厚度的膜,这种膜能够起到促进微生物生长和繁殖的作用。特别是在处理低浓度废气或生物可降解性强的废气的时候,其优点较突出。

所谓生物法,就是采用活性微生物对废气中的有毒物质、有机组分进行分解,然后在氧化分解过程中将有毒物质分解为无毒无害的物质。根据生物学知识,在微生物净化废气的过程中需要注意以下三个方面。第一是要使废气中的有毒物质溶于水。第二是提高污染物的浓度,使污染物扩散到生物膜上,从而使生物净化效率更高。第三是加强微生物新陈代谢方式的实施。生物净化效率主要与污染物的性质和降解过程有紧密的联系。比如,空气中比较多的是甲苯污染物,其水溶性较强,也是微生物碳的来源之一,可以用微生物对其进行吸收,将其氧化分解为无机物等,如图 10-22 所示。

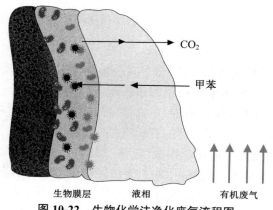

图 10-22　生物化学法净化废气流程图

10.3.1.2　生物化学法处理废气的工艺

1. 生物吸收法

生物吸收法的核心是微生物吸收和氧化分解。在对大气环境中的工业废气进行处理时,污染物可以直接从反应器下端进入反应器,在此过程中,污染物中的有机气体会直接接触填料中的液相,然后从气态转变成液态。此时,反应器中大量的微生物会吸收和分解这些有机污染物。这种处理方法由于需要的技术和设备都十分先进,且需要给反应器中的微生物添加额外的养料,所以成本较高。但是相比较其他处理方法而言,生物吸收法的反应条件更容易控制。

2. 生物洗涤法

采用生物洗涤法净化废气需要构建一个生物洗涤塔,且生物洗涤塔需要具备一套完整的污泥处理机制,因此生物洗涤塔包括洗涤塔与再生池两个部分(图 10-23)。使用该技术处理大气环境中的工业废气时,首先需要从洗涤塔下部将工业废气通入;其次使废气经过气相和液相转化溶解后随着悬浮液一起进入再生池。再生池中含大量的微生物,可以将有机污染物氧化分解,分解物可从再生池中流出,从而达到循环利用的效果。该技术不仅压降小,不需要任何填料,而且管理起来简单,但应用时需要很多设备,所以成本较高。

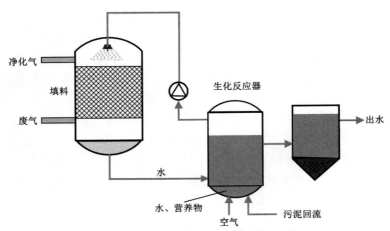

图 10-23　生物洗涤法流程图

3. 生物过滤法

生物过滤法是一项传统的处理工艺,最早仅仅被应用于硫化氢等有臭味气体的处理,但随着科技的更新和发展,该技术的应用范围越来越广。用微生物处理大气环境中的挥发性工业废气是生物过滤法的主要应用范围,在具体应用中需要借助具有较强吸附性的生物过滤装置将工业废气中有气味、有挥发性的有机气体吸收和氧化分解,以实现过滤工业废气、净化环境的作用。生物过滤法适用于丙酮、丁酮、甲苯、乙苯、苯、天然气、二甲苯、乙烷、戊烷、氨气、硫化氢等废气的处理。此外,生物过滤法还被广泛应用于涂料、养殖、化工、家具制造、垃圾填埋、印刷等领域。用生物过滤法处理大气污染物的原理为:多孔填料表面覆盖着生物膜,需要处理的废气流经多孔填料床时,废气中的污染物成分会流至生物膜,与生物膜中的微生物接触并发生生物化学反应,达到降低废气中污染物浓度的效果。用生物过滤技术处理大气污染物是一个开放系统,外部的大气环境变化,技术工艺系统内部的微生物种群也会随之发生变化。异养型细菌、真菌(如毛霉菌、根霉菌、青霉菌)和酵母菌对挥发性有机物具有良好的处理效果。以堆肥、土壤为滤料的生物滤池可对原有生物直接启动,处理大气中的污染物。而采用人工合成滤料、惰性滤料的生物滤池应接种微生物,先对大气中的污染物进行生物降解。对有毒、难降解的物质,应投入已掌握菌种的性质、种类和生长条件的纯菌。

4. 生物滴滤法

生物滴滤法是将生物过滤和生物吸收相结合的一种处理工艺(图 10-24)。在应用该方法对大气环境中的工业废气进行处理时,要求污染物降解和污染物吸收必须在同一个反应容器里进行。因此,为满足污染物的降解和吸收需求,填料的表面积一定要足够大,在通常情况下可以选择小碎石、陶瓷等无机惰性物质作为填料,以给微生物创造一个适合的生长媒介。在对大气环境中的工业废气进行处理之前,还有一道非常重要的工序——给填料喷洒营养液,让填料表面得到良好的氧化处理。在该方法的具体应用过程中,可以用回流液替换法将微生物新陈代谢的产物去除,但是要保障回流液具有足够强的缓冲能力。该方法十分适用于新陈代谢产物为酸性的工业废气污染物的处理。

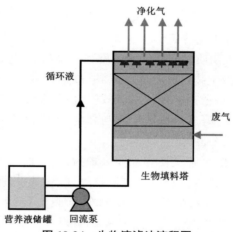

图 10-24　生物滴滤法流程图

5. 电晕法

电晕法逐渐应用于废气的处理,对挥发性有机气体处理效果较好。电晕法处理废气的原理是通过高压脉冲放电得到 OH、O 等活性基,通过活性基使有机气体氧化分解,最终得到无毒无害的物质。

10.3.2　固体废弃物处理中的生物化学

固体废弃物简称垃圾,是人类在生活活动中产生的丧失使用价值的固体或半固体物质。普遍认为,有人类生存的地方就一定存在固体废弃物。固体废弃物主要包括生活垃圾、工业固废、危险固废等。常见的处理固体废弃物的方式主要有四种,即固积法、填埋法、焚烧法和生物法。固积法是处理固体废弃物的传统方法,即在土地上大面积堆放垃圾。这种方法需要大面积占用土地,垃圾也会在变质后散发恶臭。填埋法是在固定的位置将垃圾土藏,依靠土壤的自我调节能力对垃圾进行物化分解,或者在填埋垃圾的土地上种植农作物。慢速降解阶段以纸类等慢速降解物质的生化反应为主导;后稳定化阶段以腐殖质、木质素等难降解有机物质的生化反应为主导。填埋气(组分、产量、产气速率)、渗滤液(产量、水质变化)、可降解物质含量和堆体沉降变形等参数随着垃圾的生化降解不断变化,广泛被学者作为填埋垃圾稳定化程度评价体系的基本指标。如果运用这种手段,需要大量人力将垃圾分类,对能够分解的垃圾进行土埋,并且垃圾分解需要漫长的时间,费时费力。焚烧法多用于树叶、秸秆、生活垃圾的处理,对固体废弃物进行高温处理能够减少部分垃圾的存在,同时焚烧产生的气体可以作为有机能源二次利用。这种手段的缺陷是对能源回收设备的要求比较高,且操作不当会对空气造成二次污染。

　　生物法是利用微生物或生物的作用将固体废弃物中的有机物转化为稳定的产物、能源和其他有用物质的方法。该方法将固体废弃物视为有效资源加以利用,以达到固体废弃物有效减量、节约能源、无公害的目的,如堆肥、厌氧消化、纤维素水解、污泥或垃圾制取蛋白、蚯蚓养殖分解垃圾等。目前,新兴的方法有通过饲养黑水虻来处理禽畜粪便和厨余垃圾。该方法主要利用黑水虻成虫吃掉厨余垃圾,可避免地沟油流入餐饮市场,并且黑水虻幼虫具有高蛋白,可以作为饲料喂养鸡、鸭、蛙、龟和鱼类。此法已得到一定程度的推广和应用。

10.3.2.1　堆肥

　　堆肥是把对有机底物的生物分解和稳定处理技术应用到固体或者半固体物质上。它通过微生物作用把腐化的有机物质转变为稳定的堆肥。好氧堆肥法主要基于人工干预模式培养高效处理固体废弃物的微生物,使固体废弃物通过相关微生物作用分解、转化为腐殖质。一般来说,有机废物需和填料依据一定比例有效混合,并保证环境温湿度利于生物生长、降解等活动,从而降解有机物。好氧堆肥法通常与高温、紫外杀菌方法联用,从而实现有机固体废弃物的稳定化、减量化、无害化。

　　堆肥的底物原本以污泥、动物粪便和农业废物为代表,如今工业废水,包括浓缩的人工化学品和污染的土壤都能以这种固态的形式进行处理。多数堆肥系统是好氧的,主要的产物为水、二氧化碳和热量。但我们不能排除厌氧堆肥的可能性,尤其在化学反应阶段(55~70 ℃),这个阶段能产生甲烷和低分子质量的有机酸。堆肥的第一个阶段是需要消耗大量氧气的喜中温阶段,温度为28~55 ℃。图10-25为堆肥过程图,图中包括堆肥产品的循环利用,并在堆肥前把它们和底物混合。添加改良成分或者封装成分也是非常重要的,添加秸秆、稻草、泥炭、米糠、锯末和木屑等能够减小堆肥的密度,增大空隙度,使空气能够穿透,从而利于底物充分氧化。通常在此过程中要另外添加氮、磷和其他无机物质,为微生物提供养分。肥堆的温度轮廓和覆盖物与秸秆基座形成的堆肥结构有关。开放式系统和封闭式系统都可以采用。开放式系统有两种类型:通风堆(肥堆排成长条,交叉部分为三角形或梯形)和静式堆。最重要的因素是氧气的提供,关键的氧气浓度为15%。翻堆、自然通风和强制通风是通风的几种方式。封闭式系统一般采用生物反应器。堆肥的目的是把污泥转化为有用的土壤改良剂或肥料,因此病原体和重金属是两个重要的问题。第一个问题是堆肥可以解决的,因为在高温阶段大多数病原体能被杀死。第二个问题依赖于土壤改良剂的添加,如果土壤改良剂可以在当地取材,就能把产品稀释到可以接受的水平。

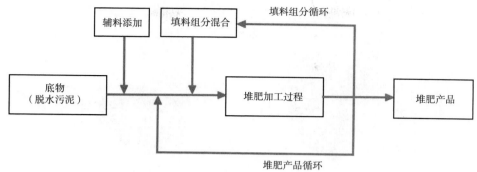

图 10-25　堆肥过程图

堆肥已在场地上应用于处理氯苯污染的土壤。为了测量通过氧化或者生物降解减少的污染物,羟基化和甲基化的代谢物被迅速地监测。同时,尝试添加了一种通用降解菌 *Rhodococcus chlorophenolicus*。对处理 TNT、RDX 和 HMX 污染的水体沉积物,堆肥也已进行场地应用。

10.3.2.2　厌氧消化

厌氧消化是在厌氧条件下通过微生物将有机物分解为简单有机物的反应过程。目前世界上广泛应用的城市生活垃圾有机组分的厌氧消化工艺大体可分为三类:一段式、两段式和序批式。按固体含量的高低又可分为低固体厌氧消化和高固体厌氧消化。各类厌氧消化工艺使用的厌氧消化反应器对预处理和后续处理都有相应的要求。必要的预处理大致包括磁选、粉碎、筛选、搅拌制浆、重力分离和高温灭菌,常见的后续处理有机械脱水、好氧腐熟和废水处理。

参与厌氧消化分解的微生物可以分为两大类。第一类微生物将复杂的有机物水解,并进一步分解为以有机酸为主的简单产物,此类微生物属于兼性厌氧菌,通常称为产酸菌;第二类微生物是绝对厌氧菌,其功能是将有机酸转化为 CH_4,称为产甲烷菌。产甲烷菌繁殖相当缓慢,且对温度、抑制物等外界条件的变化非常敏感。

有机物厌氧消化的生物化学反应过程是非常复杂的,中间反应和中间产物有数百种,每种反应都是在酶或其他物质的催化下进行的。总的生化反应可用下列方程描述:

有机物 $+H_2O \rightarrow$ 细胞物质 $+CH_4+CO_2+NH_3+H_2+H_2S+$ 难消化的有机物 + 热量

与好氧堆肥法相比,这种方法实际能耗较低,资源化特征较明显,可高效处理有机废物,并产生沼气和肥料。

对污泥进行厌氧处理是为了稳定和减小体积。厌氧消化包括三个步骤。首先,胞外酶被用来分解多糖,如纤维素。许多细菌可分泌胞外酶。其次,产酸菌(兼性厌氧或厌氧)把单糖降解成羧酸。微生物细胞大多数被转化为挥发性酸或脂肪酸。最后,甲烷利用菌、产甲烷菌把简单的酸转化为甲烷、二氧化碳。厌氧消化装置可使用传统的标准反应罐。高速消化过程要有两个罐,如图 10-26 所示,第一个罐进行完全混合,第二个罐进行分层。在许多情况下,厌氧消化罐产生的总热量不足以使发酵罐维持合适的发酵温度,因而有时需要附加燃料来提供热量,这是厌氧消化的一个缺点。

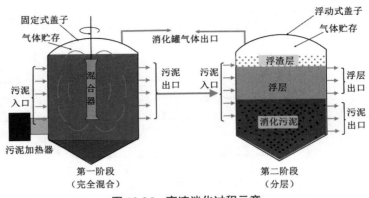

图 10-26　高速消化过程示意

小结

生物处理就是利用微生物分解氧化有机物这一功能，并采取一定的人工措施，创造有利于微生物生长、繁殖的环境，使微生物大量增殖，以提高其分解氧化有机物的效率的污水处理方法。水处理工艺根据微生物的培养方式可以分为两类，一类是悬浮式培养系统，如常规的活性污泥法、氧化沟和序批式活性污泥（SBR）工艺；另一类是附着式培养系统，如生物接触氧化池、生物滤池和升流式厌氧污泥床。附着式培养系统独特的地方在于由生物膜和黏液层提供吸附能力。生物膜法是利用附着生长于某些固体表面的微生物（即生物膜）进行有机污水处理的方法。生物膜法与活性污泥法在去除机理上有一定的相似性，但又有区别，生物膜法主要依靠固着于载体表面的微生物来净化有机物，而活性污泥法是依靠曝气池中悬浮流动着的活性污泥来分解有机物的。

生物脱氮过程包含氨化、硝化和反硝化过程。硝化反应由自养型好氧微生物完成，反硝化反应是由异养型反硝化菌完成的。废水中磷的存在形态取决于废水的类型，最常见的是磷酸盐、聚磷酸盐和有机磷。生物除磷的机制一般认为是在厌氧条件下，聚磷菌吸收分解的或来自原污水的低分子挥发性有机酸，并将其运送到细胞内，同化成胞内碳源存储物（PHB/PHV），所需能量来源于聚磷水解和糖酵解，以维持聚磷菌在厌氧环境中生存，并导致磷酸盐释放。在好氧条件下，聚磷菌进行有氧呼吸，从污水中大量地吸收磷，数量大大超出其生理需求，通过 PHB 的氧化代谢产生能量，用于磷的吸收和聚磷的合成，能量以聚合磷酸盐的形式存储在细胞内，磷酸盐从污水中得到去除。同时合成新的聚磷菌，产生富磷污泥。通过对不同功能微生物的整合，可以得到同步去除污水中的氮磷的工艺，如生物转盘工艺、厌氧池 - 氧化沟工艺、A_2N-SBR 双污泥脱氮除磷工艺和 AOA-SBR 脱氮除磷工艺。

重金属在土壤 - 植物体系中的迁移、转化机制非常复杂，影响因素很多，主要有土壤的理化性质，重金属的种类、浓度和在土壤中的存在形态，植物的种类、生长发育期，复合污染，施肥等。植物对重金属污染的耐性由植物的生态学特性、遗传学特性和重金属的理化性质等因素决定，不同种类的植物对重金属污染的耐性不同；同种植物由于分布和生长环境各异，长期受不同环境条件的影响，在植物的生态适应过程中可能表现出对某种重金属有明显的耐性。植物根系通过改变根际化学性状、原生质泌溢等作用限制重金属离子跨膜吸收。

　　　土壤是自然界中微生物密集的地方,也是微生物良好的天然培养基。从环境的角度看,微生物在转化土壤中的有机质方面有特殊的功绩。土壤有机质的矿化和腐殖化是两个相互对立又相互联系的过程,是土壤中最重要的生物化学过程。矿化过程也是自然界碳素循环的重要环节。硝化菌和反硝化菌在转化土壤中的氮素方面有重要作用。土壤中有机态氮和无机态氮之间的转化完全是生物控制的。土壤中氮的生物转化是十分活跃的。土壤中的氮主要有四种形式:无机氮、活有机质结合氮(NLO)、死有机质结合氮(NDO)和气态形式结合氮(NGF)。四种形式的氮通过各类微生物的作用相互转化,主要反应包括生物固定、氨化作用、生物硝化作用、生物反硝化作用、植物吸收、排泄和死亡。

　　　土壤中可被植物吸收利用的磷基本上来源于地壳表层的风化释放和成土过程中磷在土壤表层的生物富集。农业中磷肥的长期大量施用在改变土壤中磷的含量、转化状况和土壤供磷能量的同时,在很大程度上增大了磷素向水环境中释放的风险,许多有毒有害的重金属元素也随磷肥的施用进入土壤和水体。土壤中的磷按存在形态可以分为有机磷和无机磷两大类。有机磷的矿化和无机磷的生物固定是两个方向相反的过程。土壤中的有机磷除了一部分被作物直接吸收利用外,其余大部分需经微生物作用矿化转化为无机磷才能被作物吸收。土壤中有机磷的矿化主要是土壤中的微生物和游离酶、磷酸酶共同作用的结果。土壤中无机磷的生物固定即使在有机磷的矿化过程中也能够发生,因为分解有机磷的微生物也需要磷才能生长和繁殖。

　　　在土壤和水体等自然环境中汞的浓度很低,但生物对它有富集作用,因此会造成严重危害。微生物能将甲基转移给 Hg^{2+},形成甲基汞。甲基转移是依靠甲基钴胺素实现的。土壤中甲基汞的产生与降解是同时发生而又对立的两个过程,这两个反应过程的平衡最终决定了土壤中甲基汞的净含量和相应的环境风险。在自然环境中甲基汞降解主要通过非生物光化学降解和生物降解两种途径。砷是一种具有强毒性的非金属元素,砷的毒性一部分是由于砷酸盐可以替代生化反应中的磷酸盐,干扰了必需的高能磷酸酯的合成引起的。微生物对环境中砷的转化作用机制主要包括砷的氧化还原和甲基化过程。硒在环境中的含量、形态和全球硒循环的动态是备受关注的主题。硒在地圈中与硫沉积物和煤有关。在陆地系统中,矿物是硒的主要来源,但硒也来源于人造来源,这些来源与硒在陶瓷、玻璃制造和制药等许多行业中的使用有关。硒是硫族中的一个元素,具有一些与硫相似的化学性质。

　　　多环芳烃(PAHs)是石油的重要组成部分,其生物降解取决于分子化学结构的复杂性和微生物降解酶的适应程度。降解的难易程度与 PAHs 的溶解度、环的数目、取代基的种类、取代基的位置、取代基的数目、杂环原子的性质有关,而且不同种类的微生物对各类PAHs 的降解机制也有很大的差异。

　　　目前实际应用的土壤生物修复工程技术有三种:原位处理、挖掘堆置处理和反应器处理。原位处理是在受污染地区直接采用生物修复技术,不需要将土壤挖出和运输。对受有机物污染的土壤,一般采用土著微生物处理,或加入经过驯化和培养的微生物,以加速处理。对废弃矿区的土地,一般引入植物进行复垦,以恢复植被。

　　　生物化学法治理大气污染的工艺主要有生物吸收法、生物洗涤法、生物过滤法、生物滴滤法、电晕法等。生物化学法的本质是氧化分解过程,通过生物法净化废气,活性微生物以废气中的能源、养分作为生命活动所需要的成分,并对其进行转换,得到一些简单无机物。可以人为地创造适于微生物生存和繁殖的环境,这样可以使氧化分解有机物的效率极大地提升。

　　生物法是利用微生物或生物的作用将固体废弃物中的有机物转化为稳定的产物、能源和其他有用物质的方法。该方法将固体废弃物视为有效资源加以利用，以达到固体废弃物有效减量、节约能源、无公害的目的，如堆肥、厌氧消化、纤维素水解、污泥或垃圾制取蛋白、蚯蚓养殖分解垃圾等。

（本章编写人员：金超　刘宪华　钟磊　刘宛昕）

第11章　现代生物化学工程与绿色生物制造

生物化学工程是生物化学和化学工程的一个前沿分支,它应用生物化学和化学工程的原理和方法研究解决有生物体或生物活性物质参与的生产过程(即生物反应过程)的基础理论和工程技术问题。现代生物化学工程一般包括发酵工程、基因工程、细胞工程、蛋白质工程和酶工程。它对解决全球性的资源、能源与环境问题具有核心支撑作用。例如,当前在全球实现"双碳"目标的主要技术中,基于先进生物与化学制造技术的高效碳分离捕集与催化转化、生物质资源开发与循环、新能源与新材料、工业流程再造等是实现碳中和目标的关键路径,相关前沿战略研究已成为科学界的研究热点,也是各国科技创新的必争之地。

11.1　基因工程

从狭义上讲,基因工程指将供体细胞的基因(外源基因)按照人们设计的方案与载体在体外定向拼接重组形成重组 DNA 分子,然后重组 DNA 分子被引入受体细胞,按照人们的意愿表达出新的性状或发育成一个新物种。这一过程在自然界演化中一般是不会发生的。除了 RNA 病毒外,几乎所有生物的基因都存在于 DNA 序列中,用于外源基因拼接重组的载体也是 DNA 分子,因此基因工程亦称为 DNA 重组技术。另外,重组 DNA 分子大都需在受体细胞中复制扩增,故还可将基因工程表达为分子克隆技术。

广义的基因工程定义为 DNA 重组技术的产业化设计与应用,包括上游技术和下游技术两大组成部分。上游技术指的是外源基因重组、克隆、表达的设计与构建(即狭义的基因工程);下游技术则涉及外源基因型重组生物细胞(基因工程菌或细胞)的大规模培养和外源基因表达产物的分离纯化。因此,广义的基因工程概念更倾向于工程学的范畴。值得注意的是,广义的基因工程是一个高度统一的整体。上游 DNA 重组的设计必须以简化下游的操作工艺和装备为指导,下游过程则是上游基因重组蓝图的体现与保证,这是基因工程产业化的基本原则。

11.1.1　基因工程的特点和操作步骤

基因工程与其他育种技术相比具有如下特点:
(1)能像工程一样按人们的意愿事先设计和控制;
(2)是人工的、离体的、在分子水平上进行的遗传重组;
(3)能在动植物和微生物间进行任意的、定向的超远缘杂交。

基因工程实际上是一系列实验技术的总称。概括起来基因工程包括以下 6 个基本步骤。

1)外源目的基因的取得

经过酶切消化、PCR 扩增等步骤,从复杂的生物细胞基因组中分离出带有目的基因的 DNA 片段,取得所需的基因(外源性 DNA 片段);从特定细胞里提取所需基因的 mRNA

后,在适宜的条件下利用逆(反)转录酶的作用取得所需的基因;探明目的基因所含的遗传密码及其排列顺序,然后用化学方法人工合成所需的基因。

2)基因运载体的分离提纯

基因运载体是具有自体复制能力的 DNA 分子,它经过处理后能与外来基因(外源性 DNA)相结合,并带有必要的标记基因。目前,常用的基因运载体主要有两类:一类是质粒,一类是病毒(包括噬菌体)。以前者为例,首先用溶菌酶分解细菌的细胞壁,然后用物理化学的方法把质粒与其他成分分开,从而得到纯粹的质粒。

3)重组 DNA 分子的形成

通过专一限制性核酸内切酶的处理或人为的方法使带有目的基因的外源 DNA 片段和能够自我复制并具有选择标记的载体 DNA 分子产生互补的黏性末端而配对结合,并通过连接酶的作用使两者在体外连接起来,形成一个完整的新的 DNA 分子重组 DNA 分子。

4)重组 DNA 分子引入受体细胞

重组 DNA 分子是带有目的基因的运载体(杂种质粒或病毒)。用人工的方法(转化法或转导法)使重组 DNA 分子转移到适当的受体细胞(宿主细胞)中,在细胞中"定居"下来,通过自体复制和增殖形成重组 DNA 的无性繁殖系(即克隆),从而扩增产生大量特定目的基因,并使之得到表达,即能指导蛋白质的合成。

5)重组菌的筛选、鉴定和分析

从大量受体菌中筛选出带有目的基因的重组菌(克隆株系),并进行鉴定,然后培养克隆株系,提取出重组质粒,分离已经得到扩增的目的基因,再分析测定其基因序列。

6)工程菌的获得和基因产物的分离

将目的基因克隆到表达载体上,然后导入受体菌,经反复筛选、鉴定和分析测定获得稳定高产的基因工程菌,再大量培养繁殖,产生所需要的目的基因产物,最后进行分离纯化。

上述内容仅是基因工程的基本步骤,在实际工作中具体操作步骤更多,因为很多步骤必须重复进行,必须多次分离和分析测定重组 DNA。

11.1.2　基因工程的操作单元

11.1.2.1　限制性核酸内切酶

限制性核酸内切酶(restriction endonuclease)简称限制酶,是一类能够识别双链 DNA 分子中的某种特定核苷酸序列并切割 DNA 双链结构的核酸内切酶。限制性核酸内切酶主要是从原核生物中分离纯化出来的,是细菌中经常发现的能够使 DNA 片段化的酶。限制性核酸内切酶的生物学任务可能是建立一种原始免疫系统,使细胞能够破坏外来遗传物质。识别序列中核苷酸的甲基化可保护自己的 DNA 免受细胞自身限制性核酸内切酶的降解。

限制性核酸内切酶是一类专一性很强的核酸内切酶。其与一般的 DNA 水解酶的不同之处在于对碱基作用的专一性和磷酸二酯键的断裂方式。限制性核酸内切酶在基因分离、DNA 结构分析、载体改造和体外重组中均起着重要作用。

除了一个例外,所有限制性核酸内切酶都能识别非甲基化的短 DNA 序列。根据切割位点相对于识别序列的位置,限制性核酸内切酶可分为两类。Ⅰ类限制性核酸内切酶在识别序列之外的位置切割双链 DNA,并生成大小随机的片段。在大多数情况下,Ⅱ类限制性核酸内切酶的切割位点位于识别序列内。大多数Ⅱ类限制性核酸内切酶识别 4、5 或 6 个碱基对的回文序列，并生成具有平头末端或交错末端的片段。末端交错的 DNA 片段称为黏性末端。Ⅱ类限制性核酸内切酶切割产生的 DNA 片段可以根据分子质量在凝胶中分离。这些片段可以从凝胶中分离出来用于序列分析，以阐明 DNA 中存储的遗传信息。此外，可以将分离的片段插入小的染色体外 DNA，如质粒、噬菌体或病毒 DNA，并且可以在原核或真核细胞的克隆中研究其复制和表达。限制性核酸内切酶和克隆技术是解决医学、农业和工业微生物学中的遗传问题的强大工具。

11.1.2.2　DNA 连接酶

1. T4 DNA 连接酶

T4 DNA 连接酶是目前应用比较多的病毒基因组编码的 DNA 连接酶，在基因重组中广泛使用。噬菌体类型较多，目前研究发现 T4 噬菌体能够合成 T4 DNA 连接酶，并且能够从被 T4 噬菌体感染的大肠杆菌中提取该酶。T4 DNA 连接酶具有连接黏性末端和平头末端的作用，当以切口 DNA、黏性末端和平头末端 DNA 为底物时，T4 DNA 连接酶对切口 DNA 的亲和力最大，对黏性末端 DNA 的亲和力大于平头末端 DNA，在一般情况下 T4 DNA 连接酶对平头末端 DNA 的连接效率很低。在科学研究中，为了提高连接平头末端 DNA 的效率，一般对平头末端进行酶切形成黏性末端后再进行连接。经过科学家的研究，目前对 DNA 连接反应的基本机理形成了基本一致的观点，即先对双链 DNA 分子进行切割暴露出切口，然后进行连接。

2. 真核生物 DNA 连接酶

真核生物中存在 3 种 ATP 依赖性 DNA 连接酶——DNA 连接酶Ⅰ、DNA 连接酶Ⅲ和 DNA 连接酶Ⅳ。研究显示，DNA 连接酶Ⅰ和 DNA 连接酶Ⅳ广泛分布于真核生物中，如植物界和动物界，DNA 连接酶Ⅲ则主要分布于脊椎动物中。

目前科学家认为，在真核生物的 DNA 复制过程中起连接作用的可能主要是 DNA 连接酶Ⅰ，DNA 连接酶Ⅰ活性的调节与其氨基端有关，其氨基端靠近活性中心处有一个特定的部位，该部位可以通过磷酸化作用调节 DNA 连接酶Ⅰ的活性。DNA 连接酶Ⅰ的作用就是将 DNA 复制时复制叉处形成的不连续的后随链（冈崎片段）连接起来。在此过程中 DNA 连接酶Ⅰ并不是单独起作用，而是需要和多种蛋白因子密切合作共同完成。在真核生物 DNA 复制时，后随链是由 DNA 聚合酶 α 催化合成的，DNA 聚合酶 α 先催化合成一段引物，然后依赖 DNA 聚合酶 δ 与增殖细胞核抗原（持续复制因子），从引物开始合成 DNA，之后子链 DNA 中的 RNA 引物被核酸酶水解而除去。在损伤的 DNA 的碱基修复中，DNA 连接酶Ⅰ也同样起着重要的作用。首先细胞内的特异性核酸内切酶和外切酶特异性识别损伤部位，在 DNA 单链的损伤部位附近进行剪切，切除一段 DNA，然后 DNA 聚合酶以另一条完整的 DNA 链为模板进行修复合成，重新合成这段 DNA，最后由 DNA 连接酶Ⅰ将缺口连接。

哺乳动物的 DNA 连接酶Ⅲ基因编码 2 种连接酶——连接酶Ⅲα 和连接酶Ⅲβ，这 2 种酶的区别在 C 端。DNA 连接酶Ⅲ在核苷酸切除修复、碱基切除修复和单链断裂修复等过程中发挥作用。DNA 连接酶Ⅳ在非同源重组 DNA 双链断裂修复和免疫相关基因重组中发挥作用，可与某种复合物相互作用来维持稳定和催化功能。DNA 连接酶的连接作用如图 11-1 所示。

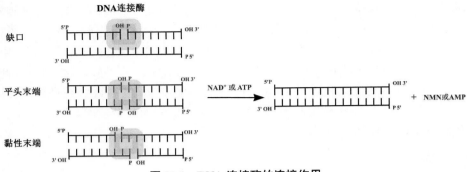

图 11-1　DNA 连接酶的连接作用

11.1.2.3　DNA 聚合酶

DNA 聚合酶（DNA polymerase）是能够催化 DNA 复制和修复 DNA 损伤的一类酶，基因工程操作中的许多步骤是在 DNA 聚合酶的催化下进行的 DNA 体外合成反应。

这类酶作用时大多数需要 DNA 模板并且优先作用于 DNA 模板，也可作用于 RNA 模板，但效率较低。最常用的依赖于 DNA 的 DNA 聚合酶如下：

（1）大肠杆菌 DNA 聚合酶 I（全酶）；

（2）大肠杆菌 DNA 聚合酶 I 大片段（Klenow 片段）；

（3）T4 和 T7 噬菌体编码的 DNA 聚合酶；

（4）经修饰的 T7 噬菌体 DNA 聚合酶（测序酶）；

（5）耐热 DNA 聚合酶（Taq DNA 聚合酶和 Ampli Taq）；

（6）反转录酶。

11.1.2.4　载体

绝大多数分子克隆实验使用的载体是 DNA 双链分子，其具有以下几种功能：为外源基因提供进入受体细胞的转移能力；为外源基因提供在受体细胞中的复制和整合能力；为外源基因提供在受体细胞中的扩增和表达能力。表 11-1 显示了用于 DNA 操作的常见载体和可插入 DNA 的大小。

表 11-1　用于 DNA 操作的常见载体和可插入 DNA 的大小

载体类型	插入大小/千碱基对
质粒	0.5~8
噬菌体	9~25
黏粒	30~45
细菌人工染色体	50~300
酵母人工染色体	250~1 000
人类人工染色体	6 000~10 000

1. 质粒载体

质粒（plasmid）是一类天然存在于细菌和真菌细胞中，能独立于染色体 DNA 而自主复制的共价、闭合、环状 DNA 分子。其大小通常在 1~600 kb。质粒并非其宿主生长所必需的,但可赋予其宿主某些抵御外界环境因素的不利影响的能力,如抗生素的抗性、重金属离子的抗性、细菌毒素的分泌、复杂化合物的降解等,上述性状均由质粒上相应的基因编码控制。野生型质粒具有下列基本特性:①自主复制性;②可扩增性;③可转移性;④不相容性。

人工构建的载体质粒根据功能和用途可分为如下几类:①克隆质粒;②测序质粒;③整合质粒;④穿梭质粒;⑤操针质粒;⑥表达质粒。

2. 病毒或噬菌体载体

病毒或噬菌体能通过物种特异性的感染方式将其基因组 DNA 或 RNA 高效导入宿主细胞,并独立于宿主基因组大量复制和增殖而与质粒相似,以满足 DNA 重组克隆所需的基本条件。大肠杆菌对应多种噬菌体,其基因组 DNA 已被开发作克隆外源 DNA 的载体,其中应用最普遍的是来自 λ 噬菌体和 M13 噬菌体的 DNA。

3. 噬菌体 - 质粒杂合载体

噬菌体和质粒作为 DNA 重组的载体各有利弊,若将噬菌体 DNA 的某个特征区域(如、λ 噬菌体的 cos 区、丝状噬菌体的复制区)与质粒 DNA 重组,则形成的杂合载体具有更多优良的性能,可大大简化分子克隆的操作。

11.1.3　基因工程的原理

基因工程技术是一种按照人们的构思和设计,在体外将一种生物的个别基因插入质粒或其他载体分子,使遗传物质重组,然后导入没有这类分子的受体细胞进行无性繁殖,使重组基因在受体细胞内表达,产生人类需要的基因产品的操作技术。或者说,基因工程技术通过在体外对一种生物的 DNA 分子进行人工剪切和拼接对生物的基因进行改造和重新组合,再把它导入另一种生物的细胞,定向地改造这种生物的遗传性状,产生具有新的遗传特性的生物。想要掌握基因工程,就需要了解一些基因修饰或基因操作技术。

11.1.3.1　基因修饰的类型

利用基因工程技术可以对基因组进行多种类型的基因修饰,主要包括基因敲除(删除 DNA 序列)、基因敲入(插入 DNA 序列)和基因替换(用外源序列替换 DNA 序列)。删除基因组中长的 DNA 片段可用于敲除基因,抑制基因表达;删除基因组中短的 DNA 片段可用于敲除基因表达的调控元件,激活基因表达,通过改变编码序列改变蛋白质的结构、功能。

11.1.3.2　CRISPR/Cas9

CRISPR(规律间隔成簇短回文重复序列)是一种基因编辑技术,可以修改几乎所有生物的遗传信息。基因编辑会导致生物体的特征发生变化,如眼睛的颜色、对疾病的易感性。CRISPR 利用细菌的天然防御机制在特定位置切割 DNA。具体来说,当细菌受到病毒攻击时,它们会在自己的 DNA 中用称为 CRISPR 的重复序列将病毒 DNA 的一部分记录下来。存储病毒的部分遗传密码可以让细菌"记住"它,当同种病毒再次攻击时,细菌会用特定的CRISPR 相关蛋白 9(Cas9)切割病毒的 DNA,从而破坏病毒。在实验室中,CRISPR/Cas9 系统同样可以用来识别和切割特定的 DNA 序列。首先创建与目标 DNA 序列互补配对的RNA 序列(导向 RNA),然后使用该 RNA 序列将 Cas9 引导到目标位置。通过设计不同的导向 RNA,可以实现在任何所需的位置切割 DNA。一旦 CRISPR/Cas9 切割了靶向的特定 DNA,就可以使用其他技术来添加、删除或修改 DNA。

　　CRISPR/Cas9 系统如图 11-2 所示。CRISPR/Cas9 或其他定向 DNA 内切酶的基因打靶的核心原理是在相关细胞中发生双链 DNA 断裂。染色体断裂后,主要的结果是非同源末端连接(NHEJ)或同源定向修复(HDR)。当断裂指向基因中的编码外显子时,NHEJ 的结果通常是断裂处 DNA 序列小的插入或缺失(indel),导致 mRNA 转录的帧移位,密码子提前终止,无义介导的 mRNA 衰变和蛋白质表达丢失。HDR 在 DNA 修复过程中复制模板,从而以 DNA 供体的形式插入修饰的基因序列。这种 DNA 供体可以将新信息引入断裂染色体两侧同源臂的基因组。HDR 的典型应用包括基因敲除、基因突变和基因替换,其中最简单的是基因敲除。多功能等位基因(如 FLEX 等位基因)需要克隆或合成用于 HDR 的多元素质粒 DNA 供体。

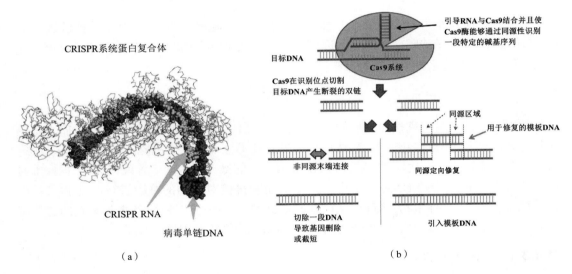

图 11-2　CRISPR/Cas9 系统

(a)CRISPR RNA 引导的 Cas 系统与病毒单链 DNA 结合示意　(b)基因组编辑

　　CRISPR 有潜力帮助许多对社会产生重大影响的领域创造更先进的产品(图 11-3),示例如下。

　　(1)开发新的诊断测试、靶向药物和治疗方法。将 CRISPR 与切割目标 DNA 或 RNA 的 Cas 蛋白配对,然后切割其他分子,以产生可见的信号,当环境中存在病毒成分时可以准确识别。科学家正在使用这项技术开发诊断测试,比如可以快速诊断 COVID-19 等。CRISPR 还可用于改变昆虫或其他可以传播疾病的生物的特征,以帮助控制某些疾病。例如,科学家使用 CRISPR 使蚊子对导致疟疾的寄生虫具有更强的抵抗力。

　　(2)开发更强壮、更抗病的作物。CRISPR 可以通过增加营养成分,增强抗病性和在恶劣的天气、土壤条件下的生存能力来改善农产品。例如,研究人员删除黄瓜特定基因的一小部分后,黄瓜就不太容易受到会损害它并造成重大作物损失的病毒的影响。

　　(3)开发更先进的工业产品。各行各业都在探索 CRISPR 的潜在用途,以开发新的生物燃料、可以消除环境灾难的细菌和新材料。

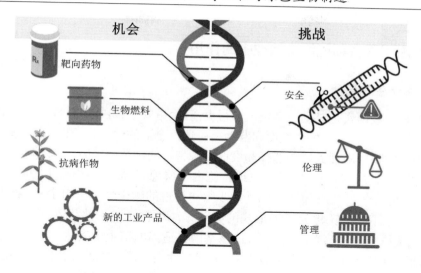

图 11-3 CRISPR 技术带来的机会和挑战

11.1.4 基因工程的基本体系

生物工程的学科体系建立在微生物学、遗传学、生物化学和化学工程学的基本原理与技术之上,但其最古老的产业化应用可追溯到酿酒技术。20 世纪 40 年代抗生素制造业的出现被认为是微生物发酵技术成熟的标志,同时也孕育了传统生物工程。30 年之后,以分子遗传学和分子生物学的研究成果为理论基础的基因工程技术将生物工程引至现代生物技术的高级发展阶段。

生物工程与化学工程同属于化学产品生产技术,但两者在基本原理、生产组织形式、产品结构等方面均有本质的区别。在化学工程中,产品形成或者化学反应发生的基本场所是各种类型的物理反应器,在那里反应物直接转变成产物;而在生物工程中,生化反应往往发生在生物细胞内,作为反应物的底物按照预先编制的生化反应程序,在催化剂酶的作用下形成最终产物。在生化反应过程中,反应的速度和进程不仅依赖于底物和产物的浓度,而且受到酶含量的控制,酶含量与细胞所处的环境条件和基因的表达状态直接相关。虽然在典型的生物工程生产模式中同样需要使用被称为细菌发酵罐或细胞培养罐的物理容器,但它们仅仅用于细胞的培养和维持,真正意义上的生物反应器是细胞本身。因此,就生产方式而言,生物工程与化学工程的显著区别在于:生物工程通常需要两种性质完全不同的反应器进行产品的生产,细胞实质上是一种特殊的微型生物反应器。在一般生产过程中,微型反应器(细胞)的数量与质量随物理反应器内的环境条件变化而变化,因此在物理反应器水平上施加的工艺和工程控制参数种类更多,控制更精细。每个微型反应器(细胞)内的生物催化剂的数量和质量也会变化,而且这种变化受制于更复杂的机理,如酶编码基因的表达调控程序、蛋白质的加工成熟程序、酶的活性结构转换程序、蛋白质的降解程序等。如果考虑产品的结构,则生物工程不仅能生产生理活性和非活性分子,而且能培育和制造生物活体组织和器官。

11.1.5 基因工程在环境污染治理中的作用

11.1.5.1 用于生物修复

生物修复已被证实是对受污染场地进行更清洁、更安全、可持续且成本效益高的去污的唯一有效手段。根据潜力、生长速度和营养反应选择合适的微生物菌株,然后进行工程设计确实是一项非常艰巨的任务。在选择和设计一种特定的细菌菌株时,需要考虑的要点很多,即它应该含有一种或多种功能基因,以维持胞内金属稳态,促进污染物生物降解,增强金属吸收,促进金属螯合剂合成,提高对生物、非生物胁迫的耐受性。重组 DNA 技术是将任何生物体(细菌、真菌等)转化为所需形式的有效方法。它使用一种载体(噬菌体、质粒或病毒),并在该载体中加入感兴趣的基因,使该基因在适当的宿主中表达。这种方法为生物修复过程增加了更多价值。它需要多种工具,如限制性内切酶、DNA 连接酶、载体、逆转录酶、碱性磷酸酶、T4 多核苷酸激酶、宿主、S1 核酸酶、Klenow 片段、核酸外切酶、连接子、末端脱氧核苷酸转移酶和适配分子。该过程的详细机制如图 11-4 所示。

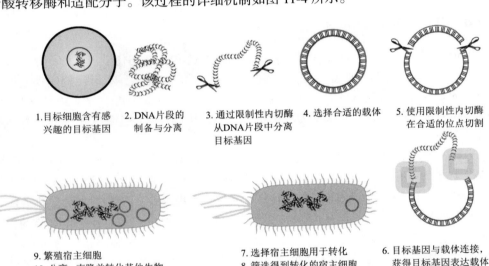

1.目标细胞含有感 兴趣的目标基因　2.DNA片段的 制备与分离　3.通过限制性内切酶 从DNA片段中分离 目标基因　4.选择合适的载体　5.使用限制性内切酶 在合适的位点切割

9.繁殖宿主细胞
10.分离、克隆并转化其他生物　　7.选择宿主细胞用于转化 8.筛选得到转化的宿主细胞　　6.目标基因与载体连接, 获得目标基因表达载体

图 11-4　重组 DNA 技术用于生物修复的详细机制

11.1.5.2 优化污染物的降解途径

1. 重组互补代谢途径

有机污染物降解是在一系列酶的催化作用下,逐步从复杂的大分子降解成简单的无机小分子。一些难降解的有机污染物,特别是人工合成化合物需要在不同降解菌的协同代谢或共代谢等作用下才能最终得以降解,这就大大降低了污染物的降解效率。另外,某些污染物的中间代谢产物可能具有毒性或对进一步的代谢有抑制作用,它们如不能被迅速代谢,积累后将对整个代谢过程产生抑制作用。不同来源、不同种属的细菌降解污染物的种类、方式和能力存在显著的差异,如果对这些细菌的降解基因进行重组,即将不同细菌的污染物代谢

途径组合起来构建具有特殊功能的超级降解菌,可以有效地提高微生物的降解能力,从而提高生物修复效率。目前,已采用重组互补代谢策略构建出越来越多的超级降解工程菌。

多氯联苯(PCBs)是自然环境中广泛存在的一类难降解污染物,其在好氧条件下可通过细菌的 bphA 基因编码的联苯双加氧酶催化裂解,生成氯代苯甲酸(CBA)和异戊二烯酸。异戊二烯酸最终可降解成 CO_2 和 H_2O,但 CBA 由于细菌缺乏相应的降解基因而不能降解。CBA 对联苯双加氧酶有强烈的抑制作用,会使 PCBs 的降解速率显著降低。某些细菌具有脱卤素基因,如 *Pseudomonas aeruginosa* 142 中的 OHB 和 *Arthrobacter globiformis* KZT1 中的 FCB 等,它们能迅速脱除 CBA 上的氯,使 CBA 顺利地降解,同时消除了 CBA 对整个降解途径的抑制作用。因此,可以用脱卤素基因和 BPH 基因构建重组体 BPH: : OHB,以弥补 PCB 的代谢缺陷。

采用重组互补代谢策略可以极大地扩展细菌的污染物降解范围,增强细菌对污染物特别是难降解污染物的降解能力,这对提高生物修复效率具有重要意义。

2. 设计复合代谢途径

复合代谢途径是用对不同底物具有降解活性的酶组合构建的,现已应用于卤代芳烃、烷基苯乙酸等的降解。通过引入编码新酶的基因或对现有基因进行改造、重组构建新的菌种,可用于多环芳烃混合物的降解。硝基芳香族化合物(如 2,4,6- 三硝基甲苯,TNT)由于苯环上有强吸电子基团(—NO_2),因此难以好氧生物降解,有关以 TNT 为微生物的唯一碳源的报道极少,并且硝基脱除后形成的甲苯或其他芳香族衍生物很难进一步降解。

有研究分离出一株可以利用 TNT 作为唯一碳源的假单胞菌(*Pseudomonas*),但其代谢产物甲苯、氨基甲苯和硝基甲苯由于不能被微生物利用而得不到进一步降解。将具有甲苯完整降解途径的 TOL 质粒 pWWO-Km 导入该微生物,其代谢能力得以提高,可利用 TNT 为唯一碳源和氮源生长,从而 TNT 能被这种复合代谢途径所代谢。但该途径中硝基甲苯的还原产物氨基甲苯仍然难以被降解,因此需要对该微生物进一步修饰,使之具有消除硝酸盐还原反应的能力,TNT 才可以完全被降解。

11.1.5.3　拓宽氧化酶的底物专一性

许多有毒有害有机物(如芳香烃、多氯联苯、氯代烃等)最初的代谢反应大多由多组分氧合酶催化进行。这些关键酶的底物专一性阻碍了一些有机物(如多氯联苯的异构体等)的代谢。如何拓宽这些酶的底物范围以有效降解环境中的有毒有害有机物,是环境生物技术领域研究的一个重要方面。

例如,科学家已分离出多氯联苯降解菌 *Pseudomonas pseudoalcaligenes* 和甲苯降解菌 *Pseudomonas putida* F1。最初这两种菌的双氧合酶编码基因的遗传结构、大小和同源性是相似的,然而 *Pseudomonas pseudoalcaligenes* 不能氧化甲苯, *Pseudomonas putida* F1 不能利用联苯作为碳源生长。将两种双氧合酶对不同组分的编码基因"混合",可以构建复合酶体系,以拓宽其底物专一性。将编码终端甲苯双氧合酶组分的基因 TOD C1 和 TOD C2 导入 *Pseudomonas pseudoalcaligenes*,可以构建重组菌株,其能够氧化甲苯并利用甲苯作为生长底物。甲苯双氧合酶活性必需的组分铁氧化还原蛋白(FD)及其还原酶可由宿主细胞中的联苯双氧合酶提供。用甲苯双氧合酶中的类似基因代替联苯双氧合酶中的终端铁硫蛋白的亚单元编码基因,可以构建杂合多组分双氧合酶。这些杂合酶既可以氧化甲苯,又可以氧化联苯。由此可以看出,通过取代酶中的一些组分,可以改变其底物专一性。

11.1.5.4 增强无机磷的去除

磷是引起水体富营养化的重要因素之一。无机磷可以用化学法沉淀去除,但生物法更经济。受微生物本身的限制,活性污泥法只能去除城市废水中 20%~40% 的无机磷。有些细菌能够以聚磷酸盐的形式过量积聚磷。大肠杆菌(*E. coli*)中控制磷积累和聚磷酸形成的磷酸盐专一运输系统和 poly P 激酶由 Pst 操纵子编码。通过对编码 poly P 激酶的基因 ppk 和编码用于再生 ATP 的乙酸激酶的基因 ack A 进行基因扩增,可以有效地提高 *E. coli* 对无机磷的去除能力。重组体 *E. coli* 中包含高拷贝数的含有 ack A 和 ppk 基因的质粒,并能高水平地表达相应酶的活性,与缺乏质粒的原始菌株相比,重组体的除磷能力提高了 2~3 倍。实验观察到,含有 poly P 激酶和乙酸激酶扩增基因的菌株除磷速率最高。该菌株可在 4 h 内将浓度为 0.5 mmol/L 的磷酸盐去除约 90%,而对照菌株在相同的时间内仅去除 20% 左右。此结果说明,通过基因工程提高酶的活性在无机污染物(如磷)的处理方面也大有潜力。

11.1.5.5 增强细菌的环境适应性

1. 增强细菌的抗毒能力

污染物降解菌只有提高自身对环境毒物的抵抗能力,才能在生物修复的应用中充分发挥降解性能。许多芳香烃类污染物由于具有高度的疏水性而易在细菌细胞膜的脂质层积累,对细菌产生毒性。对对此类化合物具有高度耐受性的细菌的细胞膜结构进行研究发现,构成细胞膜脂质层的脂肪酸的空间构象全部由顺式转变成反式,由于反式脂肪酸稳定性更强,因此这一转变使得细菌对有机溶剂具有更强的耐受力。相关的耐受机制还有细胞内磷脂合成增加,细胞膜表面的脂多糖结构改性,细胞膜表面存在有机溶剂离子输出泵等,这些耐受机制使细菌在高浓度芳香烃类污染环境中得以生存。由于以上抗毒机制的相关编码基因已经得到分离,将污染物降解基因转入此类细菌中,可构建出对有毒污染物具有更强耐受力的基因工程菌,为提高细菌的降解能力提供了有效途径。

2. 增强细菌的放射线耐受性

许多微生物对放射线具有耐受性,但目前分离得到的放射线耐受菌多属产芽孢菌,而且很多是致病菌,因此应用受到限制。研究发现, *Deinococcaceae* 属细菌具有一些与众不同的特性,如繁殖体具有强的放射线耐受性,基因在不发生突变的前提下可完整地表达,无致病性,易分离培养等,这些特性使其能够应用于放射性环境中的生物修复。若将污染物降解基因导入这类菌体,便有可能构建出放射性环境中的污染物降解菌。一些耐受重金属和极寒、极热环境条件的相关编码基因也已被克隆分离出来,将这些耐受基因与污染物降解基因共同导入菌体可得到耐受极端环境条件的污染物降解菌,这为极端恶劣环境条件下的生物修复提供了可能。

11.1.5.6 用于降解农药

农田长期过量施用农药会严重破坏生态平衡,造成土壤、水体、食品中残留毒物增加,给人畜带来潜在危害。消除农药污染、保护环境已成为当今世界的迫切问题。由于微生物在

物质循环中的重要作用,它在环境修复中一直扮演着重要的角色。然而受微生物对农药
(特别是难降解农药)降解能力的限制,生物修复具有周期长的明显特点,阻碍了这一技术
在现实中的发展和应用。应用基因工程原理与技术对微生物进行改造,是环境科学工作者
向更深、更广的研究领域拓展必不可少的途径。构建高效的基因工程菌可以显著提高农药
降解效率。环境微生物,尤其是细菌的农药降解基因、降解途径等许多农药降解机制的阐明
为构建具有高效降解性能的工程菌提供了可能。现已开发出降解农药(如 DDT)、水中的染
料和环境中的氯苯、氯酚、多氯联苯的基因工程菌。

　　基因工程技术成功用于农药生物修复的一个案例是 Home 等人的研究。他们从农杆菌
和黄杆菌中分别克隆得到有机磷水解酶基因 OpdA 和 Oph,然后对这两个基因的表达产物
进行了研究。通过比较这两个基因的表达产物对几种农药的降解动力学,发现 OpdA 可以
作用于更多底物的类似物,降解范围更广。

　　生物修复除了可以利用微生物外,也可以利用真菌和植物,并且可以和传统的化学生物
降解、生物反应器等结合起来。图 11-5 显示了涉及农药生物修复的各种实践。

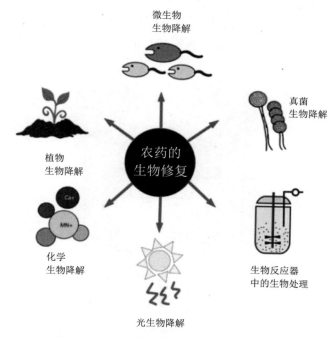

图 11-5　涉及农药生物修复的各种实践

11.1.5.7　用于含油土壤和废水的治理

　　含油固废、落地原油和含油污水对土壤造成了严重污染。大量的油泥不仅造成了严重的
环境问题,也给石油行业造成了重大的经济损失。在生命科学已成为自然科学核心的今天,
一批具有特殊生理生化功能的植物、微生物应运而生。基因修饰、改造、转移等现代生物技术
的渗透推动了油污土壤处理生物技术的进一步发展,利用生物技术进行油污土壤治理具有广
阔的应用前景。基因工程菌的构建和应用为美化环境、保护人类健康提供了一系列可行的途

径。现代科学工作者把合成生物学技术用于基因工程菌的构建并取得了一些成绩。随着生物技术的发展,基因工程菌在含油污水处理中的应用将进一步完善,从而为人类造福。

11.2　蛋白质工程与酶工程

11.2.1　蛋白质工程

11.2.1.1　蛋白质工程的概念

蛋白质工程是通过对蛋白质化学、蛋白质晶体学和蛋白质动力学的研究,获得有关蛋白质理化特性和分子特性的信息,在此基础上对编码蛋白质的基因进行有目的的设计和改造,通过基因工程技术获得可以表达蛋白质的转基因生物系统。这个生物系统可以是转基因微生物、转基因植物、转基因动物,甚至可以是细胞系统。图 11-6 展示了蛋白质工程的一般过程。可以通过计算机模拟和/或晶体结构辅助的合理设计、随机突变、定向进化来建立库。借助有效的筛选方法,可以选择和分析具有不同特征的变体,如催化活性增强,对热、酸、碱的稳定性增强。如果没有候选者显示出所需的特征,可能需要重新生成库并重复上述过程,直到获得所需的变体。

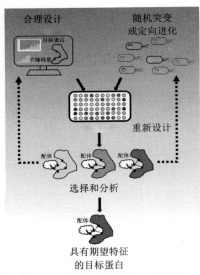

图 11-6　蛋白质工程的一般过程

11.2.1.2　蛋白质工程的研究内容

1. 利用已知的蛋白质结构信息进行定点诱变

蛋白质的结构决定了蛋白质的功能和理化性质,而蛋白质功能区的某个或某些氨基酸残基可能在维持蛋白质的结构、功能、理化性质中起重要作用。因此,定点改变这个或这些氨基酸序列即可能改变蛋白质的功能和特性,使之更适合工业化生产的要求。随着蛋白质结构与功能关系研究和基因工程技术的发展,上述设想已不再是可望而不可即。通过对蛋白质构型信息的图像和程序分析,可找出与蛋白质的功能和特性密切相关的氨基酸序列;采用定点诱变与盒式突变技术定向改变编码蛋白质的基因,可改造蛋白质的结构,使它们的生物功能和理化特性改变。如枯草杆菌蛋白酶之所以易被氧化而失活,是由于与催化部位的Ser221 邻近的 Met222 易被氧化成硫氢化物,若以其他氨基酸取代 Met222,可提高酶的氧化稳定性,同时又不影响其催化活性,这是通过结构分析和定点诱变改造蛋白质的成功范例。枯草杆菌蛋白酶可作为洗涤剂的添加剂,但其只能水解 Phe 羧基形成的肽键,底物作用范围过窄,限制了洗涤剂的高效性。若用带正电荷的 Lys 取代位于活性中心 166 位的 Gly,获得的突变酶不仅能水解 Phe 羧基形成的肽键,而且可以水解酸性氨基酸 Glu 形成的肽键,底物作用范围拓宽,可能成为最高效的洗涤剂添加剂,这是定点诱变改变蛋白质的生物学活性的成功例子。

2. 从混杂变异体库中筛选出具有一定结构 - 功能关系的蛋白质

蛋白质变异是蛋白质工程中很重要的研究内容和手段。研究者可有目的地在特定位点上使蛋白质发生变异,然后研究其结构与功能的关系。如果有一个混杂变异体库,也可从中筛选出具有一定结构 - 功能关系的蛋白质。例如,有人把对热不稳定的酶的基因转移到嗜热生物体内,然后利用酶的某种标志(如对卡那霉素的抗性)筛选出对热稳定的酶,这样既保持了酶原来的性质,又增强了其热稳定性。目前从非定点诱变或在特定条件下诱变产生的变异体库中筛选,已得到耐热的卡那霉素核苷酰基转移酶,这是从混杂变异体库中筛选改造蛋白质性质的一个成功例子。这一类研究的主要困难是变异体库的获得和筛选方法的建立。

3. 定量蛋白质结构与功能关系的研究

这是目前蛋白质工程研究的主体。这一类研究的课题很广泛,包括蛋白质三维结构模型的建立,配体结合和酶催化的性质,蛋白质折叠和稳定性研究,蛋白质变异,等等。这一类研究偏重理论,但对指导实际工程意义重大。

4. 根据已知的结构 - 功能关系人工改造蛋白质

蛋白质工程是研究蛋白质结构和定点改造蛋白质结构的一门学科,其创造性成就在于开创了按照人类的意愿设计、制造符合人类需要的蛋白质的新时期。根据蛋白质结构和功能的关系,采用基因定位诱变工程技术人工改造蛋白质是蛋白质工程的主要研究内容之一,具体研究内容如下:通过改变蛋白质的活性部位,提高其生物功效和独立工作的能力;通过改变蛋白质的结构顺序,提高其在极端条件(如酸、碱、热等)下的稳定性;通过改变蛋白质的结构顺序,使其便于分离、纯化。这项研究虽然难度较大,但随着人类基因组研究、后基因组研究的不断深入和完善,随着蛋白质工程研究技术和手段的不断发展,该项研究必将获得丰硕的成果。

11.2.1.3　蛋白质工程的研究技术

1. 理性进化的研究过程

蛋白质工程的研究有许多方式,其中利用理性进化的手段是一种常见的研究方向。这个研究方向主要利用定点诱变技术,通过在编码蛋白质基因序列中特异性地取代、插入或删除特定碱基来达到研究目的,这样就可以利用确定长度的核苷酸的分子段来改变蛋白质的分子组成,使其成为新的蛋白质分子,达到定点诱变氨基酸残基的目的。已有不少成功改造蛋白质组分的例子，人类获取了新型蛋白质，并将其应用在现代生物技术和医药之中。例如，通过同源性比对和定点诱变改变蛋白质的结构，可以使其对底物的亲和力增大 22 倍左右。

2. 非理性进化的研究过程

蛋白质非理性进化是研究工作者的又一成果，但这一成果目前还停留在实验室模拟阶段。非理性进化又可以称为定向进化或者体外分子进化，它遵循自然进化过程，使蛋白质分子的结构得到改变。这一研究方法主要利用分子生物学的研究分析手段，在传统的蛋白质分子结构水平上，通过非理性进化增强蛋白质分子结构的多样性。结构改变使蛋白质的性能发生了改变，然后利用高科技手段，结合高通量的筛选技术完成蛋白质的进化过程，这一进化过程在自然界中需要千百万年才有可能完成。这一实验的成功给研究者带来了希望，因为不仅可以缩短进化时间，而且可以在短时间内得到理想的变异结果，并将其应用于现代生物技术和医药中。尤其值得指出的是，在研究设计变异过程时，采用这种方法不需要事先了解蛋白质的结构、催化位点的具体位置，只要人为地为蛋白质创造进化条件，就能够使蛋白质的编码基因发生改变。得到新的蛋白质分子后，采用定向筛选方法就可以获得具有预期特征的改良蛋白质，使它们具有设定的性能。这种方法可以弥补当前定点诱变技术的不足，具有很高的实际应用价值。

11.2.2　酶工程

11.2.2.1　酶工程的概念

酶工程这一术语出现在 20 世纪 70 年代初，在 1971 年在美国召开的第一届国际酶工程会议上，酶工程被定名为 enzyme engineering，标志着酶工程学科和完善的技术体系的形成。酶工程的核心是以应用为目的来研究酶，是在一定的生物系统或生物反应器中，利用酶的催化功能，借助工程手段进行物质转化并应用于社会生活的一门科学技术。简言之，酶工程是酶学研究与其应用工程结合形成的一门新的技术。随着基因工程技术的发展，现在有学者将酶工程定义为狭义的蛋白质工程，即利用传统的突变技术或分子生物学技术，使蛋白质（酶）上的氨基酸突变，以改变蛋白质（酶）的化学性质和性能。

酶工程是酶学、微生物学的基本原理，重组技术与化学工程有机结合产生的边缘科学，多学科渗透和融合是现代发酵工程的基本特征。酶工程与微生物学、生物化学、细胞生物学、化学和工程学等学科有着密切的联系，是一门理论和实践紧密结合的应用性学科。此外，酶工程在研究内容和手段上与生物物理、基因工程、细胞工程、发酵工程等技术相互交融、相互促进。目前工业上使用的酶制剂都是通过微生物发酵生产的，其生产过程离不开发酵工程技术。用于发酵生产的微生物菌株都是通过基因工程、细胞工程技术优化获得的：天然酶的性能改造需要基因工程技术，抗体酶的开发需要细胞工程技术。

11.2.2.2　酶工程的研究内容

酶工程又称为酶技术。随着酶学研究的迅速发展，特别是酶应用的推广，酶学的基本原理与化学工程相结合，从而形成了酶工程。酶工程是酶制剂大批量生产和应用的技术，它从应用的目的出发，将酶学理论与化学工程相结合，研究酶，并在一定的反应装置中利用酶的催化特性将原料转化为产物。就酶工程本身的发展来说,酶工程包括下列主要内容。

1. 酶的产生

酶制剂的来源有微生物、动物和植物,主要的来源是微生物。由于微生物比动植物具有更多的优点,因此一般选用优良的产酶菌株通过发酵产生酶。为了提高发酵液中酶的浓度,应选育优良菌株,优化发酵条件。工业生产需要具有特殊性能的新型酶,如耐高温的 α- 淀粉酶、耐碱的蛋白酶和脂肪酶等,因此需要研究、开发生产具有特殊性能的新型酶的菌。

2. 酶的制备

酶的分离提纯技术是当前生物技术后处理工艺的核心。采用各种分离提纯技术,从微生物细胞及其发酵液、动植物细胞及其培养液中分离提纯酶,制成不同纯度的高活性酶制剂。为了使酶制剂更广泛地应用于国民经济的各个方面,必须提高酶制剂的活性、纯度和收率,因此需要研究新的分离提纯技术。

3. 酶和细胞固定化

酶和细胞固定化研究是酶工程的中心任务。为了提高酶的稳定性,重复使用酶制剂,扩大酶制剂的应用范围,采用各种固定化方法对酶进行固定化,制备了固定化酶(如固定化葡萄糖异构酶、固定化氨基酰化酶等),测定固定化酶的各种性质,并对固定化酶进行各方面的应用与开发研究。

目前固定化酶仍具有强大的生命力,受到了生物化学、化学工程、微生物、高分子、医学等领域的高度重视。固定化细胞是在固定化酶的基础上发展起来的,即用各种固定化方法对微生物细胞、动物细胞和植物细胞进行固定化,制成各种固定化生物细胞。研究固定化细胞的酶学性质特别是动力学性质,研究与开发固定化细胞在各方面的应用,是当今酶工程的热门课题。固定化技术是酶技术现代化的一个重要里程碑,是克服天然酶在工业应用中的不足之处,发挥酶反应的特点的突破性技术。可以说,没有固定化技术的开发,就没有现代酶技术。图 11-7 展示了酶体外固定的一般方法。

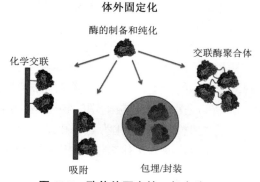

图 11-7　酶体外固定的一般方法

4. 酶分子改造

酶分子改造又称为酶分子修饰,是为了提高酶的稳定性,降低酶的抗原性,延长药用酶在机体内的半衰期,采用各种修饰方法对酶分子的结构进行改造,以创造出天然酶不具备的优良特性(如较好的稳定性、无抗原性、抗蛋白酶水解等),甚至创造出新的酶活性,扩大酶的应用范围,从而提高酶的应用价值,获得较高的经济效益和社会效益。酶分子改造可以从两个方面进行:①用蛋白质工程技术对酶分子的结构基因进行改造,获得一级结构和空间结构较合理的具有优良特性、高活性的新酶(突变酶);②用化学法或酶法改造蛋白质的一级结构,或者用化学修饰法对酶分子中的侧链基团进行化学修饰,以改变其酶学性质。这类酶在酶学基础研究和医药中特别有用。

5. 有机介质中的酶反应

酶在有机介质中的催化反应具有许多优点,近年来受到不少人的重视,成为酶工程中一个新的发展方向。酶要在有机介质中呈现出很高的活性必须具备哪些条件? 有机介质对酶的性质有哪些影响? 如何影响? 近年来对这些问题的研究已取得重要进展。

6. 酶传感器

酶传感器是由感受器(如固定化酶)和换能器(如离子选择性电极)组成的一种分析装置,用于测定溶液中某种物质的浓度。其研究内容包括:酶传感器的种类、结构与原理;酶传感器的制备、性质与应用。

7. 酶反应器

酶反应器是完成酶促反应的装置。其研究内容包括:酶反应器的类型和特性;酶反应器的设计、制造和选择。

8. 抗体酶、人工酶和模拟酶

抗体酶是一类具有催化活性的抗体,是抗体的高度专一性与酶的高效催化能力巧妙结合的产物。其研究内容是:抗体酶的制备、结构、特性、作用机理、催化反应类型、应用等。人工酶是人工合成的具有催化活性的多肽或蛋白质。目前已采用有机化学合成方法合成了一些结构比酶简单得多的具有催化功能的非蛋白质分子,这些分子可以模拟酶对底物的结合和催化过程,既具有酶催化的高效率,又能够克服酶的不稳定性,这种物质称为模拟酶。

11.2.2.3　几种酶在污染治理中的应用

(1)辣根过氧化物酶。辣根过氧化物酶是酶处理废水领域中应用最多的一种酶。有过氧化氢存在时,它能催化氧化多种有毒的芳香族化合物,包括酚、苯胺、联苯胺及相关异构体,反应产物是不溶于水的沉淀物。

(2)木质素过氧化物酶。木质素过氧化物酶也叫木质素酶,是白腐真菌细胞酶系统的一部分。它可以处理很多难降解的芳香族化合物,氧化多种多环芳烃、酚类物质。

(3)漆酶。漆酶由真菌产生,可通过聚合反应去除有毒的酚类。它具有非选择性,能同时减少多种酚类的含量。漆酶的去毒功能与被处理的物质、酶的来源和环境有关。

(4)氰化物酶。氰化物酶能把氰化物转化为氨和甲酸盐,该反应是一步反应。氰化物酶有很强的亲和性和稳定性,且能处理的氰化物质量浓度低于 0.02 mg/L。革兰氏阴性菌可产生氰化物酶。

(5)蛋白酶。蛋白酶是一类水解酶,在鱼类和肉类加工、工业废水处理中得到了广泛应用。蛋白酶能使废水中的蛋白质水解,得到可回收的溶液或有营养价值的饲料。

(6)脂酶。脂酶用于被污染环境的生物修复和废物处理是一个新兴的方向。石油开采和炼制过程中产生的油泄漏,脂加工过程中产生的含脂废物,都可以用不同来源的脂酶进行有效处理。一项日本专利报道了直接在废水中培养亲脂微生物来处理废水。

11.2.2.4　酶在废水处理中的应用

1. 酶的选择

废水处理中的酶效率在很大程度上取决于酶的类型和来源。酶由于具有特异性，只能催化一种类型的反应。例如，脂肪酶可以催化油、油脂和脂肪的降解；蛋白酶可以分解蛋白质；氨基甲酸酯、有机磷酸盐和氯化有机化合物的酯键水解由羧酸酯酶催化。磷酸三酯酶可以水解多种有机磷酸盐，而卤代烷烃脱卤酶能够分解卤代脂肪族化合物的碳卤键。尽管漆酶和过氧化物酶能够催化分解多种物质，但它们仍然具有很高的选择性。

2. 酶相关废水处理系统

（1）游离酶系统。在无氮酶系统中，酶可分为粗酶和纯化酶。这两种酶在去除污染物方面均表现良好。然而纯化酶价格昂贵，因为酶纯化需要采用膜分离、尺寸排除色谱和柱色谱等方法。在某些情况下，纯化酶在去除废水污染物方面比粗酶表现差，因为粗酶含有介体。据报道，从杂色曲霉菌中提取的粗漆酶可以完全去除萘普生（NPX），而从嗜热菌菌丝体中提取的商业漆酶只能去除 60%。但这并不意味着粗酶优于纯化酶，粗酶中的介体和未消耗的营养物质可能导致进一步污染。由于酶的价格昂贵，对不能在废水处理中回收的酶的大量需求使得游离酶系统不可行，剩余的酶应在处理结束时去除。如果使用游离酶系统处理废水，需要做大量工作来解决成本和污染问题。

（2）固定化酶系统。固定化酶在酶系统中经常被研究和使用。在固定化酶系统中，酶与各种基质结合或物理连接，同时保持着催化能力。由于酶附着在基质上，系统很容易控制，因为酶很容易与废水分离。固定化酶可以重复使用，这减少了进一步的污染，并大大降低了处理成本。此外，固定化减少了酶活性的损失，延长了酶的使用寿命，增强了酶对 pH 值和温度的抵抗力。值得一提的是，固定化方法和载体材料对酶促过程的成本、酶活性、处理效率和酶动力学具有重要意义。通常采用的固定化方法包括吸附、包埋、共价连接和交联。固定化方法可分为物理方法和化学方法。一般来说，化学固定化提供了良好的酶稳定性，但会降低酶的活性，因为酶和载体材料之间形成的共价键会干扰酶的天然结构；物理固定化对酶结构的影响较小，但酶的稳定性较差。在物理方法中，可以通过改变载体的表面提高酶的稳定性。与游离漆酶相比，固定化漆酶的 pH 值和稳定性都有所提高。尽管物理方法对酶活性的影响较小，但酶活性的损失不容忽视。

（3）酶介体相关系统。酶介体是稳定的小分子化合物，可以作为酶和底物之间的电子快门。酶介体可以通过产生高反应性自由基来扩大酶的底物范围。此外，酶介体可以通过促进酶促过程提高去除目标污染物的效率。通常，当酶的氧化还原电位高于底物的氧化还原电位时，酶介体起到改善氧化过程的作用。由于一些酶介体具有毒性，使用酶介体可能导致新的环境问题，这与酶介体的剂量有关。尽管一些酶介体具有毒性，但在处理一些环境污染物时它们是必要的。因此，寻找低成本的酶介体并确定合适的浓度来提高酶促过程的稳定性和效率是非常重要的。

11.3 现代生物化学工程在生物制造中的应用

11.3.1 生物炼制

生物炼制是以可再生生物资源为原料,以微生物或酶为催化剂进行物质转化,大规模生产人类所需的化学品、医药、能源、材料等产品的过程。

11.3.1.1 生物炼制的原料

生物炼制的原料是可再生的生物质,是植物光合作用直接或间接转化产生的所有产物,主要指农业、林业及其他废弃物,如各种农作物秸秆、糖类作物、淀粉作物、油料作物、林业和木材加工废弃物、城市和工业有机废弃物、动物粪便等。生物炼制大幅扩展了可再生植物基原料的应用,使其成为环境可持续发展的化学和能源经济转变手段。

微藻被认为是未来最有潜力的生物质原料之一,可以用于加工生产食品添加剂、不饱和脂肪酸、荧光颜料、生物活性成分、动物饲料、微生物油脂等。微藻培养用生物反应器一般可分为开放式光生物反应器和封闭式光生物反应器。微生物油脂是一种应用前景广阔的新型油脂资源,尤其在生产富含不饱和脂肪酸的功能性油脂,为生物柴油产业提供廉价原料方面已成为研究热点。微生物油脂又称单细胞油脂,是酵母、霉菌、细菌等微生物在一定条件下以碳水化合物、碳氢化合物和普通油脂为碳源,在菌体内产生的大量油脂。与传统的油脂生产工艺相比较,利用微生物生产油脂具有油脂含量高、生产周期短等优点。残余和不可食的木质纤维生物质是现代生物炼制的关键原料,因为它们价格相对较低,可大量获得。木质纤维素呈现出一种复杂的化学结构,其特征是含三种主要成分,即纤维素(35%~50%)、半纤维素(25%~30%)和木质素(15%~30%),从而可以获得不同的创新平台分子。

11.3.1.2 生物炼制与石油炼制的比较

从本质上说,生物炼制与石油炼制相似,它利用重组微生物细胞,通过一系列生物化学途径(类似于石油炼制中的裂解、裂化、重整等单元操作)高效地将生物质原料转化为燃料、材料或平台化合物等各类化学品。从理论上说,生物炼制可以获得比石油炼制更丰富的产品,特别是含氧化学品和手性化合物。

生物炼制具有无与伦比的优势。首先,生物炼制的原料是可再生的生物质,主要成分是碳水化合物,因此不仅原料取之不尽、用之不竭,而且无须化工炼制利用碳氢化合物加工过程中投资巨大的氧化过程,降低了生产成本。其次,手性是生物的属性,微生物转化合成的化合物常具有立体选择性,并可达到光学纯,因此可以省去化工炼制过程昂贵的手性催化和复杂的合成路径。

11.3.1.3 生物炼制的技术

生物炼制的物理方法包括混合、分离等,化学方法包括热化学裂解、化学改性等,生物方法包括发酵、酶催化等。生物炼制技术的发展始于19世纪,当时已经出现了大规模利用可再生生物资源加工生产的各类产品(如纸浆、人造丝、微晶纤维等),也出现了各种生物质加工技术(如糖精炼技术、淀粉加工技术、榨油技术、蛋白分离技术等)。现代发酵技术出现后,一大批生物过程技术应用于化工产品的开发,形成了生物转化平台。热化学处理是生物炼制的一个重要技术平台,通过它衍生出了多种化学品和液体燃料,如直链烷烃、生物油、芳香族化合物等。近年来,随着基因组学、蛋白质组学等生物技术的快速发展,产生了以细胞工厂为核心的生物炼制技术。该技术大大推动了生物炼制技术在生物能源(乙醇、生物柴油、丁醇等)、化工产品、生物材料(聚乳酸、木塑复合材料等)等领域的应用。

1. 热化学处理

热化学处理主要包括生物质气化、热解液化和超临界萃取等技术。

生物质气化以植物生物质为原料,采用热解法、热化学氧化法在缺氧条件下加热,使原料发生复杂的热化学反应,变成一氧化碳、甲烷、氢气等可燃性气体。这些气体可以集中用于供气、发电。生物质气化过程中的核心设备是气化炉,目前使用的生物质热解气化技术主要有固定床、移动床、流化床和喷流床 4 种工艺。其中固定床和移动床工艺在气化过程中由于气化剂和固体受热不均匀而产生大量的焦油和灰分,容易造成管路堵塞,且后期除焦油、除尘压力大。流化床工艺可以保证充分的混合,因而提高了反应速率和转化率,综合经济性好,非常适合大型的工业供气系统。

生物质热裂解是生物质在没有氧化剂(空气、氧气、水蒸气等)存在或只提供有限氧的条件下加热,通过热化学反应将大分子物质分解成较小分子的燃料物质的热化学转化技术,是目前国内外非常关注的新能源生产技术。该工艺简单,装置容易小型化,所得油品基本上不含硫、氮和金属成分,便于运输和储存,是一种绿色燃料。生物质高压液化是在较高压力和有溶剂存在的条件下将生物质液化。生物质高压液化过程主要是纤维素、半纤维素和木质素这三大组分的解聚和脱氧。纤维素、半纤维素和木质素被降解成低聚体,低聚体再经脱羟基、脱羧基、脱水、脱氧形成小分子化合物。小分子化合物一经形成,就可以通过缩合、环化、聚合等二次反应生成新的化合物。对生物质高压液化的研究多采用高压釜间歇式操作,间歇操作釜式反应器的优点是操作方便,但难以实现大规模工业化生产。因此,连续流动式高压液化研究更具有实际意义。

2. 细胞工厂

生物炼制细胞工厂是能够按照人类的意愿高效生产出满足社会需要的重要产品的重组微生物。通过遗传操作可以实现对微生物细胞代谢功能的改造,实现代谢途径的优化、组装和拓展等,使微生物细胞利用粗原料过量积累一种或者多种化学品,甚至生产其原来不能合成的产品。转基因是生物合成能力重构的重要手段。外源基因可赋予细胞利用粗原料的能力,促进代谢关键酶的表达,抑制旁路途径酶的活性,形成新的产物,增强细胞的抗逆性等,是细胞工厂构建的有力武器。

微生物的代谢网络是一个复杂的整体。为了实现特定产品合成途径的优化,需要将细胞的物质流与能量流引向目的代谢物途径,消除一些不必要的支路途径,基因敲除是必要的手段。但是想成功地进行基因转移与基因敲除等遗传操作,需要掌握特定的遗传信息能否被转移、转移之后的命运和哪些基因可以被敲除等基本原理。发现和认识微生物代谢的分子基础、相互关系和调控机制,为微生物细胞工厂的设计和构建奠定了理论基础。在此基础上解决几种模式微生物不同的途径组建策略,逐步了解、掌握生物合成能力重构与优化的原理,就可以设计进化代谢工程、反向代谢工程、途径工程等基本的技术手段,实现代谢途径的重建与功能的优化,使生物炼制细胞工厂按照人类的意愿生产重大能源与化工产品成为可能。

11.3.1.4　纤维素生物炼制

纤维素生物炼制是目前应用最多的生物炼制领域,已经开发出几种生物炼制技术,其中许多需要物理化学预处理,以将生物质中的全纤维素(纤维素和半纤维素)成分价值化为燃料和化学品。但木质素的天然结构在生物炼制过程中发生了不可修复的改变,从而极大地限制了其化学升级为增值化学品。木质素中的天然酚类成分对旨在可持续生产绿色芳香化合物的木质纤维素生物炼制尤其重要。因此,还原催化分馏(RCF)的生物炼制技术(即所谓的木质素优先的生物炼制)在过去几年中受到了大量关注。

如图 11-8 所示,木质素优先的生物炼制是一个多相催化剂依赖的过程,包括三个基本步骤:溶剂分解、分馏/解聚和还原稳定。其得到的单烯醇和酚单元随后可作为原料用于制备芳香族化学品、生物燃料、生物基聚合物和药物。

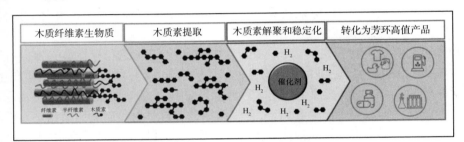

图 11-8　木质素优先的生物炼制

如图 11-9 所示,木质纤维素解聚可产生多种化合物,这些化合物可被合理地视为生物来源的构件,用于可持续生产高值化学品、生物燃料、生物基聚合物和药物。

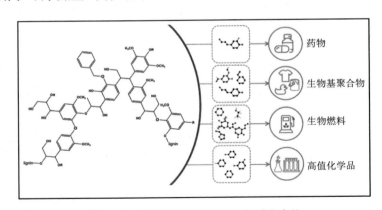

图 11-9　木质纤维素解聚产生多种化合物

迄今为止,通过木质素解构获得的酚单元(如苯丙醇、丙基酚)直接市场应用有限。它们可以进一步转化为 BTX(苯、甲苯和二甲苯)芳烃,但与类似的汽油衍生化合物相比成本仍然过高。考虑到木质素衍生的苯与生物乙烯(通过生物乙醇获得)结合可以为苯乙烯的生产提供一条生物精炼路线,这种工艺在未来若干年的影响可能是巨大的。

11.3.2　光合作用

11.3.2.1　自然光合作用

自然光合作用主要指绿色植物利用叶绿素等光合色素,某些细菌利用其本身,在太阳能的驱动下将水和大气中的二氧化碳(对细菌为硫化氢和水)转化为储存着能量的有机物,并释放出氧气(细菌释放氢气)的生化过程。产氧光合作用的总反应式为

$$6H_2O + 6CO_2 \rightarrow C_6H_{12}O_6 + 6O_2$$

光合作用被认为是一个重要的生物过程,通过光合作用,生物体将太阳能转化为二氧化碳固定所需的 ATP 和 NADPH。这个过程是通过两个独立的反应实现的:光反应(依赖光的反应)和暗反应(不依赖光的反应)。

光反应是在光照的情况下发生在叶绿体类囊体膜上的一系列反应,反应过程主要分为以下几步。

(1)光子捕获和色素激发。在反应过程中,来自太阳的光能被天线叶绿素系统吸收,叶绿素被激发到高能激发态。

(2)激发态能量传递。处于激发态的色素分子迅速将激发能传递给相邻的处于基态的同种或异种色素分子,并返回基态。

(3)反应中心电荷分离和原初反应(光能 → 电能)。经过快速传递,激发态能量很快到达反应中心,激发反应中心的色素分子,发生电荷分离,并引发原初反应。原初反应的实质就是光照引起的反应中心的色素分子与原初电子受体间的氧化还原反应。反应中心电荷分离后,产生的高能电子会直接与原初电子受体结合,并依次进行后续反应。

(4)电子传递和光合磷酸化(电能 → 活跃的化学能)。原初反应后,高能电子会在光合膜上依次传递。对高等植物,电子传递是在两个光系统(PS Ⅱ 和 PS Ⅰ)的串联配合下完成的,电子传递体按氧化还原电位的高低排列,电子传递链呈 Z 字形。电子传递一方面引起 NADP 还原,生成 NADPH;另一方面建立了跨膜的质子动力势,启动了光合磷酸化,形成了 ATP。

(5)放氧过程。水的光解是植物光合作用特有的反应,主要在 PS Ⅱ 中进行。原初反应后,PS Ⅱ 需要从水中夺取电子,以补充反应中心的色素分子失去的电子。这个工作是由 PS Ⅱ 中的放氧酶完成的,最新研究发现,放氧酶包含一个 Mn_4O_xCa 簇。在放氧过程中每释放 1 个氧分子需要从 2 个水分子中移去 4 个电子,同时形成 4 个 H^+, H^+ 从叶绿体基质传递到类囊体腔,建立电化学质子梯度,用于 ATP 的合成。主要反应式如下:

$$2H_2O \xrightarrow{\text{光和叶绿素}} 4H^+ + O_2（水的光解）$$

$$ADP + Pi + 能量 \xrightarrow{\text{酶}} ATP（ATP 的合成）$$

$$NADP + e^- + H^+ \xrightarrow{\text{酶}} NADPH（NADPH 的合成）$$

暗反应是在叶绿体基质中进行的,是一系列酶促反应,单纯的暗反应无须光照。光反应

产生的 NADPH 和 ATP 是暗反应的原动力,它们分别提供还原氢和能量。植物通过气孔将 CO_2 由外界吸入细胞, CO_2 通过自由扩散进入叶绿体。叶绿体中含有 C_5,它起到将 CO_2 固定成为 C_3 的作用。C_3 再与 NADPH 和酶反应,光反应生成的 ATP 和 NADPH 被消耗,生成糖类(CH_2O)$_n$ 和 H_2O 并还原出 C_5。C_5 继续参与暗反应,固碳、合成有机物,将活跃的化学能转化为稳定的化学能。主要反应式如下:

$$CO_2 + C_5 \rightarrow C_3 (CO_2 \text{ 的固定})$$
$$C_3 + NADPH \rightarrow C_3 \text{ 糖}(C_3 \text{ 的还原})$$
$$C_3 \rightarrow C_5 (C_3 \text{ 再生为 } C_5)$$
$$ATP \rightarrow ADP + Pi + \text{能量}(ATP \text{ 的分解})$$

在自然光合作用中,根据是否产生氧气可以把光合有机体分为两种。第一种是不产氧光合生物,如紫色细菌、绿色细菌和日光细菌,它们只有一个光系统,使用无机还原化合物作为电子供体。第二种是产氧光合生物,如蓝藻、真核藻类和高等植物,它们有两个光系统,使用水作为电子供体,从而产生分子氧。光合生物的光化学反应中心分为 I 型反应中心(使用铁硫作为末端电子受体,如太阳细菌和绿硫细菌)和 II 型反应中心(使用醌作为末端电子受体,如丝状菌)。蓝藻、真核藻类和高等植物都有 PS I 和 PS II,因此可以进行产氧光合作用;而所有其他光合原核生物只进行不产氧光合作用。

除了产氧光合作用之外 ,光合细菌还可以进行产氢光合作用,它是以光为能源,以 CO_2 或有机碳化物为碳源进行光合作用的,能分解 H_2S 释放出 H_2。氢化酶是一类存在于光合细菌及其他微生物体内的生物酶,能高效地催化氢气的氧化还原反应。 根据活性中心所含的金属,氢化酶大致分为唯铁氢化酶、镍铁氢化酶和不含金属的氢化酶。

11.3.2.2　人工光合作用

人工光合作用是利用自然光合作用吸收、转化能量的机理来设计人工光催化体系,建立体外光合作用系统,人为地利用太阳能分解水制造氢气,或固定 CO_2 制造有机物(糖类),以达到高效吸收、转化和储存太阳能的目的。

与自然光合作用相比,人工光合作用应具有如下特点才能大规模用于工业生产:光催化效率相当或更高,成本低,寿命长,系统相对稳定,维护需求低,不受时间和空间约束。

目前人工光合作用系统主要有两种:第一种是模拟自然光合作用系统设计的有机超分子;第二种是利用无机半导体材料的光催化特性设计的人工光催化体系(图 11-10)。分析光合作用的机理、研究光合作用的重要功能结构及其化学组成、模拟光合作用产生新能源的探索主要集中在以下几个方向。

1. 利用光合作用分解 H_2O 制 H_2

该过程是人工模拟光合作用进行水的分解来制氢,即对 PS II (光反应过程)进行模拟,主要有以下 2 个途径。

1)以有机物为基础进行光合作用系统的模拟

绿色植物的光合作用是通过叶绿素吸收光能,并通过电子转移将水光解,如果不考虑暗反应,只考虑光反应,则不必从结构上完全模拟,只需从原理和功能上模拟光反应的核心部分即可。光反应涉及光子捕获、色素激发、能量传递、电荷分离、水的分解等重要过程,这一系列反应主要依赖于叶绿素(光敏剂:吸收、转化光能)、含 Mn 放氧酶(裂解水产氢气)和原初电子受体 3 大核心物质结构。

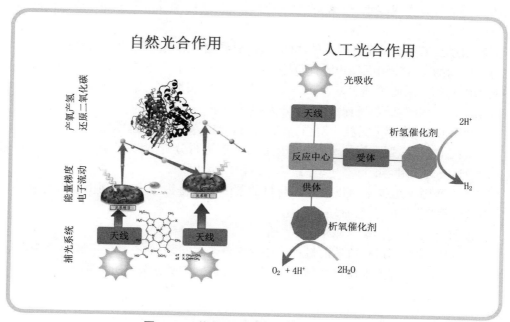

图 11-10　从自然光合作用到人工光合作用

(1)叶绿素。叶绿素的化学组成为镁卟啉,实验证明其催化活性远不及铜、铁、锰等过渡金属的卟啉配合物。20 世纪 70 年代初发现的三双吡啶钌具有良好的吸光和电子转移功能,70 年代后期以它为光敏剂构建的配位催化光解水体系曾把人工模拟光合作用的研究推向高潮。

(2)含 Mn 放氧酶。将 Ru 络合物与 Mn 络合物用化学键连接起来,成功实现了两者的光致电子传递,Mn 络合物做电子供体,作用类似于 PS Ⅱ 中的放氧酶,为 Ru 络合物提供电子并分解水。这是第一个最接近 PS Ⅱ 的系统,但是其自我修复能力较差,反应无法长期维持。近年来又合成了高效氧化水分子的双核 Ru 化物,其寿命较长,循环次数较多。

(3)原初电子受体。电子传递需要良好的电子受体,在实验中研究电子传递情况发现蒽醌类化合物是良好的电子受体。卟啉和富勒烯自组装单分子膜可以加速光生电子的转移,减少电子和空穴的复合,从而提高量子效率。

2)以无机半导体材料为基础进行光合作用系统的模拟

利用有机物来模拟光合作用的反应体系较复杂,需要添加催化剂和电子受体等消耗性物质,原料的合成非常烦琐,金属化合物的合成可能对环境造成污染,并且其化学性质不稳定,因此进行了以无机半导体材料为基础的人工光合作用系统的研究。基于本田藤岛效应,将 TiO_2 单晶电极与 Pt 电极相连放入水中,在太阳光的照射下,水能被分解。人造树叶技术使用不太昂贵的镍钼锌化合物取代铂催化剂,降低了制造成本,同时提高了催化效率。人工树叶可将水光解为 H_2 和 O_2,然后将二者注入燃料电池用来发电,其效率大约是自然光合作用的 10 倍。原料水不局限于纯净水,日常饮用水,甚至废水、污水也可进行水的光解反应。

2. 人工构建生物化学模拟装置,生成碳水化合物

自然光合作用的最终结果是固定 CO_2,生成碳水化合物,同时放出氧气,因此对光合作用的体外模拟可以生成碳水化合物为目的进行研究,这样既可得到生物能源又能降低 CO_2 含量,一举两得。

3. 利用基因工程改造光合作用的固碳过程,引导生产清洁燃料(如 H_2、甲醇)

不同植物的光合作用原理相同,但是固碳产物却不一样,这主要是由于不同的植物有着不同的固碳基因。因此可通过基因工程对固碳基因进行遗传学改造,使其定向产生对人类有用的物质。对固碳基因进行改造一般分为如下步骤。

(1)利用 DNA 序列分析技术对植物细胞进行分析,寻找固碳基因序列。

(2)利用 DNA 序列分析技术对其他生物的细胞进行分析,查找能够产生所需产物的固碳基因序列,或人工组合能够产生所需产物的新的基因序列。

(3)利用基因重组技术对供体基因与目的基因进行基因重组,或利用基因定点诱变技术人工诱导原固碳基因突变为目的基因。

(4)使重组基因在受体细胞内定向表达。

但是在对固碳基因进行改造的过程中还存在着诸多问题,如技术尚不成熟,基因很难控制,经常会变异,对条件要求比较苛刻,成本高,这使得固碳基因改造进展缓慢。

小结

现代生物化学工程一般包括发酵工程、基因工程、细胞工程、蛋白质工程和酶工程。它对解决全球性的资源、能源与环境问题具有核心支撑作用。

基因工程又称基因重组技术,是在分子水平上对基因进行操作的复杂技术,是将外源基因体外重组后导入受体细胞,使这个基因在受体细胞内复制、转录、翻译、表达的操作。基因工程实际上是一系列实验技术的总称。概括起来基因工程包括以下 6 个基本步骤:外源目的基因的取得,基因运载体的分离提纯,重组 DNA 分子的形成,重组 DNA 分子引入受体细胞,重组菌的筛选、鉴定和分析,工程菌的获得和基因产物的分离。

限制性核酸内切酶是一类能够识别双链 DNA 分子中的某种特定核苷酸序列并切割 DNA 双链结构的核酸内切酶。限制性核酸内切酶是一类专一性很强的核酸内切酶。T4 DNA 连接酶是目前应用比较多的病毒基因组编码的 DNA 连接酶,在基因重组中广泛使用。真核生物中存在 3 种 ATP 依赖性 DNA 连接酶——DNA 连接酶Ⅰ、DNA 连接酶Ⅲ和 DNA 连接酶Ⅳ。DNA 聚合酶是能够催化 DNA 复制和修复 DNA 损伤的一类酶,基因工程操作中的许多步骤是在 DNA 聚合酶的催化下进行的 DNA 体外合成反应。绝大多数分子克隆实验使用的载体是 DNA 双链分子。

基因工程技术是一种按照人们的构思和设计,在体外将一种生物的个别基因插入质粒或其他载体分子,使遗传物质重组,然后导入没有这类分子的受体细胞进行无性繁殖,使重组基因在受体细胞内表达,产生人类需要的基因产品的操作技术。

CRISPR 是一种基因编辑技术,可以修改几乎所有生物的遗传信息。CRISPR 利用细菌的天然防御机制在特定位置切割 DNA。

蛋白质工程是通过对蛋白质化学、蛋白质晶体学和蛋白质动力学的研究,获得有关蛋白质理化特性和分子特性的信息,在此基础上对编码蛋白质的基因进行有目的的设计和改造,通过基因工程技术获得可以表达蛋白质的转基因生物系统。 这个生物系统可以是转基因微生物、转基因植物、转基因动物,甚至可以是细胞系统。可以通过计算机模拟和/或晶体结构辅助的合理设计、随机突变、定向进化来建立库。借助有效的筛选方法,可以选择和分析具有不同特征的变体。常见的蛋白质工程研究有利用已知的蛋白质结构信息进行定点诱变,从混杂变异体库中筛选出具有一定结构 - 功能关系的蛋白质,定量蛋白质结构与功能关系的研究。

酶工程是酶学研究与其应用工程结合形成的一门新的技术。 随着基因工程技术的发展,现在有学者将酶工程定义为狭义的蛋白质工程。酶工程是酶学、微生物学的基本原理、重组技术与化学工程有机结合而产生的边缘科学。多学科渗透和融合是现代发酵工程的基本特征。酶工程的主要研究内容有:酶的产生、酶的制备、酶和细胞固定化、酶分子改造、有机介质中的酶反应、酶传感器、酶反应器、抗体酶等。酶工程的先进研究方法包括多酶级联作为测量系统和高通量筛选中的区域分隔方法。在污染防治中常用的酶有辣根过氧化物酶、木质素过氧化物酶、漆酶、氰化物酶、蛋白酶、脂酶等。

生物炼制是以可再生生物资源为原料,以微生物或酶为催化剂进行物质转化,大规模生产人类所需的化学品、医药、能源、材料等产品的过程。 生物炼制的原料是可再生的生物质,是植物光合作用直接或间接转化产生的所有产物。

生物炼制细胞工厂是能够按照人类的意愿高效生产出满足社会需要的重要产品的重组微生物。 通过遗传操作可以实现对微生物细胞代谢功能的改造,实现代谢途径的优化、组装和拓展等,使微生物细胞利用粗原料过量积累一种或者多种化学品,甚至生产其原来不能合成的产品。微生物的代谢网络是一个复杂的整体。为了实现特定产品合成途径的优化,需要将细胞的物质流与能量流引向目的代谢物途径,消除一些不必要的支路途径。

纤维素生物炼制是目前应用最多的生物炼制领域。 木质素优先的生物炼制是一个多相催化剂依赖的过程,包括三个基本步骤:溶剂分解、分馏/解聚和还原稳定。其得到的单烯醇和酚单元随后可作为原料用于制备芳香族化学品、生物燃料、生物基聚合物和药物。

人工光合作用是利用自然光合作用吸收、转化能量的机理来设计人工光催化体系,建立体外光合作用系统,人为地利用太阳能分解水制造氢气,或固定 CO_2 制造有机物(糖类),以达到高效吸收、转化和储存太阳能的目的。

（本章编写人员:金超　刘宪华　钟磊　刘宛昕）

主要参考书目

[1] 毛德寿, 周宗灿, 王志远, 等. 环境生化毒理学 [M]. 沈阳: 辽宁大学出版社, 1986.

[2] 孟紫强. 环境毒理学基础 [M]. 2 版. 北京: 高等教育出版社, 2010.

[3] 孔志明. 环境毒理学 [M]. 2 版. 南京: 南京大学出版社, 2004.

[4] 申哲民. 环境毒理学 [M]. 上海: 上海交通大学出版社, 2014.

[5] 花日茂. 环境毒理学 [M]. 北京: 中国农业出版社, 2006.

[6] 张毓琪, 陈叙龙. 环境生物毒理学 [M]. 天津: 天津大学出版社, 1993.

[7] 王镜岩, 朱圣庚, 徐长法. 生物化学 [M]. 3 版. 北京: 高等教育出版社, 2002.

[8] SNELL K, MULLOCK B. Biochemical toxicology: a practical approach[M]. Oxford: IRL Press, 1987.

[9] YU M H, TSUNODA H, TSUNODA M. Environmental toxicology: biological and health effects of pollutants[M]. 3rd ed. Boca Raton: CRC Press, 2011.

[10] WRIGHT D A, WELBOURN P. Environmental toxicology[M]. Cambridge: Cambridge University Press, 2002.

[11] SMART R C, HODGSON E. Molecular and biochemical toxicology[M]. 5th ed. Hoboken: Wiley, 2018.